KB248990

원리와 활용 중심의 인터넷 기술

Internet Technology
Principle and Application

이재동/ 이석균 / 김승훈 / 소수환 / 김경식 지음

ITC
INFO-TECH COREA

　정보통신의 발달은 우리의 산업사회에 일대 변혁을 가져왔으며 인간의 삶의 방식에도 많은 변화를 불러왔습니다. 정보통신의 발달이 하드웨어를 기반으로 시작되었으나 실질적으로 발달을 이끌고 있는 것은 인터넷이라는 전 세계적인 정보 인프라이며, 앞으로도 계속 변화의 중심에 있을 것입니다.

　현재 우리는 인터넷이라는 정보의 바다를 통하여 필요한 정보를 구할 수 있으며, 개인적인 취미나 여가활용은 물론, 전 세계인과 대화를 나눌 수도 있습니다. 또한 국내에서 세계 유명 대학강의를 수강할 수 있으며, 수많은 상거래가 인터넷을 통하여 이루어지고 있습니다. "모든 길은 인터넷으로 통한다"라는 말에서 의미하듯 인터넷은 우리의 생활 전반에 걸쳐 필수적인 요소로 자리잡게 되었습니다. 현대인들은 하루라도 인터넷이 없는 생활에서는 그 삶을 영위할 수 없는 상황까지 이르렀으며, 우리 삶에 깊숙이 스며들어 새로운 삶의 패러다임 변화를 촉진하며 인류 삶의 많은 것을 변화시키고 있습니다. 20세기에는 전기가 삶의 기본 인프라로 자리잡은 것처럼 21세기에는 인터넷이 강력하고 보편적인 인프라로 인식되고 있습니다. 이러한 21세기 인터넷 사회에서 인터넷 기술에 대한 근본적인 이해와 활용성은 아무리 강조해도 지나침이 없을 것입니다.

　하지만 인터넷 서비스 사용이 일반화된 것과는 달리, 인터넷 서비스가 어떤 원리로 작동하는지 제대로 아는 사람이 그리 많지 않은 것이 현실입니다. 기술적인 내용이나 원리를 안다고 해서 인터넷을 잘 활용할 수 있는 것은 아니지만, 어떠한 기기나 장비와 마찬가지로 인터넷도 이론이나 기본적인 동작 원리를 알고 있으면 더 효율적으로 사용할 수 있을 것입니다.

　이 책에서는 인터넷이 어떻게 동작하는지, 인터넷을 통하여 활용할 수 있는 서비스는 무엇이 있는지, 그리고 그 동작 원리는 어떤 것인지, 앞으로 어떻게 발전할 것인지 등을 다루고 있습니다. 이 책은 모두 8장으로 구성되어 있습니다. 1장, 2장에서는 전반적인 인터넷 기술을 이해하기 위한 인터넷 개요, 컴퓨터 네트워크의 개념과 기본적인 이해를 위한 네트워크 구조, 인터넷 구조 및 인터넷을 사용할 수 있게 하는 인터넷 연결방법에 대하여 다루고 있으며, 3장에서는 인터넷을 응용한 인터넷 활용 서비스들(예로, 이메일, 메신저, P2P, VoIP, 개인 미니홈페이지, UCC 등)을 알아보고, 그 실제 사용법에 대해서 설명하였습니다. 또한 인터넷 서비스들이 어떻게 작동하는지 그 원리에 대해 다루고 있습니다. 4장에서는 인터넷 사용을 위해 꼭 필요하지만 간과하기 쉬운 기본 윤리와 인터넷 보안기술에 대해 설명하였습니다. 5장에서는 보다 더 발전된 환경인 유비쿼터스에 대해서 설명하고 다가올 유비쿼터스 사회의 모습에 대해서 설명함으로써 미래의 인터넷 사용 방향을 제시하였습니다. 6장과 7장에서는 웹 페이지 제작을 위한 과정, HTML 문서의 구조와 자바스크립트 등을 설명하고, 8장에서 홈페이지 제작 과정을 예제를 통하여 습득하여 자신의 홈페이지를 구축할 수 있도록 하였습니다.

이 책은 대학에서 인터넷 기술의 이해와 인터넷 서비스의 동작원리를 위한 강의 교재로서 뿐만 아니라 생활 속에서 다양한 인터넷 서비스를 사용하고자 하는 모든 이들에게 그 사용법과 작동 원리를 이해하고 활용하기 위한 좋은 안내서가 될 수 있을 것입니다. 또한 21세기 유비쿼터스 시대에 주인공으로 인터넷을 사용하고자 하는 모든 분들의 실질적인 길잡이가 되기를 기원합니다.

짧은 일정과 바쁜 생활 속에서도 이 책을 출간하기까지 깊은 애정을 가지고 애써주신 ITC의 최규학 사장님과 좋은 책을 만들기 위하여 꼼꼼하게 점검해준 출판사 직원 여러분들께 깊은 감사를 드립니다.

2008. 02
저자 일동

PART 1
인터넷 기술의 개요

Chapter 3	인터넷 응용 및 서비스 기술

Chapter 4 인터넷 윤리 및 보안

Chapter 5 미래의 인터넷(유비쿼터스)

PART 2

인터넷 기술의 활용

Chapter 6　HTML 기초

<table>
<tr><td>Chapter 7</td><td>자바스크립트</td></tr>
</table>

Chapter 8 HTML을 이용한 홈페이지 만들기

Chapter 9 기타 마크업 언어

PART 1

인터넷 기술의 개요

1. 인터넷 기술의 개요

1.1 인터넷의 개요

이 장에서는 인터넷의 전반적인 흐름에 대해 살펴본다. 즉, 인터넷의 정의, 어원, 인터넷의 탄생 및 발전과정에 대하여 학습하고, 인터넷 관련 국내외 조직 및 인터넷 사용 현황에 대해 소개하도록 한다.

1.1.1 인터넷의 정의 및 어원

인터넷은 TCP/IP 프로토콜을 통해 연결되어 있는 전 세계적인 네트워크이다. 인터넷에는 세계 여러 나라에 있는 수많은 네트워크들이 TCP/IP라는 표준 프로토콜을 통해 서로 연결되어 있다. 좀 더 자세히 설명하면, 인터넷은 '컴퓨터 기술과 통신 기술이 기본이 되어 각기 다른 기관에 의해 다른 목적으로 구성된 네트워크들이 서로 연결되어 전 세계를 묶는 하나의 거대한 네트워크로, 다양한 서비스를 제공하는 지구촌 네트워크'라고 할 수 있다.

인터넷을 정의하는 방법은 보는 관점에 따라 다소 차이가 있으나 IETF(Internet Engineering Task Force)의 RFC(Request for Comments) 1462에서는 인터넷을 TCP/IP 프로토콜에 기반을 둔 네트워크들의 네트워크, 네트워크를 개발하고 사용하는 사람들의 공동체 또는 네트워크를 통해 얻을 수 있는 정보 자원의 집합체로 정의하고 있다. 또한 일반적으로 인터넷을 다음과 같은 표현으로 정의하기도 한다.

- 세계 최대 컴퓨터 네트워크
- TCP/IP 프로토콜을 사용하는 세계적 규모의 컴퓨터 네트워크
- 네트워크를 연결하는 네트워크(network of networks)
- 정보의 바다
- 가상의 공간(cyber-space)

[그림 1-1]과 같이 인터넷은 가정, 학교, 기업, 정부, 도시들 간의 컴퓨터들을 하나로 연결시켜 다양한 정보를 교환할 수 있도록 하는 인프라를 제공한다.

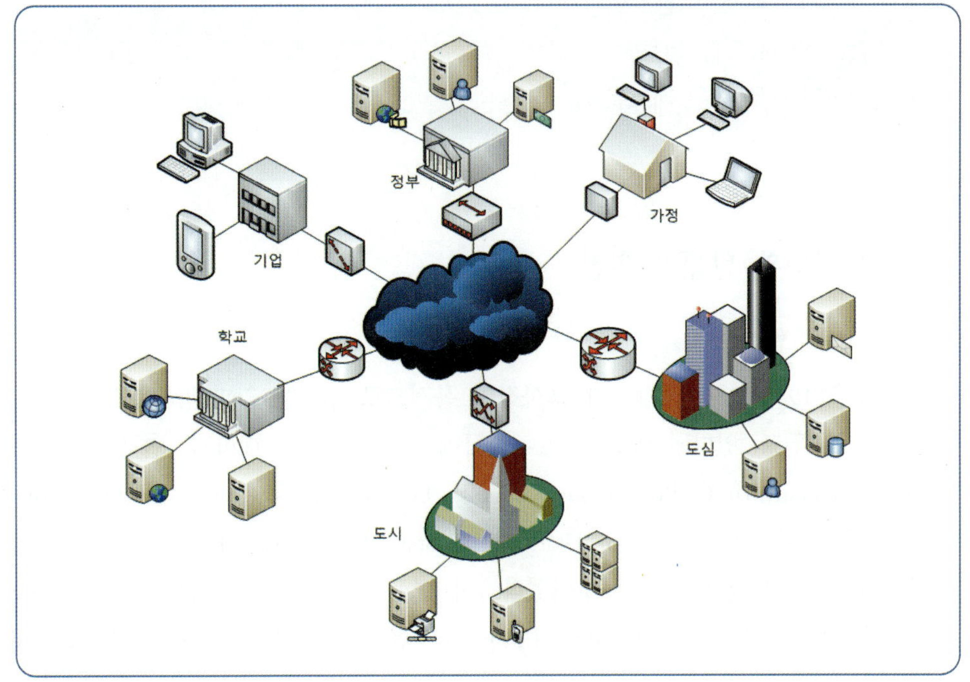

[그림 1-1]
인터넷 구성도

인터넷(Internet)이란 용어는 전 세계의 컴퓨터를 하나의 네트워크에 안에 연결한다는 의미인 Interconnected Network의 앞글을 따서 만든 단어이다. 인터넷이 지금과 같이 상용화되기 전에는 대부분의 사람들이 컴퓨터를 개인용으로만 사용해 왔기 때문에 공유하거나 교환할 수 있는 정보량이 한정되어 있었다. 그래서 좀 더 많은 정보를 쉽게 공유하거나 교환하기 위해 만든 것이 바로 컴퓨터 네트워크이며, 이 컴퓨터 네트워크를 통해 연결되어 있는 컴퓨터들은 서로 정보를 주고받게 되었다. 그러나 초기 컴퓨터 네트워크는 지역적으로 만들어졌고, 하나의 컴퓨터 네트워크에 연결될 수 있는 컴퓨터의 수가 제한되어 있어 멀리 떨어져 있는 각기 다른 컴퓨터 네트워크의 컴퓨터 간의 연결은 쉽지 않았다. 그래서 컴퓨터 네트워크의 네트워크란 아이디어가 나타났고, 인터넷으로 구현되었다. 전 세계적인 규모의 컴퓨터 네트워크인 인터넷이 완성되자 여러 사람이 많은 정보를 공유할 수 있게 되었고, 이를 정보의 바다라고 부르게 된 것이다. 또한 사람들이 직접 만나지 않고 인터넷을 통해 서로에게 정보를 교환할 수 있게 되었고, 이를 현실의 공간이 아닌 또 다른 하나의 공간, 즉 가상의 공간 (cyber-space)이라 부르게 된 것이다. 인터넷은 다음과 같은 특징을 갖고 있다.

- 개방적인 네트워크
- 소유자나 운영자, 권력자가 없는 네트워크
- 실시간, 그리고 다방향의 멀티미디어 네트워크
- 그 자체가 대중적인 네트워크
- 저렴한 비용의 네트워크
- 발전성이 매우 높은 네트워크

1.1.2 인터넷의 탄생과 발전

1) 알파넷의 탄생

인터넷은 1969년 미 국방성이 군사적인 목적으로 추진한 알파넷(ARPANET)에 그 기원을 두고 있다. 1968년 초, 미국에 있는 3개의 대학과 연구기관, 즉 UCLA(University of California, Los Angels), UCSB(University of California, Santa Barbara), 유타대학(University of Utah)과 SRI(Stanford Research Institute)의 컴퓨터들을 네트워크로 연결시키는 것이었다. 이 연구는 1971년에 이르러 결실을 보게 되었고, NCP(Network Control Program)라는 프로토콜을 사용하였다. ARPA (Advanced Research Projects Agency) 프로젝트에서 개발된 알파넷의 특징은 한 컴퓨터에서 다른 컴퓨터로 정보를 전송하는 길(path)이 미리 정해진 것이 아니라 상황에 따라서 변한다.

프로토콜(protocol)
원래 외교 용어로서, 국가와 국가 간의 교류를 원활하게 하기 위한 외교에 관한 의례나 국가 간의 약속을 정한 의정서이다. 통신 프로토콜은 서로 다른 시스템들 간의 통신을 원활하게 수행할 수 있도록 하는 통신규약이다.

2) NSFNET의 등장과 퇴장

1983년 인터넷이 정식 운영되면서 인터넷에 접속하는 컴퓨터 네트워크의 수가 급격히 증가하여 1985년에 대략 100개 정도의 컴퓨터 네트워크가 접속되었다. 1986년에 각 기관들의 네트워크가 미국국립과학재단(NSF: National Science Foundation)의 네트워크인 NSFNET에 연결되면서 인터넷이 본격적으로 보급되기 시작됐고, 1990년대 초까지 인터넷에 연결된 전 세계의 네트워크가 NSFNET에 직접 또는 간접적으로 연결되는 구조를 갖게 되었다. 이러한 이유로 NSFNET을 가리켜 인터넷의 백본(backbone)[1])이라 불렀다. 인터넷의 성장과 인터넷 회선 업체의 등장으로 인하여 1995년에 NSFNET의 백본이 사라지고, 일반 회사들이 운영하는 상용 백본이 등장했다.

3) 인터넷의 발전

인터넷에 접속된 네트워크의 수는 1987년에 200개, 1989년에는 500개를 넘었고 1990년대 들어와서는 그 수가 더욱 증가되어 미 국방성은 1990년에 알파넷을 독립시켰다. 자연히 인터넷의 운영도 NSFNET과 같은 연구소나 대학 중심으로 옮겨졌다. 인터넷은 꾸준히 발전되어 1996년 1월에는 약 600만 개의 컴퓨터 망이 거미줄처럼 연결되었다. 현재 전 세계적으로 9억8천만 명 이상이 사용하고 있으며, 3천4백만 대 이상의 호스트 컴퓨터가 연결되어 있는 최대 네트워크로 발전하였다(전 세계 인터넷 사용 인구는 2년마다 조사가 이루어지고 있다). [표 1-1]은 세계 인터넷의 발전과정을 나타낸다.

연도	내용
1969	ARPANET 개통
1972	E-Mail 프로그램 개발, Telnet 표준안(RFC 318) 발표
1973	FTP 표준안(RFC 454) 발표
1977	Mail 표준안(RFC 733)

[표 1-1]
세계 인터넷의 발전과정

---

[1]) 자신에게 연결되어 있는 소형 회선들로부터 데이터를 모아 빠르게 전송할 수 있는 대규모 전송회선

[표 1-1]
계속

연도	내용
1979	Usenet 시작
1982	TCP/IP 도입(인터넷 개념 정립)
1983	ARPANET이 ARPANET과 MILNET으로 분리, 인터넷 시작
1984	DNS(Domain Name System) 제시
1986	NNTP(Network News Transfer Protocol) 개발, NSFNET 구축
1988	IRC(Internet Relay Chat) 개발
1990	ARPANET 폐지, Archie 시작
1991	WAIS 시작, Gopher 시작
1992	WWW(World Wide Web) 시작, Veronica 시작
1993	InterNIC 창설, Mosaic 등장으로 WWW 사용률 급증, Netscape Navigator 개발
1994	W3C(World Wide Web Consortium) 구성
1995	NSFNET이 공식 해체되고 사용 ISP(Internet Services Provider)[2]들이 인터넷 운용
1996	마이크로소프트 Internet Explorer 발표
1998	세계 인터넷 이용자 수 1억 명 돌파
1999 ~ 2007	• 3천만 대 이상의 호스트 컴퓨터가 연결되어 있는 세계 최대 네트워크로 발전 • Research Network들을 형성, 고속의 전송속도 및 응용 프로그램들을 중심으로 연구 및 개발을 하고 있음 - 미국: vBNS, Internet 2, Next Generation Network - 유럽: TEN-34, JAMES, National Network - 아시아태평양: APAN(Aisa-Pacific Advanced Network)

    국내 인터넷의 발전은 1982년 서울대와 한국전자기술연구소 간에 TCP/IP를 이용한 전산망인 SDN(System Development Network)이 탄생하면서 시작되었다. 1986년에는 IP 주소[3](128.134.0.0)가 배정되었고 국가 도메인(kr)이 도입되었으며, 1991년에는 온라인을 이용하여 주민등록등본을 받을 수 있는 서비스를 시작하였다. 1994년에는 한국통신, 데이콤, 아이네트와 같은 상용 ISP 업체들이 등장했으며, 한국통신에 의해 인터넷 상용화 서비스가 시작되었다. 1999년에는 인터넷 이용자 수가 1,000만 명을 돌파했으며, ADSL 서비스가 시작되었다. 2004년에는 인터넷 이용자 수가 3,000만 명을 돌파했으며, 홈네트워크 서비스가 시작되었다. 2006년에는 세계 최초로 WiBro(Wireless Broadband Internet), HSDPA(High Speed Downlink Packet Acess) 서비스를 개시하였다. 국내 인터넷의 발전과정은 [표 1-2]와 같다.

---

[2] 개인이나 기업에게 인터넷 접속 서비스, 웹 사이트 구축 및 웹 호스팅 서비스를 제공하는 회사를 말한다.

[3] 인터넷에 연결된 모든 네트워크와 그 네트워크에 연결된 컴퓨터에 부여되는 고유의 식별 주소를 의미한다.

연도	내용
1982	SDN(TCP/IP) 구축(서울대-한국전자기술연구소), 인터넷 최초 접속
1983	SDN-EUNET/UUCPNET(기술, 학술정보 교환망) 연결, 해외 공중네트워크 (Public Data Network) 개통, 정보 검색 서비스 제공
1984	공중정보네트워크(PSDN) DACOM-Net 최초 연결 상용 전자우편 서비스 제공(데이콤)
1985	SDN-PACNET(아태지역 학술연구망) 연결, 한글 전자우편 서비스 제공, PC 통신 서비스 개시(데이콤)
1986	IP 주소(128.134.0.0) 국내최초 배정, 국가 도메인(.kr) 도입
1987	전자사서함(H-Mail) 서비스 제공, PC 뱅킹 서비스 개시
1988	SDN-MHSNET(학술용망) 연결, PC 통신 상용화 서비스 개시(천리안), 사설 게시판 등장, 바이러스(Brain) 최초 국내 침투 및 백신 개발
1989	교육망(KERN), 연구망(KREONet) 탄생, SDN-HANA망 구축(한국통신)
1990	SDN-HANA망 미국과 IP 기반 인터넷 연결
1991	주민등록등본 온라인 발급 서비스 개시
1993	행정종합네트워크 개통, 국내 최초 웹 사이트 개설(cair.kaist.ac.kr)
1994	상용 ISP(Internet Service Provider) 등장(한국통신, 데이콤, 아이네트 등), 인터넷 상용화 서비스 개시(한국통신)
1995	PC-인터넷 접속 시작, KIX 구축 및 서비스 개시, WWW 서비스 개시
1996	ISDN 공중망 개통, ISDN 인터넷 서비스 개시, 전자상거래 서비스 개시
1997	전용회선 서비스 시작, 초고속 국가망 인터넷 서비스 시작, 인터넷 주식 거래 서비스 개시, 검색, 이메일 등 무료 인터넷 서비스 개시
1999	인터넷 이용자 수 1,000만 명 돌파, IPv6 주소 최초 배정, ADSL 서비스 개시(하나로 통신), 인터넷 뱅킹 서비스 개시
2000	상용 ATM 교환망 개통, 한글 .kr 서비스 실시
2001	초고속망 구축 세계 1위(OECD), 인터넷 이용자 수 2,000만 명 돌파, 무선 인터넷 단말기 2,000만 대 돌파
2002	초고속인터넷 가입 1,000만 가구 돌파, 초고속 인터넷 보급 세계 1위, 무선랜 서비스 개시(네스팟)
2003	1.25 인터넷침해사고 발생, VDSL(20Mbps) 서비스 개시, 모바일 뱅킹 서비스 개시
2004	인터넷 이용자 수 3,000만 명 돌파, BcN 시범사업 추진, 홈네트워크 서비스 개시
2005	디지털기회지수(DO)[4] 세계 1위(ITU), WiBro 국제 표준 제정, 인터넷 전화(VoIP) 상용 서비스 개시
2006	FTTH(댁내 광케이블) 서비스 개시, 세계 최초 WiBro, HSDPA 서비스 개시

출처: 2007 인터넷 백서(한국인터넷진흥원)

[4] 인터넷 보급률 같은 인프라 보급과 소득 대비 통신 요금 비율 등 기회 제공, 인터넷 이용률 등을 종합 분석해 해당 국가의 정보통신 발전 정도를 종합적으로 평가한 지표

[표 1-2]
국내 인터넷의 발전과정

1.1.3 웹의 출현

TCP/IP 기반의 인터넷 서비스는 사람들이 정보를 교환하기 위한 훌륭한 도구이지만, 인터넷에 접속한 컴퓨터에 저장되어 있는 정보를 일반인이 검색하고 조회하는 것은 결코 용이한 일이 아니었다. 특히, 인터넷에 접속된 컴퓨터의 수와 정보의 양이 급속히 증가하면서 이러한 어려움은 증가하였다. 1989년에는 이러한 인터넷상의 정보의 검색과 조회를 용이하게 위해, 스위스의 원자연구센터인 CERN의 연구원이었던 팀 버너스 리(Tim Berners-Lee)가 하이퍼링크 기반의 문서 구조를 제안하였다. 하이퍼링크는 하나의 인터넷 문서에서 하이퍼링크를 통해 다른 문서로의 이동을 지원하는 방식이다. 1996년 팀 버너스 리는 하이퍼링크를 지원하는 네트워크 프로토콜 HTTP(HyperText Transfer Protocol)에 대한 RFC를 다른 동료들과 함께 제출했다.

1991년에 하이퍼링크 방식은 실제로 구현되어 인터넷에서 정보 검색과 조회를 위해 사용되었다. 이러한 방식의 정보검색 체계가 월드와이드웹(World Wide Web)이라고 불리게 된 것은 전 세계에 퍼져 있는 정보들이 하이퍼링크에 의하여 마치 거미줄처럼 구성되어 있다는 데에서 기인한다. 특히 월드와이드웹의 경우 사용자가 적절한 브라우저를 이용하면 다른 어떤 인터넷 서비스와 비교할 수 없을 정도로 효율적인 가치를 지니고 있다. 이러한 가능성에 주목한 일부 사람들은 월드와이드웹을 좀 더 편리하게 사용할 수 있게 하는 방법을 찾기 시작했다. 월드와이드웹은 바로 소수의 사람들만의 전유물로만 인정되던 인터넷을 세상 밖으로 나오게 하는 역할을 담당하였다. 팀 버너스 리가 제안한 하이퍼링크는 초기 인터넷을 지금의 모습으로 발전시킨, 인터넷 역사에서 중요한 기술로 인정되고 있다.

1.2 인터넷 관련 국내외 기구

인터넷은 정보의 자유로운 공유를 목적으로 형성된 네트워크이다. 따라서 인터넷을 통제하는 국가나 기관은 존재하지 않으며 사용자들에 의해 운용된다. 그러나 인터넷은 비영리 기구들에 의해 IP 주소와 도메인명 등과 같은 정보 자원들이 효율적으로 운영된다.

1.2.1 인터넷 관련 국제기구

1) ICANN(The Internet Corporation for Assigned Names and Numbers)

비영리 기구이지만 인터넷에서 국제적인 힘을 갖는 '국제 인터넷 주소 관리 기구'로서 새로운 도메인 체계의 도입, IP 주소 할당, DNS 관리, Root Server 관리 등을 담당한다. 2000년에는 biz, info, pro, name, aero, museum, coop 등의 일곱 가지 최상위 도메인을 새롭게 도입하였다.

2) ISOC(Internet Society)

인터넷의 발전에 관련된 기술을 논의하기 위해 만들어진 비영리 기구이다. 새로운 인터넷 기술에 대해 토론하고, 인터넷 표준 현황에 대한 리포트를 발간한다. ISOC 산하에는 IAB, IETF, IRTF 등을 두고 있다.

3) IAB(Internet Architecture Board)

IAB를 직역하면 '인터넷 아키텍처 위원회'로 인터넷에 대한 기술적인 내용과 정책적인 문제를 다루는 위원회로서 인터넷 구조 및 프로토콜 검토 등을 담당하며, 산하에 IESG와 IETF를 두고 있다.

4) IETF(Internet Engineering Task Force)

IETF는 RFC 문서 출판을 통해 인터넷 표준안을 제정하기 위한 기술 위원회로서, 인터넷 표준과 기술적인 문제를 토론하는 워킹그룹을 운영하고 있다.

5) IRTF(Internet Research Task Force)

IRTF는 컴퓨터 네트워크 연구자들의 모임으로 네트워크 기술에 관한 연구를 수행한다. 멀티캐스트 회의, 프라이버시 확장 메일 등의 기술을 제정하였다.

6) IANA(Internet Assigned Numbers Authority)

IP 주소 공간 할당 권한과 도메인 네임 할당 권한을 갖고 있으며, 이러한 업무를 ICANN이나 기타 조직에 위임하는 일을 담당한다.

7) W3C(World Wide Web Consortium)

월드와이드웹과 관련된 표준안을 만들고, 새로운 표준안을 제안하는 역할을 한다. HTML의 규격, 스타일시트(CSS), DHTML(Dynamic HTML)과 같은 웹 관련 기술에 대한 표준안을 만들고 있다.

8) NIC(Network Information Center)

NIC는 ICANN의 산하 기관으로 인터넷의 기능 유지와 이용 활성화를 위하여 인터넷 이용기관을 위한 주소 등록 서비스를 수행하고, 주요 정보 서비스를 제공하고 있다. NIC는 국가별, 대륙별로 분산되어 있는데, [그림 1-2]와 같이 아프리카는 AfriNIC(Regional Internet Registry(RIR) for Africa), 유럽은 RIPE-NIC(Réseaux IP Européens Network Coordination Centre), 아시아 태평양은 APNIC(Asia Pacific Network Information Centre), 북미는 ARIN(American Registry for Internet Numbers), 남미는 LACNIC(Latin American and Caribbean Internet Addresses Registry)가 담당하고 있다. 국가별 NIC는 대륙별 NIC의 산하 기관으로서 우리나라에는 KRNIC가 있다. 국가별 NIC에서는 상위 인터넷 정보센터와 정보 교환, 업무 협력, 기술 교류 등의 활동을 수행한다. [그림 1-2]는 전 세계 IP 주소 관리 체계를 보여주고 있다.

[그림 1-2]
전 세계 IP 주소
관리 체계

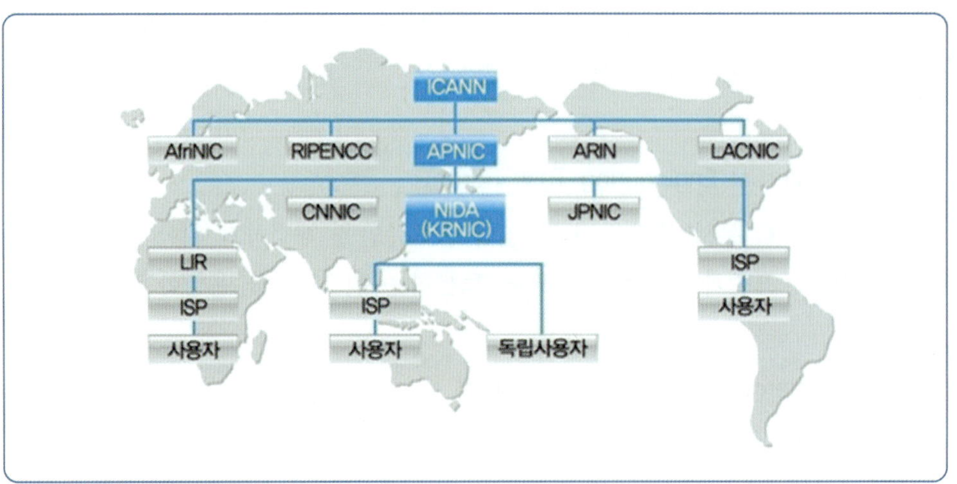

PLUS+

RFC(Request for Comments)
IETF에서 인터넷 기술을 구현하는 데 필요한 절차 등을 제공하는 공문서 간행물이다. ftp://www.rfc-editor.org/rfc.html에서 현재까지 발간된 RFC 문서를 볼 수 있다.

1.2.2 인터넷 관련 국내기구

1) KRNIC(Korea Network Information Center)

KRNIC는 '한국 인터넷 정보센터'로서 우리나라 인터넷의 중추기관 역할을 한다. 또한 국내의 IP 주소 할당, 도메인 네임 관련 데이터베이스 관리, 새로운 도메인 네임 도입 등을 수행한다.

2) 한국전산원(National Computerization Agency)

한국전산원은 1987년 정보통신부 산하의 특수법인으로 설립된 기구로, 전자서명에 대한 공인인증, 국가사회 정보화 기본계획 및 시행계획 수립, 초고속 국가망 구축, 전산망 표준 개발, 공공정보화 사업에 대한 감리 등의 업무를 수행한다.

3) 한국정보보호진흥원(KISA: Korea Information Security Agency)

한국정보보호진흥원은 정보 보호에 관한 제도적, 기술적 대책을 연구하는 기구이다. 정보화촉진기본법에 따라 1996년 설립하였으며, 정보 보호 정책 연구, 암호 기술 개발, 시스템·네트워크 보호 기술 개발, 정보 보호 기술 표준화, 전자서명인증관리체계 기반 강화 등의 업무를 수행한다.

4) 6Bone-KR

6Bone-KR은 IP 주소 부족을 해결하기 위해 새롭게 채택된 주소 체계인 IPv6를 확산시키기 위해 IPv6 관련 기술을 연구하는 사용자 그룹이고, IPv6 실험망인 '6Bone'을 운영하고 있다.

1.3 인터넷의 사용 현황

국내외 인터넷 사용 현황을 소개하고, 이를 통해 향후 인터넷의 성장추이에 대해 살펴본다.

1.3.1 전 세계 인터넷 이용 현황

전 세계 인터넷 이용자 수 및 이용률 변화 추이는 [그림 1-3]과 같이 지속적으로 증가하고 있다. ITU(International Telecommunication Union)에 따르면

2005년 말 기준으로 전 세계 인터넷 이용자 수는 약 9억8,038만7,000명(15.2%)으로 지난 5년 동안 약 5억 명(8.7%)이 증가한 것으로 나타났다. 컴퓨터의 가격이 급격히 떨어지고 있으며 후진국들의 컴퓨터의 보급률이 증가하면서 향후 인터넷 이용률은 더욱 증가 추세를 보일 것으로 전망된다.

(단위: 천 명, %)

[그림 1-3]
전 세계 인터넷 이용자 수 및 이용률 변화 추이

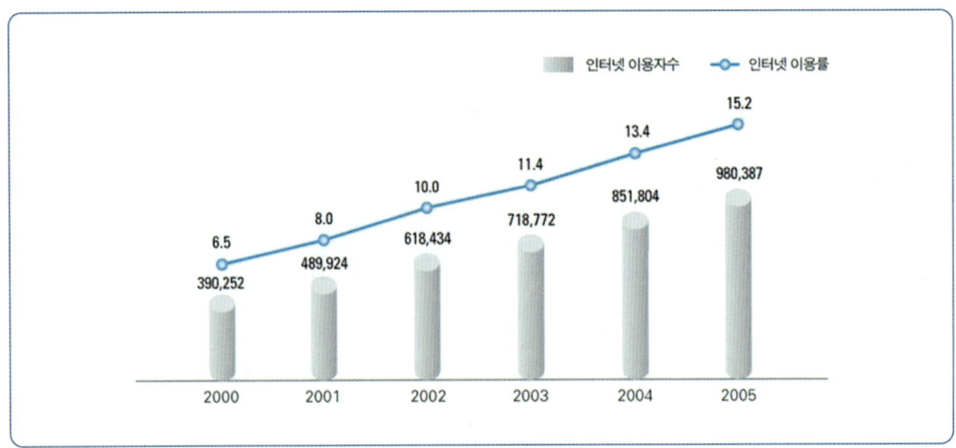

출처: ITU, World Telecommunication Indicator 2006, 2006.12

국가별 인터넷 이용자 수를 보면 [그림 1-4]와 같이 미국이 가장 높으며, 중국, 일본, 독일 순으로 나타났다. 한국은 3,301만 명으로 세계에서 6위를 차지했다.

(단위: 천 명)

[그림 1-4]
국가별 인터넷 이용자 수

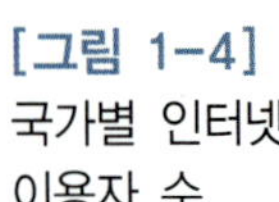

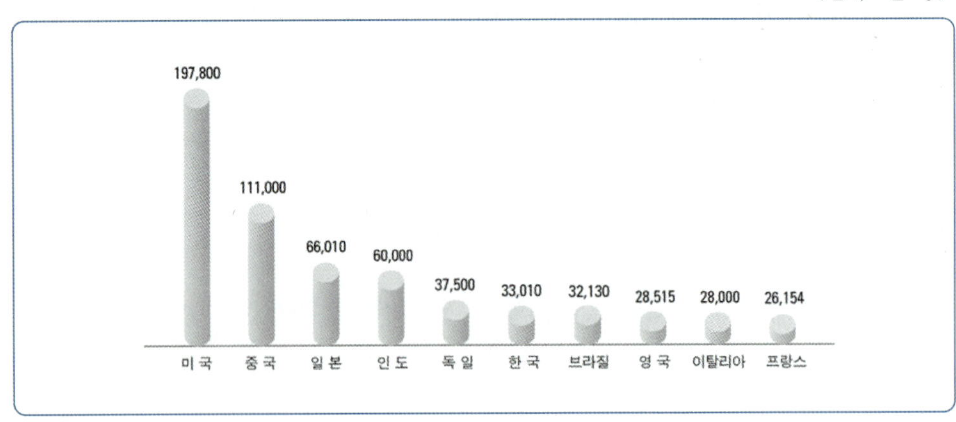

출처: ITU, World Telecommunication Indicator 2006, 2006.12

국가별 인터넷 이용률은 [그림 1-5]와 같이 아이슬란드가 87.8%로 가장 높고, 한국이 68.4%로 6위를 차지했다.

(단위: 천 명)

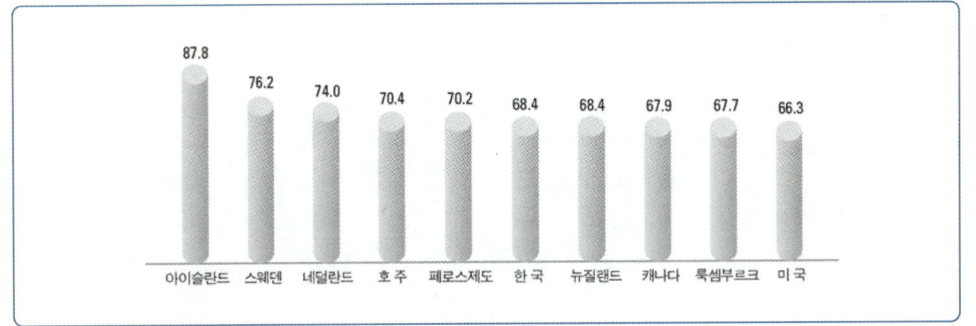

출처: ITU, World Telecommunication Indicator 2006, 2006.12

[그림 1-5]
국가별 인터넷 이용률

1.3.2 국내 인터넷 이용 현황

우리나라의 인터넷 이용은 [그림 1-6]과 같이 안정적 증가세를 지속하고 있는 것으로 나타났다. 인터넷 이용자 수는 2006년 12월 기준으로 3,412만 명(74.8%)에 이르고 있으며 2002년에 비해 30.1% 증가하였다.

(단위: 천 명, %)

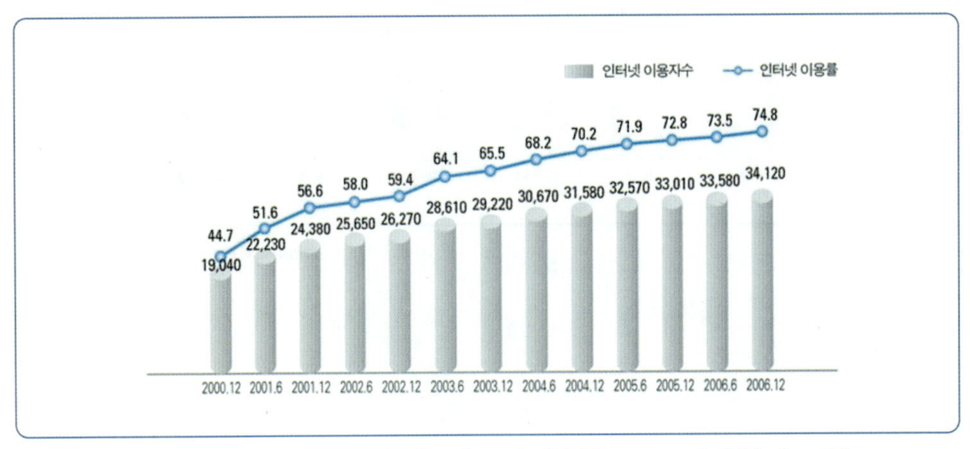

출처: 정보통신부 · 한국인터넷진흥원, 2006년 하반기 정보화실태조사, 2007.2

[그림 1-6]
인터넷 이용률 및
이용자 수

2006년 유형별 인터넷 이용률 및 이용자 수는 [그림 1-7]과 같이 인터넷 이용자 74.8% 중에 유선 인터넷 이용자 43.2%, 무선 인터넷 이용자 1.0%, 유무선 인터넷 모두 이용자 30.6%로 나타났다. 즉, 유선 인터넷 이용자는 모두 73.8%이고, 무선 인터넷 이용자는 모두 31.6%이다.

[그림 1-7]
유형별 인터넷
이용률 및 이용자 수

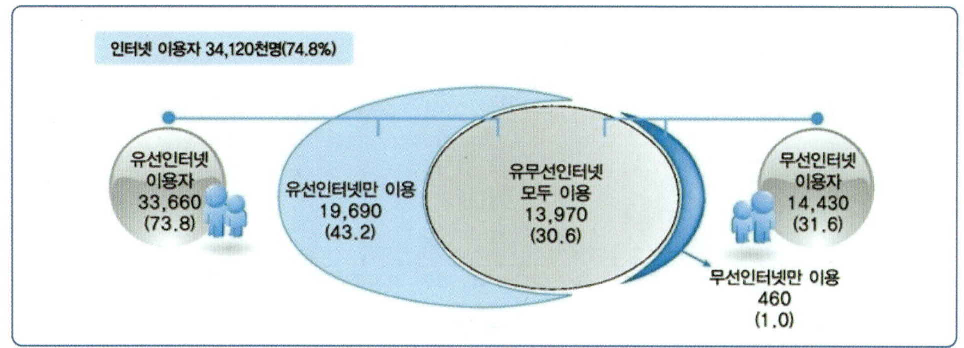

출처: 정보통신부 · 한국인터넷진흥원, 2006년 하반기 정보화실태조사, 2007.2

[그림 1-8]의 연령별 인터넷 이용률을 살펴보면 대부분의 연령대에서 인터넷을 이용하고 있는 것을 알 수 있다. 연령별로 살펴보면 20대가 98.9%로 가장 높고, 다음으로 6~19세 98.5%, 30대 94.6% 등의 순으로 나타났다.

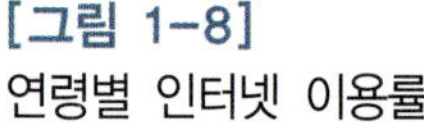
[그림 1-8]
연령별 인터넷 이용률

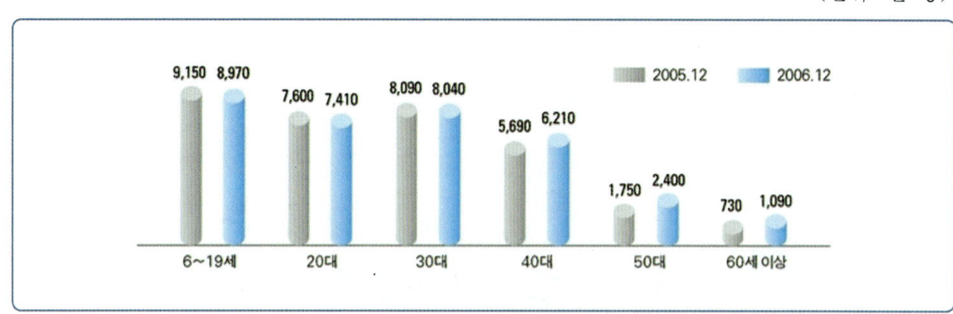

출처: 정보통신부 · 한국인터넷진흥원, 2006년 하반기 정보화실태조사, 2007.2

연습문제

01. 인터넷은 우리 생활에 많은 변화를 가져왔으며 삶의 일부분으로 자리를 잡고 있다. 이와 같이 우리 삶에 필수적인 요소인 인터넷에 대하여 정의하라.

02. 인터넷은 (　　　), (　　　), (　　　), (　　　), (　　　), (　　　), (　　　) 등의 특징을 갖는다.

03. 다음 중 최초의 인터넷망은 무엇인가?

① Usnet　　② NSFnet　③ Milnet　④ APRnet

04. 인터넷 관련 기구 중에서 아래와 같은 기능을 담당하는 곳은 어디인가?

> 인터넷의 발전에 관련된 기술을 논의하기 위해 만들어진 비영리 기구이다. 새로운 인터넷 기술에 대해 토론하고, 인터넷 표준 현황에 대한 리포트를 발간한다.

① ISOC　　② IRTF　③ IAB　④ IETF

05. 프로토콜(protocol)이란 무엇인지 설명하고, 인터넷에서 담당하는 기능을 설명하라.

06. 인터넷의 발전 단계에 대해 간단히 설명하라.

07. NIC는 인터넷의 기능 유지와 이용 활성화를 위하여 인터넷 이용기관을 위한 주소 등록 서비스를 수행하고, 주요 정보 서비스를 제공하고 있다. NIC는 국가별, 대륙별로 분산되어 있다. 아프리카는 (　　　), 유럽은 (　　　), 아태지역은 (　　　), 북미 지역은 (　　　), 남미 지역은 (　　　)가(이) 담당하고 있다.

연습문제

원리와 활용 중심의 인터넷 기술

08. KRNIC(Korea Network Information Center)의 역할에 대해서 설명하라.

09. RFC(Request for Comments)란 무엇인가?

10. 다음 중 국내 인터넷 발전 과정에 대해 잘못 설명하고 있는 것은 무엇인가?

① 1984년 상용 전자우편 서비스 제공
② 1999년 인터넷 뱅킹 서비스 시작
③ 1986년 최초 국내 IP 주소 배정
④ 1990년 PC-인터넷 접속 시작

11. 월드와이드웹과 관련된 표준안을 만들고, 새로운 표준안을 제안하는 역할을 한다. HTML의 규격, 스타일시트(CSS), DHTML(Dynamic HTML)과 같은 웹 관련 기술에 대한 표준안을 만들고 있다. 이와 같은 역할을 담당하고 있는 기관은 어디인가?

12. 인터넷은 지속적으로 발전해 오고 있으며 사용 인구 또한 지속적으로 증가 추세에 있다. 이와 같은 현황을 기반으로 향후 인터넷의 발전 방향에 대해서 설명하라.

2. 인터넷 기반기술

2.1 네트워크

네트워크는 사용자의 컴퓨터를 인터넷에 연결시켜 주는 게이트 역할은 물론 다양한 컴퓨터들이 서로 연결되어 정보를 주고받을 수 있는 뼈대와 같은 역할을 수행한다. 인터넷에서 이와 같이 중요한 역할을 수행하는 네트워크의 개요, 모델, 토폴로지, 종류, 장비들에 대해 학습한다. 네트워크 개요에서는 통신 및 네트워크 정의, 프로토콜 개념과 동작 원리를 살펴보고, 네트워크 모델에서는 클라이언트 서버 모델, 피어 투 피어 모델에 대해 학습한다. 네트워크 토폴로지에서는 네트워크 구성 방법을 살펴보고, 네트워크 종류에서는 거리에 따라 PAN, LAN, MAN, WAN 등을 살펴본다. 이와 함께 네트워크에서 사용되는 전송장비 및 전송매체에 대해 학습한다.

2.1.1 네트워크의 개요

1) 통신의 정의

교통(사람/물자의 이동), 전력(에너지의 이동)과 통신(정보의 이동)은 현대 사회를 구성한다. 오늘날의 사회는 고도의 정보화 사회로 진입이 가속화되고 있고, 정보는 에너지 이상으로 유용한 자원이 되었으며, 정보의 생산/가공/유통 과정을 통해 고부가 가치를 만들어내고 있다. 그 결과 통신의 중요성은 한층 더 증가하고 있다.

통신의 어원은 '공유한다'는 의미를 갖는 라틴어의 'communicare'에 있다. 일반적으로 통신은 송신자와 수신자 사이에 전송매체인 통신로를 통하여 정보를 전달하는 것 또는 그 과정으로 정의하며, 정보를 정확하게 전달하는 것을 목적으로 한다. 통신을 위해서는 다음과 같은 요소들이 필요하다.

첫째, 대화를 나눌 두 상대방(정보원)이 있어야 한다. 즉, 송신자와 수신자가 있어야 한다.

둘째, 정보를 전달하기 위한 통로(매체: 공기, 전화선)가 있어야 한다.

셋째, 의사소통에 필요한 공통언어가 있어야 한다.

마지막으로, 대화를 위한 적절한 형식이 필요하다. 즉, 정확한 의사소통을 위한 약속된 규약인 프로토콜이 필요하다.

[그림 2-1]은 통신에 필요한 요소들을 나타내고 있다.

[그림 2-1]
통신에 필요한 요소

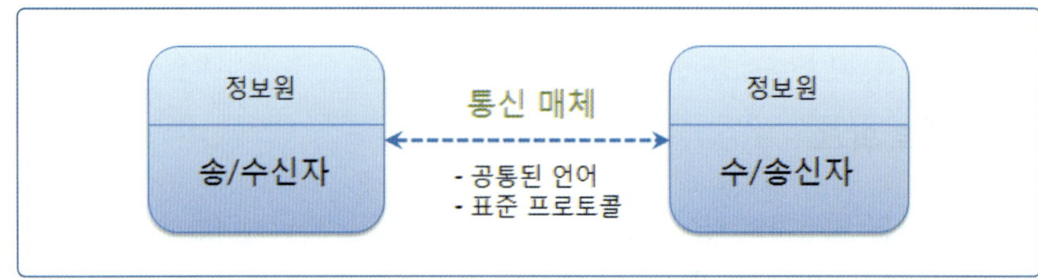

2) 네트워크의 정의

네트워크는 통신선로에 의해 서로 연결되어 있는 일련의 정보원(노드(node))과 통신매체(링크(link))의 집합을 의미한다. 네트워크는 다른 네트워크에 연결될 수 있고, 서브 네트워크를 포함할 수 있다. 즉, 네트워크는 두 대 이상의 컴퓨터를 연결하여 근거리나 원거리 통신을 제공하고 서로 연결된 요소들 간의 데이터를 전송할 수 있도록 해 준다.

예를 들면, 사무실에 하나의 컴퓨터에만 프린터가 연결되어 있다면 프린터가 연결되어 있지 않은 컴퓨터에서 파일을 인쇄하기 위해서는 USB나 CD에 복사하여 프린터가 연결된 컴퓨터에서 인쇄해야 한다. 그러나 컴퓨터들이 네트워크로 연결되어 있다면 프린터를 공유하여 네트워크에 연결된 모든 컴퓨터에서 프린터를 이용하여 인쇄할 수 있다. 이와 같이 네트워크는 다양한 장점들을 제공해 준다.

3) 프로토콜의 개념

컴퓨터의 이용 범위가 확대되고, 데이터 통신의 주역이 됨에 따라 네트워크와 관련된 하드웨어와 소프트웨어의 종류도 비약적으로 다양화되었고 이들을 공급하는 제조업체도 증가하였다. 이는 사용자 입장에서 선택의 폭이 넓어져 좋은 점도 있으나 제조업체들 사이의 표준안이 마련되어 있지 않아 각 제조업체들의 제품 간에 호환성을 갖지 못해 이기종 간의 통신에 어려움이 생기게 되었다. 따라서 이기종의 네트워크 관련 하드웨어나 소프트웨어 사이에 상호 운용될 수 있는 합의된 공개적인 인터페이스(interface)의 개발이 필요하게 되었는데, 이것이 프로토콜이다. 즉, 프로토콜은 통신을 위해 사람들이 정해 놓은 규약으로 서로 다른 장치나 컴퓨터 간의 데이터 통신에 필요한 규약이다. 컴퓨터에서 데이터 전달은 단순히 0과 1의 이진 형태로 구성된 데이터가 전달되는 것이다. 그러나 서로 다른 기종의 소프트웨어를 사용하는 컴퓨터 간에 통신을 하기 위해서는 보내는 장소, 목적지, 보낸 시간, 보낸 사람 등의 부가 정보가 필요하다. 프로토콜에서는 데이터를 전송하기 위해 데이터를 부가 정보로 포장하여 보내는 역할과 수신 쪽에서 보내진 부가적인 정보를 해석하고, 이를 이용하여 데이터를 추출하는 역할을 담당한다. 여기서는 대표적인 프로토콜인 TCP/IP와 HTTP에 대해 학습한다.

(1) TCP/IP(Transmission Control Protocol / Internet Protocol)

알파넷의 사용자가 증가하면서 많은 기능들이 보강되었고, 접속을 원하는 컴퓨터의 기종들도 다양해짐에 따라 알파넷의 운영자들은 NCP(Netware Core Protocol)[1] 프로토콜이 다른 네트워크들과 연결하는 데 부적합하다는 결론을 내리고 TCP/IP라는 새로운 통신 프로토콜로 전환하게 되었다.

1974년에 빈튼 G. 서프(Vinton G. Cerf)가 인터넷의 핵심 프로토콜인 TCP 프로토콜을 만들었으며, 1982년에는 TCP/IP가 인터넷의 표준 프로토콜로 채택되었다. TCP/IP 프로토콜로 인해 컴퓨터 상호 간의 정보 전달을 위한 언어가 통일되었으며, 본격적으로 알파넷에 접속하는 사용자들이 급격히 늘어나게 되었다. 1983년에 미 국방성은 미 국방성만 사용할 수 있는 밀넷(MILNET)을 일반 사용자들의 정보 교환을 위한 알파넷으로부터 분리하였다. 이때 알파넷에 접속을 원하는 모든 컴퓨터들은 TCP/IP 프로토콜을 사용되도록 의무화되었고, 이러한 TCP/IP의 채택과 사용자 급증의 결과로 알파넷은 거대한 네트워크로 전환하게 되었는데, 이것이 바로 인터넷이다. [그림 2-2]는 인터넷의 기본적인 TCP/IP 프로토콜의 원리를 보여주고 있다.

---

[1] 미국의 노벨이 개발한 근거리 통신 운영체제인 Netware에서 제공하는 클라이언트와 서버 간의 교환 프로토콜이다.

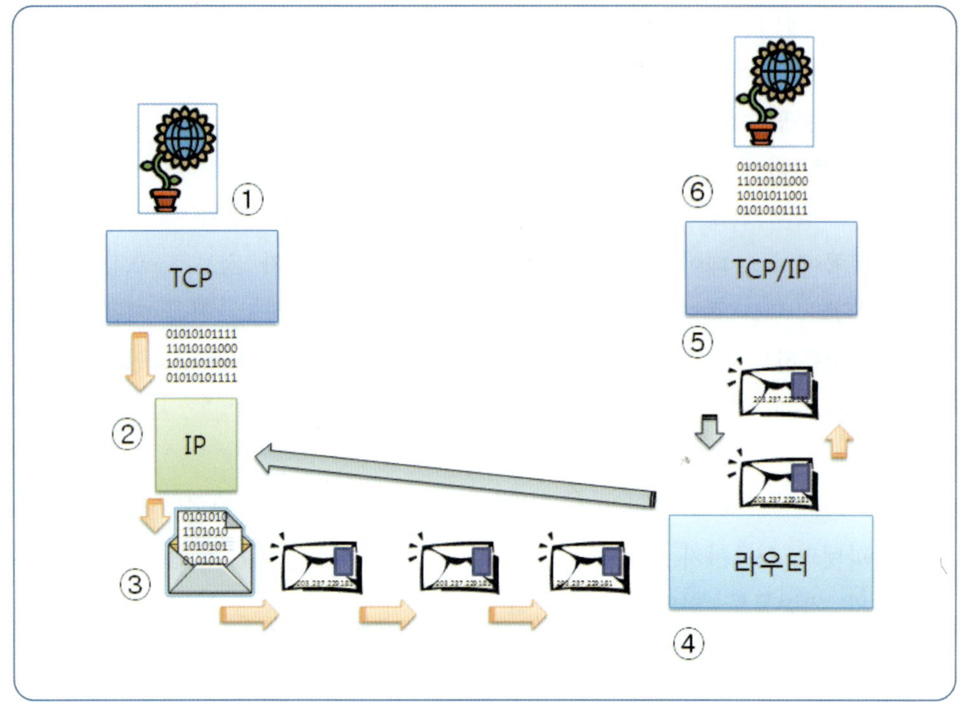

① 인터넷을 통해 자신의 컴퓨터에서 다른 컴퓨터로 데이터를 전송할 때, 데이터는 작은 단위의 패킷으로 분할된다. 모든 패킷이 도착하면 원래의 데이터 형태로 재구성된다. TCP는 데이터를 패킷으로 분할하고 나중에 패킷을 수신한 컴퓨터에서 재결합하는 역할을 담당한다.

② 각 패킷은 여러 종류의 정보를 포함하는 헤더를 포함한다. 이 헤더에는 다른 패킷과 어떤 순서로 결합해야 하는지에 대한 정보들이 들어 있다. IP는 패킷을 전송하는 역할을 담당한다.

③ 각 패킷들은 IP 봉투에 담겨지는데, 이 봉투에는 전송자 주소, 목적지 주소, 패킷 보존 기간 등 많은 정보들을 포함하고 있다.

④ 패킷이 인터넷으로 전송될 때 라우터는 중간에서 IP 봉투를 검사하여 주소를 살펴본다. 이 라우터는 각 패킷이 최종 목적지로 가기 위한 가장 가까운 이웃 라우터로 전송될 수 있도록 가장 효율적인 경로를 결정한다.

⑤ 패킷이 목적지에 도착하면 TCP가 각 패킷의 체크섬(checksum)[2]을 계산한다. 계산된 체크섬과 전송된 패킷에 있는 체크섬을 비교하여, 만일 두 체크섬이 일치하지 않으면 이 패킷을 폐기하고 원래 패킷을 다시 전송하도록 요청한다.

---

[2] 체크섬은 수신자가 같은 수의 비트가 도착했는지를 확인할 수 있도록 전송단위 내의 비트 수를 센다. 만약 계산이 맞으면, 오류 없이 정상적으로 수신된 것으로 간주된다.

⑥ 정보가 전송되는 목적지 컴퓨터로 모든 패킷이 손상되지 않고 전달되면 TCP가 이들을 원래의 데이터 형태로 재결합한다.

(2) HTTP(Hypertext Transfer Protocol)

HTTP는 인터넷에서 웹 서버와 클라이언트가 HTML 문서의 송수신을 위해 사용하는 프로토콜이다. 웹을 개발한 팀 버너스 리가 개발했으며, 웹 클라이언트에서 URL을 지정할 때 HTTP라고 명시하는 것이 바로 이 프로토콜을 호출하는 것이다. [그림 2-3]과 같이 HTTP 프로토콜은 기본적으로 클라이언트가 서버에 요구(request)를 송신하고, 그것에 대해 서버가 응답(response)하는 형식으로 되어 있다 즉, 원하는 프로토콜 기능(예: GET, HEAD, POST)에 대해 서비스 요구를 하면 데이터 송수신을 위한 TCP 연결이 만들어지고, 서버가 응답을 보내어 데이터 전송을 끝내면 자동적으로 연결이 끊어지게 된다. 클라이언트가 서버와 TCP 연결을 만들고 클라이언트 정보와 서버에게 전달할 내용 데이터를 포함하여 요구 메시지의 형태로 서버에게 보낸다. 이에 대해 서버는 상태 정보를 보내는데, 프로토콜 버전, 성공 또는 오류코드 번호, 전달할 내용 데이터 등을 포함하는 응답 메시지를 클라이언트에게 보낸다. 대부분의 HTTP 통신은 사용자 에이전트가 생성시키고 목적지 서버에 있는 대상 자원에 적용할 요구 메시지를 전달하는 것이다.

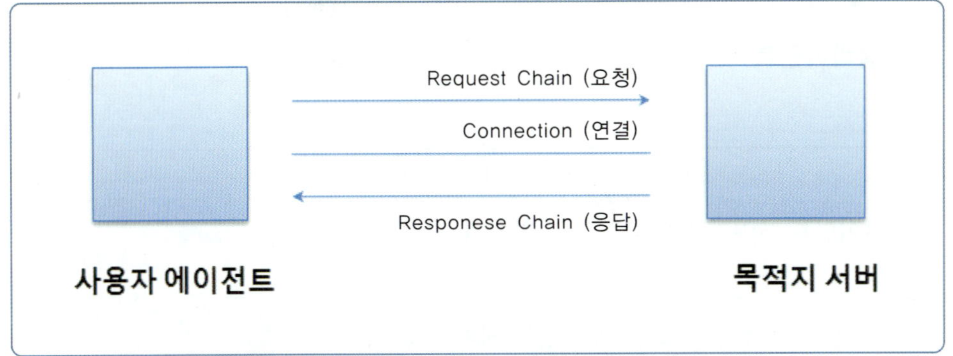

[그림 2-3]
HTTP 작동 원리

2.1.2 네트워크 모델

네트워크 모델은 호스트 터미널 모델, 클라이언트 서버 모델, 피어 투 피어 모델로 분류할 수 있다. 호스트 터미널 모델은 메인 프레임 또는 호스트라고 하는 대형 컴퓨터에 단말기를 연결하여 사용하는 방식으로 예전에 많이 사용하였으나 현재는 일부 금융권, 학교, 기업 등 대형 전산실에서만 사용되고 있다. 현재 대부분의 네트워크에서는 클라이언트 서버 모델과 피어 투 피어 모델을 단독으로 사용하거나 혼합된 형태로 사용되고 있다. 이 책에서는 널리 사용되고 있는 클라이언트 서버 모델과 피어 투 피어 모델에 대해 학습한다.

1) 클라이언트 서버 모델

클라이언트 서버 모델은 모든 자원들을 서버에서 관리하면서 클라이언트의 요청에 따라 필요한 정보를 제공하는 모델이다. 클라이언트와 서버는 프로그램 또는 컴퓨터를 의미한다. 예를 들어 웹 브라우저를 이용해서 웹 서버에 접속하면 웹 서버라는 컴퓨터에 저장된 HTML 양식의 문서를 인터넷을 통해 내 컴퓨터로 가져오게 된다. 즉, 웹 서버에 존재하는 자원을 웹 브라우저를 실행한 컴퓨터로 가져오게 된다. 이때 웹 브라우저를 실행하는 컴퓨터는 클라이언트가 되며 HTML 문서를 제공하는 웹 서버는 서버가 된다. 대표적인 클라이언트 서버 모델로는 웹 서버, FTP 서버, 메일 서버, 프린터 서버 등이 있다. [그림 2-4]는 클라이언트 서버 모델의 작동 원리를 보여주고 있다.

[그림 2-4]

클라이언트 서버 모델

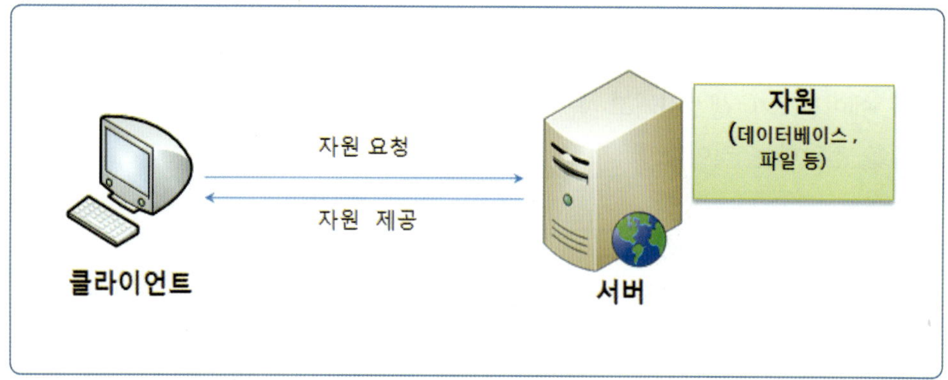

클라이언트 서버 모델의 장점은 다음과 같다.

- 강력한 중앙집중식 보안 체계 관리 기능
- 중앙집중식 파일 저장을 통해서 네트워크에서 효율적인 데이터 사용과 관리가 가능하며 데이터를 쉽게 백업
- 서버의 하드웨어와 소프트웨어를 공동으로 사용할 수 있기 때문에 시간과 비용을 절감
- 공유된 네트워크 자원을 이용할 때 빠르고 체계적으로 제공

클라이언트 서버 모델의 단점은 다음과 같다.

- 고가의 전용 서버와 네트워크 운영체제가 필요
- 전문적인 지식이 있는 관리자가 필요

2) 피어 투 피어(peer-to-peer) 모델

피어 투 피어 모델은 서버와 클라이언트가 별도로 존재하지 않는다. 즉, 모든 컴퓨터가 서버이며 동시에 클라이언트이다. 중앙에서 관리하는 서버가 별도로 없으므로 모든 사용자들은 서로의 자원 등을 네트워크를 통하여 공유한다. 그러므로 각자가 일정한 서비스의 제공자이며 동시에 서비스의 요청자이기도 하다. 이와 같은 모델에서는 각각의 PC 사용자들이 자기 PC의 자원을 관리하고 공유하는 일을 책임져야 하는데, 이러한 작업은 워크그룹이라는 일정 범위 내에서 이루어진다. 대부분의 소규모 랜은 피어 투 피어 환경을 사용하는데, 고가의 서버 장비나 소프트웨어를 운용하기 힘든 소규모 업체에 유용하다. [그림 2-5]는 피어 투 피어 모델을 나타낸다.

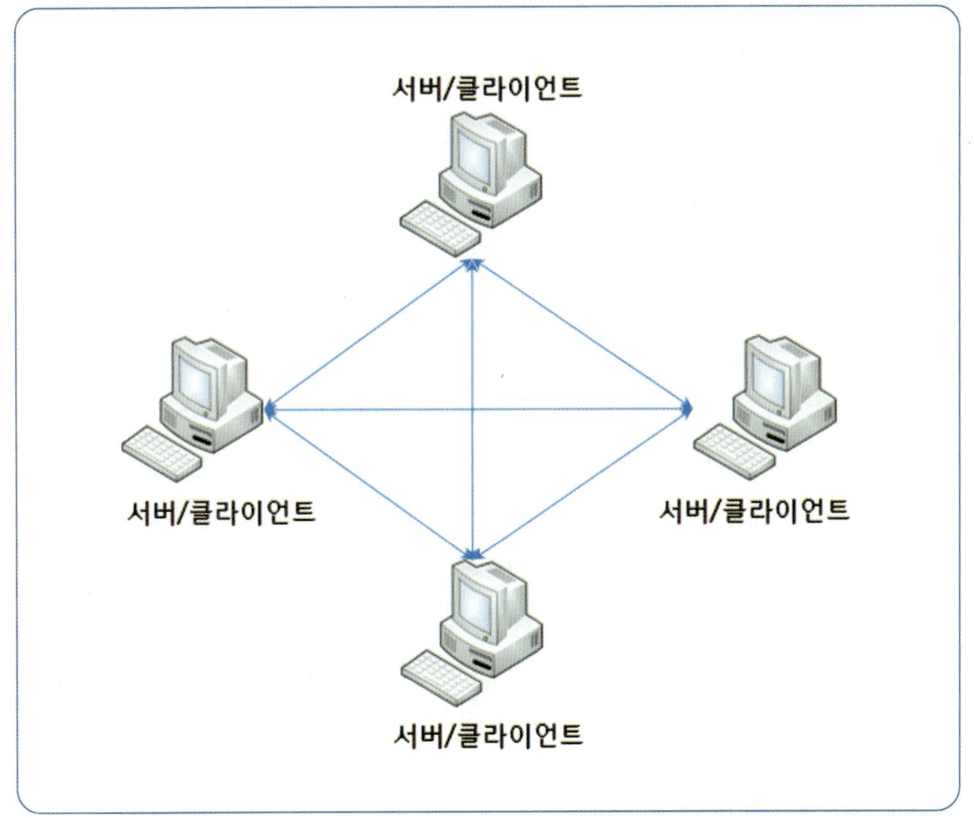

[그림 2-5]

피어 투 피어 모델

피어 투 피어 모델의 장점은 다음과 같다.

- 요구되는 서버 장비나 소프트웨어에 대한 추가적인 비용부담이 없음
- 시스템 설정이 쉬움
- 모든 사용자가 자원의 공유를 직접 관리
- 작업의 수행을 위해 다른 컴퓨터에 의존하지 않음
- 구축비용이 저렴

피어 투 피어 모델의 단점은 다음과 같다.

- 자신의 작업과 다른 사용자가 요청한 작업을 동시에 처리해야 하기 때문에 컴퓨터에 부하가 발생
- 많은 네트워크 접속을 제어할 수 없음
- 파일의 보관이 각각의 컴퓨터에서 이루어지기 때문에 비효율적이고 중복된 파일이 발생
- 모든 사용자가 컴퓨터에 잘 알고 있어야 함
- 관리하기가 어려움

2.1.3 네트워크 토폴로지

지금까지는 네트워크에 연결된 컴퓨터들의 역할 및 기능에 따라 클라이언트 서버 모델과 피어 투 피어 모델에 대해서 알아보았다. 여기서는 네트워크를 구성하는 방법인 토폴로지에 대해 학습한다.

토폴로지(topology)는 네트워크를 구성하는 노드와 이 노드들 간의 연결 상태에 대한 정보들을 나타내며, 네트워크 구조 또는 회선 구성 방식이라고 한다. 이러한 구성 방식에는 회선망과 전송망의 두 가지가 있는데, 네트워크를 디바이스나 교환국을 나타내는 점과 전송로를 표시하는 선의 집합체로 보고, 트래픽에 따라 전송매체와 교환 장치들을 가장 효율적으로 배치하는 것을 회선망이라고 한다. 그리고 각종 전송로가 실제의 도로, 지형 등의 영향을 받으면서 부설되는 망을 전송망이라고 한다. 토폴로지는 크게 성형, 링형, 버스형, 트리형으로 분류된다.

1) 성형 토폴로지(star topology)

중앙에 주 컴퓨터가 있고 모든 단말기들이 중앙 컴퓨터와 직접 연결되는 방

식으로, 중앙집중식 혹은 방사형 네트워크라고도 한다. 중앙의 컴퓨터에서 네트
워크를 총괄하므로 통제가 쉽고 단말기의 입장에서는 응답이 빠르며, 고장의 발
견과 수리가 쉽고 단말장치의 고장이 전체 네트워크에 영향을 미치지 않는다.
그러나 주 컴퓨터에 많은 부하가 걸리고, 주 컴퓨터의 장애 시에는 전체 네트워
크가 마비되므로 신뢰성이 떨어진다. 또한 처음 설치할 때 케이블링에 많은 비
용과 인력이 소요된다. [그림 2-6]은 성형 토폴로지를 나타내고 있다.

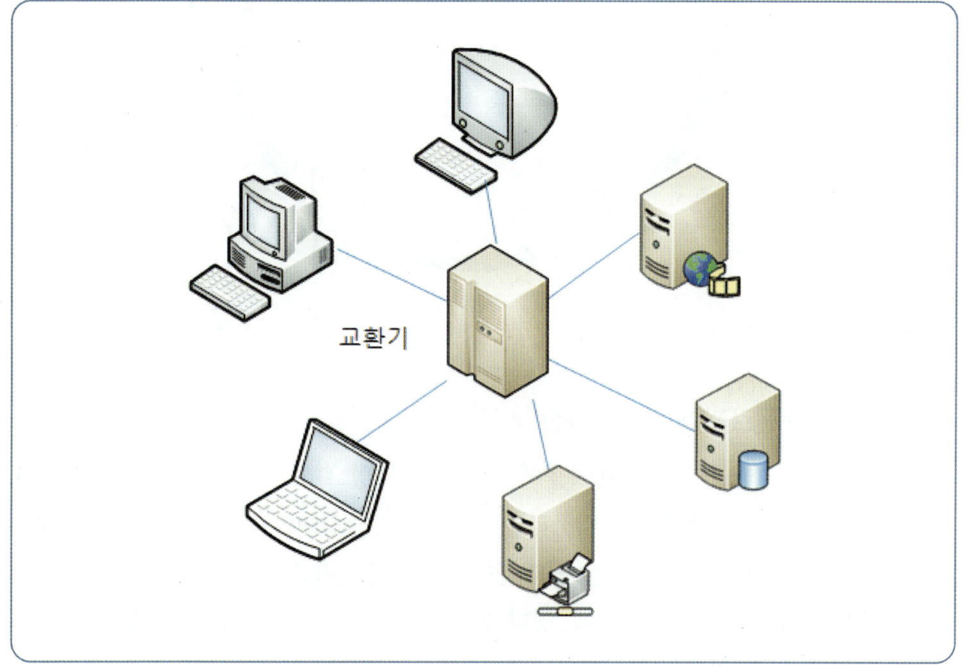

[그림 2-6]

성형 토폴로지

2) 링형 토폴로지(ring topology)

각각의 컴퓨터가 이웃 컴퓨터와 연결되어 있고, 이것이 연속적으로 루프나 원
을 이루고 있는 기하학적으로 폐쇄된 형태이다. 장거리 데이터 통신에서는 별로
사용하지 않고 주로 근거리 통신에서 사용된다. 링형 구조는 전체가 고리 모양
을 이루는 컴퓨터 네트워크로, 연결되는 컴퓨터들이 근접되어 있을 때는 경제적
이고 양방향이므로 한쪽 채널이 끊겨도 통신이 가능하지만 원거리 통신에 불리
하고 통신 소프트웨어가 까다롭다. 또한 노드의 변경이나 추가가 어려우며, 한
단말기의 고장이 다른 전체 네트워크에 영향을 미치는 단점이 있다.

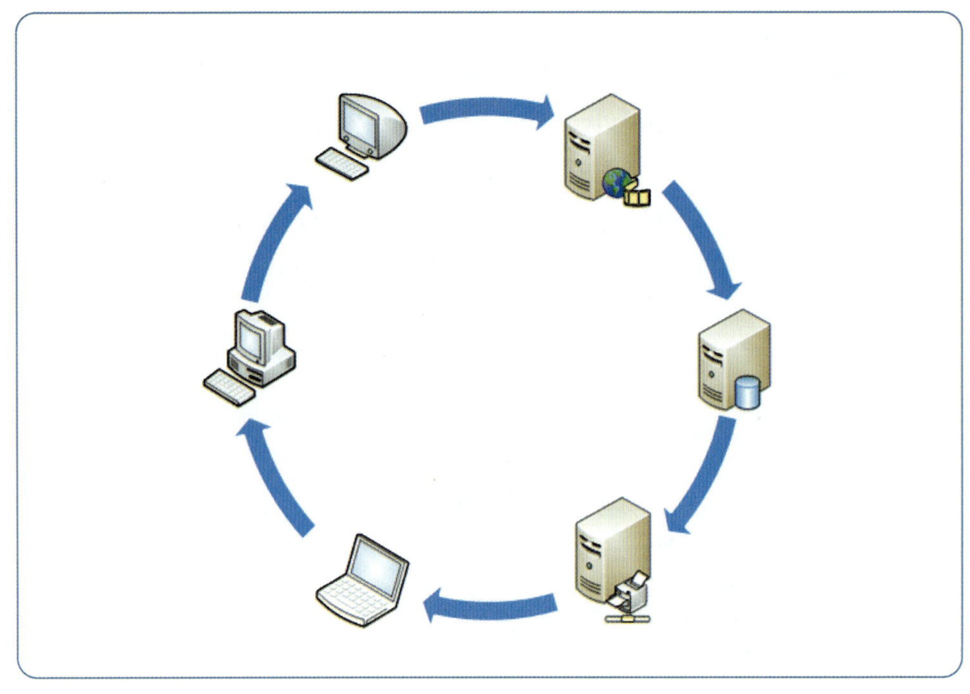

3) 버스형 토폴로지(bus topology)

각 장치들이 한 줄의 긴 케이블에 모두 물려 있으며, 각 장치가 케이블을 버스로 사용하는 것을 말한다. 버스라는 공통배선을 사이에 두고 이 버스에 모든 단말기를 연결한다. 이 형태는 케이블에 소요되는 비용이 최소이며, 각 노드의 고장이 네트워크의 다른 부분에 영향을 미치지 않으므로 신뢰성이 좋다. 이 구조는 산업용 LAN의 표준인 이더넷에 널리 사용된다.

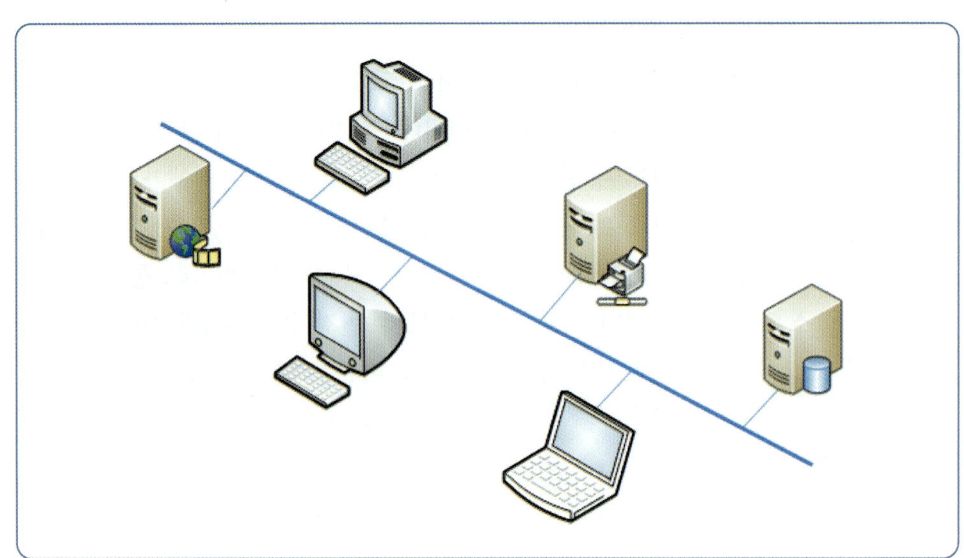

4) 트리형 토폴로지(tree topology)

버스형과 성형이 혼합된 형태이다. 데이터를 저장하는 노드들이 루트(root) 노드라고 하는 노드를 가장 상위로 하여 계층적으로 구성되어 있는 것으로 한 노드에는 그의 자식(child) 노드들이 연결되며, 자식 노드들은 또 자신의 자식을 가질 수 있다. 한편 어떤 노드의 바로 상위 노드를 그 노드의 부모 노드라 한다. 트리는 계층적인 형태를 표현하는 데 사용되며, 여러 분야에서 매우 널리 사용되는 중요한 구조이다([그림 2-9] 참조).

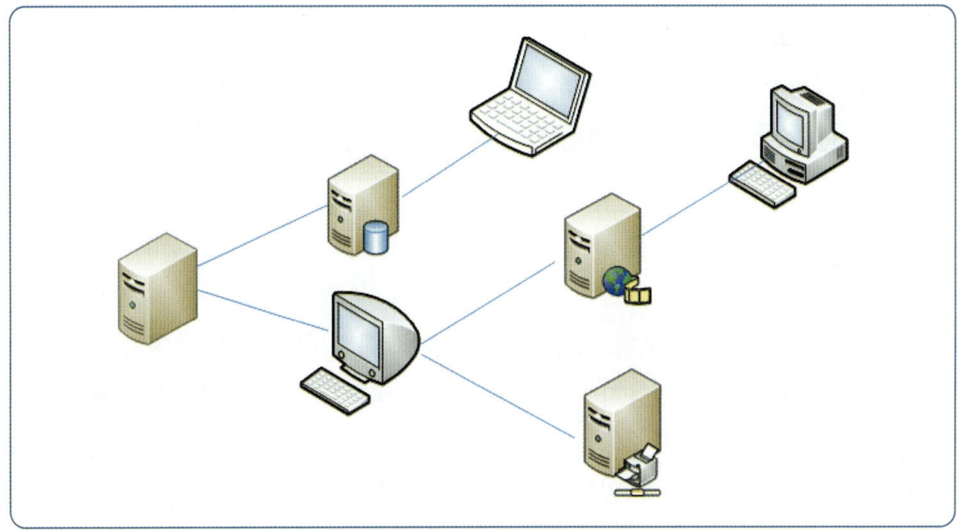

[그림 2-9]
트리형 토폴로지

2.1.4 네트워크 종류

앞에서 네트워크를 구성하는 방법에 대해 알아보았다. 여기서는 거리에 따라 네트워크를 PAN, LAN, MAN, WAN으로 분류하고, 각 특징에 대해 학습한다.

1) PAN(Personal Area Network)

PAN은 대개 10m 안팎의 개인 영역 내에 위치한 단말기들 간의 상호 통신을 말한다. PAN은 무선 기능을 기본으로 갖고 있기 때문에 WPAN(Wireless Personal Area Network)과 같은 뜻으로 사용된다.

2) LAN(Local Area Network)

LAN은 비교적 근거리의 제한된 영역 내의 단말기들 간에 통신을 하는 것으로서, 주로 건물 내부나 단지 내 네트워크를 구성하는 것을 말한다. 하지만 기술의 발달로 인해 그 한계가 넓어지고 있다. 그리고 다른 네트워크에 비해 고속의 서비스를 제공한다.

3) MAN(Metropolitan Area Network)

MAN은 LAN의 확장된 개념으로 LAN보다는 넓은 지역에 분포하고 있는 연관성이 있는 LAN 상호 간에 접속해 놓은 네트워크이다. LAN보다는 속도 면에서 떨어지나, WAN에 비해 비교적 고속으로 처리되는 구조이다.

4) WAN(Wide Area Network)

WAN은 광역 네트워크로, 지리적으로 넓은 지역에 분산 배치되어 있는 단말기들을 서로 묶어 주는 네트워크이다.

2.1.5 네트워크 장비

지금까지 네트워크의 모델, 토폴로지, 종류에 대해 학습하였다. 여기서는 지금까지 학습한 내용들을 이용하여 네트워크를 구축하는 데 필요한 장비들에 대해 알아본다.

네트워크를 구축하는 데 있어서 관련된 기술이나 방법이 다양한 만큼 소요되는 장비도 매우 다양하다. 네트워크로 연결될 두 지점 간의 거리, 네트워크를 사용할 인원 수, 발생되는 데이터의 양, 연결하는 두 네트워크의 네트워크 방식, 네트워크가 처리해야 하는 신호의 유형 등 여러 가지 조건에 따라 사용되어야 할 네트워크 장비가 결정된다. 여기서는 네트워크 구축에 필요한 전송매체 및 전송장비에 대해 알아본다.

1) 전송매체

전송매체란 데이터 통신 시스템을 구성하는 단말기 등의 여러 장치들 사이에서 발생된 정보들이 이동되는 정보의 전송로를 말한다. 즉, 네트워크상의 각 노드를 연결시켜 주는 물리적인 채널을 말하는 것으로 유선 매체와 무선 매체로 분류된다. 유선 전송매체의 종류로는 일반 전화통화의 전송에 사용되는 꼬임선, 케이블의 재료에 따라 이름 붙여진 동축케이블, 광섬유케이블 등이 있다. 무선 전송매체로는 빛과 전파 등을 이용하는 무형의 매체인 위성 마이크로파, 라디오파, 지상 마이크로파 등이 있다.

(1) 유선 매체

전기통신이 시작된 이후 통신기술은 혁신적인 진화를 해 왔다. 그중에서도 전송기술은 거리와 시간을 극복한다는 통신의 본질적 기능을 달성하는 중요한 요소로서 다방면에 걸쳐서 획기적으로 발전되어 왔다. 초기의 전송매체로는 가공나선이 주로 사용되어 왔으나 현재는 UTP, 꼬임선, 동축케이블, 광섬유케이블 등이 사용되고 있다. 유선 매체는 각각의 통신 장치에서 발생된 정보의 신호가 유선의 선로를 따라 일정하게 전달되므로 무선 매체에 비해 외부 간섭이 적어 신뢰도가 높게 정보를 전달할 수 있다. [표 2-1]은 유선 매체의 데이터 전송속도, 대역폭, 중계기 설치구간에 관한 특징들을 보여주고 있다.

통신회선	데이터 전송속도	대역폭	중계기 설치구간
UTP	1Gbps	1MHz~600kHz	100m
꼬임선	1Mbps	250kHz	2~10km
동축케이블	500Mbps	350kHz	1~10km
광섬유케이블	1Gbps	1GHz	10~100km

[표 2-1]
유선 매체의 전송 특징

가. 매체의 종류

① 꼬임선(twisted pair cable)

선들 간의 간섭 현상을 줄이기 위해 2가닥을 한 조로 한 여러 개의 쌍을 한 다발로 묶어 보호용 외피로 케이블을 감싼 형태의 케이블이다. 잡음이나 전송거리, 전송률, 전송속도 등에 많은 제약점을 갖고 있으나 노드 부착이 쉽고, 가격이 저렴하고, 음성 신호에 적합해 전화선이나 단거리 건물 내 통신 수단으로 많이 사용된다. 또한 디지털 신호와 아날로그 신호 모두 전송할 수 있다. 꼬임선은 서로 평행한 통신선보다 외부 자장으로부터의 영향을 적게 받으며, 음성을 비롯하여 데이터 및 화상 신호 등 다중화되어 있지 않은 베이스밴드 신호를 전송하는 방식과 음성을 수십 회선 정도의 규모로 다중화하여 전송하는 방식에 주로 사용된다. 차폐 여부에 따라 STP(Shielded Twisted Pair)와 UTP(Unshielded Twisted Pair)로 나누어진다. STP는 꼬임쌍 위에 외부 전파 간섭 차단용 그물형 도선을 씌운 것이고, UTP는 이러한 도선을 씌우지 않은 것이다. [그림 2-10]은 STP용 꼬임선을 나타내고 있다.

[그림 2-10]
STP용 꼬임선

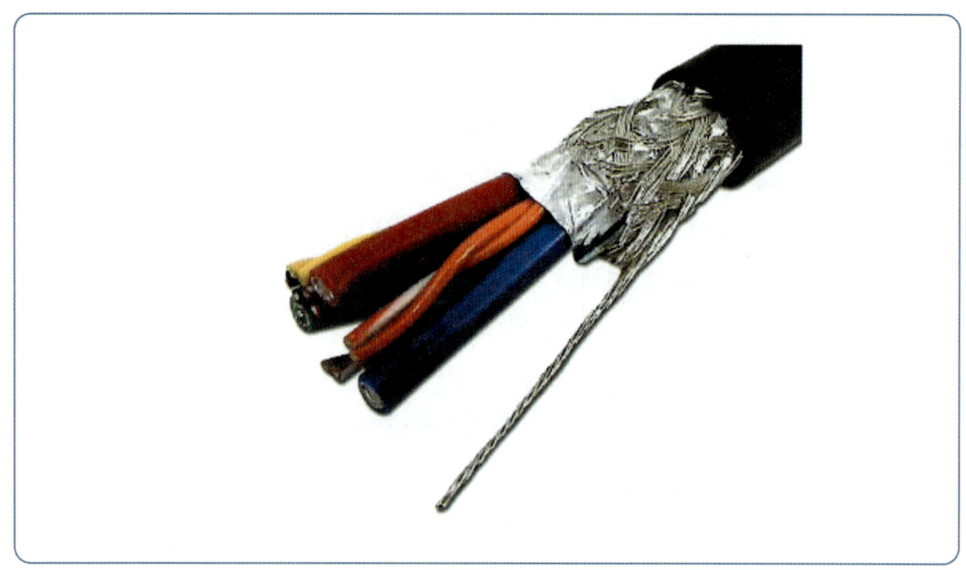

② UTP 케이블

UTP 케이블은 한 개의 케이블 안에 8개의 실선들이 서로 꼬아진 상태로 만들어진 케이블이다. UTP 케이블은 RJ-45 커넥터를 이용하여 네트워크 카드와 허브 및 스위치를 연결한다. UTP 케이블은 한 쌍의 시스템 연결에 사용 가능하므로, 케이블 각각이 허브 혹은 스위치에 연결된다. 그러므로 여러 대의 시스템을 연결할 경우 케이블링이 어렵다는 단점이 있다. UTP는 미국 전자산업협회(Electronic Industries Alliance)에서 [표 2-2]와 같이 품질에 따라 카테고리로 등급을 분류한다. 품질이 가장 좋은 등급은 카테고리 6이며, 가장 낮은 등급은 카테고리 1이다. 현재 대부분 카테고리 5, 6이 사용된다.

[표 2-2]
UTP 카테고리의 종류 및 특징

구분	특징
카테고리 1	전화통신에서 사용되며 데이터를 전송하는 데 적합하지 않다.
카테고리 2	최대 4Mbps까지의 속도로 데이터를 전송할 수 있다.
카테고리 3	최대 10Mbps 속도로 데이터를 전송할 수 있다.
카테고리 4	최대 16Mbps의 속도로 데이터를 전송할 수 있다.
카테고리 5	최대 100Mbps의 속도로 데이터를 전송할 수 있다.
카테고리 6	기가비트 처리용 회선으로, 신뢰성을 높이고 손실 복구 기능을 제공한다.

[그림 2-11]은 UTP를 연결시키기 위해 필요한 RJ-45 커넥터이며, [그림 2-12]는 커넥터가 연결된 UTP 케이블이다.

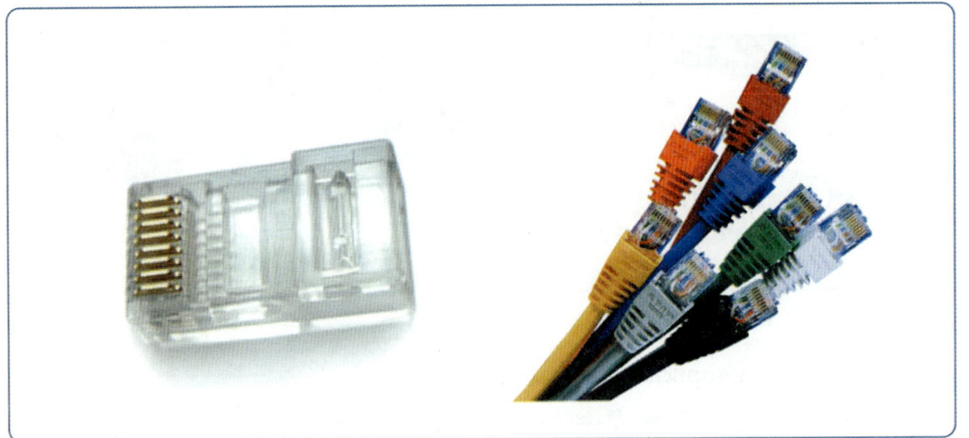

③ 동축케이블(coaxial cable)

동축케이블 방식은 1934년 S. A. 셸크노프(Schelknoff)가 동축 전송로에 의한 광대역 전송 방식을 발표했던 것에서 시작된다. 동축케이블은 꼬임선에 비해서 높은 주파수에서도 감쇠[3]가 적고, 누화[4]도 거의 없어 다중 전화 신호의 전송에 적합한 전송매체로 연구되었다. 잡음을 최소화하기 위해 중심에 있는 구리 심선을 폴리에틸렌의 절연물질로 감싸고, 이를 다시 그물 모양의 외선으로 싼 다음, 전체에 피복을 입힌 구조로 한 가닥의 지름이 0.4~1인치 정도 크기의 케이블이다. 절연체는 신호의 교란을 방지하고, 외선을 그물 모양으로 둘러싼 것으로 인접한 회선과의 차폐 역할을 한다. 넓은 대역폭, 빠른 데이터 전송속도, 적은 전기적 간섭 등으로 LAN, 장거리 전화, 장거리 TV 신호 전송, CATV 등에 가장 많이 사용된다. 일반적인 전화선 등의 통신매체보다 용량이 커서 사용자 대역폭에 따라 최대 108,000개의 음성 채널을 동시에 전송할 수 있다. [그림 2-13]은 여러 형태의 동축케이블들을 보여주고 있다.

---

[3] 통화나 신호음이 전송될 때 일부가 흡수되거나 산란되면서 감소하는 현상
[4] 통화나 신호음의 전송될 때 일부분이 소실되는 현상

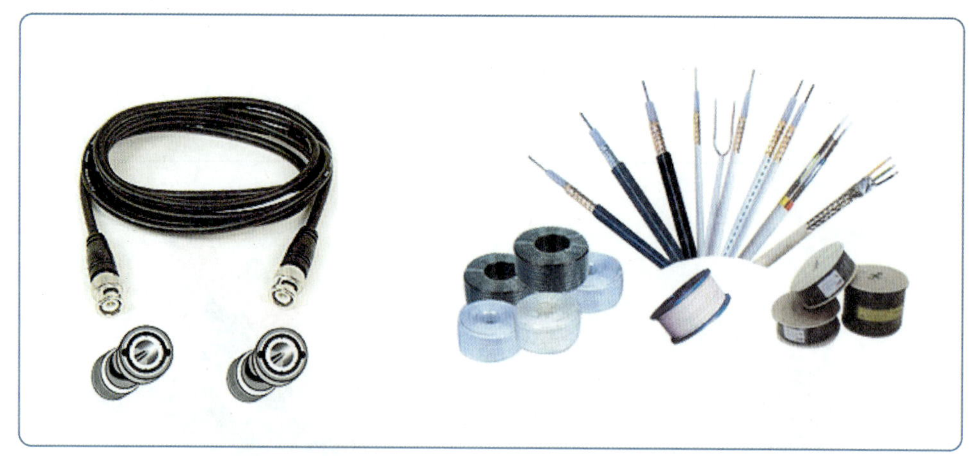

④ 광섬유케이블(optical fiber cable)

빛을 전송하기 위해 특수하게 제작된 사람 머리카락 굵기만큼의 유리 섬유를 가리킨다. 보통의 유리는 투명도가 낮고 빛이 중간에서 흩어져 빛에너지를 전송할 수 없지만 광섬유는 석영유리를 기본 재료로 하여 굴절률이 높은 중심부와 굴절률이 낮은 바깥부의 이중 구조로 되어 있어 정보의 전송이 가능하다. 이 두 층의 경계면에서 빛은 안쪽으로 꺾이므로 빛이 지속적으로 한 방향으로 진행하게 된다. 광섬유의 한쪽 끝에는 레이저나 LED 같은 광원이 위치하고, 다른 한쪽에는 광탐지기가 위치한다. 빛은 유리 섬유를 통하여 다른 한쪽 끝으로 보내지고 되고, 정보는 광원을 잘 조절함으로써 나오는 빔에 실려서 전달된다. [그림 2-14]의 광섬유 단면을 잘 살펴보면 두 부분으로 나뉘는데, 중심부인 코어(core)와 바깥부인 클래딩(cladding)으로 되어 있다.

광섬유케이블은 높은 전송속도, 넓은 대역폭, 방대한 양의 정보 전송, 적은 오류, 빛을 사용함으로 인한 전기적 비간섭, 동축케이블 대비 적은 전송 손실률, 상대적으로 부피가 작고 가벼움, 기본 원료인 석영의 풍부함 등 많은 장점이 있지만 설치 시 접속 및 연결이 어려워 고도의 기술이 요구된다. [그림 2-15]는 광섬유케이블들을 보여주고 있다.

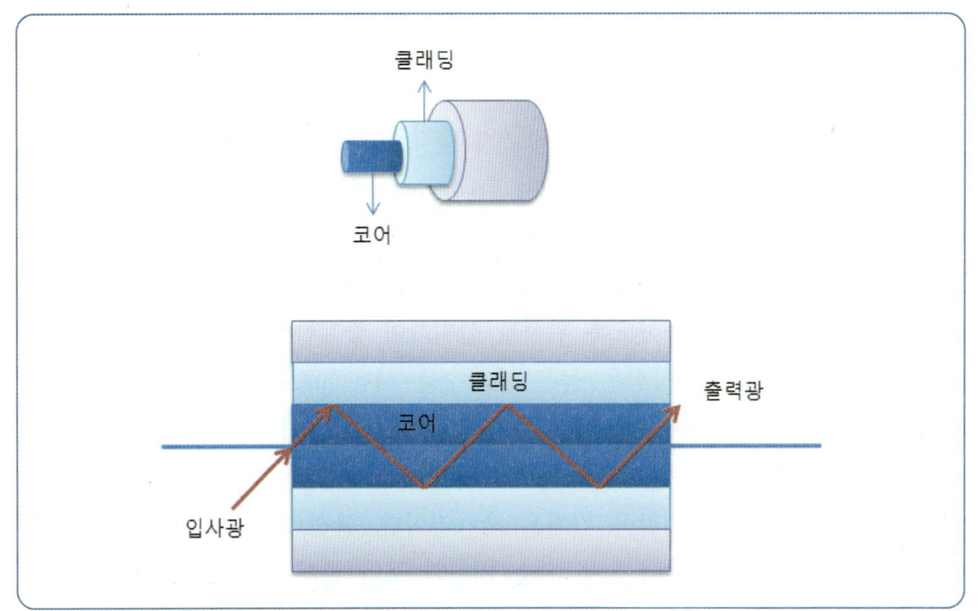

[그림 2-14]
광섬유의 구조 및 광섬유를 따라 빛이 전파되는 모습

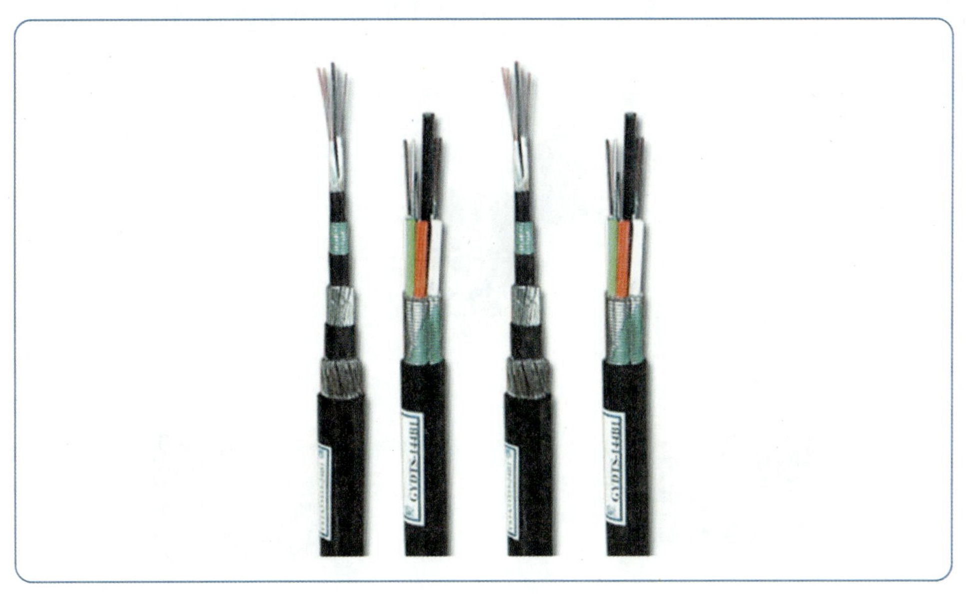

[그림 2-15]
광섬유케이블

(2) 무선 매체

무선통신이란 공간을 전송매체로 하는 통신으로 정보 신호를 전자파에 실어서 공간에 송신하고, 수신 측에서는 공간을 거쳐 전송되어 온 전자파를 수신하여 원래의 신호를 검출하는 방식의 통신이다. 전파를 매체로 하여 통신하기 때문에 사용하는 주파수에 제한이 있고, 전자파의 전파 방법이 주파수와 파장에 따라서 다르다. 특히 단파 대역에서는 전 세계적으로 전파되기 때문에 세계 각국 간에 상호 간섭으로 인한 장애가 생기기 않도록 주파수 사용에 대해 배분된 용도대로 사용해야 한다. 무선 매체는 크게 위성 마이크로파, 라디오파, 지상 마이크로파로 분류된다.

① 위성 마이크로파

주파수가 낮은 무선통신으로 지구의 대기권 반사에 의해 원거리 전송이 가능하다. 그러나 VHF(Very High Frequency) 이상의 높은 주파수는 대기권을 통과하게 되므로 원거리 통신을 위해서는 중계기를 설치하거나 마이크로파 중계국인 통신위성을 이용하게 된다. 비가시적인 위치에 있는 지역 간에도 통신이 가능하도록 위성을 설치하여 중계하며, 2~40GHz의 주파수 대역을 사용한다. 장점은 높은 주파수를 사용하므로 전송 대역폭이 넓고, 많은 양의 통신회선 수용이 가능하며, 통신 오류율이 낮고, 유선 매체인 경우 거리에 따라 통신비용이 증가하지만 통신위성인 경우 거리에 관계없으므로 통신비용의 절감을 가져온다는 것이다. 단점으로는 30,000km 상공의 위성과 통신하는 데서 오는 전송 지연과 보안 문제 등을 들 수 있다. 위성 마이크로파는 장거리 전화, TV 방송 등에 사용된다. [그림 2-16]은 위성과 접시형 안테나를 이용한 위성 마이크로파의 통신 방법을 보여주고 있다.

[그림 2-16]
위성 마이크로파

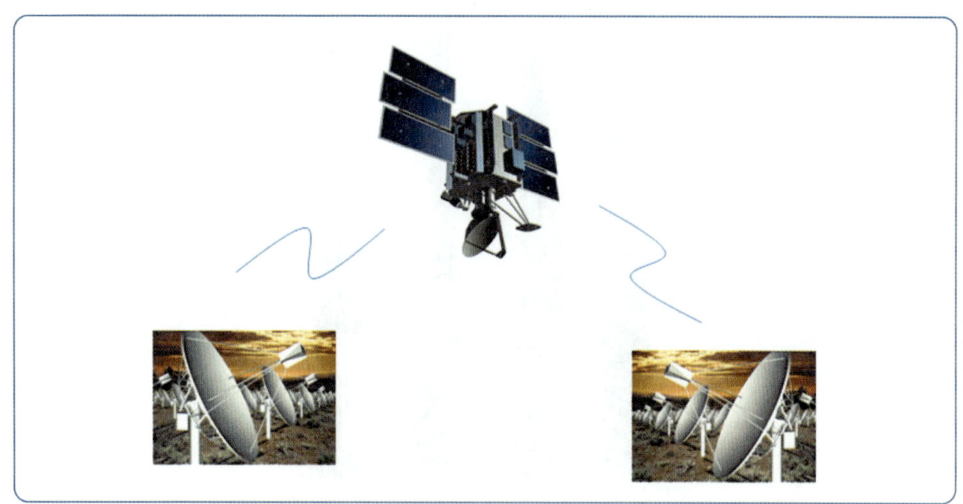

② 라디오파

라디오파는 다방향성을 갖고 있어 접시형 안테나도 필요 없고 정해진 지점에 정확히 설치할 필요도 없다. 주파수의 대역폭은 30MHz~1GHz를 사용한다. 단점으로는 다중경로간섭(multipath interface) 현상을 들 수 있는데 이는 자연적, 인공적 물체의 반사로 인해 송수신 안테나 사이에 다수의 전송경로가 발생한다는 것이다. 라디오파는 AM, FM 라디오와 VHF, UHF(Ultrahigh Frequency) TV 방송에 사용된다.

③ 지상 마이크로파

지상 마이크로파는 접시형 안테나를 사용하며 광대역 통신, 다중 통신, 장
거리 통신이 가능하다. 가시적인 위치에 있는 두 지역 간의 대량 데이터
전송에 사용되며 2~40GHz의 주파수 대역을 사용한다. 지상 마이크로파
는 장거리 통신 서비스, TV나 음성 전송용 동축케이블의 대용, 두 빌딩의
폐쇄회로 TV나 LAN을 연결하기 위한 용도로 사용된다. [그림 2-17]은 접
시형 안테나를 이용한 지상 마이크로파의 통신 방법을 보여주고 있다.

[그림 2-17]
지상 마이크로파

2) 전송장비

전송장비는 연결될 두 지점 간의 거리, 네트워크를 사용할 인원 수, 발생되는
데이터의 양, 연결하는 두 네트워크의 네트워크 방식, 네트워크가 처리해야 하
는 신호의 유형 등 여러 가지 조건에 따라 다양한 장비들이 있다. 여기서는 우
리 주변에서 많이 사용되는 랜카드, 라우터, 허브, 공유기 등을 학습한다.

(1) 랜카드(LAN card)

랜카드는 네트워크 인터페이스 카드(NIC: Network Interface Card)라고 하며,
네트워크에 접속할 수 있도록 컴퓨터 내에 설치되는 확장 카드이다. 네트워크
인터페이스 카드는 사용하는 컴퓨터, 배선법에 따라 많은 종류가 있으며, 컴퓨
터 확장 슬롯에 삽입하고, 이 카드에 준비된 인터페이스를 통해 네트워크에 접
속하게 된다. 근거리 네트워크에 연결된 PC나 서버들은 대체로 이더넷이나 토
큰링과 같은 근거리 네트워크 전송기술을 위해 특별히 설계된 네트워크 카드를
장착하고 있다. [그림 2-18]의 왼쪽은 PC용 랜카드이며 오른쪽은 노트북용 랜카
드를 보여주고 있다.

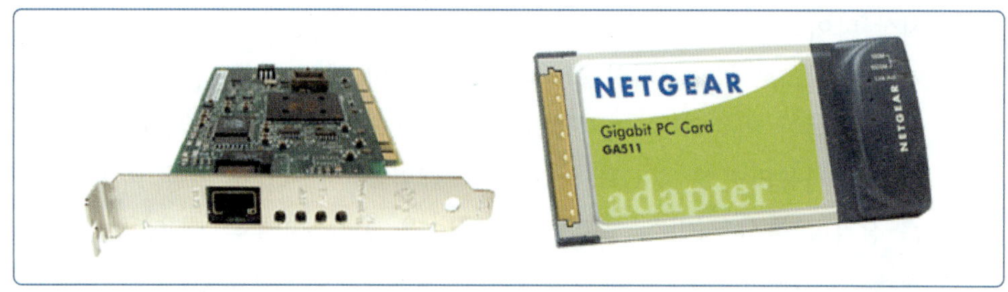

(2) 허브(hub)

허브는 주로 이더넷에서 본래 몇 개의 단말기들을 묶어서 LAN의 한 부분에 접속시키기 위한 장치로 사용되어 왔는데, 지금은 Ethernet, Fast Ethernet, Gigabit Ethernet 등에서 LAN을 구성하는 중심장치로 사용된다. 허브는 제공하는 기능에 따라 단순 허브와 스위칭 허브로 나뉜다.

① 단순 허브(더미 허브(dummy hub))

사용자 시스템들은 하나의 매체를 공유하고 있는 것과 같은 상태가 되며, 모든 데이터는 허브에 의해 브로드캐스팅된다. 따라서 공유 허브(shared hub)라고도 하며 [그림 2-19]와 같이 하나의 허브가 100Mbps의 전송속도를 지원한다고 할 때, 사용자 장치들이 N개라면 이 장치들에게는 평균적으로 대략 100/N Mbps의 속도가 제공된다.

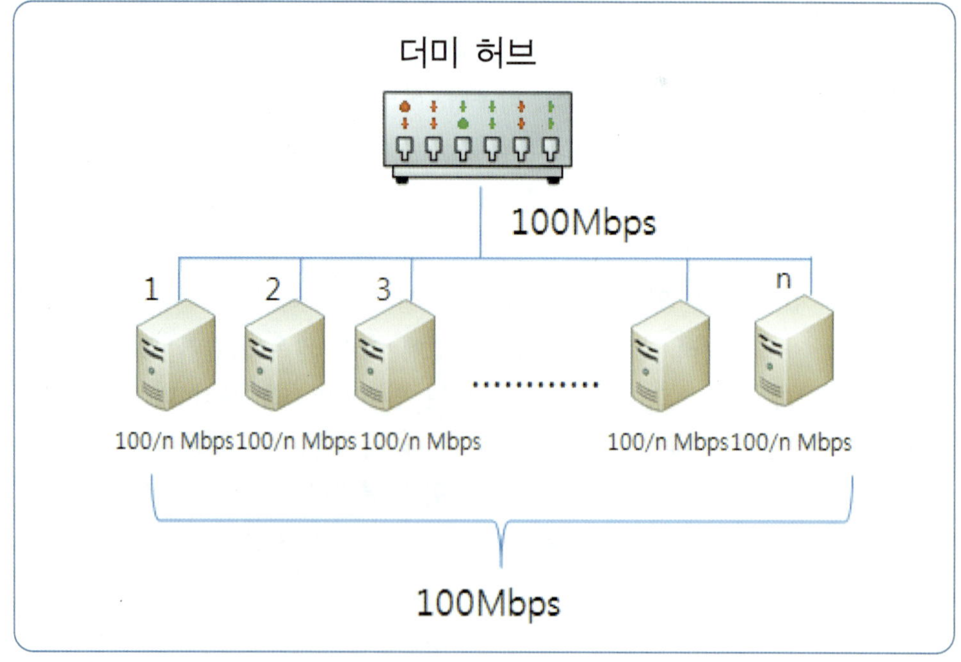

② 스위칭 허브(switching hub)

사용자 시스템들 간에 일대일 연결에 의해 통신이 이루어지도록 한다. 따라서 지능형 허브(intelligent hub)라고도 하며, [그림 2-20]과 같이 각 사용자 장치들에게 동일한 속도를 지원한다.

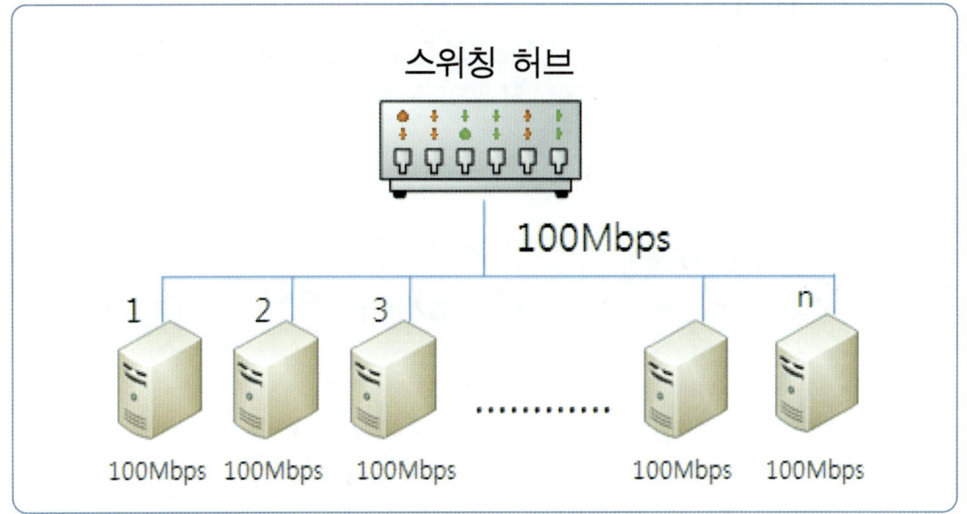

[그림 2-20]
스위칭 허브

[그림 2-21]은 허브들을 나타내고 있다.

[그림 2-21]
허브

(3) 라우터(router)

라우터는 LAN을 연결해 주는 장치로서 송신 정보에서 수신 주소를 읽어 가장 적합한 통신통로를 지정하고, 다른 네트워크로 전송하는 장치이다. 라우터는 경로 배정표에 따라 다른 네트워크 또는 자신의 네트워크 내의 노드를 결정한다. 그리고 여러 경로 중 가장 효율적인 경로를 선택하여 패킷을 보낸다. 라우터는 흐름 제어를 하며, 네트워크 내부에서 여러 서브 네트워크를 구성하고, 다양한 네트워크 관리 기능을 수행한다. 또한 다양한 네트워크 관리 기능으로는 장애를 감지하고 패킷을 분해, 조립하며 네트워크 토폴로지 룩업 테이블을 갱신하는 기능도 수행한다. 라우터 간 상호 협력을 통해 현재 네트워크에 대한 정보를 얻으며, 문제가 발생한 부분이나 트래픽이 많은 부분을 피해 최적 라우팅을 수행한다.

라우터의 장점은 다음과 같다.

- 환경 설정 가능: 관리 방침에 따라 라우팅 방식이 결정되어, 전체 네트워크의 성능이 개선된다.
- 유지보수 용이: 알고리즘에 따라 자동으로 경로가 결정된다.
- 확장 용이: 네트워크 형상에 구애받지 않으므로 대규모 네트워크 구성이 용이하다.

라우터의 단점은 다음과 같다.

- 초기 환경 설정이 어렵다.
- 특정 프로토콜이나 하위 프로토콜 지원이 불가능하고 복잡하므로 가격이 비싸다.

[그림 2-22]는 라우터들을 보여주고 있다.

[그림 2-22]
라우터

(4) 공유기

공유기는 하나의 인터넷 라인을 이용하여 여러 대의 단말기들이 동시에 인터넷을 사용할 수 있게 해 주는 장비이다. 저렴한 인터넷 비용으로 여러 대의 단말기들이 동시에 사용할 수 있으므로 가정, 사무실, 중소기업 등에서 소규모로 인터넷을 사용하는 데 필수적인 장비이다. 공유기에 허브 기능과 보안 기능 등을 내장하고 있어 공유기 하나로 여러 가지 역할을 수행하고 있다.

공유기와 무선 AP(Access Point)를 결합한 것이 유무선 공유기이다. 유무선 공유기는 인터넷의 가장 앞에 연결되며 인터넷 공유와 무선 기능을 제공한다. 유무선 공유기에 내장되는 무선의 속도가 54Mbps까지 제공되기 때문에 유선을 이용할 때와 동일한 속도로 무선의 장점을 가지고 인터넷 서비스를 받을 수 있다. [그림 2-23]은 공유기이며, [그림 2-24]는 유무선 공유기이다.

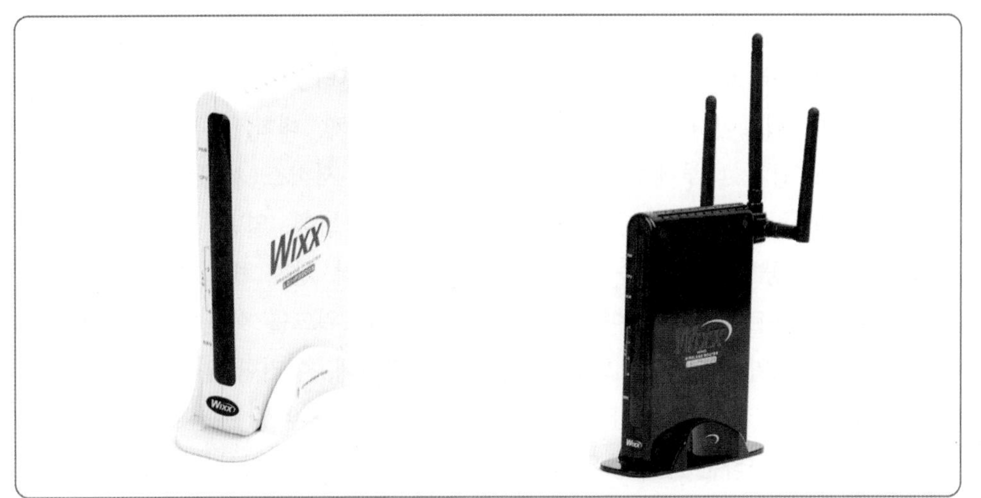

[그림 2-23]
공유기(좌측)

[그림 2-24]
유무선 공유기(우측)

2.2 인터넷의 운영 및 구조

지금까지 인터넷을 사용하기 위해 필요한 네트워크 및 네트워크 장비들에 대해 알아보았다. 여기서는 인터넷의 운영 및 인터넷 구조인 IP 주소와 도메인에 대해 살펴보도록 한다.

2.2.1 인터넷의 운영

인터넷에 관해 가장 궁금한 점이 아마 "누가 인터넷을 운영하는가?"일 것이다. 실제 인터넷은 중앙의 특정 누군가에 의하여 운영되는 것이 아니며, 인터넷은 수천 개의 개별 네트워크 조직의 연결일 뿐이다. 각 네트워크는 다른 네트워크와 정보를 공유하기 위해 협동하는 방식으로 운영됨으로써 거대한 하나의 네트워크인 것처럼 보일 뿐이며, 잘 협동하기 위해서는 어떤 정해진 기준과 규칙을 지켜야 한다. 이러한 규칙과 기준을 정하는 그룹이나 조직은 다양하다. 대표적으로 IAB(Internet Architecture Board)는 인터넷의 숨겨진 구조에 관한 주제를 다루며, IETF(Internet Engineering Task Force)는 인터넷의 TCP/IP 프로토콜이 어떻게 발전하는지를 감독하는 조직이다. W3C(World Wide Web)은 인터넷에서 가장 많이 알려진 기준인 World Wide Web 자체에 관한 기준을 세우고 감독한다.

인터넷 도메인을 감독하고 관리하는 일반 기업들을 'REGISTRAR'라고 한다. 하나의 특정 인터넷 도메인이 여러 개인이나 조직에만 할당되면 안 되기 때문에 이러한 기업들은 서로 잘 협조해야 한다. 일반 개인이나 조직이 도메인 이름을 등록하고 유지하기 위해서는 비용이 소요된다.

위에 언급한 조직체나 그룹들도 중요하지만, 인터넷에서 가장 중요한 부분은 각각의 네트워크이다. 이런 네트워크는 개별 기업체, 대학, 정부 기관 또는 온라인 서비스 업체 내부에서 찾을 수 있다. 인터넷 서비스 제공업체(ISP: Internet Service Provider)들도 나름의 네트워크를 갖고 있는데, 일반 사용자에게 인터넷 서비스를 제공하고 비용을 받는다. 인터넷은 여러 가지 방법으로 연결되어 있다. 각각의 네트워크들이 여러 개 모여 지역 네트워크를 이룬다. 지역 네트워크와 개별 네트워크는 임대 회선에 의해 연결되는데, 이러한 임대 회선은 간단한 전화선일 수도 있고 복잡한 광섬유 케이블 또는 인공위성 통신일 수도 있다. 임대 회선을 제공하는 업체들은 백본이라는 거대 용량의 회선을 갖고 있다. 백본을 통해서 엄청난 인터넷 정보가 이동된다. NASA, 미국 국립과학재단(NSF: National Science Foundation)을 비롯한 정부 기관 또는 일반 기업체에서는 이러한 백본을 사용하기 위해 비용을 지불한다.

2.2.2 인터넷 구조

이 절에서는 서로 멀리 떨어져 있는 컴퓨터들을 찾아갈 수 있게 해 주는 컴퓨터의 주소인 IP 주소와 이진수로 구성된 인터넷 주소를 사람들이 쉽게 알아볼 수 있도록 표현해 주는 도메인에 대해서 학습한다.

1) IP 주소와 주소 클래스

앞에서 살펴본 것처럼 인터넷은 전 세계의 여러 컴퓨터를 엮어 놓은 커다란 네트워크이다. 따라서 네트워크에 연결된 컴퓨터를 구별할 수 있는 방법이 필요하다. 각 가정의 전화기마다 고유의 전화번호가 있듯이, 인터넷에서는 인터넷에 연결된 각 컴퓨터마다 고유한 번호를 제공한다. 이를 IP 주소라 한다. [그림 2-25]와 같이 IP 주소는 32비트(32자리 이진수)로 되어 있으나 4개의 옥텟(octet, 4개의 8자리 이진수)으로 나누어 10진수로 표기를 한다. 각 옥텟은 점으로 구분되며 0~255 사이의 값을 갖는다. 예를 들어 보면 203.237.219.77과 같은 형태이며, 형태적인 이유로 4분 표기법(dotted quad notation)이라고도 한다.

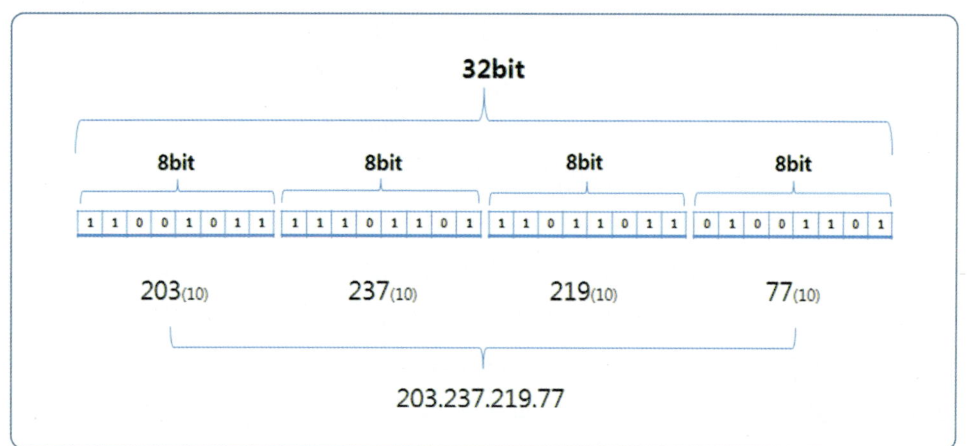

[그림 2-25]
IP 주소 형태

  IP 주소는 먼저 네트워크 번호가 주어지고 그 뒤에 이어서 각 네트워크에 연결된 컴퓨터 고유 번호가 부여된다. 네트워크는 크기에 따라 A, B, C, D 등의 등급으로 분류되고, 이들 간의 구분은 IP 주소 맨 앞자리 옥텟의 상위 비트로 표현된다. IP 주소 맨 앞자리 옥텟의 최상위 비트가 0이면 A 클래스이며 최상위 옥텟은 0(00000000)~127(01111111) 사이의 숫자가 된다. B 클래스는 IP 주소의 맨 앞자리 옥텟이 10으로 시작되며 최상위 옥텟은 128(10000000)~191(10111111) 사이의 숫자가 된다. C 클래스는 IP 주소 맨 앞자리 옥텟이 110으로 시작되고 최상위 옥텟은 192(11000000)~223(11011111) 사이의 숫자가 된다. D 등급은 옥텟이 1110으로 시작되고 최상위 옥텟은 224(11100000)~239(11101111) 사이의 숫자가 된다. D 클래스는 멀티캐스트 주소로 사용된다. 즉, 목적지 주소가 D 클래스인 패킷은 멀티캐스트 그룹에 연결된 모든 장비로 전달된다. [그림 2-26]은 IP 클래스의 종류를 보여주고 있다.

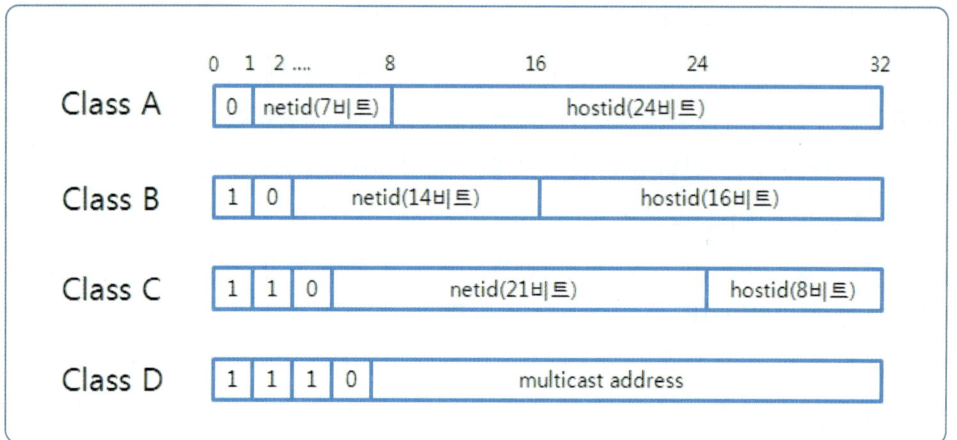

[그림 2-26]
IP 클래스의 종류

A 클래스 네트워크 번호는 최상위 옥텟을 사용하며 B 클래스는 최상위 옥텟과 두 번째 옥텟을 이용하고, C 클래스는 앞 3개 옥텟을 네트워크 번호로 이용한다. 따라서 A 클래스의 네트워크에서는 첫 번째 옥텟을 제외한 3개 옥텟으로 컴퓨터 번호를 부여하므로 총 16,777,216개의 컴퓨터가 연결될 수 있다(실제로는 16,777,214개). B 클래스의 네트워크에서는 하위 2개 옥텟으로 컴퓨터 번호를 부여하므로 총 65,536개의 컴퓨터가 연결될 수 있다(실제로는 65,534개). 마지막으로 C 클래스의 네트워크에서는 최하위 옥텟으로 컴퓨터 번호를 부여하므로 총 256개의 컴퓨터가 연결될 수 있다(실제로는 254개). D 클래스는 멀티캐스트를 위해 사용되기 때문에 호스트를 갖지 않는다. [그림 2-27]은 IP 주소와 IP 클래스를 보여주고 있다.

[그림 2-27]

IP 주소와 IP 클래스

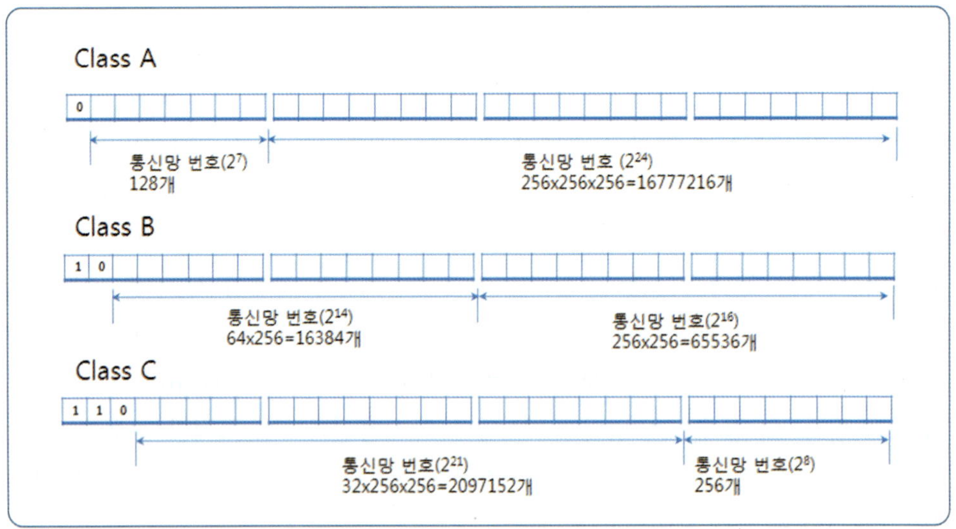

2) 도메인 네임과 도메인 네임 서버

앞에서 살펴본 IP 주소는 숫자를 잘 다루는 컴퓨터에게는 편리할지 몰라도 사람들이 사용하거나 기억하기가 어렵다. 그러므로 사람들이 기억하기 쉽고 사용하기 편리하도록 인터넷에서는 도메인 네임(domain name)이라는 또 다른 주소를 제공한다. 이는 도메인 네임 서버(domain name server)에서 도메인 네임을 관리하며 필요시에 IP 주소로 변환해 주는 역할을 하기 때문에 가능하다. 각 호스트는 하나씩의 IP 주소와 도메인 네임을 갖는다.

인터넷에 연결된 수많은 컴퓨터는 각 컴퓨터마다 유일한 주소가 필요하다. 따라서 인터넷 주소를 마음대로 만들 수는 없고 인터넷 주소를 만드는 특별한 규칙이 필요하다. 도메인 네임은 NIC(Network Information Center; KORNIC)의 규칙에 따라 만들어진다. 도메인 네임은 컴퓨터가 속한 기관이나 국가에 따라서 계층적으로 형성되어 있다. 구조는 [그림 2-28]과 같이 일반적으로 '컴퓨터이름.
기관이름.기관종류.국가이름'의 형태이다.

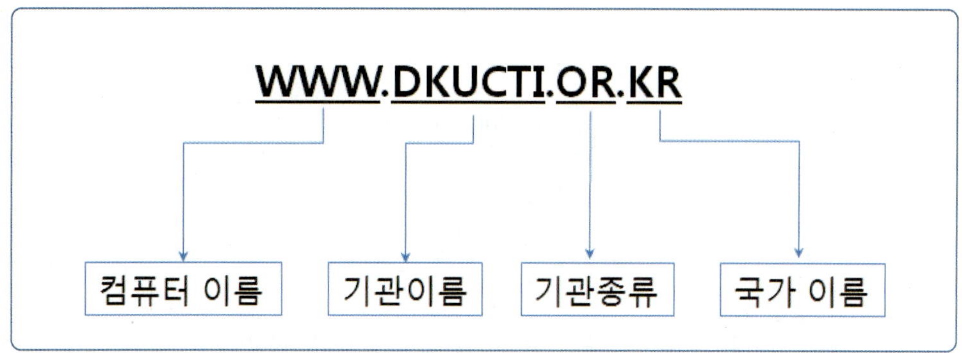

[그림 2-28]
도메인 네임의 구조

도메인 네임은 도메인 네임(주소)만 보아도 어디에 존재하는 어떤 컴퓨터라는
것을 쉽게 알 수 있도록 만들어진다. 위의 구성에서 알 수 있듯이 맨 뒤 최상
위 레벨에는 국가와 같이 넓은 영역이 나타나고, 앞으로 갈수록 작은 영역을 나
타낸다. 미국을 제외한 나라에서는 최상위 레벨이 국가의 이름을 나타낸다. 즉,
도메인 네임의 맨 뒤가 국가를 표시하며 국가 표시가 없으면 미국이다. 그러나
근래에는 가상 도메인 네임(virtual domain name)이라 하여 지역에 상관없이 업
체나 가입기관의 특성을 표현하여 도메인 네임을 중복으로 갖는 경우도 있다.
조선일보의 실제 도메인 네임은 'chosun.co.kr'이지만, 동시에 'chosun.com'으로
도 사용할 수 있는 것이 대표적인 예이다. [표 2-3]은 최상위 국가 레벨의 도메
인을 나타내고 있으며 [표 2-4]는 기관 종류 레벨에 따라 미국과 그 외 다른 국
가의 도메인을 보여주고 있다.

도메인	국가명	도메인	국가명
kr	Korea, south	uk	United Kingdom
kp	Korea, north	ua	Ukraine
jp	Japan	th	Thailand
ca	Canada	id	Indonesia
fr	France	my	Malaysia
de	Germany	sg	Singapore
pl	Poland	it	Italy

[표 2-3]
최상위 국가 레벨

[표 2-4]
기관 종류 레벨 7

기관명	도메인	
	미국	그 외 다른 국가
교육기관	edu(educational)	ac(academy)
사업/기업체	com(commercial)	co(company)
정부기관	gov(government)	go(government)
비영리 공공기관	org(organization)	or(organization)
네트워크 관련기관	net(network)	ne/nm(network)

기관 종류 앞에는 기관 이름을 표기하는데, 여기에는 특별한 규칙이 없고 해당 기관에서 보통 영어 표기를 이용하여 이름을 정한다. 예를 들면 다음과 같다.

- dankook: 단국대학교
- naver: 네이버
- joins: 중앙일보
- bluehouse: 청와대
- google: 구글

기관 이름 앞에는 필요한 구분이 있으면 추가 구분이 나타나고 추가 구분이 없으면 컴퓨터 이름이 나타난다. [그림 2-29]는 도메인 네임 계통도이다.

[그림 2-29]
도메인 네임 계통도

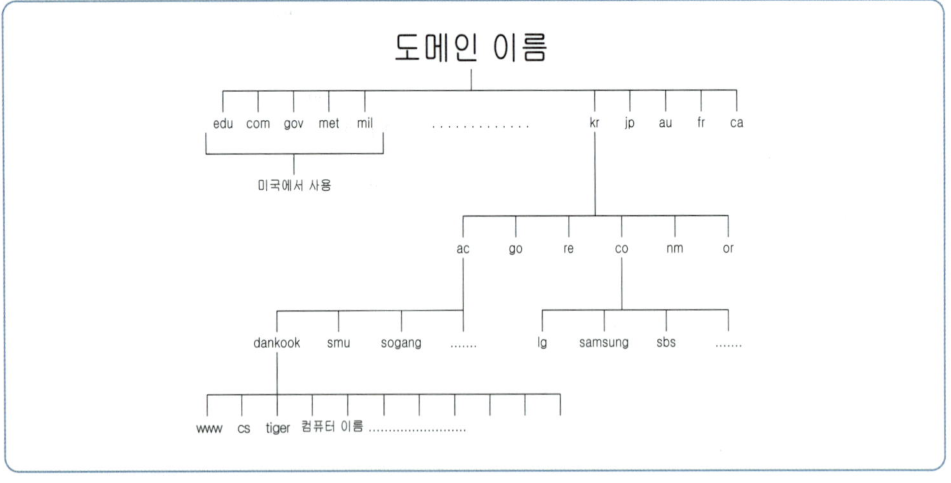

여기에서 살펴본 도메인 네임은 사람들의 편리를 위해 만든 것이고 실제 컴퓨터가 사용하는 주소는 앞에서 소개한 IP 주소이다. 따라서 한 컴퓨터에서 인터넷에 연결된 다른 컴퓨터를 찾으려면 도메인 네임이 아니라 IP 주소를 알아야

한다. 그러나 앞에서 논의한 것처럼 IP 주소는 사람에게 불편하게 되어 있다. 따라서 도메인 네임을 IP 주소로 전환해 주는 작업이 필요한데 이 작업을 사용자가 하지 않고 컴퓨터가 대신 하도록 하였다. 특별히 이 작업을 전담하는 컴퓨터를 DNS(Domain Name Server) 또는 도메인 네임 서버라고 한다. 따라서 사용하기 불편한 IP 주소를 사용하지 않고 사람에게 친숙한 도메인 네임을 이용하려면 도메인 네임 서버를 지정해야 한다. 만일 도메인 네임 서버가 지정되어 있지 않으면 도메인 네임을 사용할 수 없고 IP 주소를 직접 이용해야 하는 불편이 생긴다.

도메인 네임 서버의 개념은 114 전화 안내에 비유해서 생각해 볼 수 있다. 00동에 있는 00음식점 전화번호가 000-0000이라고 하자. 우리가 00동 00음식점 전화번호를 모르면 114에 전화를 걸어 안내를 받아 000-0000임을 알아낼 수 있다. 전화번호가 인터넷에서는 IP 주소이고 00동 00음식점 이름을 도메인 네임으로 생각해 보면 114 전화 안내가 바로 도메인 네임 서버가 된다. 인터넷에서도 우리가 도메인 네임을 사용하면 컴퓨터는 도메인 네임 서버에 연락하여 그 도메인 네임에 해당하는 IP 주소를 얻는다. 그 다음 이 IP 주소를 이용하여 해당 컴퓨터로 연결하는 것이다. 그런데 재미있는 사실은 전화 안내 전화번호가 114라는 것을 모르면 전화 안내 서비스를 받을 수 없다는 것이다. 인터넷에서도 도메인 네임 서버의 주소만은 IP 주소로 알아야만 도메인 네임 서비스를 받을 수 있다.

2.3 초고속 통신망[5]

컴퓨터를 인터넷에 연결하기 위해 사용하는 초고속 통신망인 xDSL, 케이블 모뎀, 전용선, FTTH 등에 대한 동작 원리 및 구성 방법을 학습한다.

2.3.1 xDSL

xDSL(Digital Subscriber Line)은 1989년 벨코어(Bellcore)에서 기존의 트위스트 페어 전화선을 사용하여 비디오, 영상, 고밀도 그래픽, 그리고 Mbps 데이터 속도의 정보를 전송하는 개념에서 착안되었다. xDSL 기술은 비대칭형 전송 방식인 ADSL(Asymmetric DSL), 대칭형 전송 방식인 HDSL(High-bit-rate DSL),

---

[5] 1장 3쪽의 PLUS[+]에서 언급한 것처럼 이 책에서는 네트워크와 통신망을 동일한 의미로 사용하며, 네트워크로 용어를 통일하여 사용하였다. 그러나 초고속 통신망은 우리나라에서 관용어로 많이 사용하기 때문에 여기서는 초고속 통신망이란 용어를 그대로 사용한다.

단거리에서 초고속 데이터 전송 방식인 VDSL(Very-high-bit-rate DSL)로 구별된다. xDSL 기술은 교환국과 가입자 댁내 사이 선에서 데이터 속도는 160kbps에서 60.0Mbps까지 대역폭을 사용할 수 있으며, 전송거리는 3km에서 5km까지 가능하다. 이와 같이 xDSL은 표준 전화 선로를 이용하여 기존 전화 서비스를 제공하면서 동시에 고속 인터넷 접속, 주문형 비디오, 영상 전화, 원격 강의, 화상회의, 상업용 광고 등의 다양한 멀티미디어 서비스를 가입자에게 제공하기 위한 분야에 활용된다. 여기서는 ADSL, VDSL에 대해 학습한다.

1) ADSL(Asymmetric Digital Subscriber Line)

ADSL은 우리말로 '비대칭 디지털 가입자 선로'라는 뜻이며, 상향속도와 하향속도가 다르기 때문에 '비대칭'이란 말을 사용한다. 전화선에 음성 외에 디지털 신호를 함께 사용하는 것으로 마치 일반 도로 위에 고가도로를 설치하여 아래는 일반 자동차(음성)가 다니고 고가도로 위에는 고속전철(ADSL)이 다니는 것처럼 같은 공간(전화선)에 종류가 다른 신호를 함께 전송하는 기술이다.

(1) ADSL 동작 원리

ADSL이 처음 개발될 당시에는 VOD(주문형 비디오)용 기술로 사용될 것을 염두에 두었기 때문에 가입자에게 주로 데이터를 전송하는 하향식으로 개발되었다. 실제로 일반 사용자들이 업로드보다는 다운로드를 많이 사용하므로 효율적인 방식이라고 할 수 있다. [그림 2-30]은 ADSL의 비대칭 방식을 보여주고 있다.

[그림 2-30]
ADSL의 비대칭 방식

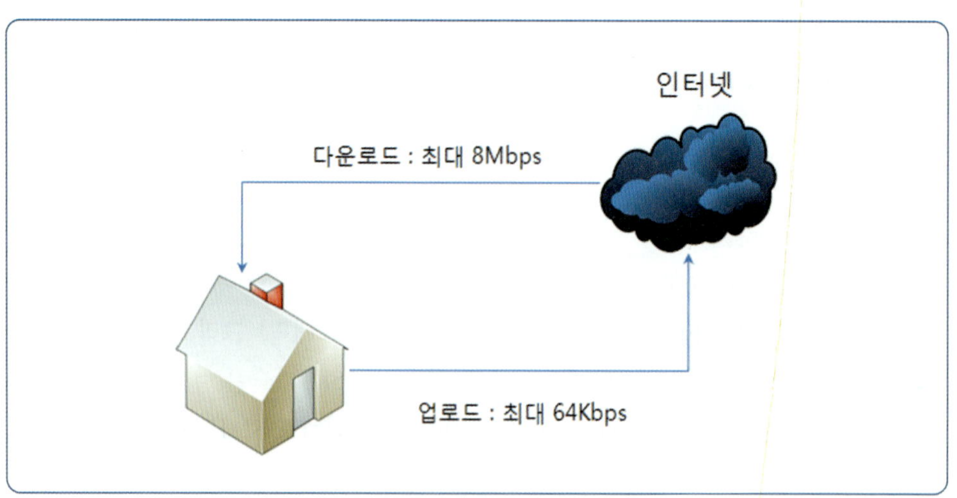

(2) 구성과 장비

ADSL 기술은 저주파(4kHz대) 음성 신호와 고주파(1MHz대) 데이터 신호를 기존의 전화선에 같이 보내고, 스플리터(splitter)라는 장치로 두 신호를 분리한 후 음성 교환기(전화기)와 데이터 교환기(컴퓨터)로 우회시켜 신호를 종단시키는 기술이다. [그림 2-31]과 같이 ADSL을 사용하려면 ADSL 모뎀과 POTS 스플리터라는 장치가 필요하다. 스플리터는 전화선에서 음성통신 주파수 대역과 데이터통신 주파수 대역을 분리해내는 장치이고, ADSL 모뎀은 스플리터가 분리해낸 신호를 이용하여 컴퓨터와 통신할 수 있도록 하는 장치이다.

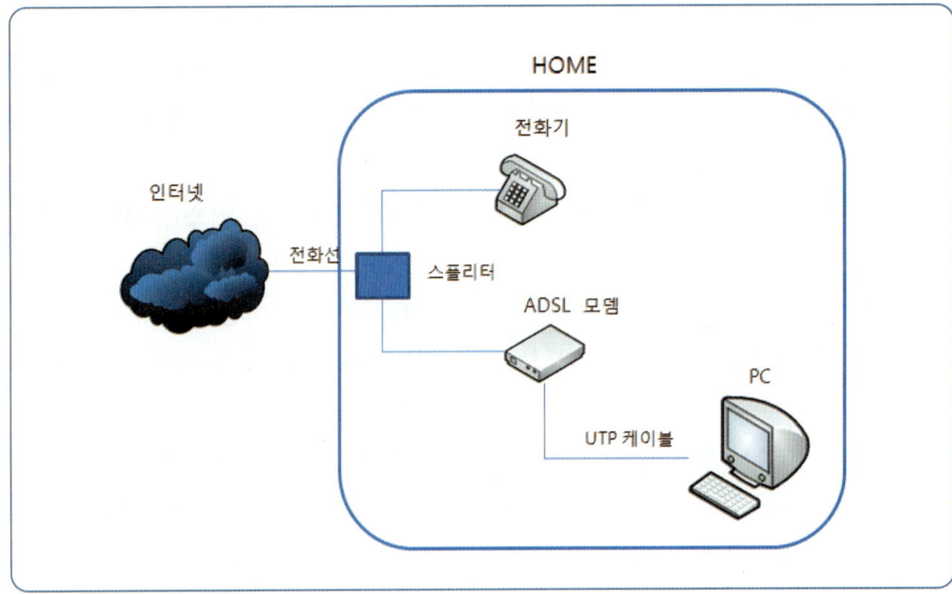

[그림 2-31]
ASDL 구성도

- ADSL의 특징
  ① 24시간 정액제이다.
  ② 서비스 지역이 제한적이다.
  ③ 윈도우 환경에서 쉽게 사용할 수 있다.

- ADSL의 비교
  ADSL이 서비스 가능 지역에만 있다면 어떠한 통신 서비스보다도 가격, 속도 등 여러 면에서 장점이 많은 서비스이다. 또한 케이블 모뎀과는 달리 사용자 수 증가에 따른 회선속도 감소가 크게 일어나지 않기 때문에 큰 불편 없이 초고속 인터넷을 사용할 수 있다.

2) VDSL(Very high-speed Digital Subscriber Line)

VDSL은 오늘날의 동선 기간선로와 미래의 광섬유 기간선로 사이에서 등장한 가입자 접속 방식으로 등장한 차세대 xDSL 방식으로 최고의 전송속도를 제공한다. VDSL 모뎀은 광섬유 선로의 종단과 가입자 종단에 설치되며, 이때 광섬유 선로가 가입자 종단의 수천 피트 근처까지 설치된다는 것을 전제로 초고속 데이터 전송을 실현한다. xDSL 방식 중 가장 보편적으로 사용되고 있는 ADSL(Asymmetric Digital Subscriber Line)은 전화국의 CO(Central Office)와 가입자 종단 간에 모뎀을 설치하여 고속의 데이터 전송을 실현시킨 가입자 접속 방식이며 전 세계적으로 그 수요가 급격히 증가하고 있다. ADSL의 설치가 보편화될수록 좀 더 넓은 대역폭과 좀 더 빠른 전송속도에 대한 가입자의 요구는 오히려 증가하는 현상이 나타나고 있으며, ADSL에서는 불가능했던 고품질 동영상 전송에 대한 수요도 급격히 증가하고 있다. 이를 위해서는 광섬유 선로가 가입자 종단에 더욱 근접한 위치까지 설치되어야 하며, 이러한 망 구성에 적응하는 더욱 빠른 속도의 전송기술이 개발되어야 하는 것이다. VDSL 접속 방식의 출현은 바로 이러한 가입자 수요에 따라 이루어진 것이다.

VDSL은 하향속도 52Mbps, 상향속도 1.6Mbps를 제공하는 비대칭 전송기술로 짧은 거리에서 가장 빠른 속도를 제공하는 기술이다. ANSI에서 잠정적으로 결정한 VDSL의 전송속도는 비대칭인 경우 1.6km 거리(아파트 단지나 작은 빌딩)에서 하향최고속도 52Mbps, 상향최고속도 6.4Mbps, 5km 거리(작은 주택단지)에서 하향최고속도 26Mbps, 상향최고속도 3.2Mbps, 7.2km 거리(농촌처럼 분산된 환경)에서 하향최고속도 13Mbps, 상향최고속도 1.6Mbps를 규정하고 있으며 대칭인 경우 1.6km 거리에서 하향최고속도 26Mbps, 5km 거리에서 하향최고속도 13Mbps를 규정하고 있다. VDSL은 ADSL보다 전송기술이 간단하고 짧은 선로에서 전송의 열화 현상이 적으며 ADSL보다 10배 더 빠르다는 장점이 있다. VDSL은 완전한 서비스 망과 ATM 망구조를 목표로 하고 있다. VDSL 모뎀은 음성 전화 선로를 확장 추가하는 것처럼 동일 선로상에서 연결할 수 있다. [그림 2-32]는 VDSL의 구성도를 보여주고 있다.

[그림 2-32]

VDSL 구성도

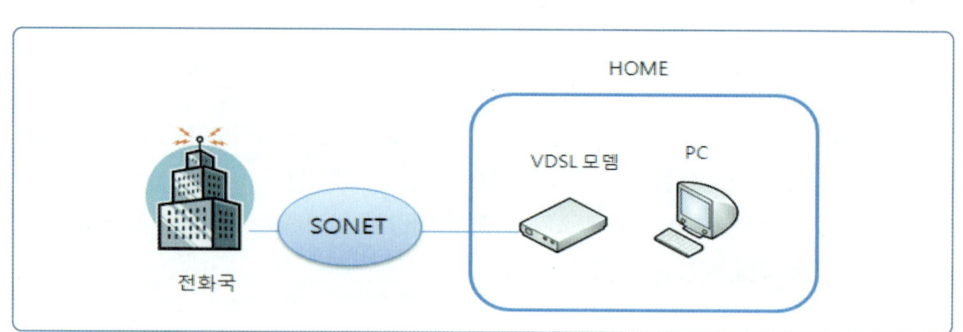

- VDSL의 특징
  ① 별도로 고가의 광케이블이나 광종단장치를 설치하지 않는다.
  ② 하향 52Mbps, 상향 6.4Mbps의 초고속 전송이 가능하다.
  ③ 고속 유선통신 규격으로 2.74km 미만의 전화선 서비스 지역에 적합하다.

2.3.2 케이블 인터넷

케이블 인터넷은 케이블 TV 네트워크를 이용하여 데이터 전송을 가능하게 해 주는 통신기술이다. 즉, 기존의 전화선으로 연결하던 것을 케이블 TV 선으로 대체한 모뎀이라고 보면 된다. 이론상 지원할 수 있는 최대 속도가 30Mbps를 지원한다.

1) 동작 원리

케이블 인터넷은 방송용 신호를 전송하고 남은 대역폭에 데이터 통신용 신호를 실어서 사용할 수 있다. 이론상의 최대 속도는 30Mbps에 이르지만 실제로는 1~2Mbps 정도가 보통이고 최적의 조건에서 거의 5~6Mbps에 육박하는 속도를 내기도 한다. 케이블 인터넷은 [그림 2-33]과 같이 트리형 구조이기 때문에 사용자가 많아질 경우 네트워크의 속도가 현저히 낮아지는 병목 현상[6]이 발생한다.

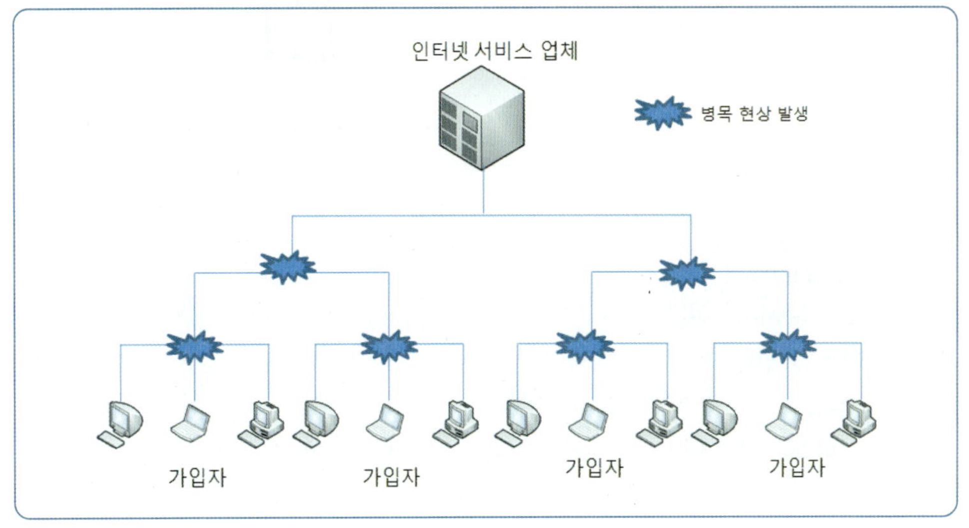

[그림 2-33]
케이블 인터넷 네트워크 구성도

---

[6] 병은 일반적으로 목 부분이 좁아 물이나 액체를 따를 때 갑자기 쏟아지는 것을 방지하게 되어 있다. 이처럼 도로의 너비가 넓은 곳에서 갑자기 좁은 곳으로 차량이 몰려들면 좁아진 도로 너비로 인해 교통 혼잡이 빚어지는 등 차량 정체 현상이 일어나는데, 이를 병의 목에 비유해 병목 현상이라고 한다.

2) 구성과 장비

케이블 TV 망은 아날로그 망이므로 데이터를 전송할 때 디지털을 아날로그로 변환하고 다시 디지털로 변환하는 변조 및 복조 기술이 필요한데, 케이블 모뎀이 이 역할을 한다. [그림 2-34]와 같이 케이블 모뎀은 케이블 TV RF 신호를 수신하여 랜 신호로 변환하며, 랜 신호를 케이블 TV RF 신호로 변환하여 케이블 TV 망으로 송신하는 역할을 한다. 케이블 인터넷은 접속을 위한 과정이 필요 없고 바로 컴퓨터를 켜면 통신이 가능한 상태가 된다. 케이블 인터넷의 연결은 케이블 TV 망을 분배해서 케이블 TV 수신기와 케이블 모뎀으로 연결한다. ONU(Optical Network Unit)[7]는 광케이블을 통해 전송된 원래의 신호로 변환한 후 증폭 모듈을 통해 적정 크기의 신호로 증폭하여 동축케이블에 전송한다.

[그림 2-34]
케이블 인터넷의 연결 구성도

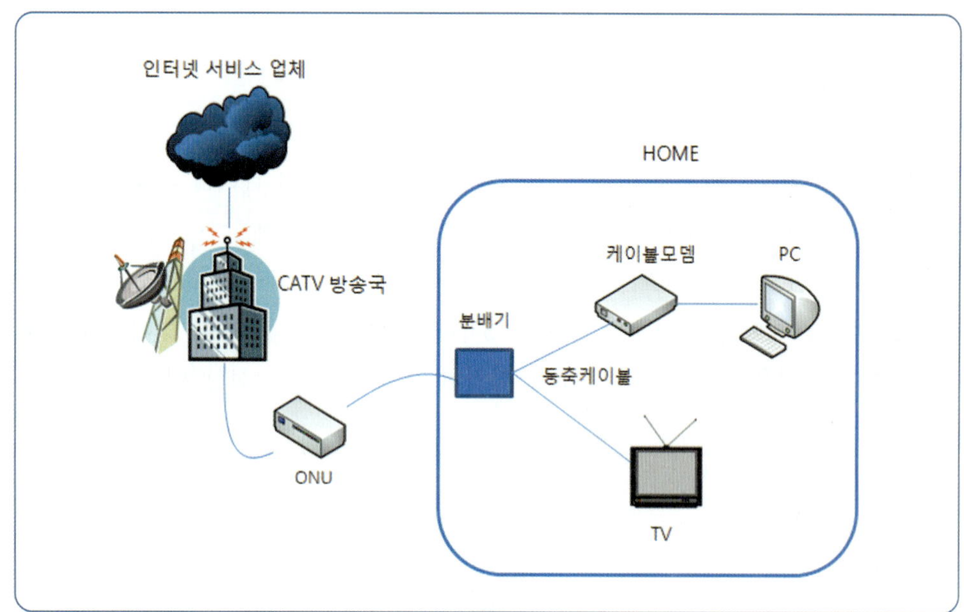

- 케이블 인터넷의 특징
  ① 초고속 서비스이다.
  ② 24시간 연결 가능한 정액제 서비스이다.
  ③ 서비스 가능 지역이 한정적이다.
  ④ 서비스 지역에 따라 회선 불안정, 속도 저하 등의 장애 현상이 가끔 발생한다.

---

[7] ONU는 최종 사용자들에게 서비스를 인터페이스를 제공하는 광통신망의 종단장치이다.

2.3.3 전용선

인터넷 전용선 서비스는 사용자의 네트워크를 전용회선으로 인터넷에 연결하여 24시간 접속할 수 있도록 하는 서비스이다. 인터넷 전용선은 안정적인 접속환경과 속도를 제공받을 수 있으며, 네트워크 고유의 주소를 가질 수가 있다. 또한 웹 서비스(WWW), 전자우편, 전자상거래 등 인터넷에서 사용할 수 있는 모든 서비스를 손쉽게 이용할 수 있다.

1) 동작 원리

전용선은 기업이나 학교와 같이 안정적인 통신환경이 요구되고 고품질의 통신환경과 대용량의 데이터 전송을 필요로 하는 환경에서 사용된다. 전용선은 고정된 IP가 제공되기 때문에 자신만의 서버를 운영할 수 있다. 전용선은 WAN 구간을 라우터를 통해 LAN 구간과 직접 연결하는 방식이기 때문에 상/하향 모두 똑같은 속도로 대칭된다.

2) 구성과 장비

전용선을 사용하기 위해서는 [그림 2-35]와 같은 전용 라우터 장비가 필요하다. 전용선은 WAN과 LAN 구간이 서로 연결되어 있는 것인데, 이 WAN과 LAN의 중간에서 서로 다른 네트워크를 연결하기 위해 라우터가 반드시 필요하다. 허브는 인터넷과 연결된 라우터를 통해서 내부 네트워크에 연결된 다양한 컴퓨터들이 별도의 장비 없이 인터넷을 이용할 수 있도록 해 준다.

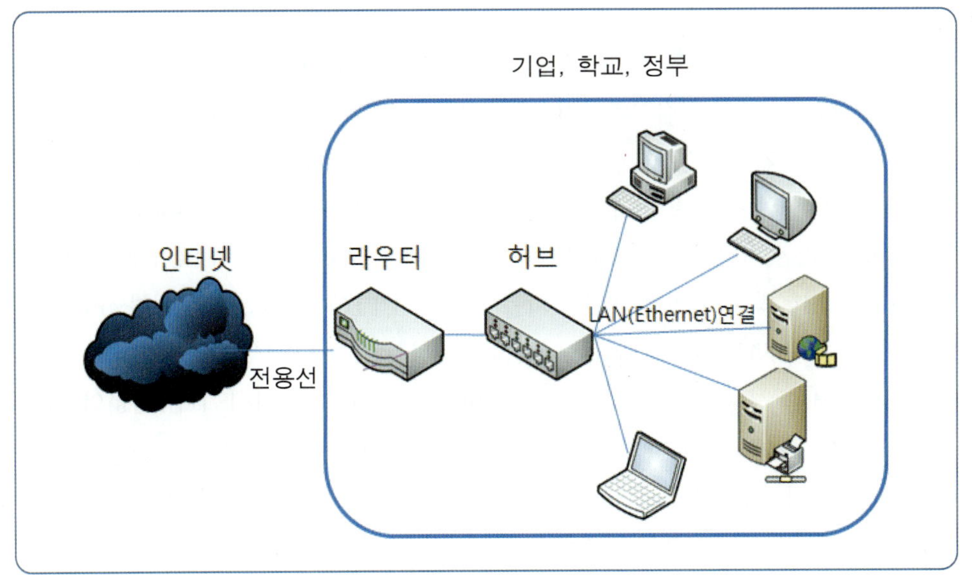

[그림 2-35]
전용선 연결 구성도

> ● 전용선의 특징
> ① 고정 IP 부여 방식으로 모든 인터넷 서비스를 제한 없이 이용/제공이 가능하다.
> ② 가장 안정적인 인터넷 회선 품질을 보여준다.
> ③ 인터넷과 24시간 연결되어 구성원 모두가 동시에 접속할 수 있다.
> ④ 기업, 기관만의 고유의 도메인과 이메일을 가지며 자체 서버를 운영할 수 있다.

2.3.4 FTTH

광섬유로 이루어진 광케이블을 집까지 연결하여 상/하향 100Mbps~1Gbps의 데이터 전송속도를 제공하는 초고속 통신으로 음성, 비디오, 데이터의 TPS(Triple Play Service) 기반의 방송과 통신이 융합된 다양한 서비스를 대역폭에 제한 없이 제공 가능한 네트워크를 의미한다.

광케이블을 사용하는 FTTH(Fiber To The Home) 통신망은 이론상 데이터 전송속도에 제한이 없으며, 동선을 이용하는 기존 초고속 인터넷보다 최소 10~50배가량 전송속도가 빠르다. 즉, 대용량 데이터를 전송할 때 시간의 제약을 받지 않게 된다. 전화 인터넷, 케이블 방송 통신망을 개별적으로 설치하지 않고, FTTH 하나로 방송과 통신을 포함한 모든 서비스를 처리할 수 있게 된다. 키보드와 마우스를 이용해서 인터넷을 검색하는 현재의 검색 방법은 컴퓨터가 사용자의 음성을 인식해서 정보를 찾아주는 방식으로 변화할 것이고, 빛을 이용해 빈 공간에 실물처럼 입체적인 영상을 보여주는 3차원 영상도 가능하게 될 것이다.

1) FTTH 구성과 장비

광가입자망에는 가입자 거주 건물까지 광케이블을 포설하는 FTTO(Fiber To The Office), 수요 밀집지역까지 광케이블을 포설하는 FFTC(Fiber To The Curb), 가입자 기기까지 광케이블을 포설하는 FTTH(Fiber To The Home)가 있다. FTTO는 일반적으로 하나의 건물에 하나의 가입자용 광전송장비(RT: Remote Terminal)를 설치하며, 국내에서는 광가입자 전송시스템 FLC(Fiber Loop Carrier)-A, B형의 광가입자 전송장치를 이용해 FTTO를 구축하고 있다. FFTC는 가입자 쪽에 ONU(Optial Network Unit)를 설치하고, ONU로부터 가입자까지는 기존의 동선을 사용한다. 하나의 광전장비(HDT: Host Digital Terminal)와 다수의 ONU가 접속되고 하나의 ONU는 다수 가입자를 대상으로 서비스를 제공하여 가입자까지 점대점(point-to-point) 형태로 서비스를 제공한다. [그림 2-36]은 FTTH의 서비스 구성도와 이용할 수 있는 서비스들을 보여주고 있다.

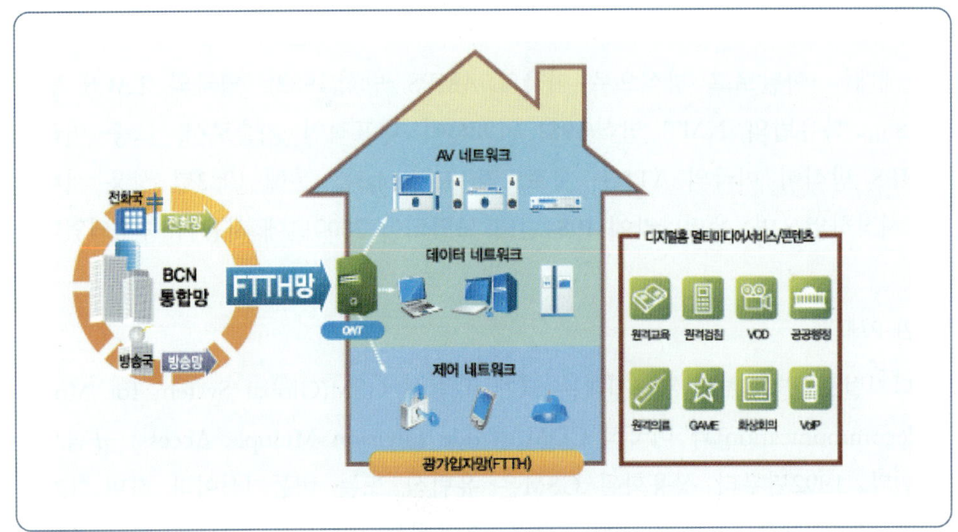

[그림 2-36]
FTTH의 서비스 구성도

2.4 무선 인터넷망

통신기술과 디바이스 제조 기술이 발전함에 따라 사용자들은 소형의 디바이스를 이용하여 언제 어디서나 인터넷을 이용할 수 있게 되었다. 여기서는 언제 어디서든지 이동하면서 인터넷을 연결할 수 있는 이동통신망, 무선 랜, WiBro, WPAN 등 무선 인터넷망에 대해 학습한다.

2.4.1 이동통신망

이동통신 시스템은 현재의 3세대 IMT-2000 시스템에 이르기까지 지속적인 진화를 거듭하였고 이제 사용자의 다양한 이동통신 서비스 요구 및 기대치를 충족시키기 위한 4세대 이동통신 시스템 및 서비스에 대한 관심이 지속적으로 증가하고 있다. ITU-RWP8F에서는 '보다 빠른 데이터 전송속도의 지원'과 '서로 다른 유무선 접속 시스템과의 융합'을 목표로 시간과 장소 및 대상의 구속 없이 언제 어디서나 누구와도 멀티미디어 통신 서비스를 지원하는 것을 차세대 이동통신 시스템의 비전으로 설정하고 있다. 이러한 차세대 서비스 비전을 실현하기 위하여 현재 이동통신 연구 단체 및 포럼에서는 개인의 관심사, 환경, 일상생활이 고려된 각 개인의 통신공간에서 상황에 따라 변화하는 개인의 요구사항이 반영된 차세대 서비스에 대한 연구를 수행하고 있다. 여기서는 이동통신의 세대별 특징 및 제공 기능에 대해서 알아본다.

1) 1세대

1세대는 아날로그 방식으로 미국의 AMPS 방식(1982), 영국의 TACS 방식(1985), 북유럽의 NMT 방식(1981, 1986)이 대표적인 기술로서, 그중 미국의 AMPS 방식이 미국의 AT&T, 모토로라(Motorola)를 통해 1982년 상용 서비스를 시작하였으며, 우리나라에 1984년에 도입되어 2000년에 사용이 중지되었다.

2) 2세대

디지털로 변화 발전한 2세대는 크게 유럽식 GSM(Global System for Mobile Telecommunication)과 미국식 CDMA(Code Division Multiple Access) 규격으로 나뉜다. 1992년부터 상용화된 GSM은 유럽식 또는 비동기식이라 하며, 1개의 주파수를 8개로 나누어 순차적으로 이용하는 방식인 TDM(Time Division Multiplexer) 방식에 근간을 두고 있다. GSM은 오픈 정책으로 인해 전 세계 이동통신 서비스 국가 대다수가 채택하는 범용적인 규격으로 전 세계 이동통신 사용자의 80%를 차지하는 가장 보편적인 기술로 성장하고 있다. 1996년에 상용화된 CDMA는 미국식 또는 동기식이라 하며, 1개의 주파수를 수십 개로 나누어 사용하는 미국 퀄컴사의 독점적 기술 특허에 근간을 두고 있어 로열티에 대한 부담으로 상용화 서비스로 채택하는 국가가 줄어들고 있다. 현재 전 세계 이동통신 사용자의 20% 정도가 CDMA를 사용 중이지만, 향후 3.5G와 4G로 접어들면서 좀 더 줄어들 것으로 예상되고 있다. 이 외에도 미국의 아날로그 방식인 AMPS(Advanced Mobile Phone Service)가 디지털로 진화된 TDMA(Time Division Multiple Access) 방식과 일본만의 규격인 PDC(Pacific Digital Cellular)도 엄밀히 2세대로 볼 수 있겠으나, 제한적인 사용범위에 국한되어 그 영향력은 크지 않다.

3) 2.5세대

2.5세대 기술은 2세대 기지국의 소프트웨어를 업그레이드하여 중속의 데이터 서비스를 제공하기 위하여 탄생한 틈새 기술 방식으로, ITU에 의한 공식적인 명명은 되지 않았다. 2000년 동기식의 IS95B 방식과 비동기식의 GPRS(General Packet Radio Service), 2005년 EDGE가 2.5세대에 해당되는데, 그중 GPRS와 EDGE(Enhanced Data rates for GSM Evolution)는 전 세계적으로 아주 보편화된 기술로 자리 잡고 있어 전 세계 GSM 및 TDMA 방식 기지국 대부분이 이 기술로 업그레이드가 되어 서비스 중이다. 우리나라에서 해외로 수출하는 핸드폰의 80% 이상이 이 기술에 해당한다.

4) 3세대

3세대는 무선이라는 전송매체를 사용하여 멀티미디어 서비스를 하기 위한 많은 제약을 극복하고자 등장한 규격으로 IMT(International Mobile Telecommunication)-2000이라 명명하고, 크게 CDMA2000, EVDO(Evolution Data Optimized), EVDV(Evolution Data Voice) 방식의 동기식, WCDMA(Wideband Code Division Multiple Access) 및 HSDPA(High Speed Downlink Packet Access) 등의 비동기식, 그리고 중국의 TD-SCDMA(Time-Division Synchronous CDMA) 방식인 중국식 등 크게 세 종류로 정의한다. IMT-2000 규격은 전 세계가 공통의 주파수를 이용하여 자유로운 이동성을 보장하는 글로벌 로밍을 실현하고, 멀티미디어 서비스 구현이 가능한 유무선 통합 네트워크 구현을 목표로 했으나, 국가별 이해관계와 시스템 및 장비의 미비 등으로 제한 없는 글로벌 로밍이라는 완전한 의미의 3세대 서비스 구현은 다음 세대로 미루게 되었다.

5) 3.5세대

2003년 12월에 우리나라에서 처음으로 WCDMA 서비스가 시작되었으나, 활성화되지 못한 이유는 기존의 CDMA 방식인 EVDO(2.4Mbps)에 비해 차별성이 없었기 때문이었다. 또한 이 수준의 데이터 전송속도로는 이용자의 서비스 만족도를 만족시키기에는 역부족이었다. 2007년 3월부터 상용화 서비스가 제공된 HSDPA는 WCDMA를 획기적으로 개선함으로써 최대 다운로드 속도 14Mbps를 가능하게 하였고, 최대 업로드 속도 5.76Mbps를 제공하는 HSDPA 서비스가 상용화 예정이다. 또한 2005년 12월 국제전기전자기술자협회(IEEE)는 데이터 전용 전송기술로 WiBro를 표준화하였으며, 최대 다운로드 속도 20Mbps, 최대 업로드 속도 5.5Mbps를 제공한다.

6) 4세대

ITU는 2005년 10월 핀란드 헬싱키 회의에서 IMT-2000 이후의 이동통신 규격을 IMT-Advanced라고 명명하면서, 보다 빠른 데이터 전송속도(고속의 무선 환경에서 100Mbps, 그리고 정지된 무선 환경에서 1Gbps)의 지원과 서로 다른 유무선 접속 시스템과의 원활한 컨버전스를 통해 시간과 장소 및 대상의 구속 없이 언제 어디서나 누구와도 고속 멀티미디어 통신 서비스를 지원하는 것을 목표로 하고 있다. 즉, 다양한 무선 네트워크가 접속할 수 있는 패킷 기반의 핵심 네트워크를 지원하고 주파수 대역을 통일함으로써 이기종 시스템 사이의 끊김 없는 이동성을 지원하게 하는 것이 핵심이다. IMT-Advanced 시스템에 사용될 주파수는 복수의 표준이 제안되어 있으나, 추후 선정될 IMT-Advanced 주파수가 현재 사용 중인 주파수 대역과 중첩될 수도 있기 때문에 국가별로 매우 민감한 사안으로 검토 중이다.

SHOW?

기존의 2세대 CDMA 서비스하에서는 음성 통화와 제안된 영상만을 이용할 수 있었다. 이에 비해 3세대 WCDMA 서비스는 고속 데이터 기술들을 기반으로 다양한 기술융합을 주도하며, 영상통화뿐만 아니라 다양한 동영상 콘텐츠 서비스를 언제 어디서나 실시간으로 빠르게 제공을 받을 수 있다. WCDMA는 음성을 듣고 말하는 기존의 통화 방식에서, 이제는 영상을 보여주는 영상 커뮤니케이션이 가능하다. 또한 전 세계적으로 가장 많이 사용하는 글로벌 표준이므로 국내에서 쓰던 번호 그대로 해외에서 사용할 수 있다. WCDMA에서 제공하는 서비스는 다음과 같다.

- USIM(Universal Subscriber Identity Module)[8] 기반 이동통신 서비스: 전 세계 WCDMA 표준 가입자 인증 방식인 USIM Chip으로 가입자 인증이 이루어진다.
- 영상전화 및 영상부가 서비스: 상대방의 얼굴을 보며 통화할 수 있는 영상통화는 물론 영상채팅, 영상통화 연결음, 영상편지, 영상회의 등 본격적인 멀티미디어 시대를 즐길 수 있다.
- 자유로운 글로벌 로밍: WCDMA는 전 세계적으로 가장 많이 사용하는 글로벌 표준으로 132개국 이상에서 본격적인 해외 로밍이 가능하다.
- 고속, 저가의 데이터 서비스: CDMA 대비 저비용 고성능 장비를 사용하여 저렴하고 빠른 데이터 서비스가 가능하다. 이에 따라 고품질 방송, 고품질 MMS, Phone 내비게이션 등 대용량 데이터를 언제 어디서나 실시간으로 빠르게 제공받을 수 있다.

T LIVE?

사용자가 영상통화 가능 단말기를 이용하여 WCDMA 가능 지역에서 영상통화를 이용할 수 있다. T LIVE에서 제공하는 서비스는 다음과 같다.

- T LIVE 모니터링: LIVE 모니터링 서비스는 PC에 설치된 카메라의 영상을 원격에서 영상통화로 접속하여 모니터링할 수 있는 서비스이다.
- T LIVE 영상통화: 영상통화가 가능한 단말기를 보유한 두 가입자가 영상통화 모드 선택 후 음성과 영상을 동시에 이용해 서로 상대방과 통화할 수 있는 서비스이다.

---

[8] 가입자 정보를 탑재한 SIM(Subscriber Identity Module) 카드와 UICC(Universal IC Card)가 결합된 형태로서 사용자 인증과 글로벌 로밍, 전자상거래 등 다양한 기능을 한 장의 카드에 구현한 것이다.

- T LIVE 영상회의: 최대 5명까지 접속하여 얼굴을 보며 통화할 수 있는 서비스이다.
- T LIVE 웹 영상편지: PC에 저장된 사진이나 동영상 또는 웹캠으로 촬영한 동영상 등을 자유롭게 편집하여 상대방에게 영상통화의 형태로 발신하여 보여주는 서비스이다.
- T LIVE 웹폰: PC에서 T LIVE 웹폰을 이용하여 T LIVE 핸드폰(영상통화 가능폰) 이용자와 영상통화할 수 있는 서비스를 제공한다.

2.4.2 무선 랜

무선 랜(wireless LAN)은 노트북, PDA 등의 이동 단말기를 사용하여 호텔, 공항, 대학교 등 인터넷 이용 계층이 밀집하는 공공장소에서 초고속 무선 인터넷 서비스 접속을 제공하는 서비스이다. 무선 랜은 이동성, 편리성, Ad hoc 네트워킹, 유선으로 연결되기 어려운 곳에 대한 서비스 등의 요구에 의해 나타난 기술로 복잡한 배선의 번거로움을 없애고 무선으로 호스트 간을 연결한 랜이다. 무선 랜은 50~100m 정도의 전파 도달거리를 갖는 소형 기지국(AP: Access Point)을 이용하여 고속 데이터를 전송하는 기술로서 2.4GHz 대역에서는 최대 11Mbps, 5.7GHz 대역에서는 54Mbps를 제공한다. 그러나 이 속도는 사용자 간에 공유되기 때문에 사용자가 많아지면 느려지고, 현재 2.4GHz 대역은 산업의료 기기와의 주파수 공유로 간섭이 발생할 수 있어서 품질 및 보안에 문제점이 있다. 또한 기지국 간의 핸드오프를 지원하지 않기 때문에 제한적인 이동성만을 제공한다. [그림 2-37]은 무선 랜을 이용하여 구축 가능한 구성도를 보여주고 있다.

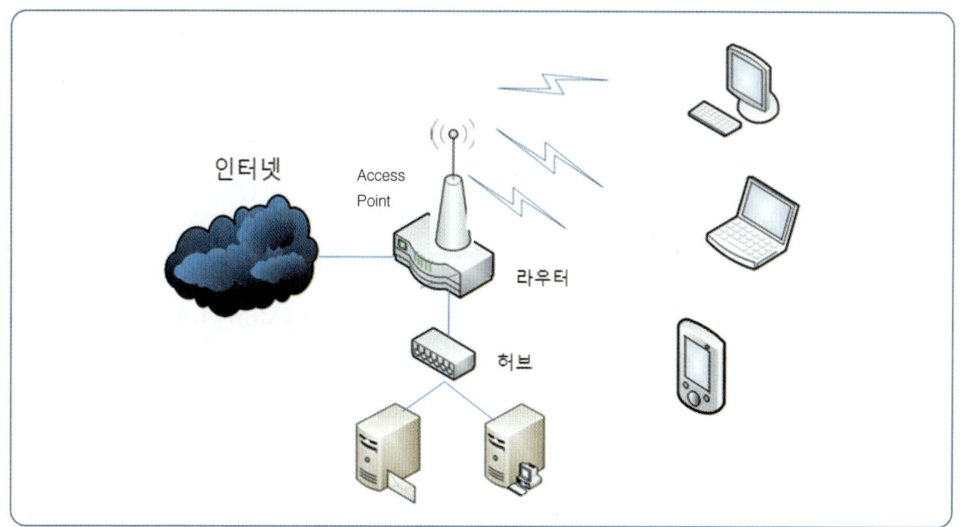

[그림 2-37]
무선 랜 구성도

1) 무선 랜의 특징

무선 랜은 복잡한 배선이 필요 없고, 단말기의 재배치가 용이하다. 또한 단말기가 이동 중에도 통신이 가능하며 빠른 시간 내에 네트워크 구축이 가능하다는 장점이 있다. 그러나 유선 랜에 비하여 상대적으로 낮은 전송속도를 내며 신호 간섭이 발생할 수 있다는 단점이 있다.

2) 무선 랜의 분류

무선 랜을 이용하여 네트워크를 구성하는 방법은 크게 전파를 사용하는 방식과 레이저를 사용하는 방식으로 분류할 수 있다.

(1) 레이저 방식

무선 레이저 광 전송기기는 케이블이나 전파가 아닌 레이저 빔을 통해 음성, 데이터, 영상을 전송하는 통신장비로서 광케이블 등에 비해 비용이 저렴하고, 주파수 허가 등 각종 인허가가 필요 없다는 장점이 있다. 그리고 케이블을 포설할 필요가 없기 때문에 교통 체증 등 사회 간접비용 발생을 줄일 수 있고 공사 기간도 대폭 단축시킬 수 있다.

마이크로웨이브나 광케이블은 공사 기간만 해도 보통 3개월에서 6개월까지 걸리는 반면, 레이저 광 전송장비는 고작 3시간 정도면 설치에서 개통까지 가능하다. 가시거리가 확보된 상태에서 155Mbps급의 속도로 유효 거리 5km, 최대 거리 10km까지 전송이 가능하기 때문에 셀룰러 및 PCS의 기지국 전송망 구축과 레이저 광 중계는 물론 인터넷 전용망, 군 작전 네트워크, 근거리 네트워크, 통신 재난지역의 임시 전송로 등을 제공할 수 있다. 또한 레이저의 특성상 중간에서 신호를 가로채기가 거의 불가능하므로 높은 보안을 요구하는 경우 좋으나 장비가 고가이고 민감하다. 또한 전파를 이용한 방식이 급속도로 발전하고 있기 때문에 선호되지는 않는다.

(2) 전파 방식

라디오나 핸드폰처럼 전파를 이용해서 네트워크를 구성하는 것을 말한다. 초기의 무선 랜에서는 1Mbps 정도의 속도에 10m 정도의 도달 범위를 가졌으나, 현재 상용화된 기술(IEEE 801.11g)로는 랜에서 최대 54Mbps(108Mbps)까지 속도를 낼 수 있다. 또한 현재 발표된 새로운 기술들에서는 320Mbps 이상의 속도(IEEE 802.11n)를 낼 수도 있을 것으로 기대된다.

3) 무선 랜의 응용분야

무선 랜의 응용분야로는 다음과 같이 기존 유선 랜의 확장, 서로 떨어져 있는 빌딩의 상호연결, 이동 중의 접속, Ad hoc 네트워크 등이 있다.

- 네트워크의 확장: 무선 랜은 랜 케이블의 설치비용을 절감할 뿐만 아니라 재배치 작업 및 네트워크의 구조 변경이 용이하여 기존 유선 랜을 대체할 수 있다.
- 빌딩 간 상호연결: 무선 랜으로 인접 빌딩 간을 상호연결할 수 있다.
- 이동 접속: 무선 단말기가 설치된 휴대용 컴퓨터와 랜 허브 간에 무선 링크를 이용하여 이동 접속 서비스를 이용할 수 있다.
- Ad hoc 네트워크: 임시적으로 즉각적인 필요를 충족시키기 위해서 중앙 서버의 필요 없이 점대점 네트워크를 형성하는 방식이다.

2.4.3 WiBro

WiBro(Wireless Broadband)는 시속 100~120km의 이동 속도에서도 유선 초고속 인터넷과 유사한 수준의 속도와 합리적인 가격으로 이용자의 Mobile Broadband 욕구를 충족시키는 획기적인 서비스이다. WiBro는 무선 랜의 이동성을 보완함과 동시에 이동 전화 무선 인터넷보다 낮은 투자비, 높은 전송속도를 확보할 수 있어 보다 저렴하게 무선 데이터 서비스를 제공할 수 있다.

WiBro 서비스의 특징은 [그림 2-38]과 같이 정지 및 이동 중에 노트북, PDA, 스마트폰 등 다양한 단말을 통해 유선 초고속 인터넷과 유사한 전송속도로 유무선 인터넷상의 모든 콘텐츠를 제약 없이 이용할 수 있다는 것이다.

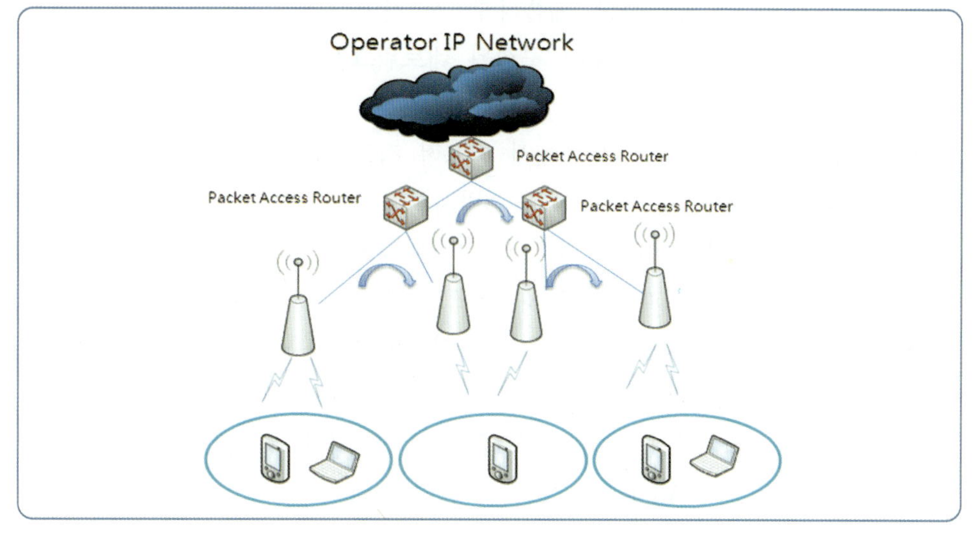

[그림 2-38]
WiBro 서비스 구성도

WiBro는 주로 도심지 내에서 초고속 무선 인터넷 서비스를 제공하며, 기지국 간 핸드오버의 이동성을 보장하며, 낮은 시스템 투자비로 현재의 무선 인터넷보다 저렴한 서비스 제공이 가능하다. [표 2-5]는 기존 무선 랜, 이동 전화 서비스와 WiBro의 주요 기능에 대한 비교를 보여주고 있다.

[표 2-5]
WiBro와 기존 서비스 비교

구분	무선 랜	WiBro	이동 전화
가입자당 전송속도	1Mbps 이상	약 1Mbps	약 100Kbps
이동성	보행	60km/h 이상	250km/h 이상
단말기	데스크톱, 노트북, PDA	노트북, PDA, 휴대폰	휴대폰, 일부 PDA
셀반경	약 100m	약 1km	1~3km
요금제	정액제	종량제+정액제	종량제

2.4.4 WPAN

기존 통신 시스템의 보완적인 역할을 수행하면서 근거리 데이터 전송의 역할이나 능력이 점차로 증가하고 있다. 우리는 노트북 컴퓨터, 휴대폰, PDA, MP3 플레이어 등 다양한 단말기들을 몸에 지니고 다닌다. 이와 같은 장치들을 유선으로 연결할 수 있지만 많은 작업이 필요하며 애플리케이션 상호 간의 호환성을 지원하지 않기 때문에 사용자들은 각 단말기들을 별도로 사용한다. 그러나 이와 같은 장치들은 무선으로 연결하여 장치 간 케이블을 사용하지 않고, 직접 통신하여 네트워크를 구성하며, 애플리케이션 간에 끊임없이 정보를 교환할 수 있다. 이처럼 개인 장치 간 무선 구성된 네트워크를 WPAN(Wireless Personal Area Network)이라 한다.

WPAN은 비교적 짧은 거리 내에서 비교적 적은 사용자 단말기 간에 정보를 전달하는 데 목적이 있다. WPAN은 기반시설이 필요 없으므로 다양한 장치에서 이용하기 좋은 방법이다. 그리고 적용되는 장치는 컴퓨터, PDA, 휴대용 컴퓨터, 프린터, 마이크, 스피커, 헤드셋, 바코드 판독기, 센서, 디스플레이, 호출기, PCS 폰과 같이 몸에 지니거나 가지고 다니면서 사용할 수 있는 것들이다. WPAN에서 이용 가능한 무선망의 종류는 [표 2-6]에서 제시된 것처럼 크게 무선 원거리 네트워크, 무선 근거리 네트워크, 무선 개인 네트워크 등이 있고 그 외에 센서 네트워크와 Ad Hoc 네트워크 등이 있다.

네트워크 분류	네트워크 범위
원거리 네트워크(WAN: Wide Area Network)	0~10km
근거리 네트워크(LAN: Local Area Network)	0~100m
개인 네트워크(PAN: Personal Area Network)	0~10m

[표 2-6]
네트워크 범위에 따른
분류

개인 네트워크를 무선으로 구현하기 위한 노력으로 IEEE 802.15 Working Group이 결성되어 단거리 무선망 표준으로 WPAN을 정하고 아래 [표 2-7]에서 제시된 기술 내용을 다루고 있다.

종류	기술내용
무선 개인 네트워크	• IrDA(Infrared Data Access/Association) • Bluetooth: IEEE 802.15.1 • UWB(Ultra Wide-Band): IEEE 802.15.2 • WiMedia: IEEE 802.15.3 • ZigBee: IEEE 802.15.4 • HomeRF

[표 2-7]
개인 무선통신망의 종류

(1) 적외선(IrDA)

IrDA(Infrared Data Association)는 적외선 통신링크에 사용되는 하드웨어와 소프트웨어에 대한 국제 표준을 만들기 위해 산업계가 후원하는 조직으로서 1993년에 결성되었다. 무선 전송의 특별한 형태인 적외선 통신에서는 Tera급 (10^{12}) Hz에서 측정되는 적외선 주파수 스펙트럼 내의 모아진 광선이, 정보로 변조되어 송신기로부터 비교적 짧은 거리 내에 있는 수신기로 보내진다. 적외선은 리모컨으로 TV를 제어하는 데 사용되는 것과 같은 기술이다. 적외선 데이터 통신은 노트북 컴퓨터와 PDA, 디지털 카메라, 휴대폰, 무선호출기 등의 대중화에 따라, 이제 무선 데이터통신 내에서 중요한 역할을 해 오고 있다. 기존에 사용되고 있거나 새로운 가능성이 있는 것들은 다음과 같다.

- 노트북 컴퓨터에서 프린터로 문서를 보내기
- 포켓용 PC를 이용하여 명함 교환
- 데스크톱 컴퓨터와 노트북 컴퓨터 사이에 스케줄이나 전화번호부를 동일하게 맞추기
- 노트북 컴퓨터에서 공중전화를 이용하여 멀리 있는 팩시밀리에 팩스 보내기
- 디지털 카메라에서 컴퓨터로 이미지를 광선으로 보내기

적외선 통신에서는 쌍방의 장치에 모두 송수신기가 있어야 한다. 특별한 마이크로칩이 이 기능을 위해 제공된다. 그 외에도 통신을 동기화시켜 주는 특별한 소프트웨어가 하나 또는 모든 장치들에 필요하다. IrDA-1.1 표준에서, 전송될 수 있는 가장 긴 데이터의 길이는 2,048바이트이며, 최대 전송속도는 4Mbps이다. IrDA은 어느 정도 먼 거리의 상호연결에도 사용될 수 있으며, 근거리 네트워크 내의 상호연결 가능성도 있다. 최장 유효거리는 약 1.5마일 정도이며, 계획되는 최고의 대역폭은 16Mbps이다. IrDA은 가시광선을 전송하는 것이므로 안개와 같은 대기조건에 민감하다.

(2) 블루투스(Bluetooth)

블루투스는 스웨덴의 에릭슨, 미국의 IBM과 인텔, 핀란드의 노키아, 일본의 도시바 등이 개발한 무선 데이터통신 규격의 개발코드명을 말한다. 블루투스는 가정이나 사무실 내에 있는 컴퓨터, 프린터, 휴대폰, PDA 등 정보통신기기는 물론 각종 디지털 가전제품을 물리적인 케이블 접속 없이 무선으로 연결해 주는 근거리 무선접속 기술이다. 에릭슨을 비롯하여 IBM, 인텔, 노키아, 도시바 등 5개사가 1998년에 결성한 Bluetooth SIG(Special Interest Group)에 의해 처음 제안되었는데, Bluetooth SIG에는 현재 2000개가 넘는 기업이 회원사로 가입하고 있다. 블루투스는 당초 초기 대량 출하의 가능성, 국경 없는 시장 형성의 가능성, 저가격 솔루션 개발의 용이성 등의 장점을 배경으로 세계의 이목을 끌었다. 블루투스는 21세기 최대산업인 인터넷산업분야에 적합한 여러 가지 단거리무선통신기술 중의 하나로서 이동하면서 인터넷 접속을 할 수 있도록 지원하며 다음과 같은 대표적인 특징을 갖고 있다.

- 소형(9mm × 9mm)
- 저렴한 가격(5달러)
- 적은 전력소모(100MW)
- 좁은 구역(10~100m) 내 무선연결 지원

블루투스가 탑재된 휴대용 PC를 사용자가 갖고 있다면 주변 10~100m 유선망이나 근거리 네트워크, 이동통신 전화망 등의 외부 통로를 통해 인터넷에 접속할 수 있다. 물론 자체 보안 기능을 탑재하면 이메일과 전자상거래까지 이용할 수 있다.

일부 업체의 휴대폰에는 IrDA가 들어 있으며 가까운 거리에 있는 기기 간에 선이 없어도 데이터통신을 주고받을 수 있으나 IrDA는 정확하게 서로를 바라

보고 통신을 해야 데이터를 주고받을 수 있다. 그러나 블루투스는 전파가 모든 방향으로 퍼지므로 특별한 위치방향을 요구할 필요가 없다. 그러므로 휴대 정보 통신기기를 가방이나 주머니에 넣은 상태로 다른 정보통신기기와 통신할 수 있다. 따라서 디지털 카메라로 촬영한 영상 데이터를 PC나 휴대 전화기와의 케이블 접속뿐만 아니라 IrDA 방식에서의 방향 및 위치 등과 같은 번거로운 절차 없이 일정 거리 안에서는 어떤 상태에서나 그대로 전송할 수 있다.

블루투스는 최대 데이터 전송속도 1Mbps에 최대 전송거리 10m의 무선 데이터통신 실현을 우선 목표로 하고 있다. 1Mbps는 사용자가 면허 없이 이용할 수 있는 2.4GHz의 ISM(Industrial Scientific Medical) 주파수 대역을 사용해 비교적 손쉽게 동시에 저렴한 비용으로 실현할 수 있는 전송속도이다. 전송거리 10m는 사무실 내에서 사용자가 휴대하고 있는 기기와 책상 등에 설치해 둔 기기 간의 전송거리로 충분하다는 판단에 따른 결정이다.

(3) 초광대역(Ultra Wide Band)

초광대역 무선기술은 기존에 사용 중인 주파수 대역과 간섭 없이 공유하여 사용할 수 있으며 수백 Mbps에 이르는 광대역 주파수 대역폭을 가질 수 있다는 장점이 있다. 전력소모가 블루투스의 약 1/4이고 벽과 지하를 관통할 수 있는 특성도 갖고 있어 건물 투시, 자동차 충돌방지, 단거리 광대역통신시스템 등 다양한 분야에 응용할 수 있다.

초광대역이라는 용어는 이 기술의 스펙트럼 특성에서 인용되었으며, 기본적인 원리는 임펄스라는 짧은 펄스를 발생하여 전송한 것을 수신하여 처리하는 것이다. 이러한 방식은 1897년 마르코니(Marconi)가 보여준 최초의 무선 시스템에서 시작된 것으로 마르코니의 초기 spark-gap 송신기는 매우 낮은 주파수에서부터 단파대 이상까지의 넓은 스펙트럼을 점유하였으며 이 시스템들은 수동으로 시간 도메인에서 모스 부호를 사람들이 송수신함으로써 동작하였다. 초광대역 기술은 무선 반송파를 사용하지 않고 기저 대역에서 수 GHz 이상의 매우 넓은 주파수 대역을 사용하며, 통신이나 레이더 등에 주로 응용되었고 사용 대역폭이 중심 주파수의 25% 이상 혹은 1.5GHz 이상의 점유 대역폭을 차지하는 무선 시스템이다. 광대역 에너지를 수신하여 신호를 검출하므로 협대역 통신 신호에 의한 간섭 특성이 우수하고 보안 통신에도 적합하며, 펄스폭이 매우 좁고 듀티 사이클(duty cycle)이 작아 다중경로 페이딩에 의한 영향이 적다. 또한 반송파 발진기가 필요 없고 고출력 통신을 행하지 않을 경우에는 선형 증폭기도 필요 없으며, 중간주파수단도 사용하지 않으므로 시스템이 간단하다.

(4) ZigBee

ZigBee는 저전력, 저가격의 사용이 편리한 무선 센서 네트워크의 대표적 기술 중 하나로 2003년 IEEE 802.15.4 작업분과위원회에서 표준화된 PHY/MAC층을 기반으로 상위 프로토콜 및 애플리케이션을 규격화한 기술이다. ZigBee는 Zig와 Bee의 합성어로 꿀벌의 의사소통 수단인 춤에서 인용한 것으로 꿀벌들은 항상 Zig-Zig 패턴으로 춤을 추면서 꽃의 위치 및 거리, 방향을 알려 주는데, 이는 상당히 경제적인 통신수단으로 알려져 있다. 무선 센서 네트워크 기술에서도 이와 같이 경제적이고 혁신적인 기술로 도입하자는 의미로 사용되었다. ZigBee 기술은 저전력 ZigBee 송수신기를 센서(동작, 빛, 압력, 기온, 습도)와 결합하여 대규모 센서 네트워크를 구성할 수 있게 해 주는 기술로서, 예를 들면 빌딩 관리인은 빌딩 내 조명, 화재, 냉난방 시스템들에 ZigBee를 도입함으로써 관리실이 아닌 휴대장치로도 원격으로 빌딩 시스템 관리 및 제어를 수행할 수 있다.

(5) HomeRF

가정 내 또는 SOHO(Small Office Home Office) 환경에서 컴퓨터, 전화, TV, 오디오 기기 등을 무선으로 연결하는 하나의 무선 네트워크 표준으로서 음성, 데이터, 영상 등의 다양한 정보를 통합할 목적으로 HomeRF Working Group을 중심으로 개발되고 있다. 1998년에 처음 결성되어 현재 인텔, 컴팩, 모토로라, 지멘스, 프락심 등 90여 개 회원사로 구성되어 무선 네트워킹 관련 표준화 단체로 발전하게 되었다. 유비쿼터스 시대에서 무선 네트워크 기술범주에 들어가는 HomeRF는 홈네트워킹을 무선으로 하기 위한 무선기술로서 블루투스보다 빠르고 50~100m 정도의 전파 도달거리를 제공할 수 있다.

2.4GHz 대역을 사용하여 가정 내의 PC를 중심으로 소비자 가전들을 연결하여 홈네트워킹을 구성하는 기술이며 데이터 및 음성 트래픽 모두 지원이 가능하고 채널 접속은 TDMA(Time Division Multiple Access)와 CSMA/CD(Carrier Sense Multiple Access with Collision Detection)의 하이브리드 기법을 사용한다.

1) WPAN의 응용

요즈음 가전제품과 휴대용 통신장비들에 적용되는 애플리케이션의 상당수가 고속의 WPAN 서비스를 지원하도록 하고 있다. 이러한 애플리케이션은 크게 대용량 데이터 파일 전송에 관련된 것과 실시간 비디오와 고품질 오디오 분배에 관련된 것으로 구분할 수 있다. [그림 2-39]는 고속의 WPAN을 이용한 다양한 애플리케이션들과 상호 통신하는 것을 보여주고 있다.

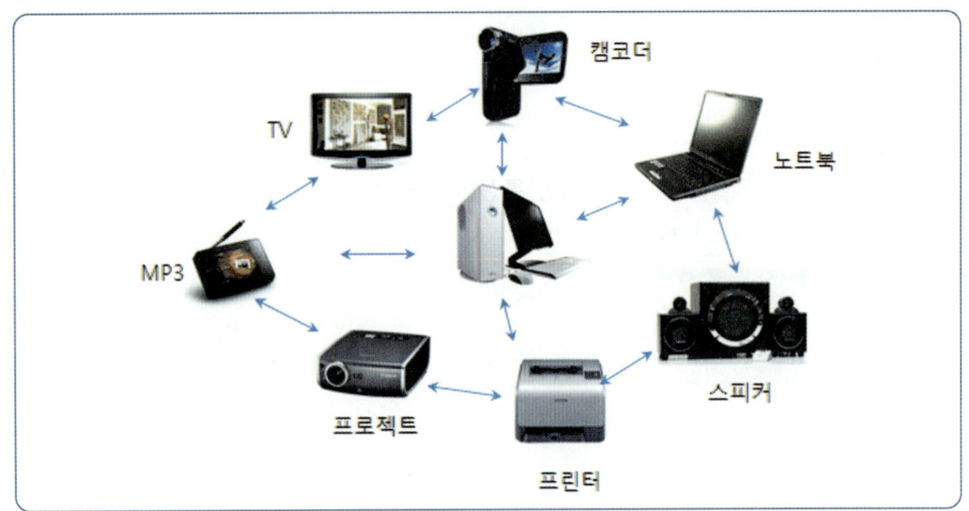

[그림 2-39]
고속의 WPAN을 이용한 응용

연습문제

01. 통신이란 정보를 정확하게 전달하는 것을 목적으로 한다. 통신을 위해서는 (   ),
(   ), (   ) 등이 필요하다.

02. 네트워크를 정의하라.

03. 다음과 같은 특징을 가진 네트워크 모델은 무엇인가?

> 서버와 클라이언트가 별도로 존재하지 않는다. 다시 말해, 모든 컴퓨터가 서버이며 동시에 클
> 라이언트이다. 즉, 중앙에서 관리하는 서버가 없으므로 모든 사용자들은 서로의 자원 등을 네
> 트워크를 통하여 공유한다. 그러므로 각자가 일정한 서비스의 제공자이며 동시에 서비스의 요
> 청자이기도 하다.

04. 다음 중 클라이언트 서버 모델의 장점이 아닌 것은 무엇인가?

① 강력한 중앙집중식 보안 체계 관리 기능
② 많은 수의 사용자를 관리자가 쉽게 관리
③ 공유된 네트워크 자원을 이용할 때 빠르고 체계적으로 제공
④ 요구되는 서버 장비나 소프트웨어에 대한 추가적인 비용부담이 없음

05. 네트워크는 구성 방식에 따라 (   ), (   ), (   ), (   )(으)로
분류된다.

06. LAN, MAN, WAN의 차이점에 대해서 설명하라.

07. 프로토콜을 정의하고 그 동작 원리에 대하여 설명하라.

연습문제

08. 아래는 전송매체에 대한 설명이다. 이와 같은 특징을 가진 전송매체는 무엇인가?

> 잡음을 최소화하기 위해 중심에 있는 구리 심선을 폴리에틸렌의 절연물질로 감싸고, 이를 다시 그물 모양의 외선으로 싼 다음, 전체에 피복을 입힌 구조로 한 가닥의 지름이 0.4~1인치 정도 크기의 케이블이다. 절연체는 신호의 교란을 방지하고, 외선을 그물 모양으로 둘러싼 것으로 인접한 회선과의 차폐 역할을 한다.

09. 도메인 네임은 NIC(Network Information Center, 우리나라는 KORNIC)의 규칙에 따라 만들어진다. 아래와 같은 도메인이 주어졌을 때, 괄호 안에 들어갈 알맞은 명칭을 써라.

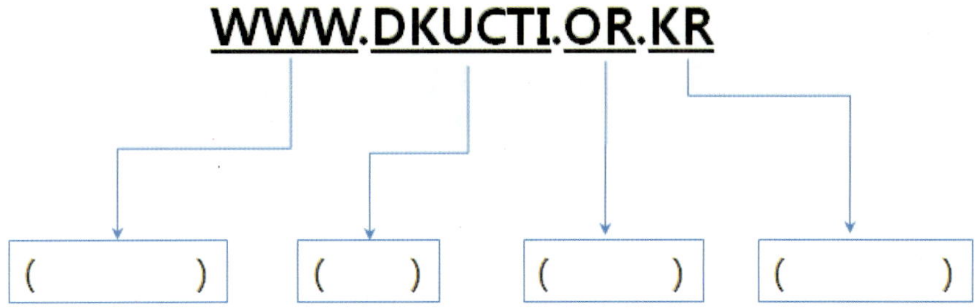

10. 다음 중 인터넷 연결 방법에 대해 잘못 설명하고 있는 것은 무엇인가?

① 직접 연결: LAN에 연결된 대형 컴퓨터들은 인터넷에 직접 연결할 수 있다.
② 케이블 모뎀: TV 신호를 전달해 주는 동축케이블을 이용하여 인터넷에 접속할 수 있다.
③ 무선 연결: 휴대전화나 PDA 등으로 이메일이나 웹 브라우징도 할 수 있다. 일반적인 인터넷보다 느리지만 어디에서나 연결할 수 있다.
④ SLIP(Serial Line Internet Protocol): 전송속도 2Mbps 이상의 전용 모뎀과 전화 회선을 이용하여 인터넷에 연결한다.

11. 인터넷 IP 주소 클래스는 (   ), (   ), (   ), (   ) 등으로 크게 분류한다.

연습문제

12. IP 주소는 숫자를 잘 다루는 컴퓨터에게는 편리할지 몰라도 사람들이 사용하거나 기억하는 데 어려움이 크다. 그러므로 사람들이 기억하기 쉽고 사용하기 쉽게 하기 위해 인터넷에서는 (   ) (이)라는 또 다른 주소를 제공한다.

13. 다음 중 ADSL에 대해 잘못 설명하고 있는 것은 무엇인가?

① 상향속도와 하향속도가 다르다.
② 전화선을 음성과 디지털 신호로 같이 사용한다.
③ ADSL은 Asymmetric Digital Subscriber Line의 약자이다.
④ ASDL은 별도의 모뎀을 필요하지로 하지 않는다.

14. 다음은 무엇에 대한 설명인가?

> 광섬유로 이루어진 광케이블을 집까지 연결하여 상/하향 100Mbps~1Gbps 데이터 전송속도를 제공하는 초고속 통신으로 음성, 비디오, 데이터의 TPS(Triple Play Service) 기반의 방송과 통신이 융합된 다양한 서비스를 대역폭에 제한 없이 제공 가능한 네트워크를 의미한다.

15. 다음 중 Wibro에 대해 잘못 설명하고 있는 것은 무엇인가?

① 시속 100~120km의 이동속도로 유선 초고속 인터넷과 유사한 수준에서 인터넷을 이용할 수 있다.
② 이동 전화 무선 인터넷보다 높은 투자비용이 소요되지만, 높은 전송속도를 확보할 수 있다.
③ Wibro는 무선 랜이 갖지 못하는 기지국 간의 핸드오버를 제공한다.
④ Wibro는 무선 인터넷보다 저렴한 서비스 제공이 가능하다.

16. WPAN(Wireless Personal Area Network)의 특징을 설명하라.

17. 다음은 무엇에 대한 설명인가?

> 낮은 전송속도를 갖는 홈오토메이션 및 데이터 네트워크를 위한 표준 기술로서 버튼 하나의 동작으로 집안 어느 곳에서나 전등 제어 및 홈보안시스템, VCR 온/오프 등을 가능하게 하고 인터넷을 통한 전화접속으로 홈오토메이션을 더욱 편리하게 이용하려는 것에서부터 출발한 기술이다.

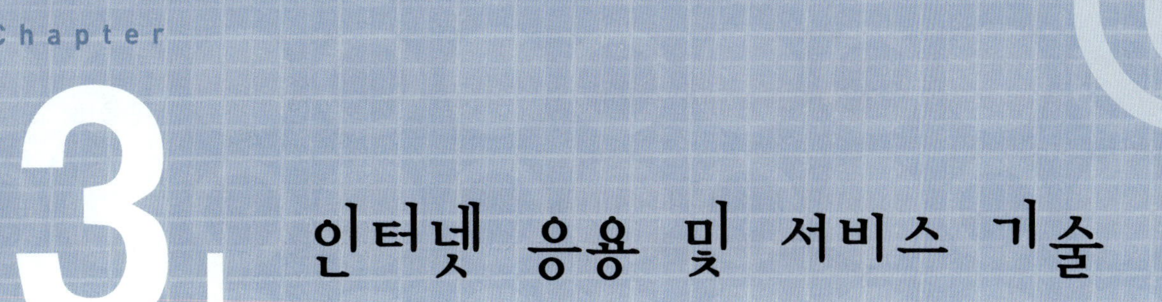

3. 인터넷 응용 및 서비스 기술

3.1 전자우편

3.1.1 전자우편의 개요

전자우편은 인터넷의 응용 및 서비스 중에서 대표적인 서비스이다. 전자우편이란 인터넷에 가입된 사용자들이 종이와 우편배달부 대신 컴퓨터와 전기적인 통신매체를 통하여 편지를 주고받는 기능이다. 전자우편의 기능은 다음과 같이 크게 세 가지로 나눌 수 있다.

- 다른 사용자에게 메시지를 보낸다.
- 다른 사용자에게 온 메시지를 확인할 수 있다.
- 메시지를 자신의 보관함에 저장할 수 있다.

인터넷 사회에 살고 있는 우리는 다른 사람의 명함이나 신문, 잡지의 기사 등에서 인터넷 전자우편의 주소를 쉽게 접할 수 있게 되었다. 어떤 웹 사이트에 가더라도 마지막 부분에는 궁금한 점이 있으면 직접 문의해 달라며 담당자의 전자우편 주소가 적혀 있는 것이 관례가 되었을 정도이다. 전자우편의 가장 큰 특징이자 장점은 빠른 전송속도이다. 국내에서 빠른우편(예: DHL)으로 편지를 보낸다 하더라도 1~3일 소요되는 데 비해 전자우편을 이용하면 인터넷이 연결되어 있을 경우 단 몇 초에서 한 시간 정도면 세계 어느 곳이라도 전송이 가능하다. 또한 우편요금이 들지 않는 것도 전자우편의 큰 매력 중 하나이다. 전자우편의 특징과 장점을 요약해 보면 다음과 같다.

> - 거리에 제한 없이 인터넷에 연결만 되어 있으면 언제든지 우편을 보내고 받을 수 있다.
> - 다양한 멀티미디어 파일을 첨부할 수 있다.
> - 비용이 거의 들지 않는다.

일반 편지를 쓸 때도 주소를 적듯이 전자우편에서도 주소가 필요하다. 전자우편 주소를 부여받기 위해서는 메일 계정을 부여받아야 하는데, 요즘은 인터넷상에 무료로 전자우편 주소를 부여하는 서비스 업체들이 많이 있다. 여기에 가입하면 평생 무료로 전자우편 주소를 사용할 수가 있다. 대표적으로는 다음(mail.daum.net), 네이버(mail.naver.com), 야후메일(mail.yahoo.com) 등이 있다.

전자우편 주소는 기본적으로 도메인 네임의 확장형이다. 도메인 네임은 전 세계 인터넷에 연결된 컴퓨터를 구분하기 위해 생긴 주소이다. 이에 반해 전자우편 주소는 한 개인의 인터넷상에서의 위치를 알리기 위한 주소이다. 실생활에서는 집집마다 개개의 주소가 있지만 한 집에 여러 사람이 살고 있는 경우 같은 주소에 사람 이름을 명기함으로써 우편물의 수취인을 지정할 수 있다. 인터넷에서도 일단 컴퓨터 도메인 네임이 같더라도 한 컴퓨터를 여러 사람이 이용한다면 같은 도메인 네임 앞에 @ (at)표를 하고 그 앞에 사용자 ID를 적는다. 물론 이때 사용하는 이름은 실제 사람의 이름이 아니라 사용자 계정(account) 이름이다. 따라서 전자우편의 주소 형식은 '사용자_ID@메일 서버_주소'이다.

[그림 3-1]
전자우편 주소의 형식

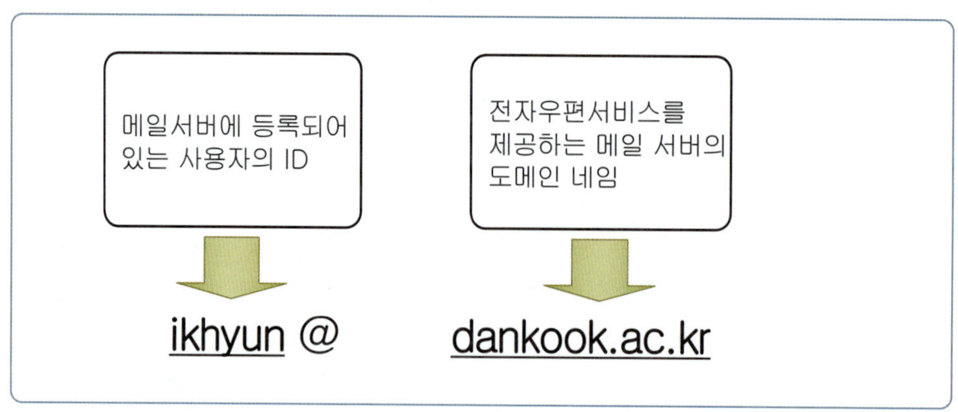

인터넷에서 도메인 네임을 갖는 모든 컴퓨터가 전자우편을 받을 수 있는 것은 아니다. 특별히 전자우편을 주고받을 수 있는 컴퓨터가 따로 정해지는데 전자우편을 전담해서 처리하는 컴퓨터를 메일 서버(mail server)라 한다. 따라서 전자우편을 사용하고 싶은 사람들은 먼저 메일 서버의 계정을 얻어야 전자우편을 사용할 수 있다.

전자우편은 크게 웹메일과 POP3 방식, 두 가지로 나눌 수 있다.

- 웹메일: 인터넷에 연결되어 있다면 어디서나 사용할 수 있도록 웹을 이용하여 메일 서버에 접속하여 복잡한 설정 없이 메일을 받고 보낼 수 있는 서비스이다. 메일 저장용량의 한계가 있다는 점과 오프라인상에서는 메일을 볼 수 없다는 단점도 있으나 대부분의 인터넷 서비스 제공업체가 무료로 메일 서비스를 제공하며 초보자도 간단한 방법으로 사용할 수 있기 때문에 널리 쓰이고 있다.
- POP3: POP3 방식은 사용자 컴퓨터에 설치되어 있는 아웃룩 익스프레스, 넷스케이프 메신저 등의 전자우편 관리 프로그램을 이용하여 메일 서버와 연결해서 메일을 주고받는 방법이다. 전자우편 프로그램을 이용하여 메일 서버에 있는 메일을 자신의 하드디스크로 다운로드한 후에 사용하기 때문에 많은 양의 메일을 저장하고 오프라인으로 작업할 수 있으며 또한 다수의 메일 계정으로 메일들을 체계적으로 관리할 수 있다는 장점이 있다.

3.1.2 전자우편의 사용법

전자우편의 실제적인 사용법에 대해서 배워 보자. 웹메일 중에서 네이버 메일(mail.naver.com)의 사용법을 살펴보도록 하겠다(다른 서비스 업체들도 비슷한 방식을 취하고 있다). 인터넷 브라우저의 주소창에 http://mail.naver.com을 입력하면 네이버 메일 사이트로 이동한다. [그림 3-2]의 왼쪽 위를 보면 아이디와 비밀번호를 입력하는 창이 있는데, 네이버 계정이 없다면 비밀번호 창 아래 회원가입을 클릭하여 회원가입을 해야 한다. 회원가입을 하고 나면 자신의 아이디와 패스워드가 생성이 되며 그 아이디와 패스워드를 통하여 로그인하면 된다.

[그림 3-2]

네이버 메일 로그인
화면

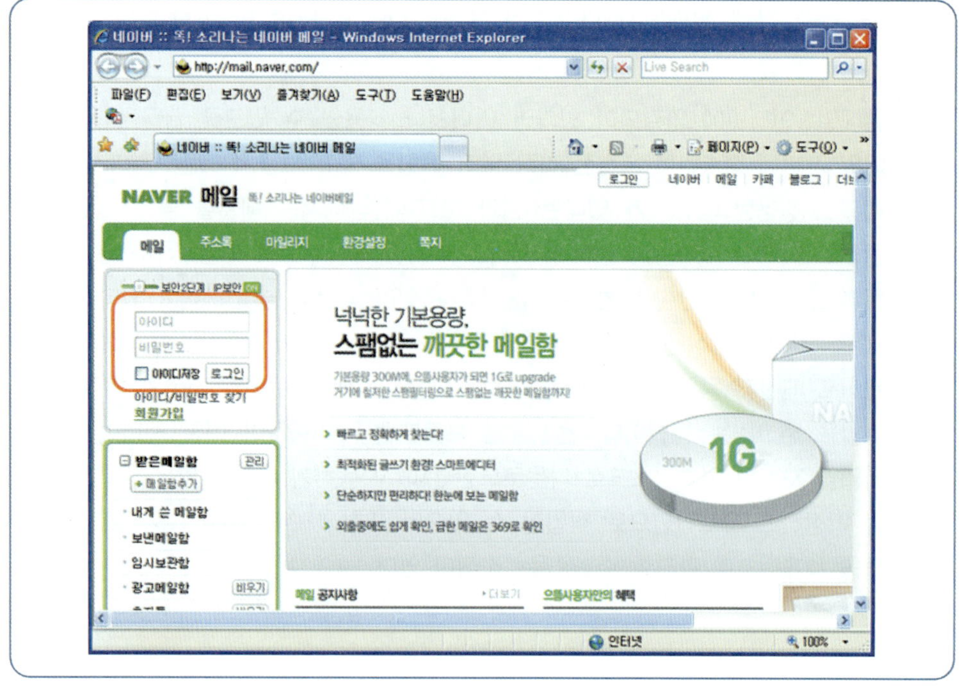

로그인을 하고 나면 [그림 3-3]과 같은 초기화면을 볼 수 있다. 이메일의 작
성, 보관 및 주소관리 등의 메뉴들이 왼쪽 프레임에 나와 있으며, 오른쪽 프레
임에는 해당 메뉴에 대한 내용이 나타난다.

[그림 3-3]

네이버 메일 초기화면

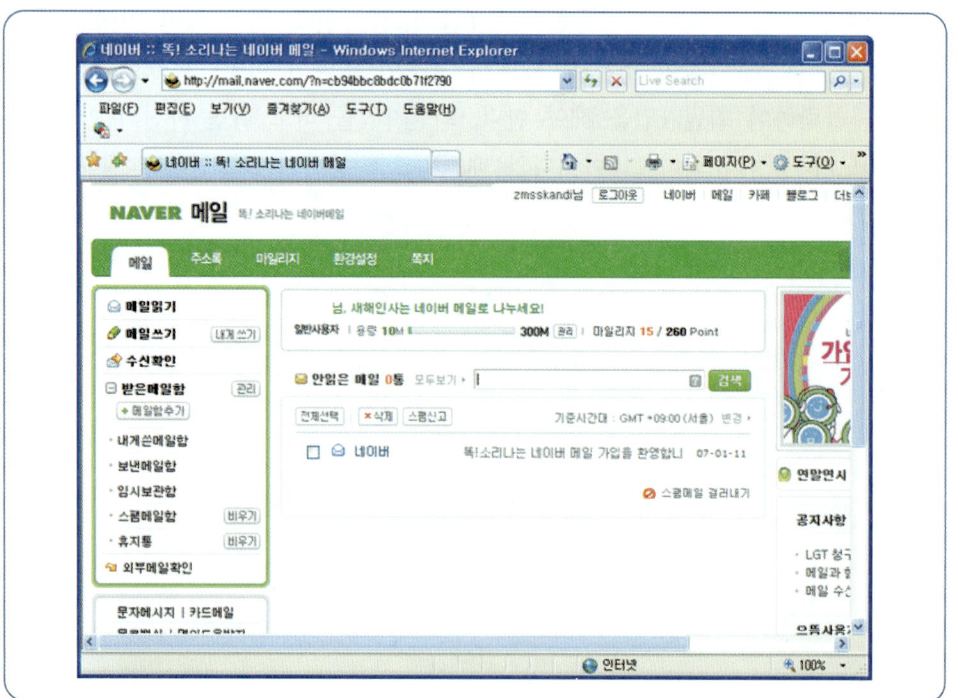

메일을 작성하고 보내기 위해서 [그림 3-3]의 왼쪽 메뉴 중 메일쓰기를 클릭하면 [그림 3-4]와 같은 메일 작성 화면이 나타난다. 받는이 항목에 아는 친구나 부모님 혹은 가까운 친척의 메일 주소를 입력하자. 그 아래 보이는 참조 항목에 또 다른 사람의 메일 주소를 입력하면 여러 사람에게 동일한 메일을 보낼 수 있게 된다. 여러 명의 이메일 주소를 세미콜론(;)으로 구분해서 기입할 수 있다(예: abc@naver.com ; cde@naver.com ; fgh@naver.com). 참조 항목에 기입된 주소들은 메일을 수신한 모든 사람들이 이메일이 누구누구에게 보내졌는지 알 수 있게 공개된다. 그러나 참조 항목을 클릭하면 활성화되는 숨은참조 항목에 기입된 메일 주소는 다른 수신자들에게는 공개되지 않는다.

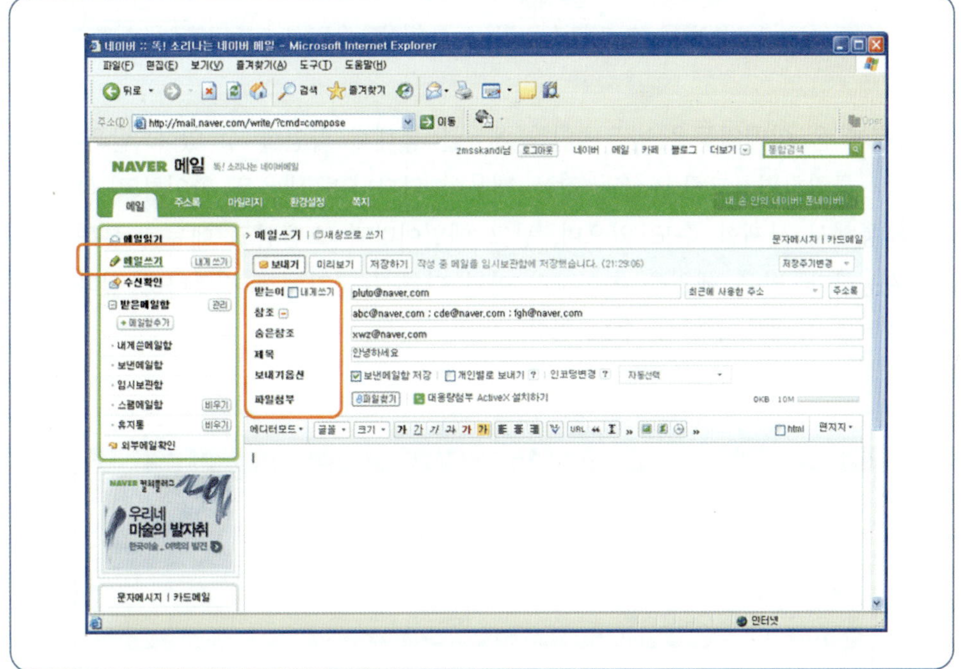

[그림 3-4]
메일 작성 화면

이메일과 함께 문서나 그림 음악과 같은 파일을 첨부해서 보내고 싶은 경우, [그림 3-4]의 파일첨부 옆에 파일찾기를 클릭하면 [그림 3-5]와 같은 파일선택창이 뜨게 된다. 내가 첨부하고자 하는 파일의 위치를 찾아서 선택하여 첨부할 수 있다. 여러 개의 파일을 보내고 싶다면 다시 파일찾기를 클릭하여 파일을 첨부할 수 있다. 보내고자 하는 메일의 내용을 아래 입력창에 입력하고 보내기 버튼을 누르면 메일이 발송된다. 이렇게 보낸 메일들은 보낸메일함에 보관되며 이후에 다시 열어 볼 수 있다. 또한 수신확인 메뉴를 클릭해서 발송된 메일을 수신자가 언제 받아보았는지 확인할 수도 있다.

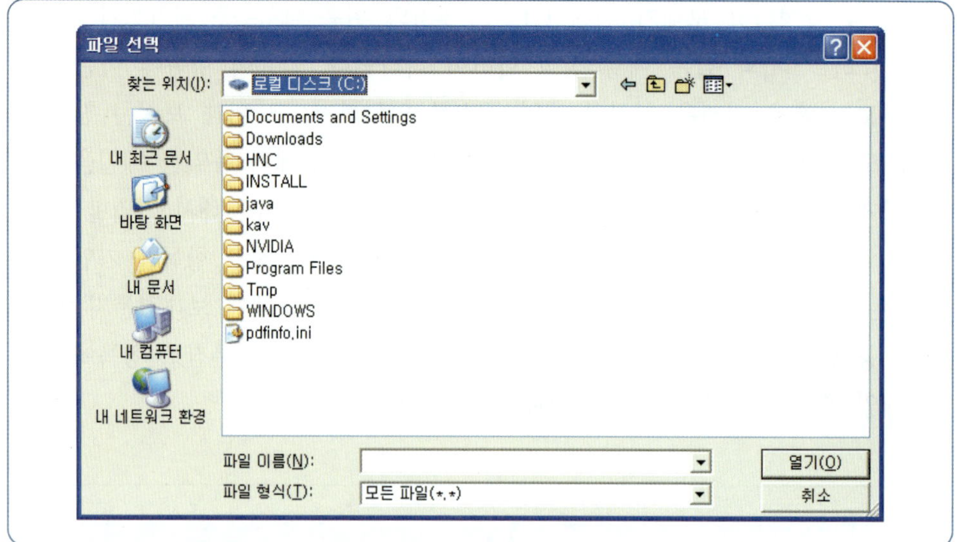

나에게 온 이메일들은 받은메일함 메뉴를 통해서 확인할 수 있다. 받은메일함 메뉴를 클릭하면 [그림 3-6]과 같은 내용이 나타나며 내용을 확인하고 삭제 메뉴를 통해서 삭제할 수도 있으며, 광고 메일이라면 스팸신고 메뉴를 통해 신고도 가능하다. 받은 메일을 송신자가 아닌 다른 누군가에게 전달하고 싶다면 전달 메뉴를 통해서 전달할 수도 있다.

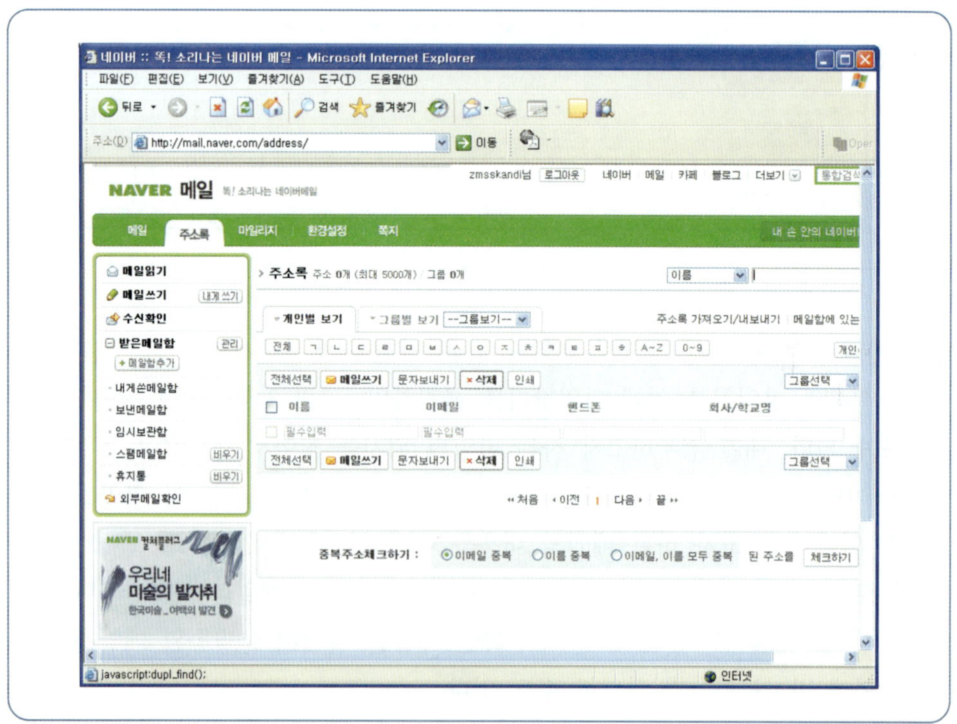

3.1.3 전자우편의 작동 원리

여기서 간단하게 전자우편이 어떻게 작동하는지 살펴보도록 한다. 전자우편 메시지는 인터넷 데이터 전송과 같은 방식으로 보내진다. 송신자에서 TCP 프로토콜이 전자우편 메시지를 패킷으로 분해하고 IP 프로토콜이 목적지에 패킷을 전송한다. 목적지에서 다시 TCP 프로토콜이 패킷을 조립하여 원래 메시지를 복원한다. 전자우편에는 또한 첨부 기능이 있어서 그림, 비디오, 오디오, 문서 등의 이진 파일과 실행 파일 등을 보낼 수 있다. 인터넷은 전자우편의 이진 파일을 바로 처리할 수 없기 때문에 먼저 이진 파일을 적당히 코드화(encoding)시켜야 한다. 가장 많이 쓰이는 코드화 방식은 MIME과 uuencode이다. 메시지를 받는 쪽에서는 코드화된 첨부 파일을 다시 원래 형식으로 복원시켜야 한다. 대부분의 전자우편 소프트웨어는 이런 과정을 자동적으로 처리해 준다.

메시지가 네트워크를 여행할 때 때때로 서로 상이한 여러 네트워크를 지나게 될 수 있다. 네트워크마다 처리하는 전자우편 형식이 다를 경우 문제가 생기기 때문에 게이트웨이는 네트워크상의 상이한 전자우편 형식을 서로 변환해 주는 역할도 하게 된다. 사람 이름만 알고 있는 경우 그 사람의 전자우편 주소를 알아내는 것이 과거에는 매우 어려운 일이었다. 현재는 화이트 페이지(white page) 개념의 전화번호부 같은 것이 있어서 어렵지 않게 전자우편 주소를 찾을 수 있다. 이를 위하여 LDAP(Lightweight Directory Access Protocol)라는 표준이 많이 사용된다. 이것을 사용하면 상대방의 홈페이지를 방문하지 않고도 전자우편 주소를 얻을 수 있다. 전자우편 프로그램 내에서 이런 검색이 가능하다.

전자우편의 문제점 중의 하나는 안전성이 보장되지 않는다는 것이다. 해커들은 해킹을 통해 인터넷상의 전자우편 메시지를 쉽게 읽어 볼 수 있다. 이것을 방지하기 위해서 암호화 기법이 사용된다. 암호를 풀 수 있는 키(key)를 가지고 있어야 메시지를 읽을 수 있다.

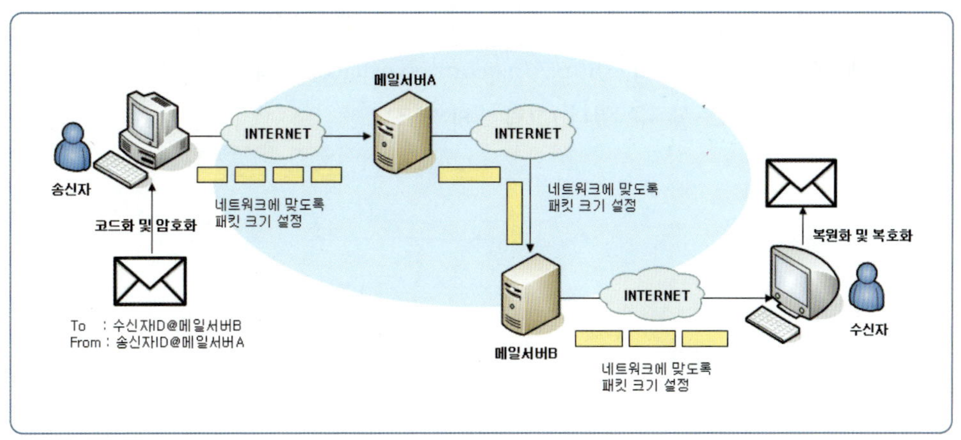

[그림 3-7]

전자우편이 전송되는 방식

3.2 인스턴트 메신저

3.2.1 인스턴트 메신저의 개요

인스턴트 메신저란 인터넷상에서 즉시 메시지를 주고받을 수 있는 서비스이다. 즉, 인스턴트 메신저 사용자가 메신저 서버에 접속되어 있을 때, 착신 메시지가 도착하면 사용 중인 개인용 컴퓨터(PC) 화면에 즉시 표시해서 응답할 수 있는 서비스를 말한다. 전자우편은 상대방이 열어 보기 전에는 전달이 되지 않지만, 인스턴트 메시지는 보내는 즉시 상대방의 화면에 표시된다. 즉, 채팅이나 전화처럼 실시간으로 의사소통이 가능하며 인터넷에서 메시지를 실시간으로 송수신할 수 있고 수신 여부를 즉시 확인할 수 있다. 이 서비스는 통신을 원하는 사람의 목록(buddy list)을 지정해 놓으면 상대방이 인터넷에 접속했는지 여부를 알 수 있으며, 클릭만 하면 바로 대화할 수 있고 또한 자료도 보낼 수 있다. 인스턴트 메시지에 음성과 화상 전송 기술을 접목시킬 경우 기존의 통신 방법을 대체하는 획기적인 통신 수단이 된다.

개인 간의 실시간 데이터 송수신을 가능하게 하는 인스턴트 메시징 서비스는 AOL에 의해 1997년 처음 시작된 이후, 이용자들의 인기를 얻으면서 주로 주요 포털들에 의해 경쟁적으로 보급되어 왔다. 최근 들어서는 인스턴트 메신저를 다양한 서비스를 제공하는 새로운 플랫폼으로 확장하기 위하여 AOL, MSN 등이 경쟁하고 있다.

이러한 인스턴트 메신저의 종류로는 ICQ, 버디버디, 세이클럽(타키), MSN, 야후메신저, 네이트온, 드림위즈지니, 다음메신저, KTiman 메신저 등이 있다.

3.2.2 인스턴트 메신저의 사용법

이 절에서는 국내에서 사용자가 많은 인스턴트 메신저인 네이트온(NateOn)의 사용법에 대해서 알아본다. http://nateonweb.nate.com/에 접속하면 네이트온 최신 버전을 다운로드할 수 있다([그림 3-8] 참조).

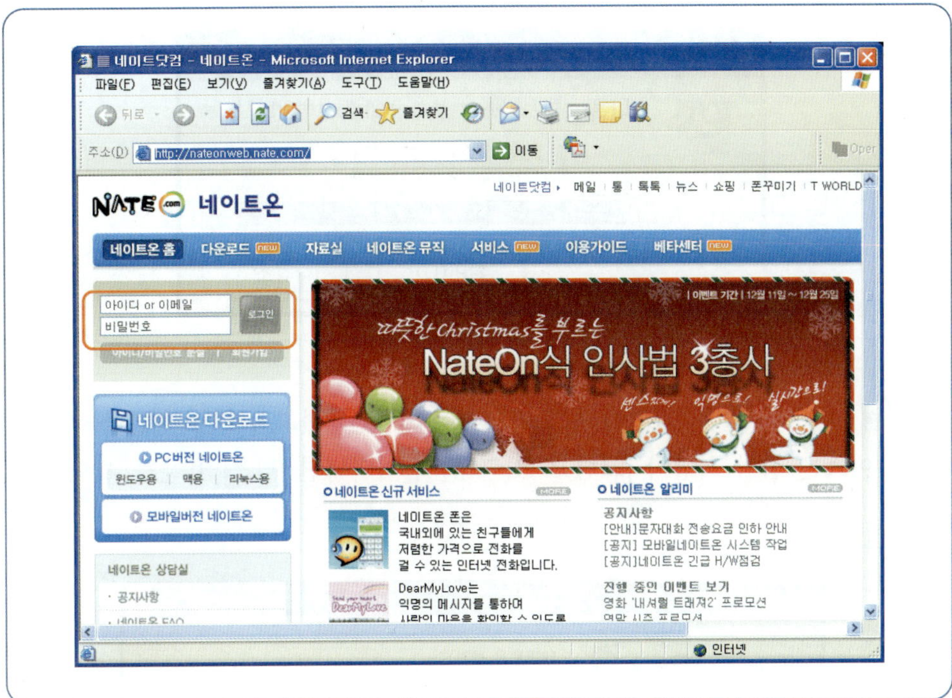

[그림 3-8]
네이트온 웹 사이트

1) 네이트온 설치하기

네이트온을 사용하기 위해서는 해당 사이트에 회원가입을 해야 한다. [그림 3-8]의 좌측상단 로그인 창 밑에 회원가입을 클릭하여 회원가입을 한다. 회원가입 후 네이트온 다운로드 메뉴에서 사용자의 운영체제에 맞는 버전으로 다운로드한 다음 실행하여 [그림 3-9]와 같은 화면이 나오면 [실행] 버튼을 클릭한다.

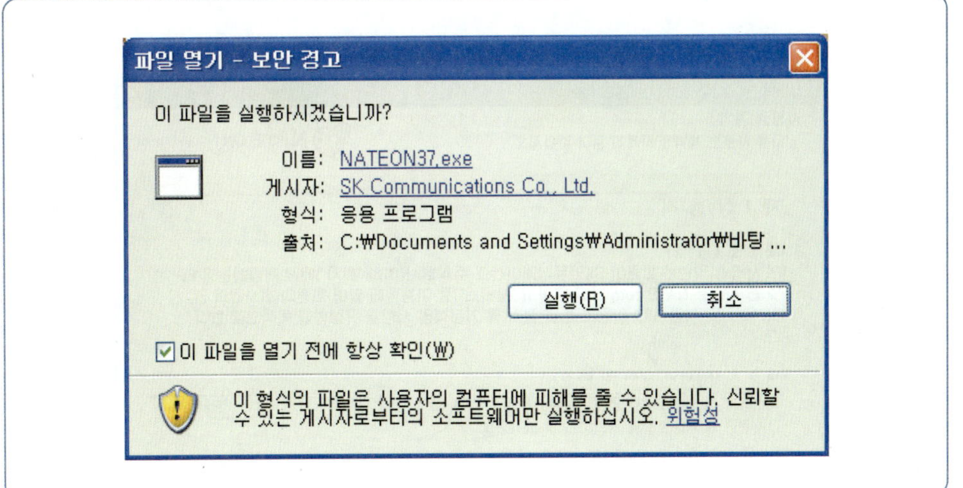

[그림 3-9]
네이트온 설치

[그림 3-10]

언어 선택

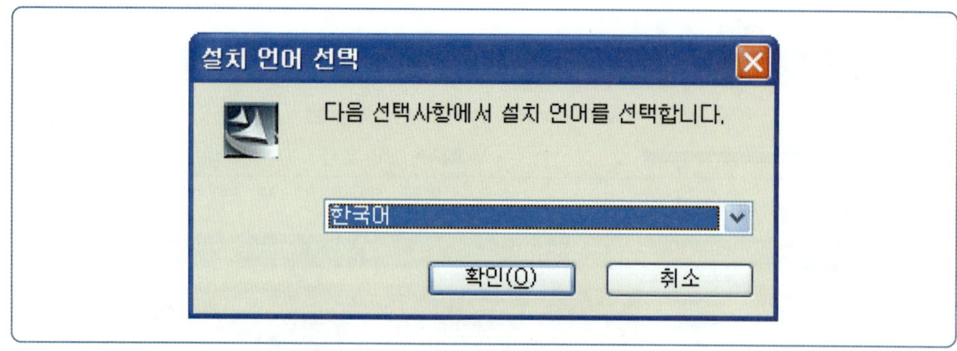

[그림 3-10]과 같은 화면이 나오면 한국어를 선택하고 [확인] 버튼을 클릭한다. 네이트온 설치 화면이 [그림 3-11]과 같이 나타나면 [다음] 버튼을 클릭한다.

[그림 3-11]

설치 화면

[그림 3-12]

사용권 계약

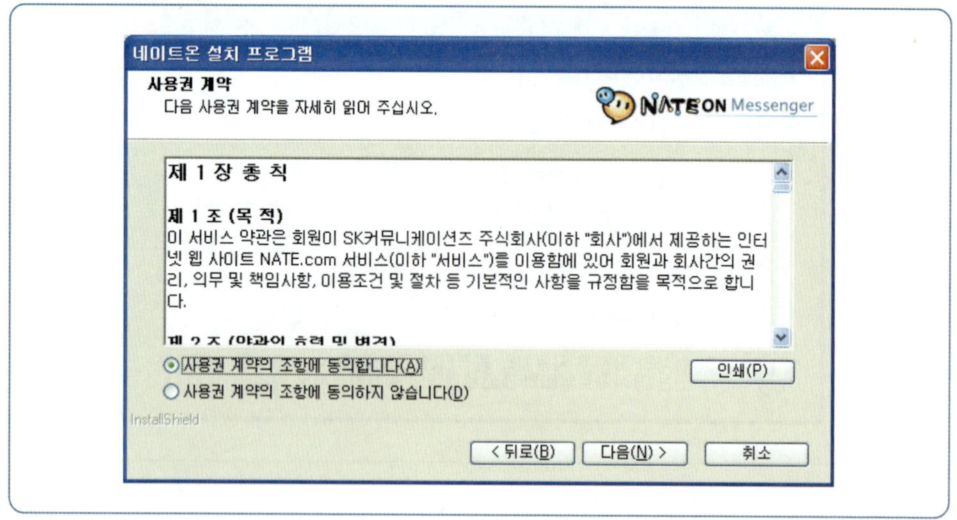

[그림 3-12]와 같은 화면이 나오면 사용권 계약내용을 확인하고 동의 항목을 선택한 후 [다음] 버튼을 클릭한다.

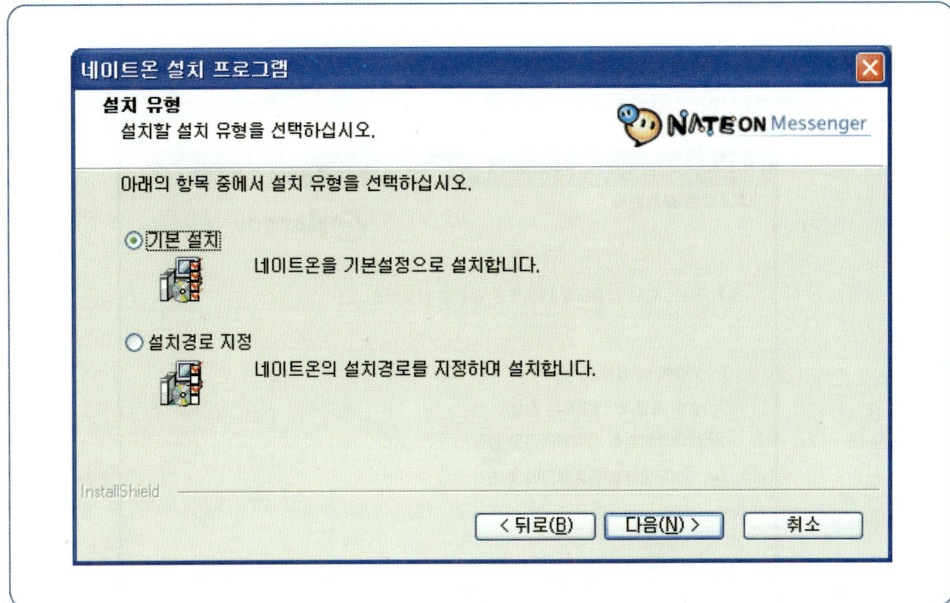

[그림 3-13]과 같은 설치경로 설정창이 나오면 기본 설치 항목을 선택하고 [다음] 버튼을 클릭한다. 기본적으로 설정되는 폴더가 아닌 사용자가 임의대로 폴더를 선택하여 설치하고 싶다면 설치경로 지정 항목을 선택하면 된다.

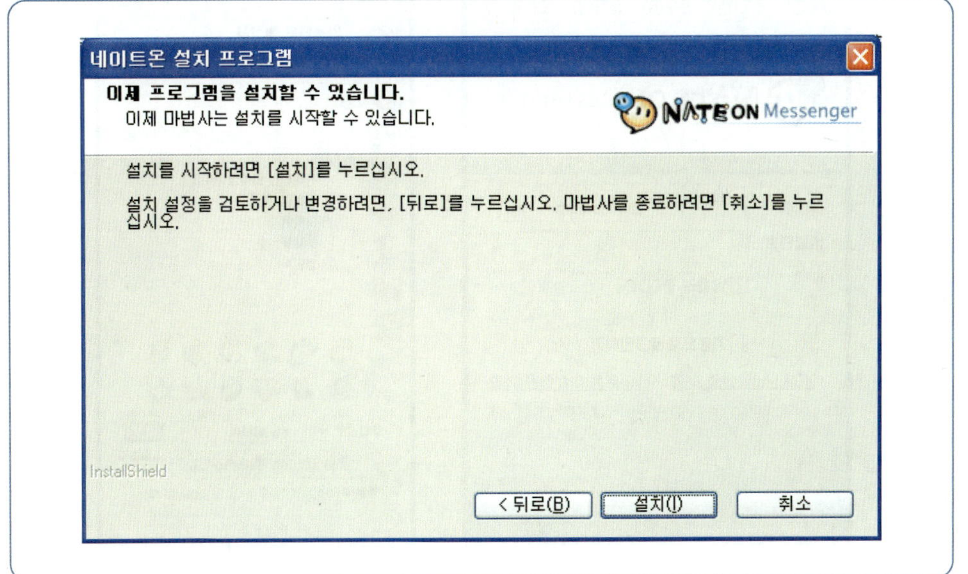

[그림 3-14]와 같은 창이 뜨면 [설치] 버튼을 클릭한다. 이제 본격적으로 사용자 컴퓨터에 네이트온이 설치된다. 설치가 다 되고 나면 [그림 3-15]와 같은 옵션을 설정할 수 있으며 설정 항목을 잘 체크한 후 [다음] 버튼을 클릭하면 설치가 종료된다.

[그림 3-15]
설치완료 선택사항

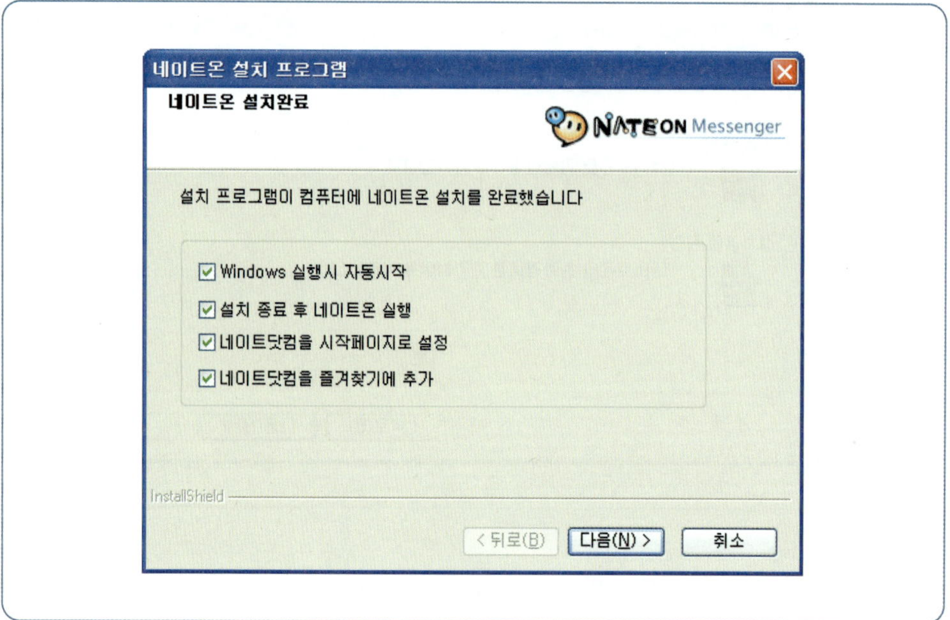

[그림 3-16]
네이트온 클라이언트
(죄측)

[그림 3-17]
네이트온 실행(우측)

네이트온을 실행하면 [그림 3-16]과 같은 창이 뜬다. 회원가입을 할 때 정한 아이디와 비밀번호를 입력하고 로그인한다. 남몰래 들어가기 항목을 선택하면 사용자의 로그인 상황을 남에게 보여주지 않고 몰래 로그인할 수 있다. 자동으로 로그인하기 항목을 선택하면 이후부터 아이디와 비밀번호를 묻지 않고 기억하고 있다가 네이트온을 실행시키면 자동으로 로그인하게 한다.

2) 친구관리/그룹관리

메신저에서 친구(buddy list)란 핸드폰에 저장된 전화번호부와 같은 의미이다. 자신과 친한 친구나 가족, 회사동료 등 메신저를 보낼 필요가 있는 사람들을 등록해 놓는 기능이다.

(1) 친구 추가

네이트온 윈도에서 '친구' 메뉴의 '친구 추가'를 통해서 친구 추가 창을 불러올 수 있다.

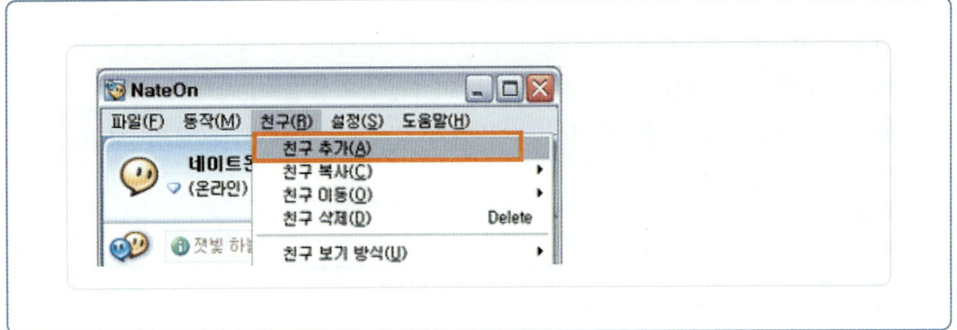

[그림 3-18]
메뉴에서 친구 추가

혹은 [그림 3-19]과 같이 아이콘을 클릭해서 친구 추가를 할 수 있다.

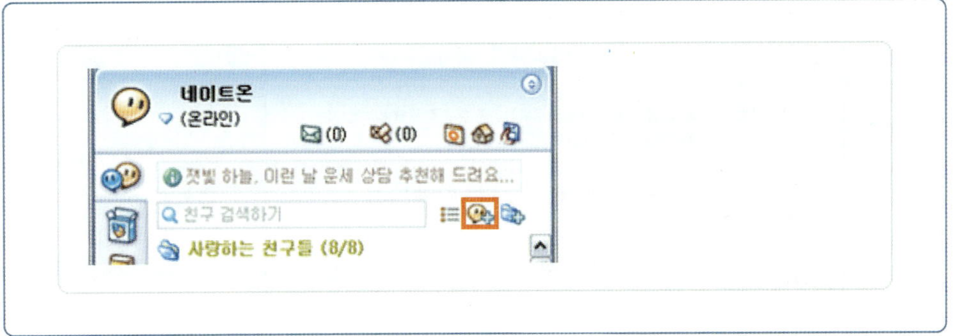

[그림 3-19]
아이콘 클릭으로 친구 추가

[그림 3-20]

친구 추가

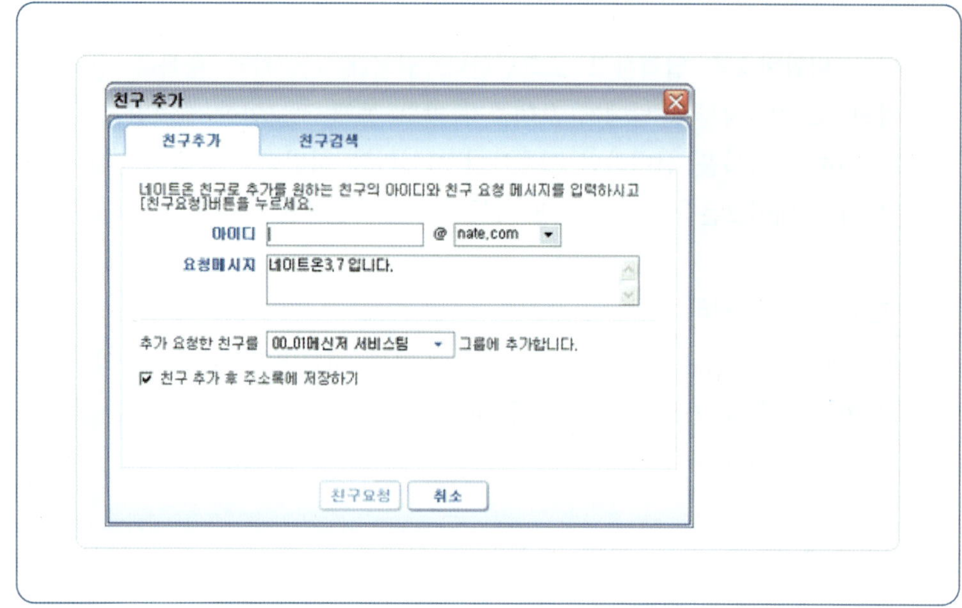

[그림 3-20]은 내가 알고 있는 친구의 ID를 직접 입력하는 방법이다. 이 경우 [친구요청] 버튼을 누르면 바로 해당 친구에게 친구요청 알림이 전송되며, 요청 메시지를 입력하여 친구에게 나를 알릴 수 있다. 친구 추가가 성공적으로 이루어지기 위해서는 추가하고자 하는 상대방이 '친구요청'을 수락해야 한다. 요청메시지만으로 친구요청을 한 사람이 누구인지 잘 모르겠으면 [프로필 보기]를 통해서 좀 더 자세히 알 수 있다.

[그림 3-21]

친구 검색

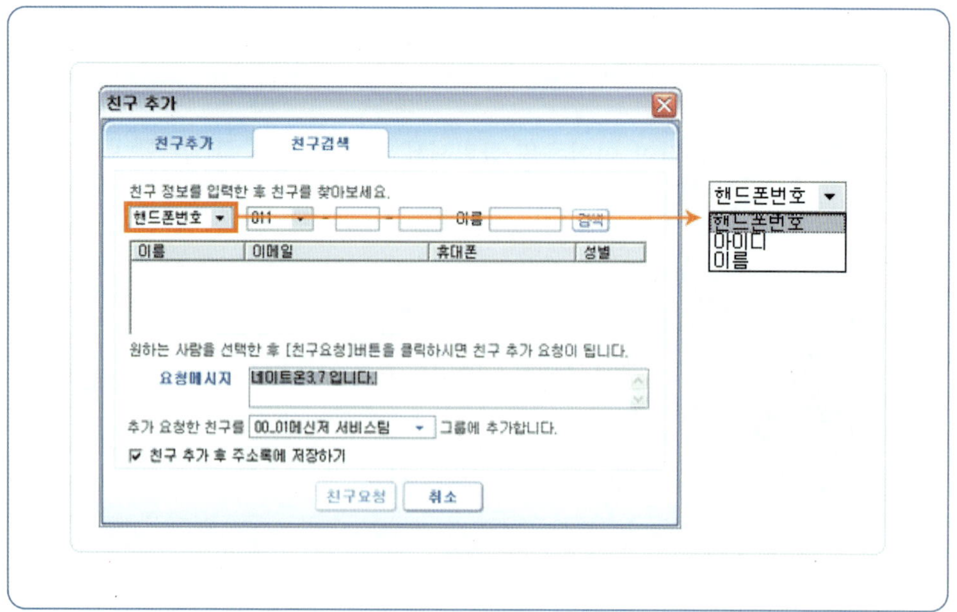

친구의 네이트 아이디를 모를 경우에는 친구를 검색하여 추가할 수 있다. 이때 원하는 검색옵션을 [그림 3-21]과 같이 선택하여 [검색]을 누르면 친구검색 결과를 보고 친구추가를 할 수 있도록 하는 기능을 제공한다. 검색 결과 중 친구로 추가하고자 하는 사람을 선택하고, [다음] 버튼을 누를 경우 '친구추가'와 같이 친구요청 메시지가 전송된다. 검색옵션은 핸드폰번호, 아이디, 이름이 있으며 옵션 선택 시 필수 입력사항이 바뀌어 표시된다. 상대방이 '친구추가 요청'을 수락하기 전까지는 리스트에 등록된 상대방의 온라인 접속 정보가 오프라인으로 표시된다.

(2) 친구 삭제

삭제할 친구를 선택한 후 마우스 오른쪽을 클릭해서 [친구삭제]를 클릭한다. 또는 삭제할 친구를 선택한 후 키보드의 'Delete' 키를 누르거나 메인메뉴의 [친구]에서 친구 삭제를 클릭한다. 나의 친구 목록에서 삭제되었다고 해도 상대방은 여전히 친구 목록에 내가 있으므로 대화 및 나의 상태정보 확인 등을 변함 없이 이용할 수 있다. 친구가 앞으로 나의 온라인 접속 여부를 확인할 수 없고, 메시지도 전송할 수 없게 하기 위해서는 '친구 차단' 기능을 이용하면 된다. 삭제했던 친구를 다시 목록에 표시하기 위해서는 [설정] 메뉴의 [환경설정] > 프라이버시에서 나의 해당 친구를 다시 목록에 표시할 수 있다.

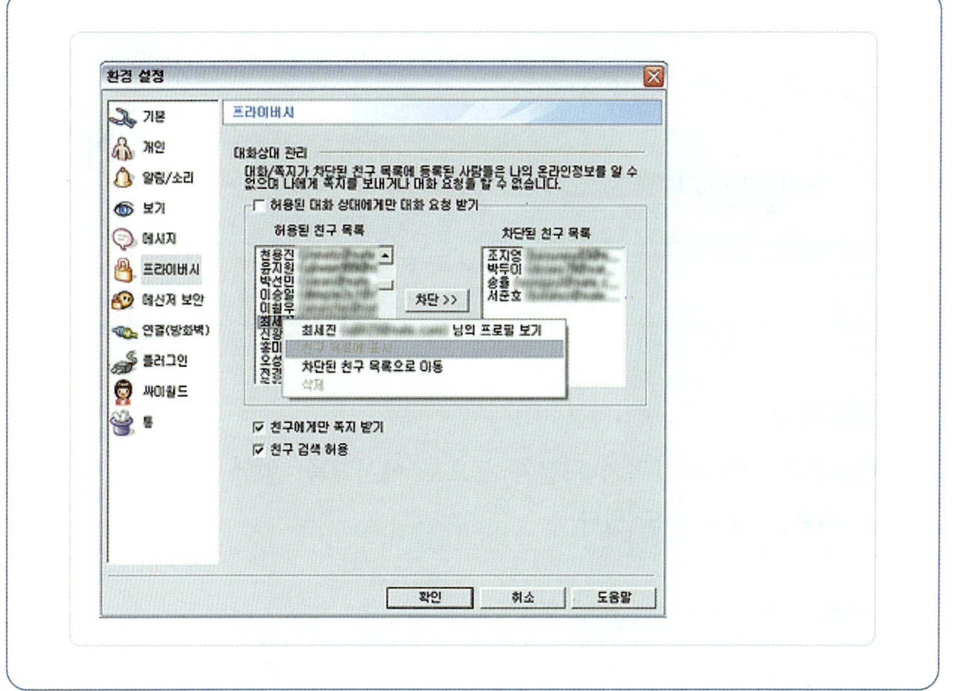

[그림 3-22]
프라이버시 설정

(3) 친구 그룹 보기 방식

친구 보기 방식에서는 친구 목록에서 대화상대 이름으로 보여줄 것인지, 대화명으로 또는 이름+아이디나 이름+대화명으로 보여줄지를 선택할 수 있게 해준다. 기본적으로 메인메뉴의 [친구]에서 친구 보기 방식을 클릭하여 선택할 수 있으며, 또한 메인 윈도에서 오른쪽 클릭을 통해서 변경할 수 있다.

[그림 3-23]
친구 보기 방식 변경

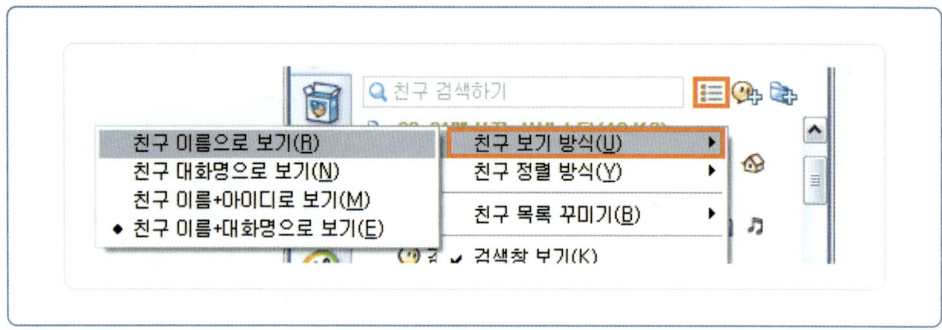

친구 정렬 방식에서는 친구 목록 전체를 한꺼번에 볼 것인지, 접속한 친구만 보이게 할지, 또는 온라인, 오프라인 상태로 그룹핑하여 상대를 목록에 보이게 할 것인지 선택할 수 있다. 친구 정렬 방식은 메인메뉴의 [친구]를 통해서, 메인 윈도의 오른쪽 클릭을 통해서, 또는 메인 윈도의 아이콘을 통해서 변경할 수 있다.

[그림 3-24]
친구 정렬 방식

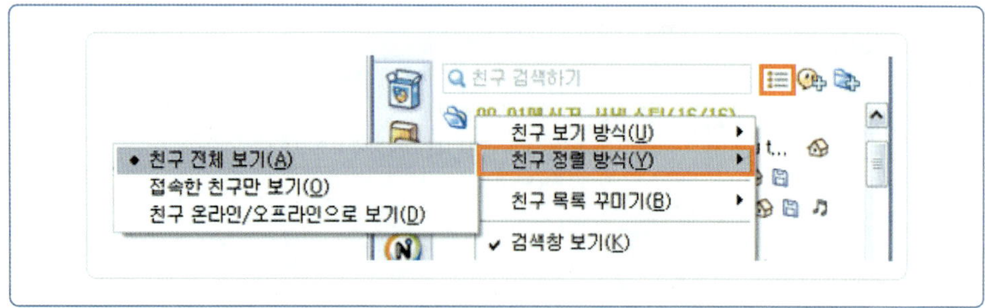

3) 대화하기

네이트온을 사용하여 쪽지나 문자 등으로 메시지를 전할 수 있지만 채팅 형식으로 대화를 나눌 수도 있다.

(1) 대화창 기본요소

네이트온 대화창은 다음과 같은 기본요소들로 구성되어 있다.

① 초대: 현재 대화 중인 친구 외에 다른 친구를 해당 대화창으로 초대할 때 사용하는 버튼

② 파일: 대화 중인 친구에게 파일을 보낼 경우 사용하는 버튼

③ 사진: 현재 대화상대와 사진 함께 보기를 이용하고자 할 때 사용하는 버튼

④ 공유: 현재 대화상대와 공유보드/원격제어를 이용하고자 할 때 사용하는 버튼

⑤ 약속: 대화 중 캘린더를 보고 일정을 등록할 수 있는 기능

⑥ 화상: 현재 대화상대와 화상대화를 하고 싶을 때 사용하는 버튼

⑦ 음성: 현재 대화상대와 음성대화를 하고 싶을 때 사용하는 버튼

⑧ 미니대화 전환: 기본 대화창 사용이 불편하여 미니창으로 간편하게 대화하고자 할 때 사용하는 버튼

⑨ 대화상대 표시: 본인과 대화 중인 상대방의 정보(이름/아이디/별명)가 나타나는 부분으로, 공개 설정 여부에 따라 상대의 파일방, 미니홈페이지, 뮤직이 공개됨

⑩ 상대방 사진영역: 대화 중인 상대의 사진정보가 나타나는 부분

⑪ 사진영역 숨김: 상대방과 본인의 공개사진을 숨기는 버튼

⑫ 대화영역: 본인과 대화상대가 함께 공유하는 영역으로 실제 전달되는 메시지가 나타나는 부분

⑬ 이모티콘: 이모티콘 보내기 창을 띄우는 버튼

⑭ 플래시콘: 재미있고 다양한 플래시콘 보내기 창을 띄우는 버튼

⑮ 배경: 대화창의 배경그림을 설정하는 버튼

⑯ 글꼴: 글꼴 바꾸기 창을 띄우는 버튼

⑰ 잉크: 대화 중인 친구에게 마우스를 이용하여 그림을 그려 보내고자 할 때 사용하는 버튼

⑱ 대화입력창: 본인이 대화상대에게 전할 메시지를 입력하는 예비 창

⑲ 본인 사진영역: 상대방의 대화창에도 함께 보이는 본인 사진이 나타나는 부분

⑳ 스크롤잠그기: 대화 중에 이미 지나간 대화 내용을 볼 때 사용하는 버튼

(2) 대화하기

네이트온 메인의 친구 목록에서 온라인상태의 친구를 더블클릭하거나, 마우스 오른쪽 클릭 메뉴에서 '대화하기'를 선택하여 대화를 개시한다. 대화 입력창에 보내고자 하는 대화 내용을 입력하고 보내기 버튼을 누르거나 엔터 키를 치면 대화가 전달된다. 대화 메시지를 보냈을 경우 대화요청 알림창이 뜨게 되며 알림창을 클릭하면 대화창이 활성화된다.

[그림 3-26]
대화하기

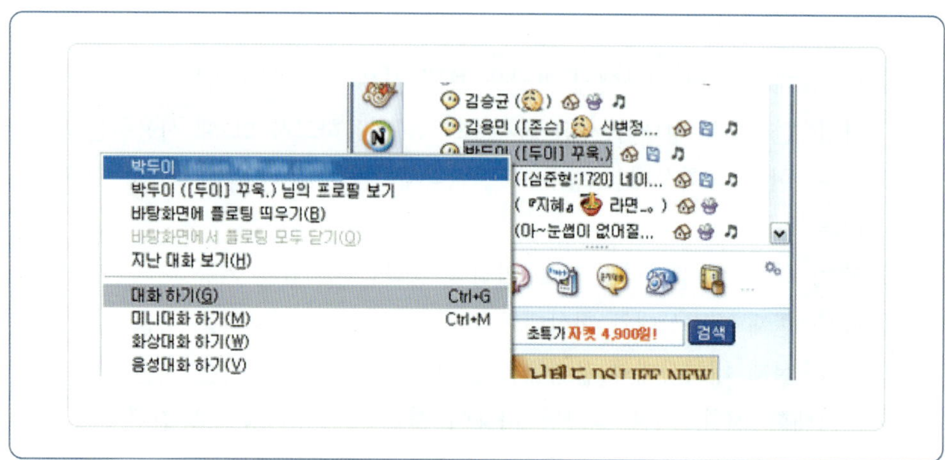

3.2.3 인스턴트 메신저의 작동 원리

인스턴트 메신저는 사용자 컴퓨터의 클라이언트 소프트웨어로 실행된다. 소프트웨어를 실행시키면 인스턴트 메신저의 로그인 서버에 TCP 연결을 한다. 로그인 서버는 사용자 아이디와 암호를 검사한 후 연결이 정확하다면 사용자의 인스턴트 메시지 세션을 처리할 서버에 연결하도록 한다. 인스턴트 메시지 소프트

웨어는 버디리스트(buddy list) 기능을 포함한다. 서버와의 연결을 확보하면 클라이언트 소프트웨어가 버디리스트를 서버로 전송한다(누가 온라인에 접속되어 있는지 검사). 버디리스트에 포함된 친구가 인스턴트 메신저를 실행시켜 로그인하면 친구가 접속된 것을 알 수 있고 사용자는 친구와 인스턴트 메시지를 주고받을 수 있다. [그림 3-27]에 인스턴트 메신저 작동 원리가 나타나 있다.

① 인스턴트 메신저 클라이언트를 실행하고 ID, Password를 입력하여 인스턴트 메신저 로그인 서버에 접속을 한다.

② 로그인 서버는 ID, Password를 검사하고 인증 후 인스턴트 메신저 서버에 사용자 접속 세션 연결 요청을 한다.

③ 인스턴트 메신저 서버는 해당 사용자의 인스턴트 메신저 클라이언트와 세션을 연결한다.

④ 인스턴트 메신저 클라이언트는 버디리스트를 전송한다.

⑤ 메신저 메신저 서버는 버디리스트에 있는 사용자들의 로그인 상황을 확인하는 작업을 수행한다.

⑥ 로그인 상황을 해당 인스턴트 메신저 클라이언트에게 전송해 준다.

⑦ 친구 C에게 메시지 전달 요청을 한다.

⑧ 인스턴트 메신저 서버는 친구 C가 접속해 있는 메신저 서버에게 메시지를 전달한다.

⑨ 친구 C가 접속해 있는 메신저 서버가 최종적으로 친구 C의 메신저 클라이언트에게 메시지를 전달한다.

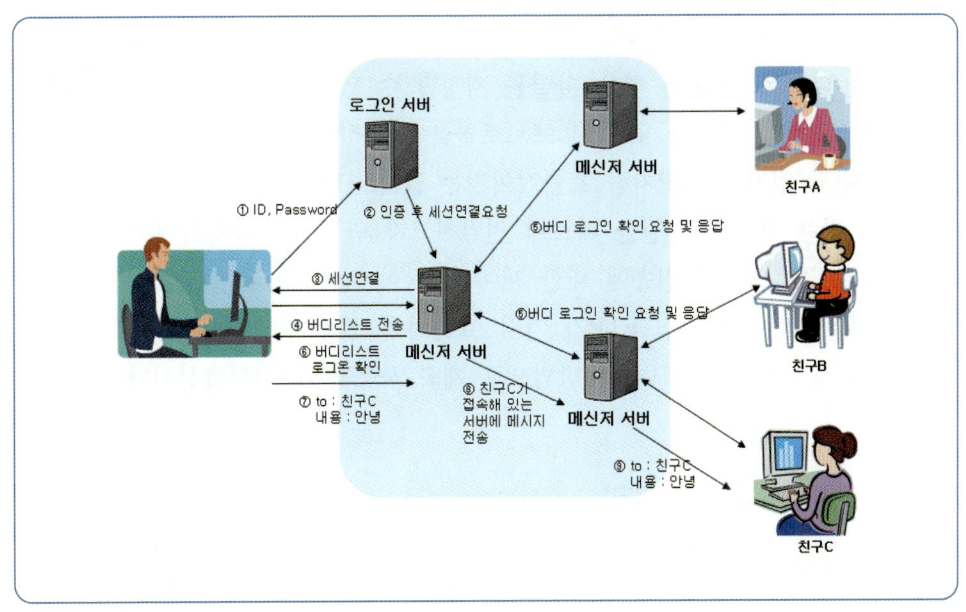

[그림 3-27]

인스턴트 메신저 작동 원리

3.3 FTP

3.3.1 FTP의 개요

인터넷에서 자주 사용하는 기능 중의 하나가 파일을 다운로드하는 것이다. 날마다 수천, 수만 개의 파일이 인터넷을 통해 다운로드되고 있다. 다운로드되는 대부분의 파일이 FTP(File Transfer Protocol)를 이용한다. FTP는 다운로드뿐만 아니라 파일을 인터넷상의 다른 컴퓨터에 업로드하는 데도 사용된다.

FTP 역시 클라이언트 서버 모델을 따른다. 사용자는 인터넷상의 FTP 서버에 접속하기 위해 사용자의 컴퓨터상에 FTP 클라이언트 소프트웨어를 실행한다. FTP 서버에는 FTP 데몬(daemon)이라는 프로그램이 있어서 파일을 다운로드하거나 업로드하게 해 준다.

FTP 서버에 접속하여 파일을 다운로드하기 위해서는 먼저 FTP 서버에서 발급해 준 계정과 비밀번호를 입력해야 한다. 그러나 어떤 서버들은 누구든지 자유롭게 접속하여 파일을 다운로드할 수 있도록 허가해 주는 경우도 있는데 이런 서버들을 'Anonymous FTP 서버'라고 한다. Anonymous FTP 서버에 접속하기 위해서는 'Anonymous'라는 계정을 사용하고 비밀번호는 사용자의 전자우편 주소를 사용한다. FTP는 사용하기 매우 간단하다. FTP 사이트에 로그온하여 들어가면 다운로드 가능한 파일의 목록이 보이고 디렉토리를 변경하여 파일들을 볼 수 있다. 다운로드하고자 하는 파일이 정해지면 클라이언트 FTP 소프트웨어에서 적절한 명령어와 파일 이름을 입력한다.

월드와이드웹이 많이 사용됨에 따라 FTP는 더 사용하기 편리해졌다. 웹 브라우저에서 다운로드하고자 하는 파일을 지정할 수 있다. 물론 내부적으로 똑같은 다운로드 과정을 거친다. HTTP 프로토콜을 사용하여 웹으로부터 파일을 다운로드할 수도 있지만 FTP처럼 효율적이지는 않다. HTTP 프로토콜은 텍스트 문서 등의 작은 용량의 파일을 빠르게 전달하고자 만들어진 규약이어서 비지속성 연결 형태이며 데이터 전송에 대한 제어 기능(이어받기 등)이 없다. 전송할 파일이 많거나 용량이 크다면 FTP가 가장 효율적인 전송 방법이다. 따라서 FTP는 앞으로도 파일을 다운로드하는 방법으로 계속 사용될 것으로 예상된다.

3.3.2 FTP 사용법(알FTP)

FTP도 UNIX나 DOS에서 지원하는 기본 명령어이므로 환경에 구애받지 않고 활용할 수 있지만, 여러 명령어를 알아야 하고 직접 명령어를 입력해야 하는 불편함이 있기 때문에 GUI(Graphical User Interface)를 지원하는 윈도우 기반의 프로그램이며 국내에서 많이 사용되고 있는 알FTP에 대해 배우도록 한다. 알FTP는 http://www.altools.co.kr에서 다운로드 받을 수 있다.

[그림 3-28]은 알FTP의 실행화면을 나타내고 있다. 알FTP는 5개의 부분으로 구성된다.

① 서버 디렉토리 표시창: FTP 서버의 디렉토리 상태를 표시한다.
② 클라이언트 디렉토리 표시창: 사용자의 컴퓨터의 디렉토리 상태를 표시한다.
③ 파일 전송 상태 창: 파일 또는 폴더의 다운로드, 업로드(예약) 상태를 표시한다.
④ 접속창: 알FTP의 실행이 적용되는 명령어나 기타 메시지 등을 표시한다.
⑤ 상태바: 클라이언트의 디스크 드라이브의 상태와 전송되는 파일의 전송률, 전송용량, 속도, 남은 시간을 표시한다.

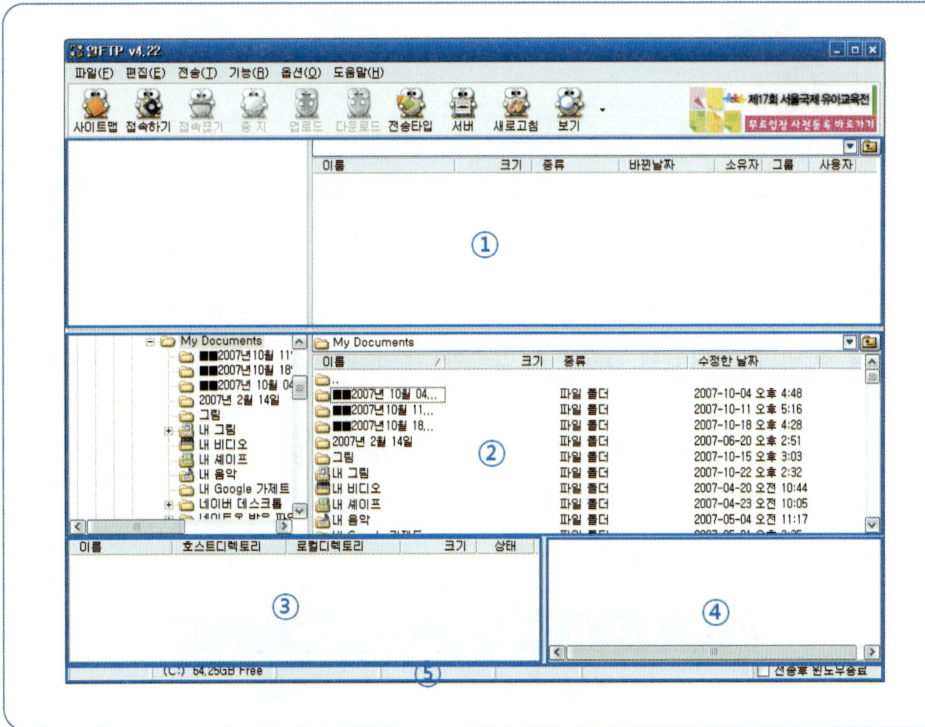

[그림 3-28]
알FTP의 화면 구성

1) 알FTP를 이용하여 서버에 접속

FTP를 이용하려면 먼저 FTP 서버에 접속해야 한다. 서버 접속하기 위하여 해당 FTP 서버의 사용자 계정과 패스워드가 있어야 하지만, 많은 FTP 서버들이 누구든지 접속할 수 있는 익명(anonymous) 접속을 허용하고 있으므로 크게 염려하지 않아도 된다. 익명 접속일 경우에 ID는 anonymous이고 패스워드는 접속자의 이메일 주소를 적으면 된다. 먼저 [그림 3-29]의 알FTP 실행화면의 도구모음에서 '접속하기'를 클릭한다.

[그림 3-29]
알FTP 실행화면

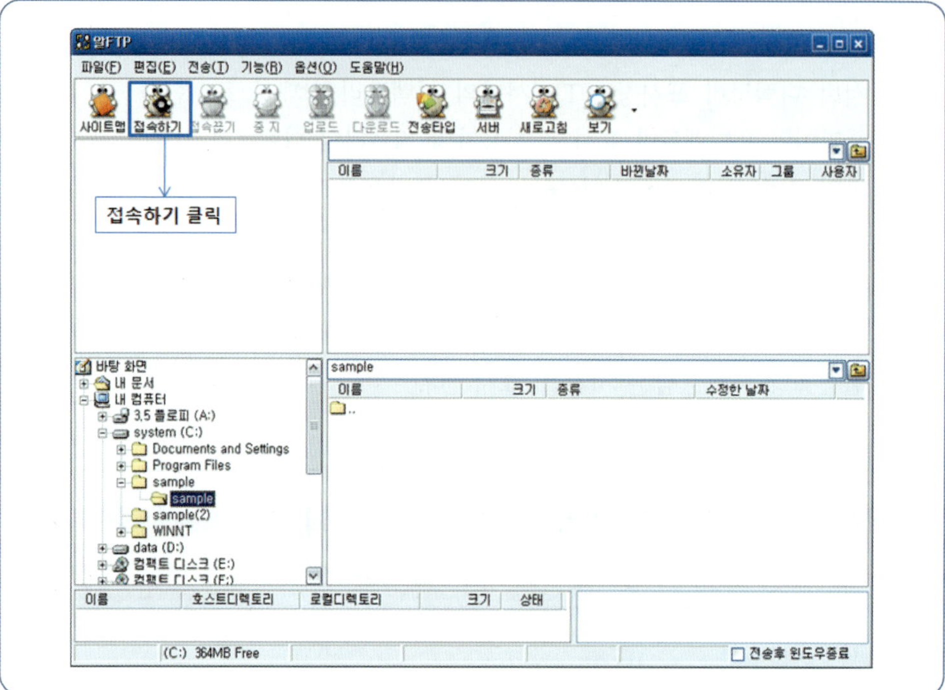

① 접속할 사이트에 대한 정보를 입력할 수 있는 [그림 3-30]과 같은 서버 접속 화면이 나타난다. FTP에 접속할 서버의 주소, 사용자 ID, 비밀번호, 포트번호를 입력한다. FTP는 기본포트로 21을 사용하기 때문에 특별히 다른 포트로 FTP를 사용하는 경우를 제외하면 모두 21을 입력한다. 아래와 같이 정보를 입력하고 [확인] 버튼을 클릭한다.

[그림 3-30]
서버 접속 화면

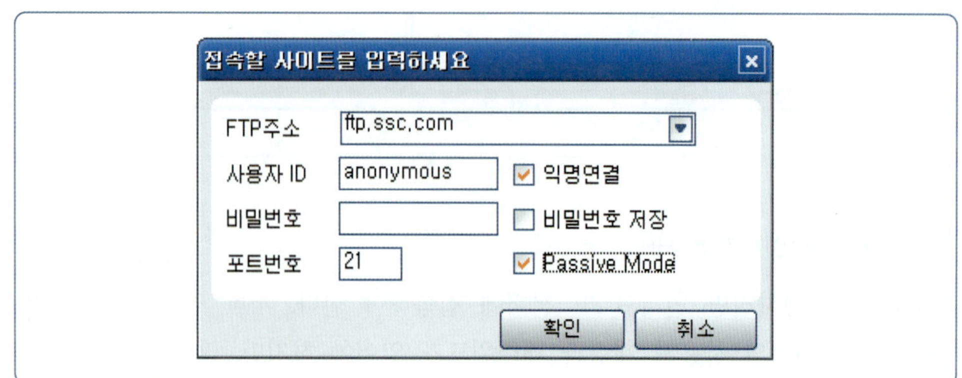

② 정상적으로 FTP 사이트에 접속이 완료되면, [그림 3-31]과 같이 나타난다.

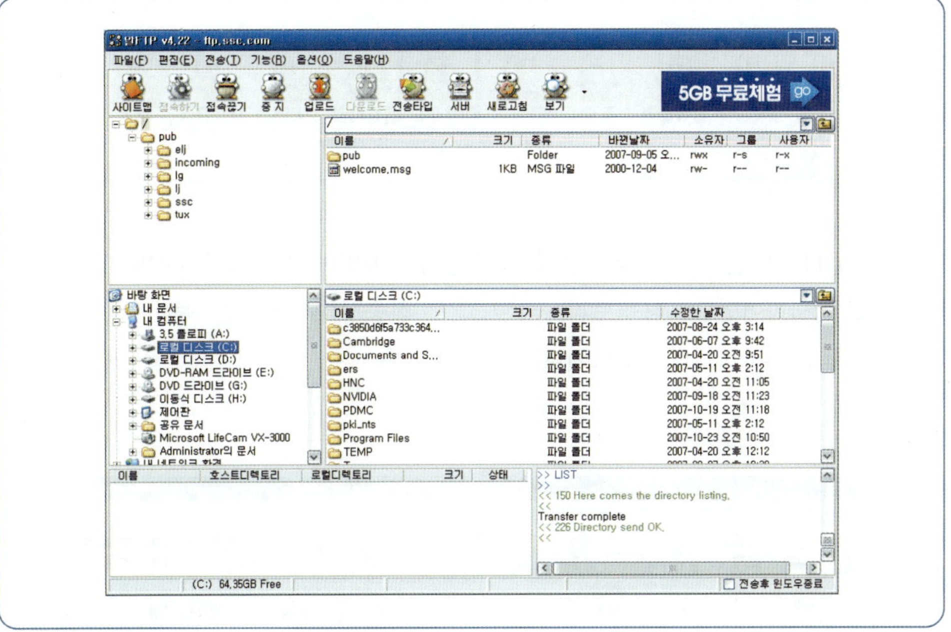

[그림 3-31]
FTP 사이트에 접속된 창

2) 알FTP를 이용한 파일 다운로드

① 알FTP 상단에 위치한 FTP 서버 호스트 디렉토리에서 다운로드할 파일을 선택한다.

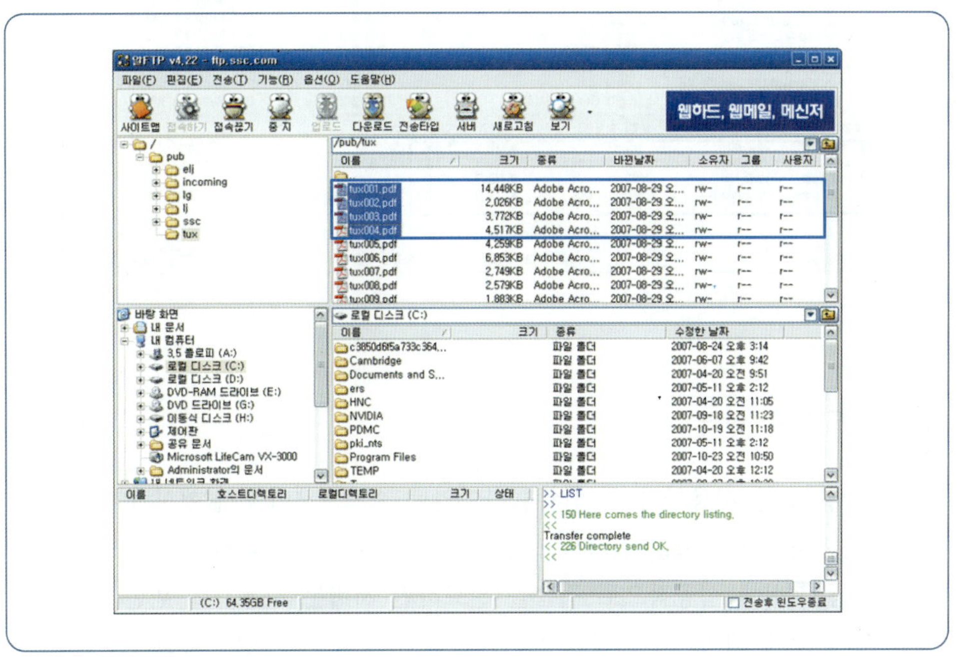

[그림 3-32]
다운로드할 파일 선택 화면

② 파일을 선택한 후 도구모음의 다운로드 버튼을 클릭한다.

③ 알FTP 파일 전송상태 창에 전송상태, 파일이름, 호스트(서버) 디렉토리, 로컬(클라이언트) 디렉토리, 파일크기, 전송상태, 전송률 등이 표시되면서 선택한 파일이 다운로드된다.

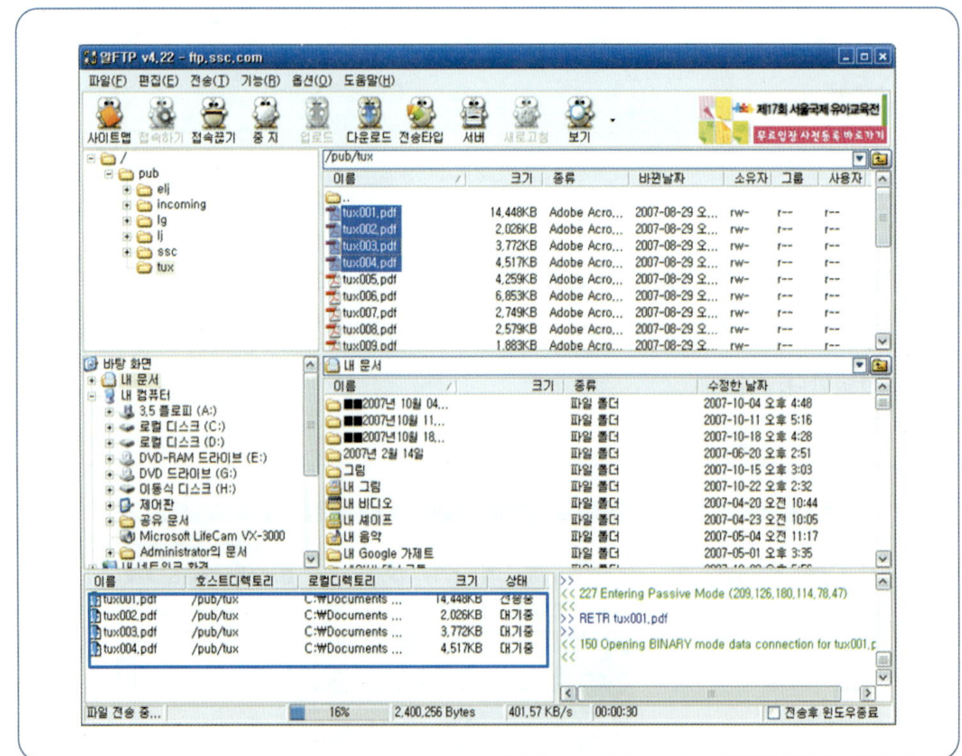

3.3.3 FTP의 작동 원리

FTP 서비스를 사용하기 위해서 클라이언트 소프트웨어를 실행시킨다. 접속하고자 하는 서버의 주소를 입력하고 접속을 요청한다. 아이디와 패스워드를 입력하고 해당 서버에 성공적으로 접속을 완료하면 서버는 사용자를 위한 커맨드링크를 열어 주게 되며, 이 커맨드링크를 통하여 폴더 이동이나 파일목록, 서버의 메시지 등을 수신받을 수 있다.

다운받고자 하는 파일이 있을 경우에 파일 송신을 요청하면 FTP 서버는 파일전송을 위한 데이터 링크라는 보조 접속을 열어 주게 된다. 이 접속은 ASCII 모드나 이진 모드 중 하나로 열 수 있는데, ASCII 모드는 텍스트 파일을 보낼 때 사용되며 개행문자와 캐리지리턴 등을 변환하여 전송한다. 이진 모드는 이진 파일을 보낼 때 사용되며 파일을 처음부터 끝까지 이진 상태 그대로 전송하게 된다. 파일 전송이 완료되면 데이터링크 접속은 해제되며, 최종적으로 사용자가 로그오프를 하면 커맨드링크도 해제되고 서버 접속이 끊어지게 된다. 구체적인 순서는 다음과 같다.

① FTP 클라이언트를 실행하고 접속하고자 하는 서버의 주소와 아이디, 패스워드를 입력하고 서버에 로그인을 요청한다.

② FTP 서버는 아이디와 패스워드를 확인하고 FTP 클라이언트와 커맨드링크를 연결한다.

③ FTP 클라이언트는 커맨드링크를 통해 폴더를 이동하거나 파일목록을 수신받는다.

④ 다운로드하고자 하는 파일을 찾았을 경우 파일 다운로드를 FTP 서버에 요청한다.

⑤ FTP 서버는 파일 다운로드를 위한 데이터링크를 FTP 클라이언트와 연결하고 파일을 전송한다. 파일 전송이 완료되면 데이터링크 연결을 해제한다.

⑥ FTP 클라이언트가 로그오프를 요청하면 FTP 서버는 연결되어 있던 커맨드링크 연결을 해제한다.

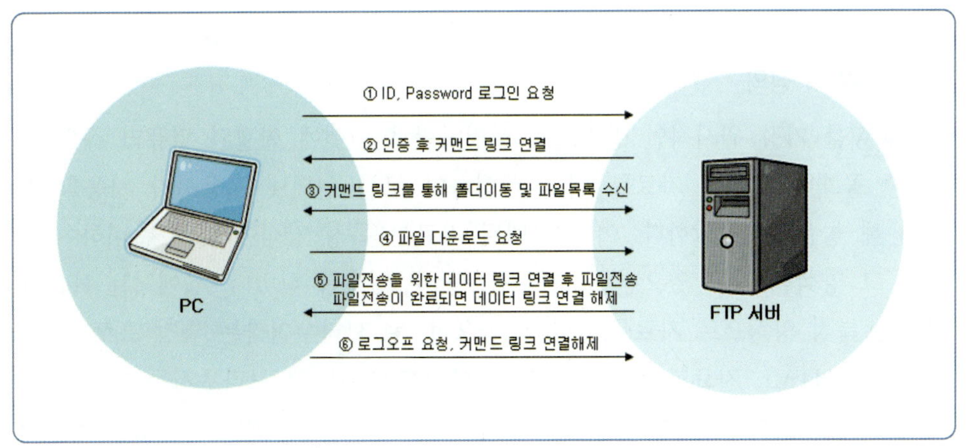

[그림 3-35]
FTP 작동 원리

3.4 WWW

3.4.1 WWW의 개요

WWW(World Wide Web, 웹 또는 Web)의 출현 이전부터 인터넷은 방대한 정보를 전 세계 각지에 가지고 있으면서 필요로 하는 정보와 지식을 제공해 줄 수 있는 유용한 자원이었다. 그러나 인터넷은 전 세계에 걸쳐 연결된 방대한 규모이기 때문에 인터넷 속에서 자신이 필요로 하는 정보를 찾아낸다는 것은 단순한 일이 아니었다. 이와 같은 어려움을 해결하기 위하여 인터넷에는 여러 가지 서비스가 생겨났다. 인터넷 초기에는 FTP나 원격 로그인에 의한 정보의 공유가 서비스의 많은 비중을 차지하고 있었으며 또한 특정 파일의 저장 장소를 찾아주는 아치(archie), 계층구조에 따라 각 디렉토리를 찾아가며 각종 문서와 정보를 제공해 주는 고퍼(gopher), 문서 인덱스(text index)를 가지고 필요로 하는 문서를 제공해 주는 웨이즈(wais) 등과 같은 서비스들이 존재하였으나, 일반 사용자들이 이와 같이 다양한 서비스를 모두 익히고 활용하여 자신이 원하는 정보를 찾기에는 어려운 점이 많았다.

이러한 배경 속에서 사용자가 간편하게 통합적인 서비스를 제공받을 수 있고, 기존의 텍스트 위주의 서비스로부터 오디오, 이미지, 동영상 등의 멀티미디어 서비스를 제공할 수 있는 웹이 등장하게 되었다. 그전까지만 해도 고퍼 정보 서비스 검색 시스템이 많이 이용되었으나 웹의 도입 이후에는 그 사용량이 현격히 줄어들었다. 이에 반해 웹 브라우저인 넷스케이프가 소개된 이래로 웹 정보 제공자의 수와 웹 브라우저의 사용은 기하급수적으로 증가하였다.

1) WWW의 정의

WWW를 가장 원시적인 방법으로 설명하면 인터넷에 연결된 컴퓨터 속의 자료 중 공개하고 싶은 자료를 미리 선택하여 모든 인터넷 사용자가 사용할 수 있게 해 놓은 것을 말한다. 이때 선택된 자료는 특정 양식에 맞게 준비하여 누구나 그 양식을 알고 있으면 그 자료를 볼 수 있도록 하였다. 웹에서는 HTML이라는 특정 양식으로 자료를 준비해 놓으며, 웹 브라우저라는 특정 프로그램을 이용하면 HTML 자료를 볼 수 있다. 뒤에 HTML과 웹 브라우저는 별도로 자세히 소개될 것이다. 또한 웹 브라우저를 사용하여 전 세계에 걸쳐 있는 정보를 찾는 것을 웹 브라우징이라 한다. 웹이 갖는 의미는 실로 엄청나다. 인터넷 사용자 입장에서가 아니라, 인류 역사상 커다란 의미를 갖는다. 웹은 기술의 빠른 전파와 사람들 사이에 놓인 시공간의 장벽을 허물고 있고, 정보 생성의 편리성,

정보의 신속한 보급 등을 통해 인류 발전의 새로운 기반을 제공하고 있다.

웹이 이룩한 가장 중요한 일은 컴퓨터 네트워크상에서 사용자에게 간편한 방법으로 다양한 미디어를 일관성 있게 접근할 수 있는 수단을 제공해 준 것이다. 웹은 인터넷에 존재하는 일반 텍스트 형태의 문서, 그림, 오디오, 동영상 등의 각종 정보를 하나의 문서 형태로 통합하여 제공해 준다. 이렇게 문서들이 다양한 형태(문자, 오디오, 동영상, 그림 등)의 정보들을 포함하고 있을 때, 하이퍼미디어(hypermedia)라고 하며, 실제로 웹에서는 하이퍼미디어 형태로 정보를 보관하고 있다.

2) WWW 관련 용어

(1) 하이퍼텍스트

WWW에서 하이퍼텍스트(hypertext) 문서라 하면, 어떤 자료를 가지고 있으면서, 다른 문서로의 링크를 갖고 있는 문서를 말한다. 이러한 하이퍼텍스트의 특징은 문서 내의 어떤 위치에서 같은 문서 혹은 다른 문서의 특정 부분을 지정하면 링크를 통하여 연관된 자료를 비순차적으로 접근할 수 있게 해 주는 비선형 구조라는 것이다. 그리고 비순차적이므로 새로운 자료를 쉽게 추가하거나 연결할 수 있고, 연관된 자료를 즉시 확인할 수 있다는 장점이 있다. 이와 반대되는 순차적 접근 방식은 책을 읽을 때 처음부터 끝까지 순서대로 읽어 나가는 방식을 의미한다.

(2) 하이퍼링크와 하이퍼미디어

하이퍼링크(hyperlink)란 문서 간의 이동이나 한 문서 내에서의 이동을 위해 사용되는 링크를 의미한다. 하이퍼미디어(hypermedia)란 텍스트, 오디오, 그림, 동영상 등의 다양한 멀티미디어 정보를 갖는 하이퍼텍스트 문서를 말하며 하이퍼링크라는 다른 문서로의 연결고리를 갖는다는 특징이 있다.

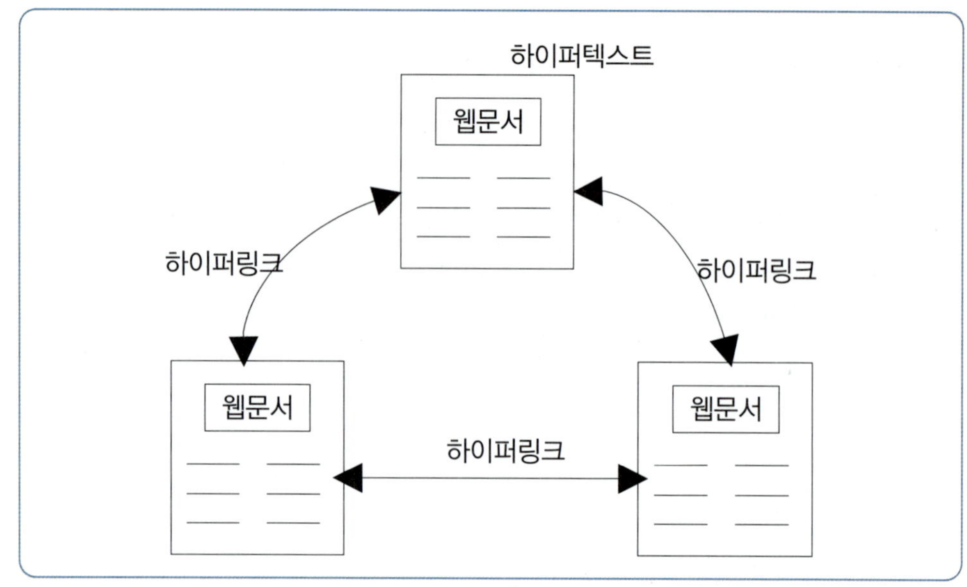

(3) HTML

HTML(HyperText Markup Language)은 WWW에서 사용하는 표준 문서 양식이다. 즉, 하이퍼텍스트를 만드는 수단/언어이며, 사용자에게 보여줄 문서의 표현 형식을 문서 내부에 지정할 수 있게 한다. 흔글이나 마이크로소프트 워드 등 일반 워드 프로세서의 문서 양식과 비슷하다고 생각해도 그리 틀린 것은 아니다. 대부분의 워드 프로세서와 마찬가지로 HTML 문서는 다양한 멀티미디어 지원 방법을 갖고 있다. 그러나 HTML에는 다른 문서와는 달리 한 가지 주요한 기능이 있다. 그 기능이 바로 하이퍼텍스트 기능이다. 특히 HTML은 몇 개의 태그(tag)로 이루어진 간단한 형태의 문서로 사용이 쉽고 간편하다는 장점으로 인하여 널리 호평받고 있다.

(4) 브라우저 또는 클라이언트 프로그램

웹 브라우저란 인터넷상에 존재하는 여러 HTML 문서를 볼 수 있게 해 주는 대화식 응용 프로그램이다. 즉, 웹에서 사용자 인터페이스를 제공해 주는 프로그램이다. 기본적인 기능은 한 HTML 문서의 위치(또는 주소)를 지정하여 해당 HTML 문서를 보여주는 것이다. 물론 이때 멀티미디어 자료를 보여줄 수 있다. 다음은 하이퍼링크 기능인데 화면에 나타난 HTML 문서의 특정 부분(링크가 있는 부분-마우스 포인터가 손가락으로 변하는 부분)에서 마우스 클릭을 하면 연결된 자료를 보여주는 기능을 갖는다. 또한 문서를 찾아본 과정을 기록하여 전에 찾았던 문서로의 이동 등을 처리할 수 있는 사용자 인터페이스(interface)를 제공한다. 대표적인 프로그램으로는 Mosaic, Netscape Navigator, MS Explorer 등이 있다.

(5) HTTP

HTTP(HyperText Transfer Protocol)란 WWW상에서 서버와 클라이언트가 HTML 문서를 송수신하기 위해서 사용하는 프로토콜(통신규약)이다. 클라이언트에서 URL을 지정할 때 http라고 명시하는 것이 바로 이 프로토콜을 호출하는 것이다.

(6) URL

URL(Uniform Resource Locator)이란 인터넷에서 도메인 이름과 같이 웹 서비스에서 제공되는 여러 가지 자료들에 대한 접근 형식, 존재하는 위치 및 자료의 이름을 표시하는 역할을 하는데 인터넷상의 모든 자료가 갖는 유일한 주소이다. 인터넷에서는 여러 컴퓨터를 구분하는 데 도메인 이름이 필요했지만, URL은 컴퓨터뿐만 아니라 컴퓨터가 갖고 있는 여러 자료도 표시해야 하기 때문에 좀 더 자세한 구분을 한다. 예를 들어, 'ikhyun.dankook.ac.kr'이라는 컴퓨터를 표시하는 데는 도메인 이름으로 충분하지만 'ikhyun.dankook.ac.kr'이라는 컴퓨터에 들어 있는 'X_FILE'이라는 자료를 표시하려면 다른 방법이 제시되어야 한다. URL은 인터넷 사용자 프로토콜 표준화 모임인 IETF(Internet Engineering Task Force)에서 정의한 URI(Uniform Resource Identifier)의 부분 집합인데 웹상에서 자료의 위치를 표시하는 데 이용된다. URL의 형식은 다음과 같다.

- URL 형식

  접근 프로토콜://IP 주소 또는 도메인 이름/문서의 경로/문서이름

  예) http://paradise.dankook.ac.kr/jdlee/index.html

여기서 사용되는 접근 프로토콜로는 http, ftp, telnet, gopher, news, mailto, file 등이 있다. 소개된 프로토콜의 이름을 보면 앞에서 이미 소개되어 익숙한 것들이 많을 것이다. 그러나 file은 앞에서 설명하지 않았으므로 여기서 살펴보기로 하자. file은 자신의 컴퓨터 안에 들어 있는 문서를 열어 보고자 할 때 사용한다. 그 뒤에 '://'가 붙고 IP 주소나 도메인 이름이 나오는데, file을 쓴 경우에는 IP 주소 또는 도메인 이름이 생략된다. 마지막 부분은 경로 이름을 포함한 문서의 파일명이다. 주로 '.htm'이나 '.html'로 끝난다. 예를 들어 자신의 컴퓨터 'C:' 하드디스크의 '\jdlee\Misc' 디렉토리 밑에 있는 'idea.htm'이란 문서를 지칭하는 URL 주소는 'file://C:/jdlee/Misc/idea.htm'가 된다. WWW에서는 특정 컴퓨터에 그 컴퓨터의 대표가 되는 HTML 문서를 항상 보여주게 되어 있는

데, 이때는 경로 이름을 포함하는 파일 이름이 필요 없다.

예를 들어 'http://www.dankook.ac.kr/'은 경로 이름을 포함하는 파일 이름이 없지만 단국대학교의 대표가 되는 HTML 문서를 보여준다. 이를 보통 홈페이지라고 한다. 따라서 단국대학교 홈페이지의 URL 주소는 'http://www.dankook.ac.kr/'이다.

3.4.2 웹 페이지 및 웹 호스트 서버의 작동 원리

1) 웹 페이지의 작동 원리

월드와이드웹은 인터넷에서 가장 빠르게 성장하고 가장 흥미로운 분야이다. 페이지들은 서로 하이퍼텍스트에 의해 연결되어 있는데 이것을 사용함으로써 한 페이지에서 다른 페이지로 또는 그래픽으로 이진 파일로, 멀티미디어 파일 등 어떤 인터넷 자원(resource)으로 옮겨 다닐 수 있게 된다. 한 페이지에서 다른 페이지로 이동할 때 사용자는 단순히 하이퍼텍스트 링크를 클릭하면 된다.

웹이 작동하는 방식은 클라이언트 서버 모델에 기반하고 있다. 넷스케이프의 내비게이터나 마이크로소프트의 인터넷 익스플로러 같은 웹 브라우저가 클라이언트에 해당하는데 사용자의 컴퓨터에서 구동된다. 클라이언트는 웹 서버에 접속되어 정보나 자원을 요구하게 되며 웹 서버는 정보가 어디 있는지를 파악하여 웹 브라우저에 정보를 보낸다. 그리고 웹 브라우저는 정보를 사용자의 컴퓨터에 보여주게 된다.

웹 페이지는 HTML 언어를 사용하여 만들어지며 HTML에는 웹 브라우저가 어떻게 텍스트나 그래픽, 멀티미디어 파일을 출력할지를 나타내는 명령어가 포함되어 있다. 또한 다른 웹 페이지나 자원에 링크하는 명령어도 있다.

홈페이지는 한 웹 사이트에서 만들어지는 페이지들의 집합 중 첫 번째 또는 꼭대기 페이지를 말한다. 잡지에서 커버나 신문에서 맨 앞 페이지를 생각하면 될 것이다. 홈페이지는 웹 사이트 전체의 내용과 목적을 설명하는 안내 페이지 역할을 하며, 또한 목차(table of contents) 역할도 한다.

일반적으로 웹 페이지가 조직되는 형식에는 세 가지 정도가 있다. 첫 번째는 트리 구조(tree structure)인데 피라미드 형식을 갖고 있다. 두 번째는 선형 구조(linear structure)로서 한 페이지가 두 번째 페이지를 가리키고 두 번째 페이지가 그 다음 페이지를 가리키는 방식이다. 세 번째는 무작위 구조(random structure)인데 말 그대로 무작위로 페이지들이 연결되어 있는 방식이다. 월드와이드웹이 작동되는 것을 좀 더 자세히 설명하면 다음과 같다.

① 먼저 웹 브라우저에서 사용자가 어떤 URL, 예를 들면 http://www.zdnet.com/downloads를 입력한다.

② 웹 브라우저는 URL 요구를 HTTP를 사용하여 보낸다. HTTP는 웹 브라우저와 웹 서버가 통신하는 프로토콜이다. URL 요구가 인터넷에 보내질 때 인터넷 라우터는 어떤 서버에 이 요구가 보내져야 하는지를 결정한다. URL에서 http:// 바로 오른쪽에 나오는 문자열이 서버 주소를 의미한다. URL에서 http://는 사용되는 인터넷 프로토콜을 의미한다. 두 번째 부분은 보통 www로 시작하는데 어떤 형식의 인터넷 자원이 연결되어야 하는지를 의미한다. Zdnet.com 같은 세 번째 부분이 웹 서버를 의미하며 /downloads 같은 마지막 부분은 서버에서의 구체적인 디렉토리, 문서 또는 다른 인터넷 객체를 의미한다.

③ 웹 서버가 요청된 웹 페이지나 문서 또는 다른 객체를 발견하면 웹 브라우저에 발견된 것을 보낸다.

④ 그 정보는 웹 브라우저의 컴퓨터에 나타나게 된다. 이것이 완료되면 현재의 HTTP 연결은 잠정적으로 끊어지게 된다.

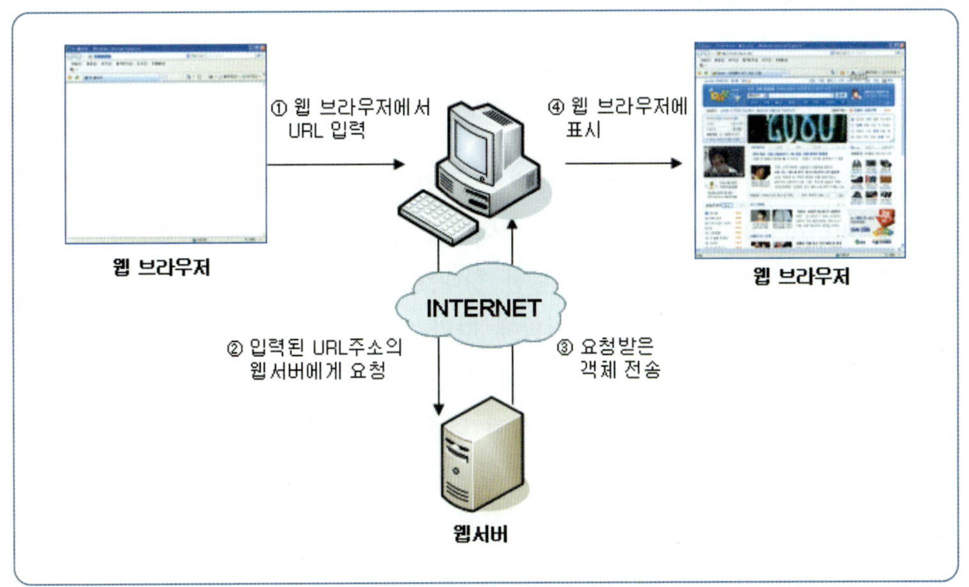

[그림 3-37]
웹 페이지의 작동 원리

2) 웹 호스트 서버의 작동 원리

웹 페이지를 지원하기 위해서는 웹 호스트 컴퓨터, 그리고 그 위에 돌아가는 소프트웨어가 있어야 한다. 호스트는 필요한 통신 프로토콜을 관리하고 웹 사이트를 생성하기 위한 페이지와 관련 소프트웨어를 갖고 있다. 호스트 컴퓨터는 보통 유닉스, 윈도우 NT, 리눅스 또는 매킨토시 운영체제를 사용하고 있는데 내부에 TCP/IP 프로토콜을 지원한다. 서버 소프트웨어는 호스트에 상주하면서 페이지를 지원하고 클라이언트 웹 브라우저로부터 오는 요구에 응한다. 서버 소프트웨어가 TCP/IP 통신을 해 주는 것은 아니며 대신 운영체제가 그 부분을 담당한다. 서버 소프트웨어가 해 주는 것은 HTTP 관련 요구의 해결 및 호스트 운영체제와의 통신이다.

서버 소프트웨어에는 데이터베이스 서버, FTP 서버, 네트워크 서버 등이 있다. 각기 클라이언트의 요구에 따라 다른 종류의 서비스를 수행한다. 특별히 웹 서버는 HTTP를 지원하는 서버로서 HTTP를 사용하여 클라이언트 웹 브라우저에 정보를 보내는 역할을 한다. 웹 클라이언트에 정보를 보낼 때 정보 중의 앞부분 일부는 통신을 위해 필요한 정보를 포함한다. 웹 서버는 브라우저에 정보를 보내는 일 외에 JSP(Java Server Page)나 ASP(Active Server Page)를 수행하도록 하는 일도 한다. JSP나 ASP는 데이터베이스 검색이나 인터랙티브 폼(interactive form) 처리 같은 일을 한다.

3.5 인터넷 검색

3.5.1 인터넷 검색의 개요

자료(data)는 관찰이나 측정을 통해서 수집된 단순한 수치, 문자, 도표, 그림 등을 의미하며, 정보(information)는 데이터를 수집, 처리, 가공한 결과로서 어떤 의사결정을 할 수 있도록 이용 가능한 형태로 가공한 것을 의미한다. 정보는 여러 가지 특징을 갖는데, 시간이 지남에 따라 그 가치가 변할 가능성이 크며, 아무리 중요한 정보라도 공개가 되면 그 가치가 크게 떨어질 수 있다. 또한 정보는 형태가 존재하지 않으며, 전달매체에 의존적인 특징을 갖는다.

정보검색(information retrieval)은 미리 수집되거나 가공된 정보들 가운데에서 필요한 정보를 찾아내는 것이다. 이 절에서 다룰 인터넷 정보검색은 인터넷에 있는 수많은 정보 중에서 검색엔진을 통해 사용자가 쉽게 자신이 원하는 정보를 찾아볼 수 있도록 하는 방법이다. 월드와이드웹에 연결되어 있는 수많은 컴퓨터에 저장되어 있는 수많은 정보를 찾는 것은 쉬운 일이 아니다. 특히 수많은 웹 사이트 중 내가 원하는 정보가 어디에 들어 있는가를 알아내는 것은 굉장히 어려운 일이다. 이러한 문제점을 해결하기 위해 각 웹 사이트에 어떤 정보가 들어 있는지를 정리해 놓고 이들을 쉽게 검색할 수 있도록 도와주는 도구를 검색엔진이라고 한다. 즉, 검색엔진은 사용자가 필요로 하는 정보들을 인터넷상에서 찾아주는 역할을 한다. 여기서 엔진이란 이름은 자동차 엔진처럼 강력한 추진력으로 검색을 해 준다는 의미에서 붙게 되었다.

1) 검색엔진의 분류

(1) 정보구축 방식에 따른 분류

검색엔진은 어떻게 자료를 수집하고, 관리하는지에 따라 분류할 수 있는데, 사람이 직접 하는지, 로봇이라는 프로그램을 사용하는지, 아니면 두 방식을 혼합하여 사용하는지에 따라 다음과 같이 나눌 수 있다.

① 매뉴얼 인덱스

매뉴얼 인덱스(manual index)란 사람이 직접 정보를 수집, 분류하고 구축하는 것을 가리킨다. 이때 정보를 수집, 분류하는 사람을 서퍼(suffer)라고 한다. 최근 대부분의 검색엔진에서 지원하는 주제별 디렉토리 서비스를 생각하면 된다. 각 주제별로 정보를 나누며, 다시 정보를 목록별로 정리하는 일은 사람이 직접 해야 하기 때문이다.

② 로봇 인덱스

로봇 인덱스(robot index)는 자료의 수집, 분류, 색인까지 로봇 프로그램을 통해 수행하는 것을 가리킨다. 로봇은 프로그램으로 수집하는 자료의 양이 대단히 방대하기 때문에 분류, 색인까지 일정한 기준에 의해 자동으로 수행하게 된다. 대부분의 키워드형 검색엔진이 로봇 인덱스 방식을 취한다.

③ 혼합 인덱스

최근 대부분의 검색엔진은 매뉴얼 인덱스 방식의 주제별 디렉토리와 로봇 인덱스 방식의 키워드 검색 기능을 동시에 제공한다. 따라서 이 두 가지를 동시에 사용하는 형태를 혼합 인덱스라고 할 수 있다.

(2) 동작 방식에 따른 분류

검색엔진은 동작하는 방식에 따라 주제별 검색엔진, 키워드 검색엔진, 메타 검색엔진으로 분류할 수 있다. 각각의 검색엔진은 그 동작 방식에 따라 고유의 특징이 있으며, 정보검색을 할 때도 이 특징을 잘 이해하면 원하는 정보를 쉽게 찾을 수 있다.

① 주제별 검색엔진

주제별 검색엔진은 인터넷상에 존재하는 웹 문서들을 주제별, 계층별로 정리하여 데이터베이스를 구축하는 형태이다. 이 방식은 분류 항목 중에서 가장 가까운 항목만 선택하여 따라가면 되므로 검색 방법이 쉽고 간단하다. 이 방식은 자료정리를 로봇이라는 프로그램이 하는 것이 아니라 사람이 직접 정보를 수집하고 분석하여 계층별로 정리하는 형태이다. 따라서 정보들이 주제별, 내용별로 잘 분류되어 있어서 정보의 신뢰도가 높다고 할 수 있다. 반면에 풍부한 검색 결과를 얻을 수 없다는 단점이 있다. 이 방식의 대표적인 검색엔진으로 야후(Yahoo)가 있다.

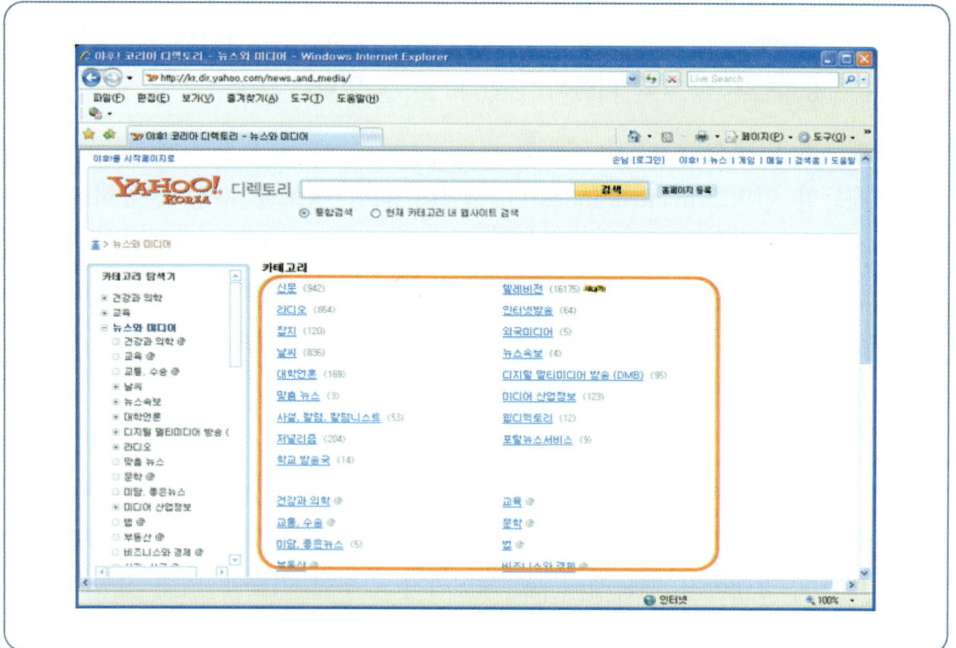

② 키워드 검색엔진

키워드 검색엔진은 여러 동작 방식 중에서 가장 일반적인 방식으로 검색어 (keyword)를 입력하여 그것과 일치하는 내용이 있는 정보를 찾아주는 방식이다. 이 방식은 로봇이라는 프로그램이 주기적으로 인터넷상에서 정보를 검색하는데, 이 로봇은 자신이 찾은 정보를 검색엔진의 호스트 컴퓨터에 보내주고, 이 호스트 컴퓨터는 보내준 정보를 바탕으로 새로운 데이터베이스를 구성하며, 사용자가 검 색어를 입력하면 해당 검색어가 포함된 웹 페이지의 주소를 제공해 준다.

키워드 방식은 로봇이라는 프로그램을 이용하기 때문에 다양한 검색 결과를 얻을 수 있는 반면, 사용자가 원하는 정보를 정확히 찾는 데 어려움이 있다. 또 한 데이터베이스의 크기가 지나치게 커지는 단점이 있다. 이 방식의 대표적인 검색엔진으로는 구글(Google)이 있다.

[그림 3-39]
구글 - http://www.
google.com

③ 메타 검색엔진

메타(meta) 검색엔진은 자체 내의 검색엔진을 갖고 있지 않고 사용자가 입력하는 검색어들을 다른 검색엔진들에게 보내고, 가장 빨리 나오는 정보부터 사용자에게 제공한다. 따라서 메타 검색엔진을 사용하면 여러 검색엔진을 사용하는 것과 같은 효과를 얻을 수 있다. 이 방식의 대표적인 검색엔진으로는 메타크롤러(Meta Crawler)가 있다.

[그림 3-40]
메타크롤러 -
http://www.
metacrawler.com

2) 검색엔진에서 사용되는 용어 및 연산자

(1) 검색엔진에서 사용하는 용어

검색엔진에서 사용하는 용어들은 대부분 생소하고 낯설게 느껴지겠지만, 검색엔진의 내부를 이해하는 데 있어서 매우 중요하다.

① 스패밍

　검색엔진은 검색된 결과를 보여줄 때 자체 평가 시스템에 의하여 점수 순으로 표시하게 된다. 검색엔진의 이러한 작동 방식에서 힌트를 얻어 검색엔진에게 높은 점수를 받기 위해 HTML 문서 내에 동일한 단어를 수십, 수백 개씩 입력해 놓은 것을 스패밍(spamming)이라고 한다. 스패밍이 빈번하다보니 최근의 검색엔진들은 스패밍을 발견하면 오히려 낮은 점수를 주는 경우가 많다.

② 스테밍

　'stem'은 사전적으로 '어간'이라는 뜻을 갖는데, 검색엔진에서 사용하는 스테밍(stemming) 기능은 사용자가 입력한 검색어의 변형을 담고 있는 정보까지 함께 검색하는 기능이다. 예를 들어 어떤 단어를 검색하면, 그 단어의 복수형 등의 관련 정보를 함께 검색할 수 있다.

③ 링크 인기도

　사용자가 검색을 위해 입력한 검색어를 얼마나 많이 갖고 있는지, 다른 사람들이 링크를 얼마나 설정해 놓았는지 등의 요소에 점수를 부여해 유용한 정보를 빨리 찾을 수 있도록 한 개념이 링크 인기도이다. 여러 검색엔진에서 링크 인기도에 의한 검색 기능을 제공하지만 스패밍 등의 출현과 로봇이 임의로 지정한 점수 등의 문제점으로 실효성이 의문스럽다는 단점이 나타나기도 했다.

④ 시소러스

　시소러스(shesaurus)는 검색어로 사용되는 단어들의 동의어, 반의어, 계층적 관계, 종속성 등을 정리한 용어사전으로 검색엔진 내부에서 사용하는 일종의 데이터베이스이다. 예를 들어, 우리나라의 검색엔진인 드림서치에서 '대학교#'이라고 입력하면 대학교와 관련된 단어인 초등학교, 중학교, 고등학교 등 각종 학교가 들어간 웹 문서까지 검색된다.

⑤ 불용어

　불용어(stop word, noise word)는 검색엔진이 수집한 자료를 데이터베이스로 만들 때 무시하거나, 사용자들이 검색을 위해 입력한 문장 중 필요 없다고 판단되어 무시되는 문자열을 말한다. 예를 들어 한글의 '은, 는, 이, 가' 등의 조사는 검색 시 불용어로 처리될 수 있다.

⑥ 리키지

리키지(leakage)는 누출물, 누설물이란 뜻으로, 검색 결과에서 검색되어야 함에도 불구하고 부적절한 검색어를 사용했거나 부적절한 검색식을 사용했기 때문에 검색 결과에서 누락된 정보를 뜻한다.

⑦ 개비지

개비지(garbage)는 쓰레기를 뜻하는 용어로, 검색할 내용과 관련 없는 검색어를 입력함으로써 불필요하게 검색된 정보를 뜻한다.

⑧ 재현율

전체 검색 결과 중에서 검색을 위해 사용자가 입력한 검색어와 관련된 정보가 어느 정도 포함되어 있는지를 백분율로 나타낸 것을 재현율이라 한다.

$$재현율 = \frac{질문에 관련되는 정보의 수}{검색된 전체 정보의 수} \times 100$$

⑨ 정도율

정보검색에서 획득한 전체 정보들 가운데 검색에서 찾으려는 주제와 직접 관련이 있는 적합한 정보의 비율을 의미한다.

$$정도율 = \frac{적합한 정보의 수}{검색된 전체 정보의 수} \times 100$$

(2) 검색엔진에서 사용하는 연산자

검색엔진에서는 다양한 연산자를 사용해 찾고자 하는 정보를 보다 정확히 찾을 수 있도록 하고 있다. 고급 정보검색을 위해서는 반드시 알고 넘어가야 될 부분이기도 하다.

① 불 연산자

불 연산자(boolean operator)는 다른 말로 논리 연산자라고도 하며, 대표적으로 AND, OR, NOT 연산자가 있다. 일반적인 검색엔진에서는 모두 사용하고 있다.

불 연산자	의미
AND	키워드가 모두 포함된 자료만 검색
OR	키워드 중 어느 하나라도 포함된 자료를 모두 검색
NOT	해당 키워드를 제외한 자료만 검색

[표 3-1]
불 연산자의 종류와 의미

[그림 3-41]

불 연산자의 종류와 의미

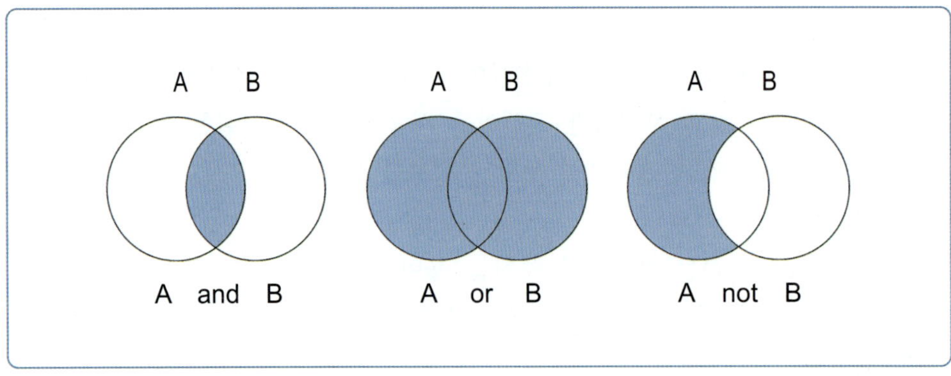

② 인접 연산자

인접 연산자(proximity operator)는 위치 연산자라고 하며, 두 개의 키워드들이 얼마나 일정한 거리에 위치해 있는지를 검색하도록 하는 연산자이다. 인접 연산자는 단어들의 앞뒤 위치 관계, 즉 순서를 고려하는 것과 고려하지 않고 서로 가깝게 위치해 있는 것만 찾는 것도 있다.

[표 3-2]

인접 연산자의 종류와 설명

인접 연산자	의미
AND	검색어의 선후에 관계없이 인접한 두 단어 검색
OR	순서를 고려. 왼쪽에서 오른쪽으로 우선순위를 가짐

③ 우선연산

불 연산자 등을 사용해서 검색조건을 지정하면 검색엔진은 자체 기준에 따라 연산자의 우선순위를 결정한다. 우선연산(precedence)은 사용자가 특별하게 연산이 먼저 수행되도록 순서를 지정하는 것을 말한다. 대부분 우선연산을 위해 괄호를 사용한다.

[표 3-3]

우선연산 예

(사과 OR 배) AND (딸기 AND 포도)

위와 같이 검색하면 (사과 OR 배)가 먼저 검색되고 (딸기 AND 포도)가 검색된 후 전체적으로 AND 연산을 하게 된다.

④ 절단 검색

절단 검색(truncation)은 단어의 앞이나 뒤에 와일드카드를 붙여서 지정한 키워드를 포함한 문자열을 가진 정보를 모두 검색한다. 검색엔진마다 차이점이 있지만 대부분 절단 검색을 사용할 때 '*', '?', '%'의 기호를 사용한다.

구분	예	결과 값
후방절단	인터넷*	인터넷 TV, 인터넷 뉴스, 인터넷 방송, ...
전방절단	*학교	초등학교, 중학교, 고등학교, 대학교, ...

⑤ 구문 검색

구문 검색(phrase searching)은 연속한 2개 이상의 단어로 구성된 키워드를 하나의 키워드로 간주하여 검색하는 것을 말한다. 일반적으로 큰 따옴표(" ")를 많이 사용한다. 예를 들어 "인터넷 기술의 이해"라고 입력하면 인터넷 기술의 이해를 하나의 구문으로 취급하여 검색한다.

3.5.2 검색엔진의 사용법

이 절에서는 검색엔진 중 국내에서 많이 사용되고 있는 네이버, 엠파스, 야후, 구글의 사용법을 알아보도록 한다.

1) 네이버

(1) 개요

네이버는 1997년 11월, 웹 글라이더와 유니파인더의 발전적 해체와 ZIP의 데이터베이스가 추가되면서 탄생한 검색엔진이다. 처음에는 삼성 SDS의 사내 벤처팀인 네이버포트가 운영하였다. 현재는 NHN에서 운영하고 있다. 다양한 검색옵션, 해외 검색엔진을 활용한 메타검색, 국내 신문기사에 실린 정보를 찾아보는 신문검색 등을 지원한다.

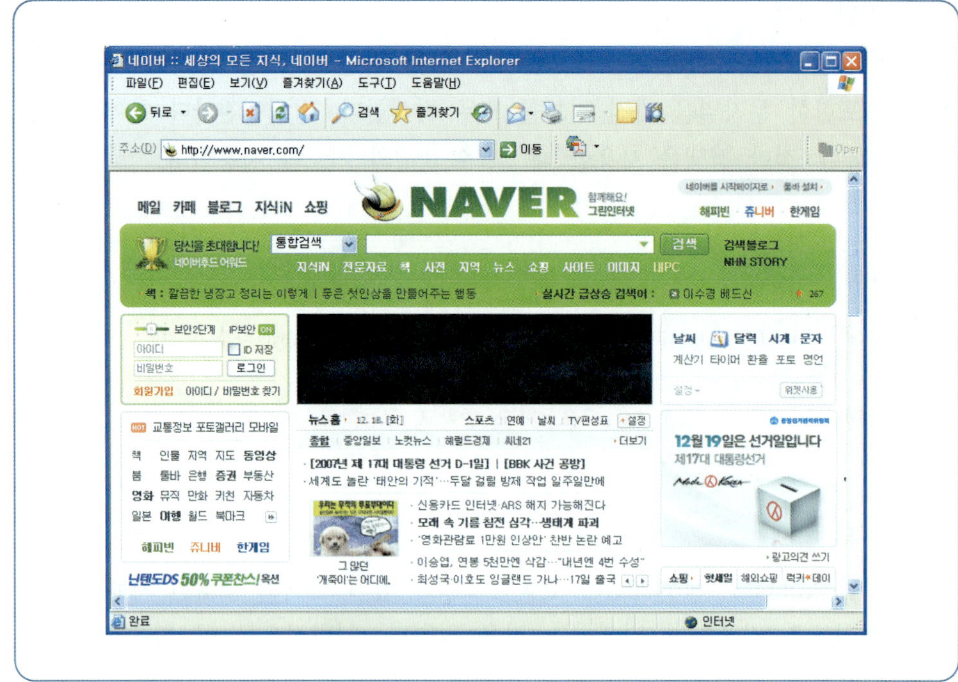

(2) 특징

- 키워드형 검색엔진이다.
- 자연어 검색 기능을 제공한다.
- 리포트, 문서 검색 기능을 제공한다.
- 링크 인기도 기능을 제공한다.
- 검색 결과의 미리보기 기능을 제공한다.
- 어린이를 위한 네이버 주니어를 운영한다.

(3) 연산자

[표 3-5]
연산자의 종류

구분	예	결과 값
&, 공백	AND 조건 검색	인터넷 & 기술 & 이해
+	OR 조건 검색	인터넷 + 기술
!	NOT 조건 검색	인터넷 ! 기술
~	순서를 고려하지 않은 인접 연산자	인터넷 ~ 기술
^	순서를 고려한 인접 연산자	인터넷 ^ 기술
@( )	문장 검색	@(인터넷 기술 이해)
" "	구문 검색	"인터넷 기술"
*	절단 검색(와일드카드)	인터넷*

(4) 일반 검색

다음은 네이버를 통한 검색엔진 사용법이다. 다른 검색엔진 역시 사용법은 대부분 비슷하므로 네이버를 중심으로 사용법을 간단히 설명하겠다.

① 콤보박스

검색을 하는 가장 쉬운 방법은 원하는 검색어를 입력하는 것이다. 검색창에 검색어를 입력한 후 엔터를 치거나 마우스로 검색창 옆에 있는 '검색' 버튼을 클릭하면 통합검색 결과를 보여준다.

통합검색 결과 대신 각각의 검색 서비스에 대해서만 검색하려면 검색창 앞에 있는 검색 콤보박스에서 원하는 검색 서비스를 선택하면 된다. 예를 들어, 콤보박스에서 '영어사전'을 선택한 후 검색창에 'search'를 입력하면 바로 영어사전에서 'search'를 검색한 결과가 나타난다.

② 검색 버튼

콤보박스를 선택하는 대신 검색창에 검색어를 입력한 후 각각의 검색 버튼을 누르면 해당 서비스에서 검색한 결과를 보여준다. 예를 들어, '인터넷'을 검색창에 입력한 후 마우스로 '사전' 버튼을 클릭하면 사전에서 '인터넷'을 검색한 결과가 나타난다.

한편 이들 각각의 버튼을 클릭하면 해당 서비스 페이지로 이동할 수 있다. 네이버는 지식iN, 사전, 백과사전, 논문, 디렉토리, 웹 문서, 뉴스, 이미지, 지식쇼핑이라는 9가지의 검색 버튼이 제공되고 있으며, 다른 검색엔진에서도 비슷한 메뉴 구성을 찾아볼 수 있다.

(5) 연산자를 통한 고급 검색

대부분의 검색엔진은 고급 검색을 위해 여러 가지 연산자를 제공하고 있다. 다음과 같은 연산자를 적절히 사용하면 좀 더 만족스러운 결과를 얻을 수 있다. 다음은 네이버에서 사용하는 연산자로 다른 검색엔진들도 비슷한 연산자를 사용하거나 사용법은 유사하므로 연산자를 통한 고급검색도 네이버를 중심으로 설명하겠다.

① and(&) 연산

A and B는 A와 B 모두를 포함하고 있는 검색 결과를 보여준다.

예) 박지성과 이승엽 두 단어가 모두 포함된 문서를 검색하기 위해서는 아래처럼 입력한다.

박지성 and 이승엽 또는 박지성 & 이승엽

② or(|) 연산

A or B는 A 또는 B 어느 한 단어라도 포함하고 있는 문서를 보여준다.

예) 피카소 또는 고흐 두 단어 중 하나라도 포함되어 있는 문서를 검색하기 위해서는 아래처럼 입력한다.

피카소 or 고흐 또는 피카소 | 고흐

③ not(!) 연산

A not B는 A의 검색 결과에서 B를 제외한 문서를 보여준다.

예) 여행 관련 문서 중에서 '미국'이라는 단어가 제외된 문서를 검색하기 위해서는 아래처럼 입력한다.

여행 not 미국 또는 여행 ! 미국

④ within(^n) 연산

A within B는 A와 B 두 단어가 서로 순서대로 인접해 있는 문서를 보여준다. 괄호 안의 숫자 n에는 1, 2, 3 같은 자연수를 입력할 수 있으며, 이는 A와 B가 떨어져 있는 글자 수를 지정해 주는 역할을 한다. A within/10 B는 A ^10 B와 같은 연산이며 A와 B가 순서대로 10글자 안에 인접한 문서를 보여준다.

예) 검색과 마케팅이 순서대로 인접해 있는 문서를 검색하기 위해서는 아래처럼 입력한다.

검색 within 또는 검색 ^ 마케팅 또는 검색 within/2 또는 검색 ^2 마케팅

⑤ near(~) 연산

A near B는 A와 B가 입력한 순서와 관계없이 인접해 있는 문서를 보여준다.

2) 엠파스

(1) 개요

엠파스는 네이버와 유사하게 자연어 검색 기능을 지원하는 국산 검색엔진이다. 검색엔진 엠파스(Empas), 웹메일 엠팔(Empal), 생활문화정보 시티스케이프(Cityscape) 등과 함께 운영되고 있다.

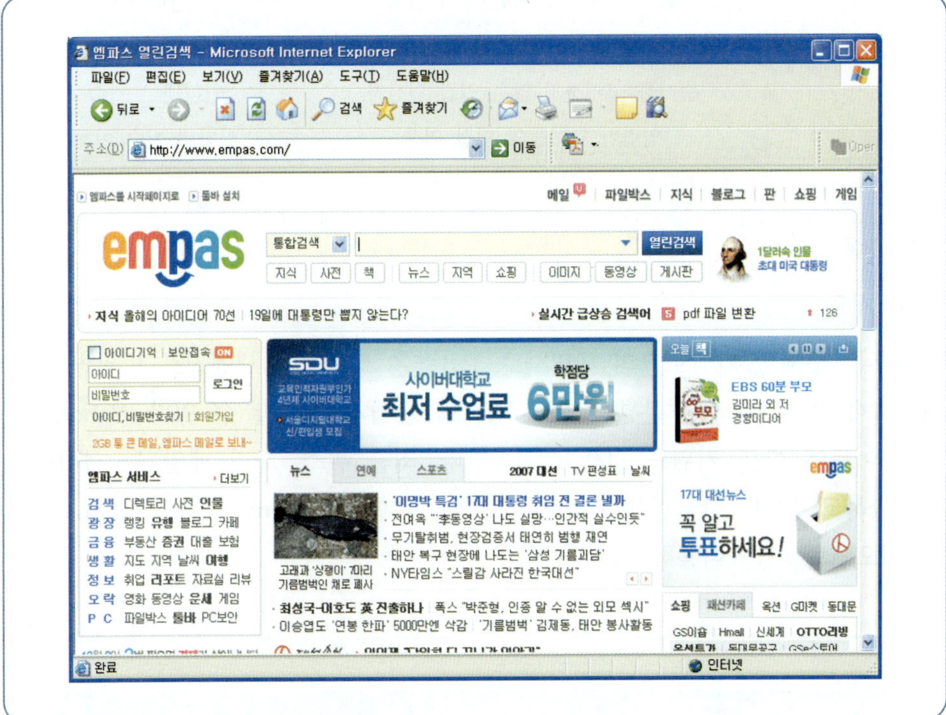

[그림 3-44]

엠파스 – http://www.empas.com

(2) 특징

- 키워드형 검색엔진이다.
- 문장 검색을 지원한다.
- 다양한 형태의 파일을 검색할 수 있다.
- 여러 가지 고급 검색 기능 제공한다.
- 검색 결과 미리보기 기능을 제공한다.

(3) 연산자

연산자	의미	예
&	AND 조건 검색	인터넷 & 기술
|	OR 조건 검색	인터넷 | 기술
!	앞 검색어 포함, 뒤 검색어 제외 검색	인터넷 ! 기술
*	절단 검색(와일드카드)	인터넷*
?	임의 문자가 포함된 문서 검색	인터넷?
~	순서를 고려한 인접 연산자	인터넷 ~ 기술
^	순서를 고려하지 않은 인접 연산자	인터넷 ^ 기술
공백	입력한 단어들의 인접 연산	인터넷 기술 이해

3) 야후

(1) 개요

야후는 주제별 카탈로그의 대명사로, DB량은 로봇형 검색엔진보다 훨씬 작으나, 체계적으로 정리된 분류를 통해 정보에 손쉽게 접근할 수 있다. Yahoo! 등록 사이트에 한해 키워드 검색도 제공한다. 최근 뉴스, 프리 메일 등 서비스를 다양화하고 있다. 한글검색은 되지 않으나 야후코리아(http://www.yahoo.co.kr)가 있으므로 이를 이용하면 된다.

(2) 특징

- 대표적인 주제별 검색엔진이다.
- 키워드 검색 기능을 함께 갖고 있다.
- 크기는 작지만 양질의 정보를 제공한다.
- 1997년부터 야후 코리아 서비스를 제공하고 있다.

(3) 연산자

연산자	의미	예
공백	AND 조건 검색	인터넷 기술
( )	OR 조건 검색	(인터넷 기술)
{( )}	AND, OR 복합검색	{(인터넷) 기술}
-	특정 단어 제외 검색	인터넷 - 기술
+	특정 검색어 검색	+인터넷 +기술
" "	구문 검색	"인터넷 기술"
t: title:	홈페이지 제목만 검색	t:인터넷, title:인터넷
u: url:	해당 URL 검색	u:인터넷 url:인터넷
*	절단 검색	인터넷*

[표 3-7]
야후 연산자 종류

(4) 일반 검색

국외 검색 역시 사용법은 국내 검색엔진과 크게 다르지 않다. 검색창에 검색어를 입력한 후 엔터를 치거나 마우스로 검색창 옆에 있는 '검색' 버튼을 클릭하면 된다.

(5) 연산자를 통한 고급 검색

야후에서 좀 더 정확한 검색 결과를 얻고자 한다면 아래 연산자들을 활용하면 된다.

① And 연산

두 개 이상의 단어로 검색 시, 해당 검색어 모두 포함하여 검색한다.

예) internet technology

② OR 연산

두 개 이상의 단어로 검색 시, 해당 검색어 하나라도 포함된 사이트를 검색한다.

예) (internet technology)

③ AND, OR 복합 사용

두 개 이상의 단어로 검색 시, AND와 OR를 복합 사용하여 세부적으로 검색할 때 사용한다.

예) {(internet) technology}

④ 부정어 검색

두 개 이상의 단어 검색 시, 특정 단어 제외하고 싶을 때 사용한다.

예) internet - technology

⑤ 특정 검색어 반드시 포함

입력한 특정 검색어가 반드시 포함된 사이트를 검색한다.

예) +internet +technology

⑥ 문자열, 구문 검색

두 개 이상의 단어 검색 시, 입력한 검색어와 완전히 일치하는 사이트를 검색한다.

예) "internet technology"

⑦ 제목에서만 검색

다른 것은 기억이 나지 않고 홈페이지 제목만 알고 있을 때 사용한다.

예) title:internet

⑧ URL에서만 검색

입력한 검색어가 홈페이지 주소에 들어간 사이트를 검색한다.

예) url:internet.or.kr

⑨ 절단 검색

입력한 검색어로 시작되는 사이트를 검색한다.

예) internet*

4) 구글

(1) 개요

구글이라는 말은 10의 100승이란 뜻을 가진 수학적 용어이다. 대표적 유즈넷 검색엔진이었던 데자뉴스가 구글을 인수하여 서비스를 제공하고 있다. 키워드형 검색엔진으로 방대한 자료를 특징으로 한다.

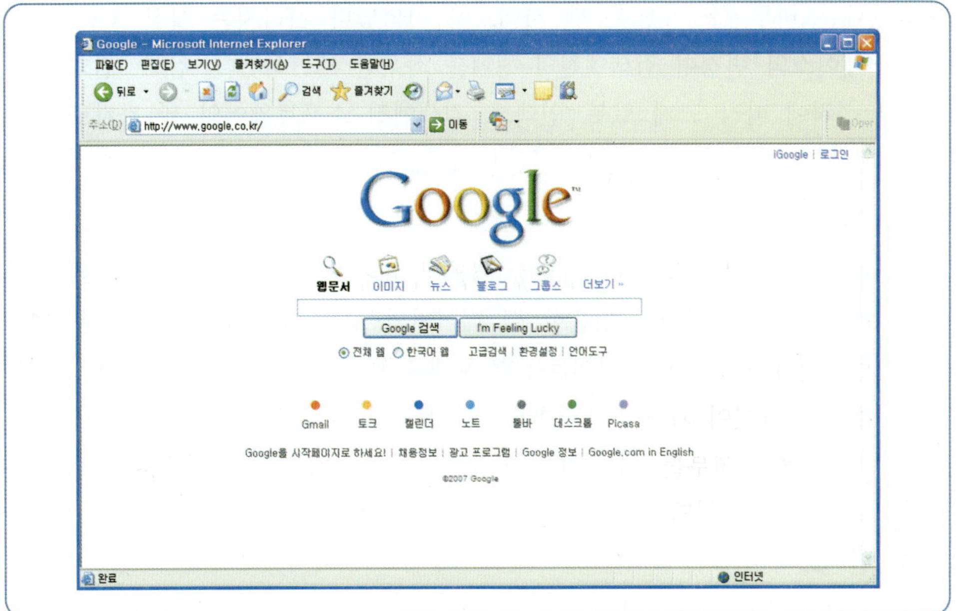

[그림 3-46]
구글 – http://www.google.co.kr

(2) 특징

- 키워드형 검색엔진이다.
- 여러 언어의 검색을 지원한다.
- 웹 페이지를 저장하는 미러 서비스를 제공한다.
- 유즈넷 검색 기능이 강점이다.
- 여러 가지 고급 검색을 사용할 수 있다.

(3) 연산자

연산자	의미	예
-	검색단어 제외	인터넷 - 기술
+	문장 검색	인터넷 + 기술
site:	도메인 단위 검색	site:www.google.com

[표 3-8]
구글 연산자 종류

3.5.3 검색엔진의 원리

검색엔진이란 미리 수집된 각 웹 사이트의 내용들을 데이터베이스로 만들어 놓은 후, 사용자가 임의의 검색어를 입력하면 데이터베이스에서 검색어와 일치하는 내용이 있는 웹 사이트만을 선택하여 사용자에게 보여주는 것이다. 그러나 인터넷에는 하루에도 수많은 웹 사이트가 나타났다 사라지는 실정이라 신속한 데이터베이스의 변경이 검색엔진의 성패를 좌우한다고 하겠다. 검색엔진의 원리는 그 성격에 따라 크게 로봇, 인덱스, 검색엔진 소프트웨어의 세 가지로 구성되어 진다.

① 로봇

로봇(robot)은 스파이더(spider), 크롤러(crawler) 등의 여러 이름으로도 불린다. 로봇은 자신이 방문한 웹 페이지의 모든 내용을 읽고 웹 페이지에 링크되어 있는 모든 사이트들을 차례로 방문한다. 로봇은 일정한 기간을 주기로 자신이 과거에 방문했던 사이트들을 다시 방문함으로써 해당 페이지의 갱신 여부를 체크한다. 이렇듯 로봇이 웹 페이지를 방문하여 읽은 모든 내용은 인덱스에 저장된다.

② 인덱스

카탈로그(catalog)라고도 하는 인덱스(index)는 로봇이 정리한 웹 페이지의 내용을 담고 있는 거대한 책 같은 것이라고 생각하면 된다. 로봇이 과거에 방문했던 웹 페이지를 다시 방문했을 때 해당 페이지가 갱신되었다면 로봇은 이 정보를 인덱스로 보내어 인덱스의 내용도 갱신되도록 한다. 때때로 로봇에 의해 방문을 받은 웹 페이지의 내용이 인덱스되는 데는 어느 정도의 시간이 걸릴 때도 있다. 이런 경우 비록 로봇에 의해 방문을 받았어도 해당 웹 페이지가 인덱스되지 않으면 그 내용은 해당 검색엔진에서는 유효하지 않다. 인덱스가 이루어지고 나서야 비로소 인터넷 이용자들은 해당 웹 페이지의 내용이나 새로운 변경사항을 인지할 수 있는 것이다.

③ 검색엔진 소프트웨어

검색엔진 소프트웨어(search engine software)는 검색자가 어떤 정보를 찾기 위해 키워드의 조합으로 검색을 실시했을 때 인덱스로부터 조건에 맞는 정보들을 추출해내고 이 정보들을 검색자가 원하는 정보에 가장 적합하다고 판단되는 순서대로 정렬하여 출력하게 된다. 각 검색엔진들은 나름대로 독특한 방식으로 이것을 결정하고 이러한 이유로 인하여 같은 키워드의 조합으로 정보를 검색해도 각 검색엔진마다 서로 다른 결과를 보여주는 것이다. 이러한 출력 정보의 우선순위에 대한 알고리즘의 이해는 특히 웹 마스터에게 자신의 사이트가 상위에 랭크되도록 하는 데 중요한 역할을 한다. 각 검색엔진이 독특한 알고리즘을 갖고 있지만 또한 상당부분 공통되는 것도 많다.

1) 인터넷 검색엔진의 원리

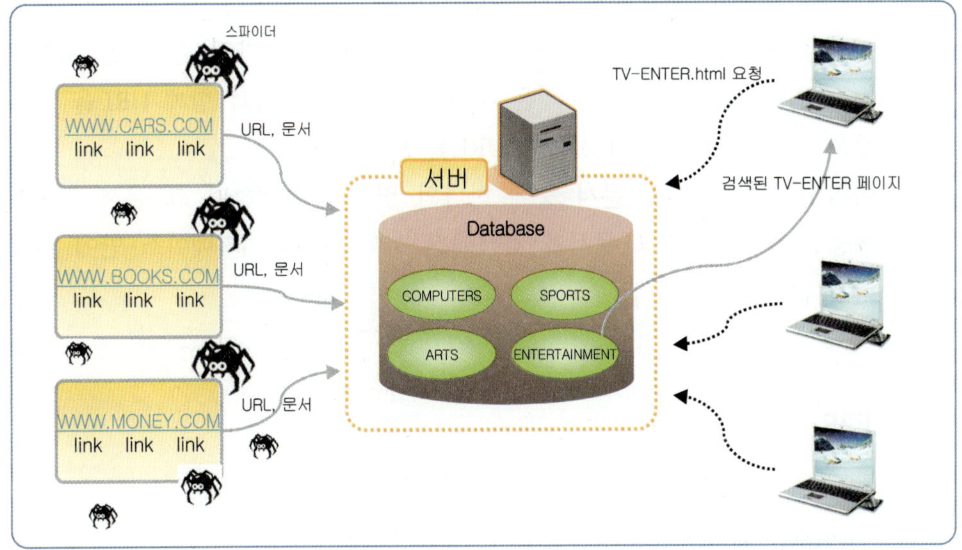

[그림 3-47]
검색엔진 원리

① 각 검색엔진은 문서를 수집할 때 자신들만의 규칙으로 설정된 크롤러나 스파이더를 사용한다. 어떤 것은 새 홈페이지나 기타 모든 링크를 검사하여 자신이 찾아낸 모든 홈페이지의 모든 링크를 보여주기도 하고, 어떤 스파이더는 음악 파일, 그래픽 파일, 애니메이션 파일 등의 링크는 무시하기도 한다. 또한 어떤 것은 뉴스 그룹 같은 확실한 인터넷 자료들이나 아주 유명한 것은 무시하기도 한다. 스파이더들이 각 사이트에서 자료를 찾는 데는 사이트의 크기와 복잡성에 따라 몇 초부터 몇 분까지 걸린다.

② 스파이더들이 발견한 문서들과 URL들로부터 소프트웨어 에이전트는 URL들과 문서들을 얻고, 인덱싱 소프트웨어에 정보를 보낸다.

③ 인덱싱 소프트웨어는 에이전트로부터 문서와 URL들을 받는다. 소프트웨어는 데이터베이스 안으로 정보를 입력하여 문서와 정보를 추출하고 색인한다. 각 검색엔진에 따라 각각 다른 종류의 정보를 색인하고 추출한다. 예를 들면, 어떤 것은 각 문서당 100개의 단어를 색인한다. 어떤 것은 그 안에 있는 문서의 크기와 단어의 수를 색인한다. 어떤 것은 주제, 표제들과 하위표제 등을 색인한다. 인덱스의 종류는 어떻게 정보를 표시할 것인가를 결정하며 다양한 검색엔진으로 검색 유형을 결정할 수 있도록 만들어져 있다.

④ 인터넷 검색엔진을 방문하거나 정보를 찾기 위해 인터넷을 검색하기 원할 때 찾기 원하는 정보를 표현할 수 있는 단어를 웹 페이지에 입력한다. 검색엔진은 키워드뿐만 아니라 많은 조건에 의존하여 이에 따른 정보를 찾는다.

예를 들면 몇몇 검색엔진은 날짜나 다른 특징들로 검색을 할 수도 있다.

⑤ 여러분이 설정한 특징들을 기초로 하여 데이터베이스를 검색한다. 그리고 결과는 HTML 페이지로 보내진다. 각각의 검색엔진은 다양한 방법으로 결과를 보여준다. 여러분이 찾은 문서와 관련된 몇 가지 결과들을 보여주는 방법을 비교하면, 어떤 것은 문서의 처음 몇 문장과 함께 URL을 보여주고 어떤 것은 문서의 제목과 URL을 보여준다.

⑥ 여러분이 관심 있는 문서 중에 하나의 링크를 선택하면 그 문서 정보가 제공된다. 그러나 그 문서가 검색엔진 사이트나 데이터베이스 안에 존재하지 않는다.

3.6 P2P

3.6.1 P2P의 개요

인터넷의 많은 기존 서비스들(이메일, ftp, 웹 등)은 클라이언트 서버 기반의 응용 서비스였다. 클라이언트 서버 구조는 집중화된 구조로서 자원 병목 현상 및 악의적인 공격에 대한 대처가 어렵고, 기존 구조하에서 이를 보완하기 위해서는 복잡성 및 고비용의 문제가 제기되었다. 반면 P2P(peer-to-peer) 네트워킹 및 컴퓨팅에서는 분산 및 자율 구성(self-organizing) 구조라는 근본적인 패러다임 변화를 통하여 상기 요구사항에 대하여 보다 간단한 해결 방안을 제시함으로써, 장래의 응용 서비스 및 시스템 요소, 인프라 서비스의 주된 설계 패턴으로 떠오르고 있다.

P2P 시스템은 네트워크 환경에서 집중화된 서비스 개념 없이 분산 자원의 공유를 목적으로 동등한 자격을 가진 자율적(autonomous) 객체(peer)로 이루어진 자율 구성 시스템으로 정의된다. P2P를 우리말로는 동등 계층 통신이라고도 하는데, 여기에는 네트워크에 연결되어 있는 모든 컴퓨터들이 서로 대등한 동료의 입장에서 데이터나 주변장치 등을 공유할 수 있다는 의미를 담고 있다. P2P는 이와 같은 의미를 갖고 있기 때문에 서벤트(servant = server + client)라고도 한다. P2P라는 용어는 냅스터(Napster)의 등장과 함께 급속하게 일반화되었지만, 그 이전에도 P2P 기술을 이용한 프로그램과 서비스는 존재해 왔다. 대표적으로 인스턴트 매신저가 있으며, SETI@home 프로젝트도 있다. 정보통신이론이나 컴퓨팅 구조에서 P2P는 오래전부터 사용된 개념이며, LAN 환경에서 프린터 및 스캐너 등의 자원을 공유하는 방법으로도 사용된다. 그리고 인터넷을 비롯한 많은 통신 프로토콜 등이 P2P 기술을 기반으로 하여 설계되어 있다.

1) P2P의 유형

P2P의 시스템적 유형을 살펴보면 아래와 같다.

(1) 기존의 클라이언트 시스템

기존의 클라이언트 서버 구조에서 휴무 상태의 PC를 이용하여 가상의 슈퍼 컴퓨팅 파워를 구현한 클라이언트 컴퓨팅 중심의 응용으로 지구 외 지적생명체의 정보를 분석 탐구하는 SETI(a Scientific experiment that internet-connected computed in the Search for Extraterrestrial Intelligence)의 SETI@home이 있다.

(2) Pure형 P2P 시스템

Pure형 시스템은 인터넷상에 중심 서버가 없는 피어의 연결에 의한 자기조직화 능력으로 가상의 네트워크를 구성하여 서버에 의한 네트워크의 고장이나 붕괴가 일어나지 않는 진정한 인터넷다운 네트워크의 구조로 모든 컴퓨터가 완전하게 대등한 시스템 형태이다. 모든 컴퓨터가 서벤트로서 동일한 기능을 가지며 정보의 공유 및 교환을 행한다.

(3) Hybrid형 P2P 시스템

서버와 복수의 서벤트로 구성되는 시스템으로, 시스템의 중심에 있는 서버가 정보의 검색 기능과 인증 기능 또는 메시지의 일시적 보관(queueing) 기능 등을 갖고 있다. 다수의 서벤트들은 정보를 생성하여 축적하는 동시에 정보의 요청 및 교환을 행한다. 냅스터가 Hybrid형 P2P 시스템의 형태를 취하고 있다.

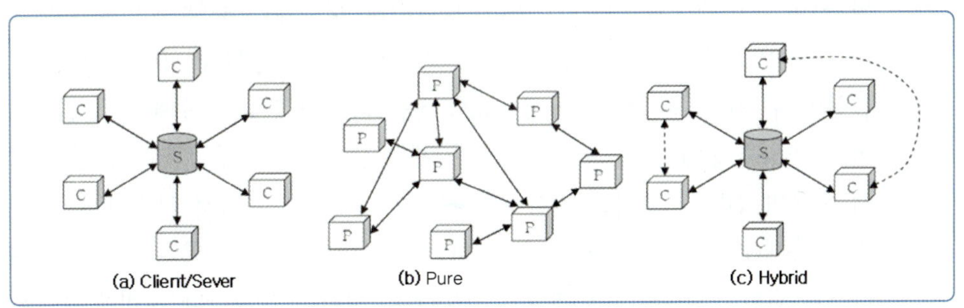

[그림 3-48]
P2P의 유형

2) P2P 서비스의 예

서비스 제공 차원에서 살펴보면, PC의 대중화 및 인터넷의 보편화에 의해 P2P 서비스들은 인프라보다는 네트워크 종단에 위치하는 사용자의 PC에 의존하는 특성이 나타난다. 따라서 기존의 서비스들이 제공할 수 없었던 다양한 멀티미디어 서비스들을 구현 가능하게 하였다. 이러한 서비스들은 크게 자원 공유, 방송 및 광고, 인터넷 전화 등의 세 가지 범주로 분류할 수 있다.

(1) 자원 공유

자원 공유 서비스는 대량의 PC들이 네트워크를 통해 연결됨에 따라 전체적인 시스템의 자원을 효율적으로 활용하기 위해 고안되었으며, 현재는 저장 공간, 파일, 그리고 프로세싱 파워를 공유하기 위한 솔루션들이 개발 및 제공되고 있다. 저장 공간의 공유는 네트워크에 존재하는 모든 컴퓨팅 장치들의 저장 공간에 대한 정보들을 공유하고, 효율적으로 파일을 분산함으로써 모든 노드들에 부여되는 부하들을 균일하게 하여 시스템의 성능을 최대한 이끌어낼 수 있게 한다. 또한 파일의 공유는 각각의 개인 유저들이 원하는 파일들을 네트워크상에 존재하는 노드들로부터 검색/다운로드가 가능하게 하여 유저들 간의 데이터 공유를 통해 편의성을 최대한으로 보장하며, 그리드 컴퓨팅은 우주선 궤도 예측과 같은 복잡한 연산을 하나의 컴퓨터가 아닌 네트워크상에 존재하는 사용되지 않는 컴퓨터들을 사용하여 계산할 수 있도록 하여 작업의 수행속도를 증가시킨다. 대표적인 몇 가지 서비스 응용은 다음과 같다.

① 분산 파일 시스템

저장 공간의 공유를 위한 서비스 응용으로는 분산 해시 테이블을 기반으로 하여 네트워크상에 존재하는 저장 공간의 주소와 사용 가능한 여유 공간의 크기 등의 정보를 확인하고 사용할 수 있도록 고안되었다.

② 파일 콘텐츠 공유

파일공유 시스템의 시초가 된 냅스터와 당나귀(eDonkey), 프루나(Pruna) 등의 서비스가 제공되고 있다. 특히, 당나귀의 경우에는 중앙 서버를 기반으로 한 파일공유 응용으로서, 클라이언트-클라이언트 통신과 서버-클라이언트 통신의 두 가지 형태의 피어 간 상호 작용을 통해 기능이 수행된다. 클라이언트-서버 통신의 경우, 클라이언트가 새로운 파일을 다운로드하기 위한 검색 요구의 전달과 결과를 받을 때 사용되며, 콘텐츠의 검색 과정이 중앙 서버를 통해 수행되므로 파일 사이즈나 클라이언트 속도 등의 항목들을 고려하는 복잡한 요구에 대한 연산이 가능하다. 서버는 20분마다 서버에 등록된 클라이언트들의 파일 현황을 업데이트하여 파일에 대한 최신 정보를 유지한다. 또한 클라이언트-클라이언트 통신의 경우에는, TCP 연결을 통해 실제 파일공유를 수행하기 위한 통신 기능이 수행된다. 파일을 요구하는 수신 측과 파일을 보유하고 있는 송신 측이 서로 TCP 연결을 생성하고, 만약 송신측에 방화벽이 존재할 경우에는 서버가 송신 측에서 방화벽 연결을 생성하도록 중계한다. 그리고 송신 측의 파일공유 상태와 서버의 정보 간에 불일치가 발생했을 경우를 대비하여 연결을 생성한 직후에, 수신 측이 송신 측에 파일의 공유 여부를 문의할 수 있다. 또한 여러 개의 송신 측이 존재할 경우에는 수신 측에서 다수의 TCP 연결을 생성하여 여러 개의 다운로드 링크를 생성함으로써 다운로드 속도를 높이는 방법을 적용하였다.

③ 그리드 컴퓨팅

국내에서는 상대적으로 활발히 사용되고 있지 않으나, 국외에서는 다양한 목적으로 이를 활용하고 있다. 예를 들면, SETI@home은 그리드 컴퓨팅을 이용해 외계에서 오는 전파를 분석하여 지적 생물체의 존재 여부에 대해서 조사하고 있다. 최근에는 국내에서 인터넷을 통해 서비스 중인 클럽박스에서 파일 다운로드를 위한 클라이언트 프로그램에 그리드 컴퓨팅을 적용하여 사용 중이다.

(2) 방송 및 광고

현재의 방송 및 광고 서비스는 수신 측이 실시간으로 P2P 기반의 방송 및 광고 서비스로는 아프리카(Afreeca), P2P 에이전트 경매 등이 있다. 아프리카에서는 인증 서버 및 방송 서버를 중앙에서 관리하고, 다른 사용자에게로의 스트리밍 릴레이를 각각의 사용자들이 수행하고 있다. 최근에는 P2P 기반의 인터넷 TV 서비스인 주스트(http://www.joost.com)가 PC 기반의 IPTV 서비스를 제공하고 있는데, 150여 개의 채널을 주문형 비디오 방식으로 서비스하고 있다. 고화질 방송이 중앙 서버에 의존하지 않고 가입자들의 PC를 통해 동영상을 주고받을 수 있는 P2P 방식이다.

(3) 인터넷 전화

인터넷 전화의 경우에는 VoIP(3.7절 VoIP 참조)를 통해 가능하게 된 기술로서, 인터넷을 통해 구현된 전화 서비스이다. 현재는 VoIP 기술에 비디오 스트리밍과 다대다 통신 기술을 추가하여 영상회의 서비스까지도 제공되고 있다.

3.6.2 P2P 사용법

이 절에서는 P2P 방식의 파일 콘텐츠 공유 소프트웨어의 하나인 당나귀의 사용법에 대해서 알아본다.

1) 설치하기

당나귀 클라이언트를 다운로드하기 위해서는 http://www.edonkeyp2p.com으로 접속하면 된다. [그림 3-49]와 같은 당나귀 사이트에서 클라이언트를 다운로드하자.

[그림 3-49]
당나귀 사이트

당나귀 클라이언트 소프트웨어의 다운로드가 완료되었다면 실행한다. 실행하면 [그림 3-50]과 같은 설치 과정이 나온다.

[그림 3-50]에서 ① [다음] 버튼을 클릭하여 설치를 진행한다. ② 당나귀 스폰서 업체들의 소프트웨어를 추가적으로 설치 가능한 메뉴가 나온다. 자신에게 필요한 기능이 있다면 메뉴를 선택하여 추가적으로 설치가 가능하다. ③ [동의함]을 클릭하여 설치를 계속 진행한다. ④는 설치하고자 하는 폴더를 사용자가 임의로 지정할 수 있도록 하고 있다. ⑤ [다음]을 클릭하여 계속 진행하면 익스플로러의 주소창을 대신할 수 있는 ⑥ 애드온 설치옵션을 선택할 수 있다. ⑦ [설치]를 클릭하면 본격적으로 당나귀 클라이언트가 사용자의 PC에 설치되고 설치가 성공적으로 완료되면 [그림 3-51]과 같은 화면을 볼 수 있다.

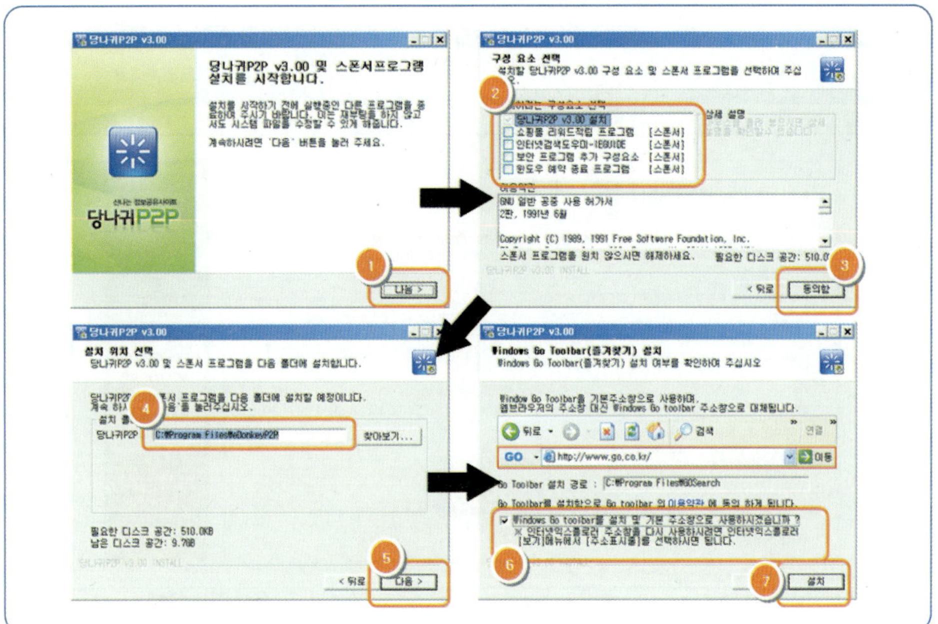

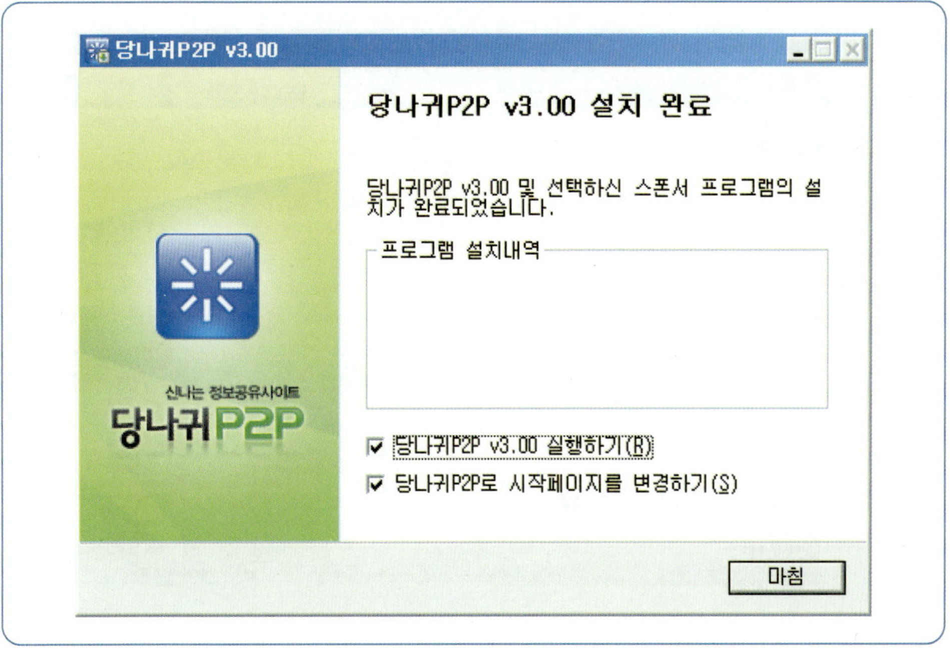

2) 검색 및 다운로드하기

당나귀를 실행하면 [그림 3-52]와 같은 창이 나타난다. 파일을 찾기 위해서 좌측상단의 [찾기] 메뉴를 클릭하면 파일 검색을 위한 도움말을 볼 수 있다. 상단 중앙에 검색창을 이용하여 찾고자 하는 파일 형태와 파일명을 입력하면 파일이 검색된다.

[그림 3-52]

당나귀 실행화면

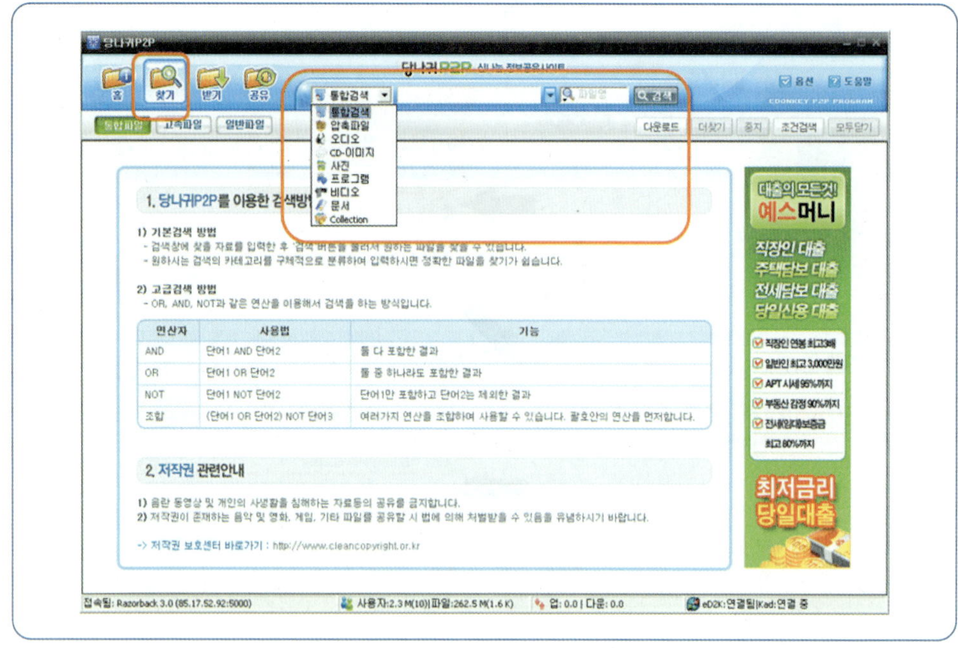

[그림 3-53]

검색 결과

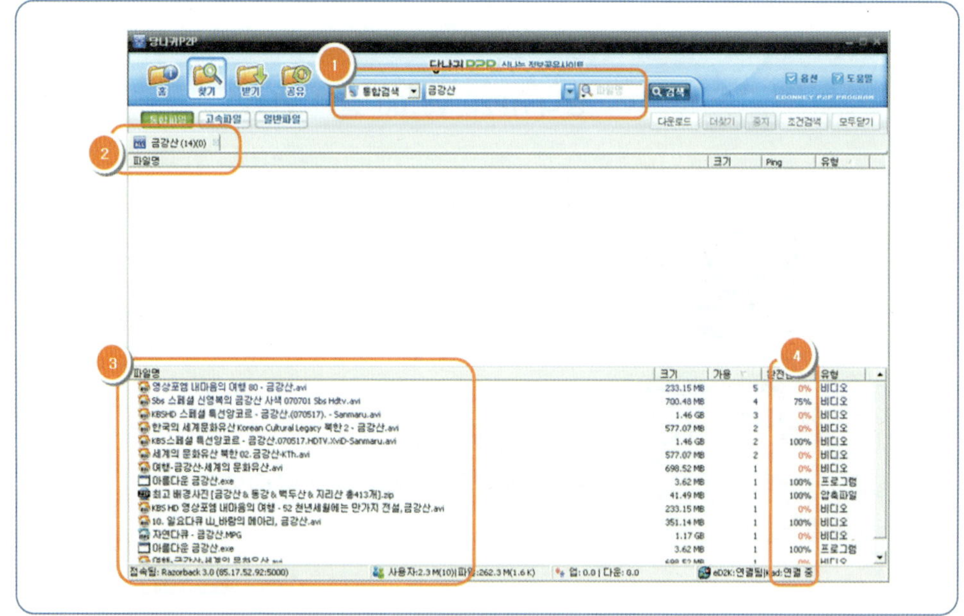

[그림 3-53]은 검색 결과를 보여준다. ① '금강산'이라는 파일명으로 통합검색 하였다. ② 탭은 검색이 이루어질 때마다 생성되는 탭으로 검색을 수행할 때마다 생성이 되며 탭을 클릭하여 해당 검색 결과를 볼 수 있다. ③은 검색된 파일 목록이며, ④는 해당 파일의 완전성을 % 수치로 보여주고 있다. 해당 파일이 100%인 것은 현재 P2P에 연결된 각 PC들이 갖고 있는 해당 파일이 100% 모두 존재한다는 의미이다. 100%가 안 되는 것들은 현재 P2P에 연결된 PC들

이 조각난 파일을 보유하고 있고 그것을 다 모아도 완전한 파일이 안 된다는 의미이다.

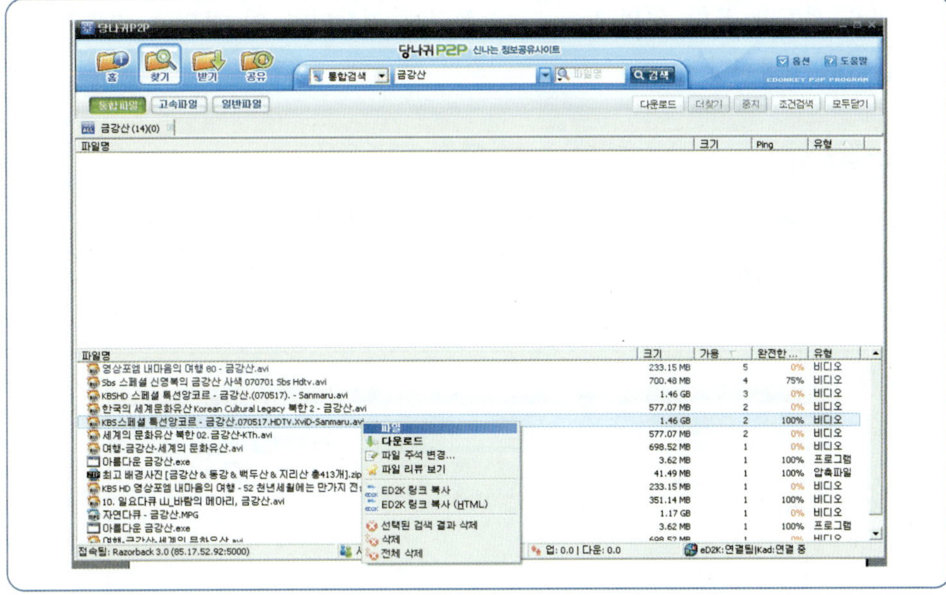

[그림 3-54]
파일 선택

찾고자 하는 파일이 있다면 [그림 3-54]와 같이 해당 파일을 마우스 오른쪽 클릭하면 다운로드할 수 있는 팝업창이 뜬다. [다운로드] 메뉴를 클릭하면 해당 파일이 다운로드 된다.

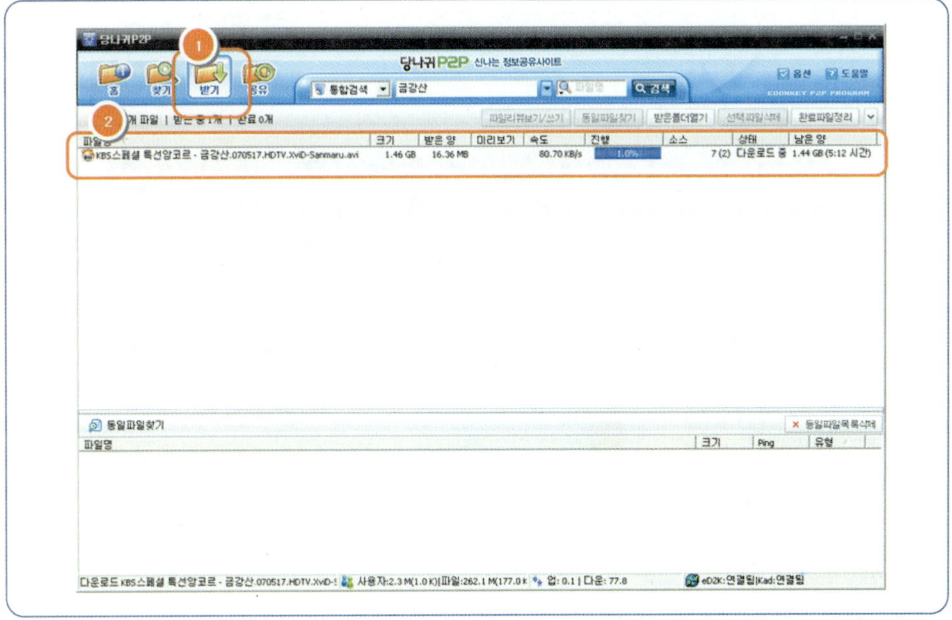

[그림 3-55]
다운로드 상태

다운로드 상태를 확인하고자 한다면 [그림 3-55]처럼 좌측상단 ① [받기] 메뉴를 클릭하면 현재 다운로드되고 있는 파일의 상태를 볼 수 있다. ②에서는 다운로드되고 있는 파일의 진행도, 남은 시간 등을 볼 수 있다. 다운로드 파일은 당나귀가 설치된 폴더 하위 Incoming 폴더에 저장되며 이 폴더는 기본적으로 공유폴더로 설정된다.

3) 공유하기

Incoming 폴더가 아닌 임의의 폴더를 공유하고 싶다면 [그림 3-56]과 같이 좌측상단의 [공유] 메뉴를 클릭하면 공유폴더를 관리할 수 있는 창이 뜬다.

[그림 3-56]
공유폴더 관리

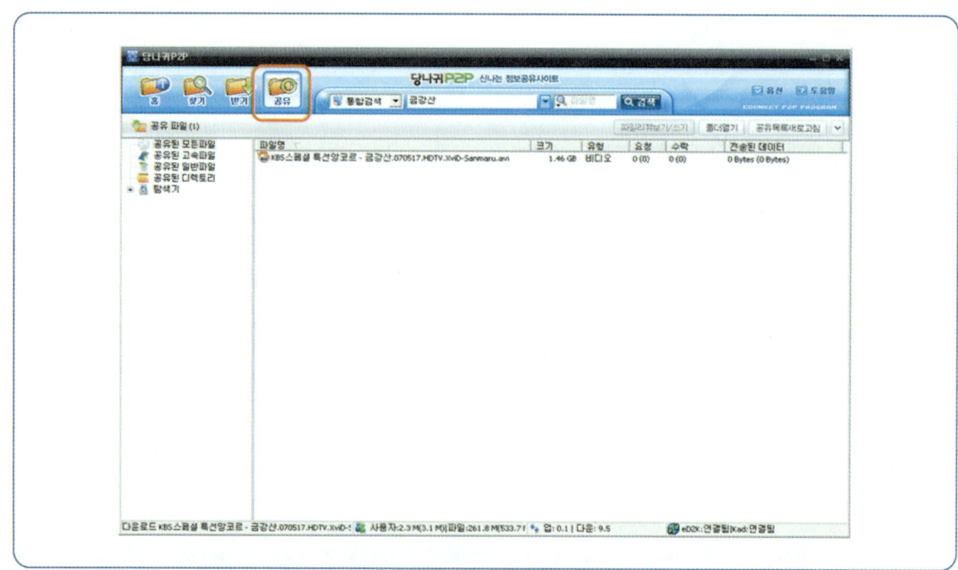

[그림 3-57]
공유폴더 추가

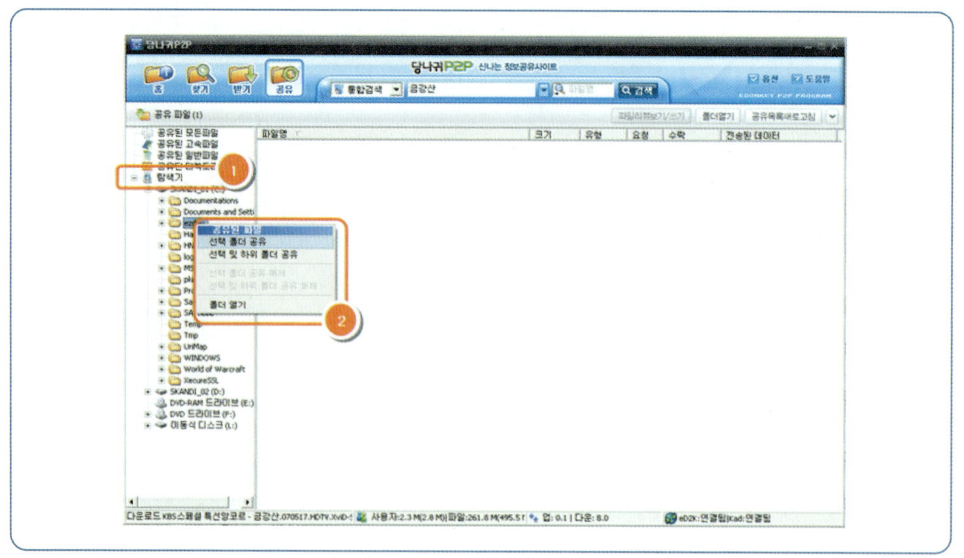

공유폴더를 추가하기 위해 [그림 3-57]처럼 ① 탐색기를 클릭하면 사용자의 PC의 폴더를 볼 수 있다. 적절한 폴더를 선택하여 마우스 오른쪽 클릭하면 해당 폴더에 대한 공유설정을 할 수 있는 ② 메뉴가 뜨고 공유를 결정할 수 있다.

3.6.3 P2P의 작동 원리

이 절에서는 랩스터나 당나귀 등과 같은 Hybrid형 P2P 시스템의 작동 원리에 대해서 알아본다.

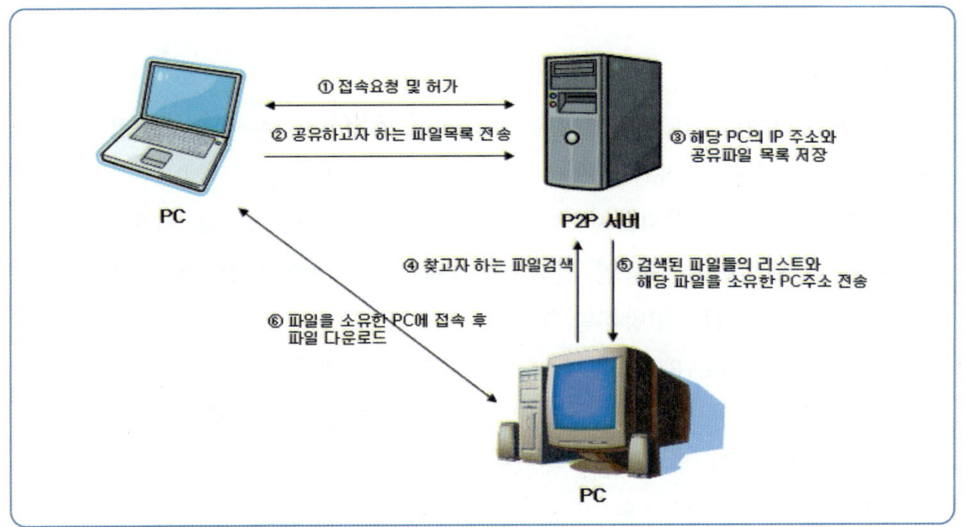

[그림 3-58]
P2P 작동 원리

[그림 3-58]에서 일반 PC는 P2P 서버에 ① 접속요청을 하고 허가를 받아 접속하게 된다. ② 접속이 완료되면 PC는 자신이 공유하고자 하는 파일 목록을 서버에 전송한다. ③ P2P 서버는 파일 목록을 받아 다른 PC에서 보내온 파일 목록들과 대조하여 중복되는 파일에 대해서 해상 PC의 주소를 추가적으로 저장하고, 새로운 파일들에 대해서 리스트를 작성하고 해당 PC의 주소를 기입한다. ④ 또 다른 PC가 접속하여 파일 검색을 하면 ⑤ P2P 서버는 검색한 파일 목록들과 파일을 소유하고 있는 PC들의 주소를 같이 전송한다. ⑥ P2P 서버가 보내온 파일 목록에서 특정 파일을 선택하여 다운로드시키면 그 파일을 소유하고 있는 PC로 직접 접속하여 파일을 다운로드한다. 파일 다운로드가 완료되거나, 파일을 소유하고 있는 PC가 연결을 종료하면(프로그램 종료나 PC 종료 등) PC와 PC 간 연결은 해제된다.

3.7 VoIP

3.7.1 VoIP의 개요

VoIP란 Voice over Internet Protocol의 약자로서 말 그대로 인터넷 프로토콜을 기반으로 하여 음성을 데이터로 처리하여 상대방에게 전송하는 통신기술이다. VoIP 기술을 이용하여 제공하는 전화 서비스를 인터넷 전화라고 한다. 즉, 'VoIP'는 통신기술이고 '인터넷 전화'는 'VoIP'를 응용하여 서비스하는 상품이다. VoIP는 인터넷을 기반으로 하는 서비스이기 때문에 발전 가능성이 무척 크다는 장점이 있다.

1) VOIP 정의

VoIP는 인터넷의 IP 프로토콜을 사용하여 음성을 전송하는 기술을 말하며 다른 용어로 인터넷 전화와 혼용되어 사용된다. 그러나 이 두 용어의 의미는 엄격하게 보면 차이가 있는데 VoIP는 아날로그의 신호를 디지털 신호로 변환한 후, 패킷으로 구성하여 IP망인 인터넷을 통해 수신 측까지 전달하는 것을 의미하지만, 인터넷 전화는 IP망뿐만 아니라, 음성과 팩스 데이터를 전송할 수 있는 모든 망(ATM, Frame Relay)에서 기존 전화망에서 제공하는 서비스를 지원하는 것이다. 따라서 음성 서비스를 전화망이 아닌 인터넷망에서 사용하는 경우에는 의미의 차이 없이 이 두 용어가 동일하게 사용되고 있다.

VoIP 기술은 인터넷 응용 기술로서 IP 주소를 기반으로 종단 간의 채널 설정을 통해 음성 신호를 압축하고 패킷화한 음성 데이터를 전달하는 기술이다. 음성 압축 기술은 기존 전화망에서 64kbps급 고정 대역폭을 이용하는 데 대한 문제점을 극복하고 매우 좁은 대역폭만을 이용해도 음성 서비스 제공을 가능하게 하였다. 최근에는 고성능 프로세서 및 주변기기의 발전과 전송 오류 수정 기술 등이 급속히 발전하게 되었다. 또한 과거에 호스트에서 처리하던 음성 압축 및 에코 제어 등을 저가의 고성능 디지털 신호처리 프로세서 또는 고속 프로세서를 통해서 데스크톱에서 실시간으로 처리하는 것이 가능해졌다. 따라서 현재에는 양질의 phone-to-phone 음성 서비스의 제공이 가능해졌으며, 다양한 제품이 출시됨에 따라 기업용 통합 메시징 솔루션으로 급부상하였다.

최근에 인터넷 전화는 눈부신 발전을 하였다. 몇 년 전과는 비교할 수 없을 정도로 통화 품질이 좋아졌으며 전화를 거는 것은 물론 받는 것도 가능해졌다. 예전의 인터넷 전화는 고유 식별번호(전화번호)가 없어 전화를 받을 수 없었다. 그러나 정보통신부는 인터넷 전화에 '070'으로 시작하는 고유 식별번호를 줬으며, 이 번호로 전화를 받을 수 있다. 또한 2008년부터는 시내전화를 사용하다가 인터넷 전화로 변경해도 기존의 전화번호를 그대로 사용할 수 있다. 가격도 저렴하며 국제전화의 경우 일반전화에 비해 최고 95%나 싸다.

최근에는 VoIP 기술을 응용한 인터넷 전화의 가입자가 증가하고 있다. 올 2007년 6월 말부터 LG 데이콤의 myLG070이 가정용으로 보급되기 시작하였고 삼성네트웍스의 와이즈폰은 기업을 중심으로 보급을 늘리고 있다. 이에 유선전화 사업자인 KT는 2008년을 목표로 VoIP 사업 진출을 준비 중이다.

2) 인터넷 전화의 종류

인터넷 전화는 크게 두 종류로 나뉜다. 초고속 인터넷에 접속된 컴퓨터에 프로그램을 설치해 이용하는 '소프트(soft)폰'과 일반 유선전화처럼 생긴 전용 전화기를 인터넷 모뎀에 직접 연결하는 '하드(hard)폰'이다. 소프트폰과 하드폰을 사용하기 위해서는 컴퓨터 또는 전화기가 초고속 인터넷에 연결되어 있어야 한다.

소프트폰 서비스는 세계 최대의 인터넷 전화 업체인 스카이프와 국내 최대의 포털인 네이버, 아이엠텔 등이 제공하고 있다. 인터넷 전화를 사용하기 위한 가장 쉬운 방법이라고 할 수 있다. 설치를 위한 소프트웨어도 요즘 거의 무료로 다운로드 받을 수 있기 때문에 동일한 서비스를 이용하면 지역에 상관없이 무료로 이용할 수 있다. 인터넷 전화 소프트웨어, 마이크와 스피커, 사운드 카드와 인터넷만 연결되면 바로 사용할 수 있다. 일반전화나 핸드폰으로 전화를 걸 때는 요금이 부과된다.

하드폰 서비스는 KT와 데이콤, 삼성네트웍스, 애니유저넷, SK 텔링크 등이 제공한다. 하드폰 모양은 일반 전화기처럼 생겼다. 하드폰은 일반전화의 표준인 RJ-11 폰 커넥터를 쓰는 대신 RJ-45 커넥터를 사용한다. 요즘은 무선 랜을 이용한 인터넷 전화기(Wi-Fi 폰)도 출시되어 무선 랜을 사용할 수 있는 지역에서는 자유롭게 통화할 수 있다.

소프트폰과 하드폰은 각각 장단점이 있다. 소프트폰은 하드폰에 비해 장비 구입비용과 통화요금이 저렴하다. 반면 항상 컴퓨터를 켜놓아야 전화를 사용할 수 있다. 따라서 컴퓨터가 항상 켜져 있는 사무실과 같은 환경에서 사용하기 편리하다. 컴퓨터에 익숙하지 않은 사람들은 일반 전화기와 같은 모습의 하드폰을 사용하는 것이 좋다. 하드폰을 사용하기 위해서는 전용 전화기를 구입해야 한다.

3.7.2 VoIP 서비스 예

소프트폰 종류의 하나인 네이버폰의 사용법 알아보도록 하겠다. 네이버폰은 네이버폰을 사용하는 사람 사이에는 무료로 음성 및 영상통화가 가능하다. 네이버폰이 아닌 일반전화와 통화를 하고자 할 때는 별도의 요금을 지불해야 하며, 070 착신번호를 부여받아 전화를 받을 수도 있다.

1) 네이버폰 설치하기 및 실행하기

http://phone.naver.com에 접속하면 네이버폰 소프트웨어를 무료로 다운로드할 수 있다([그림 3-59] 참조).

[그림 3-59]
네이버폰 다운로드

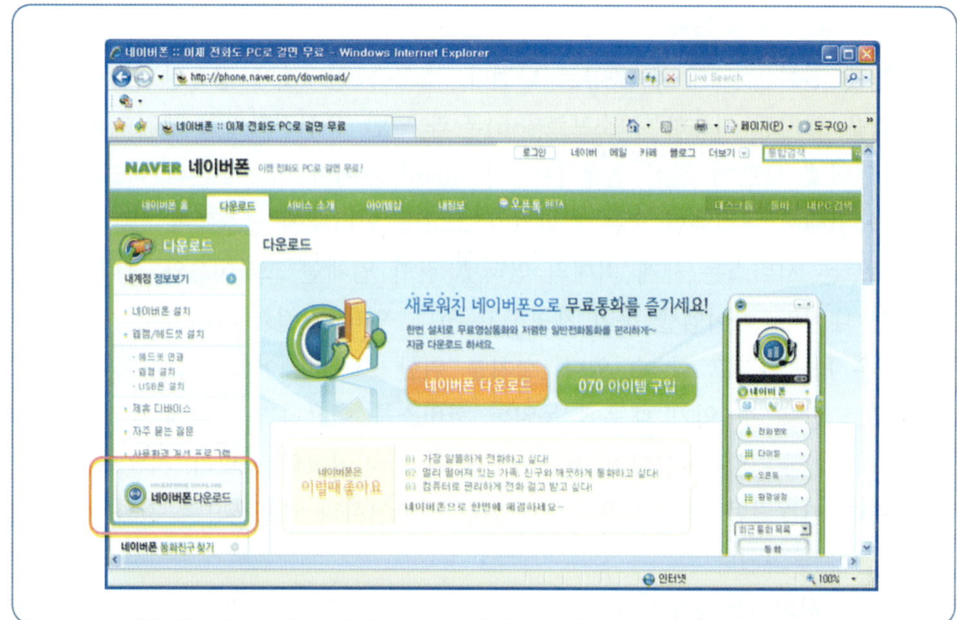

[그림 3-60]
네이버폰 설치

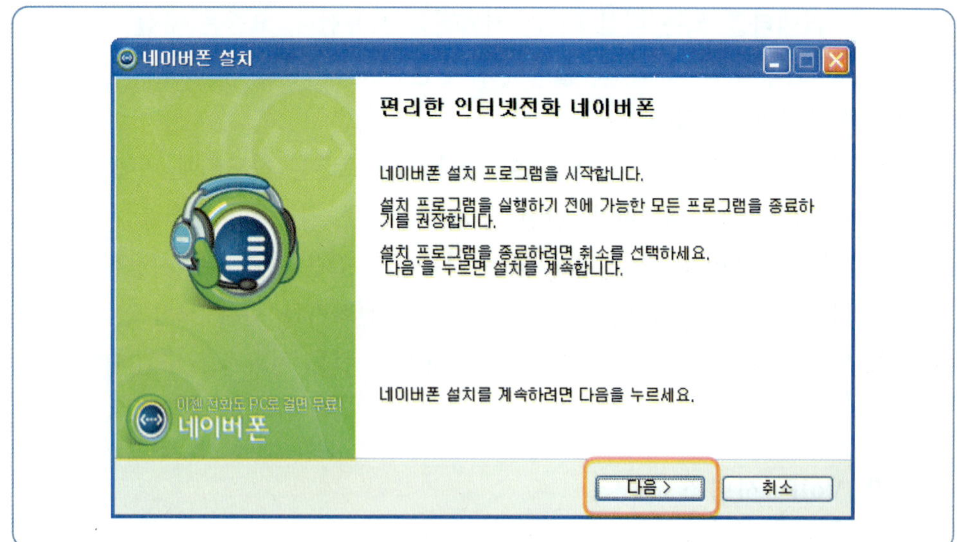

다운로드가 완료된 후 설치 파일을 실행하면 [그림 3-60]과 같은 설치 초기화면이 나타난다. [다음] 버튼을 클릭하여 설치를 진행한다.

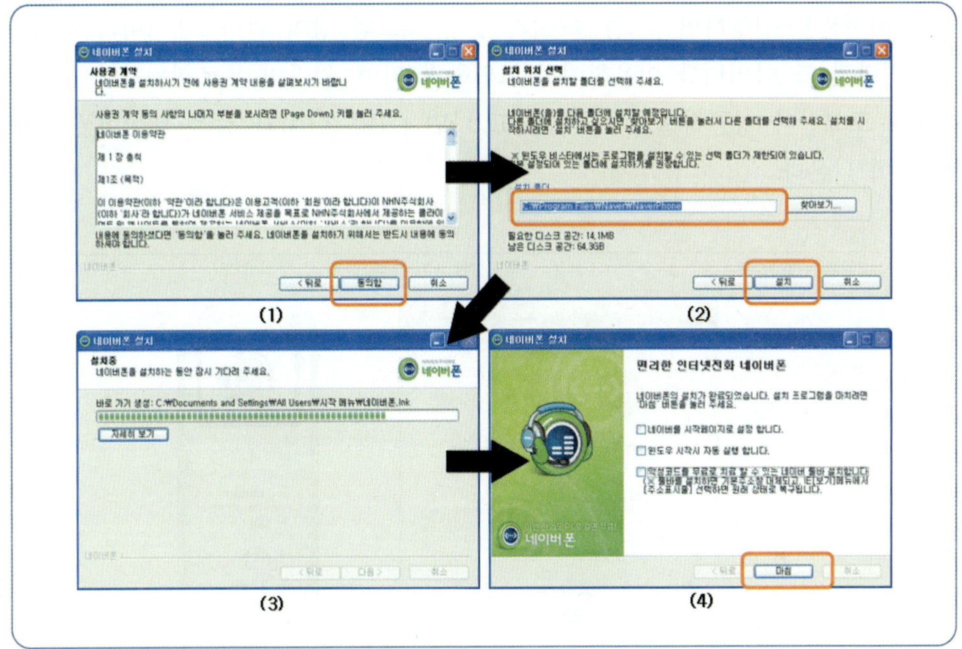

[그림 3-61]
네이버폰 설치 과정

[그림 3-61]은 설치 과정을 보여주고 있다. (1)에서 사용권 계약에 [동의함] 버튼을 클릭하여 (2)의 과정으로 넘어가면 네이버폰을 설치할 폴더를 사용자가 설정할 수 있는 창이 나타난다. 사용자가 임의의 폴더에 설치할 수도 있고 변경 없이 기본으로 설정된 폴더에 설치할 수도 있다. 설치할 폴더를 정한 후 [설치] 버튼을 클릭하면 (3)과 같이 본격적으로 네이버폰이 설치된다. 설치가 다 끝나면 (4)와 같이 마지막 설정을 정할 수 있는 과정이 나온다. 사용자의 요구에 맞도록 설정 메뉴를 선택하고 [마침]을 클릭하면 설치가 완료된다.

[그림 3-62]
사용자 환경 검사

설치가 완료되고 처음 네이버폰을 실행하게 되면 [그림 3-62]와 같은 사용자 환경 검사 과정이 진행된다. 이는 사용자의 인터넷 성능을 검사하는 것으로 최적의 통화 품질을 위한 사전 조사 과정이다.

네이버폰을 실행하면 [그림 3-63]과 같은 로그인 창이 뜬다. 네이버의 아이디가 있다면 그 아이디를 이용하여 로그인하면 되며, 없다면 무료회원가입이 가능하다. 로그인이 성공적으로 이루어지고 나면 [그림 3-64]와 같은 네이버폰 실행화면이 나온다.

[그림 3-63]
네이버폰 로그인 화면
(좌측)

[그림 3-64]
네이버폰 실행화면
(우측)

2) 전화번호 관리

[전화번호] 버튼을 클릭하면 [그림 3-65]와 같은 메뉴창이 열리고 친구 찾기나 친구 목록 관리 같은 일을 할 수 있다.

[그림 3-65]
전화번호 메뉴 선택

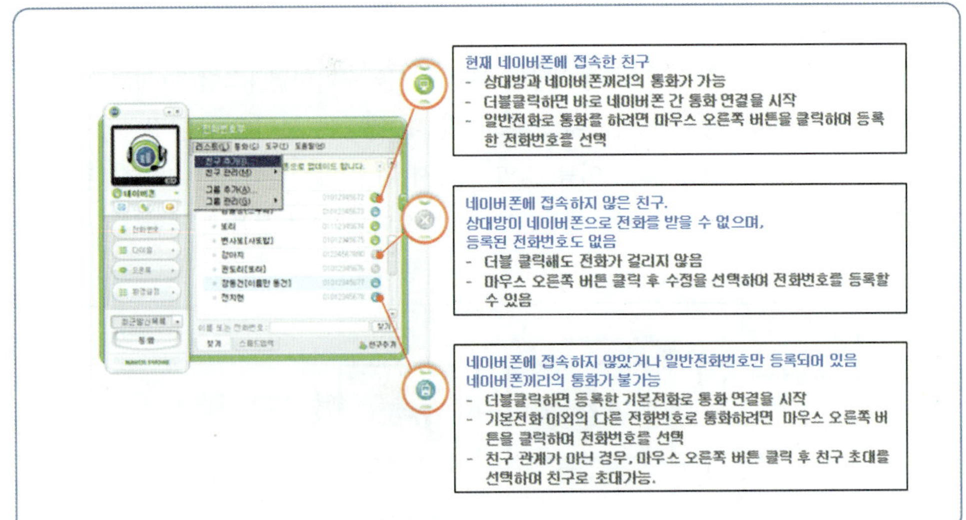

[그림 3-66]
전화번호부 관리

　[그림 3-66]의 리스트 메뉴를 선택하여 친구 추가나 그룹 추가 등을 할 수 있다. 전화번호에 등록한 리스트들은 오른쪽 창 리스트에 그 목록이 나타나고 해당 리스트 끝에 붙어 있는 아이콘들은 해당 친구와의 전화통화 가능 상태를 보여주고 있다.

[그림 3-67]
검색

　전화번호부 하단의 [찾기]나 [스피드입력] 버튼을 누르고 검색창에 이름 또는 전화번호를 넣으면 전화번호부 내에서 검색되어 [그림 3-67]처럼 찾기 결과에 나타난다.

3) 통화연결

상대방에게 통화요청을 하고 상대방이 통화요청을 수락하면 [그림 3-68]과 같은 영상통화 창이 뜬다. 처음 화면을 내 프로필 및 내 영상이 보이도록 환경설정 메뉴에서 설정할 수 있다. 영상 또는 이름 영역 위에서 마우스를 클릭하면 다양한 추가 기능 메뉴를 볼 수 있으며 옵션을 클릭하여 웹캠, 오디오 설정 등을 변경할 수 있다.

[그림 3-68]
통화연결 화면

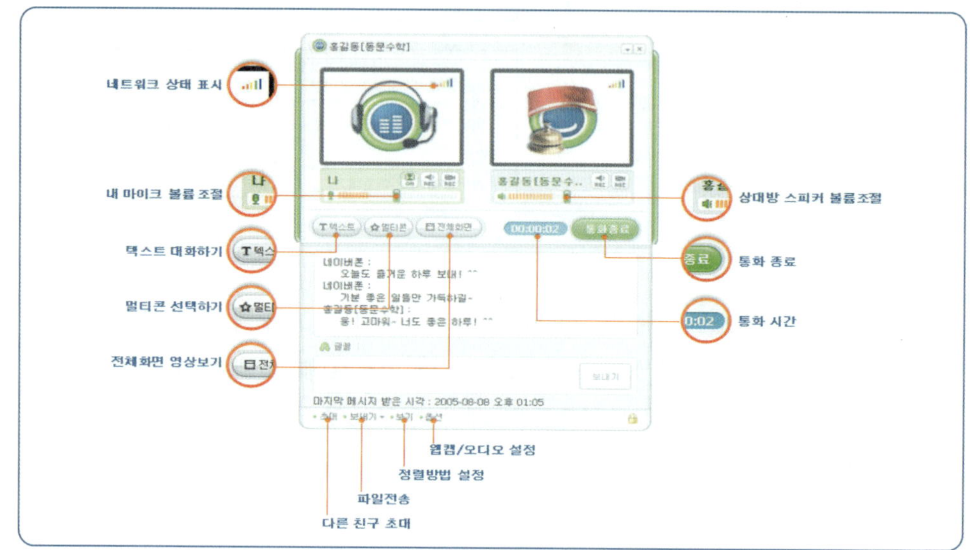

네이버폰을 사용하는 사람 간에는 영상/음성 통화에 여러 명이 한번에 참여하는 그룹통화가 가능하다. 멀리 있는 업무 담당자들의 회의나 여러 친구들이 함께 게임을 할 때, 네이버폰의 그룹통화를 이용할 수 있다. 단, 한 통화에 참여할 수 있는 인원은 참여자의 인터넷 환경(속도, 방화벽 등)에 따라 달라질 수 있다. [그림 3-69]는 네이버폰의 그룹통화를 보여주고 있다.

[그림 3-69]
그룹통화

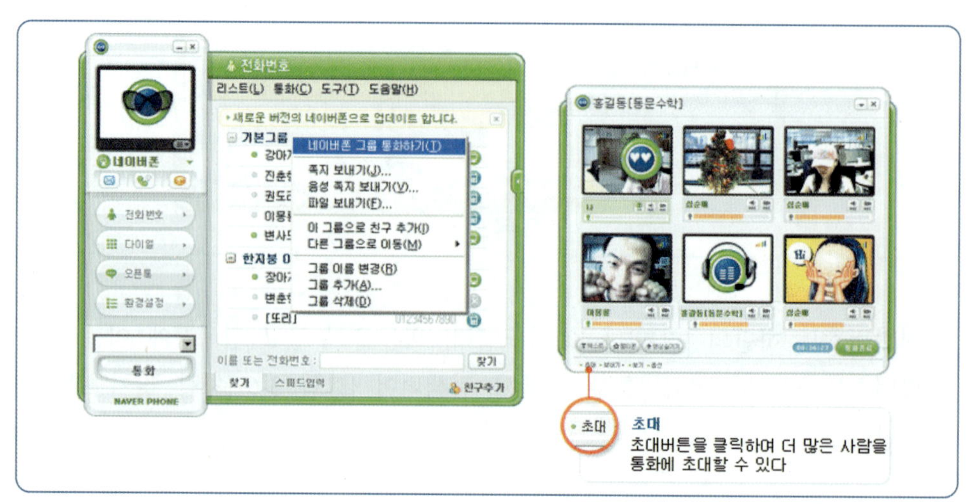

4) 일반전화통화

네이버폰에서는 국내 일반전화(유, 무선)뿐만 아니라 국제전화, 수신자부담전화까지 걸 수 있다. 국내 일반전화나 국제전화로 전화를 걸 때는 유료이다. 발신자 위치 파악이 어려운 인터넷 전화의 특성상, 119 등 긴급전화 및 1588 등의 특수번호로는 통화가 되지 않을 수 있다.

[그림 3-70]처럼 다이얼 버튼을 클릭하여 다이얼창이 열리면, 전화번호를 입력한 후 통화 버튼을 클릭하여 전화를 걸 수 있으며 메인창 아래의 최근 통화 목록에서 원하는 전화번호를 선택하거나, 직접 전화번호를 입력한 후 통화 버튼을 클릭하여 바로 전화를 걸 수도 있다.

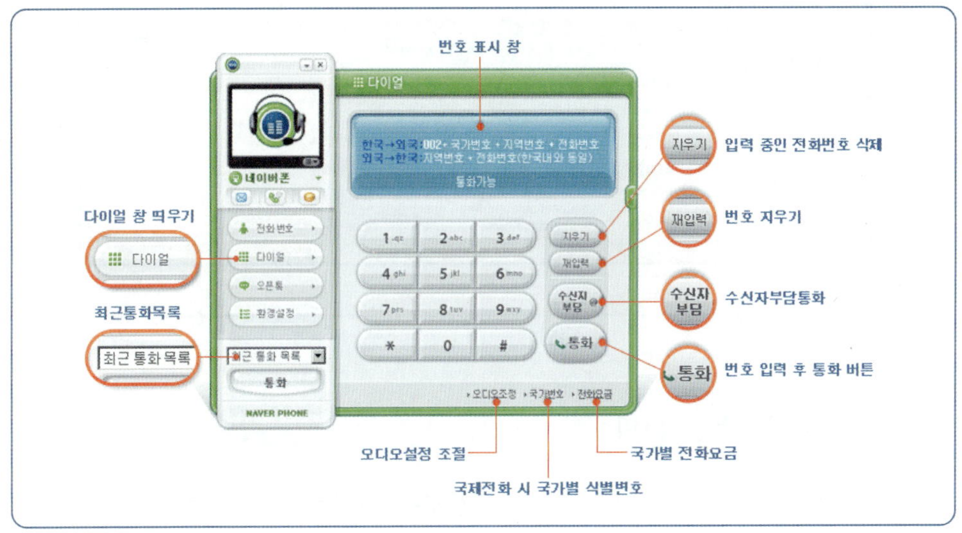

[그림 3-70]
일반전화통화

5) 070 착신전화

네이버폰 070 착신 서비스는 일반전화에서 걸려오는 전화까지 네이버폰으로 받을 수 있는 서비스이다. 네이버폰 070 간의 전화요금은 무료이며, 일반 유선전화에서 네이버폰 070 번호로 전화를 걸었을 경우에는 시내전화 요금이 부과되고 전화를 받은 사람에게는 별도의 요금이 부과되지 않는다(발신자에게 요금이 부과되는 지역 거주자인 경우 해당 통신사에 따라 다를 수 있다). 휴대전화에서 네이버폰 070 번호로 전화를 걸었을 경우, 가입한 휴대전화 요금제에 따른 요금이 부과되며, 전화를 받은 사람에게는 별도의 요금이 부과되지 않는다.

네이버폰 070 착신 서비스를 받기 위해서는 [그림 3-71]처럼 네이버폰 (http://phone.naver.com)으로 접속하여 해당 서비스 신청을 해야 한다.

3.7.3 VoIP의 작동 원리

인터넷 전화 서비스는 음성 아날로그 신호를 디지털 신호로 변환시켜서 인터넷을 통하여 전송한다. 기존의 전화번호로 전화를 걸게 되었을 경우, 신호는 목적지에 도달하기 전에 기존의 일반전화 신호로 다시 변환된다. 인터넷 전화 서비스를 사용하기 위해서는 컴퓨터나 특정한 인터넷 전화폰 또는 인터넷 전화 어댑터에 연결된 일반전화를 이용해야 한다. 공항이나 공원, 카페 같은 'Hot Spots' 무선통신이 가능한 지역에서 인터넷 접속이 가능하고, 그런 경우 무선으로 인터넷 전화 서비스를 이용할 수 있다. 인터넷 전화의 작동 원리는 [그림 3-72]와 같다.

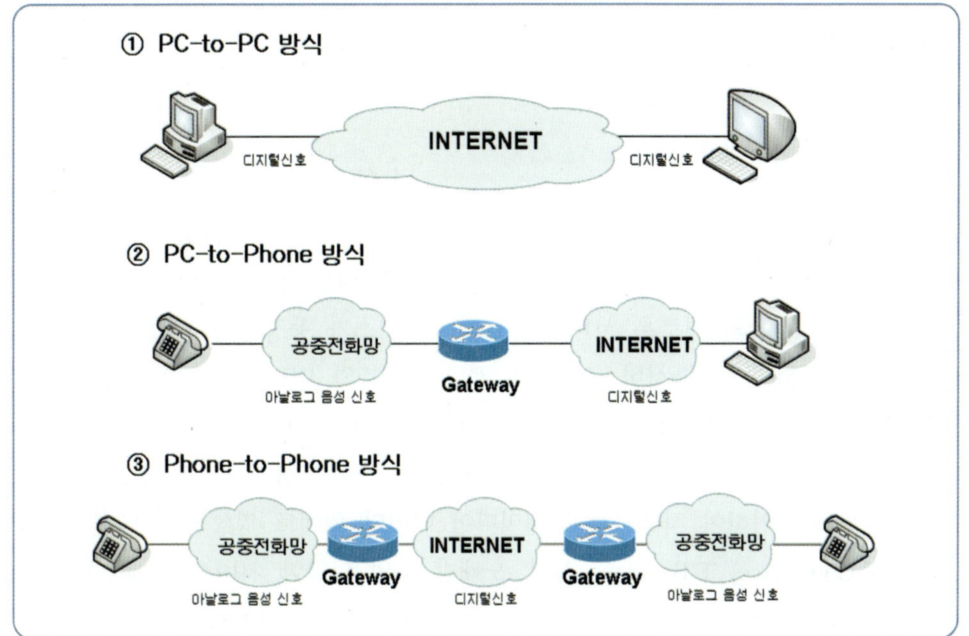

[그림 3-72]
VoIP 작동 원리

[그림 3-72]에 나타나 있듯이 인터넷 전화통화 방식은 PC와 PC 간의 통화, PC와 인터넷 전화기 간의 통화, 인터넷 전화기와 인터넷 전화기 간의 통화로 크게 세 가지로 나눌 수 있다. 첫 번째 PC-to-PC 방식은 사용법에서 살펴본 네이버폰과 네이버폰 간에 통화하는 것을 의미한다. PC에서 음성이 디지털 신호로 전환되어서 인터넷을 통해 최종 목적지까지 전달된다. 두 번째 PC-to-Phone 방식은 네이버폰과 전화 간의 통신을 의미하며 전화기 사용자의 음성은 공중전화망(PSTN: Public Switched Telephone)을 통해 게이트웨이까지 아날로그 신호로 전송되며 게이트웨이에서 디지털 신호로 전환되어 최종 PC 사용자 컴퓨터까지 전달된다. 디지털 신호로 전환되어 전송될 때는 압축하여 전송한다. 압축하지 않은 음성통화의 데이터 파일이 너무 커서 실시간으로 인터넷을 통해 전달되기 어렵기 때문이다. 마지막 Phone-to-Phone 방식은 전화기 대 전화기를 이용한 통신을 의미하며 통화 내용은 일반 전화통화와 같이 공중전화망을 통해 게이트웨이까지 아날로그 신호로 전달되며 게이트웨이에서 대상자의 전화기가 연결되어 있는 게이트웨이까지 디지털 신호로 변경되어 전송된다. 대상자의 전화기와 연결되어 있는 게이트웨이는 디지털 신호를 다시 아날로그 신호로 변경하여 공중전화망을 통해 목소리를 전송한다.

3.8 IPTV

3.8.1 IPTV의 개요

통신망이 광대역되고 방송콘텐츠가 디지털화됨에 따라 디지털 방송을 기본 서비스로 하여 고품격 차별화된 데이터방송 및 다양한 양방향 TV 서비스를 제공하는 통방 융합의 새로운 서비스인 IPTV 서비스가 등장하게 되었다.

IPTV는 기존의 방송 서비스와 같은 채널 서비스와 PC 기반의 인터넷 서비스, 데이터 서비스 및 양방향 데이터방송 서비스를 TV 기반으로 제공한다. IPTV를 이용하면 사용자는 자신이 원하는 시간에 원하는 프로그램을 볼 수 있으며, IP망의 다양성으로 인하여 사용자는 멀티미디어 데이터 외에도 영상전화, 메신저, TV 포털, T-Commerce, T-Banking, 게임, 노래방 등의 다양한 서비스를 제공받을 수 있다([그림 3-73] 참조). IPTV에 대하여 ITU-T에서는 "QoS/QoE, 보안 및 신뢰성이 보장된 IP망을 통하여 제공되는 텔레비전, 비디오, 오디오, 문서, 그래픽, 데이터 서비스 등과 같은 멀티미디어 서비스"라고 정의하고 있으며, ATIS IEG(IPTV Exploratory Group)에서는 "엔터테인먼트 비디오 및 관련 서비스(Live TV, VoD, interactive TV 등)를 IP망을 통하여 가입자에게 안전하게 제공하는 것"이라고 정의하고 있다. 현재 명확하게 표준화된 것은 없지만 인터넷을 기반으로 하는 TV 서비스라는 기본 개념을 공통적으로 수용하고 있으며, 대부분 국가별, 사업자별로 VoD, 인터넷 TV, IPTV 등과 같은 개념이 혼용되어 사용되고 있다.

[그림 3-73]

IPTV 서비스 개념도

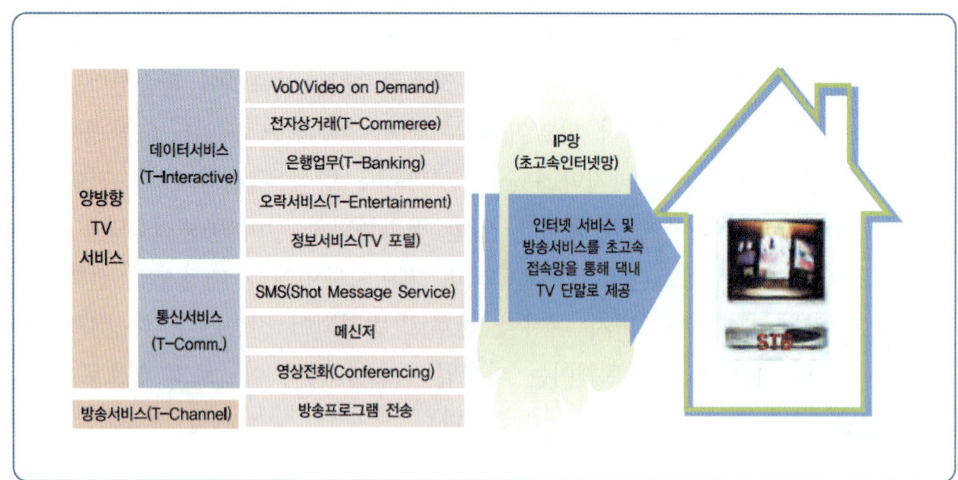

3.8.2 IPTV 서비스 동향

IPTV는 초고속 인터넷망을 이용하여 제공되는 양방향 텔레비전 서비스로서 시청자가 자신이 편리한 시간에 보고 싶은 프로그램만 볼 수 있다는 점이 일반 케이블 방송과는 다른 점이다. 또한 IPTV는 인터넷과 텔레비전의 융합이라는 점에서 디지털 컨버전스의 한 유형이라고 할 수 있으며, 기존의 인터넷 TV와 다른 점이라면 컴퓨터 모니터 대신 텔레비전 수상기를 이용하고 마우스 대신 리모컨을 사용한다는 점이다. IPTV를 이용하기 위해서는 텔레비전 수상기와 셋톱박스, 인터넷 회선만 연결되어 있으면 된다. 즉, 텔레비전에 셋톱박스(STB: Set Top Box)나 전용 모뎀을 덧붙이고 텔레비전을 켜듯이 전원만 연결하면 이용할 수 있다. 따라서 컴퓨터에 익숙하지 않은 사람이라도 리모컨을 이용하여 간단하게 인터넷 검색은 물론 영화 감상, 홈쇼핑, 홈뱅킹, 온라인 게임, MP3 등 인터넷이 제공하는 다양한 콘텐츠 및 부가 서비스를 제공받을 수 있다.

1) 유럽

유럽은 IPTV에 관한 규제 완화 정책으로 인해 IPTV 서비스가 활성화되어 있다. 프랑스의 경우 프랑스 텔레콤이나 Neuf Telecom, Free 등 주요 광대역 서비스 사업자들이 파리, 리옹과 같은 대도시를 중심으로 IPTV 서비스를 제공하고 있다. 이들은 셋톱박스와 회선을 제공하고 Canal Plus, TPS 등의 유료방송 사업자 콘텐츠를 제공하는 방식을 취하고 있다.

영국에서는 킹스톤 인터랙티브가 IPTV 서비스를 제공하고 있으며, 런던 소재의 비디오 네트웍스가 초고속 인터넷 서비스와 40개 채널의 IPTV 서비스를 제공하고 있다.

이탈리아의 경우 제2위 통신사업자인 E-Biscom의 Fastweb 서비스가 FTTH를 이용하여 영상(방송) 서비스, IP 전화 서비스 등을 제공하고 있으며, 스페인의 경우 Telefonica가 마드리드, 바르셀로나, 알리칸테 지역에서 Imagenio DSLTV를 제공하고 있다.

2) 미주

미주권 IPTV 시장은 아직 형성 초기이지만 통신사들이 적극적으로 IPTV 사업 전략을 추진하고 있어 향후 고성장이 기대되고 있다. 현재 미국의 IPTV 시장은 아직까지 거대 통신 사업자들이 위성 TV의 재판매 형식을 통한 방송 서비스의 제공과 FTTP의 구축에 중점을 두고 있어 주로 SureWest와 같은 소규모 독립 통신사들이 IPTV 서비스를 주도하고 있으나 Comcast, SBC Communications,

BellSouth 등의 통신사들이 잇달아 마이크로소프트와 IPTV 계약을 체결하여 IPTV 서비스를 준비하고 있으므로, 향후 IPTV 시장이 급격히 성장할 것으로 전망된다.

캐나다의 경우 일부 지역에서 IPTV 서비스가 이미 정착되었으며 높은 인프라 보급률을 바탕으로 서비스 확대가 이루어질 전망이다. 현재 캐나다의 매니토바와 서스캐처원에서 IPTV 서비스를 제공하고 있다.

3) 아시아

아시아에서는 홍콩과 일본이 대표적인 IPTV 상용화 성공 모델로 자주 거론된다. 홍콩의 통신사업자인 PCCW의 경우 멀티캐스팅 방식의 TV를 기반으로 PVR과 VOD를 제외한 실시간 방송 서비스를 제공하고 있으며, I-Cable이 충족시켜 주지 못하는 외국 프로그램을 확보하여 콘텐츠를 차별화하고 소비자의 선택권 확대와 부담을 경감하는 가격정책으로 시장을 공략하고 있다.

일본의 IPTV 서비스를 제공하는 대표적인 기업으로는 소프트뱅크와 KDDI가 있다. 소프트뱅크는 자사의 초고속 인터넷 가입자들을 대상으로 인터넷, 히카리 IP 전화, 방송을 기본으로 하는 패키지화된 서비스를 제공하고 있다. KDDI는 지난 2003년 10월 '히카리플러스'를, 같은 해 12월에는 '히카리플러스 TV' 서비스를 개시했다. 히카리플러스는 FTTH망을 이용하여 전화, 인터넷, TV의 세 가지 서비스를 함께 제공하는 방식을 사용한다.

4) 국내

KT는 IPTV 서비스 브랜드를 '메가TV'로 확정하고, 오락 위주의 홈엔 콘텐츠를 최신 영화나 TV 드라마와 같은 영상 콘텐츠와 교육용 콘텐츠로 대폭 보강하였으며, 2006년 9월 상용 서비스에 들어갔다.

메가TV는 KT 초고속 인터넷 메가패스에 TV를 연결하여 영화, 드라마, 교육 등 다양한 주문형 비디오(VOD) 콘텐츠와 금융, 증권, 신문, 날씨, 게임 등 양방향 서비스를 제공하는 서비스이다. KT는 2008년 1월부터 전국 광역시에 메가TV를 제공할 계획이며, 서비스 제공 지역을 고려해 연말까지 30만 고객을 유치할 계획이다.

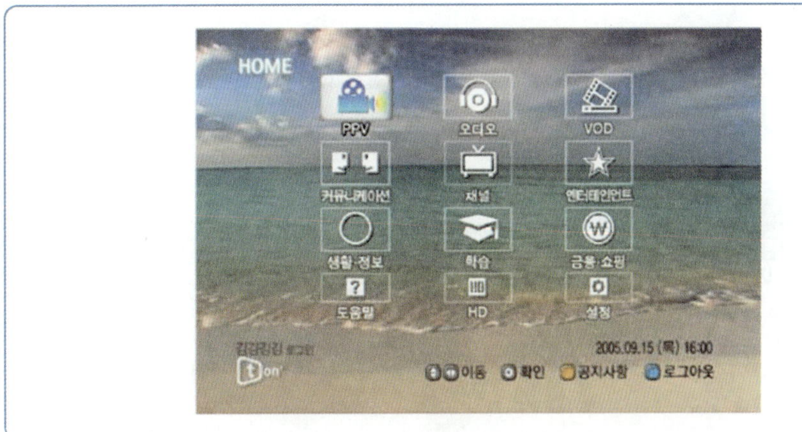

[그림 3-74]
KT TV 포털 서비스
화면의 예

하나로텔레콤은 IPTV 서비스를 제공하기 위하여 현재 주문형 비디오 서비스를 중심으로 TV 포털 방식인 '하나TV' 서비스를 제공 중에 있으며, 초고속망 기반 네트워크 PC 등 다양한 부가 서비스를 제공하고 있다.

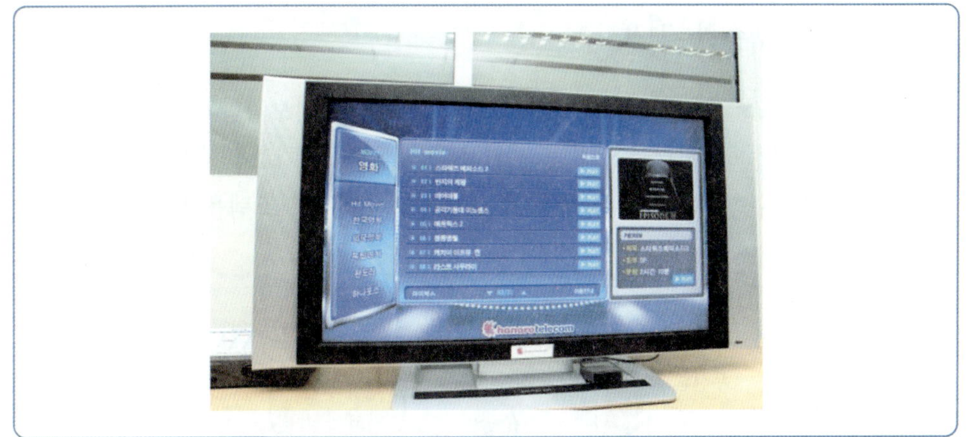

[그림 3-75]
하나TV 포털 서비스
화면의 예

3.8.3 IPTV의 작동 원리

IPTV가 가능한 이유는 TV가 양방향 데이터통신을 할 수 있게 되었기 때문이다. 기존의 TV들은 방송국에서 송출하는 아날로그 신호를 수신만 했다. 즉, 일방적 수신으로 인해 오직 방송국에서 제공해 주는 정보만 볼 수 있었다. 양방향 데이터통신이라는 것은 컴퓨터 시스템 조작 형태의 하나로, 서비스 제공업체와 IPTV 간에 양자 간의 대화와 같은 형식으로 서비스가 이루어지는 것이다. 서비스 제공업체는 인터넷망을 통해 서비스를 데이터 패킷 형태로 IPTV 시스템에 전송하고 IPTV는 사용자의 요구를 입력받아 서비스 제공업체에 회답을 되돌려주는 형식으로 응답한다. 상호작용식 동작 형태(interactive mode)와 같은 의미이다.

[그림 3-76]

IPTV 서비스

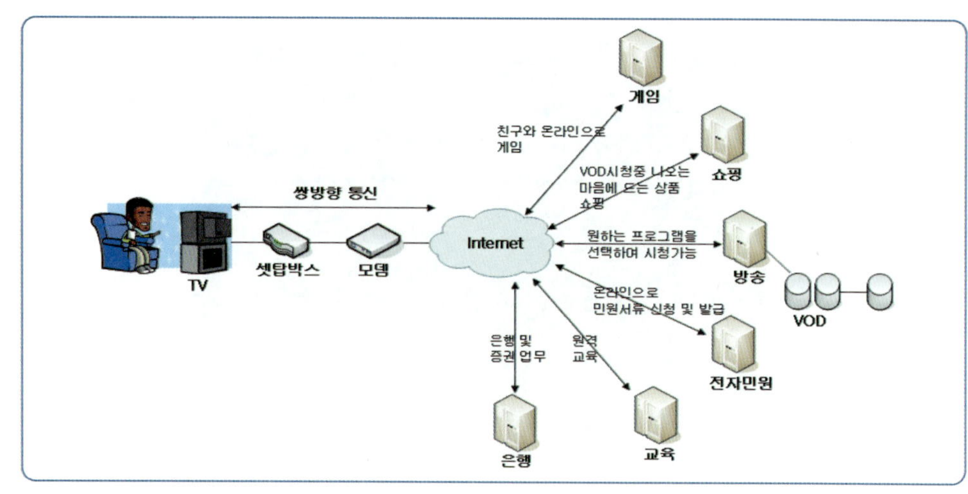

3.9 텔레매틱스

3.9.1 텔레매틱스의 개요

텔레매틱스(telematics)란 통신(telecommunication)과 정보과학(informatics)을 합친 신조어로 무선 데이터통신과 인공위성을 이용한 위치측정시스템(GPS) 등을 기반으로 이동 수송수단에서 정보를 주고받는 종합정보시스템을 말한다.

[그림 3-77]

텔레매틱스 시스템 개념도

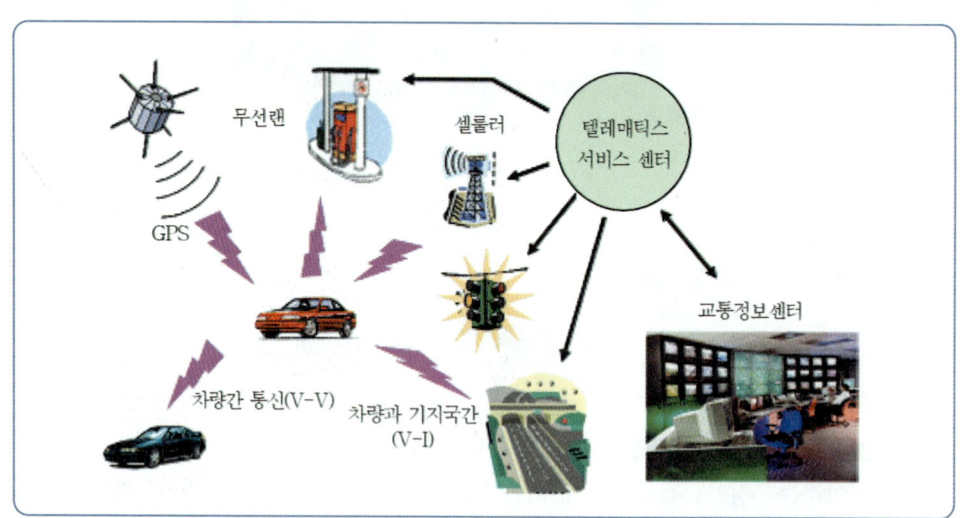

텔레매틱스는 인공위성을 이용한 위치파악기술(GPS)과 이동통신기술이 융합된 산업으로 운전자와 차량의 안전 및 편의성을 목적으로 무선통신망 등을 통해서 정보를 교환하고 차량 내 정보단말을 통해 차량과 운전자에게 유용한 다

양한 정보 및 서비스를 제공하는 종합적인 정보서비스이다. 즉, 유무선 통신, 하드웨어뿐만 아니라 전체 콘텐츠 및 서비스 등을 모두 포함한 end-to-end 솔루션으로 정의될 수 있으며 서비스의 종류는 [표 3-9]와 같이 다양하다. 향후 DAB 및 DMB의 도입과 같은 방송·통신 융합 환경 지원, 이동전화·PDA 등 다양한 형태의 통신 및 플랫폼의 도입으로 텔레매틱스는 단순한 안전 및 교통 정보제공 단말의 역할에서 운전자와 차량, 차량과 차량 외부의 정보들과의 접점으로서 중요한 역할을 수행할 것으로 예상된다.

[표 3-9]

텔레매틱스 서비스

구분	서비스 내용
인포테인먼트	인터넷, 이메일, 다운로드, 멀티미디어 서비스
교통정보, CNS	교통상황을 고려한 최적경로 안내, 실시간 교통정보 안내
Commerce	위치기반 V-Commerce, 주차요금, Toll, 예약관리
안전운전	안전운전 경고 및 속도제어, 차량운행정보 블랙박스
차량관리	차량진단 및 관리, 도난차량 추적
긴급구난	응급구조 및 차량위치정보 제공
산업연계	물류시스템, 상용차량 운행관리, VRM

[그림 3-78]

텔레매틱스 서비스의 예

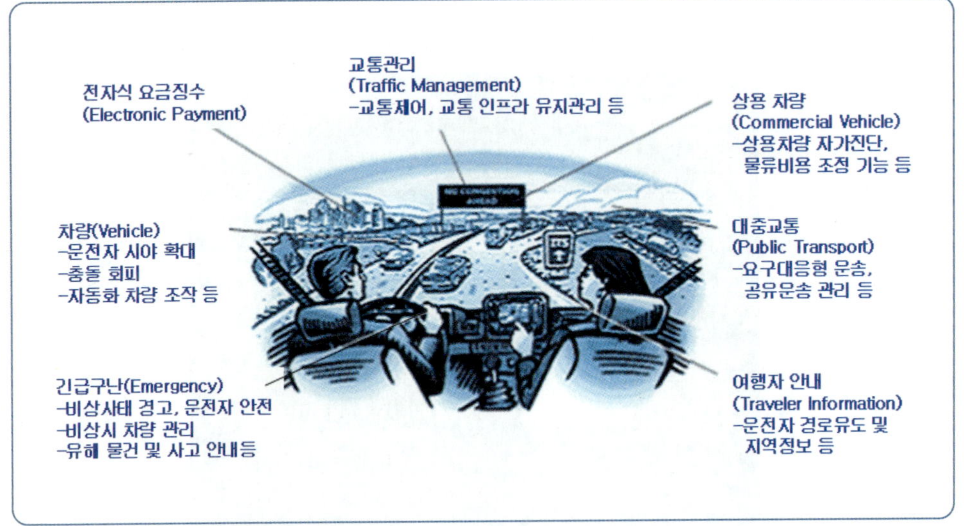

[그림 3-78]은 텔레매틱스 서비스의 예를 보여주고 있다. 자동차가 주행 중에 고장나면 무선통신으로 서비스센터에 연결되고, 운전석 앞의 컴퓨터 모니터를 통해 이메일을 받아보거나 도로지도를 볼 수 있다. 또한 설치된 모니터를 통해 컴

퓨터 게임을 즐길 수도 있고, 엔진 속에 내장된 컴퓨터는 자동차 주요 부분의 상태를 기록하고 있어 언제든지 정비사에게 정확한 고장 위치와 원인을 알려 준다.

텔레매틱스 서비스는 주로 통신 사업자에 의해 제공되고 있지만, 내비게이션과 119 등 차량용 전자기기와의 통합이 진행되어 새로운 시장을 형성하고 있다. 디지털 오디오 방송도 미래에는 텔레매틱스 시장으로 통합될 것으로 예측되고 있다.

3.9.2 텔레매틱스 서비스 현황

1) 자동차 제조업체별 서비스 현황

(1) 현대·기아자동차의 모젠(MOZEN)

현대·기아자동차는 지난 2000년 LG 텔레콤과 전략적 제휴를 맺고 텔레매틱스 시장 진입을 준비하여 2003년 11월 뉴그랜저 XG, 뉴 EF 소나타, 리갈 등 3개의 차량을 대상으로 텔레매틱스 서비스인 MOZEN을 출시했다. 현재 에쿠스, 뉴그랜저 XG, NF 소나타, 테라칸, 투산 등의 현대차종과 오피러스, 리갈, 카니발2, 쏘렌토, 스포티지 등의 기아차종에 MOZEN 단말기를 장착 판매하여 서비스를 제공 중이다. 특히 에쿠스와 오피러스 차종에 장착하는 MOZEN 신형 단말기(MTS-300)는 화살표 방식으로 길을 안내하던 MTS-200과 달리 DVD 내비게이션을 기반으로 국내 최고 수준의 상세한 지도를 제공하며, 목적지까지의 주행경로 외에 주변도로의 교통상황까지 한눈에 확인할 수 있다는 점이 특징이다([그림 3-79] 참조).

[그림 3-79]
MOZEN 단말기

MOZEN 서비스는 안전 서비스, 교통정보 서비스, 생활정보 서비스, 비서 서비스, 특별 서비스로 구성되며 MOZEN 서비스를 모바일 멀티미디어 기술의 발전에 따른 소비자들의 욕구 변화, 첨단 차량관리 서비스, 첨단 내비게이션 기반 운전자 위치기반 서비스, 첨단안전구난 서비스 등을 중심으로 발전시켜 나갈 예정이다.

(2) 르노삼성자동차의 INS

르노삼성자동차는 2003년부터 삼성전자, SK 텔레콤, TU 미디어콥 등과 전략적 제휴를 맺으며 이를 바탕으로 텔레매틱스 시장공략에 나서고 있다. 르노삼성자동차는 2003년 9월 SK 텔레콤과 공동으로 텔레매틱스 시스템인 'INS(지능형 정보내비게이션시스템)'을 개발하여 SM5와 SM3 등 자사 SM 시리즈 이용고객에게 서비스를 제공하기 시작했다. 또한 2004년 4월 삼성전자와 고급형 텔레매틱스 시스템 사업 제휴를 맺어 SK 텔레콤의 통신망과 콘텐츠를 활용하고, 고성능 3차원 지도를 내장한 내비게이션, 디지털 멀티미디어 방송 시청, 자동차 오디오 및 차량관리 등 다양한 기능을 가진 텔레매틱스 시스템을 추진 중이다. 르노삼성자동차의 INS를 통해 제공되는 텔레매틱스 서비스는 현위치를 인식, 길안내 기능과 음성으로 길을 안내하는 음성정보 서비스, 교통정보와 뉴스, 날씨 등 다양한 정보를 제공하는 정보 서비스, 핸즈프리 기능, 긴급구난 서비스를 제공하는 구조 서비스 등으로 구성된다.

2) 이동통신 사업자별 서비스 현황

(1) SK 텔레콤의 NateDrive

SK 텔레콤은 기존에 음성통화가 중심이 됐던 이동통신망 사업을 무선 데이터통신으로 확대하기 위한 방안 중의 하나로 텔레매틱스 사업을 강화하고 있다. SK 텔레콤은 2002년 3월 SK(주), 삼성전자와 공동으로 NateDrive를 출시해 본격적으로 텔레매틱스 시장에 진출했다. 삼성전자의 이동전화에 본체, 거치대, GPS 안테나 등으로 구성된 내비게이션키트를 장착하는 형식으로 시작된 NateDrive는 이후 이동전화 기종의 다변화와 안전운전 기능 등이 추가되었고 고객 요구에 부합하는 사업 추진으로 초기 텔레매틱스 시장 형성의 주도권을 잡았다고 볼 수 있다. 실시간 정보를 분석해 최상의 경로를 음성과 그래픽으로 제공하는 양방향 서비스를 제공 중이며, 2002년 4월 서비스 개시 2년 만에 이용자 수 13만 명(2004년 6월 기준)으로 최다 가입자를 보유하고 있다. NateDrive는 기존의 내비게이션과 달리 네이트와 텔레매틱스를 동시에 사용할 수 있는 무선망과 GPS의 컨버전스형 상품으로 교통상황을 실시간으로 수집, 분석해 최상의 경로를 음성과 그래픽으로 제시하는 양방향 서비스이다. SK 텔레콤은 특히 다음커뮤니케이션, 모비딕, 제주지역 SI 및 콘텐츠 개발업체 4곳, SKC&C 등과 컨소시엄을 구성해 정보통신부와 제주도가 공동으로 추진하는 제주도 텔레매틱스 시범도시 구축 사업자로 선정되어 텔레매틱스 사업에 상당한 박차를 가하고 있다.

(2) KTF의 K-ways와 EverWay

KTF는 이동통신 사업을 통해 쌓아온 무선 인터넷 서비스 제공 경험을 기반으로, 텔레매틱스 서비스 분야에서도 경쟁력 있는 텔레매틱스 서비스 제공업자로서 산업 활성화에 적극 나서고 있다. KTF는 AM 시장에서는 단말제조사인 삼성전자를 비롯하여 항법용 지도업체, 교통정보제공 사업자 등과 함께 약 1년 이상의 연구개발을 통해 2004년 5월에 K-ways를 출시하였다. 텍스트 위주의 도로상황 안내가 아닌 음성 내비게이션과 입체지도가 결합된 안내가 가능하다.

현재 쌍용자동차와 제휴하여 추진하고 있는 텔레매틱스 서비스로는 'EverWay'라는 브랜드로 2005년 2월 서비스를 시작하였으며 우선 체어맨, 로디우스, 렉스턴 등 고급형 차량에 적용하고 점차 확대할 계획이다. EverWay는 최대 2.4Mbps로 무선 데이터를 전송할 수 있는 초고속 무선통신망 'EV-DO'를 기반으로 영상 및 이미지 등 국내 최초로 멀티미디어 서비스가 가능한 차세대 텔레매틱스 서비스이다. EverWay를 통해 제공되는 차별화된 텔레매틱스 서비스에는 국내 최초 음성 인식 기반의 각종 교통 및 생활 정보(주행 중 안전하고 편리하게 음성으로 목적지 설정, 주식/뉴스/날씨 조회), 멀티미디어 형태의 실시간 교통정보(약도이미지/정지영상/음성/문자 등 다양한 형태의 교통정보), 골프 정보(전국 135개 골프장에 대한 홀 정보/코스별 공략법/현지 날씨 등), 전화번호를 이용한 경로안내(전국 상호 1,200만 개의 최신 전화번호를 검색하여 목적지 안내), 휴대폰을 이용한 차량 제어 서비스(차량 도어 개폐, 경보음 제어, 차량 상태 및 위치 확인) 등이다. 또한 긴급구난 서비스(사고 발생 시 EverWay 고객센터를 통한 사고처리 대행), 뉴스, 날씨, 주식, 이메일 등의 다양한 콘텐츠 서비스, 차계부 기능 등도 제공된다.

3.9.3 텔레매틱스의 작동 원리

텔레매틱스 서비스를 위해서는 [표 3-10]과 같이 서버기술, 통신기술, 단말기기술, 차량 네트워크/제어 기술 등이 필요하다.

서버기술은 텔레매틱스/TTS(text to speech) 서비스 및 구현 요소를 기술하고 타응용 서비스의 표준 기술을 정의함으로써 각 서비스별 연계가 가능하도록 한다.

통신기술로는 BcN(Broadband conversion Network)을 중심으로 한 노변-서버 간 통신, 단거리 전용통신(DSRC: Dedicated Short Range Communication),

CDMA 망, WiBro(Wireless Broadband) 등의 무선통신망이 중심이 되는 차량-노변 간 통신, ADSRC(Advanced Dedicated Short Range Communication), IEEE802.11p WAVE(Wireless Access for the Vehicular Environment) 등이 활용될 차량 간 통신, RFID에 의한 위치측위 기술 등이 개발 중에 있다.

단말기 기술은 자동차를 첨단 무선 이동통신 기술, 정보화시킨 도로, 최첨단 컴퓨팅 기술과 하나의 시스템으로 묶어 텔레매틱스에 운전자가 원하는 것을 안전하고 쉽게 얻어 사용할 수 있게 도와주는 시스템을 말한다.

차량 네트워크/제어 기술은 차량 내부 장치의 자동화 및 안전을 위한 차량 센서의 증가로 인해 차량 내의 배선 및 통신선의 수가 증가하고 있으며, 이로 인해 발생하는 차량 무게의 증가 및 통신 기능의 고급화를 극복하기 위한 방법으로 제안되고 있는 기술이다.

기술 분류	내용
서버기술	교통정보 수집/처리/통합기술, 지리정보 관리기술, 교통정보 유통기술, 응용 서비스 제공기술, 교통정보 응용기술, GIS/LBS 등과의 연계기술, 서버 DB 기술 등
통신기술	노변-서버 통신기술, 차량 간 통신기술, 위치측위 기술
단말기 기술	단말기 플랫폼 기술, 단말기 인터페이스 기술, 단말 부품기술, 개인정보 기반기술, On Board DB 기술, 단말기 응용 소프트웨어 등
차량 네트워크/제어 기술	차량 내 유무선통신기술, 센서 네트워크 기술, 차량 블랙박스 기술, 차량 인터페이스 기술 등

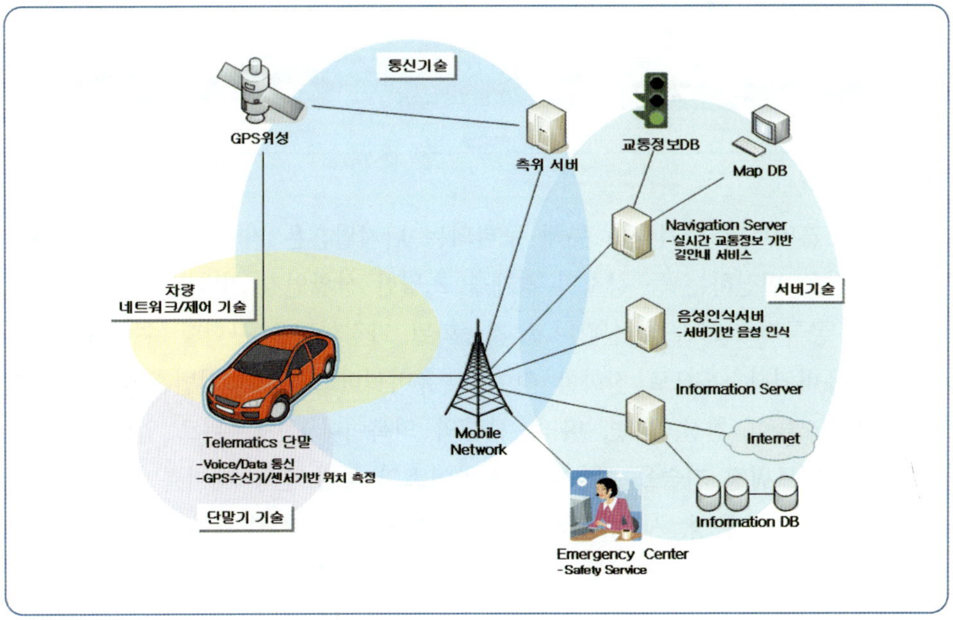

[표 3-10]
텔레매틱스 기술

[그림 3-80]
텔레매틱스 작동 개념도

3.10 홈네트워크

3.10.1 홈네트워크의 개요

홈네트워크란 외부와의 연결은 물론 집 안의 각 공간(안방, 주방, 거실, 현관 등)을 네트워크로 연결하여 모든 기기들이 제어되고 작동되는, 영화에서 나오던 꿈의 세계를 현실의 세계로 구현하고자 하는 것이다. 즉, 홈네트워크는 초고속 인프라를 기반으로 네트워크, 정보처리 등 다양한 IT 기술이 접목되어 다양한 서비스를 창출하는 복합산업분야로, 가정 내의 정보가전기기가 네트워크로 연결되어 기기, 시간, 장소에 구애받지 않는 즐겁고, 편리하고, 안전하고 풍요로운 삶을 제공할 수 있는 미래 가정환경의 기술이다([그림 3-81] 참조).

[그림 3-81]
홈네트워크 개념도

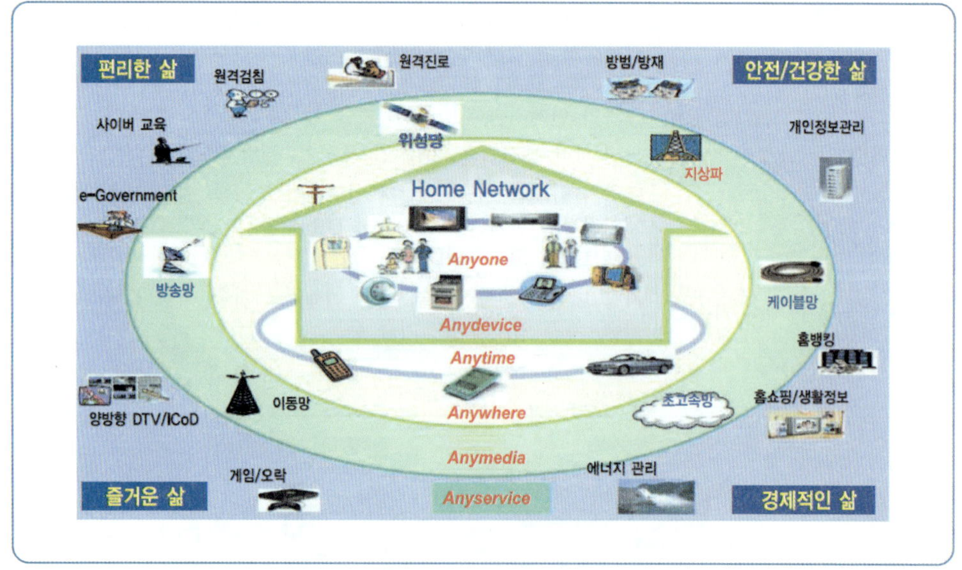

이러한 홈네트워크 기술을 통해 구현되는 디지털홈은 거실이 극장으로, 서재가 사무실로 변신하는 등 장소의 경계를 초월한 상황인지 기반의 유비쿼터스홈을 거쳐 궁극적으로 보다 실감나고 지능화된 가정환경을 구현할 수 있는 실감지능형 유비쿼터스홈으로 진화할 것이다. 유비쿼터스홈은 디지털홈에서의 디지털 디바이스들이 천장, 벽면, 바닥, 사람의 의복이나 신체부위로 임베디드되고, 유무선 홈네트워킹 기술을 이용하여 디바이스의 통합/연동 제어뿐만 아니라 멀티모달 기술, 즉 음성, 시각, 촉각 등과 같은 단일 모달리티(modality)를 복합적으로 이용하여 좀 더 편리하고 쉽게 컴퓨터와 대화를 통해 언제 어디서나 디바이스와 인터랙션(interaction)이 가능한 가정환경을 말한다. 가정, 사무실, 공공장소 등 장소의 경계를 초월한 실감지능형 유비쿼터스홈은 새로운 미디어의 등장과 함께 이를 재현할 수 있는 장치들이 출현하고, 오감 위주의 실감 기술 및 장치 간 자율 협업을 기반으로 하는 지능형 기술이 복합적으로 적용되어 어떠한 장소에서의 이벤트도 가정에서 구현할 수 있는 단계라고 할 수 있다. 이 단계에서는 홈을 바다 속의 풍경으로 만들어 돌고래와 대화하거나 꽘의 비치로 만들어 마치 자신이 꽘에 있다는 착각에 빠지게 할 수도 있는 꿈의 가정을 구현하는 것을 최종 목표로 한다.

이러한 디지털 컨버전스에 따라 새롭게 창출된 홈네트워크 산업은 원격검침, 원격제어, 원격진료, 원격교육과 같이 기존에 오프라인으로 제공되던 서비스를 온라인과 융합시키고, 개별적으로 제공되던 방송과 통신 서비스뿐만 아니라 게임 등을 융합하여 콘텐츠 소비의 주 무대인 가정을 통하여 활용될 수 있도록 함으로써 새로운 수요와 부가가치 창출을 가능하게 할 것이다([표 3-11] 참조).

즉, 기존처럼 제품 간의 단순 결합이 아닌 서비스와 콘텐츠, 사용자 취향 등 환경정보까지 총망라한 실감형 유비쿼터스홈을 실현하게 될 것이므로, 선진 각국은 실감형 유비쿼터스홈을 유비쿼터스 사회의 시발점으로 보고 핵심기술 개발에 본격적으로 착수하고 있다.

[표 3-11] 홈네트워크 서비스 분류

연도	내용
홈시큐리티	• 세대출입통제 • 방문자 화상저장 • 침입탐지 • 생체인식보안 • 화재감시 • 가스누출탐지 • 이상 시 통보 기능
홈콘트롤	• 가전제품 제어 • 가스밸브 제어 • 조명 제어 • 에너지 관리
단지 내 서비스	• 단지 통합 감시 • 원격검침 • 설비관리 • 입주자 편의 시스템 • 입주자 안전 서비스
공공서비스	• 자연재해 대응 시스템 • 전자정부(행정서류 발급, 전자투표)
인포테인먼트	• 엔터테인먼트 서비스(홈시어터, TV를 통한 인터넷 접속, VOD 서비스, 동영상 저장/편집, T-Commerce, 게임) • u-Learning • 재택근무
u-Health	• 원격진료

홈네트워크 서비스는 3단계로 발전 전개될 것으로 예상된다. 먼저 1단계는 건설사가 신규주택을 대상으로 단순 홈오토메이션 및 가전제어 서비스를 제공하고, 시범적인 IPTV, VOD 등 멀티미디어 콘텐츠 서비스가 제공되는 단계로 정의할 수 있다. 2단계로는 WPAN 기술 중심으로 홈오토메이션 및 HD 스트리밍 서비스가 제공되며, TV를 통해 영화, 게임, 음악, 잡지, 미디어 정보 등 다양한 웹 콘텐츠를 쌍방향으로 이용할 수 있는 TV 기반 대화형 통신, 방송 융합 홈서비스가 제공되는 단계이다. 3단계에서는 사용자의 감성인지, 행동적 상황인지, 취향인지 등과 같은 사용자 정보에 기반하여 실감 지능화된 다양한 서비스 제공이 가능하다.

3.1o.2 홈네트워크 서비스 동향

1) 외국의 홈네트워크 관련 동향

(1) MIT 미디어 랩 '생각하는 사물' 프로젝트

MIT 미디어 랩이 수행하는 '생각하는 사물(things that think)' 프로젝트는 인간을 주인으로 섬기는 지능화된 사물과 컴퓨터를 연구해 사람들이 사용하는 모든 기계와 사물들이 사용자의 언어·행동·생활습관 등을 스스로 이해하고 서로가 정보를 주고받으며 스스로 생각해 사람이 의식하지 않아도 사용자를 위해 일하도록 하는 데 목적이 있다. 따라서 상황인지 컴퓨팅(context-aware computing), 반응하는 환경(responsive environments), 나노센싱(nanoscale sensing) 등 30여 개의 세부 프로젝트로 나뉜다.

(2) 조지아 공대의 'Aware Home' 프로젝트

조지아 공대의 Aware Home 프로젝트는 홈 내에 있는 사용자의 상황정보, 즉 누가, 언제, 어디에서, 무엇을 하고 있는가에 대한 정황을 파악하여 사용자가 필요한 서비스를 선택하여 사용자를 돕는 것을 목표로 하고 있다.

홈 내의 사용자의 신분 및 위치, 행동 등을 인지하기 위한 카메라, 마이크를 비롯한 각종 센서들을 이용하여 사용자의 상황정보를 인지한다. 조지아 공대에서는 이렇게 개발된 기술들을 실제로 적용하고 실험하기 위해 실제 주거용 실험 건축물을 이용하여 개발을 진행하고 있다. 이기종 센싱 디바이스를 이용하여 정보를 취득하고 이를 처리하는 방법에 대해 많은 연구를 수행하였다.

(3) MIT의 'Changing Places/House_n' 프로젝트

변화는 가속되고 있지만, 우리가 창조하는 장소들(places)은 주로 정적이며 상호 반응이 없다. 따라서 변화하는 장소를 만들자는 것이 이 프로젝트의 취지이다.

House_n은 유비쿼터스 Living Room을 개발하는데, 집에서 일어나는 모든 삶과 반응하는 전자적 애플리케이션을 개발하고, 모든 사물과 기계들이 'Automatic'하게 처리하는 환경과 홈 베이스 미래의 컴퓨팅 인터페이스를 개발한다. House_n 프로젝트가 추구하는 Living Room은 사람의 위치를 추적할 수 있는 컴퓨팅 센서 기술, 상호작용을 추적하는 레이저 포인터, IBM이 개발한 Everywhere Display 프로젝터, 전자 디지털 책상, 무선으로 연결된 많은 PDAs 기기들로 구성된다. 특히 IBM의 ED 프로젝트는 방의 벽, 마루, 바닥, 책상, 테이블, 그림 등 어느 위치에서든 그 표면에 원하는 정보나 그림들을 프로젝션으로 쏘아 보여주고, 상호작용이 일어날 수 있도록 하는 기술이다. 그리고 그 환경에서 사람들의 행동에 따라 자동적으로 인터페이스와 디스플레이 역할을 한다.

(4) MS의 'EasyLiving' 프로젝트

마이크로소프트사의 EasyLiving은 사용자의 단순한 행위(single user experience)와 다양한 입출력 기기(I/O device)의 합체를 통해 구현되는 지능화된 환경을 위한 아키텍처 및 기술을 개발하는 프로젝트이다. 즉, 사용자가 처해 있는 상황에 적합한 서비스를 제공할 수 있는 사용자-기계 상호작용 시스템의 구현을 목적으로 하고 있다.

현재의 EasyLiving 시스템의 적용 범위는 사무실 또는 작은 주거형 공간에 맞추어 적용되었으나, 향후 이를 확장시켜 건물 전체, 더 나아가 도시 전체에 적용할 수 있는 기하학적 모델의 개발, 네트워크 확장, 그리고 인지기술의 개발이 이루어질 것으로 보인다.

하지만 연결되는 기기와 사용자의 수가 증가됨에 따라 현재 인지된 상황에 대한 대안을 제공하는 기능이 아직까지는 미약하다. 즉, 인지된 특정 상황을 하나의 정해진 사건(event)으로 분류하고 그에 대한 대안을 생성해내는 기능이 보강되어야 한다.

(5) HP의 '쿨타운' 프로젝트

쿨타운(cool town) 프로젝트의 핵심은 현실의 사람과 사물, 공간이 동시에 인터넷에도 존재하는 것과 같은 '현실과 같은 월드와이드웹(www)'을 구축하는 데 목표를 두고 있다.

고유 식별 ID나 URL 등의 개별 정보를 갖는 전자 태그(RFID)를 비롯해 인터넷 인프라, 내장형 웹 서버 등을 통해서 개인이 이동하는 곳 어디에서나 디지털 기기들이 제공하는 웹 서비스를 자동적으로 PDA나 휴대폰 등의 장치에 연결시키는 컴퓨팅 모델과 시나리오로 구성된다. 인터넷과 상호작용하는 디지털 기기들을 이용하여 이동하는 사용자가 언제, 어느 곳에서나 커뮤니케이션이 가능한 환경을 실천하고자 하는 것이다.

2) 국내의 홈네트워크 관련 동향

(1) SK 텔레콤의 '디홈'

SK 텔레콤은 지난 2003년부터 컨소시엄을 구성하여 디지털홈 시범사업을 진행해 왔으며 잠원동 롯데캐슬 갤러시, 서울 방배 LG 자이 등에 디지털홈 서비스를 시범 보급하였다. SK 텔레콤은 이러한 경험을 바탕으로 2006년 4월에 '디홈(D.Home)'이라는 이름의 홈네트워크 상용 서비스 제공을 시작하였으며 이동통신회사로서의 강점을 살려서 휴대폰을 활용한 다양한 디지털홈 서비스를 제공 중에 있다.

디지털홈 서비스는 휴대폰과 무선 네트워크를 연결하여 서비스를 제공한다는 것이 특징으로 서비스 사용자는 집 안팎에서 리모컨이나 휴대폰을 통하여 조명, 감시 카메라, 전원 등을 제어할 수 있고 침입, 화재, 가스 누출 등 위기 상황을 감지할 수 있는 센서를 작동시킬 수도 있다. 또 이러한 위기 상황이 실제로 발생했을 경우에는 문자 메시지 및 음성 메시지로 통보를 받고 대처할 수 있으며 장기간 집을 비울 경우에는 휴대폰을 통해 애완동물의 모습을 관찰하고 때에 맞추어 먹이를 줄 수도 있다.

이 외에 휴대폰으로 찍은 사진을 실시간으로 실내의 디지털 디스플레이 패널에 전송하거나, 디지털 이미지들을 웹 사이트에 올려 앨범으로 관리하고 편집하여 디스플레이 패널에 전송할 수 있게 해 주는 디지털 액자 서비스와 WCDMA 휴대폰, DVT 포털, PC, 로봇 등 자신의 상황에 부합하는 단말기를 선택하여 1:N 또는 1:1 방식으로 원어민 강사와 영상/음성으로 수업하는 유비쿼터스형 영어교육 서비스 Live on English를 제공 중이며, 개방형 TV 포털 서비스인 DTV 포털 365℃ 및 휴대폰과 PC를 사용하여 언제 어디에서나 청소로봇으로 집안의 모습을 살펴보고 청소를 할 수 있게 해 주는 홈케어 청소로봇 서비스 등이 준비 중에 있다.

(2) 삼성전자의 '홈비스타'

삼성전자는 '홈비스타(HomeVista)'라는 자체 브랜드로 홈네트워크 토털 솔루션을 구축하고 있다. '홈비스타'는 '활기찬 삶'을 의미하는 라틴어 'Vista'를 인용하여 휴머니즘에 바탕을 둔 삼성의 디지털 라이프 구현을 목표로 하고 있다. 홈비스타는 국내 최초로 홈네트워크 솔루션이 설치된 대구 태왕 아파트단지를 비롯해 2006년 말까지 삼성물산 래미안, 풍림, 한승 등 전국 26개 아파트 단지에 설치되었고 2007년 말까지 20여 개의 단지에 설치되었다.

홈비스타는 집 안에서 다양한 멀티미디어 기기들을 연결해 풀 HD급 콘텐츠를 한층 편리하게 즐길 수 있는 고화질(HD) AV 솔루션, 각종 디지털 기기에 무선 광대역 서비스인 WiBro를 탑재하여 각종 기기 제어나 콘텐츠 서비스를 제공할 수 있는 텔레커뮤니케이션 솔루션, 건강, 방범, 방재 기능을 원격으로 제어할 수 있는 확장 솔루션 등 세 가지 서비스로 구성되어 있다.

홈비스타는 이러한 서비스를 통하여 각종 IT 기기를 하나로 연결, 다양한 멀티미디어 콘텐츠를 집에서 즐길 수 있게 해 주며 디지털 TV를 보면서 조명, 가스, 난방, 방문자 확인 및 문 열기 등을 리모컨으로 간편하게 제어할 수 있게 해 준다.

홈비스타는 기존 대단지 아파트 중심의 주거공간을 시작으로 사무실, 호텔, 상가 등과 같은 사업공간에 이르기까지 다양한 네트워크 기술을 제공하는 토털 네트워크 솔루션으로 진화하고 있으며, 삼성전자는 WiBro를 통하여 기존 홈네트워크 기술을 한 단계 업그레이드한 와이브로 홈 서비스 'Uz(유즈)'도 선보인 바 있다. 삼성전자는 단독주택에도 홈네트워크를 적용한 서비스를 출시할 계획이다.

(3) KT의 '홈엔'

KT는 지난 2004년 초고속 인터넷을 기반으로 한 홈네트워크 서비스 '홈엔(HomeN)'을 출시하였다. 홈엔은 KT의 초고속 인터넷망을 활용하여 인터넷 가입자에게 홈게이트웨이를 통해 TV/PC-VOD, Skylife 방송 서비스, 홈뷰어(USB 카메라를 홈게이트웨이에 연결, 밖에서도 휴대폰으로 집 안의 내부 상태를 볼 수 있게 해 주는 서비스), SMS, 생활정보, 네트워크 게임 등을 제공하는 서비스이다. KT는 이 외에도 TV를 보며 금융업무를 해결할 수 있는 TV 뱅킹 서비스, 휴대폰이나 디지털 카메라로 찍은 사진을 유무선으로 전송해 감상할 수 있게 해 주는 디지털 액자 서비스 등도 제공하고 있다. 현재 홈엔 서비스는 '메가TV'라는 TV 포털 서비스로 제공되고 있다.

한편 KT는 홈네트워크 서비스의 신규 부가 서비스 개발에 주력하고 있으며,

광대역 통합망(BcN)과 휴대인터넷(WiBro) 등 관련 서비스와 유기적인 결합을 통하여 고객 맞춤형의 서비스를 제공할 예정에 있으며 홈네트워크와 관련된 다양한 콘텐츠 개발에 박차를 가하고 있다.

3.10.3 홈네트워크의 작동 원리

[그림 3-82]
홈네트워크 구성도

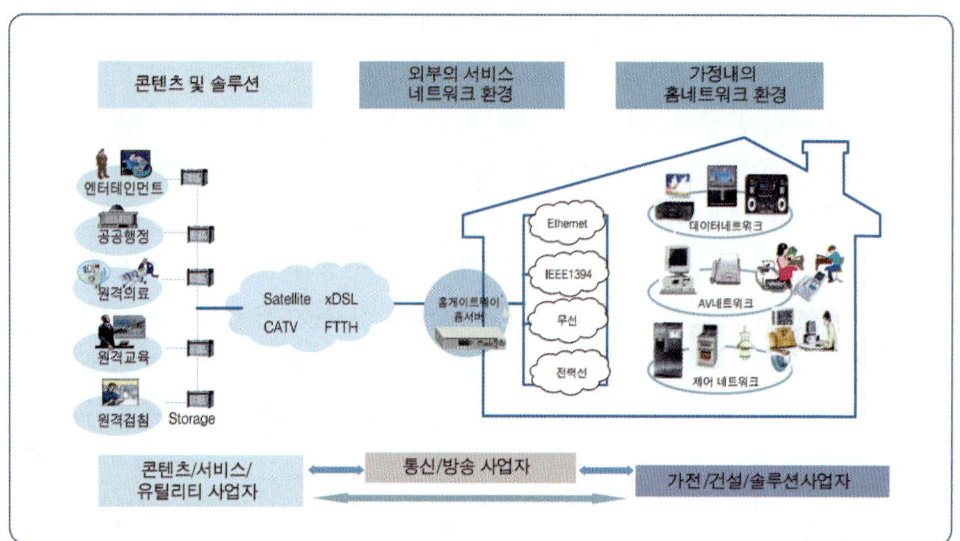

홈네트워킹은 PC, 이동전화, 디지털 TV, 개인정보단말(PDA), 게임기 등 가정 내의 정보기기 간에 네트워크를 구축하여 디지털 데이터를 공유하고 광대역 통신을 사용하는 것을 말한다. 넓은 의미에서는 유무선 네트워크 장비뿐만 아니라 정보기기 사이의 통합과 운영을 위한 소프트웨어와 서비스 등을 포함한다. 홈네트워킹의 기본 구조는 내부와 외부 네트워크를 연결하는 홈게이트웨이, 전화선·전력선·무선 등 가정 내 통신망, 정보기기를 제어하며 상호 연동시키는 미들웨어, 홈네트워킹 기능이 추가된 정보기기 등으로 구성된다([표 3-12] 참조).

[표 3-12]
인터넷 구성도

연도	내용
유선 홈네트워킹 기술	Ethernet, HomePNA, PLC, IEEE 1394, USB, DVI
무선 홈네트워킹 기술	IEEE 802.11x, HomeRF, Bluetooth, UWB
미들웨어 기술	UPnP, Jini, HAVi
게이트웨이 기술	모뎀, 라우터, 스위치 기능

홈네트워킹 기술은 크게 유선과 무선으로 나눌 수 있으며, 유선 기술로는 전화선, 전력선, 이더넷, IEEE1394, USB 등이 있고, 무선에는 IEEE802.11x 계열의 무선 랜, HomeRF, 블루투스, UWB(UltraWideBand), Zigbee, HiperLAN 등이 대표적인 기술이다. 아직까지는 IEEE1394 프로토콜을 이용한 방식이 개발 방향을 주도하고 있으며 가전기기의 연동 표준화 방식으로 자리잡고 있으나, 장기적으로 볼 때 이동단말 기기의 확산에 따른 무선 네트워크 솔루션이 부각됨에 따라 홈네트워크에서의 적용도 확대될 것으로 보인다.

1) 유선 홈네트워킹 기술

(1) Ethernet

IEEE 802.3 표준에 따른 네트워킹 기술로서 데이터통신에서 이미 오래전에 검증을 받은 LAN 기술이다. 기업 네트워크를 비롯한 홈네트워크의 기반을 이루고 있으며, 속도가 빠르고(현재 10Mbps 및 100Mbps) 안전성과 높은 신뢰성 그리고 무엇보다 타 경쟁기술보다 저렴하다는 점에서 주목받고 있다. 단말장치들은 CAT-3 혹은 CAT-5의 UTP(Unshielded Twisted Pair)선이나 동축케이블과 연결하고 CSMA/CD(Carrier Sense Multiple Access with Collision Detection) 프로토콜을 사용한다. 현재 1,000Mbps 전송속도의 IEEE 802.3a가 표준화 완료 상태에 있으며, 이 기술을 이용한 장비가 출시되고 있다.

최근의 신형 PC들이 Ethernet 카드나 마더보드 위에 Ethernet LAN을 장착하고 있는 가운데, 소비가전 벤더들도 Ethernet을 임베디드시킨 셋톱박스, PVR(Personal Video Recorder), DVD 플레이어, 비디오 게임 콘솔, 디지털 오디오 수신기 등을 시장에 내놓고 있다.

(2) HomePNA

홈네트워크의 백본 기술로 대두되고 있는 HomePNA는 기존의 댁내 전화선로를 이용하여 정보통신 기기들을 하나의 망에 연결하고 허브나 라우터 등의 별도 장비 없이도 LAN 환경을 구축할 수 있으며, 현재 최대 데이터 전송속도 10Mbps인 HomePNA 2.0이 표준이 되고 있다. 최근에는 전송률 향상과 QoS(Quality of Service)를 강화시킨 128Mbps의 HomePNA 3.0이 발표되었다.

기존의 댁내 전화회선을 사용한다는 장점을 바탕으로 유선 홈네트워킹 기술 가운데 비교적 안정적인 위치에 있기는 하나 최근 경쟁기술로 부각되고 있는 무선계 기술과 거의 대등한 가격과 사용상의 편이성, 보안 및 QoS 문제 등에서 확실한 해결책을 필요로 하고 있다.

(3) PLC

PLC(Power Line Carrier)는 가정이나 사무실에 포설된 전력선을 이용하여 통신 신호를 100kHz~30MHz의 고주파 신호로 바꾸어 전송하고, 수신 시에는 고주파 필터를 이용하여 신호를 수신하는 방식으로서 데이터 전송에 활용된 것은 이미 20년 가까이 된다. 저속(60bps)의 X-10 플랫폼이 초기 제품으로 출발하였으나 느린 속도 때문에 단방향이었으며 응용이 제한적이었다. 최근에는 HomePlug 1.0이 2001년 말에 선보인 이래 2003년 초에 열린 CES에서 버전 2가 재설계되어 출시되었으며, 차세대 스펙인 HomePlug AV가 개발 중이다. 이 표준은 HDTV 및 SDTV를 포함해서 데이터와 멀티스트림 엔터테인먼트에 초점이 맞추어지고 있다.

전력선을 이용한 홈네트워킹 기술은 아직까지 Ethernet이나 무선계 기술보다 상대적으로 가격이 높은 편이다. 장기적인 관점에서 볼 때 QoS 문제에 영향을 받지 않는 가전제품이나 데이터 전송 분야를 지원하는 편에 속하게 될 것으로 보인다.

(4) IEEE 1394

FireWire라고도 하는 IEEE 1394는 AV 기기의 디지털화와 멀티미디어 환경 구비에 힘입어 대두된 직렬 버스 방식의 디지털 인터페이스 기술로서 고속의 실시간 데이터 전송을 가능하게 하는 차세대 핵심기술이다.

최대 63개의 단말기 접속이 가능하며, IEEE 1394a의 경우 4.5m 거리에서 최대 400Mbps까지 그리고 IEEE 1394b는 100m 거리에서 800~1,600Mbps급의 전송속도로 통신할 수 있는 표준이다. 네트워크 전송 표준으로서의 IEEE 1394의 주된 장점은 가전 산업과 PC 산업이 모두 이를 차세대 데이터 전송 표준으로 받아들이고 있다는 데 있다. 디지털 카메라, 디지털 VCR, 그리고 고용량 데이터 저장장치들은 이미 IEEE 1394 인터페이스를 결합하고 있으며, 조만간 소비자용 PC에서도 도입될 것으로 보인다. 이 기술은 동일한 실내에서 엔터테인먼트 네트워크나 혹은 댁내나 다세대 주택 내의 백본 기술로서 실질적인 응용이 될 수 있을 것으로 예상된다.

(5) USB

USB(Universal Serial Bus)는 HID(Human Interface Device)로서의 특성과 주변장치와의 용이한 연결, 충분한 IRQ(interrupt request) 자원 그리고 PNP(Plug and Play) 기능이 지원되는 등의 장점이 있는 반면, 낮은 전력 공급원과 상대적으로 높은 CPU 점유율 등이 단점으로 지적되고 있다. 12Mbps 지원의 USB V1.0과 480Mbps 지원의 USB V2.0이 있다.

(6) DVI 및 HDMI

DVI(Digital Visual Interface)와 차세대 HDMI(High Definition Multimedia Interface)는 디지털 상호연결장치로서 HDCP(video over DVI 및 video and audio over HDMI)를 사용하여 보안성이 뛰어난 비압축 전송을 할 수 있다. 이 기술들은 안정적인 전송 효율을 보이며 고정밀도의 콘텐츠(HDMI로 8개 채널을 포함) 전송이 가능하다. PC 모니터를 비롯하여 최근의 많은 HDTV 모델들에 DVI가 탑재되고 있다. IEEE1394와 더불어 A/V 장비 네트워킹의 솔루션으로 경쟁하고 있다.

2) 무선 홈네트워킹 기술

(1) IEEE 802.11x

케이블 배선이 필요 없고, 이동 시에도 기반 LAN에 접속 가능한 통신 형태로서 LAN 구성이 신속하고 망구조 변경이 용이하다는 점에서 무선 홈네트워킹 기술로 부상하고 있다. 802.11b, 802.11a, 802.11g, 802.11e, 802.11i 등 다양한 무선 기술 표준이 있으며, 이 중에서 802.11b는 HomeRF와 무선 홈네트워킹 기술의 표준 경쟁 상태이나 최근 들어 빠른 속도와 대량의 제품출하로 가격 면에서의 우위를 확보하고 있다.

기존의 2Mbps 규격을 발전시켜 내놓은 11Mbps, 54Mbps급 제품들이 시장에서 판매되고 있으며 실용화 면에서는 가장 앞서가고 있다. 호환성 인증을 통해 여러 회사 제품들을 혼합해서 네트워크를 구성하는 것에 대해서도 보장해 주고 있다.

(2) HomeRF(Home Radio Frequency)

PC, 주변기기, 통신, 소프트웨어, 반도체 산업 등을 주도하고 있는 기업들에 의해 표준화가 진행되고 있는 기술로서 SWAP(Shared Wireless Access Protocol) 1.1 규격에 대한 표준이 완료된 상태이다. 적외선이 아닌 RF 방식을 사용하여 가정 내의 네트워크 구축을 타깃으로 삼고 있으나 1~2Mbps의 다소 느린 속도와 접속기기 수에 따라 속도가 감소되는 단점이 있으며, 신규격에서 10Mbps급의 전송속도로 향상할 계획이다. 802.11b나 블루투스와 마찬가지로 2.4GHz 대역을 사용하며 127개까지 기기를 연결할 수 있다.

(3) 블루투스

약 10m 이내의 거리에서 다양한 기기 간에 통신을 가능하게 하는 저전력, 저가의 근거리 무선통신 기술로서 초기에는 적용범위의 제약을 받았으나 최근에는 기능이 확대되어 이동전화 단말기나 PDA 등 개인 통신기기, 헤드셋/키보드/스피커/프린터와 같은 PC 주변기기, 유선으로 PC에 접속된 기기들 간의 개인용 네트워크(PAN: Personal Area Network) 구축기술로 각광받고 있다.

차세대 네트워크 기술의 대표주자 중 하나로서 현재는 10m 이내의 기기들 사이에서 최대 1Mbps 전송속도를 보이고 있으나 10Mbps 버전이 개발 중이며, 유선에서의 USB 기능을 대체하거나 모바일 제품에서의 새로운 응용이 예상된다. 다만 상대적으로 고가인 모듈 가격이 광범위한 실용화에 걸림돌로 작용하고 있으며, 핸드셋이나 헤드셋 분야에서의 성장이 기대되고 있다.

(4) UWB(Ultra-wideband)

주로 군용 레이더나 원격 탐지 등의 특수 목적으로 이용되었고 2002년 2월 FCC에서 상용 기술로 허용되었다. 통신 분야의 응용은 초기 단계로서 VTR 및 DVD 플레이어 등 무선 동화상 전송을 위한 UWB 칩셋 평가 샘플이 발표되었으며, 2003년 이후에는 가정에서의 무선 동화상 전송용으로 100Mbps급 칩의 개발이 예상되고 있다. 가까운 장래에 홈네트워킹 분야에서 주도적인 역할을 기대하기는 어려우나 장기적으로는 주요 벤더들의 표준화와 적용 노력에 따라 AV 기기들에 대한 네트워킹에 어느 정도 역할이 기대되고 있다.

3) 미들웨어 기술

(1) UPnP(Universal Plug and Play)

마이크로소프트사가 제안한 미들웨어 솔루션으로서 기존의 IP 네트워크와 HTTP 프로토콜을 사용하여 홈네트워크 기기 간의 제어와 상호운용을 목표로 하고 있다. 웹 기술에 의한 기기 간 제어 모델을 용이하게 구현함으로써 H/W나 S/W 및 OS와 무관하게 동작이 가능하고, HTML을 이용하므로 손쉬운 사용자 인터페이스를 제공한다는 장점이 있다.

네트워크 접속기기 간의 데이터 공유 기능을 위해 IPP(Internet Printing Protocol)와 같은 새로운 프로토콜을 사용함으로써 PC를 중심으로 한 가정 내 각종 가전기기를 제어할 수 있다. 또한 ISA, PCI, VESA, USB 등 모든 인터페이스와 네트워크(IP 등)를 지원하며, Ethernet, Home RF, Home PNA 등의 네트워크 프로토콜에서도 적용이 가능하다.

(2) Jini

Java를 기반으로 하여 LAN, xDSL, 모뎀, 전력선, 무선 등 다양한 통신 방식으로 접속된 가정 내 디지털 장비나 S/W를 동적으로 상호작용하도록 하는 기술로서 썬마이크로시스템스사가 제안하였다. 단순성과 고신뢰성의 확보, 효율적인 제어구조를 지향한 확장성 부여 등을 특징으로 하며, P&P(Plug and Play) 기능에 의한 간단한 시스템 구성과 실행 코드의 이동성에 의한 가변성, 그리고 기존 IP를 기반으로 하는 네트워크 확장성 및 Java 연관 제품과 시스템 간 호환성 확보 등이 장점이다. 그러나 느린 수행속도와 과다한 메모리 용량 차지 등으로 시스템 단가가 높아진다는 단점도 있다.

(3) HAVi(Home Audio Vidio interoperability)

소니사가 제안한 홈네트워크용 미들웨어 솔루션으로 IEEE1394 기술을 채택하여 AV 기기 간의 실시간 데이터 전송과 상호 호환성을 목표로 하고 있다. P&P 지원 및 AVC(Audio Visual Control) 커맨드의 사용과 함께 미래 기기도 지원해 주기 위한 DCM(Device Control Module) 개념을 특징으로 하고 있다. 또한 제조사나 기기 종류에 무관하게 모두 통신이 가능하도록 설계되었으며, 자바 바인딩을 통한 개방형 소프트웨어 API(Application Programming Interface)를 지원하고, 제어 신호 및 콘텐츠 등을 전송할 수 있다.

디지털 AV 장치 간의 상호 기능성을 제공해 주는 소비가전 표준으로 주목받고 있으나 고가인 점이 제약요소로 작용하고 있다.

4) 게이트웨이 기술

홈네트워킹 구현에서 가장 중요한 요소기술 중 하나가 게이트웨이 부분이다. 홈게이트웨이는 여러 가지 유무선 홈네트워크 기술들 중 하나 이상의 댁내망(LAN) 기술과 xDSL, 케이블, 광 전송장치 및 위성 등 하나 이상의 액세스망(WAN) 기술을 상호 접속하거나 중계하고 그 상위 계층에 미들웨어 기술을 부가함으로써 가정의 사용자에게 다양한 멀티미디어 서비스를 제공하기 위한 클라이언트 장치로 정의할 수 있다.

RG(Residential Gateway)는 모뎀, 라우터 그리고 스위치 기능을 통합시켜 놓은 디바이스로서 기본적으로 가정 내 모든 기기들이 외부와의 통신을 가능하게 할 수 있는 라우터 기능을 수행하며, 각각의 홈네트워크 기술 간의 프로토콜 변환, 원격 관리, 업그레이드 및 서비스 작동 등을 처리한다. 특히 외부 망과의 트래픽 분리를 통한 보안 기능을 비롯하여 홈오토메이션 기능, 저전력의 에너지 관리 기능 등을 안정적으로 수행할 수 있어야 한다.

3.11 WEB 2.0

3.11.1 WEB 2.0의 개요

인터넷을 사용하면서 가장 큰 비중을 차지하는 것이 웹이다. 우리는 웹을 통하여 정보를 얻고 물건을 주문하거나 대화를 하는 등 다양하게 이용해 왔다. 하지만 최근에 웹은 점점 변화해 가고 있다. 이 변화의 화두에는 Web 2.0이라는 용어가 사용되면서 그 정의가 점점 명확해지고 있다. 주된 목적은 과거의 웹(Web 1.0이라 칭하기도 한다)이 일방적인 정보 제공의 형태였다면 Web 2.0은 사용자들의 '참여'와 '개방성'을 통해 사용자들이 일방적으로 정보를 제공받지 않고 블로그, 검색 등을 활용해 스스로 정보 및 네트워크를 창조하고 공유하는 것이다. 국내의 예를 보면 싸이월드와 같은 서비스, 1인 매체의 특성을 지닌 블로그의 증대, 댓글 등이 Web 2.0으로 가는 하나로 문화로 볼 수 있다. Web 2.0이란 용어는 오렐리(O'Relly)사와 IT 행사인 컴덱스 쇼를 주최하던 '미디어라이브'사가 2004년 초 IT 관련 컨퍼런스 개최에 대한 아이디어를 협의하는 과정에서 생겨났다. Web 2.0은 2001년 닷컴 거품 붕괴 이후 다소 침체기에 있던 인터넷 분야의 새로운 이슈로 떠오르고 있다.

Web 2.0의 개념을 가장 명확히 설명한 것은 2004년 8월 컨퍼런스에서 오렐리사의 팀 오렐리(Tim O'Reilly)와 존 배틀(John Battle)이 표현한 플랫폼으로서의 웹(The Web as platform)이다. 과거에 넷스케이프를 실행하기 위해선 먼저 윈도우를 실행시켜야 했고, 결국 윈도우를 판매하는 MS사가 자사의 익스플로러를 끼워팔기함으로써 소프트웨어를 별도로 구입해야 하는 넷스케이프는 사라지게 되었다. 이러한 윈도우 PC 기반의 넷스케이프가 웹의 1.0세대라고 한다면 대조적으로 구글처럼 판매 또는 패키지화되지 않은 순수한 웹 애플리케이션으로 서비스하는 것이 Web 2.0이다. 구글의 지도 서비스인 '구글 맵'과 같이 AJAX (Asynchronous JavaScript and XML)를 사용해 개발된 웹 서비스들은 기존 데스크톱 애플리케이션의 외관 및 느낌을 보여주면서 웹에서 모든 것을 할 수 있는 플랫폼 형태의 웹을 보여주었다. 지도 관련의 웹 서비스는 이미 맵퀘스트(MapQuest), MS의 맵포인트(MapPoint) 등이 제공되고 있었으나 구글맵은 단순한 AJAX 인터페이스를 사용해 인증되지 않은 해커들이 구글맵의 데이터를 재이용하고, 곧바로 창조적인 시도를 실시함으로써 인기를 얻게 되었다. 이와 같은 서비스 플랫폼의 단순성과 유연성이 구글의 성공 비결이라 할 수 있다. 즉, 다양한 서비스를 사용자가 취사선택하여 새롭게 만들 수 있는 플랫폼을 제공하는 것이 Web 2.0인 것이다. 하지만 여기서 가장 중요한 것은 소프트웨어가 아닌 특화된 데이터베이스이다. 누구도 데이터를 소유하지도 않고, 이것을 모든 사람이 사용할 수 있으며, 누구나 변경할 수 있는 데이터를 다양한 사용자가 새롭게 콘텐츠를 창조하여, 그 콘텐츠를 유통시키는 플랫폼으로 정착되느냐에 따라 향후 경쟁시장의 주도권을 갖게 될 것이다.

Web 2.0의 개념을 정리하면 다음과 같다.

- Web 2.0은 플랫폼으로서의 웹 기반이다.
- 집단지성을 적극 활용한다.
- 롱테일의 경제학 개념을 지니고 있다.
- 수없이 많은 매시업이 이루어진다.

Web 2.0 기반에서는 모든 사용자의 정보 페이지 하나하나가 고유한 어드레스를 부여받게 된다. 사용자가 작성한 블로그나 싸이의 블로그 하나하나가 고유의 어드레스를 갖고 있으며, 또한 일간지의 카테고리별 기사 하나하나가 고유의 주소를 부여받게 된다. 이를 RSS 리더라는 프로그램을 통해 자신이 원하는 뉴스나 쇼핑정보를 매일매일 선택하여 볼 수가 있다. 더 이상 개별 사이트로 이동하여 정보검색 쇼핑을 하는 것이 아니라, 아웃룩 익스프레스와 같은 리더로 자신이 선택한 정보가 배달되는 것만 보면 된다는 것이다. 때문에 기존의 웹 사이트는 단지 플랫폼으로서 누군가 만들어낸 정보를 담아내는 그릇일 뿐 그 이상도 이하도 아니게 된다.

PLUS⁺

RSS(Really Simple Syndication)
사이트에 새로 올라온 글을 쉽게 구독할 수 있도록 하는 일종의 규칙이다. 사이트에서는 바뀐 내용, 새로운 글을 RSS라는 규칙에 따라 제공하면 이용자는 RSS를 읽을 수 있는 프로그램(보통 RSS 리더기라고 한다)으로 그 내용을 받아올 수 있다.

WEB2.0은 집단지성을 적극 활용한다. 기존의 검색 결과는 홈페이지의 내부 정보를 이용하여 홈페이지 제작자가 작성한 키워드의 배치를 분석하여 순서를 부여하는 방식이지만, 구글의 페이지랭크는 웹 페이지 사이의 링크를 일종의 투표처럼 분석해서 더 많은 링크를 받은 문서를 더 좋은 문서로 취급하는 방식을 쓰는 것이다. 즉, 많이 이용될수록 더 좋은 것으로 평가되는 것이다.

아마존의 북리뷰와 같은 집단지성, 야후앤써스, 국내의 네이버 지식인과 같은 집단의 지성이 중요하게 여겨지게 된다. 즉, 대중의 지혜는 전문가보다 낫다는 '대중의 지혜' 이론이 여기에서 출발한다. 위키피디아를 예로 들면, 위키라는 말은 빨리라는 하와이어에 백과사전이라는 엔크로피디어의 합성어로 온라인 백과이다. 위키피디아는 사용자가 질문하고 대답하는 것을 1200여 명의 상주 직원이 정확도와 전문성을 판단하여 만들어가고 있는 사이트이다. 이 사이트는 이미 세계 최대라고 하는 브리태니커 백과사전의 정보를 3배 이상 뛰어넘은 대중의 지혜를 담고 있는 사이트가 되었다.

Web 2.0 하면 빠지지 않는 롱테일이라는 특징이 있다. 롱테일이라는 것은 제품군 상위 20%가 전체 80% 매출을 주도한다는 20대 80의 법칙에 반대되는 개념이다. 서적으로 예를 들면 작년 기준으로 해리포터가 약 3,000만 부 팔리고, 다빈치코드가 약 1500만 부 정도 팔리고 또한 유명한 베스트셀러가 그 다음으로 팔렸다고 할 때, 이러한 상위 20%에 드는 제품이 전체 시장의 80%를 주도한다는 이야기이다. 나머지 자질구레한 제품들은 조금씩 팔려도 전체 매출에는 큰 기여를 하지 않는다는 것이다.

매출의 머리부분을 빅헤드, 꼬리부분의 80%를 롱테일이라고 한다. 하지만 Web 2.0의 환경에서는 정반대의 현상이 일어나게 되는데, 하위 80%가 전체 매출의 50% 이상을 차지하게 된다. 아마존닷컴의 책들이 이러한 상위 20%의 베스트가 아닌 하위 80%의 긴 꼬리들이 57%의 매출을 올리며, 구글의 애드센스 광고 역시 일반 사용자들이 소액광고주 역할을 하면서 대형 광고주들이 일으키는 매출을 추월하게 되었다.

마지막으로 매시업이라는 것이 있다. 매시업이라는 것은 서로 성질이 다른 서비스나 프로그램 등이 하나로 섞여 전혀 새로운 서비스를 만들어낸다는 것이다. Web 2.0의 특징 중 공유와 개방에 관한 것인데, 구글의 새틀라이트라는 인공위성 지도 서비스가 있다. 이 프로그램을 구글이 거액을 들여 사서 그냥 구글 안에서 폐쇄적으로 사용하지 않고 이 맵서비스를 개방하고 공유하였다. 다른 사이트들은 이를 이용하여 자사의 서비스에 접목하였고, 2007년 현재 300여 개 정도의 전혀 다른 별개의 서비스가 제공되고 있다.

3.11.2 WEB 2.0의 사용 예

Social Computing은 콘텐츠(텍스트, 사진, 음악, 동영상 등)를 만든 사람과 그것을 감상한 후 피드백을 하는 사람 간의 관계를 구성하며, 기존보다 훨씬 활성화된 형태의 대화를 포함하고 있다. Web 2.0은 Social Computing이 인터넷 애플리케이션으로 구현된 것이라고 할 수 있다. Web 2.0 서비스들은 웹을 통해 사람들과의 관계와 상호작용, 커뮤니케이션을 촉진한다. 포레스트 리서치(Forrester Research)에 따르면 Social Computing은 Social Networks, RSS, 오픈소스 소프트웨어, 블로그, 검색엔진, 사용자 리뷰, P2P 파일공유, C2C 전자상거래, 가격비교, 팟캐스트, 위키/협업, 태깅 등의 카테고리로 구분할 수 있으며, 각 카테고리의 개념 및 주목할 만한 Web 2.0 서비스를 살펴보면 다음과 같다.

1) Social Networks 서비스

Social Networks는 사람들 간의 관계를 촉진시키는 서비스이다. 대표적인 서비스로는 링크드인(Linkedin), 페이스북(facebook), 오컷(orkut), 마이스페이스(myspace) 등이 있다. 특히 링크드인은 직장인 대상의 Social Networks 서비스라고 할 수 있는데, 이미 회원 수 1,100만 명을 돌파하였으며 손익분기점을 넘어선 서비스이다. 웹에서의 Social Networks는 초기에 단순한 관계 및 엔터테인먼트 내지는 킬링타임적 용도로 활용되었으나, 최근에는 가치 기반의 생산적인 용도로 활용하려는 서비스들이 등장하고 있다. 국내에서도 피플2(People2)와 같은 새로운 서비스가 등장하고 있으나, 국내의 경우 아직 싸이월드 이후 성공한 Social Networks 서비스는 등장하지 못한 상태이다.

2) RSS 서비스

RSS는 Rich Site Summary 또는 Really Simple Syndication의 약자로 웹상에서의 발행과 구독을 위한 규격이다. 현재 블로그, 뉴스, 기업정보, 사이트 공지사항, 취업정보, 쇼핑정보 등과 같이 주기적으로 자주 업데이트되는 콘텐츠들에서 RSS 제공이 가능하며 이를 통하여 손쉽게 한곳에서 편하게 정보를 받아볼 수 있다. 이런 RSS는 여러 가지 기사와 포스트들이 주기적으로 자주 업데이트되는 많은 사이트들과 블로그들을 한곳에서 볼 수 있도록 도와준다. 대표적인 서비스로는 블로그라인스(Bloglines), 피드버너(FeedBurner), 뉴스게이터(Newsgator) 등이 있다. 피드버너는 사용자가 블로그를 변경하는 경우에도 계속적인 동일한 RSS 주소를 사용할 수 있도록 해 주고 RSS 구독 통계까지 내주는 아주 유용한 서비스인데, 최근 구글의 인수 소식이 들려오고 있다. 국내의 경우 RSS(HanRss), 피드웨이브(FeedWave), 다음(Daum) 등의 관련 서비스가 있다.

3) 오픈 소스 소프트웨어

오픈 소스 소프트웨어(OSS: Open Source SW)란 소프트웨어의 설계도에 해당하는 소스 코드를 인터넷 등을 통하여 무상으로 공개하여 누구나 그 소프트웨어를 개량하고, 이것을 재배포할 수 있도록 하는 것 또는 그런 소프트웨어를 말한다. Web 2.0의 혁명을 촉진하는 데 있어 기술적으로 가장 영향을 미친 요소 중

하나를 꼽는다면 그것은 바로 오픈 소스 소프트웨어일 것이다 흔희 LAMP라고 하는 리눅스, 아파치, 마이 SQL, PHP를 사용함으로써 무료로 서버 소프트웨어를 사용할 수 있기 때문에 상당한 인기를 얻고 있다. 최근의 추세는 하드웨어 가격이 지속적으로 하락하고 있으며 네트워크 사용비용 또한 계속 하락하고 있다. 이와 더불어 저가격 내지는 무료로 사용할 수 있는 성능 좋고 안정적인 오픈 소스 소프트웨어의 등장은 Web 2.0 트렌드의 중요한 요소이며, 성공한 Web 2.0 기업을 살펴보면 대부분 오픈 소스 소프트웨어를 잘 활용한 기업인 것을 알 수 있다. 국내 Web 2.0 서비스가 부진한 이유 중의 하나로서 오픈 소스 소프트웨어가 활성화되지 못한 것을 꼽을 수 있다. Web 2.0의 기술적인 측면에서 볼 때 국내에서 오픈 소스 소프트웨어가 활성화될 수 있는 사회적 환경의 조성이 아주 중요한 상황이다.

4) 블로그 서비스

일본에서는 주로 사이버 일기장, 온라인 일기장으로 통용되는 블로그가 새로운 미디어 시대를 위한 1인 미디어로 각광을 받고 있다. 대표적인 서비스로는 구글의 블로거(Blogger), 타입패드(TypePad), 웹로그(Wrblogs) 등을 꼽을 수 있다. 국내 블로그는 주로 네이버, 다음과 같은 포털의 서비스 블로그가 활성화되어 있는 편이며 그 외에 블로그 전문업체인 TNC의 이올린, 블로그 칵테일의 올블로그와 같은 서비스들이 있다. 블로그 전문 검색엔진의 테크노라티의 통계에 따르면 전 세계 블로그 콘텐츠 중 상위 3개 언어는 영어, 일본어, 중국어가 차지하고 있다. 통계에서 알 수 있듯이 국내 블로그는 미국, 일본에 비한다면 아직도 초기 단계에 머무르고 있다. 기업 공식 블로그, 제품 마케팅 블로그, 사내 블로그의 활성화 등 비즈니스 블로그의 다양한 성공 사례가 아직 등장하지 못했고 직접 콘텐츠를 생산하는 블로그의 숫자 또한 상대적으로 적기 때문이다. 다만 국내에서도 최근 팀블로그, 기업 블로그가 점차 늘어가고 있는 추세이다.

5) 검색엔진

검색엔진은 사용자가 정의한 조건에 따라 웹 콘텐츠를 찾아주는 서비스로서 모든 사용자에게 필수적이기 때문에 웹 초창기부터 지금까지 꾸준히 인기 있는 서비스이다. 또한 경쟁이 치열하기 때문에 패권을 장악하는 업체가 바뀌고 있는 분야이기도 하다. 현재는 구글이 1위 업체이다. 대표적인 서비스로 구글(Google), 야후(Yahoo), MSN, 애스크(Ask), 그리고 블로그 전문 검색엔진인 네크노라티(Technorati) 등을 꼽을 수 있다. 국내의 경우 네이버가 절대적인 1위 자리를 장악하고 있으며, 네이버를 비롯한 포털업체들의 지위가 너무나 강력하기 때문에 검색분야에서의 도전자는 거의 없는 형편이다.

6) 사용자 리뷰 서비스

이것은 제품이나 서비스에 대한 사용자들의 평가를 제공하는 서비스이다. 업체가 제공하는 홍보성 콘텐츠가 아니라 해당 제품 또는 서비스를 경험한 개인 사용자들의 직접적인 평가를 제공하기 때문에 인기를 얻고 있는 분야이다. 대표적인 서비스로 트립어드바이저(Tripadvisor), 리뷰센터(Rivewcentre), 인사이더페이지(Insiderpages) 등과 같은 서비스이다. 국내의 경우 윙버스(WingBus), 레뷰(Revu) 등의 서비스가 있다. 최근에는 특정 분야만 다루는 전문적인 리뷰 서비스들이 등장하고 있는 추세이다.

7) P2P 파일공유 서비스

네트워크를 통해 사용자들 간에 파일을 공유하게 해 주는 서비스이며 개인들의 PC가 서버와 클라이언트를 구성하는 형태로 동작한다. 대표적인 것으로는 카자(KaZaA), 비트토런트(BitTorrent), 그누텔라(Gnutella) 등이 있으며 국내에도 당나귀, 푸르나 등 많은 수의 P2P 서비스들이 있으나 주로 불법적으로 콘텐츠를 공유하는 용도로 사용되고 있기 때문에 비록 현재 수익을 얻고 있다고 하더라고 그것은 일시적일 뿐이다. P2P 파일공유가 의미 있는 비즈니스로 인정받기 위해서는 보다 가치 있는 용도와 수익 모델을 찾아내는 것이 선행될 필요가 있으며, 그때까지는 주류 서비스가 되기 쉽지 않을 것으로 보인다.

8) 전자상거래 서비스

사용자들 간에 상거래를 제공하는 서비스이다. 대표적인 서비스로는 이베이(eBay), 크레이그리스트(craigslist), 유비드(uBid) 등을 꼽을 수 있다. 물론 이베이는 스타트업은 아니지만 Web 2.0 업체로 간주하는 경우가 많다. 크레이그리스트는 세계 최강의 온라인 벼룩시장이라고 할 수 있는데 이미지를 전혀 사용하지 않고 웹 초창기의 디자인을 그대로 유지하고 있는 독특한 사이트이다.

9) 가격비교 서비스

소비자가 제품이나 서비스를 구매하기 전에 여러 상거래 사이트들의 가격을 쉽게 비교해 볼 수 있는 서비스이다. 제품 광고를 하거나 또는 제품 링크를 통해 해당 상거래 사이트에서 구매를 할 경우 수수료를 받는 수익 모델을 갖고 있다. 대표적인 서비스는 프라이스그래버(PriceGrabber), 숍질라(Shopzilla) 등의 사이트가 있다. 국내의 경우 네이버 등의 포털에서 제공하는 가격비교 서비스가 인기를 얻고 있는 상황이라서 신규 서비스가 등장해서 성공하기는 쉽지 않은 상황이다.

10) 팟캐스트 서비스

디바이스에 다운로드할 수 있는 오디오, 비디오 파일을 제공하는 서비스이며, 해외에서는 애플의 아이팟이 엄청난 인기가 있기 때문에 팟캐스트라는 명칭이 붙었다. 대표적인 서비스로는 오데오(ODEO), 팟쇼(PodShow) 등이 있으며 국내의 경우 디바이스로의 다운로드는 많이 활성화되지 않은 편이며, 판도라TV, 태그스토리 등 비디오 중심의 서비스들이 인기가 있다. 오디오 중심의 팟캐스트 서비스는 그리 활성화되지 못한 상태이다.

11) 위키/협업 서비스

콘텐츠를 함께 편집하고 업무상 협업을 할 수 있는 기능을 제공하는 서비스이다. 최근 구글이 인수한 좃슨팟, 그리고 베이스캠프(Basecamp), 소셜텍스트(Socialtext) 등의 서비스가 대표적이며, 최근 국내에서도 엔씨 소프트의 오픈마루가 스프링노트(Springnote)를 선보인 바 있다. 발전 가능성이 많은 분야이다.

12) 태깅 서비스

사진, 웹 컨텐츠에 메타데이터를 붙여서 검색을 하거나 분류를 하는 데 도움을 주는 서비스이다. 야후에게 인수된 딜리셔스(del.icio.us)와 플리커(Flickr), 디그(Digg) 등이 대표적인 서비스이다. 국내에서도 뉴스 2.0, 마가린(mar.gar.in) 등의 서비스가 있지만 아직까지 큰 반향을 일으키지는 못하고 있다.

3.11.3 WEB 2.0의 작동 원리

1) 적용 기술

Web 2.0 인프라 기술은 복잡하고 진화 중에 있으며, 대표적인 기술로는 AJAX, API, LAMP, XML, RSS, REST 등이 있다

(1) AJAX(Asynchronous JavaScript And XML)

XHTML, CSS, 자바스크립트 등의 기술이 고루 섞여 대화형 웹 애플리케이션을 만들 수 있게 하는 웹 프로그래밍 기술의 복합체이다. 비동기식 자바스크립트와 XML의 줄임말이다. Ajax는 XHTML, CSS, JavaScript, Document Object

Model, XMLHttpRequest 등의 기술로 이루어진다. Ajax는 XML 기반의 웹 서비스 언어를 사용하고 클라이언트에서는 자바스크립트를 가지고 서버에 응답한다. 그 결과 브라우저와 웹 서버 간의 데이터량이 줄어들어 애플리케이션의 응답성이 향상되고 웹 서버의 부담은 줄어들게 된다. 두 번째 특징은 웹에서 해당 서비스를 사용하기 위하여 별도로 프로그램을 설치(예: 엑티브엑스, 플래시)하거나 해당 기능을 갖춘 새 창을 띄울 필요가 없다는 것이다. 일반 브라우저 화면에서 그대로 이용할 수 있다. 마지막으로 Ajax는 사용자로 하여금 직접 웹상의 자료의 위치를 편집하는 등 커스터마이징을 가능하게 해 준다. 구글의 지메일, 구글 맵 등이 Ajax를 구현한 서비스이다.

(2) API(Application Program Interface)

사전적 의미는 '소프트웨어 애플리케이션을 개발하기 위한 여러 가지 함수들의 집합'이다. 즉, 특정 소프트웨어나 프로그램의 기능을 다른 프로그램에서도 활용할 수 있도록 표준화된 인터페이스를 공개하는 것을 의미한다. 포털은 자사의 서비스 구성요소를 모듈화시킨 API를 공개해 이용자가 이를 활용해 다양한 서비스를 스스로 제작할 수 있도록 지원하고 있다. 특히, API 활용 방법을 상세하게 안내함으로써 막대한 투자와 노력 없이도 포털과 동일한 수준의 인터넷 서비스를 쉽게 만들 수 있도록 하고 있다. 예를 들어 네이버의 검색 API를 이용하면 자신만의 검색 서비스를 구축할 수 있고, 국어사전 API를 활용해 개인 블로그에서 국어사전을 방문자에게 제공할 수 있게 된다.

(3) LAMP

LAMP는 리눅스(L), 아파치 웹 서버(A), MySQL 데이터베이스(M), Perl 프로그래밍 언어(P)의 조합을 말한다. Perl 애플리케이션은 솔라리스나 윈도우에서도 운영되고 MySQL 대신에 오라클을 선택할 수도 있다. LAMP는 주류의 기업 컴퓨팅 분야에 진출하고 있어 자바나 MS 닷넷과 경쟁하는 존재가 되고 있다.

(4) RSS

RSS는 콘텐츠 배급과 수집에 관한 표준 포맷으로 RSS의 사전적 의미는 Relly Simple Syndication(매우 간단한 배급) 또는 Rich Site Summary(풍부한 사이트 요약)의 머리글자이며, XML 기반의 표준 통신 포맷이다. Wikipedia는 RSS를 하나의 전송 규약(protocol)으로 이해하고 있다. 사실 RSS는 http 또는 ftp와 같은 하나의 전송 규약에 더 가깝다. 현재 우리가 사용하는 웹 주소를 보면 'http://www.../xxx.htm'로 구성되는데, 이를 풀이하면 http라는 전송 방식으로 html 파일을 보낸다는 의미이다. 이때 http에 대응하는 것이 RSS이며 html에 대응하는 것이 xml이다.

(5) REST(Representational State Transfer)

XML 파일로 된 웹 페이지를 읽어 원하는 정보를 수집하는 기능이다. 웹 페이지를 만드는 사람은 주기적으로 내용을 개정하고 사용자는 그 페이지의 URL만 알면 웹 브라우저로 읽어 정보를 얻을 수 있다. HTTP와 XML을 포함한 웹 기술 및 프로토콜을 사용하는 구조적 형태로서 단순 객체 접근 프로토콜(SOAP)보다 사용이 간편하고, 사이트 내용을 기술하는 RSS의 정보 편지 기능과 유사하다. 몇몇 전문가들이 핵심 웹 아키텍처만을 의존하는 서비스를 설명할 때 REST를 사용한다.

3.12 개인 미니홈페이지

3.12.1 개인 미니홈페이지의 개요

오늘날의 인터넷 공간은 보다 개인지향적인 네트워크로 변화하고 있다. 2003년 후반기 이후로 본격적으로 도입된 미니홈페이지가 그 구체적인 형태라고 할 수 있다. 미니홈페이지는 기존의 개인 홈페이지와 유사하지만 개설과 관리 면에서 보다 쉽고 편리하게 이용할 수 있으며, 개인의 취향이나 관심을 사진이나 글, 동영상을 통해 공유할 수 있다. 특히 미니홈페이지는 집합적 형식을 띠는 동호회나 카페 같은 기존의 온라인 커뮤니티와 달리 개인지향적인 시스템 구조에 기반하고 있다는 점에서 차이점이 있다. 즉, 미니홈페이지는 집단이 아니라 개인 단위로 개설되며, 개인의 관심과 지향에 따라 운영되는 자기 커뮤니티(community of the self)의 성격을 강하게 갖는다.

미니홈페이지는 이전의 홈페이지와 여러 가지로 다른 측면을 갖고 있다. 기존의 인터넷 개인 홈페이지를 이용하기 위해서는 웹호스팅 정보, HTML 문법, 그래픽 등 기본적으로 알아야 하는 것들이 많았지만 미니홈페이지는 그러한 것들을 전혀 몰라도 멋지게 개인 홈페이지를 꾸밀 수 있다는 장점이 있다. 또한 미니홈페이지의 확산 이유는 단순히 편이성만 있지 않다. 무엇보다 중요한 것은 나의 홈페이지에 다른 사람이 쉽게 찾아올 수 있을 뿐만 아니라, 누군가 나를 찾아오고 본다는 것 때문에 나의 홈페이지 꾸미기가 더욱 의미를 갖게 된다는 현상이다.

미니홈페이지는 2003년 하반기에 본격적으로 도입된 이후 급속한 이용 증가를 보이고 있다. 이러한 개인화 커뮤니티의 빠른 증가는 인터넷의 일상화와 밀접한 관련을 갖는다. 2002년 후반기부터 인터넷 사용인구는 양적인 포화 상태에 이르게 된다. 이에 따라 인터넷 이용 목적도 정보매체, 커뮤니케이션, 오락, 여가, 경제활동 등의 다양한 영역으로 확산되었으며, 인터넷 커뮤니티 역시 급속한 증가와 함께 미니홈페이지 같은 개인 중심의 온라인 네트워크로 빠르게 변화를 맞이하고 있다. 국내에는 버디미니홈피, 싸이월드, 다음 플래닛과 같은 개인 미니홈페이지가 있다.

3.12.2 개인 미니홈페이지 사용법

이 절에서는 개인 미니홈페이지의 하나인 싸이월드의 사용법에 대해서 알아보도록 한다. 싸이월드에서는 '미니홈페이지'를 '미니홈피'라고 명하므로 이후 사용법에서는 '미니홈피'라는 용어를 사용하도록 하겠다.

1) 미니홈피 만들기

싸이월드(http://www.cyworld.com)를 사용하기 위해서는 해당 사이트에 계정이 있어야 한다. [그림 3-83]과 같이 ① 로그인 창에 로그인을 하면 새롭게 창이 뜨는데 ② [내 미니홈피 가기] 메뉴를 선택한다.

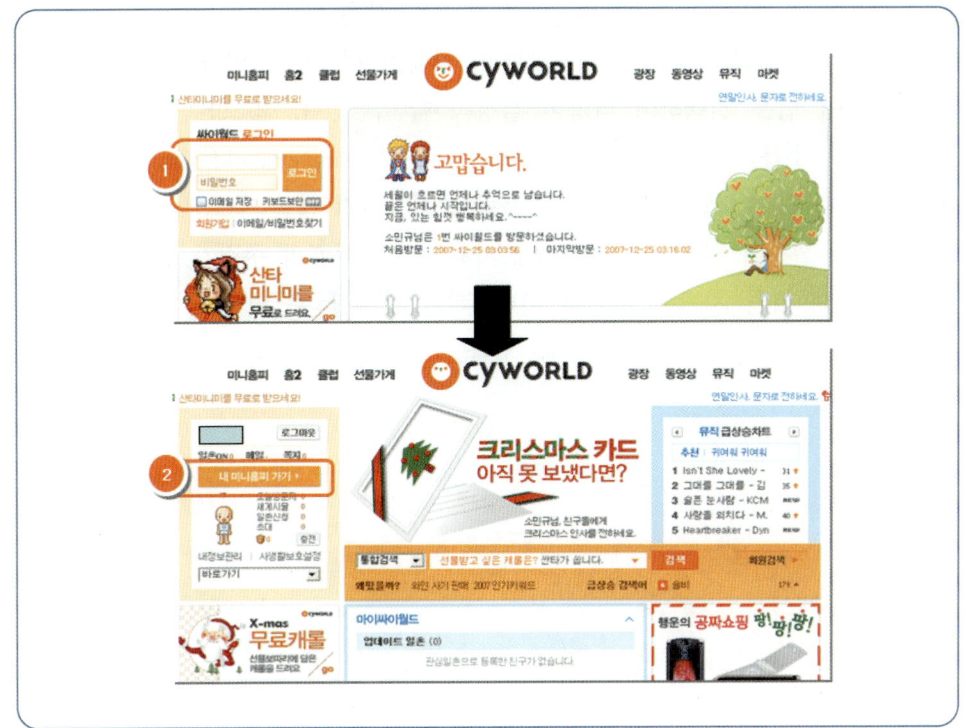

[그림 3-83]
싸이월드 로그인

[그림 3-84]처럼 처음 미니홈피가 생성되었다. 이제 다른 사람이 나의 홈피에 찾아올 수 있도록 도메인(홈피 주소)을 설정해야 한다. [그림 3-84]의 우측상단에 있는 [도메인설정] 메뉴를 클릭한다.

[그림 3-84]
미니홈피 창

2) 미니홈피 설정

[도메인설정] 메뉴를 클릭하면 [그림 3-85]와 같은 [관리] 메뉴로 자동으로 이동하게 된다. ① 홈피 메뉴 탭 중 [관리] 항목이 선택되어 있다. 이후에도 언제든지 [관리] 탭을 선택하여 다양한 설정을 할 수 있다. ② 항목에서 사용자의 미니홈피 주소를 설정할 수 있다. 주소는 'http://www.cyworld.com/사용자지정' 형태가 된다. 중복확인을 하여 다른 사람이 사용하지 않는 주소로 설정할 수 있다. 무사히 설정이 완료되었다면 이제 사용자의 미니홈피 주소가 만들어졌고 그 주소를 통해 다른 사람이 자신의 미니홈피를 방문할 수 있게 된다. ③ 항목을 통해 다양한 미니홈피 설정을 할 수 있다.

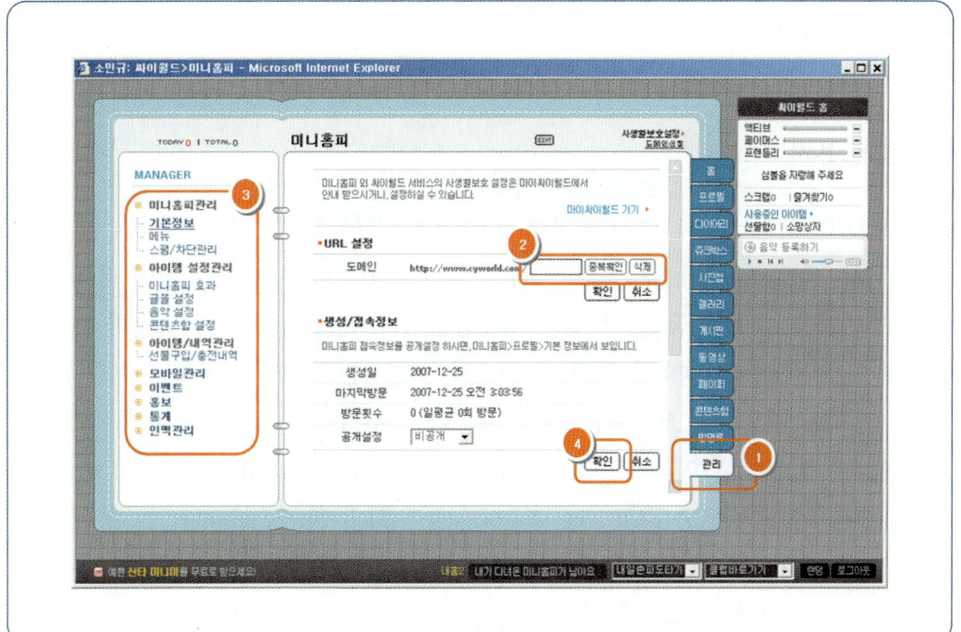

[그림 3-85]
미니홈피 설정

3) 미니홈피 구성

미니홈피의 구성은 [그림 3-86]과 같다. 각각의 구성을 자신의 취향에 맞도록 구성하고 예쁘게 꾸밀 수 있다.

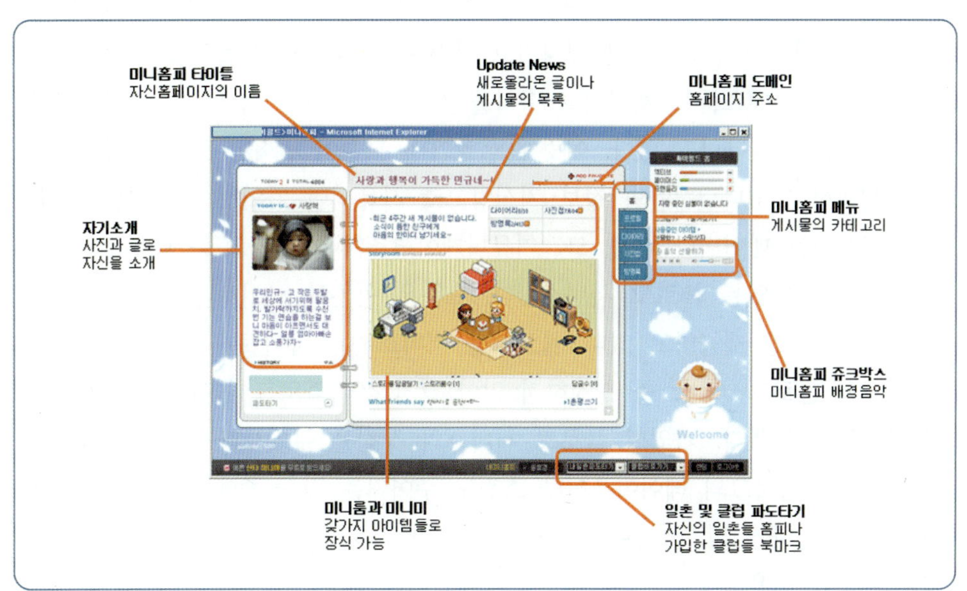

[그림 3-86]
미니홈피 구성

3.13 블로그

3.13.1 블로그의 개요

블로그(Blog)는 Web과 Log를 합친 단어로 자신의 느낌이나 품어오던 생각, 알리고 싶은 견해나 주장 같은 것을 웹에 일기(로그)처럼 차곡차곡 적어 올려 타인도 보고 읽을 수 있게끔 열어 놓은 글모음들이다. 현재 블로그는 단순히 나 자신을 알리는 글모음의 성격을 넘어서 뉴스를 포함하는 매스미디어를 대체할 수 있는 수단으로 떠오르고 있으며, 또한 여러 가지 부가 기능을 통해 효과적으로 블로깅할 수 있는 수단이 개발되고 있다. 초기 블로그는 개인의 참여를 기초로 하는 개인미디어로서 RSS(RDF Site Summmary, Rich Site Summary)를 통해 누구나 그 정보의 위치와 내용을 알 수 있고 트랙백을 통해 의견을 교환할 수 있었다. 분산되어 있던 정보들이 사용자(개인들)의 작은 참여로 인해 점차 새로운 서비스가 만들어지고 이로 인해 새로운 비즈니스 모델이 생겨나고 있다. 이제 블로그는 단순히 '미디어'로만 발전한 플랫폼이 아닌 '다양한 시도'를 수용할 수 있는 도구이다. 또한 개인 미디어와 UCC 돌풍이라는 현상은 블로그 서비스 발전과 사용자 증가라는 요인과 밀접한 관계가 있다. 2003년부터 본격적으로 시작된 국내 블로그 서비스는 2005년과 2006년을 거치며 새로운 1인 미디어의 강자로 급부상했다. 최근 2년간 세계 블로그 수는 약 15배 이상 증가하였으며 단순히 정보, 지식의 창고, 사적인 공간으로만 여겨지고 단순 복제 위주였던 블로그가 점차 분석적인 전문가 콘텐츠들로 채워지고 수익을 창출하는 1인 기업으로의 수단으로 변화되는 모습이 나타나고 있다. 이렇게 블로그의 모습이 변화함에 따라 블로그 형태도 변화하고 있다. 개인의 정보 지식창고로 사용되던 가입형 블로그는 우리가 흔히 사용하는 네이버나 다음, SK 커뮤니케이션즈의 이글루스 등 대부분의 포털에서 제공하고 있는 블로그 서비스이다. 요즘은 언론사 사이트나 쇼핑몰 등에서 블로그 서비스를 제공하고 있다. 블로그를 서비스하는 사이트에 회원으로 가입하면 별도의 블로그 서비스를 신청하지 않아도 자신의 블로그 페이지가 쉽게 생성된다는 장점이 있다. 가입형 블로그 서비스의 장점은 무엇보다 시작하기가 쉽다는 데 있다. 블로그의 레이아웃이나 스킨도 주어지는 것들 중에서 원하는 디자인을 고르기만 하면 되고, 블로그 주소도 가입한 서비스의 주소 체계에 따라 주어지는 주소를 사용하게 되므로 별도의 도메인이나 웹호스팅 등을 챙겨야 할 사항들이 없다. 그러나 가입형 블로그는 사용하기 쉬운 대신 여러 가지 제약사항들이 있다. 자신만의 블로그 주소를 가질 수 없고, 디자인도 주어진 선택사항 중에서 골라야 하며, 자신의 서버가 아니므로 블로그 용량에도 제한이 있다.

설치형 블로그란 블로그를 써 나갈 수 있는 블로그 소프트웨어를 자신의 웹 계정에 설치해서 사용하는 블로그이다. 최근 들어 설치형 블로그란 용어들이 속속 등장하고 있지만, 국내에서는 설치형 블로그가 아직까지는 낯선 실정이다. 유명한 해외 블로그 서비스인 워드프레스(www.wordpress.com)나 무버블타입(www.movabletype.com)이 모두 설치형 블로그이고, 국내의 대표적인 설치형 블로그로는 태터툴즈(www.tattertools.com)가 있다. 자신이 직접 설치해서 사용하기 때문에 모든 면에서 자유롭다는 점이 설치형 블로그의 가장 큰 특징이다.

우선 설치형 블로그는 '블로그 주소의 자유로움'을 갖추고 있는데, 많은 설치형 블로그들이 'www.내아이디.com'처럼 홈페이지와 같은 주소를 갖고 있다. 'blog.서비스주소.com/내아이디' 형태의 가입형 블로그 서비스와 차별화되는 점이다. 디자인의 자유로움도 빼놓을 수 없다. 홈페이지를 만들 때 사용하는 언어인 HTML이나 CSS에 대한 지식이 조금 있는 사람이라면, 블로그 레이아웃과 디자인도 마치 홈페이지와 같은 형태로까지 자유롭게 만들어낼 수 있다. HTML이나 자바스크립트 등을 자유롭게 사용할 수 있기 때문에 구글 애드센스 같이 수익을 낼 수 있는 광고 프로그램을 설치하는 블로거들도 늘어나고 있다. 또 다른 장점으로 콘텐츠의 자유로움을 들 수 있다. 서비스에 가입하는 것이 아니기 때문에 약관이 존재하지 않고, 데이터 백업 서비스를 제공하고 있기 때문에 블로그를 운영하다가 완전히 새로운 형태의 도구가 생겨나서 옮기고 싶다면 블로그에 올렸던 모든 글과 사진, 동영상을 한꺼번에 백업받아 이사할 수도 있다. 반면 도메인과 웹호스팅에 대한 기본 지식이 부족한 사람들에게는 설치형 블로그가 어렵게 느껴질 수도 있고, 도메인과 웹호스팅을 신청하는 데 1년에 1~2만 원 정도의 비용이 필요하다는 단점이 있다.

항목	가입형 블로그	설치형 블로그
블로그	• 네이버, 다음, 엠파스, SK 커뮤니케이션즈 등 주요 포털 • 언론사, 쇼핑몰 등	• 태터툴즈 ZOG, 블로그밍(국내) • 워드프레스, 무버블타입(해외)
장점	• 블로그 시작과 운영이 쉬움 • 도메인, 호스팅 신청 필요 없음 • html 등 관련 지식이 필요 없음	• 나만의 블로그 주소 • 디자인, 레이아웃 등이 완전히 자유로움 • 콘텐츠 백업이 가능 • 광고 운영을 통한 수익 창출 가능
단점	• 서비스가 제공하는 블로그 주소 • 디자인, 레이아웃 자유도가 떨어짐 • 콘텐츠 백업 불가능 • 광고를 운영할 수 없음	• 설치 과정이 필요함 • 호스팅 등 별도의 비용 필요 • html, css 등에 관한 지식이 어느 정도 필요

[표 3-13]

가입형 블로그 vs 설치형 블로그 비교

3.13.2 블로그 사용법

이 절에서는 가입형 블로그의 하나인 네이버 블로그 사용법에 대해서 알아보도록 한다. 네이버 블로그를 사용하기 위해서는 네이버에 회원 아이디가 있어야 한다. http://blog.naver.com에 접속하면 [그림 3-87]과 같은 로그인 화면이 나온다. 로그인 창에 아이디와 패스워드를 입력하고 로그인하자.

[그림 3-87]
네이버 블로그 로그인

[그림 3-88]
블로그 만들기

성공적으로 로그인이 되었다면 [그림 3-88]과 같은 화면이 뜬다. 여기서 [내 블로그 가기]를 클릭하면 자신의 블로그가 생성이 되며 주소는 'http://blog.naver.com/내아이디'가 된다. [그림 3-89]는 자신의 블로그가 생성되면 나타나는 첫 화면이다.

[그림 3-89]

블로그 생성

1) 블로그 관리

[그림 3-90]에 나타나 있는 [관리] 메뉴를 선택하면 블로그에 대해 다양한 설정을 할 수 있다.

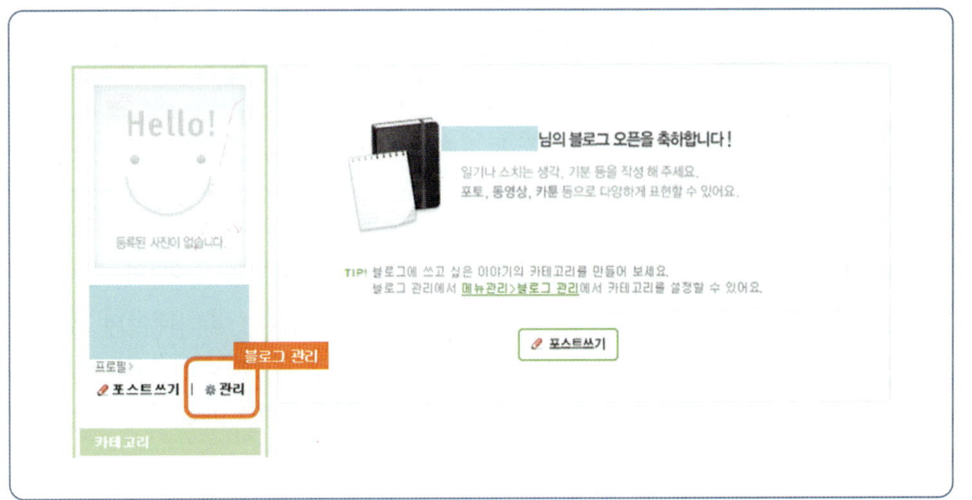

[그림 3-90]

블로그 관리

[그림 3-91]

다양한 블로그 관리

[관리] 메뉴를 선택하면 [그림 3-91]과 같은 관리창이 뜬다. 오른쪽 위에 있는 탭 메뉴를 통해 [스킨설정], [아이템설정], [환경설정] 같은 다양한 관리를 할 수 있다.

[그림 3-92]

블로그 스킨 설정

블로그의 스킨이나 레이아웃 등을 변경하고 싶으면 [그림 3-92]와 같이 ① [스킨설정] 탭을 선택하고 ② [스킨선택] 메뉴를 선택한다. ③ [네이버 블로그 스킨]에는 다양한 템플릿 스킨들이 준비되어 있고 마음에 드는 스킨을 선택하고 ④ [레이아웃선택] 메뉴를 클릭하면 자신이 선택한 스킨을 바탕으로 블로그의 레이아웃을 결정할 수 있다.

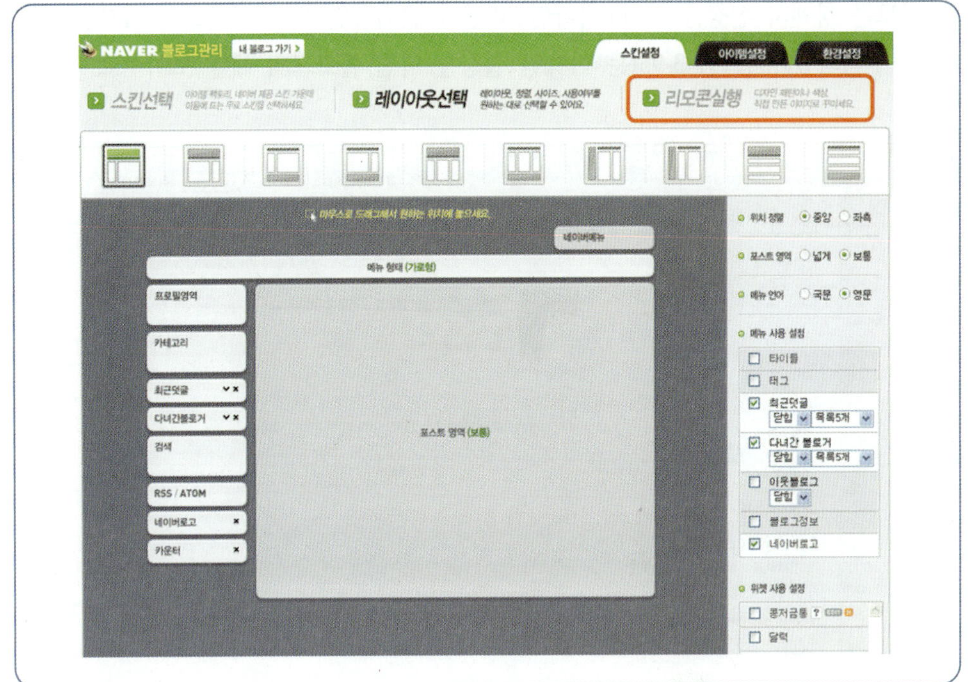

[그림 3-93]
레이아웃 설정

[그림 3-93]과 같이 마음에 드는 레이아웃을 결정했다면 오른쪽 위쪽에 위치한 [리모콘실행] 메뉴를 선택하자. [그림 3-94]와 같은 리모콘 창이 뜨며 최종적으로 블로그를 꾸밀 수 있는 다양한 방법을 제공하고 있다.

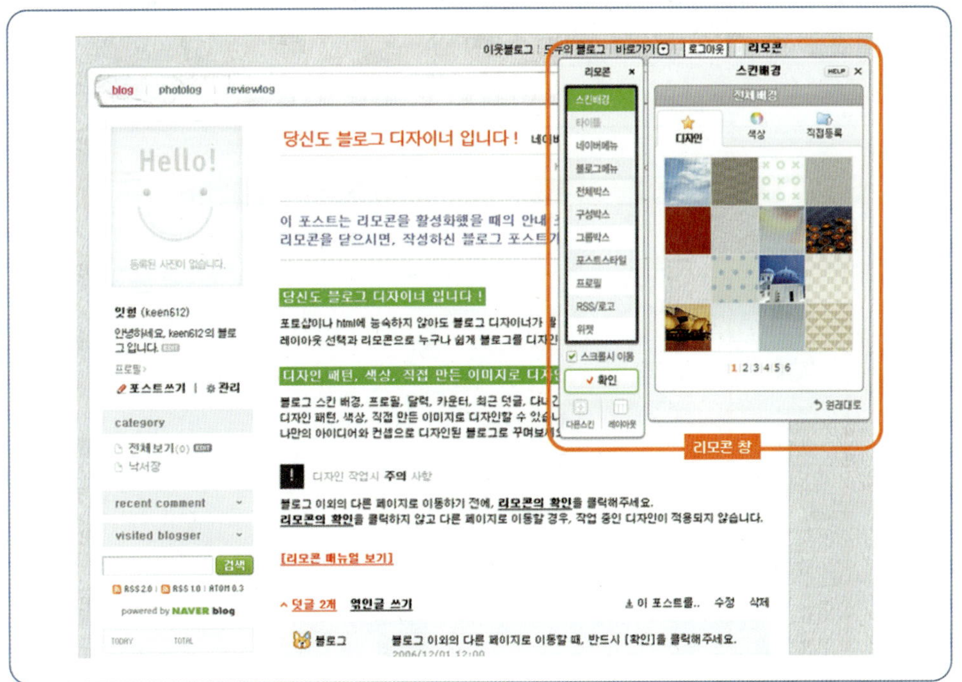

[그림 3-94]
리모콘 메뉴

리모콘 창에서 설정을 마치고 [확인] 버튼을 클릭하면 이제 블로그의 디자인 설정이 마무리되었다. [그림 3-95]는 디자인 설정을 마친 블로그의 예를 보여주고 있다.

[그림 3-95]

디자인 설정된 블로그

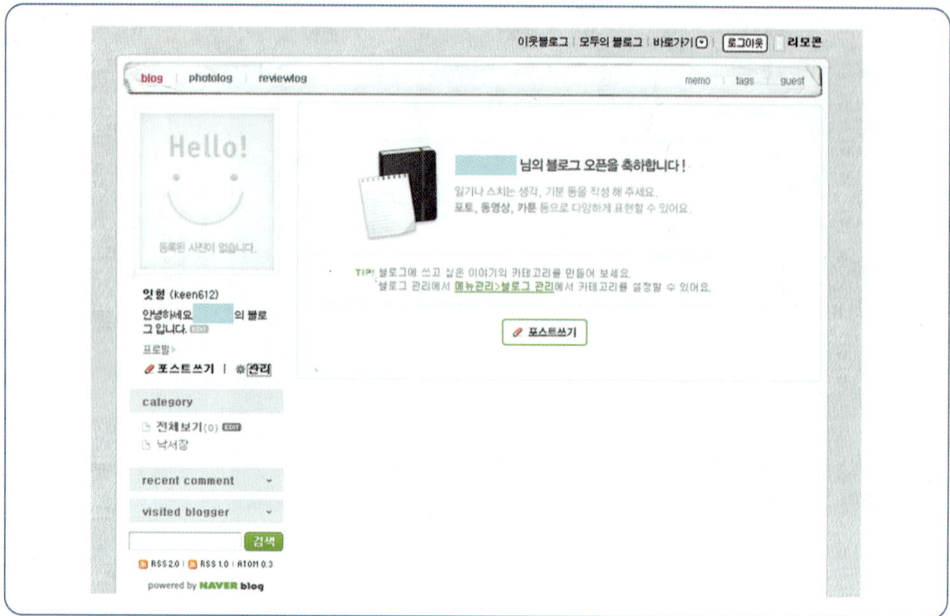

디자인 설정이 완료되었다면 [관리] 메뉴를 선택하여 환경설정을 해 보자. [관리메뉴]를 선택하고 [환경설정] 탭을 클릭하면 [그림 3-96]과 같은 화면이 나온다. ② 항목의 메뉴들을 이용하여 프로필관리, 프라이버시관리, 메뉴관리 등 다양한 설정을 할 수 있다.

[그림 3-96]

블로그 환경설정

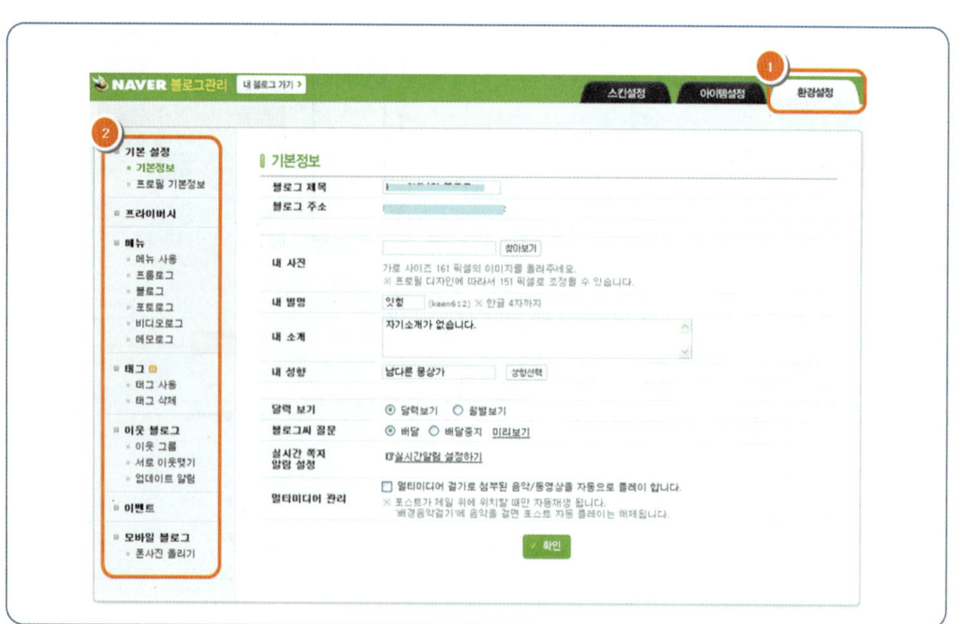

2) 블로그 작성

이제 취미, 정보, 일기 등 다양한 주제에 대해서 블로그 내용을 채워 보자. [그림 3-97]처럼 자신의 블로그 첫 화면에서 [포스트쓰기] 메뉴를 클릭하면 블로그를 작성할 수 있다.

[그림 3-97]
포스트 쓰기

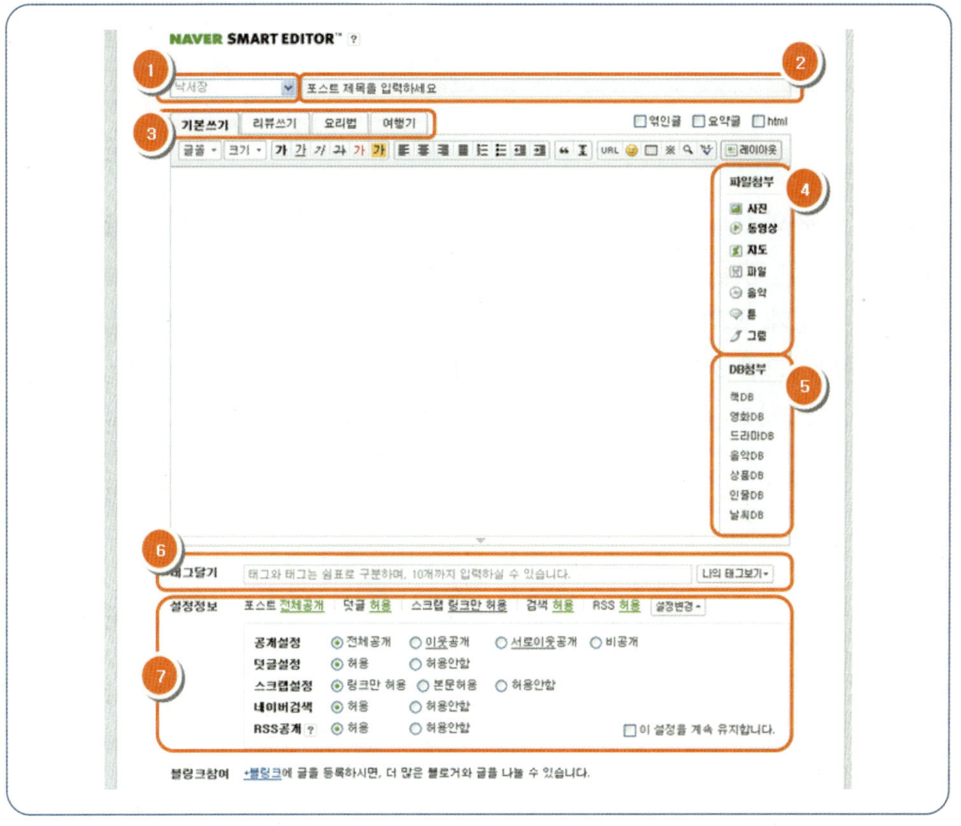

[그림 3-98]
블로그 작성

[그림 3-98]은 블로그 작성 에디터 모습이다. ① 항목은 포스트를 어느 항목 아래에 둘 것인지 결정할 수 있으며 ②는 포스트의 제목을 입력하는 창이다. ③ 항목은 자신의 포스트 분류별로 작성하기 쉽게 템플릿을 제공해 준다. [그림 3-99]는 항목별 템플릿을 보여주고 있다. 이 템플릿을 이용하면 좀 더 쉽고 직관적인 포스트를 작성할 수 있다.

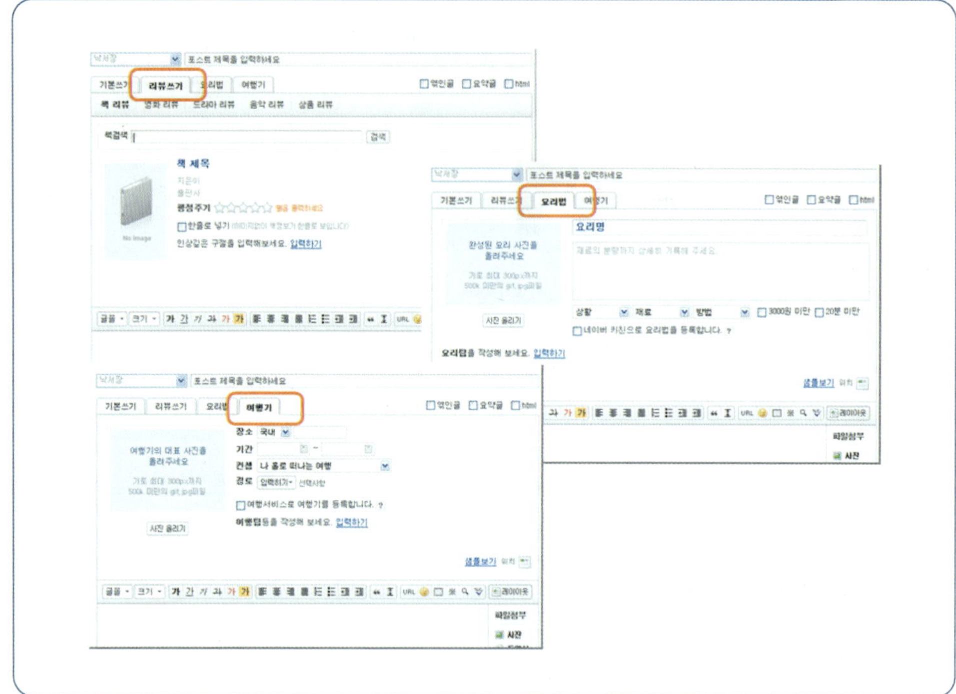

[그림 3-98]의 ④ 항목은 포스트 내용에 다양한 미디어를 첨부할 수 있도록 해 준다. 또한 ⑤ 항목은 네이버에서 제공해 주는 데이터베이스(DB) 정보를 이용하여 책이나 영화, 드라마, 음악 등의 정보를 검색하여 포스트 안에 첨부할 수 있도록 해 준다. [그림 3-100]은 책 DB를 선택했을 때의 화면이다. 이 창에서 자신의 포스트에 삽입하고 싶은 책을 검색하여 정보를 삽입할 수 있다.

[그림 3-100]
책 DB 검색

[그림 3-98]의 ⑥ [태그달기] 메뉴는 자신의 포스트의 키워드를 입력하는 것으로 인터넷을 통해 다른 사람이 자신의 포스트를 검색하기 쉽게 도와주는 기능이다. 자신의 포스트가 인터넷을 통해 검색되어 공유되기를 원치 않는다면 태그를 달지 않아도 된다. ⑦ [설정정보]는 자신의 포스트에 대한 공개 여부, 댓글 여부, 인터넷 검색 여부 등을 설정할 수 있다.

3.13.3 블로그의 작동 원리

이 절에서는 블로그의 작동 원리에 대해서 알아보도록 한다. [그림 3-101]은 블로그의 작동 원리를 그림으로 나타내고 있다.

[그림 3-101]

블로그 작동 원리

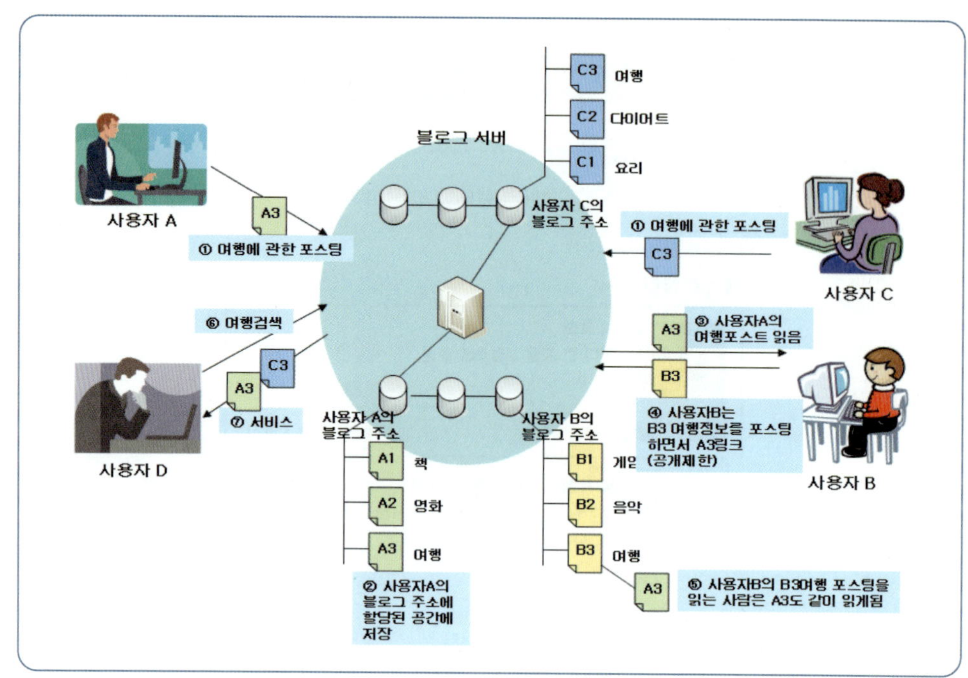

① 사용자 A와 사용자 C는 각각 A3, C3라는 여행에 대한 정보를 포스팅하면서 모두에게 공개하고 인터넷 검색도 가능하도록 하였다. ② A3와 C3는 각각 사용자 블로그 주소에 할당된 DB에 저장된다. 이제 이 A3와 C3는 인터넷 검색으로 통해 모든 사람들에게 공유되고 읽히게 된다. ③④ 사용자 B는 사용자 A의 포스팅 A3를 읽고 좋은 정보라고 생각하고 거기에 자신의 정보를 추가하여 B3를 작성하였다. 하지만 사용자 B는 포스트 B3에 대해서 인터넷 검색을 금지하고 공개도 자신의 이웃만으로 한정하여 포스팅하였다. ⑤ B3는 인터넷 검색을 통해서 검색될 수 없고 우연히 사용자 B의 블로그를 방문한 방문객에게도 공개되지 않는다. 오직 사용자 B와 친한 친구만이 해당 정보를 볼 수 있다. ⑥ 사용자 D는 인터넷을 통해 여행정보를 검색하였고 ⑦ A3와 C3라는 여행정보를 볼 수 있다.

3.14 UCC

3.14.1 UCC의 개요

초기 인터넷 환경은 빠르고 정확하게 양질의 콘텐츠를 찾아내는 정보 추구가 주요 목적이었다면 현재의 인터넷 환경은 디지털 기기의 보급과 데이터 전송기술의 발달로 인하여 멀티미디어가 중심이 된 오락 추구의 목적을 가진 환경으로 점차 진화해 가고 있다. 이와 더불어 엔터테인먼트 및 여가생활 관련 시장이 온라인으로 이전되면서 이용자의 참여와 개방성을 가장 큰 특징으로 하는 Web 2.0 시대가 도래하였다. Web 2.0 환경에서는 소비자(consumer) 역할에만 머물렀던 기존 사용자가 콘텐츠 생산의 적극적인 주체 역할을 하는 프로슈머(prosumer, producer와 consumer의 합성어)로 거듭나면서 콘텐츠의 생산, 유통, 판매를 모두 아우르는 존재가 되었다. 그들이 직접 제작하여 부가가치를 창출해내는 콘텐츠를 일컬어 '사용자 제작 콘텐츠(UCC: User Created Contents)'라고 한다.

디지털 콘텐츠 시장 전반에 걸친 동영상 기조에 힘입어 UCC 역시 텍스트나 이미지 중심에서 동영상 중심의 멀티미디어 시대를 맞이하였다. 국내뿐만 아니라 전 세계적으로 동영상 검색 서비스, 동영상 전문 포털 사이트, 동영상 블로그 등이 성황이며 국내 동영상 시장은 전년대비 43.7%나 성장, 5,591억 원으로 급격히 성장하고 있다.

이렇게 동영상 UCC가 활성화된 배경에는 인프라의 발달뿐만 아니라 다른 여러 요소가 있다. 동영상이 기존의 텍스트나 이미지로 표현할 수 없었던 사용자의 욕구를 채워 주면서 동영상에 대한 관심이 증대하였고[2] 여기에 비전문가도 쉽게 콘텐츠를 제작할 수 있도록 각 포털에서 UCC 툴을 무료로 제공하고, 동영상 검색 서비스를 제공하여 접근이 용이해졌다. 또한 저장 공간을 제공한 대형 포털의 노력도 동영상 UCC가 활성화되는 데 큰 기여를 하였다. 이러한 여러 요인에 힘입어 서비스가 시작된 지 불과 몇 달 만에 이미 국내 네티즌의 30.4%가 UCC 생산 경험이 있는 것으로 나타나 동영상 UCC가 큰 이슈로 자리 잡고 있음을 알 수 있다.

1) UCC의 분류

(1) 매체별 분류

UCC는 콘텐츠의 매체에 따라 텍스트, 이미지, 오디오, 비디오, 복합 미디어로 구성된 UPC(User Packaged Contents)를 포함하여 총 다섯 가지로 분류된다.

누구나 콘텐츠 제작이 가능한 UCC의 특성 때문에 콘텐츠가 진화하고 단일 소스 콘텐츠가 복합 콘텐츠로 거듭나고 있다. 예를 들어, 비디오 소스 콘텐츠에 자막, 줄거리, 장면검색 정보, 저작자 정보, 감상평 등의 텍스트 메타데이터와 사용자들이 제작한 비디오 포스터, 스틸 샷 등의 이미지 메타데이터 등이 결합하며 복합 콘텐츠로 탄생하게 된다. 이것을 UPC라고 정의한다.

(2) 목적별 분류

콘텐츠의 제작 목적에 따라 정보 제공을 위한 UCC(I-UCC: Information UCC)와 엔터테인먼트를 위한 UCC(E-UCC: Entertainment UCC), 수익 창출을 위한 UCC(B-UCC: Business UCC)로 분류할 수 있다. I-UCC의 형태로는 지식 iN, 오마이 뉴스, 댓글, 이용 후기뿐만 아니라 사용자 노하우, 1인 교육방송 등이 있다. 현재 UCC의 90% 이상을 차지하고 있는 E-UCC는 최근 인터넷 환경의 주 테마인 '재미(fun)'라는 코드와 UCC가 결합된 것으로 기존 콘텐츠를 재편집하거나 패러디한 것이 주를 이루고 있다. B-UCC는 콘텐츠의 제작 목적 그 자체가 수익 창출인 것으로 많은 업계에서 지향하고자 하는 UCC의 형태이다.

(3) 형태별 분류

① UGC(사용자 창작 콘텐츠)

　UGC(User Generated Contents)는 순수하게 사용자의 독창성을 발휘하여 제작된 콘텐츠를 말한다. 대부분 동아리, 동호회 등에서 UGC가 많이 제작되고 있어 저작권 침해 문제가 거의 없다는 장점이 있으나 그 비율이 10%에도 미치지 못하여 업계에서 양질의 UGC를 확보하고자 다양한 UGC 장려책을 펼치고 있다.

② UMC(사용자 가공 콘텐츠)

　UMC(User Modified Contents)는 기존에 존재하던 소스 콘텐츠에 사용자의 의견을 첨가하거나 혹은 다른 소스 콘텐츠를 조합하여 변형시킨 콘텐츠를 의미한다. 자세히 말하면 여러 콘텐츠를 조합하여 새로운 콘텐츠를 생산한다 하더라도 소스 콘텐츠의 변형에 불과하거나, 콘텐츠의 유형이 바뀌었다 하더라도 콘텐츠 제작자의 의도가 소스 콘텐츠와 동일한 것을 UMC라고 한다. UMC는 대부분이 E-UCC이므로 네티즌에게 큰 호응을 얻고 있으나, 저작권을 침해한 콘텐츠가 대부분으로 UCC의 활성화에 가장 큰 위협 요소로 지적을 받고 있다.

③ URC(사용자 재창조 콘텐츠)

　URC(User Recreated Contents)는 기존에 있던 다른 두 가지 이상의 콘텐츠를 조합하여 전혀 새로운 의미나 부가가치를 생산해내는 콘텐츠를 의미한다. 소스 콘텐츠에 약간의 변형이 가미되어 의미와 맥락이 거의 비슷한 UMC와는 달리, URC는 제작에 이용된 소스 콘텐츠와 형태는 유사할지라도 제작 목적과 그에 따른 실제 내용이 다르기 때문에 독립적이다. URC는 콘텐츠 제작자의 논리나 주장을 표현하는 수단으로 다양한 소스 콘텐츠를 활용한다는 측면에서 UMC와는 그 개념이 다르다.

2) 동영상 UCC 서비스 현황

국내 동영상 UCC 시장은 판도라TV, 엠엔캐스트, 아프리카, 다모임 등 동영상 UCC 전문업체와 다음, 네이버, 프리챌 등 기존 포털, SBS 등 방송 3사가 각축을 벌이고 있다. 주요 포털들은 텍스트-이미지-동영상으로 옮겨가는 정보 형태의 패러다임 전환에 대응하고 트래픽이 정체된 상황에서 동영상 UCC가 유일한 모멘텀으로 작용할 수 있어 그 주도권을 잡기 위해 뛰어들고 있다. 국내 대형 포털 가운데 동영상 UCC에 가장 적극적인 회사는 다음이다. '우리들의 UCC 세상, 다음' 슬로건처럼 UCC에 올인하여 'TV팟'을 통해 동영상 서비스 분야에서 판도라TV에 이어 2위를 달리고 있다. 프리챌도 동영상 UCC 홈페이지인 'Q'의 초고속 성장으로 인해 포털 상위 10위권 내에 진입했다. 2006년 한 해 동안 동영상 UCC 관련 UV(Unique Visitor)와 PV(Page View)를 보면 인터넷 포털보다는 동영상 UCC 전문업체들이 압도적으로 높다. 판도라TV와 엠엔캐스트는 2006년 1월 대비 12월 방문자 성장률이 각각 191%, 544%로 급격히 성장했으며 주요 포털들의 동영상 UCC 서비스도 시작월과 비교하여 75.8%의 성장률을 보이고 있다. [표 3-14]는 국내 동영상 UCC 서비스 현황을 보여주고 있다.

회사	서비스
다음	• 'TV팟' 서비스 • 설치형 블로그인 '티스토리닷컴' 서비스
네이버	• '플레이' 서비스
싸이월드	• 미니홈페이지에 동영상 업로드 • 동영상 공유 서비스 '광장'
야후	• '야미'-야후 멀티미디어 서비스 • '야후허브'를 통해 UCC 검색
프리첼	• UCC 동영상 홈페이지 서비스인 'Q'
판도라TV	• 배너 및 동영상 광고, 콘텐츠 판매, 유료 서비스 등을 통해 수익 창출
아프리카	• 동영상 UCC 라이브 방송
다모임	• 동영상 포털 '아우라', '엠엔캐스트' • 멀티미디어 블로그 '아이스타일' • 멀티미디어 콘텐츠 스토리지 '리멤버'
곰TV	• 멀티미디어 플랫폼과 유, 무료의 콘텐츠를 제공
엠군	• 멀티미디어 콘텐츠 제공
싸이헬스	• 국내 최대의 휘트니스 관련 동영상 UCC 사이트

해외에서도 국내와 마찬가지로 Yahoo, MSN 같은 기존 포털 사업자와 YouTube, Revver, eefoof 같은 동영상 UCC 공유 사이트들의 경쟁이 치열한 가운데, 포털보다는 동영상 전문 사이트들의 인기가 더 높다. YouTube는 세계 최대 동영상 UCC 사이트로 무려 6만5천 편의 비디오가 날마다 새로 올라온다. 미국 내 동영상 검색 점유율의 45%, 전 세계 동영상 검색 점유율의 60%를 차지하고 있다. 방문자 증가율이 2005년 5억7천만 명에서 2006년 약 300억 명으로 5,200%라는 증가율을 보였다. 2006년 10월에 구글에게 16억5천만 달러라는 엄청난 금액에 인수되어 향후 행보가 더욱 주목되는 기업이기도 하다.

3.14.2 UCC의 사용법

이 절에서는 다음(Daum)에서 서비스하고 있는 'TV팟'에 동영상 UCC를 올리는 방법을 알아보도록 한다. 'TV팟'을 이용하기 위해서 http://tvpot.daum.net에 접속하면 [그림 3-102]와 같은 화면이 나타난다. ①의 메뉴에서는 사용자들이 올린 다양한 동영상 UCC를 검색하여 볼 수 있다. 자신의 동영상 UCC를 올리기 위해서는 ② [동영상 올리기] 메뉴를 선택하면 되는데 다음(Daum) 계정이 있어야 한다.

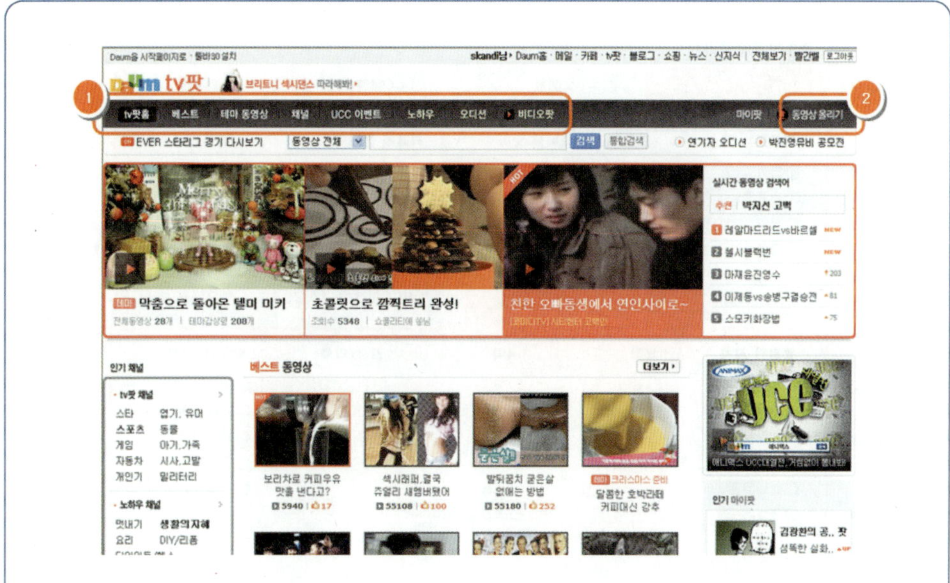

[그림 3-102]

TV팟

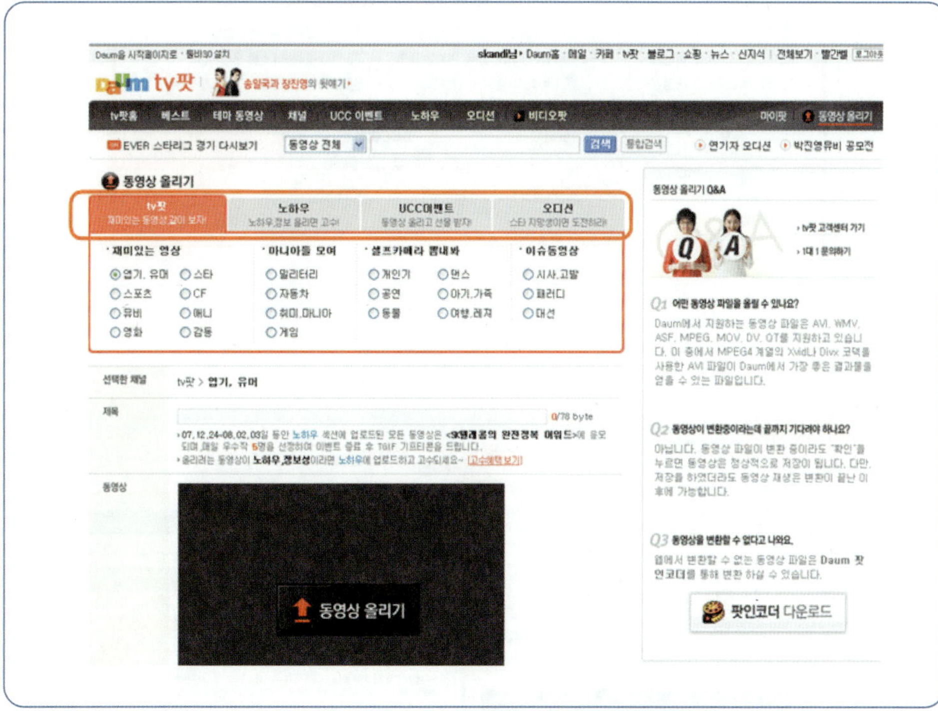

[그림 3-103]

동영상 UCC 분류
선택

　[동영상 올리기] 메뉴를 선택하면 [그림 3-103]처럼 동영상 UCC를 분류에 맞게 선택하여 올릴 수 있는 화면이 나온다. 상단 탭에 분류된 [tv팟], [노하우], [UCC이벤트], [오디션]을 선택하면 서브 분류를 선택할 수 있는 메뉴가 나온다 ([그림 3-104] 참조).

[그림 3-104]
분류별 서브메뉴

[그림 3-105]
동영상 UCC 올리기

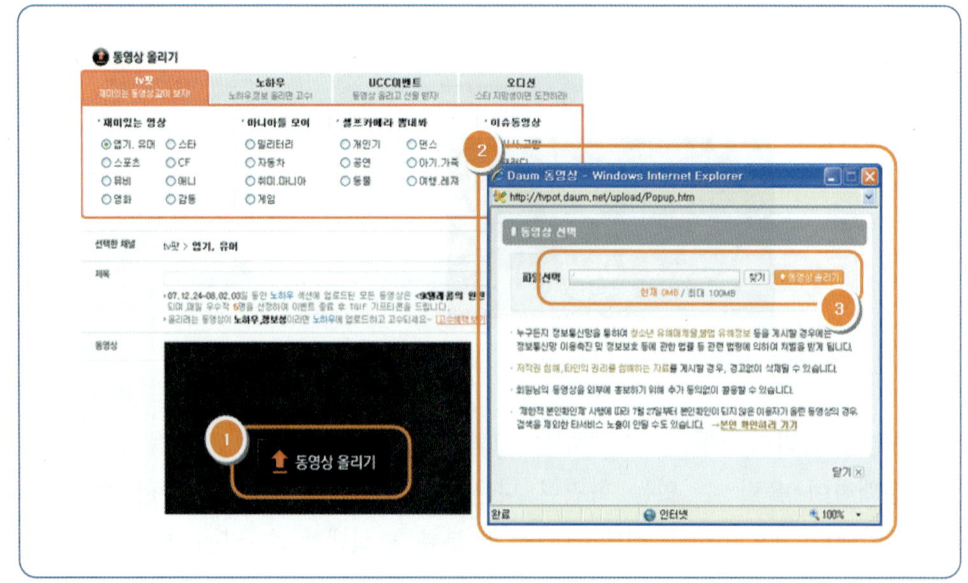

분류를 정하고 나서 [그림 3-105]의 ① [동영상 올리기]를 클릭하면 ②와 같은 창이 뜬다. ③의 메뉴에서 [찾기]를 클릭하여 본인의 컴퓨터에 있는 파일 중 올리고자 하는 동영상 UCC를 선택하고 [동영상 올리기] 버튼을 클릭하면 되며 동영상의 크기는 100MB로 제한된다.

3.14.3 UCC의 작동 원리

이 절에서는 동영상 UCC 서비스의 작동 원리에 대해 알아본다.

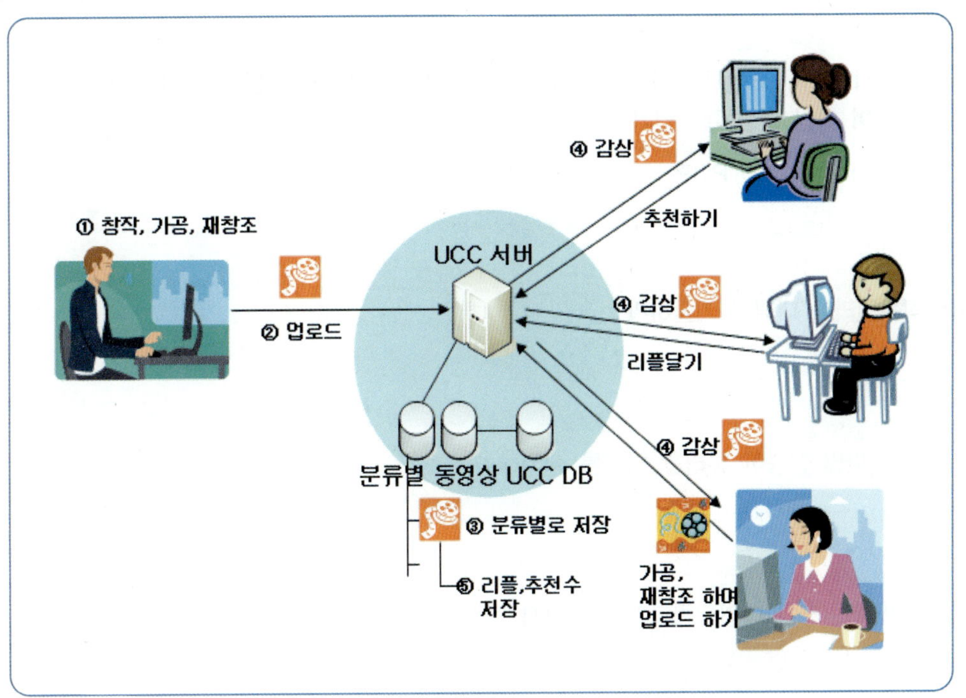

[그림 3-106]

동영상 UCC 작동 원리

[그림 3-106]은 동영상 UCC 서비스의 작동 원리를 보여준다. ① 사용자는 동영상을 창작, 가공, 재창조 등의 작업을 통해 제작하고 ② UCC 서버에 업로드한다. ③ UCC 서버는 해당 동영상 UCC를 검색, 서비스하기에 편리하도록 분류에 맞도록 저장한다. ④ 다른 유저들은 해당 동영상 UCC를 감상하고 추천하기, 리플달기 등의 행위를 통해 피드백을 보낸다. 또는 해당 동영상 UCC를 가공, 재창조 등을 통해 다시 업로드할 수도 있다. ⑤ UCC 서버는 해당 동영상에 대한 추천, 리플 등을 저장한다.

연습문제

01. 전자우편이란 무엇이며, 그 구조와 작동원리에 대하여 간단히 기술하라.

02. 전자우편은 크게 (   )와(과) (   ) 방식 두 가지로 나눌 수 있다. 각각의
특징을 기술하라.

03. 다음은 인터넷 E-mail 서비스에 관한 내용이다. 이때 사용되는 메일 서버와 사용자 단말기 간의
프로토콜 중 해당된 내용이 아닌 것은 무엇인가?

① SNMP   ② SMTP   ③ POP   ④ IMAP

04. 인스턴트 메신저의 작동원리에 대해서 기술하라.

05. FTP가 HTTP에 비해서 파일 전송이 유리한 이유를 설명하라.

06. FTP 작동 원리에서 커맨드링크와 데이터링크가 무엇인지 기술하라.

07. ftp 서비스를 받기 위해 웹 브라우저에 입력하는 주소로서 올바른 것은 무엇인가? 단, 서버의
주소와 기타 정보는 다음과 같다.

> 서버 주소: ftp.korcham.net
> 서버 IP: 211.195.1.139
> 아이디: imis
> 비밀번호: 1234

① ftp://211.195.1.139/~imis   ② ftp://imis@1234:ftp.korcham.net
③ ftp://imis:ftp.korcham.net@1234   ④ ftp://imis@211.195.1.139

06. 다음 중 웹에 대해 잘못 설명하고 있는 것은 무엇인가?

① 웹은 텍스트, 그림, 동영상, 음성 등이 가능한 문서 양식이다.
② 웹은 브라우저를 통하여 이용 가능하다.
③ 웹 서버 간 통신을 원활히 해 주는 프로토콜을 HTML이라 한다.
④ 웹은 HyperText Markup Language를 통하여 다양한 정보를 제공한다.

07. 웹 페이지의 특징 중 하이퍼링크에 대해 설명하라.

08. 검색엔진은 정보구축 방식과 동작 방식에 따라 분류할 수 있다. 각각의 분류에 대해서 설명하라.

09. 다음은 검색 엔진에서 일반적으로 이용되는 연산자의 설명이다. 연산자에 맞게 설명한 것을 선으로 연결하라.

AND 연산	'A'나 'B' 중 하나라도 포함된 문서 검색
OR 연산	'A'만 나오거나 'B'만 포함된 문서 검색
NOT 연산	'A'만 있고 'B'는 없는 문서 검색
조건연산	'A'와 'B'가 포함된 문서 검색

10. 다음 중 검색엔진의 사용법에 대해 잘못 설명하고 있는 것은 무엇인가?

① 여러 검색엔진을 한번에 이용해 검색하고자 한다면 메타 검색엔진을 사용한다.
② 잘 정리된 각 디렉토리별 서비스를 잘 이용하는 것도 좋은 방법이다.
③ 해당 검색엔진의 연산자를 꼼꼼히 살펴본다.
④ 정보의 키워드 없이는 검색을 할 수 없다.

11. P2P의 세 가지 유형에 대해서 설명하라.

연습문제

12. 다음 중 P2P 서비스의 예가 아닌 것은 무엇인가?
　① 자원공유
　② 방송 및 광고
　③ 인터넷 전화
　④ 전자우편

13. VoIP의 정의를 기술하라.

14. VoIP의 작동 원리를 일반전화와 비교하여 차이점을 설명하라.

15. 텔레매틱스 서비스를 분류하고 설명하라.

16. 텔레매틱스 기술은 크게 (　　), (　　), (　　), (　　) 네 가지로 분류할 수 있다.

17. 홈네트워크 기술을 네 가지로 분류하고 각각을 설명하라.

18. 다음 중 유선 홈 네트워킹 기술이 아닌 것은 무엇인가?
　① HomePNA　　　② PLC
　③ IEEE 1394　　　④ DVI
　⑤ UWB

연습문제

19. 다음 중 Web 2.0에 대해 잘못 설명하고 있는 것은 무엇인가?

① 집단지성을 적극 활용한다.
② 롱테일 경제학 개념을 지니고 있다.
③ 수업이 많은 매시업이 이루어진다.
④ 일방적인 정보 제공 형태이다.

20. 블로그는 가입형 블로그와 설치형 블로그 두 가지로 나눌 수 있다. 각각의 장단점을 기술하라.

21. 자신의 블로그를 개설하고 여행에 관한 게시물을 작성해 보라.

4. 인터넷 윤리 및 보안

4.1 인터넷 윤리

인터넷 윤리는 인터넷을 이용하면서 발생할 수 있는 수많은 일들에 관한 일종의 규범이라고 말할 수 있다. 즉, 인터넷 세상인 사이버 공간에서 일어날 수 있는 일들에 대해 기본적으로 지켜야 할 인간 생활에 관한 규범 또는 공통의 책무라고 할 수 있다. 여기서는 인터넷을 이용하면서 지켜야 할 기본 규칙 규범인 인터넷 윤리에 대해 살펴보도록 한다.

4.1.1 인터넷과 개인 생활

인터넷의 발달은 '개인'에 새로운 가치를 부여하였다. 인터넷상에서 개인들은 스스로의 새로운 문화를 창조하며 지극히 개인 중심적으로 움직이지만 다른 한편으로 네트워크를 통해 다른 사람들과 지속적으로 연결된 공동체를 형성하기도 한다. 이와 같이 각자의 개성을 표출할 수 있는 개인화된 커뮤니티 환경은 또 다른 의미에서 새로운 공동체성 확대를 가져오고 있다.

1) 자기표현 방식

네티즌들은 인터넷에서 미니홈피, 블로그 등을 매개체로 이용하여 자기 일상생활, 의견, 취미 등 삶을 즐기고 있다. 여기서는 네티즌의 생활공간으로 떠오르고 있는 미니홈피, 블로그에 대해 살펴보고, 이들의 문제점을 알아본다.

(1) 미니홈피

미니홈피는 온라인상에서 개인 공간을 주고 손쉽게 자신의 일상생활을 꾸밀 수 있게 한 일종의 개인 홈페이지이다. 초기의 미니홈피는 개인의 특성을 집약적으로 나타낸 명함과 같은 역할을 하는 프로필 중심으로 시작되었다. 따라서 미니홈피는 온라인상에서 개인의 명함 역할을 하는 동시에 홈페이지를 간편히 관리할 수 있는 새로운 개념의 개인 미디어이다. 대표적인 국내 미니홈피는 싸이월드(http://www.cyworld.com), msn 미니홈피(http://happy.msnplus.co.kr), 플래닛(http://plant.daum.net) 등이 있다. [그림 4-1]은 대표적인 미니홈피인 싸이월드의 첫 페이지 화면을 보여주고 있다.

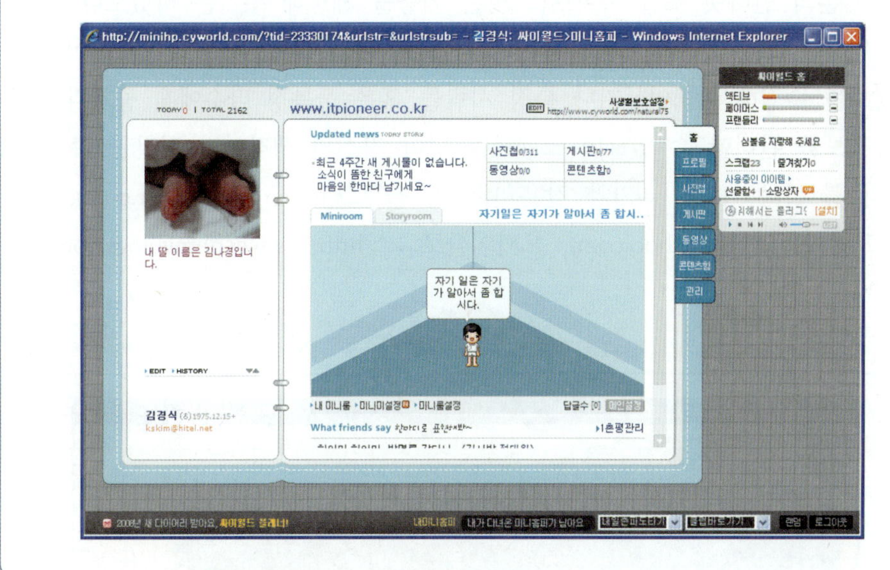

[그림 4-1]
미니홈피(싸이월드)

① 미니홈피의 특징

미니홈피는 개인의 사적 공간을 중심으로 커뮤니티를 형성하는 것으로, 폐쇄적인 구조를 갖고 있으며, 자기 일상의 생활 내용이 주가 되며 친밀도 및 관계성이 중요시되는 1촌1) 중심으로 운영된다.

② 미니홈피의 문제점

미니홈피는 개인적인 정보들을 중심으로 구성되고 운영된다. 이러한 정보들이 노출됨으로써 사생활 침해, 초상권 침해와 같은 사회적 문제들을 일으킨다. 또한 개인들은 자신의 미니홈피에 새로운 댓글이나 방명록에 새 글이 있는지 없는지 혹은 다른 사람 미니홈피에 새로운 것이 없는지 등을 끊임없이 찾아다닌다. 이로 인해 개인의 일상생활을 할 수 없을 정도의 심각한 문제가 발생할 수 있다.

---

1) 친족 상호 간의 혈통관계를 나타내는 촌수에서 1촌은 부모와 자식 간의 관계이다. 이와 비슷하게 인터넷에서 사용되는 1촌도 부모와 자식 간의 관계처럼 매우 서로 친하게 지낸다는 의미를 갖고 있다. 즉, 서로의 개인적인 정보를 공유할 수 있는 관계를 말한다.

(2) 블로그

블로그는 인터넷을 의미하는 웹(web)과 자료를 뜻하는 로그(log)의 합성어인 웹 로그(weblog)를 줄인 말로서 초기에는 웹 로그라는 이름이 사용되기도 하였다. 즉, 블로그(Blog)는 인터넷에 자신의 관심사에 대한 내용과 자신에 대한 생활 모습 등을 올리는 개방형 개인 커뮤니티 사이트를 지칭한다. 자신의 블로그를 생성하여 자신이 관심 있는 정보들을 올려놓고 활용할 수 있다는 점이 블로그의 장점이다. 기존의 인터넷 포털 사이트는 많은 기능을 제공해 주기는 하였으나 각 개인이 원하는 모든 정보를 담을 수는 없다는 한계가 있다. 블로그는 자신이 원하는 정보를 수집해서 모아두거나 특정 사람들 혹은 불특정 다수에게 공개나 비공개로 정보를 관리할 수 있으며 코멘트를 달아 자신의 생각까지 전달할 수 있다. 국내의 블로그는 [그림 4-2]와 같은 네이버 블로그(http://blog.naver.com), 야후 블로그(http://kr.blog.yahoo.com), 오마이블로그스(http://www.ohmyblogs.com) 등이 있다.

[그림 4-2]
블로그(네이버)

① 블로그의 문제점

블로그 서비스를 이용하는 사람은 누구나 다른 사람들의 블로그에 접근할 수 있다. 개인의 블로그에는 그 사람의 일상 모습뿐만 아니라 무슨 생각을 하는지 등의 내용을 담고 있으므로 누군가가 쉽게 엿볼 수 있다면 사생활 침해 문제가 발생할 수 있다. 따라서 이와 같은 문제점들은 정보의 공개 등급을 조정하는 정책 등을 블로그 제공업체에게 제공한다면 어느 정도 해결할 수 있다. 정보의 공개 여부를 개인 사용자가 설정할 수 있도록 하여 개인의 정보, 콘텐츠 등의 유출을 개인이 관리할 수 있다.

2) 대화 방식

네티즌들은 친구들과 만나 직접적으로 대화하기보다는 온라인에서 자유롭게 이야기할 수 있는 채팅이나 댓글들을 선호하는 경향이 있다. 그러나 온라인에서 익명성을 이용한 대화 방식들은 많은 문제점들이 있다. 여기서는 이와 같은 문제점들을 채팅 및 댓글을 중심으로 살펴본다.

(1) 채팅과 문제점

채팅은 사이버 공간에서 다른 사람들과 만나 이야기를 나누는 것이다. 현실에서는 말로 이야기를 나누지만 채팅에서는 글로 이야기를 나누는 것이다. 채팅은 서로 다른 위치에서 서로의 얼굴을 모르는 상태로 대화를 나누기 때문에 자신의 신분이 노출되지 않는 익명성으로 인해 꾸미지 않은 솔직한 대화가 이루어지기도 하지만, 폭언과 음란한 대화도 행해지고 있어 다양한 형태의 범죄 원인이 되기도 한다. 채팅의 종류에는 1:1, 여러 사람이 함께 나누는 형태, 쪽지를 주고받으면서 이야기하는 형태, 상대방의 얼굴을 보며 이야기하는 형태들이 있다.

많은 네티즌들이 채팅을 선호하는 만큼 채팅과 관련된 많은 문제들이 발생하고 있다. 일부 네티즌들은 무례하고 폭력적인 언행을 일삼고 비속어들을 사용함으로써 언어의 파괴를 가속화시키고 있다. 그리고 음란 대화가 많아지면서 관련 강력 범죄도 늘어나고 있다. 또한 아바타 액세서리 구매와 관련된 부작용, 초상권 침해 등이 문제점으로 나타내고 있다. [그림 4-3]은 메신저를 이용한 대화 모습을 보여주고 있다.

(2) 댓글과 문제점

댓글은 사이버 공간을 통해 회원들 또는 불특정 다수의 사용자들 사이에 각종 정보를 주고받을 수 있는 인터넷 게시판이 활성화되면서 나타난 말이다. 댓글의 뜻은 '대답하다, 응수하다'를 뜻하는 영어 단어 '리플라이(reply)'를 한국어로 옮긴 것이다. 댓글은 의견 수렴 차원을 넘어 사회 전반의 '댓글' 신드롬을 불러일으키고 있다. 댓글은 개인의 의견을 제시하고 공유하는 것은 물론 개인 상호 간의 대화 방식으로 여겨지고 있다. 이는 개인 생활 전반에 핸드폰 문자 메시지와 더불어 집약적 대화 방식을 만들었다. 짧은 단문의 글로 좀 더 구체적으로 자신의 의견을 간결하게 표현함에 따라 의미 전달 효과성이 다른 어떤 대화 방식보다 크고 효과적이다.

인터넷에서는 개인의 생각을 익명으로 나타낼 수 있다. 익명을 통한 의견교환은 솔직하게 자신의 의견을 게재할 수 있어 정직한 의견교환이 가능하다. 그러나 이런 익명성이 개인의 인권과 결부되었을 때는 인신공격, 인권침해 등의 사회적 문제를 발생시킨다. 따라서 최근 들어 익명성에 대한 심각한 폐해를 개선하고자 실명을 통한 댓글 게재를 다양한 포털업체에서 시도하고 있다. 또한 댓글이 올바른 의견 제시보다는 의도적으로 부정적 시각으로 댓글을 게재하는 일명 '악플'이 등장했다. 이로 인해 의도적으로 악의적 댓글을 게재하여 부정적인 사회 여론을 형성하고 더 나아가 특정 개인의 정신적·육체적 피해를 유발하는 사회 문제를 일으킨다. [그림 4-4]는 '통신비 인하' 기사에 대해서 네티즌이 댓글을 달고 있는 화면을 보여주고 있다.

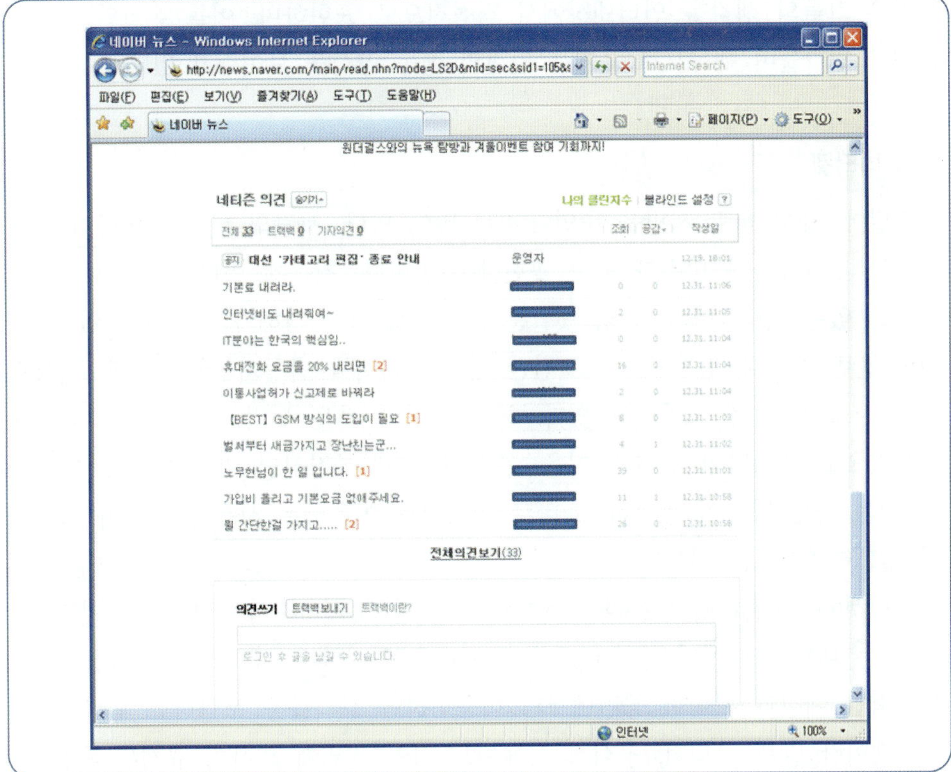

[그림 4-4]
댓글의 예

4.1.2 네티즌과 네티켓

인터넷을 이용하는 사람을 뜻하는 네티즌의 의미와 사이버 공간을 원활하게 유지하기 위해서 네티즌들이 지켜야 할 네티켓에 대해 알아본다.

1) 네티즌

네티즌(netizen)은 인터넷을 뜻하는 'net'과 시민을 뜻하는 'citizen'의 합성어로서 인터넷망에 형성된 사회에서 활동하는 사람들을 일컫는 신조어이다. 네티즌이라는 용어를 처음으로 쓴 하우번(Hauben)은 네티즌이란 용어가 단순히 네트워크를 이용하는 사람들을 모두 통칭하는 개념이 아닌, 네트워크에서 문화를 만들어내고 이를 가꾸어가는 함축적인 의미를 담는다고 말했다. 즉, 인터넷을 사용함으로써 새로운 문화를 창조하고 가꾸어나가는 사람들을 네티즌이라고 한다. 한편 국립국어원에서는 순우리말로 '누리꾼'이라는 말도 사용하고 있다.

인터넷을 사용하는 네티즌이 지속적으로 증가하면서 네티즌의 힘은 고대 그리스의 직접민주주의 시대의 시민들과 같은 힘을 갖게 되었다. 직접적으로 정치에 참여하면서 자신의 생각을 직접 피력할 수 있었던 그때의 사람들처럼 네티즌들은 그들의 생각을 인터넷상에서 직접적으로 표현하며, 이를 온라인과 오프라인을 넘나들며 행동으로 옮기는 일련의 행동 양식을 보여주고 있다.

2) 네티켓

옛말에 '세치 혀로 사람을 죽인다'라는 말이 있다. 사람의 한마디 한마디는 당사자들의 마음속에 비수가 되어 꽂힌다는 말이다. 최근에 인터넷상에서 불거져 나오고 있는 비방, 사기, 악성 댓글문화 등으로 인한 피해가 급증하고 있다. 인터넷 관련 회사나 정부에서는 건전한 인터넷 문화를 만들기 위해서 제도적으로 또는 시스템적으로 노력하고 있다. 하지만 이와 같은 노력도 한계가 존재한다. 근본적으로 개개인의 인터넷 이용수준을 높이고 본질적인 차단 효과를 가져올 수 있는 다른 방안이 필요하다. 바로 인터넷을 이용하는 사용자 각각이 성숙되지 않으면 안 되는 것이다.

네티켓(netiquette)이란 온라인상에서 '해야 할 것'과 '해서는 안 되는 것'을 담고 있는 네트워크 에티켓(network etiquette)을 의미한다. 네티켓은 온라인에서의 통상적인 예절과 사이버 공간에서의 비공식적인 규칙들을 포괄하고 있다. 원래 에티켓이란 말은 사회적, 공식적 삶에 필수적인 권위에 의하여 규정된 혹은 좋은 가문에 의해 필수적으로 요구되는 예절을 의미한다.

여기서는 인터넷에서 지켜야 할 예절들에 대해 버지니아 셰어(Virginia Shea)의 정보통신 예절, 정보통신윤리위원회의 네티즌 윤리강령, 한국정보문화진흥원의 정보사회에 필요한 윤리적 자세에 대해 살펴본다.

미국 플로리다 대학교의 버지니아 셰어 교수가 1994년 정보통신 예절의 기본원칙을 다음과 같이 정의하였다.

① 인간임을 기억하라.
② 실제 생활에서 적용된 것처럼 똑같은 기준과 행동을 고수하라.
③ 현재 자신이 어떤 곳에 접속해 있는지 알고, 그곳 문화에 어울리게 행동하라.
④ 다른 사람의 시간을 존중하라.

⑤ 온라인상의 당신 자신을 근사하게 만들어라.

⑥ 전문적인 지식을 공유하라.

⑦ 논쟁은 절제된 감정 아래 행하라.

⑧ 다른 사람의 사생활을 존중하라.

⑨ 당신의 권력을 남용하지 마라.

⑩ 다른 사람의 실수를 용서하라.

정보통신윤리위원회에서는 '네티즌 윤리강령' 선포식에서 다음과 같은 네티즌 기본정신과 행동강령을 발표하였다.

① 네티즌 기본정신

- 사이버 공간의 주체는 인간이다.
- 사이버 공간은 공동체의 공간이다.
- 사이버 공간은 누구에게나 평등하며 열린 공간이다.
- 사이버 공간은 네티즌 스스로 건전하게 가꾸어 나간다.

② 행동강령

- 우리는 타인의 인권과 사생활을 존중하고 보호한다.
- 우리는 건전한 정보를 제공하고 올바르게 사용한다.
- 우리는 불건전한 정보를 배격하며 유포하지 않는다.
- 우리는 타인의 정보를 보호하며, 자신의 정보도 철저히 관리한다.
- 우리는 비·속어나 욕설 사용을 자제하고, 바른 언어를 사용한다.
- 우리는 실명으로 활동하며, 자신의 ID로 행한 행동에 책임을 진다.
- 우리는 바이러스 유포나 해킹 등 불법적인 행동을 하지 않는다.
- 우리는 타인의 지적재산권을 보호하고 존중한다.
- 우리는 사이버 공간에 대한 자율적 감시와 비판활동에 적극 참여한다.
- 우리는 네티즌 윤리강령 실천을 통해 건전한 네티즌 문화를 조성한다.

한국정보문화진흥원에서는 정보사회에서 필요한 윤리적 자세를 다음과 같이 정의하고 있다.

- 인간 존중의 자세를 지녀야 한다.
- 행동을 신중히 하는 자세가 중요하다.
- 강한 책임감을 지녀야 한다.
- 주체적이고 능동적인 참여 의식을 지녀야 한다.
- 공동체 의식을 지녀야 한다.
- 자율적인 도덕적 태도를 지녀야 한다.
- 우리의 일상생활에서 요구되는 도덕 규칙이나 예절을 잘 지켜야 한다.

4.1.3 개인 정보 침해

개인 정보란 개인의 신체, 재산, 사회적 지위, 신분 등에 관한 사실, 판단, 평가 등을 나타내는 일체의 모든 정보를 말한다. 정보사회를 맞이하여 사회 각 분야에서 인터넷과 정보통신기술의 사용이 일상화되면서, 개인 정보는 과거의 단순한 신분 정보에서 오늘날에는 전자상거래, 고객관리, 금융거래 등 사회의 구성, 유지, 발전을 위한 필수적인 요소로서 작용하고 있다. 우리나라의 [정보통신망 이용 촉진 및 정보 보호 등에 관한 법률] 제2조에서는 개인 정보를 "생존하는 개인에 관한 정보로서 성명, 주민등록번호 등에 의하여 개인을 알아볼 수 있는 부호, 문자, 음성, 음향 및 영상 등의 정보를 말한다."라고 규정하고 있다.

인터넷을 이용하는 사용자들이 지속적으로 증가하고 있으며 관공서, 금융, 병원 등 대부분의 오프라인에서 제공하던 사용자 관련 서비스들을 인터넷을 통해 제공함으로써 개인 정보의 침해가 매우 다양한 형태로 증가하고 있다. 여기서는 대표적인 개인 침해 유형들에 대해 알아보자.

1) 부적절한 접근과 정보 수집

정보 주체의 동의가 없는 개인 정보 수집, 개인 정보 수집 시 고지 또는 명시 의무를 이행하지 않는 행위, 과도한 개인 정보 수집 등이 모두 여기에 속한다. 정보 주체의 동의 철회, 열람 또는 정상요구에 불응하거나 동의 철회, 열람 또는 정정 등 사용자 요구에 대한 조치를 이행하지 않는 행위도 여기에 포함시킬 수 있을 것이다.

2) 부적절한 마케팅

인터넷 마케팅 업체들은 쿠키를 이용하여 소비자들이 어느 웹 사이트에 접속해 얼마나 머무르고 어떤 거래를 하는지를 알아낸다. 또한 정보 주체인 개인의 동의 없이 개인의 인터넷 활동을 모니터링 하는 행위 등도 포함된다.

3) 부적절한 정보 분석

사용자들에게 알려 주지 않고 그들의 사적인 정보를 분석하는 행위를 말한다. 부적절하게 접근하여 수집한 정보와 모니터링한 정보를 분석하면 이것 또한 부적절한 분석이라고 할 수 있다. 그러나 정당하게 수집된 정보일지라도 원래 사용자가 동의한 목적 외의 용도로 부적절하게 분석될 수 있다. 부적절한 분석을 통해 차별적 서비스나, 개인에 대한 통제 강화에 이용할 수 있다.

4) 부적절한 정보 이전

고객에게 알리지 않고 고객의 개인 정보를 다른 기업들에게 넘겨주는 행위가 이에 속한다. 고지, 명시한 범위를 넘어선 이용 또는 제3자 제공, 영업의 양수 동의통지의무 불이행도 여기에 포함된다.

5) 원하지 않는 영업행위

주로 인터넷 사용자의 동의나 허가 없이 상품 광고 메일, 즉 스팸메일을 보내는 행위를 말한다. 이 유형의 사생활 침해에는 정크메일, 대량 DB, 정크 인터넷 푸시채널 등 영리목적의 광고성 정보 전송이 포함된다.

6) 부적절한 정보 저장

개인 정보를 안전하지 못한 방식으로 보관하여 저장된 정보의 신뢰성을 떨어뜨리고 정보 접근에 대한 인증을 수행하지 못하는 행위를 말한다. 즉, 데이터베이스 시스템 관리를 잘못하여 개인 사용자가 다른 사용자의 정보를 훔쳐보는 경우이다. 개인 정보 취급자에 의한 훼손이나 침해, 그리고 수집 또는 제공받은 목적달성 후 개인 정보를 파기하지 않는 행위도 여기에 속한다.

4.1.4 인터넷과 유해 정보

인터넷에는 수많은 정보들이 존재하며, 그중에는 유익한 정보뿐만 아니라 유해한 정보도 있다. 인터넷의 유해 정보들은 다양한 사회문제를 일으키고 있다. 대표적으로 자살 사이트는 네티즌을 죽음으로 이끌고 있으며, 피싱 사이트들은 네티즌들에게 금전적인 손해를 주고 있다. 여기서는 대표적인 유해 정보인 스팸메일, 피싱메일, 불건전 정보에 대해 학습한다.

1) 스팸메일

하루에도 수십 통씩 받는 스팸메일의 어원을 살펴보면 '스팸'은 미국의 호멜 푸드(Hormel Food Inc.)에서 만든 깡통에 든 햄을 일컫는 말이다. 이 회사가 'spam'을 홍보할 때 모든 역량을 광고에 집중함으로써 여러 가지 문제들이 발생한 유래로부터 스팸이라는 용어를 사용한다. 즉, 엄청난 광고로 인한 공해를 스팸이라는 말로 표현하게 되었다.

스팸메일을 정크메일(junk mail), 벌크메일(bulk mail)이라고도 하며 우리가 원하지도, 요청하지도 않았는데 어쩔 수 없이 받는 불필요한 메일 전체를 말한다. 스팸메일의 대부분은 주로 허위 혹은 닉네임으로 불필요하거나 승인되지 않은 광고, 판촉물, 금융피라미드, 음란 불법 소프트웨어 복제 판매, 기타 다른 형태의 권유를 게재하여 이메일, 팩스, 전화 등의 전송 방법을 이용해서 수신자의 의사에 관계없이 일방적으로 보내지고 있다.

2) 피싱메일

피싱메일은 1996년 AOL(American Online)을 사용하던 10대들이 일반 사용자들에게 가짜 이메일을 보내는 해킹 기법에서 유래됐으며, 이들은 당시 자신의 이메일을 AOL에서 보낸 이메일이라고 속이는 방법을 통해 일반 사용자들의 계정 정보를 훔쳤다. 피싱메일은 온라인상에서 가짜 미끼를 걸어 고객의 개인 정보(private data)를 낚시질(fishing)하는 것을 의미하는 것으로, 개인 정보와 피싱의 단어가 합쳐져 피싱메일이라는 단어가 탄생되었다.

3) 불건전 정보

불건전 정보의 대표적인 예로는 음란 정보나 폭력적인 정보 등이 있는데, 음란 정보는 성에 관하여 흥미 중심의 잘못된 정보를 선정적으로 왜곡해서 전달하는 것을 말한다. 음란한 정보는 정보를 접하는 사람들에게 성에 대한 잘못된 견해를 갖게 하며, 나아가 자신의 성에 대하여 가져야만 하는 사회적 책임으로부터 무관심하게 만들어 성범죄를 저지르게 하거나 성범죄의 피해자가 되게 하며, 전반적으로 사회의 성도덕을 타락시킨다. 지나치게 폭력적인 장면이나 사람을 쉽게 죽이는 게임 등을 계속하여 반복할 경우 인간은 자신도 모르는 사이에 공격적이 되어 남에게 폭력을 쉽게 쓰게 될 수도 있기 때문에 폭력적인 정보는 자신과 다른 사람을 모두 폭력의 희생자로 만드는 결과를 낳는다.

인터넷에서 자신의 신분이 나타나지 않는다는 사실을 이용하여 거짓 정보를 유통시키는 것은 바람직한 사회 건설에 커다란 지장을 초래한다. 경우에 따라 거짓 정보를 사실로 믿고 퍼뜨리는 경우도 있으며, 고의로 남을 골탕 먹이기 위해 퍼뜨리는 경우도 있다. 두 경우 모두 거짓 정보를 유통시킴으로써 사람들이 서로 믿지 못하는 분위기를 만들게 되므로 신뢰 사회를 건설하는 데 장애가 된다. 남을 골탕 먹이는 재미로 거짓 정보를 유통시키는 경우, 나중에 자신이 올바른 정보를 유통시키려 해도 남이 믿어주지 않아서 결과적으로는 자신이 피해를 보게 된다. 거짓 정보는 피해를 받은 사람에게 큰 심리적인 고통을 줄 뿐만 아니라, 거짓 정보에 의한 경제적인 피해자가 생기기 때문에 범죄에 의한 처벌을 받도록 되어 있다.

4.1.5 인터넷 중독

중독이란 개념은 알코올이나 약물 사용과 관련하여 적용되어 왔다. 그러나 인터넷이 널리 활용됨에 따라 많은 관심을 받고 있는 것이 인터넷 중독이다. 이는 인터넷 활용의 부정적 측면을 나타낸다.

인터넷 중독 장애(IAD: Internet Addiction Disorder)라는 용어를 처음 제안한 골드버그(Goldberg)는 중독 개념을 병리적이고 강박적인 인터넷 사용으로 규정하고 진단 기준으로서 내성, 금단 등의 요소를 포함하고 있다. 국내의 경우 정보통신부가 운영하는 사이버 중독센터에 따르면 사이버 중독의 개념을 컴퓨터에 지나치게 접속함으로써 일상생활에서 심각한 사회적, 정신적, 육체적 및 금전적 지장을 받은 상태로 규정하고서 여기에는 의존성, 내성 및 금단 증상이 나타나며, 또한 이러한 증상들의 반복적, 만성적 표현 및 활동 장애를 포함시키고 있다.

1) 인터넷 중독의 원인

인터넷 중독은 인터넷에 빠져들어 하루라도 컴퓨터 통신이나 인터넷을 하지 않으면 초조해지고 불안해지는 증상이다. 중독 증상으로는 인터넷을 하지 않으면 무엇인가 인터넷에서 중요한 일이 일어난 것 같은 생각에 빠져들고, 컴퓨터 모니터 앞에 앉아 인터넷에 연결되면 마음이 안정되고 불안 및 초조감이 없어지는 것 등을 들 수 있다. 이와 같은 원인들은 인터넷이 갖는 몇 가지 특성 때문에 일어난다.

① 사이버 공간을 통해 새로운 기술의 획득과 이를 통한 자존감을 고양시킨다.
② 자신이 원하는 정보를 손쉽게 얻을 수 있다.
③ 인터넷은 다양한 자아 정체성을 표현할 수 있는 장소이다.
④ 새로운 인간관계의 형성과 대등한 수준의 의사소통이 가능하다.

2) 인터넷 중독의 유형

미국 피츠버그 대학의 킴벌리 영(Kimberly Young) 교수가 1996년에 정의한 인터넷 중독의 다섯 가지 유형은 다음과 같다.

① 사이버 섹스 중독: 사이버 음란물에 탐닉하거나 성인 채팅에서 만난 상대와 사이버 섹스에 몰두한다.
② 사이버 교제 중독: 가족이나 친구보다는 채팅방에서 만난 온라인 사람들과 더 친하게 지낸다. 여기에 사이버 연애도 포함된다.
③ 인터넷 강박증: 강박적으로 온라인 도박이나 온라인 경매, 온라인 거래 등에 탐닉한다.
④ 정보 중독: 강박적으로 웹 서핑이나 데이터베이스 탐색에 몰두한다.
⑤ 컴퓨터 중독: 강박적으로 컴퓨터 게임이나 컴퓨터 프로그램 작성에 탐닉한다.

3) 인터넷 중독의 해결 방안

어린이를 비롯하여 성인에 이르기까지 인터넷 중독은 심각한 수준에 있으며 더욱 급속히 확산되고 있다. 따라서 사회적으로 인터넷 중독으로 인해 피해와 중독 자체를 근절하는 근본적인 원인들에 대한 규명과 대책이 필요하다. 이와 함께 인터넷 중독의 원인들에 대한 정확한 파악과 근본적인 근절 대책이 필요하다.

먼저, 현실 속에서 신체적 활동이나 여가생활을 할 수 있는 놀이문화의 조성이 무엇보다도 중요하다. 건전한 놀이문화의 조성은 일상에서 느끼는 과도한 스트레스를 분출하게 하는 통로가 될 것이다. 또한 가정 내의 변화 역시 필요하다. 인터넷에서 음란물, 폭력적인 게임에 중독되는 청소년들의 일부 일탈행위만을 보고 우려의 목소리로 사회, 제도적 차단 혹은 통제장치만을 강구하는 것은 인터넷 중독과 같은 일탈행위의 근본적인 대책이 되기 어려울 것이다. 무엇보다도 현실적으로 가장 시급하게 요구되는 교육적 대처는 네티켓 대상 교육이 절실히 요구된다는 점이다. 현재의 청소년들은 태어나면서부터 인터넷이 새로운 생활공간이 된 세대이기 때문에 'N세대'로 불린다. 이들에게서 인터넷은 새로운 생활 장소이자 공동체 삶의 장이 되면서도 한편으론 인터넷이 갖는 '익명성'으로 인해 일탈행동을 하게 하는 장소가 되어 온 것이 사실이다.

PLUS⁺

인터넷 중독 확인하기

한국정보문화진흥원의 인터넷중독예방센터(http://www.iapc.or.k)에서는 본인 또는 타인의 인터넷 중독 여부를 판단할 수 있는 아래와 같은 여러 종류의 진단 프로그램을 제공하고 있다. 인터넷중독예방센터를 방문해서 본인에 맞는 진단 프로그램을 이용하여 인터넷 중독 여부를 확인해 보기 바란다.

- 한국형 인터넷 중독 자가진단 척도(K-척도)(청소년용: 만 10~18세 대상): 청소년 자신의 인터넷 사용습관을 진단해 볼 수 있다.
- 성인 인터넷 중독 자기보고용 척도(A-척도)(성인용): 성인 자신의 인터넷 사용습관을 진단해 볼 수 있다.
- 성인 인터넷 중독 관찰자용 척도(B-척도)(성인용: 성인을 대상으로 관찰자 평정): 가족이나 주변 사람의 인터넷 사용습관을 진단해 볼 수 있다.
- 유아 및 초등 저학년 인터넷 게임 중독 경향성 척도(부모용: 만 5~8세 자녀 대상): 자녀의 인터넷 게임 사용습관을 진단해 볼 수 있다.
- 아동 인터넷 게임 중독 척도(부모용/아동용: 만 9~12세 대상): 자녀 혹은 아동 자신의 인터넷 게임 사용습관을 진단해 볼 수 있다.
- 청소년 인터넷 게임 중독 척도(청소년용: 만 13~18세 대상): 청소년 자신의 인터넷 게임 사용습관을 진단해 볼 수 있다.

4.1.6 사이버테러

사이버테러란 오늘날 지식정보화시대의 역기능을 대표하는 산물로, 네트워크를 이용하여 개인의 가치에서부터 데이터베이스화되어 있는 군사, 행정, 금융, 인적 자원 등 조직과 국가적인 주요 정보에 대해 무력화나 파괴하는 것을 말한다. 즉, 실무적으로 사이버테러는 해킹, 바이러스 제작 및 유포 등 대규모 피해를 불러오는 사이버 공간에서의 범죄를 말한다. 21세기의 테러는 갈수록 이러한 네트워크 파괴로 집중될 것으로 예상되며, 앞으로는 전쟁도 군사시설에 대한 직접적인 타격보다는 군사, 통신, 금융 네트워크에 대한 사이버테러 양상을 띠게 될 가능성이 높다.

미국 등 정보화 선진국에서 인터넷과 같은 범세계적 네트워크를 이용한 각종 범죄 단체의 테러 위험성이 현실화되고 있기 때문에 사이버테러 또는 사이버테러리즘(cyber terrorism)이 지구촌의 새로운 공동 관심사로 부상하고 있다. 세계 각국에 네트워크가 광범위하게 보급되어 있으며, 이를 이용한 정부기관이나 공공기관, 은행, 기업 등의 중요한 컴퓨터 데이터베이스 등 정보시스템의 교란, 파괴 또는 악용 행위가 각종 테러리스트 집단의 목표달성 수단이 될 것으로 관측되고 있다.

1) 사이버테러의 유형

정보통신의 발달에 따라 점차 가상공간에서의 테러 행위도 중요해지고 그 파급 효과도 점차 커지는 경향을 보이고 있다. 정보통신분야에서 기술발전의 속도가 아주 빠르게 진행되는 것과 같이 사이버테러리즘의 수법도 이와 마찬가지로 빠르게 발전하고 고도화되는 특징을 보인다.

사이버테러는 다음과 같이 세 개의 영역으로 분류될 수 있다. 첫 번째는 개인에 대한 테러이다. 민간 영역에 속한 것으로 언론에서 자주 보도되는 형태로서 유언비어의 배포, 명예회손, 사기, 스토킹 등이 해당된다. 게다가 크래킹 기술의 일반화로 메일에 대한 엿보기 등을 통한 2차, 3차적인 문제를 유발하기도 한다. 두 번째로 집단에 대한 테러이다. 가장 대표적인 것이 집단과 조직의 홈페이지에 대한 테러 행위로서 크래킹 의한 가동중지, 홈페이지 변조, 서비스 거부 공격 등의 형태로 나타낸다. 홈페이지는 기관과 조직을 보여주거나 대표하는 성격을 갖지만 정확하게는 집단 자체가 아닌 새로운 유형의 범 인격체로서 보아야 하며 이에 대해서 익명성을 가진 테러가 시행되는 것이 바로 이 경우에 해당된다. 세 번째는 1990년대 중반에 들면서 논의와 함께 구체적인 사례가 등장하는 가장 큰 의미의 조직인 국가 존립 기반에 대한 테러를 들 수 있다. 국가의 주요한 사회 간접 자본과 주요 인프라에 대해 행해지는 가장 영향력이 큰 테러를 의미한다. 아래에서는 대표적인 사이버테러인 해킹 및 바이러스에 대해 살펴본다.

(1) 해킹

해킹(hacking)이란 네트워크상의 다른 컴퓨터 시스템에 몰래 침입하는 행위로서, 남의 집에 몰래 들어가 귀중품을 훔치는 범죄행위와 같다. 그럼에도 불구하고 해킹을 하는 사람들은 자기의 행위가 범죄라는 사실을 이해하지 못하고 있다. 마치 자신의 컴퓨터 사용능력의 과시로 잘못 생각하는 경향이 있다. 해킹을 할 경우 해커는 자신의 범죄행위에 대한 법적인 처리를 받게 되고, 자신이 훔친 정보로 인하여 다른 여러 사람에게 피해를 줄 수 있으며 결과적으로 자신에게도 피해가 돌아가게 된다.

(2) 바이러스

컴퓨터 바이러스란 컴퓨터에 침입하여 컴퓨터를 고장나게 하는 프로그램을 의미하는데, 컴퓨터가 바이러스에 감염되면 동작이 중지되거나 모든 기능이 작동되지 않는 치명적인 증상 등이 나타난다. 컴퓨터 바이러스의 침입 사실을 모르고 감염된 컴퓨터를 사용하거나, 감염된 컴퓨터를 이용하여 작성한 파일 등을 자신의 컴퓨터에서 사용하면 자신의 컴퓨터도 바이러스에 감염된다. 따라서 컴퓨터 바이러스 프로그램의 유포는 상상할 수 없을 정도의 많은 사람에게 막대한 피해를 준다. 또한 컴퓨터 바이러스에 감염된 컴퓨터를 원래 상태로 복구할 때의 경제적 손실도 대단히 크다. 따라서 컴퓨터 바이러스 프로그램의 유포는 개인과 국가에 경제적으로 막대한 손실을 끼칠 수 있는 잘못된 행동이며 범죄행위여서 처벌 대상이 된다.

2) 사이버테러의 특징

사이버테러는 보이지 않는 사이버 공간에서 해킹과 바이러스 같은 수단을 이용하여 목적하는 대상의 정보시스템에 영향을 주어 목적하는 결과를 얻는다는 점에서 여러 가지 새로운 특징을 갖고 있다.

첫 번째, 이들은 컴퓨터나 첨단 정보통신을 이용하여 전산망에 침투하거나 바이러스를 유포시킨다.

두 번째, 해커나 컴퓨터 전문가 등의 고급두뇌가 가담한다.

세 번째, 방대한 정보 유출과 치명적인 파괴행위를 수반한다.

네 번째, 외부침입의 흔적 발견이 쉽지 않다.

다섯 번째, 내부자에 의한 정보 유출도 가능하다.

4.1.7 저작권 침해

저작물은 인간의 지적창작활동에 의하여 창출된 창작물을 말한다. 일반적으로 발명이나 고안, 디자인, 상표, 저작물, 컴퓨터 프로그램 등을 들 수 있는데, 회사 영업상 노하우인 영업 비밀도 포함된다. 지적재산권이란 이러한 지적 창작활동의 결과물에 대한 권리를 말하는 것으로 과거에는 지적소유권이라는 말이 자주 쓰였으나, 1990년대에 오면서 지적재산권이라는 말이 더 많이 사용되고 있다.

1) 저작물이 되기 위한 조건

저작권법 제2조 제1호에 의하면 저작물이란 문학, 학술 또는 예술의 범위에 속하는 것으로 정의하고 있다. 문학, 학술 또는 예술이라고 하고 있으나 이는 예시적인 것이다. 지적이고 문화적인 포괄개념에 속하면 되는 것이다. 다만, 저작권법의 보호 대상이 되기 위해서는 창작성이 있어야 한다.

2) 여러 가지 저작물

저작권법은 보호 대상이 되는 저작물을 표현 형식별로 분류하여 다음과 같이 예시적으로 열거하고 있다.

- 소설·시·논문·강연·연술·각본 그 밖의 어문 저작물
- 음악 저작물
- 연극 및 무용·무언극 등을 포함하는 연극 저작물
- 회화·서예·조각·공예·응용미술 저작물 및 그 밖의 미술 저작물
- 건축물·건축을 위한 모형 및 설계도를 포함하는 건축 저작물
- 사진 및 이와 유사한 제작 방법으로 작성된 것을 포함하는 사진 저작물
- 영상 저작물
- 지도·도표·설계도·약도·모형 및 그 밖의 도형 저작물
- 컴퓨터 프로그램 저작물

저작물로서의 요건을 충족시키고 있다고 해도 사회공공의 이익이라는 관점에서 정책적으로 특정한 저작물을 저작권법의 보호범위 밖에 두고 있다. 국민에게 널리 알려져야 할 성질을 갖는 국가기관 등의 공문서 등은 누구라도 자유로이 이용할 수 있으며, 다음의 저작물에는 저자권법의 보호가 미치지 않는다(저작권법 제7조).

- 헌법·법률·조약·명령·조례 및 규칙
- 국가 또는 지방자치단체의 고시·공고·훈련 및 그 밖의 이와 유사한 것
- 법원의 판결·결정·명령 및 심판이나 행정심판절차, 그리고 그 밖의 이와 유사한 절차에 의한 의결·결정 등
- 국가 또는 지방자치단체가 작성한 것으로 제1호 내지 제3호에 규정된 것의 편집물 또는 번역물
- 사실의 전달에 불과한 시사보도
- 공개한 법정·국회 또는 지방의회에서의 연술

3) 저작권의 발생과 존속기간

여기서는 저자권의 발생과 존속기간에 대해서 살펴본다.

(1) 저작권의 발생

저작권은 프로그램이 창작된 때부터 발생하며, 어떠한 절차나 형식적 요건을 필요로 하지 않는다. 이를 무방식 주의라 한다. 저작권에 관한 국제협약 가운데

세계 저작권 협약은 저작권 표시인 ©를 요구하는 방식주의에 입각하여 저작권의 발생을 인정하고 있으나, 우리나라 저작권법은 저작권에 관한 국제조약인 베른협약이 정하는 규정에 따라 '무방식 주의'를 채택하여 따르고 있다. 저작권은 저작물을 창작한 순간 자동적으로 발생하며 저작권 표시 ©가 없어도 저작권법에 의하여 보호를 받는 데 아무런 지장이 없다.

(2) 저작권의 존속기간

지적재산권의 보호기간은 원칙적으로 저작자의 생존하는 동안과 사망 후 50년간이다. 다만, 저작자가 사망 후 40년이 경과하고 50년이 되기 전에 공표된 저작물의 저작재산권은 공표된 때부터 10년간이며, 공동저작물의 저작재산권은 맨 마지막으로 사망한 저작자의 사망 후 50년간으로 규정되어 있다. 베른협약에서는 저작자의 생존기간과 그의 사망 후 50년으로 규정하고 있다. 다만, 컴퓨터 프로그램의 경우에는 그 프로그램이 공표된 다음 해부터 50년간 존속한다.

4) 저작권 침해의 유형

[표 4-1]과 같이 저작권법상 권리침해는 저작재산권의 침해, 저작인격권의 침해, 출판권의 침해 및 저작인접권의 침해 네 가지로 분류할 수 있다. 또한 이 분류에는 포함되지 않으나 실질적으로는 권리침해와 동일시할 수 있는 일정한 행위에 대해서도 권리침해 행위로 보고 있다.

구분	내용
저작 재산권의 침해	원 저작물의 표현 형식의 도용과 같은 무단 이용과 저작물에 대한 허락범위 외의 이용. 예를 들어 출판을 허락했는데, 출판권자가 무단으로 영화화하는 경우와 같은 부정 이용 등이 해당된다.
저작 인격권의 침해	공표권·성명 표시권·동일성 유지권 침해 및 저작자 사후의 인격적 이익에 대한 침해를 들 수 있다. 아울러 저작인격권 침해의 간주규정을 두어 저작자의 명예를 훼손하는 방법으로 그 저작물을 이용하는 행위를 저작인격권 침해 행위로 본다.
출판권 침해	복제권자와의 사이에 출판권 설정이 되어 있는 경우에 출판권자 외의 자가 당해 저작물을 무단으로 출판하는 것은 출판권 침해가 된다.
저작 인접권의 침해	법이 특별히 허용하는 경우를 제외하고 저작인접권자가의 허락 없이 실연·레코드 및 방송을 무단으로 이용하는 경우 저작인접권 침해가 된다.

[표 4-1]
저작권 침해의 유형

4.2 인터넷 보안

매스컴을 통해 알려진 모 반도체 회사의 기밀 유출 사고, 해킹에 의한 전산망 마비, 회사원에 의한 개인 정보 유출 사건 등의 일련의 사건들은 우리에게 보안의 중요성을 알려 주고 있다. 실제로 외국에서뿐만 아니라 우리나라에서도 보안에 관련된 사건은 지속적으로 증가 추세이며, 그 피해 또한 점점 규모가 커지고 있다. 보안 문제는 일반적으로 사용의 편리성을 제약하고 추가적인 비용을 요구하지만 더 이상 미룰 수 없는 현안이라 할 수 있다. 여기서 인터넷 관련 보안에 대해 전반적으로 학습한다.

4.2.1 인터넷 보안의 정의 및 필요성

컴퓨터와 관련하여 보안을 정의하면 개인이나 기관이 사용하는 컴퓨터와 관련된 모든 것을 안전하게 보호하는 것을 말한다. 여기에는 시스템의 하드웨어는 물론, 시스템 내의 귀중한 정보들도 포함된다. 대부분의 경우에는 시스템의 정보를 보호하는 행위를 말한다. 인터넷 측면에서 보안을 정의하면 다음과 같다.

'인터넷 보안'이란 TCP/IP 프로토콜을 통해 연결된 수많은 호스트들 사이에서 정보의 유출과 불법적인 서비스 이용을 방지하는 것이라 정의할 수 있다.

최근에 컴퓨터에 대한 지식이 적은 사람들도 인터넷, 인트라넷, 전자우편, PC 통신 등을 활용하여 예전과는 다른 형태로 정보를 활용한다. 많은 기업이나 기관에서 인트라넷을 도입해서 쉽고 저렴한 가격으로 사내 또는 해외 지사 등과 문서교환(EDI: Electric Data Interchange)을 하고 있으며, 자료를 체계적으로 정리하여 쉽게 활용함으로써 업무 효율을 높이고 있다. 컴퓨터를 활용하지 못하는 컴맹에 이어 인터넷을 모르면 넷맹이라는 소리를 들을 정도로 인터넷의 사용이 확산되고 있으며, 국내 인터넷 이용자는 3천3백만 명을 넘어섰다.

기업이나 정부기관 등이 점점 더 인터넷 등 네트워크에 많이 의존하게 되고 전자상거래 등 일상생활과 밀접한 여러 가지 행위들이 인터넷에서 이루어지면서, 이제 인터넷 보안상의 문제는 경제적으로도 상당한 피해를 유발할 수 있게 되었다. 은행 전산망이 멈추거나 또는 전산망을 이용하여 아무런 흔적도 남기지 않고 많은 돈을 빼간다든지 하는 직접적인 금전적인 피해도 있지만, 사내 전산망의 정지, 네트워크 정지 및 파손, 군사기밀 또는 기업비밀의 유출 및 파손 등 네트워크 보안을 소홀히 했을 경우의 손실은 유형, 무형으로 막대할 수 있다.

한국정보보호센터(KISA)의 보고서에 의하면 2007년 10월에 보고된 국내 컴퓨터 해킹에 관한 사건은 13,308건으로 해킹 피해가 급속하게 증가하고 있으며,

기관별 해킹 피해 접수현황은 [표 4-2]와 같다. 예전에는 고전적 해커들이 주로 지적호기심을 위해 시스템에 접근하였으나, 최근에는 영리를 추구하는 기업 정보시스템을 금전적 목적을 위해서 공격하는 경우가 증가하고 있다. [표 4-3]과 같이 대부분의 피해가 개인 및 보안 대책을 세우지 않은 중소기업이나 IDC(Internet Data Center)에 입주한 소호업체, 웹호스팅 업체에서 주로 발생하였다. 인터넷 데이터센터의 경우 한 시스템이 해킹을 당한 후 크래커가 설치한 스니핑 프로그램에 의해 타 시스템의 관리자 계정 및 패스워드가 쉽게 유출되었고, 유사한 취약점을 이용하여 빠르게 해킹당했다. 그리고 주목할 것은 기타 (개인) 부분인데, 개인의 사고가 대부분을 차지한다. 이와 같은 사고는 주로 개인이나 게임방 등 일반 PC 사용자가 대부분으로 주로 네트워크 게임이나 머그 (MUG) 게임, 인터넷 뱅킹을 이용하는 사용자의 아이디 및 패스워드를 도용하여 금전적 피해를 주는 사고였다.

[표 4-2]
해킹 피해 현황

구분	2006 총계	2007										2007 총계
		1	2	3	4	5	6	7	8	9	10	
스팸 릴레이	14,055	1,255	1,473	1,477	1,310	972	477	851	1,248	677	598	10.308
피싱 경유지	1,266	90	178	96	73	90	68	79	78	92	78	922
단순 침입시도	3,711	327	184	414	536	522	478	315	317	243	370	3,706
기타 해킹	4,570	229	206	197	212	217	213	201	182	197	214	2,068
홈페이지 변조	3,206	287	248	63	89	245	305	485	125	236	116	1,999
합계	26,808	2,518	2,189	2,247	2,220	1,946	1,541	1,931	1,950	1,455	2,376	19,003

출처: 인터넷침해사고 동향 및 분석월보, 2007.10

[표 4-3]
해킹사고 피해의 기관별 분류

구분	2006 총계	2007										2007 총계
		1	2	3	4	5	6	7	8	9	10	
기업	3,689	435	241	188	277	278	392	579	265	121	94	2,870
대학	1,094	95	75	173	161	139	136	74	52	63	73	1,041
비영리	714	46	33	23	12	22	27	49	18	14	12	256
연구소	16	1	0	1	0	0	2	1	0	0	0	5
네트 워크	307	27	11	7	7	12	26	30	12	0	1	133
기타 (개인)	20,988	1,554	1,829	1,885	1,763	1,495	958	1,198	1,603	1,247	1.196	14,698
합계	26,808	2,158	2,189	2,247	2,220	1,946	1,541	1,931	1,950	1,445	1,376	19.003

출처: 인터넷침해사고 동향 및 분석월보, 2007.10

한국정보보호센터에서 해킹 사건을 분석한 결과, 다음과 같이 크게 세 가지를 주요 증가 원으로 보고 있다.

(1) 인터넷 등 네트워크를 통하여 연결되는 개방화된 정보시스템과 사용자가 지속적으로 증가

인터넷을 통한 정보교환, 전자상거래, 민원 서비스들이 급속하게 증가하였다. 또한 저렴한 비용으로 서버를 운영할 수 있는 IDC(Internet Data Center) 입주의 증가와 PC방의 증가로 누구나 쉽게 인터넷에 연결된 시스템에 접근할 가능성이 높아졌다. 실제 국내 정보시스템 침해사고의 상당부분이 국외 해커에 의해 이루어졌다.

(2) 해커들 간의 자유롭고 빠른 정보의 교환

해커들은 자신들의 웹 사이트를 운영하면서 해킹기술을 인터넷에 자유로이 공개하고 있어 누구나 쉽게 해킹 정보를 구할 수 있다. 해킹도구들도 점차 지능화, 자동화되고 있어 Script Kiddie(컴퓨터 지식이 별로 없는 10대 초보 크래커)들의 증가를 가속화시켜 이로 인한 침해사고 피해건수와 크래커의 수가 늘어나고 있는 실정이다. 실제 국내에도 해커들이 지속적으로 증가하고 있다.

(3) 정보시스템 관리자의 시간적·기술적 역량 부족

정보시스템을 공격하려고 하는 수많은 크래커들은 공격기술에 심취해서 집중적으로 모든 노력을 다하지만, 정보시스템의 관리자는 수많은 시스템을 관리해야 하며, 고유 업무에 많은 시간을 빼앗겨 정보 보호에 신경을 쓰기가 쉽지 않다. 최근에는 정보 보호에 대한 인식이 많이 확산되어 관리자들이 정보 보호를 위해 대처하려고 하지만 정보 보호에 대한 지식의 결여로 인해 실천에 옮기기는 쉽지 않은 실정이다.

4.2.2 인터넷 보안의 위협요소와 보안 서비스

여기서는 사용자 정보를 침해하는 보안의 위협요소들과 이와 같은 위협들로부터 사용자 정보를 안전하게 보호하기 위해 필요한 보안 서비스에 대해서 살펴본다.

1) 위협요소

인터넷에서의 보안 위협에 대한 다양한 보안 대책을 마련하기 위해 많은 연구가 진행되고 있으며, 표준화되어 있지는 않으나 구현된 보안 정책들이 이미 실용화되어 널리 사용되고 있다. 여러 인터넷 사이트들은 그들이 사용한 보안 정책에 대해 자신하고 있다. 그러나 조직적이고, 지능화된 해킹 앞에서는 어디에도 완벽한 시스템은 있을 수 없다. 보안을 침해할 수 있는 위협요소는 다음과 같이 여러 형태가 있다.

- 신원 및 데이터 사취, 누설(identity and data interception, leakage): 비인가자에 의한 비밀 정보의 획득, 도청, 복사 등이다. 기밀성에 대한 위협요소이다.
- 사칭/가장(masquerade): 비인가자가 인가된 자로 가장하여 인가된 자의 비밀번호를 획득하여 사용하는 것을 말한다. 인증에 대한 위협요소이다.
- 재생(replay): 부당한 환경에서 정당한 메시지의 재생, 지불요구서의 이중제출 등으로 기밀성에 대한 위협요소이다.
- 조작(manipulation): 정보의 전부 또는 일부분의 교체, 제거 및 데이터 블록 순서의 재순서화 또는 정보를 가로채어 변조시키고 원래의 목적지로 전송하는 것으로 무결성에 대한 위협요소이다.
- 부인(repudiation): 거래내용 또는 교환의 부인, 송신자/수신자의 부인 등을 말한다. 부인방지에 대한 위협요소이다.

다음에는 인터넷 보안을 위협하는 대표적인 예로서 해커들에 의한 서비스 거부 공격 및 바이러스에 대해 알아본다.

2) 인터넷 보안 위협 예

(1) 해커들의 ISP 공격

해커들은 여러 가지 악명 높은 소프트웨어를 사용하여 개인이나 웹 사이트를 공격한다. 해커들의 집중 목표가 되는 것은 주로 인터넷 서비스 제공업체(ISP)들이다. 해커들이 ISP를 공격하는 이유는 개인적인 싫어함일 수도 있고, 그냥 재미삼아 하는 경우도 있다. ISP에 대한 대표적인 공격 유형이 서비스 거부(DOS: Denial of Service) 또는 원격 서비스 거부(DDOS: Distributed Denial of Service)라는 것인데, 해커가 엄청난 양의 트래픽을 ISP에 유발시켜서 네트워크를 마비시키는 것을 말한다. 여기에 사용되는 기술이 스머프 공격(smurf attack, smurfing)이다. 해커가 ISP에 수많은 쓰레기 패킷을 보내어 ISP의 가능한 네트워크 용량을 모두 채워 버리는 수법이다. ISP의 고객들은 데이터를 받거나 보내는 것, 전자우편을 사용하는 것, 웹 브라우저를 보는 것 등의 인터넷 서비스를 받을 수 없게 된다. 스머프 공격에서 해커들은 ping(Packet Internet Groper)이라는 매우 흔한 인터넷 서비스를 사용한다. ping은 원래 사용자 컴퓨터가 인터넷에서 어떤 컴퓨터나 서버와 연결되어 있는지를 알려 주는 프로그램이다. ping은 인터넷상의 컴퓨터나 서버가 ping 요구를 받으면 요청한 PC에게 반환 패킷을 보내는 식으로 작동한다. 스머프 공격에서는 해커들이 반환 주소를 위조하여 사용자에게 돌아갈 패킷이 ISP로 가도록 한다. 이런 식으로 수많은 반환 패킷이 ISP로 몰려들도록 하여 ISP 고객들이 인터넷을 사용하지 못하도록 한다. ISP 입장에서는 스머프 공격에 대처하기가 어렵다. 왜냐하면 ping 요구가 해커로부터 오는 것이 아닌 합법적인 네트워크로부터 오는 것이기 때문이다. ISP는 일일이 ping 패킷이 어디에서 오는지 확인하여, 그 네트워크에 ping 패킷을 중지하라고 요청해야 한다. 이것 또한 어려운 이유는 ISP가 다운되면 많은 고객들이 그들이 올바로 연결되어 있는지 확인하기 위해 ping 요구 패킷을 보내기 때문이다. [그림 4-5]는 해커들에 의한 서비스 거부 공격을 나타내고 있다.

[그림 4-5]
서비스 거부 공격

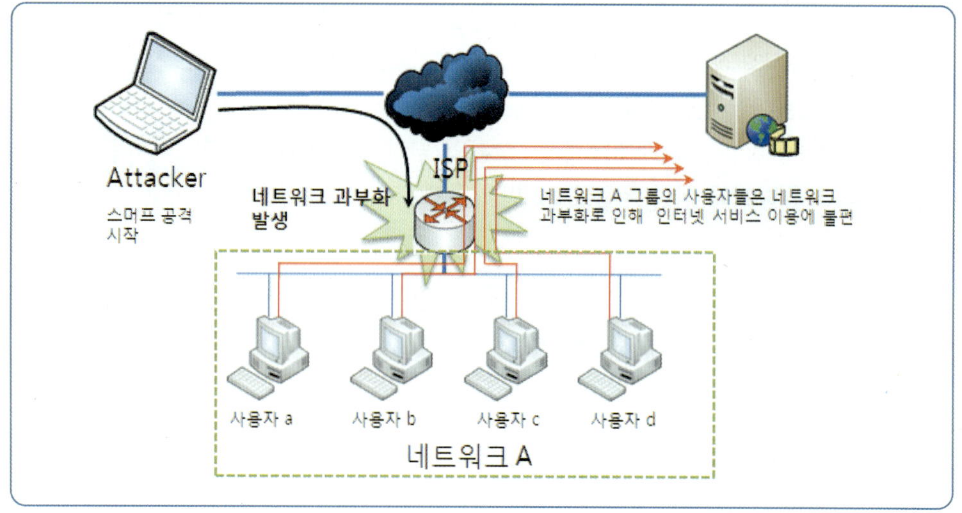

(2) 바이러스

인터넷은 다른 실세계와 마찬가지로 완전히 안전한 장소는 아니다. 유해한 인터넷으로부터 파일을 다운로드하면 사용자의 컴퓨터가 바이러스에 감염될 가능성이 있다. 이 외에도 전자우편을 보내거나 회사 인터넷에 접속되어 있는 것만으로도 바이러스에 감염될 수 있다. 어떤 경우는 상업적으로 판매되는 소프트웨어에 바이러스가 포함되어 있는 경우도 있다. 바이러스는 사용자의 컴퓨터를 공격하는 해로운 프로그램으로 정의된다. 바이러스에 감염되면 데이터 파일이 삭제되거나 프로그램을 없애거나 또는 하드디스크에 있는 모든 것을 삭제하기도 하지만, 모든 바이러스가 이렇게 심각한 손실을 끼치는 것은 아니다. 어떤 바이러스는 귀찮은 메시지를 반복적으로 보여주는 것도 있다.

전형적인 바이러스는 프로그램이나 데이터 파일에 붙어서 컴퓨터를 감염시키고, 하드디스크에 복제되어 사용자의 데이터나 파일을 손상시킨다. 컴퓨터에서 바이러스가 공격하는 부분은 크게 실행 프로그램, 파일 디렉토리 시스템, 부트 섹터와 시스템 부분, 데이터 파일 등으로 분류할 수 있다.

바이러스에 대처하는 가장 좋은 방법은 바이러스 퇴치 소프트웨어를 사용하는 것이다. 바이러스 퇴치 프로그램에는 몇 가지 다른 방식이 있는데, 스캔(scan) 방식으로서 감염된 파일이 있는지 보여주는 방식이다. 소거(eradication) 방식은 감염된 프로그램이나 파일을 삭제할 필요 없이 바이러스를 없앨 수 있다. 물론 어떤 경우는 감염된 파일을 지워야 하기도 한다. 접종(inoculation) 방식은 바이러스가 포함된 프로그램이 실행되는 것을 막아준다. 전자우편 프로그램에서 자동 스크립트 실행 기능을 중지시키면 바이러스 감염을 막을 수도 있다. [그림 4-6]의 바이러스 작동 원리는 다음과 같다.

① 바이러스는 정당한 프로그램 속에 숨어서 그 프로그램이 실행될 때까지 잠복된 상태로 지낸다. 감염된 프로그램을 실행시키면 바이러스는 행동에 들어간다. 바이러스는 하드디스크에 있는 다른 프로그램에 자신의 복제를 붙여서 감염시키는 것이다.

② 어떤 바이러스는 그들이 감염시킨 프로그램 내부에 v-표지 또는 바이러스 표지라고 하는 메시지를 넣는다. 이 메시지는 바이러스가 자신의 행위를 관리하는 데 도움을 준다. 모든 바이러스는 자신과 관련된 v-표지를 갖고 있다. 바이러스가 다른 프로그램 안에서 이 표지와 마주치게 되면 이 프로그램은 이미 감염되었음을 의미하기 때문에 그곳에서 자신을 복제하지 않는다. 표지가 들어 있지 않은 파일을 바이러스가 컴퓨터에서 찾을 수 없으면 더 이상 감염시킬 파일이 없음을 의미한다. 이 순간부터 바이러스는 컴퓨터와 데이터를 손상시키기 시작할지도 모른다.

③ 바이러스는 프로그램이나 데이터 파일을 훼손시켜서 그들이 이상하게 작동하거나 또는 아예 동작하지 않거나, 그렇지 않으면 그들이 실행될 때 또 다른 피해를 입힌다. 바이러스는 컴퓨터 내에 있는 파일을 모두 파괴할 수 있으며 컴퓨터가 켜졌을 때 필요한 시스템 파일을 변경하기도 하는 등 다른 유형의 피해도 입힌다.

④ 바이러스 스캐너라고 하는 소프트웨어는 바이러스를 검사해서 발견하면 바이러스가 있음을 사용자에게 경고한다. 그들은 여러 가지 방법을 사용한다. 바이러스를 검출하는 한 가지 방법은 바이러스가 있음을 나타내는 바이러스 표지가 있는지 프로그램 파일을 검사하는 것이다. 감염된 파일

은 원래 파일 크기보다 커지기 때문에 프로그램 파일의 크기가 변했는지 검사하는 것도 다른 한 방법이다.

⑤ 바이러스 퇴치 프로그램은 소프트웨어에 있는 바이러스를 지우거나 치료한다. 감염된 프로그램을 손상시키지 않고 바이러스를 제거할 수 있는 경우도 있고, 바이러스는 물론 감염된 프로그램을 모두 파괴해야 하는 경우도 있다.

[그림 4-6]
바이러스의 작동 원리

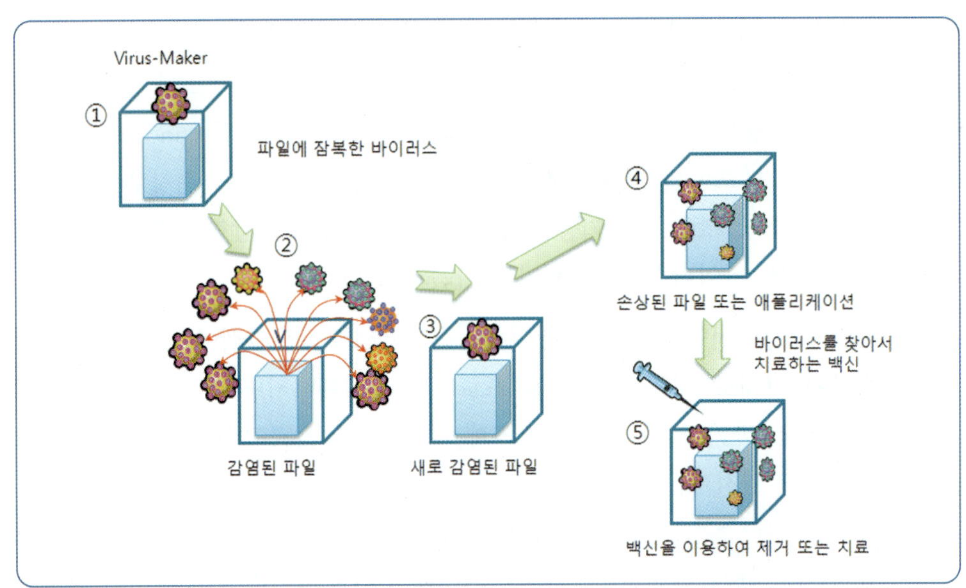

PLUS+

USB 바이러스

메모리 기술의 급격한 발달과 가격의 하락으로 인해 USB 메모리의 사용이 급격히 증가하고 있다. 이러한 추세에 맞춰 USB 바이러스가 유행하고 있다. USB 바이러스는 사용자가 USB 메모리를 사용하기 위해 컴퓨터에 연결할 때 실행 부분을 변형시킨다. 즉, 일반적으로 USB 메모리에 숨겨진 Autorun 파일을 감염시킨 후 해당 USB 메모리를 실행할 때 악성 파일이 자동 실행되어 연결된 컴퓨터에 전파된다. USB 바이러스에 감염되지 않기 위해서는 USB 메모리의 Autorun.inf 파일을 삭제하고, USB 메모리 연결 시 자동으로 실행되지 않게 하며, USB 메모리를 연결할 때 꼭 바이러스 검사를 수행해야 한다.

3) 인터넷 보안 서비스

보안 서비스는 앞에서 살펴본 것과 같이 보안 위협요소에 대한 해결책이라고 할 수 있다. 보안 서비스에는 기밀성 서비스, 무결성 서비스, 인증 서비스, 접속 제어 서비스, 부인봉쇄 서비스 등이 있다.

(1) 기밀성 서비스

기밀성(confidentiality)은 중요 자료가 외부에 불법적으로 누출되거나 도청되지 않도록 하는 것을 뜻한다. 현재 단일 데이터의 완전성 및 단위 데이터 전체의 순서를 보호하는 방법과 전자데이터를 암호화하여 데이터의 변화와 파괴를 방지하는 방법이 있다.

(2) 무결성 서비스

무결성(integrity)은 사용되는 정보가 정확하고 믿을 수 있는 정보가 될 수 있도록 하는 것이고, 비인가자가 마음대로 변경할 수 없도록 하는 것이다.

(3) 인증 서비스

인증(authentication)은 상대방의 신분과 자격 여부를 확인하는 것으로, 상대방 혹은 상대방의 컴퓨터와 최초 연결이 이루어질 때 필요하다. 인증은 크게 한쪽만을 확인하는 일방향 인증과 양측 모두를 확인하는 쌍방향 인증이 있다.

(4) 접속 제어 서비스

접속 제어(access control)는 시스템에 들어온 사용자가 정보를 취득하고자 할 때 사용할 수 있는 권한이 있는지 여부를 판단하는 것을 말한다. 보호가 필요한 정보자원에 대하여 사용자별로 관리자가 임의적으로 사용권한을 부여할 수 있도록 하거나, 사용자에게 보안등급과 사용분야를 부여하여 권한을 통제하는 방법을 사용한다.

(5) 부인봉쇄 서비스

부인봉쇄(non-repudiation)는 자료를 송수신하는 데 있어서 사용자가 자신의 행위 사실을 부인할 수 없도록 하는 것이다. 대표적인 기술로 전자서명이 있으며, 이는 메시지 변조와 송신자가 부인하는 것을 방지할 수 있다.

4.2.3 인터넷 보안기술의 분류

인터넷 보안기술에 대한 전반적인 이해를 위해서는 보안기술 분류에 대한 이해가 필요하다. 보안기술은 특징에 따라 다양하게 분류할 수 있지만, 여기서는 인터넷과 관련하여 보안기술을 [그림 4-7]과 같이 시스템 보안기술, 네트워크 보안기술, 애플리케이션 보안기술로 등으로 분류한다. 이와 같은 보안기술들에 대해 구체적으로 살펴본다.

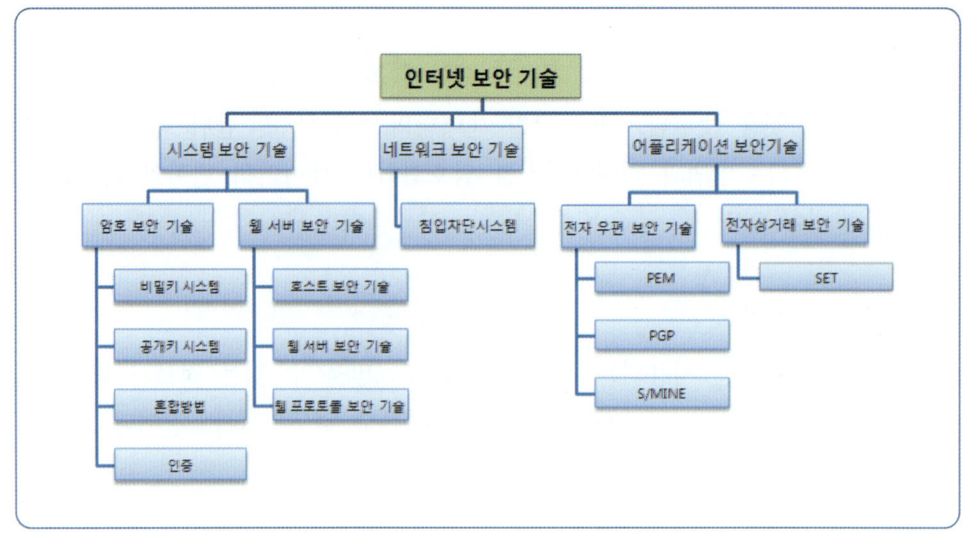

1) 시스템 보안기술

시스템 보안기술은 해커, 바이러스, 자연재해에 의해 일어날 수 있는 피해 등과 같은 외부의 공격과 불만을 품은 부정직한, 혹은 해고당한 종업원에 의해 일어날 수 있는 피해 등과 같은 내부의 공격으로부터 컴퓨터 시스템과 다른 정보들을 보호하는 데 사용하는 기술이다. 시스템 보안기술은 권한이 있는 사용자들에게의 접근을 제한하도록 고안된 접근 통제와 시스템에서의 활동을 감시하도록 고안된 감시 통제를 포함한다. 여기서는 시스템 보안기술로서 암호 보안기술과 웹 서버 보안기술에 대해 살펴본다.

(1) 암호 보안기술

여러 가지 보안기술 중에서, 역사적으로 가장 오래되었으며 직접적인 보호책은 데이터를 암호화하여 그 데이터에 대한 권리를 갖지 않은 사람은 데이터를 획득해도 사용이 불가능하게 만드는 것이다. 이런 암호화 기술은 문서인증(document authentication) 및 전자서명(digital signature) 등 다양한 분야에 사용될 수 있다. 암호화는 어떤 특정 알고리즘을 이용하여 메시지(plain text)를 알아볼 수 없게 암호화하고, 이를 복호화하는 알고리즘으로 다시 원래의 메시지로 해석할 수 있도록 한다. 이런 암호화/복호화 방법을 사용하여 인터넷을 통해 전달되는 데이터를 다른 사람이 볼 수 없다.

암호화와 복호화는 알고리즘 외에 키(key)가 필요하다. 이때 암호화하는 키와 복호화하는 키가 동일한지 또는 다른지에 따라, 비밀키 시스템(symmetric-key system)과 공개키 시스템(asymmetric-key system)으로 나눌 수 있다. 비밀키 시스템은 송신자와 수신자가 똑같은 키를 가지고 데이터를 암호화 및 복호화하는 시스템이고, 공개키 시스템은 송신자는 수신자의 공개된 키로 데이터를 암호화하여 전송하고, 수신자는 자신만의 비밀키로 전송된 데이터를 복호화한다.

가. 비밀키 시스템

현재 가장 널리 사용되는 비밀키 시스템은 DES(Data Encryption Standard) 암호 기법을 사용하며, DES는 64비트 입력을 56비트 키를 이용하여 64비트 출력으로 변환한다. 이러한 비밀키 시스템은 키의 전달과 관리에 많은 어려움이 있다. 만약 100명이 비밀키를 이용하여 통신을 하려면 9,900개의 비밀키가 있어야 되며, 10,000명이 된다면 99,990,000개의 비밀키가 필요하다. 이와 같이 통신을 하려는 사람이 늘어날수록 필요한 키의 수는 급격하게 증가된다. 또한 이러한 비밀키 암호 기법은 컴퓨터의 연산 능력이 급속히 발전함에 따라, 짧은 시간 내에 해독이 가능하므로 더 이상 안전한 암호 기법으로 인정받지 못하고 있다. [그림 4-8]은 비밀키를 이용하여 평문를 암호화하고 복호화하는 과정을 보여주고 있다.

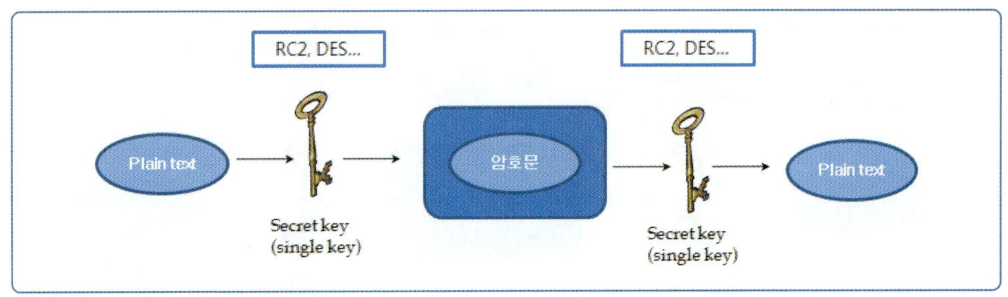

[그림 4-8]
비밀키 시스템

나. 공개키 시스템

비밀키 시스템의 단점을 보완하기 위해 나온 방법으로서 공개키(public key)라고 하는 이유는 키가 누구에게나 개방되어 있기 때문이다. 누구나 공개키를 이용하여 암호화를 할 수 있지만, 복호화는 반드시 그 공개키에 해당되는 자신만의 비밀키(private key)가 있어야 가능하다. 공개키 방식으로 가장 많이 사용되는 키의 길이는 512비트 또는 1024비트이고, 알고리즘은 MIT의 리베스트(Rivest), 샤미르(Shamir), 에이들먼(Adleman)에 의하여 제안된 RSA이다. 이 방식은 합성수의 소인수분해의 어려움에 이론적 배경을 두고 있다. 한편 공개키를 발급해 주고 관리해 주는 공신력 있는 기관이 필요하며, 이를 수행하는 기관을 CA(Certificate Authorization)라고 한다. 그러나 공개키 방법은 키의 길이가 길어짐에 따라, 비밀키 방법에 비해 암호화 및 복호화에 엄청난 시간이 필요하다는 단점을 지니고 있다. [그림 4-9]는 공개키를 이용하여 평문을 암호화하고 복호화하는 과정을 보여주고 있다.

[그림 4-9]
공개키 시스템

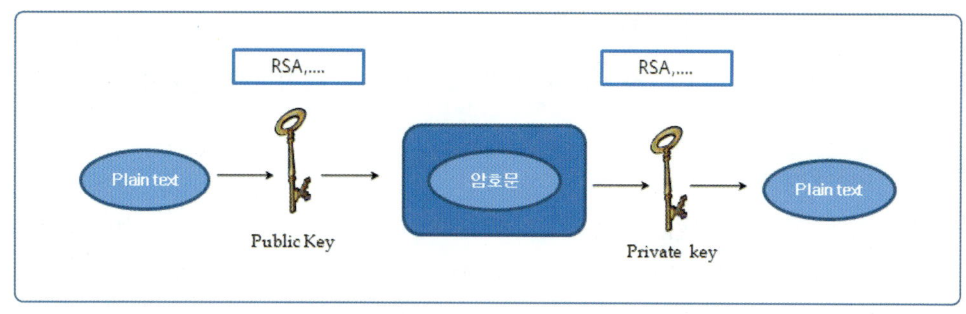

다. 혼합 방법

혼합 방법은 비밀키와 공개키 방법의 장점들을 결합한 방식이다. 즉, 비밀키 방법의 **빠른** 성능과 공개키 방법의 키 관리의 편리성을 갖는다. 평문을 비밀키로 암호화하여 보내고, 이와 함께 비밀키를 수신자의 공개키로 암호화하여 보낸다. 수신자는 자신의 개인키(private key)로 비밀키를 복호화하고, 이를 사용하여 암호화된 데이터를 복호화한다. [그림 4-10]은 혼합 방법을 이용하여 평문을 암호화하고 복호화하는 과정을 보여주고 있다.

[그림 4-10]
혼합 방법

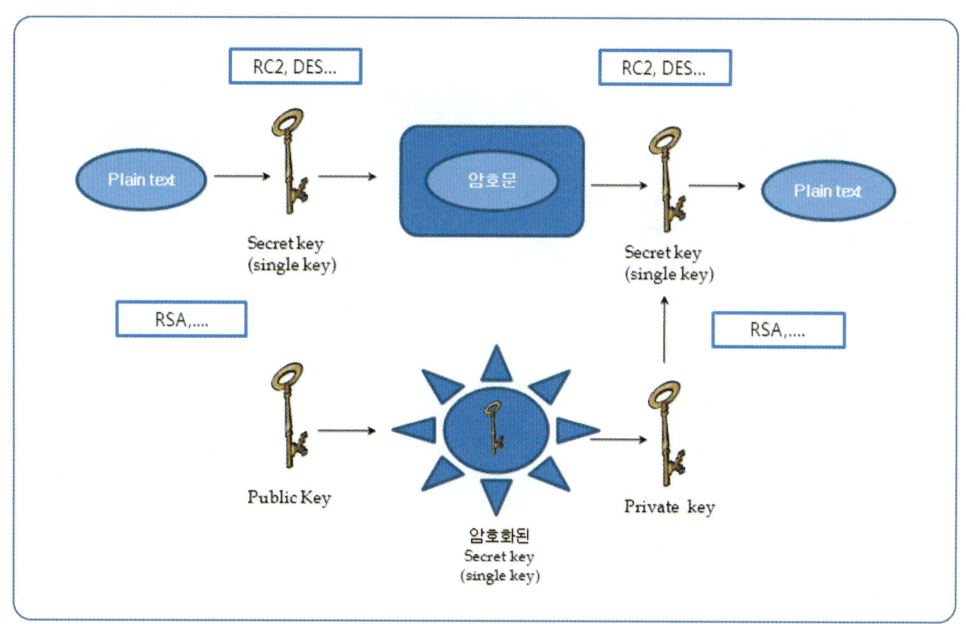

라. 인증

수신된 메시지가 정말로 그 사람이 보냈는지 보증하는 것이 인증이다. 평문을 송신자의 비밀키로 암호화하여 보냈고, 이는 송신자의 공개키를 사용하여 복호화할 수 있게 된다. 공개키로 풀릴 수 있는 데이터는 그 사람의 개인키로 암호화한 데이터임이 증명되기 때문에 적절한 송신자가 보냈음을 인증할 수 있다. 사용자 인증은 이 메시지를 보낸 사람이 정말 내가 기대한 그 사람인지를 증명하는 일종의 신분확인 기능이다. 사용자 인증은 받는 측에서도 유용하지만 메시지를 보낸 사람도 그 메시지를 자신이 보낸 것이 아니라고 부인하지 못하게 하는 효용도 있다. 현재 인터넷상에서 사용자 인증기법으로 널리 쓰이는 것이 커버로스(Kerberos)이다. 커버로스는 제3의 인증 서버를 이용해 사용자 간의 인증, 즉 신분의 확인을 인증 서버를 통해 하는 것이다. 커버로스는 미국 MIT에서 Athena 프로젝트의 일부로 설계됐으며, Athena 프로젝트의 목적은 고속의 교육망에 연결된 서버들 간에 양질의 데이터 서비스를 제공하기 위한 것으로, 커버로스는 여기서 사용자/클라이언트와 서버 간에 인증 기능을 제공하기 위해서 개발되었다.

(2) 웹 보안기술

웹 사용자의 급속한 증가는 인터넷을 사용한 전자상거래까지 발전시키고 있으나, 웹 보안 문제가 커다란 걸림돌이 되고 있다. 또한 유닉스의 취약점과 웹 서버, 웹 브라우저, 자바, CGI(Common Gateway Interface) 등의 응용 프로그램에 존재하는 오류를 이용하거나 IP 위장(IP Spoofing), TCP 용량초과 공격(SYN flooding), ICMP 폭탄(bombing) 등과 같은 네트워크 프로토콜의 구조적 결함을 이용하는 방법 등이 인터넷 해킹에 널리 이용되고 있다. 웹 환경에서의 가장 커다란 보안 위협은 불법적인 웹 서버의 설치를 통한 공격이다. 즉, 누구나 쉽게 웹 서버를 설치할 수 있으므로, 악성 서버를 설치하여 이 서버에 접근을 시도하는 사용자의 정보를 빼내거나 사용자의 시스템을 손상시키는 것이다. 이러한 위협은 악의적인 마음으로 장난스럽게 쓰이는 경우부터, 그럴 듯한 서버를 구축하여 사이버 공간상의 물건 구입이 가능한 것처럼 가장하고 사용자의 신용카드 정보를 알아내어 컴퓨터 범죄에 악용하는 경우까지 이르고 있다. 또 다른 보안 위협은 웹 브라우저와 외부 표시기(external viewer)에 존재할 수 있는 보안 구멍(security hole)으로, 이는 치명적인 위협요소로 작용할 수 있다. 여기서는 [그림 4-11]에 나타나 있는 웹 보안 방법인 호스트 보안, 웹 서버 보안, 웹 보안 프로토콜에 대해 알아본다.

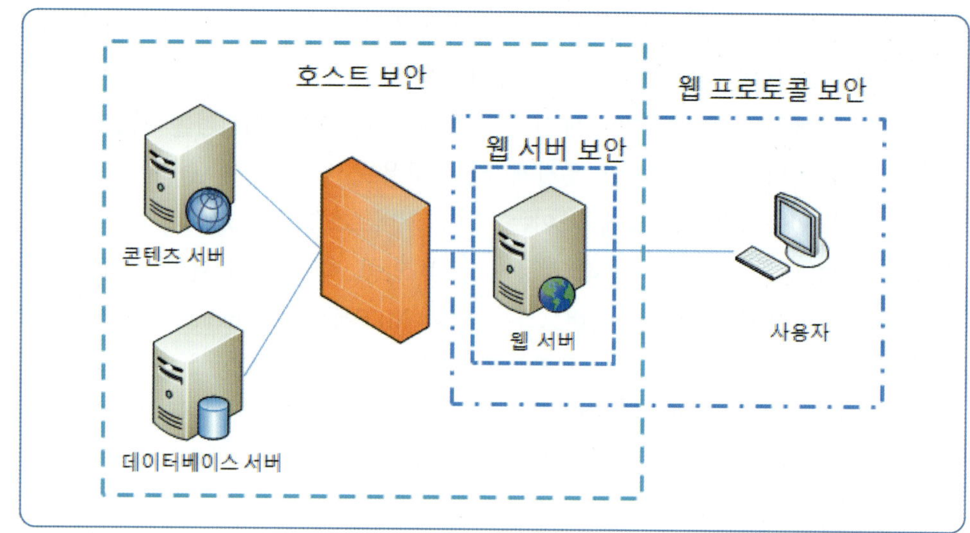

[그림 4-11]

웹 보안 방법의 분류

가. 호스트 보안기술

호스트는 웹 서버 프로그램이 수행되는 컴퓨터로서 호스트가 안전한 운영 환경에서 운용되어야만 호스트상의 웹 서버 프로그램들이 안전하다. 호스트를 안전하게 운용하기 위해서는 다음과 같은 사항을 준수해야 한다.

① 간결성

안전한 정보시스템을 구축하기 위하여 간결성이 매우 중요하다. 웹 서버를 구축할 때 보안에 민감한 기능들은 보안과 관련성이 적은 기능들과 별도로 구축되어야 한다. 또한 불필요한 기능은 서버에서 모두 제거해야 한다. 서버에서 많은 기능을 제공하면 할수록 각 기능의 취약점으로 인한 위험 부담이 커진다.

② 슈퍼 사용자의 권한 제한

최소한의 기능만을 수행하도록 허용하더라도 슈퍼 사용자의 권한은 호스트 보안의 기초가 되는 것으로 이의 관리는 매우 중요하다. 따라서 꼭 필요로 하는 사용자 외에는 어떠한 방법으로도 슈퍼 사용자의 권한을 가질 수 없도록 제한해야 한다. 또한 서버에 로그인할 수 있는 인원의 수도 최소화해야 한다. 관리자는 지속적으로 사용자 명단을 검토하여 불필요한 인원의 로그인을 가능한 한 줄이도록 노력해야 한다.

③ 접근 통제

웹 서버 프로그램을 안전하게 보호하기 위해서는 호스트에 대한 접근 통제가 매우 중요하다. 따라서 중요한 정보를 갖고 있는 데이터베이스나 콘텐츠 서버들은 일반 컴퓨터에서 접근할 수 없도록 하고, 특정한 호스트에서만 접근할 수 있도록 해야 한다.

④ 책임 추적성의 확보

인터넷은 다양한 유형의 컴퓨터가 상호연결되어 운용된다. 이러한 환경에서 모든 시스템을 정확하고 완벽하게 통제하기란 매우 어렵다. 따라서 누가 무엇을 사용하여 어떠한 작업을 언제 수행하였는지에 대한 정확한 정보를 기록해 두어야 한다. 정확하게 통제할 수 없는 경우에도 누구의 책임인가를 밝힐 수 있는 최소한의 정보는 기록해 두어야 한다.

⑤ 시스템 감사

호스트의 보안성을 향상시키기 위해서는 정기적으로 시스템 감사를 수행하는 것이 필요하다. 시스템 감사는 업무 수행의 효율성에 영향을 미칠 수 있기 때문에 보안성을 향상시킬 수 있는 적정한 수준에서 수행되어야 한다. 그러나 호스트 시스템이 자주 변경된다거나 여러 사람이 서버를 관리하는 경우, 혹은 관리해야 하는 데이터의 양이 많고 보안 침해의 표적이 되는 서버를 운용하는 경우에는 보다 빈번하게 시스템 감사를 실시해야 한다.

⑥ 보안의 중요성 공고

호스트의 보안 취약점을 여러 사용자에게 알리는 것 역시 호스트 보안에 매우 중요하다. 이는 시스템의 취약점을 파악하여 시스템을 안전하게 하거나, 혹은 사용자가 신뢰할 수 없는 소프트웨어를 사용하지 않도록 함으로써 안전한 시스템을 운용할 수 있도록 한다.

⑦ 백업 및 복구

정보 보호에 있어서 가장 중요하면서도 기초가 되는 것이 시스템 및 데이터의 백업이다. 시스템 관리자와 사용자가 완벽한 보호 체제를 갖추고 있더라도 완벽하게 안전한 시스템은 존재할 수 없다. 따라서 만약 시스템이 보안 침해 사고를 당하거나 관리자 또는 사용자의 실수로 인하여 데이터나 시스템에 이상이 생겼다면, 사고가 발생하기 이전의 업무 환경으로 복구하는 것이 매우 중요하다. 이를 위하여 관리자는 정기적으로 시스템을 백업해야 하며, 사용자는 업무상 중요한 데이터를 변경 주기에 따라 수시로 백업해 두어야 한다.

나. 웹 서버 보안기술

호스트를 위한 안전한 보안 환경이 구축되었다면, 호스트상의 웹 서버를 안전하게 구축하여 운용해야 한다. 일반적으로 웹 서버는 모든 사용자들이 접근할 수 있도록 침입탐지시스템 밖에 위치하기 때문에 보안에 취약하다. 따라서 특별히 서버에 로그인하는 사용자의 인증과 서버의 안전한 설치 및 관리에 주의를 기울여야 한다.

① 웹 서버의 설치 및 관리

웹 서버를 안전하게 운용하기 위해서는 비특권 사용자의 권한으로 서버가 실행되도록 해야 하며, 웹 서버가 설치되어 있는 디렉토리에 대한 접근 권한을 관리해야 한다. 또한 침입탐지시스템을 사용하여 웹 서버와 관련된 서버들(데이터베이스, 콘텐츠)은 안전하게 보호해야 한다. 만약 웹 서버가 여러 가지 특권을 행사할 수 있는 관리자 계정으로 동작된다면 보안의 취약점을 통해 중요한 시스템 파일에 접근할 수 있게 된다. 이를 방지하기 위해서 웹 서버는 항상 루트가 아닌 nobody, daemon, webmaster 등과 같은 비특권 사용자의 권한으로 실행되도록 해야 한다.

② 로그 파일 관리

웹 서버 프로그램에는 'Logs'라는 디렉토리가 존재한다. 만약 웹 서버에 문제가 발생했을 경우 로그 파일을 이용하여 웹 서버의 이용 상태에 대한 정보를 파악할 수 있으며, 이를 통하여 침입에 대한 증거를 확보할 수 있다. 그러나 이러한 파일의 존재가 불법 침입 등과 같은 사고를 방지해 줄 수는 없으며, 접근 관련 자료가 계속적으로 누적되기 때문에 문제의 발생 시 파일의 검토가 어려워질 수도 있다. 더욱이 웹 서버에 대한 접근이 빈번하게 이루어지는 경우 이러한 로그 파일의 크기가 매우 빠른 속도로 증가하기 때문에 파일의 유지 및 관리에 주의를 기울여야 한다.

③ 사용자 식별자와 패스워드를 이용한 기본 인증

사용자 식별자(ID)와 패스워드를 이용한 기본 인증(basic authentication)은 HTTP 1.0 버전부터 제공된 클라이언트 인증 방법이다. 이 방법은 HTTP에서 지원하기 때문에 HTTP를 사용하는 모든 웹 브라우저와 웹 서버에서 이용할 수 있다.

④ 네트워크 주소를 이용한 접근 통제

사용자 인증을 위해서 HTTP가 제공하는 또 하나의 방법으로 클라이언트의 네트워크 주소를 이용한 IP 필터링(IP filtering) 방법이 있다. 이 방법은 사용자 식별자가 아닌 클라이언트의 네트워크 주소를 지정해 줌으로써 접근을 허용하거나 거부할 수 있다. 이 방법은 사용자 식별자와 패스워드가 네트워크를 통해 전송되지 않아도 된다는 점에서 더욱 간단하고 안전하다고 할 수 있다. 그러나 대부분의 침입자가 자신의 IP 주소를 변조할 수 있다는 점을 감안할 때는 안전하다고 할 수 없다. 또한 이 방법은 접근 통제가 웹 브라우저 프로그램이 실행되는 컴퓨터 단위로 구현되기 때문에 진정한 사용자별 접근 통제는 기대할 수 없다.

⑤ 패스워드 검사와 네트워크 주소를 병합한 접근 통제

접근 통제를 수행하는 대부분의 서버는 패스워드를 검사하는 방법과 네트워크 주소로 접근을 통제하는 두 가지의 방법을 혼합하여 사용한다. 이 방법은 두 가지 방법을 혼합하여 좀 더 안전한 인증을 시도하고 있지만, 패스워드가 평문으로 전송된다는 약점과 네트워크 주소가 변경될 수 있다는 약점을 근본적으로 해결하지 못한 방법이기 때문에 좋은 해결책은 될 수 없다. 따라서 확실한 인증과 접근 통제를 구현하기 위해서는 공개키 암호 알고리즘의 전자서명 등에 의한 사용자 인증 방법을 구현해야 한다.

다. 웹 프로토콜 보안기술

지금까지 살펴본 웹 서버와 웹 브라우저 간의 안전한 통신을 위한 사용자 인증 방법들은 만족할 만한 보안 요구사항을 충족시키지 못한다. 보다 향상된 보안 요구사항을 만족시키지 위해서는 현재 HTTP에 암호 알고리즘을 추가시켜야 한다. 암호 알고리즘을 사용함으로써 문서의 비밀성과 사용자 및 웹 서버의 인증을 확실히 보장할 수 있다. 그러나 웹에 암호 알고리즘을 추가하는 것은 다음과 같은 이유로 인하여 매우 어려운 작업으로 간주되고 있다.

- 웹 서버의 웹 브라우저 프로그램 자체에 암호 알고리즘을 추가시켜야 한다.
- 현재의 암호 알고리즘은 물론 향후 개발된 암호 알고리즘까지 수용할 수 있는 웹 서버와 웹 브라우저의 개발이 필요하다.
- 암호 기술은 국가 간의 수출입이 제한되어 있어 암호 알고리즘의 사용이 자유롭지 못하다.
- 웹에 암호 기술을 추가하기 이전에, 모든 서버와 모든 사용자들의 키 인증을 전담하고 관리할 기구의 설립 등과 같은 다른 요소를 고려해야 한다.

이러한 여러 가지 이유에도 불구하고, 웹의 폭발적인 인기로 인하여 보다 안전한 사용을 위해 웹에 암호 기술을 접목시키려는 S-HTTP 및 SSL 등의 기술들이 도입되고 있다. 여기서는 이 기술들에 대해 자세히 알아보도록 하자.

① S-HTTP

S-HTTP(Secure Hypertext Transfer Protocol)는 월드와이드웹상의 파일들이 안전하게 교환될 수 있게 해 주는 HTTP의 확장판이다. 각 S-HTTP 파일은 암호화되며, 전자서명을 포함한다. S-HTTP는 잘 알려진 또 다른 보안 프로토콜인 SSL의 대안이다. 두 가지의 주요 차이점은, S-HTTP는 틀림없는 사용자라는 것을 입증하기 위한 인증서를 클라이언트에서 보낼

수 있는 반면에, SSL에서는 오직 서버만이 인증할 수 있다는 점이다. S-HTTP는 은행을 대리해 서버가 있는 곳, 또는 사용자 ID와 패스워드를 사용하는 것보다 좀 더 안전한 사용자로부터 인증이 필요한 상황에서 보다 많이 사용될 수 있다.

S-HTTP는 어떠한 단일 암호화 시스템을 사용하지 않지만, RSA 공개키/개인키 암호화 시스템은 지원한다. SSL은 TCP 계층보다 더 상위의 프로그램 계층에서 동작한다. S-HTTP는 HTTP 응용의 상위 계층에서 동작한다. 두 개의 보안 프로토콜들 모두가 한 사용자에 의해 사용될 수 있지만, 주어진 문서에 대해서는 오직 그중 하나만이 사용될 수 있다.

② SSL

SSL(Secure Socket Layer)은 응용 프로토콜 TCP/IP 사이에 위치하며, 데이터의 암호화, 서버의 인증, 메시지의 무결성을 제공해 준다. 서버에 대한 인증은 반드시 수행하지만, 클라이언트에 대한 인증은 선택적으로 수행할 수 있도록 한다. SSL은 서버와 클라이언트 양쪽의 TCP/IP 연결을 위하여 핸드셰이크(handshake) 프로토콜을 수행한다. 이 결과로 양쪽은 암호화 통신에 합의하고, 암호화 통신과 인증에 필요한 값들을 준비한다. 이 단계가 지나면 SSL은 응용 프로토콜에서 생성한 바이트스트림의 암호화와 복호화만 수행하게 된다. 이는 HTTP 요청과 HTTP 응답에 포함되는 정보들이 암호화되어 전송된다는 것을 의미한다.

2) 네트워크 보안기술

네트워크 보안은 네트워크에 연결된 컴퓨터 시스템의 운영체제, 서버, 응용 프로그램 등의 취약점을 이용한 침입을 방지하는 것이다. 일반적으로 네트워크 보안을 위하여 침입차단시스템을 사용한다. 여기서는 침입차단시스템에 대해 살펴본다.

(1) 침입차단시스템

침입차단시스템은 방화벽(firewall)이라고 한다. 방화벽이란 건물에 화재가 발생할 경우, 더 이상 화재가 주변으로 확산되는 것을 막기 위하여 주변과의 모든 연결 경로를 차단하는 벽을 의미한다. 이러한 의미를 컴퓨터 네트워크에 적용한다면 이는 컴퓨터 통신망의 보안 사고나 문제가 더 이상 주변 혹은 내부로 확대되는 것을 막는다는 것으로 이해할 수 있다.

침입차단시스템의 주요 목적은 [그림 4-12]와 같이 외부 네트워크부터 내부 네트워크를 보호하는 것이다. 외부 네트워크는 신뢰할 수 없으며, 보안 침해의 원천이 될 수 있다. 내부 네트워크의 보호는 허가되지 않은 사용자가 내부 네트워크의 정보에 접근하는 것을 방지하고, 허가된 사용자들이 방해를 받지 않고 네트워크 자원에 접근할 수 있도록 하는 것이다. 일반적으로 침입차단시스템이 란 네트워크를 보호하기 위한 다양한 보안장치의 구조와 보안 기능을 포괄적으로 나타내는 용어로 사용된다. 침입차단시스템은 활성화된 인터넷 서비스를 접속함과 동시에 내부 망의 보안 수준을 현저하게 향상시킬 수 있다.

가. 침입차단시스템의 주요 기능

침입차단시스템은 접근 제어, 인증, 로깅, 암호화 기능들을 제공한다.

① 접근 제어

침입차단시스템은 내부 네트워크에 대한 접근 제어 기능을 제공한다. 웹 서버나 공개 정보 서버와 같은 특정 호스트를 제외하고는 외부에서 내부 호스트에 접속하는 것을 금지하는 기능이 있어야 한다.

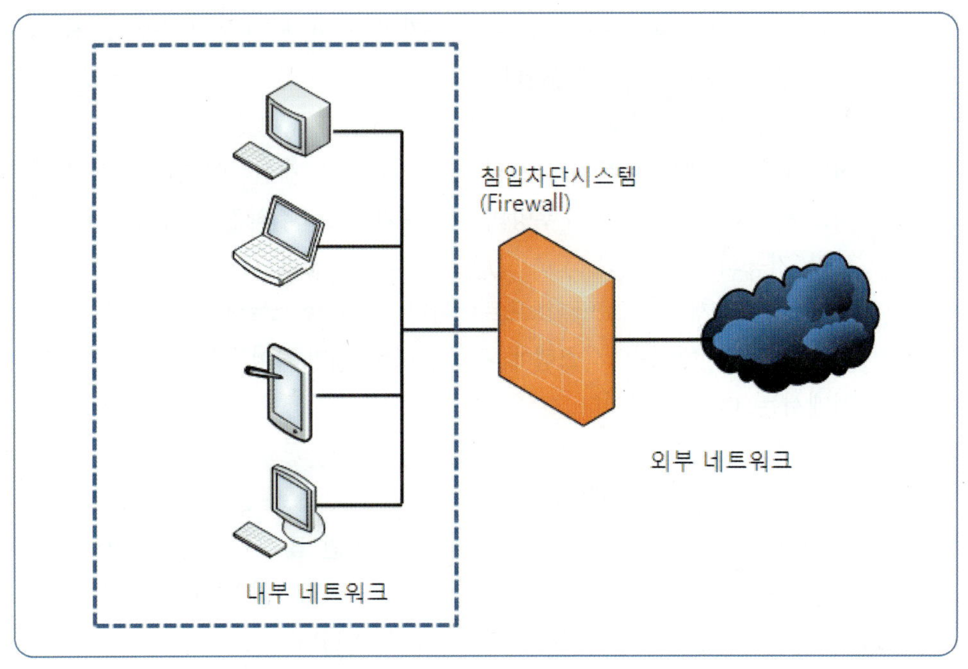

[그림 4-12]
침입차단시스템

② 로깅

내부 네트워크와 외부 네트워크의 모든 접속이 침입차단시스템을 통하여 이루어지기 때문에 침입차단시스템은 접속 정보와 네트워크 사용에 따른 유용한 통계정보들을 제공한다. 침입차단시스템의 로깅 기능은 허가된 접근뿐만 아니라 허가되지 않은 접근이나 공격에 대한 정보도 로그 파일에 기록할 수 있다.

③ 암호화

침입차단시스템은 또한 중요한 트래픽에 대한 암호화 기능을 제공할 수 있다. 일반적으로 트래픽의 암호화는 네트워크 프로토콜의 각 계층에서 가능하다. 암호화 기능의 장점은 트래픽을 보호하기 위한 다른 보안 기능과는 달리 데이터가 비록 외부 침입자에서 노출되어도 의미를 알 수 없으므로 비밀성이 보장된다는 점이다.

나. 침입차단시스템의 특징

① 사생활 보호

특징 사이트에서는 일반적인 정보가 공격자에서 유용한 정보가 될 수 있기 때문에 사생활 정보 자체가 큰 관심사항이다. 방화벽 시스템을 사용하는 일부 사이트들은 핑거(finger)와 도메인 서비스와 같은 블록 서비스들을 원한다. 핑거는 사용자가 전자우편 등 최종 로그인 시간을 표시하는 것과 같이 사용자에 대한 정보를 표시한다. 그러나 핑거는 시스템에 사용자가 연결되어 사용 중일 경우, 사용자가 얼마나 자주 시스템에 접속하는지에 관한 정보 등을 제공한다.

② 서비스의 취약점 보호

침입차단시스템은 네트워크 보안을 혁신적으로 개선하여 안전하지 못한 서비스를 필터링함으로써 내부망의 호스트가 갖는 취약점을 감소시켜 준다.

③ 보안 기능의 집중화

추가되거나 개조된 보안 소프트웨어가 많은 호스트에 분산되어 탑재되어 있는 것보다 방화벽 시스템에 집중적으로 탑재되어 있는 것이 조직의 관점에서는 더 경제적이다.

다. 침입차단시스템의 문제점

침입차단시스템을 사용함으로써 이득이 있는 반면 몇 가지의 불이익도 있으며, 침입차단시스템에서 방어하지 못하는 위협도 존재한다. 침입차단시스템이 인터넷에서의 모든 보안 문제를 해결할 수 있는 것은 아니다.

① 제한된 서비스

침입차단시스템의 단점으로 가장 명확한 것은 Telnet, FTP(File Transfer Protocol), X Windows, NFS 등 사용자가 자주 사용하는 특정 서비스들에 대하여 걸림돌이 된다는 것이다.

② 백 도어 위협

침입차단시스템은 백 도어를 통해 내부 망으로 들어오는 것을 방어하지 못한다.

③ 내부 사용자에 의한 보안 침해

침입차단시스템은 일반적으로 내부 사용자에 의한 보안 침해를 방어할 수
는 없다. 침입차단시스템은 외부 망에서 들어오는 사용자의 접근을 통제
하도록 설계되어 있지만, 내부 데이터를 불법으로 복사하거나 다른 장소
로 빼내는 것을 방어하지는 못한다.

3) 애플리케이션 보안기술

애플리케이션 보안은 사용자가 애플리케이션을 이용하는 동안 외부의 공격으
로부터 사용자의 정보 및 애플리케이션을 보호하는 기술이다. 여기서는 전자우
편 보안기술과 전자상거래 보안기술에 대해 살펴본다.

(1) 전자우편 보안기술

개인 간의 간단한 메모에서 대용량의 파일을 주고받기까지 다양한 응용분야
를 갖는 것이 전자우편 시스템이다. 전자우편은 특징 사용자에게 네트워크를 통
하여 메시지를 전달할 수 있게 한다. 그리고 이와 같은 전자우편에서 메시지의
보안성을 유지하는 것은 필수적이고도 기본적인 요구사항이다. 아래에 기술되고
있는 요건들은 안전하고 이상적인 전자우편 시스템이 궁극적으로 제공해야 할
보안 서비스들이다. 그러나 현재 대부분의 전자우편 시스템들은 아래의 보안 서
비스 중 일부만을 제공하고 있다.

① 기밀성

지정된 수신자 외의 불특정 사용자들에게 전송된 메시지가 공개되지 않도
록 보호하는 것이다. 기밀성의 또 다른 측면은 트래픽 흐름 분석에 대한
보호로서 전송된 메시지의 출처와 목적지, 횟수, 길이 또는 통신선로상의
트래픽 특성, 즉 접속 비밀성, 내용 비밀성, 메시지 흐름 비밀성 등에 대
하여 비합법적 사용자가 알지 못하게 하는 것이다.

② 무결성

메시지가 원래 송신된 대로 복사, 추가, 수정, 순서변경 또는 재전송되지
않았음을 수신자에게 보증하는 것이다. 무결성 서비스에는 접속 무결성,
내용 무결성, 메시지 순서 무결성 등이 포함된다.

③ 인증

송신자의 신분을 수신자에게 보증하는 것으로 메시지출처 인증, 확인출처
인증, 보고출처 인증, 의뢰 증명, 배달 증명, 상대자인증 등의 방법이 있다.

④ 부인봉쇄

송신자가 메시지를 전송하였음을 제3자에게 수신자가 증명할 수 있도록

하는 기법이다. 마찬가지로 메시지가 수신자에 의해 수신되었음을 확인할
수 있는 능력으로 배달 부인봉쇄, 출처 부인봉쇄, 의뢰 부인봉쇄 등이 있다.

⑤ 전송확인

송신자에게 메시지가 전자우편 시스템에 의해 전송되었음을 확인해 주는
보안 서비스이다.

⑥ 수신확인

수신자가 메시지를 수신하였음을 확인해 주는 보안 서비스이다.

⑦ 소멸

송신자가 메시지를 수신자에게 송신한 다음 필요시 그 메시지를 제거할
수 있도록 하는 보안 서비스이다.

여기서는 대표적인 전자우편 보안 방법으로 PEM, PGP, S/MINE 방법에 대
해 알아본다.

가. PEM(Privacy Enhanced Mail)

PEM은 인터넷에서 SMTP(Simple Mail Transfer Protocol)를 사용하는 기
존 전자우편 시스템의 보안상 취약성을 보완하기 위하여 사용된다. PEM
에서 지원되는 보안 서비스로는 메시지 기밀성, 무결성과 인증, 세션키 분
배 등이 있고, 또한 전자우편에 대한 투명성을 제공하기 위하여 암호화된
메시지는 기수-64(radix-64 conversion)를 이용하여 ASCII 문자열로 변환
된다.

나. PGP(Pretty Good Privacy)

PGP는 인터넷 전자우편을 암호화하고 복호화하는 데 사용되는 프로그램
이다. 이 프로그램은 송신자의 신원을 확인함으로써 그 메시지가 전달 도
중에 변경되지 않았음을 확신할 수 있도록 해 주는 암호화된 전자서명을
보내는 데도 사용될 수 있다. PGP는 프리웨어나, 저가의 상용 버전으로
모두 출시되어 있으며, 개인들과 많은 기업들에 의해 가장 광범위하게 사
용되는 비밀보장 프로그램이다. 이 프로그램은 1991년에 필립 R. 치머만
(Philip R. Zimmermann)에 의해 개발되었으며, 전자우편 보안에 있어 사
실상의 표준이 되었다. PGP는 다른 사용자들이나 침입자들이 읽지 못하
도록, 파일들을 암호화해 저장하려는 경우에도 역시 사용될 수 있다.

　PGP는 공개키 시스템의 변종을 사용한다. 공개키 시스템에서, 각 사용
자는 공개적으로 알려진 암호키와 오직 그 사용자에게만 알려진 개인키를
갖는다. 사용자는 자신이 보내려는 메시지를 수신자의 공개키를 사용하여

암호화한다. 수신자가 그것을 받으면, 그들은 그들 자신의 개인키로 암호를 해독한다. 전체 메시지를 암호화하는 것은 시간이 걸릴 수 있기 때문에, PGP는 메시지를 암호화하기 위해 더 빠른 암호화 알고리즘을 사용하며, 그 다음에 전체 메시지를 암호화하는 데 사용되었던 짧은 키를 암호화하기 위해 공개키를 사용한다. 암호화된 메시지와 짧은 키는 모두 수신자에게 보내지는데, 그 수신자는 짧은 키를 해독하기 위해 먼저 자신의 개인키를 사용한 다음, 전체 메시지를 해독하기 위해 짧은 키를 사용한다. PGP는 RSA와 Diffie-Hellman 등 두 가지 공개키 버전이 있다. RSA 버전에서는, 전체 메시지를 암호화하는 데 사용되는 짧은 키의 생성을 위해 IDEA 알고리즘을 사용하며, 짧은 키를 암호화하기 위해 RSA를 사용한다. Diffie-Hellman 버전은 전체 메시지를 암호화하기 위한 짧은 키를 위해 CAST 알고리즘을 사용하며, 짧은 키를 암호화하기 위해 Diffie-Hellman 알고리즘을 사용한다. 전자서명을 보내기 위해, PGP는 사용자의 이름과 기타 서명 정보로부터 해시 코드를 생성하는 효율적인 알고리즘을 사용한다. 이 해시 코드는 송신자의 개인키로 암호화된다. 수신자는 그 해시 코드를 해독하기 위해 송신자의 공개키를 사용한다. 만약 그것이 메시지를 위한 전자서명으로서 보내진 해시 코드와 맞으면, 수신자는 메시지를 서명한 송신자로부터 안전하게 도착되었음을 확신할 수 있다. PGP의 RSA 버전은 해시 코드를 생성하기 위해 MD5 알고리즘을 사용한다. PGP의 Diffie-Hellman 버전은 해시 코드를 생성하기 위해 SHA-1 알고리즘을 사용한다.

　PGP를 사용하기 위해서는, PGP 프로그램을 다운로드하거나 구입해서 자신의 컴퓨터 시스템에 설치해야 한다. 대체로, 그것은 자신의 즐겨 쓰는 전자우편 프로그램과 함께 동작하는 사용자 인터페이스를 포함하고 있다. 사용자들은 자신의 PGP 프로그램이 PGP 공개키 서버와 함께 제공하는 공개키를 등록함으로써, 자신과 메시지를 교환하게 될 사람들이 자신의 공개키를 찾을 수 있도록 조치할 필요가 있다. Network Associates에서는 300,000개의 등록된 공개키를 갖고 있는 LDAP/HTTP 공개키 서버를 유지한다. 이 서버는 전 세계의 다른 사이트에 미러링되어 있다.

다. S/MIME(Secure/Multi-Purpose Internet Mail Extensions)
S/MIME은 전자우편을 안전하게 보내게 하는 암호화 시스템이다. 인터넷 전자우편은 헤더(header)와 바디(body)의 두 부분으로 나뉘어 보내지는데 MIME는 이 중에서 바디 부분을 어떻게 구성할 것인가에 대한 정의를

하고 있다. 그러나 MIME 자체로서 어떠한 보안 서비스를 제공하지 않는다. S/MIME은 RSA 암호화 시스템을 사용하며 마이크로소프트와 넷스케이프의 최신판 웹 브라우저에 포함되어 있고 메시지 관련 제품을 만드는 많은 공급사들에 의해 뒷받침되고 있다. RSA는 S/MIME을 IETF에 표준으로 제안했다. 또한 S/MIME의 대안인 PGP/MIME 역시 표준으로 제안되었다.

4) 전자상거래 보안

안전하고 효율적인 전자상거래가 행해지기 위해서는 특히 전자지불시스템의 보안이 필수 불가결한 요소이다. 전자상거래의 운영에 있어서 전자적인 형태로 구현된 지불시스템 없이는 거래 처리의 전 과정이 자동화될 수 없기 때문에 거래 대금의 처리를 위한 전자지불시스템은 전자상거래의 효율성을 결정하는 중요한 요소 중의 하나이다. 그러나 전자지불시스템은 해커들이 공격을 통하여 금전적인 이익을 직접적으로 얻을 수 있는 부분이기 때문에 이에 대한 보안 대책의 강구는 매우 중요하다. 기존의 전자지불 방법은 은행 등의 업계 내부 시스템의 폐쇄성, 예를 들면 외부로부터의 침입을 허용하지 않는 견고한 컴퓨터 센터나 관계기관 이외의 접속을 허용하지 않는 전용회선의 이용 등에 의해 안전성을 확보해 왔다. 그러나 현재 기업이나 개인이 자유롭게 접근 가능한 개방형 통신망인 인터넷에서 안전한 전자지불을 낮은 비용으로 실현하는 것은 정보 보안의 대책 없이는 불가능할 것이다. 전자지불 보안에는 신용카드, 전자화폐, IC카드가 있다. 그중에서 신용카드는 인터넷에서 가장 보편적으로 이용되고 있는 지불 수단이다. 개방형 네트워크에서 신용카드를 지불 수단으로 이용할 때 발생할 수 있는 보안상의 문제점을 해결하고자 많은 노력을 하고 있는데 그 대표적인 것이 SET(Secure Electronic Transfer)이다. 여기서는 SET을 이용한 전자상거래 보안에 대해서 살펴본다.

(1) SET

SET은 인터넷과 같이 공개된 통신망 위에서 안전한 신용카드 결제를 위해 만들어진 기술표준이다. 현재 업계에서 사용되고 있는 SET은 1997년 5월 31일, 신용카드 업계의 주요업체인 Master와 Visa가 공동으로 발표한 것이다. 이 SET 1.0의 개발에는 기술 자문역으로 GTE, IBM, Microsoft, Netscape, Terisa, VeriSign, RSA, SAIC이 함께 참여하였다. 기술적으로 SET은 전자상거래의 안전한 지불을 위해 제정된 '지불시스템에 대한 기술표준'이다. 즉, SET을 이용해 만들어진 소프트웨어나 하드웨어를 SET에서 규정된 환경에서 사용하도록 업계에서 표준으로 제정한 것이다.

SET에는 거래 당사자들이 서로의 신원을 확인할 수 있도록 하는 인증, 인터넷상에서 주고받는 메시지(카드번호나 주문내역 등)를 안전하게 보호하기 위한 암호화, 인증과 암호화를 이용한 지불절차를 정의하고 있다.

인터넷 쇼핑 시 신용카드를 사용하여 대금을 결제하고자 할 때, 공개된 네트워크에서 보다 안전하게 지불처리를 할 수 있도록 암호화 및 정보보안에 관해 제정된 표준안이다. 초기에 SET은 소프트웨어 구현에 국한하여 출발하였으나, 최근에는 SET을 Chip-Card로 구현하려는 시도가 진행 중이다. 즉, SET은 소프트웨어뿐만 아니라 하드웨어 구현에 대한 표준까지 포괄하고 있다.

(2) SET의 기능

인터넷을 통한 신용카드 지불 프로토콜의 표준인 SET은 현실세계의 신용카드 거래를 기반으로 모델링되어 기존 금융 시스템과의 연동이 용이한 구조이며, RSA의 암호화 기술을 기반으로 전송되는 지불 데이터를 보호하고 이중서명(dual signature)이라는 방법을 통하여 상인에 대한 지불 정보의 투명성을 보장한다. SET에서 제공하는 기능은 다음과 같다.

① 정보의 기밀성

인터넷을 지불 정보와 구매 정보 등 상거래에서 유통되는 유출을 막기 위해 메시지 암호화를 통해 기밀성을 제공한다.

② 정보의 무결성

지불 정보가 전송 중 변조되지 않았다는 것을 증명하기 위해 전자서명을 사용하여 보낸 메시지와 받는 메시지가 정확히 일치함을 보여줌으로써 무결성을 제공한다.

③ 고객에 대한 인증

카드를 사용하여 거래하는 고객에 대한 인증은 고객이 인증기관에서 발급받은 인증서와 전자서명을 사용하여 해당 고객이 유효한 사용자임을 증명해 준다.

④ 상인에 대한 인증

고객의 입장에서 볼 때 자신이 거래하는 상인이 카드를 수용할 수 있는 권한을 지니고 있는지 확인하기 위해 전자서명과 함께 상인이 인증기관에서 발급받은 인증서를 제공받는다.

⑤ 최상의 보안성

전자 거래의 모든 정당한 구성원을 보호하기 위해 효율적이면서도 강력한 보안성을 제공하기 위해 공개키 암호화 알고리즘과 관용 암호화 알고리즘 및 전자서명, 전자봉투(digital envelope), 이중서명 등의 보안기술을 사용한다.

(3) SET 기반 전자지불시스템의 구성

SET을 기반으로 하는 전자지불처리 시스템은 [그림 4-13]과 같이 고객 소프트웨어, 상인 서버, 신용카드 발행처와 상인을 연동하기 위한 지불 게이트웨이, 그리고 각 구성요소들의 인증서를 발부해 주는 인증 서버 시스템으로 구성된다.

① 고객 소프트웨어

고객 소프트웨어는 SET 프로토콜을 처리하기 위한 일종의 전자 지갑 소프트웨어로 웹 브라우저에 플러그인(plugin) 형태로 존재하며 지불처리 시 상인 서버에서 전송되는 구동 메시지에 의해 시작된다. 고객 소프트웨어는 고객의 구매 및 지불 정보의 보호, 인증서 및 개인키 관리, 거래내역의 관리, 상인 서버와 연동한 SET 전자지불처리 기능 등을 제공한다.

② 상인 서버

상인 서버는 전자 상점 소프트웨어와 공존하거나 독립된 시스템으로 존재할 수 있으며 고객의 구매 요구 및 지불 명령을 처리한다. 주요 기능은 상인의 공개키 및 개인키 관리, 거래 정보의 보호 및 거래내역 관리, 고객의 주문처리, 지불 게이트웨이에 대한 인가요구 및 대금이체 요구 등이다.

③ 지불 게이트웨이

SET의 지불 메시지를 은행과 연동하여 처리하기 위한 일종의 지불 대행 시스템으로 은행 또는 믿을 수 있는 제3기관에서 운영할 수 있다. 지불 게이트웨이는 상인으로부터의 인가 메시지와 대금 이체 메시지를 은행으로 전송하여 처리하고 그 외 거래 사고의 방지를 위한 거래내역 관리, 신용도에 따른 인증 서버의 인증서 취소 리스트와의 연동, 상인 서버와의 연동 등을 주요 기능으로 한다.

④ 인증 서버 시스템

인증 서버 시스템은 SET 거래에 참가하는 구성요소들에 대한 등록과 인증서 발행을 주요 목적으로 하며 믿을 수 있는 기관에 의해 운영된다. 인증 서버는 인증서의 발행 및 관리, 잘못된 인증서를 알리는 인증서 취소 리스트의 운용, 은행과 연동하여 고객 및 상인의 인증서 취소 또는 재발행, 다른 인증 서버와의 연동 등의 기능을 제공한다.

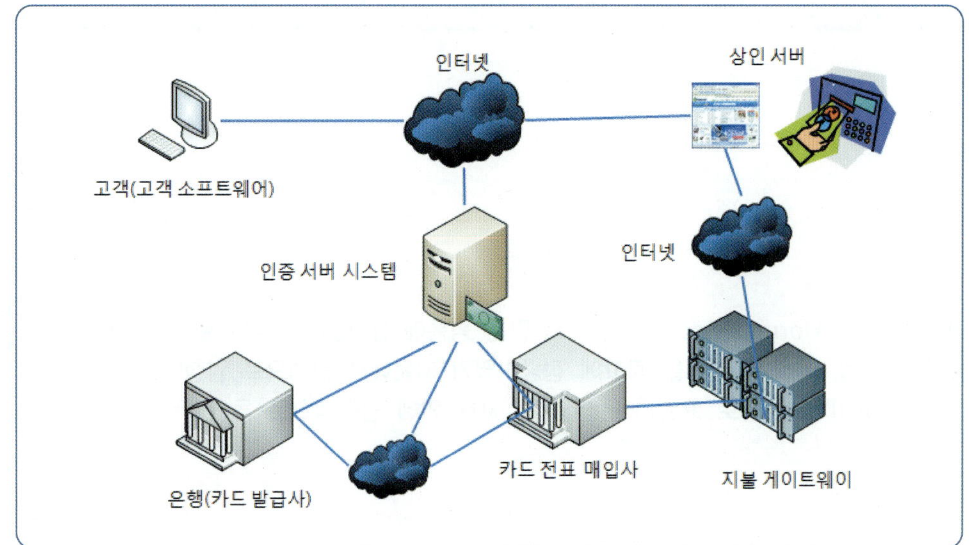

[그림 4-13]
전자지불시스템의 구성

연습문제

01. 네티켓이란 무엇인가?

02. (   )은 미국의 호멜 푸드(Hormel Food Inc.)에서 만든 깡통에 든 햄을 일컫는 말이다. 이 회사가 (   )(을)를 홍보할 때 모든 역량을 광고에 집중하였기 때문에 일반적으로 엄청난 광고로 인한 공해를 (   )(이)라는 말로 표현하게 되었다. 괄호 안에 공통적으로 들어갈 단어는 무엇인가?

03. 다음 중 영(Young)이 정의한 인터넷 중독의 다섯 가지 유형에 대해 잘못 설명하고 있는 것은 무엇인가?

① 사이버 섹스 중독: 사이버 음란물에 탐닉하거나 성인 채팅에서 만난 상대와 사이버 섹스에 몰두한다.
② 사이버 교제 중독: 가족이나 친구보다는 채팅방에서 만난 온라인 사람들과 더 친하게 지낸다. 여기에 사이버 연애도 포함된다.
③ 정보 중독: 강박적으로 웹 서핑이나 데이터베이스 탐색에 몰두한다.
④ 컴퓨터 중독: 강박적으로 온라인 도박이나 온라인 경매, 온라인 거래 등에 탐닉한다.

04. 다음 중 저작권법에 의해 보호되는 저작물이 아닌 것은 무엇인가?

① 연극 및 무용·무언극 등을 포함하는 연극 저작물
② 사진 및 이와 유사한 제작 방법으로 작성된 것을 포함하는 사진 저작물
③ 지도·도표·설계도·약도·모형 및 그 밖의 도형 저작물
④ 법원의 판결·결정·명령 및 심판이나 행정심판절차, 그리고 그 밖의 이와 유사한 절차에 의한 의결·결정 등

05. 저작권의 존속기간에 대하여 설명하라.

06. 저작권의 침해 유형은 (   ), (   ), (   ), (   ) 등으로 분류할 수 있다.

연습문제

07. 사용자가 인터넷을 이용함으로써 얻을 수 있는 유익한 점과 발생할 수 있는 문제점에 대하여 설명하라.

08. 인터넷 보안이란 무엇인가?

09. 다음 중 인터넷 보안 관련 기능이나 서비스가 아닌 것은 무엇인가?

① 접근제어(access control)
② 부인방지(non-repudiation)
③ 유유인코드(uuencode)
④ 인증(authentication)
⑤ 무결성(integrity)

10. 다음은 암호화 기술에 대한 설명이다.

송신자와 수신자가 동일한 키를 공유하면서 암호화, 복호화를 하는 (   ) 알고리즘과 암호화와 복호화에 쓰이는 키가 짝을 이루어 각각 하나의 키로 암호화된 것으로 그 짝으로 복호화할 수 있는 (   ) 알고리즘이 있다.

11. 보안기술은 (   ), (   ), (   )(으)로 분류할 수 있다.

12. 다음 중 침입차단시스템에 대해 잘못 설명하고 있는 것은 무엇인가?

① 침입차단시스템은 외부 네트워크로부터 내부 네트워크를 보호하는 것이다.
② 허가되지 않은 사용자가 내부 네트워크 접근하는 것을 방지한다.
③ 침입차단시스템 내부망의 보안 수준을 현저하게 향상시킨다.
④ 침입차단시스템은 내부의 적과 외부의 적으로부터 내부 네트워크를 보호할 수 있다.

연습문제

13. 침입차단시스템의 문제점에 대해 설명하라.

14. 웹 서버 보안 대책에 대해서 설명하라.

15. (   )은(는) 인터넷에서 SMTP를 사용하는 기존 전자우편 시스템의 보안 취약점을 보완
    하기 위해 사용되며, (   )은(는) 인터넷 전자우편을 암호화하고 복호화하는 데
    사용된다.

5. 미래의 인터넷(유비쿼터스)

5.1 유비쿼터스의 개요

5.1.1 유비쿼터스 컴퓨팅

1) 유비쿼터스

유비쿼터스란 "신은 언제 어디서나, 동시에 존재한다."라는 라틴어 어원에서 유래한다. 즉, 물리 공간에 존재하는 모든 사물들에 다양한 기능을 갖는 컴퓨터와 장치들을 심어 네트워크로 연결한 후 기능적·공간적으로 사람, 컴퓨터, 사물이 하나로 연결될 수 있도록 한 개념을 말한다.

유비쿼터스 공간에서는 물리적 환경과 사물들 간에도 전자 공간과 같이 정보가 흘러다니며 마치 사람이 그 속에 들어가 있는 것처럼 지능화되어 정보를 송수신하고 사람들이 원하는 활동을 수행한다. 결국 유비쿼터스 혁명은 물리 공간과 전자 공간의 한계를 동시에 극복하고 사람, 컴퓨터, 사물을 하나로 연결함으로써 최적화된 공간을 창출하는 마지막 단계의 공간혁명이다

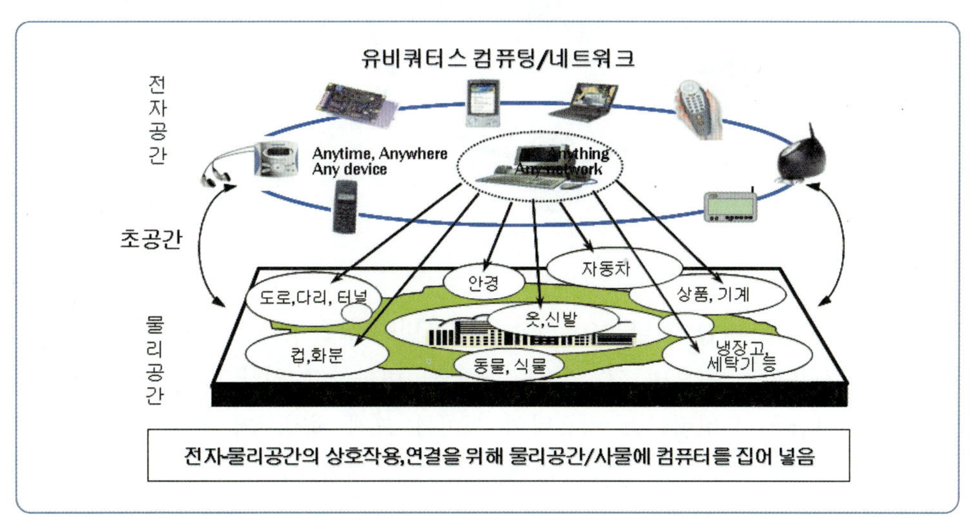

[그림 5-1]

'환경'으로 변하는 유비쿼터스

2) 유비쿼터스 컴퓨팅의 정의

유비쿼터스 컴퓨팅 기술이란 수많은 환경과 대상물에 컴퓨터가 심어지고 이들이 전자 공간으로 연결되어 서로 정보를 주고받는 유비쿼터스 공간(어디에나 편재하는 컴퓨터로 인해 사람이 인식하지 못하는 사이에 정보가 교류되는 공간)을 창조하는 기술을 말한다.

'유비쿼터스 컴퓨팅'이란 개념이 최초로 제기된 것은 1988년의 일이다. '유비쿼터스의 아버지'라고 불리는 미국 제록스사의 펠로알토연구소(PARC)의 마크 와이저(Mark Weiser)가 그 제창자이다. 마크 와이저는 1993년에 쓴 논문에서 '유비쿼터스 컴퓨팅'을 "어디에서든지 컴퓨터에 접근이 가능한 세계(computing access will be everywhere)"라고 정의를 내렸다. 와이저는 "인간이 이동하는 장소에서 그곳의 컴퓨터를 자신의 컴퓨터로 삼아 사용할 수 있는 환경의 실현"을 목표로 내걸었다. 즉, 와이저는 유비쿼터스 컴퓨팅을 "인간이 어디에 있든지 (네트워크에 접속된) 컴퓨터를 자신의 컴퓨터로 사용하는 것이 가능한 환경"이라고 정의를 내렸다. 유비쿼터스 컴퓨팅은 5A, 즉 Any-where, Any-time, Any-network, Any-device, Any-service를 근간으로 인간과 컴퓨터가 보다 밀접한 관계를 유지하고자 하는 것이다.

[그림 5-2]
유비쿼터스 컴퓨팅

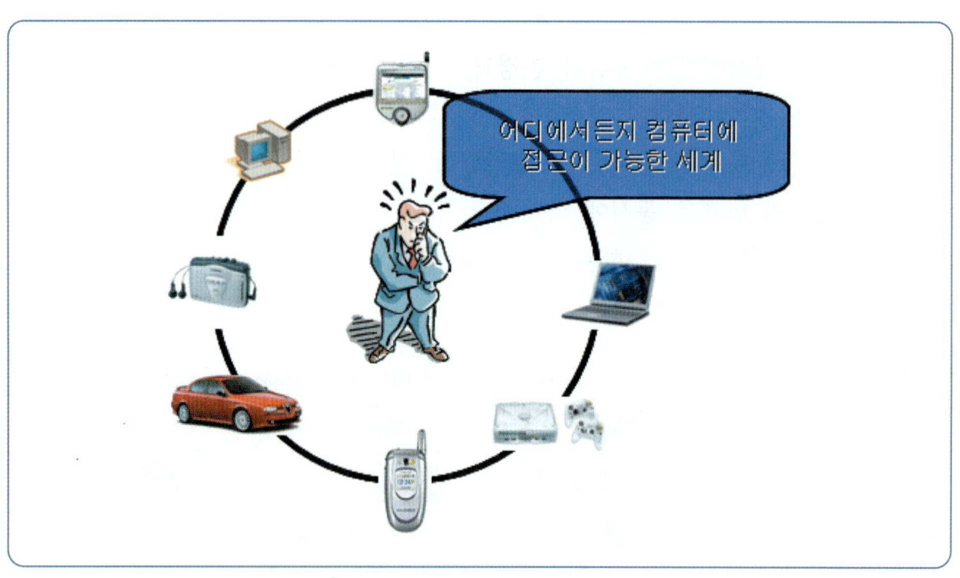

마크 와이저가 처음 개념을 소개한 후 '유비쿼터스 컴퓨팅'이란 단어는 여러 분야에서 사용되어 왔으며 그 의미도 조금씩 변화하고 있다. 특히, 휴대전화의 폭발적인 보급은 유비쿼터스 컴퓨팅의 의미를 크게 확장시켜 놓았다. 휴대전화를 중심으로 하는 모바일 단말기에 컴퓨터 칩을 집어넣어서 '어디에서든지' 사용할 수 있게 되면, 이것도 '유비쿼터스' 영역에 포함된다는 주장이 나오기 시작하였다. 한발 더 나아가 모바일 단말기야말로 '유비쿼터스'의 주역이라고 생각하는 사람들이 늘어나고 있다. 즉, '어디에서든지 컴퓨터를 사용할 수 있다(모든 장소에 컴퓨터가 존재하고 이를 자유롭게 사용할 수 있다)'는 정의가 '어디든지 (소형) 컴퓨터를 휴대하고 다니며 사용한다'는 식으로 정의가 확장된 셈이다. 또한 컴퓨터 칩이 정보가전이라고 하는 여러 가지 가전제품 속에 내장되면서, 이것들 역시 네트워크를 통해 제어 가능하게 되고 '유비쿼터스'라고 하게 되었다. 요즘에는 인간 주변에 존재하는 기기(또는 물체)들이 컴퓨터로 제어되면 '유비쿼터스'의 한 부분으로 여겨지고 있는 셈이다. 유비쿼터스 컴퓨팅과 상당히 유사한 개념으로 IBM의 '퍼베이시브 컴퓨팅(pervasive computing)'이 있다. 이는 '필요한 정보가 언제 어디서나, 간단하고 안전하게 접근 가능한 환경'을 의미한다.

3) IT 제3의 물결: 유비쿼터스 컴퓨팅

유비쿼터스 컴퓨팅 개념을 도입한 마크 와이저는 1993년, 컴퓨터의 진화 과정을 컴퓨터 기술과 인간과의 관계 변화를 중심으로 설명하면서 유비쿼터스 컴퓨팅을 '제3의 물결'이라고 지칭하였다. 유비쿼터스를 이해하기 위해 컴퓨터 진화의 변천 과정을 3단계 물결로 설명하면 다음과 같다.

- 제1의 물결은 '메인프레임 시대'이다. 이 시대에는 많은 사람들이 한 대의 컴퓨터를 서로 공유하였다. 이 시대 IT의 주역은 인간이 아닌 컴퓨터였다.
- 다음으로 제2의 물결은 '퍼스널 컴퓨터(PC) 시대'이다. 이 시기에 이르러서야 한 사람이 한 대의 컴퓨터를 사용할 수 있게 되었다. 이 시대에 접어들어 인간은 드디어 컴퓨터와 대등한 관계가 된 셈이다.
- 마지막으로 제3의 물결이 '유비쿼터스 컴퓨팅 시대'이다. 이 시대에는 많은 컴퓨터가 한 사람을 위해 움직이게 되었다. 즉, 유비쿼터스 컴퓨팅 시대가 비로소 인간과 컴퓨터의 주종관계가 역전되는 시점인 셈이다.

[그림 5-4]
컴퓨팅의 진화 과정

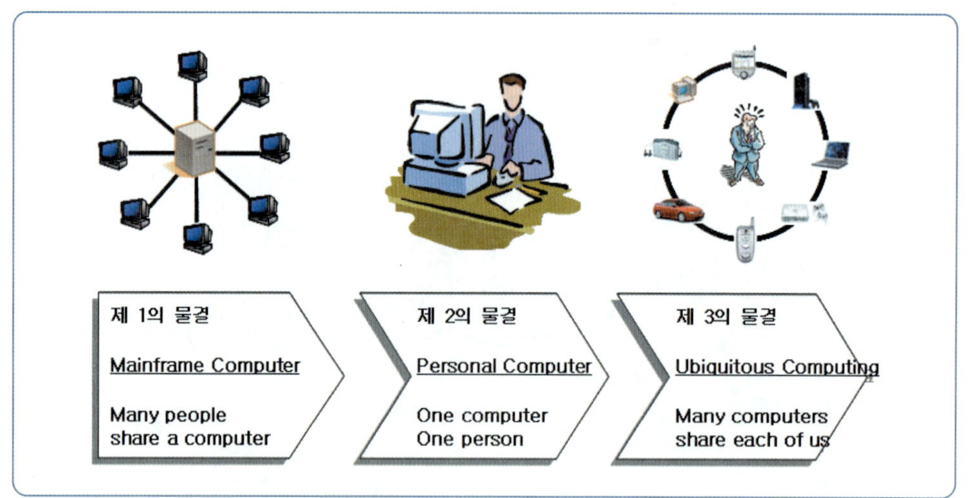

4) 유비쿼터스 컴퓨팅의 특징

유비쿼터스 컴퓨팅에 대해 해석하는 관점에 따라 여러 가지 정의가 가능하나, 여기서 이를 좀 더 명확하게 정의하기 위해 마크 와이저가 제시한 다음과 같은 네 가지의 판단 기준을 사용한다.

- 네트워크에 연결되지 않은 컴퓨터는 유비쿼터스 컴퓨팅이 아니다.
- 인간화된 인터페이스(calm technology)로서 눈에 보이지 않아야 한다.
- 상황에 따라 제공되는 서비스가 변한다.
- 가상공간이 아닌 현실세계의 어디서나 컴퓨팅 사용이 가능해야 한다.

(1) 네트워크에 연결되지 않은 컴퓨터는 유비쿼터스 컴퓨팅이 아니다

마크 와이저는 네트워크에 접속되지 않은 컴퓨터는 '유비쿼터스 컴퓨팅'이 아니라고 지적하고 있다. 왜냐하면 여러 장소로 이동하는 이용자에게 컴퓨터가 그 사람에게 적절한 서비스를 제공하기 위해서는 네트워크 접속이 필수 불가결하기 때문이다. 따라서 전자계산기는 컴퓨터이기는 하지만, 네트워크에 접속되지 않기 때문에 유비쿼터스 컴퓨팅에 포함되지 않는다.

(2) 인간화된 인터페이스로서 눈에 보이지 않아야 한다

유비쿼터스 컴퓨팅에서 컴퓨터는 '눈에 보이지 않는 것(invisible)'이어야 한다고 주장한다. 현재의 컴퓨터는 이용자가 '컴퓨터를 사용한다'는 점을 확실하게 인식하면서 사용하도록 만들어져 있다. 이를테면 대부분의 컴퓨터에는 키보드라는 입력장치가 있으며, 컴퓨터를 사용하기 위해서는 이 키보드를 두드려야만 한다. 키보드가 이용자에게 '내가 지금 컴퓨터를 사용하고 있다'고 인식시켜 주는 셈이다. 이렇듯 현재의 컴퓨터에서 정보를 얻으려고 하면 컴퓨터 전원을 켜고 로그인한 후 소프트웨어를 가동시켜야 하는 등 매개하는 컴퓨터의 존재를 인식할 수밖에 없다. 이것이 바로 '눈에 보인다'라는 의미이다. 이에 대해 마크 와이저는 컴퓨터가 종이와 같은 존재가 되기 위해 노력해야 한다고 말한다. 종이에 쓰인 문자는 그것이 신문이든 잡지든, 이를 읽을 때 사람들이 종이의 존재를 인식하지 않고 거기에서 정보를 얻을 수 있다. 이와 같이 인간이 해당 매체를 사용하고 있다는 인식 없이 사용할 수 있는 '인간화된 인터페이스'가 유비쿼터스 컴퓨팅을 실현시키는 요소라고 주장한다. 즉, '눈에 보이지 않는다'는 의미는, 이를테면 방 안 어딘가에 컴퓨터가 내장되어 있어 이용자가 음성으로 내린 명령을 듣고 작업을 수행해 주는 상태를 말한다. 유비쿼터스 컴퓨팅이 목표로 하는 세계는 컴퓨터가 '환경'이면서 또한 '생활의 일부'가 되는 세계이다. 덧붙여 마크 와이저는 이와 같은 특징에 대해 "유비쿼터스 컴퓨팅은 인간화된 컴퓨터(calm technology)여야 한다"라는 표현을 통해 확실히 밝혀 놓고 있다.

(3) 상황에 따라 제공되는 서비스가 변한다

유비쿼터스 컴퓨팅의 세계에서는 이용자가 누구인지에 따라서, 또는 이용자가 놓여 있는 상황(context)에 맞추어 컴퓨터가 스스로 제공하는 서비스를 변화시킬 수 있는 능력이 요구된다. 다시 말해 사용하는 사람에 따라, 혹은 그 장소에 있는 디바이스(기기)의 규약에 따라서 제공되는 서비스가 바뀌게 된다는 것이다. 예를 들어 어떤 사람이 자신의 모바일 단말기(통신 기능이 포함된 PDA 등)를 이용해 네트워크상의 파일을 인쇄하려 한다고 가정해 보자. 이때 모바일 단말기는 이용자가 어느 사무실에 있든지, 항상 가까운 데 있는 인쇄 가능한 프린터를 자동적으로 선택해 인쇄를 수행할 수 있어야 한다. 또한 보안 서비스 측면에서 정확한 ID를 갖고 있지 않은 사람에게 해당 단말기가 서비스 제공을 거부해야 한다. 하지만 이와 같은 상황이라는 말이 아직 쉽게 와 닿지 않을 것이다. 여기서 상황이란 이용자의 현재 위치, 이용자의 ID, 디바이스의 ID와 상태, 물리적인 주변 환경(예: 시간, 온도, 밝기, 날씨) 등을 의미한다.

(4) 가상공간이 아닌 현실세계의 어디서나 컴퓨팅 사용이 가능해야 한다

가상현실(vitual reality)은 컴퓨터가 만들어낸 가상의 현실 공간을 말한다. 머리에 특수한 안경 등을 끼고 볼 수 있는 것이 가공의 현실이다. 유비쿼터스에서는 컴퓨터가 현실세계에 존재하고 정보도 현실세계에서 표시된다. 즉, '컴퓨터에 의해 만들어진 가상공간 안의 어디에서든지 컴퓨터를 사용할 수 있다'는 개념은 유비쿼터스 컴퓨팅이 아니다. 유비쿼터스 컴퓨팅 세계는 현실세계의 어디에서든지 컴퓨터를 사용할 수 있어야 한다.

5.1.2 유비쿼터스 네트워크

1) 유비쿼터스 네트워크의 개요

IT 환경은 '편재(偏在)'에서 '편재(遍在)'로 변화되고 있다. '偏'은 '치우쳐 있다, 하나, 한사람'이란 뜻이고, 반면에 '遍'은 '널리, 광범위하게, 전부'란 의미이다. 1990년대 중반부터 미국을 중심으로 급속도로 보급된 인터넷은 편재(偏在: 한쪽으로만 존재)하는 네트워크였다. 우선 PC 앞에 앉아서 인터넷에 접속한 다음 전자상거래를 하는 식으로, PC가 네트워크의 기점이 될 수밖에 없는 상황이었다. 그러나 앞으로는 PC를 비롯하여 TV, 휴대전화 등 도처에 널려 있는 단말기를 이용하여 네트워크를 활용하는 사회가 된다. 기존의 인터넷 이용은 편재(偏在) 이용이라는 점에서 초보적인 것이었다면, 이제부터 편재(遍在)적인 이용으로 본격적인 시대를 맞이하게 될 것이다. 여기서 '편재(遍在)'하는 네트워크를 '유비쿼터스 네트워크'라 한다.

잘 알려진 것처럼 PC를 지탱해 온 반도체의 세계에는 기술 진보가 3년에 4배가 되는 무어의 법칙을 따르고 있지만, 통신의 세계는 3년에 8배가 되는 길더의 법칙이 지배한다. 무어의 법칙에서 길더의 법칙으로의 지배원리의 전환은 1990년대 중반부터 일어나기 시작했다. 그 결과 2005년에는 네트워크의 통신대역이 큰 폭으로 확대되어 현재 전화선의 1,000배가 되고, 상시접속과 저요금도 실현된다. 소위 브로드밴드 환경이 실현되는 것이다. 2시간짜리 DVD 영화가 10분, 비디오는 3분, 70분 분량의 CD를 10초에 다운로드할 수 있다. 이 브로드밴드 환경에서는 PC뿐만 아니라 모든 단말기가 소위 모바일 상태로 상시 접속된다. PC, 노트북, TV, 게임기, 휴대전화, 카 내비게이션, PDA(휴대정보단말기),

MMK(멀티미디어 키오스크) 등이 상호 접속되고 '언제 어디서 누구나'라는 유비쿼터스적인 환경이 된다. 유비쿼터스 네트워크에서는 전술한 변화와 더불어 IPv4가 IPv6로 진화한다. IPv6는 전 세계 인구 한 사람당 거의 무한대의 IP 주소를 부여할 수 있다. 여기에서 등장하는 것이 RFID(무선 ID) 태그이다. 정보를 축적할 뿐만 아니라 정보발신 기능을 가진 극소의 칩이다. 이미 수 밀리미터 크기의 상품이 실용화되어 있고 분말 형태의 칩도 개발되었다. TV 광고에서는 슈퍼마켓의 상품에 바코드 대신 이 태그를 부착하여 상점을 나올 때 자동적으로 가격이 계산되는 시스템이 제안되기도 하였고, 측량 분야에서도 삼각점 확인, 수목관리, 이력 확인을 위해 이미 실용화가 시작되었다. 이렇게 유비쿼터스 네트워크 시대에는 브로드밴드 환경을 전제로 하여 모바일과 RFID 태그 등의 정보단말 제품과 부품이 매우 중요한 요소가 된다.

유비쿼터스 네트워크 환경에서는 전자상거래의 모습 자체가 크게 변하게 될 것이다. 중요한 점은 이제 전자상거래가 전체의 일부분에 지나지 않는 시대가 온다는 사실이다. 이제 브로드밴드, 모바일, IPv6 등의 기술이 복합화되면서 텍스트 데이터를 교환하는 인터넷상의 전자상거래는 단지 진입로에 지나지 않게 된다. 오히려 건설장비에 ID를 부여하여 작동 및 유지관리 서비스에 활용하거나 택시의 배차관리에 활용하는 사례를 볼 수 있듯이 서비스를 중심으로 한 이용이 발달될 것이다. "내 건강은 괜찮을까?"하는 건강관리 서비스, '자동차 보수 시기나 도난, 사고에 대처'하는 차량관리 서비스 등 여러 가지 서비스가 네트워크상에서 가능해진다. 네트워크를 활용하여 '현실생활을 지원하는' 사회가 도래할 것이다.

2) 유비쿼터스 네트워크의 다섯 가지 기술요소

유비쿼터스 환경을 이해하기 위해서는 유비쿼터스 네트워크가 우리들의 생활을 어떻게 바꾸어 나갈 것인지를 알아두어야 할 필요가 있다. 항간에는 '브로드밴드'가 자주 거론되고 있지만 이러한 인식만으로는 별다른 도움이 되지 않는다. 브로드밴드를 포함한 다섯 가지 기술요소로 이루어진 '유비쿼터스 네트워크'의 구조를 이해하는 것이 중요하다. 그러므로 다섯 가지 기술요소란 무엇이며, 그들로 이루어진 '유비쿼터스 네트워크'의 본질은 무엇인지, 또 본질이 우리들에게 무엇을 실현시켜 줄 것인지를 알아야 한다.

유비쿼터스 네트워크는 다음의 다섯 가지 기술이 결합하여 형성된다고 할 수 있다.

- 브로드밴드를 통해 동영상을 이용하여 정보량이 풍부한 커뮤니케이션이 가능해진다.
- 모바일 단말기를 통해 '언제 어디서나'를 실현한다.
- 상시접속으로 자연스러운 커뮤니케이션이 가능하다.
- 배리어프리(barrier-free) 인터페이스로 어린이, 고령자, 장애인 모두 쉽게 이용할 수 있다
- IPv6를 채용하여 ID가 부여된 단말기의 수가 대폭적으로 증가한다.

(1) 브로드밴드

브로드밴드는 한 가정당 약 50Mbps 이상의 환경으로 발전할 것이다. 50Mbps이면 MP3(CD 수준의 음질로 데이터량을 1/11로 압축하는 음성압축 방식) 음질의 70분짜리 CD를 약 10초, DVD 품질의 2시간짜리 영화를 10~12분 정도, VHS 품질의 70분짜리 영화를 3분 남짓에 다운로드할 수 있다. 즉, 고화질 영상, 고화질 음악 콘텐츠를 네트워크를 통해 쾌적하게 즐길 수 있는 환경이 마련되는 것이다.

[그림 5-5]

유비쿼터스 네트워크 특징

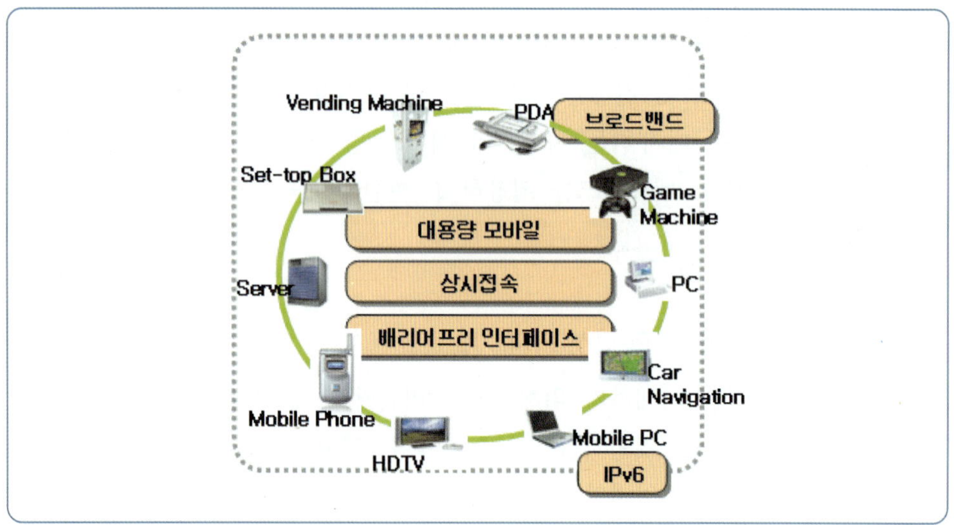

(2) 대용량 모바일

모바일(이동단말기) 통신환경은 최근통신 속도가 많이 향상되었다. 음악 재생 기능을 갖춘 휴대전화에 음악 콘텐츠를 다운로드하거나 휴대전화와 무선 PDA에 뉴스 프로그램 등의 영상을 스트리밍으로 송신하는 것이 가능해졌다. 그뿐 아니라 휴대전화는 소위 '스마트폰', 즉 다양한 데이터 처리 기능을 가진 휴대전화에 다운로드하기만 하면 언제나 최신 기상 정보와 주가 정보를 확인하거나 다른 휴대전화와 접속하여 게임을 즐길 수 있을 것이다.

(3) 상시접속과 배리어프리 인터페이스

현재 개별적으로 존재하던 정보기기가 향후에는 이음매 없이 접속되는 환경을 구체적으로 그려볼 수 있다. 게다가 유비쿼터스 네트워크가 만인의 것이 되기 위해서는 이용자의 인터페이스가 배리어프리인 것이 중요한 요건이다. 이렇게 되면 어린아이에서부터 고령자까지, 그리고 장애인에게도 네트워크는 자연스러운 환경이 된다. 앞으로 거의 모든 가전기기에 네트워크 접속 기능이 내장되므로 집 안은 무선 LAN화되어 거추장스러운 배선이나 설치 없이도 외출해서 에어컨이나 가스레인지 같은 백색 가전기기를 제어할 수 있게 된다. 그뿐 아니라 집 안에 카메라를 달아 경비회사와 연결하면 경비 등에도 응용할 수 있다. 한편 자동차에 휴대전화와 차량탑재용 서버를 차내 LAN에 접속시켜 달리고 있는 동안 앞뒤 차량 간 혹은 외부와 정보교환이 가능해진다. GPS(위성항법장치) 기술과 결합되어 고화질 영상을 완비한 카 내비게이션 기능도 가능하고, 미래에는 IC 카드 기능을 이용하여 차량탑재기로서의 기능도 갖출 예정이어서 차량은 텔레매틱스 시스템(차량탑재용 무선 데이터통신 시스템)으로 점점 더 정보화될 것이다.

(4) IPv6

유비쿼터스 네트워크에서 양적으로 영향을 끼치는 것이 IPv6이다. 종래의 IPv4로 부여된 IP 주소(IP 네트워크에 접속된 컴퓨터에 할당된 식별번호)의 수는 약 43억 개인 데 비해, IPv6는 무려 340간($澗: 340 \times 10^{36}$)개까지 늘어난다. 수의 단위는 일($一$), 십($十$), 백($百$), 천($千$), 만($萬$), 억($億$), 조($兆$), 경($京$), 해($垓$), 자($秭$), 양($穰$), 구($構$), 간($澗$), 정($正$), 재($載$), 극($極$), 항하사($恒河沙$), 아승기($阿僧祇$), 나유타($那由他$), 불가사의($不可思議$), 무량대수($無量大數$)까지이다. 이 것은 우리들이 상상해 본 적도 없는 수이다. 전 세계 인구를 약 60억이라 할 때 IPv4 환경에서는 한 사람당 하나의 주소밖에 부여할 수 없었지만, IPv6 환경에서는 한 사람당 약 5.6양(5.6×10^{28})개의 IP 주소를 부여할 수 있다. 이것은 거의 무한대나 마찬가지이며, 존재하는 모든 곳에 주소를 부여할 수 있음을 의미한다.

한편 RFID(무선 ID) 태그와 각종 센서도 중요하다. 저장된 각종 즉지적($卽地的$), 즉물적($卽物的$) 정보로 정보처리의 세계와 물리세계가 연결되어 우리의 생활을 윤택하게 해 줄 새로운 서비스가 가능해진다. 앞으로는 RFID 태그, 센서 그 자체가 IP 주소를 가지고 독립된 주소로 외부와 데이터를 송수신하는 형태로까지 발전할 가능성이 있다. 또 이러한 용도는 맨투맨(man to man)이라고 하는 새로운 통신에 대한 방대한 수요를 발생시킨다. 예를 들면 홈 시큐리티, 교통상황 감시, 물건이나 수리부품의 추적과 상태감시 등에 이용할 수 있다.

3) 유비쿼터스 네트워크의 기대효과

유비쿼터스 네트워크는 '누구나 언제 어디서나 사용할 수 있는 네트워크'를 구현한다는 점에서 IT시대 정보환경의 기회 균등을 실현한다. 유비쿼터스 네트워크는 앞서 이야기한 다섯 가지 요소와 맞물려 ① 브로드밴드를 통해 유·무선, 통신·방송을 불문한 다양한 네트워크상에서 ② 데스크톱 및 모바일 PC는 물론 휴대전화, 휴대정보 단말기(PDA), 비디오, 게임기, 카 내비게이션 단말기, 정보가전 등 소위 '모바일' IT 기기가 'IPv6'로 접속되어 ③ '상시접속'과 '배리어프리 인터페이스'에 의해 지금과 비교하면 훨씬 더 자유롭고 쾌적한 콘텐츠를 쌍방향으로 이음매 없이 주고받는 환경을 창출한다.

[그림 5-6]

유비쿼터스 네트워크

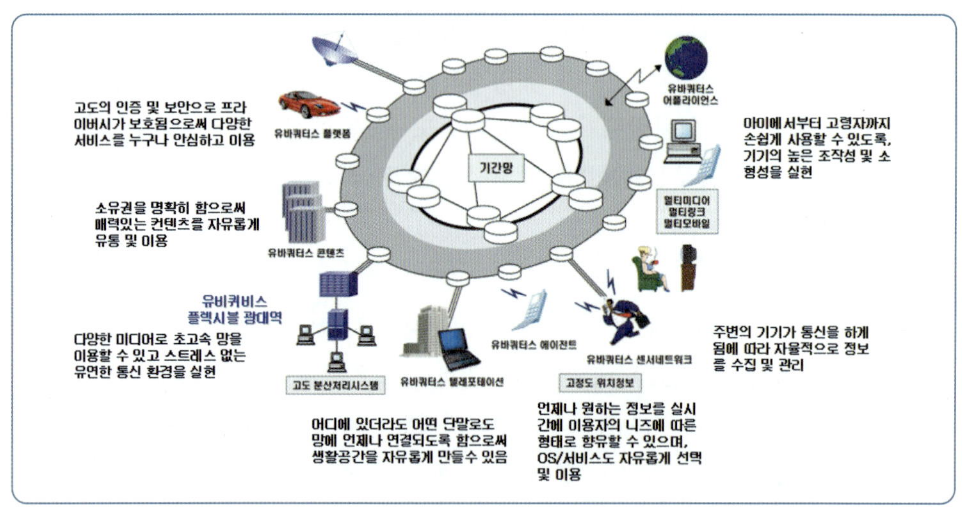

그 결과 브로드밴드가 가져오는 '유통 콘텐츠의 대용량화', 모바일 및 IPv6가 가져오는 '네트워크에 접속되는 기기의 증대', 상시접속 및 배리어프리 인터페이스가 가져오는 '사용자와 네트워크 관계성의 다양화' 등의 변화가 일어난다. 대표적인 변화의 예를 들어보도록 하겠다.

(1) 형태지의 교환 및 공유

유비쿼터스 네트워크는 지금까지의 형식화된 지식 기반을 공유하는 세계에서 형식화가 어려운 지혜나 요령, 노하우를 공유하는 세계로 비약할 수 있게 한다. 유비쿼터스 네트워크는 영상 등을 포함한 리치(rich) 커뮤니케이션, 리치 콘텐츠의 전송, 인덱스화, 축적을 가능하게 함과 동시에 이러한 사용자 간의 상호교환 및 공유를 용이하게 한다. 이렇게 되면 감성과 요령에 가까운 지식, 즉 '지혜'에 상당하는 영역의 전송 및 공유가 가능해진다. 우리들은 이러한 유비쿼터스 네트워크를 통해 새롭게 전달되는 지식을 '형태지(形態知)'라고 한다.

(2) 커뮤니티 파워의 증대

유비쿼터스 네트워크는 개인으로 하여금 지금까지의 기업과 같은 기존의 틀을 뛰어넘는 커뮤니티를 형성할 수 있게 함으로써 결과적으로 개인의 능력을 확대시킨다. 운영체제 중 하나인 리눅스는 개인의 능력이 커뮤니티화에 의해 확대된 전형적인 예일 것이다. 뛰어난 기량을 자랑하는 엔지니어들이 리누스 토발즈를 비롯한 몇 명의 조직책 아래에서 NPO(Non Profit Organization)와 같은 커뮤니티 형성을 통해 공개된 운영체제를 개발하여 소프트웨어 업계에서 무적이라고 불리는 마이크로소프트사를 위협하는 존재가 된 것이다. 바로 개인의 커뮤니티 파워가 기업의 벽을 뛰어넘은 결과이다. 유비쿼터스 네트워크는 커뮤니티의 형성을 촉진하고 커뮤니티 내의 결속을 강화한다. 즉, 커뮤니티 파워를 증대시키는 것이다. 누구나 어디서든지 네트워크에 접속할 수 있고, 보다 간단하게 커뮤니케이션할 수 있는 환경을 제공한다. 바꾸어 말하면, 개인은 현실의 커뮤니티의 제한을 뛰어넘는 커뮤니티를 형성할 수 있게 되는 것이다.

(3) 센싱 및 트래킹 능력의 확대

유비쿼터스 네트워크는 다양한 센서의 활용으로 시각 및 청각이 미치는 범위를 비약적으로 확대시키는 점과 촉각, 미각, 후각의 일부를 대체함으로써 시간 및 공간의 벽을 넘은 오감의 능력을 확대시킨다. 이미 서술한 것처럼 IPv6와 초저가 RFID 태그의 보급이 온갖 사물에 센서를 붙이고 기업의 모든 제품 및 부품을 네트워크에 접속시킨다. 즉, 언제라도 그 센서를 매개로 사람과 사물의 상태감지(센싱)와 위치추적(트래킹)이 가능해진다.

5.1.3 유비쿼터스 컴퓨팅 연구 현황

유비쿼터스 정보 기술은 새로운 지식정보 국가 건설과 자국의 정보산업 경쟁력 활성화를 위한 신전략으로 인식되고 있다. 이에 따라 주요 선진국의 정부와 기업들은 유비쿼터스 환경을 구축하고 관련 시장을 선점하기 위한 경쟁을 치열하게 전개하고 있는 실정이다. 특히 미국, 일본, 유럽의 국가들은 산·관·학·연의 유기적인 협력체계를 구축하며 적극적인 투자와 활발한 연구를 진행하고 있다. 유무선 통합을 중심으로 한 네트워크, 디바이스, 서비스 분야의 디지털 컨버전스가 진행되고 있는 가운데 개념적으로만 접근되던 유비쿼터스란 용어는 점차 구체화되어 가고 있다. 주요 IT 기업들과 대학을 중심으로 다양한 연구 프로젝트가 추진되고 있으며, 실험적인 제품이나 서비스들이 테스트를 통해 새로운 비즈니스 모델로 개발되고 있다. 이와 함께 핵심기술 및 표준화 개발을 추진하여 유비쿼터스 컴퓨팅 시장을 선점하기 위해 노력하고 있다.

미국, 유럽, 일본은 각국의 차별화된 여건과 각국이 보유한 핵심 기술 영역의 차이로 각국이 추구하는 유비쿼터스 컴퓨팅 개념은 서로 차별화되어 전개되고 있다. 이 절에서는 국가별 유비쿼터스 컴퓨팅 연구현황에 대해 알아보도록 하겠다.

1) 미국

미국은 자국의 정보산업 경쟁력 유지를 위해서 1991년부터 유비쿼터스 컴퓨팅 실현을 위한 활발한 연구개발을 추진하며, 유비쿼터스 혁명을 선도하고 있다. 관련 정책 추진의 기본 방향은 최첨단 컴퓨터와 소프트웨어 기술력을 토대로 BT, NT와의 융합을 통해 유비쿼터스 컴퓨팅을 구현한다는 전략이다. 주로 유비쿼터스 컴퓨팅 기술과 부분적인 조기 응용개발에 중점을 두고 있으며, 일상 생활 공간과 컴퓨터 간의 자연스러운 통합이 가능한 HCI(Human Computer Interface) 기술과 표준 개발을 핵심요소로 인식하고 있다. 유비쿼터스 컴퓨팅의 주요 하드웨어, 네트워크, 소프트웨어 기술은 민간 기업체가 주도적으로 개발하고 있으며, 이를 기반으로 국방, 의료, 산업, 가정 그리고 사무실 등 사회 전반에 적용하는 프로젝트가 추진되고 있다. 프로젝트의 성공적인 추진을 위해 DARPA와 NIST의 정보기술응용국(ITAO)과 같은 정부기관에서는 주요 대학과 민간기업 연구소의 다양한 프로젝트 수행에 연구자금을 지원하는 등 국가적 차원에서 유비쿼터스 컴퓨팅의 기술 주도를 위해 노력하고 있다.

(1) '스마트 먼지(Smart Dust)' 프로젝트

캘리포니아 대학교(버클리 대학교)에서 연구 중인 '스마트 먼지'는 $1mm^3$ 크기의 실리콘 모트(silicon mote)라는 입방체 안에 완전히 자율적인 센싱과 통신 플랫폼 능력 및 100m 또는 그 이상의 무선 송수신 능력을 갖추고 있으며 가벼워 공중에 떠다닐 수도 있는 보이지 않는 컴퓨팅 시스템이다. 이는 건물 벽면의 도포 또는 공중 살포 등의 방식을 통해 에너지 관리, 제품의 품질관리 및 유통경로 관리뿐만 아니라 기상상태, 생화학적 오염, 병력과 장비의 이동 등을 감지하는 군사적 용도로 응용될 것이다([그림 5-7] 참조).

[그림 5-7]

스마트 먼지

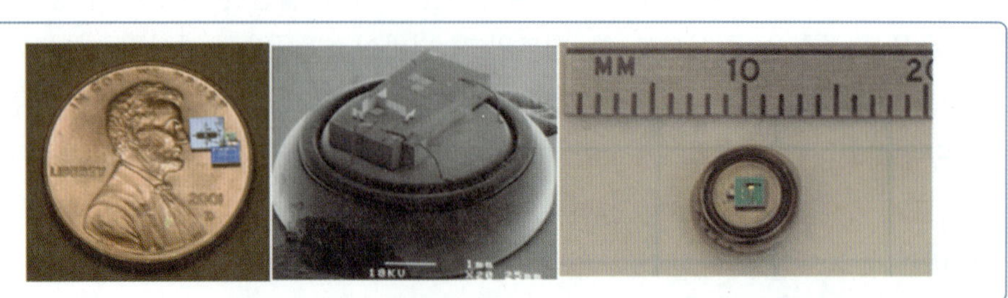

(2) 'Oxygen' 프로젝트

MIT 컴퓨터 사이언스 랩에서는 사용자 및 시스템 기술의 조합을 통해 퍼베시브, 인간 중심 컴퓨팅을 실현하고자 'Oxygen' 프로젝트를 수행하고 있다. 'Oxygen'이라는 프로젝트 명칭에서도 볼 수 있듯이 컴퓨터가 산소와 같이 풍부하고 흔한 것이 되어, 이용자가 특별한 지식 없이도 언어나 시각 등 자연스러운 인터페이스를 매개로 언제 어디서나 니즈(needs)에 맞는 서비스를 이용할 수 있는 컴퓨팅 환경을 구현하고자 한다.

(3) 'Aura' 프로젝트

보이지 않는 컴퓨팅과 관련된 또 다른 프로젝트인 Aura는 1999년 카네기 멜론 대학에서 시작되었다. 컴퓨터 시스템에서 가장 중요한 자원은 프로세서, 메모리, 디스크, 네트워크가 아니고 인간의 집중도(attention)이다. 집중도란 컴퓨팅 작업을 할 때, 사용자가 네트워크 지연이나 프로세서 성능에 의하여 작업의 집중 여부를 나타낸다. Aura 프로젝트에서는 사용자의 집중도를 떨어뜨리지 않고 작업할 수 있는 컴퓨팅 환경 구성을 주요 목표로 하고 있다. 현재 컴퓨터 환경은 각종 프로세서와 메모리가 넘쳐나고 있다. 그렇지만 이러한 컴퓨팅 기기들을 위해 인간이 한없이 봉사해야만 일정한 성과가 이뤄진다. 이러한 과정에서 인간은 '무엇인가를 이루려는' 본연의 목적보다는 그것을 위한 방법을 익히기 위해 많은 노력과 시간을 할애해야 한다. 예를 들어 사용자가 공항에서 비행기 탑승 전에 큰 용량의 파일을 이메일로 보내기를 원한다고 가정해 보자. 무선통신망을 사용할 수 있는 상황이며 사용자는 이메일을 단순히 보낼 것인지, 데이터를 압축해서 보낼 것인지, 인터넷 사용에 돈을 추가로 부담해야 하는지 등을 선택해야 한다. Aura 프로젝트는 "이러한 것들을 어떻게 하면 별 고민 없이 자동적으로 선택하게 할 수 있을까?"를 고민하는 것이다.

(4) '생각하는 사물' 프로젝트

웨어러블 컴퓨팅(wearable computing)을 집중적으로 연구하는 MIT 미디어 랩의 여러 프로젝트 중 '생각하는 사물(things that thinks)' 프로젝트는 컴퓨터가 우리 주변의 일상생활 속으로 들어가 그것들의 협조에 의해 인간의 삶을 지원하는 미래 컴퓨팅 비전을 실현하고자 한다. 다시 말해 컴퓨팅과 의사소통을 전통적인 컴퓨터를 뛰어 넘어 모든 일상의 사물로 이행해 나가기 위한 것을 탐색하는 데 중점을 둔 연구이다. 이 프로젝트가 갖는 성격은 지금까지의 컴퓨터 기술에 대한 관점을 바로 잡아 컴퓨터는 사람이 쫓아다녀야 하는 대상이 아니라 컴퓨터가 스스로 지능화되어 사람들의 욕구에 맞추도록 하자는 데 있다. 이 프로젝트는 인간을 주인으로 섬기는 지능화된 사물과 컴퓨터를 연구하여 사람들이 사용하는 모든 기계와 사물들이 사용자의 언어, 행동, 생활습관 등을 스스로 이해하고, 서로가 정보를 주고받으며, 스스로 생각하여 사람이 의식하지 않고도 사용자를 위하여 일하도록 하려는 것이 목적이다. 이 연구 프로젝트에서 지능화된 사물은, 예를 들어 사무실에 근무하는 사람들의 커피 마시는 습관을 분석하여 시간에 맞추어 미리 신선한 커피를 준비하는 커피메이커나 수분을 감지하여 물을 주는 화분 등이 된다. 이것이 어떻게 실현되는가는 사물에 내장된 센서를 통한 현실 상태의 감지, 상황의 특성 추출, 학습을 통한 가능성과 결과에 대한 모델링, 상황 분류, 행동화 단계를 거치면서 일어난다.

(5) 'EasyLiving' 프로젝트

기업을 중심으로 한 미국의 유비쿼터스 컴퓨팅 연구는 주로 이동성 지원 및 지능형 공간에 대한 애플리케이션 연구가 주를 이루고 있다. 마이크로소프트의 유비쿼터스 전략으로 관심이 집중되는 'EasyLiving' 프로젝트는 물리적 공간 세계와 전자적인 센싱과 세계 모델링(sensing & world modeling) 공간, 그리고 분산 컴퓨팅 시스템의 결합을 통해 인간에게 가장 쉬운 삶의 공간을 창조하겠다는 프로젝트이다. 예를 들면 사람이 실내로 들어가 스크린 앞에 앉으면 자동으로 사용자를 인식해 메일을 검색하거나 미리 선택한 영화를 볼 수 있으며, 일어설 때 상영이 중단된다. 또한 사용하던 컴퓨터에서 다른 컴퓨터로 이동하면 자동 로그오프되고 새로운 컴퓨터에 자동 로그인된다.

(6) '쿨타운' 프로젝트

휴렛패커드는 '쿨타운(cool town)' 프로젝트를 통하여 유무선 통신 네트워크 기술과 웹 기반의 정보통신 기술을 기반으로 하는 미래 도시 모델을 제시하고 있다. 쿨타운에서는 맞춤형 커스터머 서비스, e-비즈니스, 원격교육, 원격의료, ITS, 화재 및 방재 등을 위한 대응상황 서비스 등이 제공된다. 쿨타운 프로젝트에서 가장 핵심적인 개념은 현실의 사람, 사물, 공간이 동시에 웹상에서도 존재하는 'real world wide web'의 구축에 있으며, 이러한 웹과 상호작용하는 디지털 커뮤니케이션 수단을 이용해 이용자들이 언제 어디서나 커뮤니케이션이 가능한 환경을 실현하고자 한다.

2) 유럽

유럽의 유비쿼터스 컴퓨팅 프로젝트는 정보기술을 일상 사물과 환경 속에 통합하여 인간의 생활을 지원하고 개선하는 데 주력하고 있다. 즉, 우리가 생활 속에서 흔히 사용하는 각종 사물에 센서, 구동기, 프로세서 등을 내장하여 사물의 고유 기능에 정보처리 및 네트워킹 기능이 증진된 정보 인공물(information artifacts)을 개발하고, 정보 인공물 상호 간의 지능적이고 자율적인 감지와 무선통신을 통해 새로운 가능성과 가치를 창출하여 궁극적으로는 인간의 일상 활동을 지원 및 향상시킬 수 있는 환경을 구축하는 것이다. 이를 위해 일상 사물에 스마트한 기능을 내장하는 도구 및 방법의 개발, 일상 사물들 간의 상호작용에 대한 새로운 기능과 용도 연구, 인간 생활이 스마트 사물 환경에 밀착되고 조화롭게 생활할 수 있는 방안 등이 연구되고 있다.

(1) '사라지는 컴퓨팅' 계획의 16개 프로젝트

유럽연합(EU) 정보화사회기술계획(IST)의 일환으로 미래기술계획(FET)의 자금 지원하에 2001년부터 2~3년 동안 수행된 '사라지는 컴퓨팅 계획'은 총 16개의 독립적인 프로젝트로 이루어져 있다. 이 프로젝트는 우리가 흔히 사용하는 일상 사물에 소형 센서 등을 탑재하여 컴퓨팅 및 네트워크가 가능한 정보 인공물을 개발하고, 지능화된 사물 간의 커뮤니케이션을 통해 협력적 상황인식과 활동을 통해 인간의 일상 활동을 지원하는 환경을 구축하는 것을 최종 목표로 하고 있다. 유럽은 이 프로젝트를 통해 미래의 컴퓨터 응용에 대한 개념과 기술을 도출하는 등 유비쿼터스 혁명에 대한 대응전략을 모색하고 있다.

(2) 유비캠퍼스 프로젝트

유비캠퍼스 프로젝트는 캠퍼스라는 제한된 공간에서 유비쿼터스 컴퓨팅 기술이 어떻게 응용 가능한가를 시험하기 위해 독일의 하노버 대학교와 핀란드의 VTT 대학교가 중심이 되어 추진하였다. 유비캠퍼스는 두 개의 메인 프로젝트 파트너를 중심으로 수많은 개발 업무를 통합하였다.

이 프로젝트를 통해 대학교 환경에서의 유비쿼터스 컴퓨팅 응용 시나리오에 대한 비전을 적용해 보고, 유비쿼터스 컴퓨팅이나 기술에 대해 잘못 예측된 부분의 파악과 더불어 유비쿼터스 컴퓨팅 영역의 새로운 기술 통합 및 기반기술에 대한 실제적인 경험을 얻고자 하였다. 유비캠퍼스의 전형적인 서비스는 지식 전달을 위한 정보배포 역할과 정보 로직을 제공하여 정보를 개선하는 상호 작용의 두 가지 형태로서, 전통적인 교육 형태를 탈피하고 교육 효과를 높이는 데 주력하고 있다.

(3) Amble Time 프로젝트

Amble Time 프로젝트는 보행자가 도시를 보다 안전하고 쾌적하게 걸어다닐 수 있는 환경을 구축하기 위하여, 2003년부터 아일랜드 정부의 재정지원을 받아 MIT 미디어 랩과 더블린 미디어 랩이 합동으로 추진하고 있다. 기존에 시간의 개념을 반영할 수 없었던 지도의 한계를 극복할 수 있는 새로운 형태의 디지털 지도를 만드는 것이 이 프로젝트의 핵심이다. 즉, Amble Time은 PDA 환경에서 동작하는 여행 지도에 시간적 요소를 첨가하였다. GPS 시스템과 평균 도보속도를 측정하여 한 시간 내에 걸어갈 수 있는 모든 곳을 제시해 주거나, 최종 목적지가 주어지면 선택 가능한 인도를 안내하고 정확한 도착시간을 계산해 주는 등 사용자 위치 변화와 시간의 흐름에 따라 목적지에 도달할 수 있는 최단거리를 안내해 준다.

(4) Urban Tapestries 프로젝트

2002년 6월에 시작된 이 프로젝트는 HP 랩의 City & Building Research Center의 지원하에 개발되어 왔으며 LSE, Orange 등이 파트너로 참여하였다. Urban Tapestries는 사용자가 무선으로 특정 장소에 대한 다양한 멀티미디어 정보에 자유롭게 접근할 수 있는 동시에, 개인이 음성이나 다른 이미지 등 자신의 콘텐츠를 새로 기록 및 업로드할 수 있게 하는 상호교환적인 서비스 제공이 주된 내용이다. 이를 통하여 도시 공간상에서 개인이 지리 정보에 쉽게 접근할 수 있으며, 개인의 경험을 올려서 다른 사람들과 실시간으로 공유할 수 있게 된다. 이러한 서비스를 확장하면 지역사회를 기반으로 한 사회적 지식을 상호 교류할 수 있는 무선 애플리케이션을 만드는 것이 가능해질 것이다.

3) 일본

일본은 2002년 6월 민간과 대학, 정부 관련부처 전문가 등으로 구성된「유비쿼터스 네트워크 포럼」을 발족시키고「유비쿼터스 네트워크 기술의 장래 전망에 관한 조사연구회」를 구성하여 유비쿼터스 네트워크 시대를 대비한 연구 동향과 경제·사회적 파급효과 등 다양한 연구를 수행하고 있다. 상기 조사연구회에서는 100억 개의 단말기를 연결할 수 있는 초소형 칩 네트워킹 프로젝트, 비접촉식 IC 카드에 부착하면 어떤 PC나 단말기도 자신 개인용으로 사용할 수 있도록 해 주는 '무엇이든지 내 단말기 프로젝트', 건물 내외 어디에서든 네트워크에 연결되는 '어디서든 네트워킹 프로젝트' 등의 세 가지 프로젝트와 관련된 요소기술의 개발 및 확보를 강조하고 있다. 일본의 유비쿼터스 정보 기술에 관한 연구의 특징은 우선 미국이나 유럽과 달리 국가 차원에서 정책적으로 추진하고 있다는 점과 유비쿼터스 네트워크 기술 개발에 중점을 두고 있다는 것을 들 수 있다. 미국 등에 비해 IT 분야에서 늦은 일본은 국가 차원의 IT 전략 추진을 법제화하고, 수상을 본부장으로 하는 IT 전략본부를 설치하여, 일본이 IT

최첨단 국가로 진입하기 위한 전략을 수립해 나아가고 있다.

일본은 2001년 1월에 IT 전략본부를 중심으로 일본이 5년 이내에 세계 최첨단의 IT 국가가 될 것을 목표로 하는 'e-Japan 전략'을 수립하였고, 2001년 3월에는 'e-Japan 전략'을 실현하기 위해 구체적인 행동계획인 'e-Japan 중점계획'을 발표하였다.

이후 기술패러다임의 변화를 수용하여 2003년 'e-Japan 전략 II'를 제시하였는데, 이는 기존의 전략을 업그레이드하는 것은 물론 '새로운 IT사회 기반정비' 분야에서 '차세대 정보통신 기반 정비─언제 어디서나 무엇이든 연결 가능한 유비쿼터스 네트워크 형성'을 목표로 하고 있다. 이에 따라 2003년 말까지 종래의 e-Japan 중점계획을 대폭 수정할 방침을 정하고, 당초 '세계 최고 수준의 정보통신 인프라 구축'에서 'IT를 활용한 산업경쟁력강화', '경제의 활성화', '일본 독자적인 기술을 이용한 국제 IT 전략의 추진'으로 목표를 전환하였다.

총무성은 2003년 말까지 유비쿼터스 네트워크 실현을 지향하는「브로드밴드 新계획」을 책정하였다. 이 계획에는 광섬유케이블에 의한 FTTH(Fiber To The Home)의 보급과 디지털 콘텐츠의 유통촉진 등을 포함하고 있으며, 더불어 기업에 있어서 브로드밴드 활용대책 등을 더하여 산업경쟁력의 강화를 도모하고 있다.

일본은 변화하는 기술 추세에 맞춰 최근에는 u-Japan 전략을 기획 중이며, 2004에 u-Japan 전략 수립에 관한 중간 보고서를 발표하였다. 이에 따르면 u-Japan 구상은 고령화 추세가 가속화되고 있는 상황을 배경으로 고령자, 신체장애자, 지적장애자 등을 포함하여 누구나가 건강하게 참가하는 사회를 구축하기 위해, ICT(Information and Communication Technologies)를 이용하여 '언제라도, 어디서나, 무엇이라도, 누구라도' 네트워크를 간단히 연결하는 유비쿼터스 사회(u-Japan)를 실현하여 활력 있는 미래 일본을 구축함과 동시에 u-Japan으로의 원활한 이행에 의해 세계를 선도한다는 것이다. 이러한 u-Japan의 구성에는 두 가지의 중점 전략이 포함되어 있는데, 첫째는 '지역 안심 안전 액션 플랜'으로서, 지역의 활성화를 대전제로 주변의 생활공간에 있어서 안심·안전의 확립이 긴급한 과제이기 때문에 자주방재조직이나 커뮤니티의 주민 파워를 활용하여 지역의 안전·안심을 구축하기 위해 방재·방범 등에 있어서 광범위하게 대응하는 지역거점·네트워크를 창출하는 것이다. 그리고 다음으로는 '행정구조 개혁'으로서, 국민본위의 효과적이고 간소하고 효율적인 행정을 실현하여 민간 및 지방 활동의 장을 확대한다는 것이다. 일본은 세계 선구적으로 일본형 유비쿼터스 네트워크 사회 실현을 목적으로 전자태그 기술, 유비쿼터스 센서 기술, 네트워크 로봇, 최첨단 연구 개발, 테스트 베드를 구축하는 등 차세대 IT 선도 국가가 되기 위해 노력하고 있다.

(1) 'Tron' 프로젝트

일본의 유비쿼터스 컴퓨팅 연구의 근간이 된 TRON(The Realtime Operating system Nucleus) 프로젝트는 1984년 당시 도쿄대학 사카무라 겐 교수에 의해 시작되었다. 사카무라 교수는 미래의 컴퓨터화된 사회에서는 우리의 생활 주변의 환경을 구성하는 모든 도구, 기구, 장비와 물건들이 모두 컴퓨터화될 것이라 예견하고, '어디에나 컴퓨팅(computing everywhere)'이라는 구상을 가지고 차세대 컴퓨팅을 구현하고자 시작했던 산학협동 프로젝트였다. 이는 기기에 내장하여 사용하는 내장 컴퓨터의 기본 기술을 개발하는 시스템 프로젝트와 내장 컴퓨터의 미래 응용분야를 연구하는 응용 프로젝트로 크게 두 부분으로 나뉘어서 진행되었다. 트론 프로젝트의 궁극적인 목표는 안전하고, 편리하고, 잘 작동하고, 인간의 생산성을 향상시켜 주는 광범위한 기능을 수행할 수 있도록 모든 컴퓨터들이 서로 연결된 편리한 생활과 작업공간을 개발하는 것이다.

4) 한국

우리나라는 그동안 이루어낸 IT 강국의 저력을 기반으로 새로운 정보 대변혁인 유비쿼터스 혁명을 국가 발전의 계기로 삼아 세계적 중심 국가로 나아가는 비전을 제시하고, 환경 정비는 물론, 기술 및 산업경쟁력을 확보하기 위해 전략적인 계획을 수립 중이다. 국내에서는 2002년부터 새로운 가치공간을 만드는 유비쿼터스에 대한 논의가 연구기관 및 언론을 중심으로 본격적으로 시작되었고, '유비쿼터스 IT 코리아 포럼'(2003. 4 발족) 등 관련단체들이 창립되어 활동하고 있다. 또한 우리 정부에서는 정보통신부의 BcN, u-센서 네트워크 구축, 디지털 홈 구축, 9대 IT 신성장동력 개발, 그리고 산업자원부의 지능형 홈 산업 발전전략, 과학기술부의 유비쿼터스 컴퓨팅 및 네트워킹(uT: Ubiquitous Technology) 원천기술개발 사업 등을 중심으로 유비쿼터스 관련 사업을 추진하고 있다.

그동안 정보통신부를 중심으로 진행되어 온 u-Korea(물리적 공간과 전자적 공간이 융합되는 Ubiquitous Korea) 관련 사업들을 살펴보면, 첫째, 정보, 통신, 방송을 결합한 광대역통합망(BcN: Broadband Convergence Network) 구축 계획이 있다. 이를 통해 누구나 시간, 장소, 기기, 콘텐츠 등에 구애됨이 없이 기존의 통신, 방송, 인터넷 서비스를 동시에 이용하는 것이 가능해져, 다양한 시장수요 창출을 지원하는 새로운 산업 기반이 될 것이다. 둘째, 차세대 인터넷과 IPv6를 들 수 있다. 사용자 중심의 고품질 통신서비스를 안전하고 초고속으로 제공하기 위한 각종 기술과, 인터넷 주소 자원부족 문제를 해결할 IPv6의 보급은 BcN 구축을 지원하는 데 중요한 요소가 될 것이다. 그리고 세 번째로는

USN(Ubiquitous Sensor Network)과 관련해서 'u-센서 네트워크 구축 기본계획'
마련이 있다. 2003년부터 2011년까지 3단계에 걸쳐 사업이 진행될 예정이며,
2007년까지 u-Life 구현을 위한 기반을 확보하고 2010년에는 세계 1위의 u-Life
실현을 목표로 하고 있다. 그 외에도 우편물, 우체통, 차량 등에 칩을 내장하여
실시간으로 정보를 인식, 수집, 가공, 분석, 제시, 공유를 통한 효율화, 지능화,
고부가가치서비스를 제공하기 위한 '우정사업정보화 종합계획'을 수립하여 추진
하고 있다. 우리나라는 유비쿼터스 사회 실현의 기반이 되는 BcN, USN 등의
전략계획 추진 및 이용확대를 통하여 유비쿼터스 사회 구현에 선도적인 역할을
수행해 나갈 수 있도록 준비하고 있다.

5.2 유비쿼터스 사회

5.2.1 유비쿼터스 사회의 개념과 모습

오늘날 유비쿼터스 컴퓨팅은 마이크로칩 형태로 초소형화된 컴퓨터들이 생활공간
곳곳에 스며들어 상호 정보 교환 및 필요한 기능 수행을 실시간으로 행하는 컴퓨
팅 환경으로 이해되고 있다. 마이크로컴퓨터들에 의한 실시간 정보 교환 및 필요한
기능의 원활한 수행은 유무선 네트워크 인프라의 발달을 전제로 한다. 시간이나 공
간의 제약 없이 대용량 정보를 고속으로 송수신할 수 있어야 하기 때문이다. 일본
에서는 네트워크 인프라의 중요성을 강조한 '유비쿼터스 네트워크'란 용어가 널리
쓰이고 있지만 궁극적인 지향점은 유비쿼터스 컴퓨팅과 크게 다르지 않다.

유비쿼터스 컴퓨팅 환경이 구현되면 가정, 직장, 이동공간 등 일상생활공간은
편리성과 안전성, 그리고 효율성이 크게 높아진 모습으로 바뀌게 될 것이다. 먼
저 가정의 경우 현재 고급 신축 아파트를 중심으로 점차 확산되고 있는 홈네트
워크 시스템이 보다 고도화된 형태로 발전될 것이다. 가정 내의 다양한 기기들
이 유무선 네트워크를 통해 상호 연동되고, 벽, 천정, 가구 등 주위 사물에 센
싱 칩이 내장됨으로써 디지털 콘텐츠의 공유, 원격 제어, 온도 및 습도 조절 등
이 가능해질 것이다. 또한 재택 교육, 원격 건강 진단 등도 활성화됨으로써 관
련 서비스 이용에 소요되는 시간과 비용이 대폭 절감될 것이다. 직장의 경우 업
무효율이 획기적으로 증대될 것이다.

통신 기능이 장착된 RFID(전자 태그: Radio Frequency IDentification) 칩의 상
용화로 물류, 배송, 재고관리, 고객관리 등에서의 효율성이 극대화될 것이다. 또
한 화상회의 및 재택근무가 확산되면서 신원확인절차만 거치면 언제 어디서든

필요한 회사 정보에 접근할 수 있는 근무 환경으로 변모될 것이다. 시간과 장소의 제약을 뛰어넘는 이른바 모바일 오피스가 정착된다는 이야기이다. 가장 큰 변화가 일어나는 공간은 이동 공간이 될 것으로 보인다. 먼저 스마트폰으로 진화된 휴대단말을 이용하여 동영상 메시징과 위치확인서비스는 물론, 원격 모니터링/제어, 모바일 인증/결제 등이 가능해질 것이다. 또 차량 내의 내비게이션, 엔터테인먼트 기능이 지능형교통시스템(ITS: Intelligent Transport System)과 연계됨으로써 자동차의 주행 환경이 보다 효율적이면서도 쾌적하게 변모할 것이다. 도로, 교량 등 각종 시설물들에는 다양한 센서 칩이 내장되어 교통량 파악, 구조적 결함 감지, 자동 응급 복구 등이 가능해짐으로써 시설물의 안전도가 대폭 제고될 것이다. [표 5-1]은 유비쿼터스 사회의 변화 양상을 보여주고 있다.

[표 5-1]
유비쿼터스 사회 변화 양상

구분	변화 양상
경제	• 전통적인 제조업이 첨단 지식 정보형 제조업으로 전환 • 물품구매 정보가 실시간으로 제조업체로 전송 • 개인선호 정보와 개인 위치 정보가 연결되어 마케팅 자료로 활용 • 상행위 전 프로세스에 IT가 도입되고 소매업 대부분이 온라인화 • 소비자의 선택권이 증대되어 다양하고 개인화된 맞춤서비스 보편화 • 세계 대부분의 사람들이 저렴하게 언제나 네트워크에 접속 • 에이전트 기술 기반의 금융서비스를 이용한 개인자산관리 • 전자화폐가 현금을 대체하는 'Cashless Society' 구현 • 삶의 질 향상을 위한 IT 산업이 성장하여 일자리 창출
정치, 행정	• 기술·정보·지식이 새로운 권력자원으로 등극 • IT 정책방향이 환경, 교육, 사회복지에 집중 • 모바일·지능화된 행정서비스가 모든 공공부문으로 확산되어 보편화 • 1:1 개인 간 커뮤니케이션이 가능한 퍼스널 미디어 일상화 • 인터넷을 통한 전자투표 보편화 • 사이버 공간에서 시민들의 과잉참여로 중우정치(衆愚政治)로 변질 우려 • 국가권력과 기업에 의한 감시와 통제가 심화 우려
사회, 문화	• 원격근무 환경 조성으로 다양한 근무 형태 확산 • 집과 직장에서의 정보가전이 지능을 갖고 네트워크에 연결 • 가상현실 기술에 기반한 3차원 원격회의 실현 • 정교해지고 네트워크화된 가상세계에 더 많은 시간을 소비 • 미디어가 지능화·복합화되고, 콘텐츠의 표현과 구성이 가상현실화 • 평생학습 실현 • 센서, 네트워킹 기술을 통한 건강 및 질병 관리 • 의료로봇에 의한 진료 보편화 • 새로운 디지털 문화장르 영향력 증대 • 디지털 도서관, 박물관 서비스 확산 • 정보격차 해소를 위해 취약집단에 대한 사회적 책임 강조 • 인간의 통제를 넘어선 기계 등장 우려 • 개인 정보 노출로 사생활 침해 심화 우려 • 기술거부자 집단이 나타나 격리된 삶을 추구 • 개인통합 ID 도난과 삭제 위협 우려
사회기반	• 전력시스템이 통신인프라와 접목되어 진화 • u-City 구현 • 실시간 교통 모니터링 및 관리 • 사용자의 의도를 자동으로 감지하는 운전시스템 도입 • 건물 구조물에 내장된 센서가 노후 수준을 모니터링하고 자가 복구 • 시스템 오류로 인해 교통, 전력 등 사회기반 마비 우려

물론 이와 같은 일상생활의 변화가 미래의 어느 시점에서 급작스럽게 일어나는 것은 아니다. 유비쿼터스 컴퓨팅의 개념 자체는 혁신적이지만 그 실현 과정은 과거와 단절된 기술에 의해서가 아니라 기존 기술의 점진적인 발전에 의해 이루어지기 때문이다. 유비쿼터스 컴퓨팅 환경을 구성하는 3대 요소로 네트워크 인프라, 콘텐츠 및 서비스, 부품 및 핵심 디바이스를 들 수 있다. 이 구성요소들은 마이크로칩 설계 및 제조 기술, 네트워크 기술, 디지털화 및 컨버전스화 등 기존 기술의 발전과 진화 과정 속에서 점진적으로 완성되어 갈 것으로 판단된다.

유비쿼터스 컴퓨팅의 실현은 이러한 구성요소들의 발전에 따라 단계적으로 이루어질 것으로 보인다. 그 발전 과정을 기반구축기, 확산기, 성장기의 3단계로 구분하여 살펴보자. 먼저 기반 구축기인 1단계는 2005년까지로, 이미 구축된 유·무선 및 방송 네트워크 인프라를 활용한 서비스를 중심으로 시장이 형성된다. 디지털 방송, VDSL, 초기 홈네트워크 시스템 등이 이 단계의 핵심 사업이 된다. 2단계는 2006~2010년 정도로 이 시기에는 주요 네트워크 인프라의 구축이 완성되어 이를 활용한 다양한 신사업이 본 궤도에 진입할 것으로 예상된다. WCDMA, DMB, 휴대 인터넷 서비스 등이 선진국을 중심으로 상용화 단계에 들어서고, 텔레매틱스, 디지털 홈 서비스, RFID 응용 서비스 등도 활성화될 것으로 보인다. 이처럼 다양한 영역에서 독립적으로 이루어지던 서비스들은 2단계 말부터 부분적인 통합이 이루어지다가 3단계(2010년 이후)에 이르면 통합 서비스로 발전하면서 완성 단계에 이르게 될 것이다. 특히 3단계에는 주변 사물에 마이크로칩의 이식이 활발히 일어나면서 3대 공간의 지능화 수준이 획기적으로 높아질 전망이다. 이에 따라 현재 우리가 상상하고 있는 많은 일들이 가능해질 것이다. 대표적인 이동 공간인 도로를 예로 들어 보자. 카 내비게이션 중심의 텔레매틱스 서비스가 통합 교통정보 시스템 및 응급구조 시스템과 연계될 뿐만 아니라 각종 센서 칩이 내장된 도로, 교량 등 시설물과도 연결될 것이다. 또한 DMB, 휴대 인터넷 서비스 등 엔터테인먼트 시스템과도 연계되어 필요한 서비스를 언제든지 손쉽게 제공받을 수 있는 환경이 구축될 것이다.

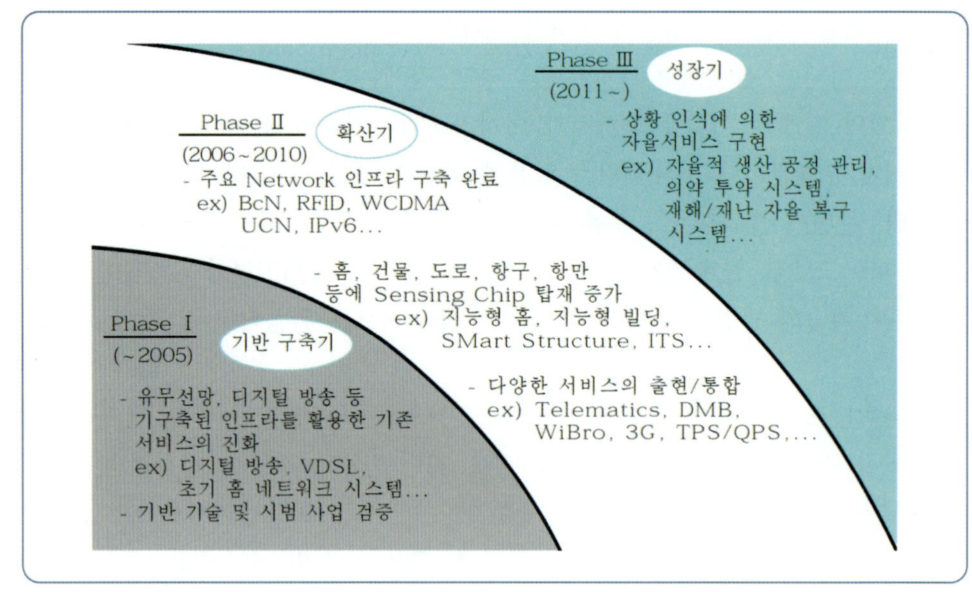

5.2.2 u-Work

u-Work는 '언제 어디서나'라는 의미의 유비쿼터스와 '일한다'의 Work가 조합된 용어이다. 즉, u-Work는 유비쿼터스 환경하에서 근로자가 시간과 장소의 제약에서 벗어나 정보통신기술을 활용하여 효율적으로 업무를 수행할 수 있는 새로운 근로 형태로서 재택근무, 원격근무, 이동근무 등을 복합적으로 수행할 수 있는 일하는 방식, 즉 근로 형태라 할 수 있다.

산업 구조가 서비스와 지식 중심의 지식 정보화 사회로 이동하면서 무형자원인 지식, 정보 및 지적재산권의 가치가 높아지고 이동 근로자가 증가하는 한편, ICT(Information Communication Technology) 기술이 발전하면서 시간적 공간적 제약에 의한 전통적인 경계가 사라지는 유비쿼터스 환경이 도래하고 있다. 또한 글로벌 경쟁체제의 산업 환경하에서 기업은 비용절감과 비즈니스 혁신을 통한 이익의 극대화를 추구하고 있으나, 반면에 이러한 기업의 구성원으로서의 근로자는 여유로운 삶에 대한 요구가 높아지고 있고, 사회적 약자에 대한 직업 선택폭의 증대 및 배려 등을 요구하고 있다. 한편, 지식 정보화 사회의 주 매개체인 인터넷은 사용자 중심 사상의 웹 2.0 개념 아래 더욱 발전하면서 참여, 집단지성, 주목경제를 요구하고 있다. 이러한 경향에 맞추어 기업의 ICT 영역은 블로그, 위키 등 개인형 서비스를 도입하고, 비즈니스 응용 서비스를 중심으로 통신 서비스와 오피스 서비스를 통합해 나갈 수 있는 enterprise 2.0을 추구하고 있다.

이와 같은 산업구조와 ICT의 변화에 맞추어 '정보통신기술을 활용하여 근무 시간의 일정 부분 이상을 전통적인 사무실 외의 환경에서 업무를 수행하는 근로 형태'인 Telework, e-Work 개념을 확장한 미래 유비쿼터스 환경에 적합한 u-Work 서비스 모델이 요구된다.

u-Work는 기존의 재택근무, 원격근무, 이동근무의 개념으로 존재하던 근무 형태가 산업구조의 변화, 근로자 업무환경의 변화, 정보통신환경의 변화 등으로 인하여 유비쿼터스 사회의 환경에 맞도록 통합된 새로운 업무 방식으로 등장하게 되었다. u-Work 환경에서 근로자는 퇴근 후 또는 휴가 중에 마치 회사의 사무실에 있는 것처럼 유연하게 회사의 업무 시스템을 이용하여 업무를 수행할 수 있다. 또한 출장 또는 외근 상황에서 이동 중에 PDA, 휴대폰, 텔레매틱스 등을 통해 문서 결재나 메일 확인 같은 빠른 응답을 요하는 긴급한 업무를 수행할 수 있다. 보다 복잡하거나 보안에 민감한 업무에 대해서는 u-Work 센터에 들러 영상회의나 팩스, 대용량 파일 전송 등의 업무를 볼 수도 있다. 이 외에도 고속버스 터미널, 역, 공항, 국내외 유명 호텔의 핫스팟 지역을 통해 다양한 형태의 업무를 안전하게 수행할 수 있게 된다.

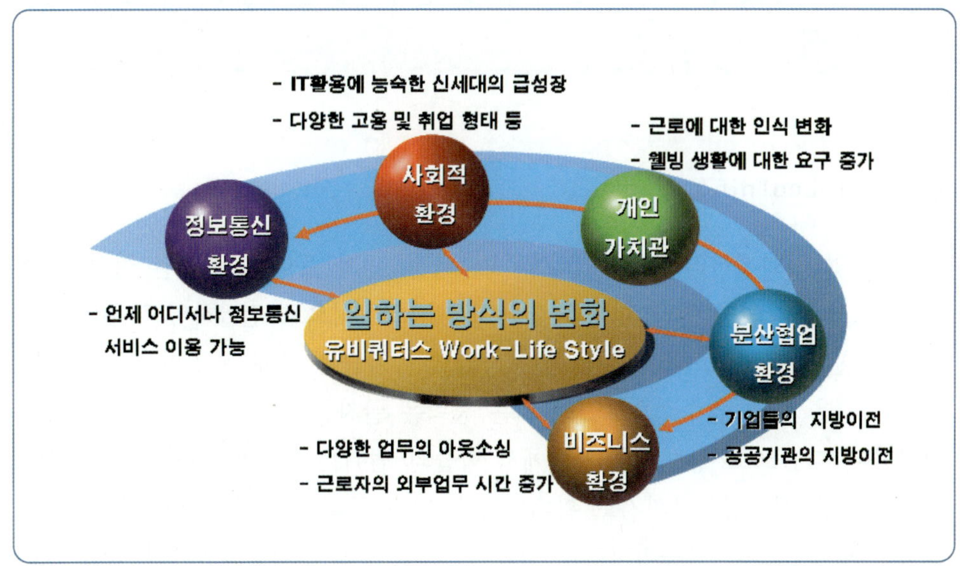

[그림 5-9]
u-Work 등장 배경

u-Work의 목적은 근로자가 정보통신기술을 이용한 협업을 통하여 업무 효율성을 향상시키고 생산성을 높이는 것이다. 근로자와 관련된 직접적 목적 외에 기업, 정부, 사회 등과 관련된 많은 기대효과를 성취할 수 있다. 여기서 협업이란 기업의 업무 프로세스 기반 위에 서 이루어지는 모든 상호작용을 말하는 것으로서 조직과 조직 간의 협업, P2P(Person-To-Person), P2M(Person-To-Machine) 등을 말한다.

u-Work의 범위는 비즈니스 프로세스상의 개체인 근로자에 의하여 행해지는 것으로서 P2P, P2M뿐만 아니라 조직과 조직의 협업, M2M(Machine-to-Machine)

등을 포함할 수 있다. 더불어, 이와 같은 프로세스를 수행하는 데 편리성, 효율성 및 생산성을 증대시킬 수 있는 유비쿼터스 기술을 적용하는 것이다. u-Work는 일반화되면 기업, 근로자 및 사회 전반에 걸쳐 다음과 같은 여러 가지 긍정적인 효과를 기대할 수 있다.

- 기업 측면: 물리적 사무 공간 축소, 분산된 근로자 간의 협업 증대, 고객의 요구사항 및 협력사의 변화에 신속한 대응 등의 요소에 기인하여 기업의 비용절감, 생산성 향상, 우수인재의 확보, 조직의 전문성 향상 등 기업의 비즈니스 전반에 긍정적인 영향을 줄 것으로 기대된다.
- 근로자 측면: 근로자는 시간이나 장소의 제약에 얽매이지 않고 업무를 수행할 수 있어 Work-Life Balance를 가능하게 하고, 비즈니스 프로세스상의 다른 개체와 효율적으로 협업을 할 수 있으므로 업무 효율성과 생산성을 높일 수 있을 것이다.
- 국가사회적 측면: 서비스/지식 산업의 활성화, 출퇴근의 필요성 감소, 동료/협력사/고객과의 원격협업, 지방취업 기회 증대 등을 통한 교통량 감소, 여성/고령자/장애인 등의 취업 촉진, 대도시 집중화 현상 완화 등의 효과가 있을 것으로 예상된다.

5.2.3 u-Learning

농·산업 사회에서의 교육은 교육목표, 과정, 평가 등이 표준화된 형식교육이었다. 교사는 강의를 통해 학생들에게 지식을 일방적으로 전달하였고 주된 학습 매체로 칠판, 분필, 교과서 등을 활용하였으며 학습은 주로 주간에 이루어졌다. 당시 학습을 위해 필수적으로 요구되는 능력은 글자를 읽고 쓸 수 있는 기초능력이었다. 다음으로 정보기술 사회에서 학습의 범위는 비형식교육을 포함하였고 학습 대상은 산업실무자까지로 확대되었다. 당시 주된 학습 방법은 현장에서 실습하는 형태였으며, 방송미디어와 컴퓨터 등의 매체가 이용되었으며 학습 시간은 주간뿐만 아니라 야간까지로 학습의 기회가 확대되었다. 이때 학습을 위해 필요한 능력으로 정보 활용 능력이 중요시되었다. 그런데 중앙집중된 정보를 사람-사람, 사람-사물, 사물-사물 사이에 분산시켜 정보의 총체적인 흐름을 혁신하는 유비쿼터스 컴퓨팅 기술이 발달하면서 유비쿼터스 사회가 도래하고 있다. 이 사회에서의 학습은 기존의 학교 중심의 수업 환경을 넘어서 유비쿼터스 기술환경을 통해 누구든지, 언제, 어디서나 전 생애에 걸쳐 필요한 지식을 습득하고 구성하며 창출할 수 있다. 기존의 학습은 무형식교육까지 그 범위가 확산되었고 학교구성원, 산업실무자에 제한되었던 학습 대상이 '누구나'로 확대되어 학습할 수 있게 되었다. 특히, 어디서나 학습이 가능하고 집합 전달 및 실습 위주의 학습이 아닌 개별·맞춤 학습으로 학습 방법이 변모하고 있으며, 이때 학습자의 정보 활용 의지는 매우 중요한 요소로 부각되고 있다([표 5-2] 참조).

	농·산업 사회	정보기술 사회	유비쿼터스 사회
학습 범위	형식교육 위주	비형식교육까지 확대	무형식교육까지 확대
학습 대상	학교구성원 위주	산업실무자까지 확대	누구나
학습 장소	학교	학교 내외 교육현장	어디서나
학습 방법	집합 전달	현장 실습	개별·맞춤
학습 매체	칠판, 분필, 책	방송미디어, 컴퓨터	인터넷, BcN, USN 등
학습 시간	주간 위주	주·야간	언제든지
학습필요능력	문해능력	정보 활용 능력	정보 활용 의지

[표 5-2]
사회 변화에 따른
학습의 모습

u-Learning(ubiquitous learning)은 이러한 유비쿼터스 컴퓨팅 기술 환경을 교수, 학습 현장에 적용하려는 시도라고 할 수 있다. 즉, 현재의 교사 중심의 수업이나 미디어를 보조적으로 활용하는 학습 환경을 넘어서 유비쿼터스 기기를 교사-학습자, 학습자-학습자, 학습자-환경 간의 정보 교류와 공유를 원활하게 하려는 교수, 학습 활동이라고 할 수 있다.

u-Learning은 학교, 일터, 지역공동체, 글로벌 사회에서 사람들의 일상적인 삶 속에서의 학습을 촉진하고자 유비쿼터스 기반기술을 활용한 새로운 형태의 학습 환경이다. 다시 말하면 u-Learning은 전통적인 형식학습, 비형식학습의 패러다임을 뛰어넘어 무형식학습의 패러다임을 포괄하여 어린이로부터 노인에 이르기까지 전 생애에 걸친 평생학습 기회를 제공하고 시간과 공간의 제약을 뛰어넘는 다양한 학습 방법을 제공함으로써 궁극적으로 학교 중심의 기존 교육체제를 혁신할 수 있는 새로운 형태의 학습 환경이다. 이처럼 유비쿼터스 사회에서의 학습은 학습 대상의 확장성, 학습 공간의 이동과 실제성, 학습 자원 접근의 용이성과 신속성, 학습 선택권의 확대와 학습 활동 유형의 다양성 그리고 사람, 기술, 환경이 유기적으로 연계되고 조정되는 내재성 등의 특징이 있다. 유비쿼터스 기반기술을 통해 전통적인 학교 교육의 문제점으로 제기되어 왔던 수업 내용과 일상 삶 간의 괴리, 학습자들의 제한된 상호작용, 교사에 의한 일방적 정보제공, 교실로 제한된 학습 환경, 구체적인 학습 자료 접근의 한계 등을 혁신적으로 개선할 수 있을 것으로 기대되고 있다.

5.2.4 u-City

u-City란 첨단 정보통신 인프라를 활용하여 유비쿼터스 서비스를 도시공간에 제공함으로써 생활 편의 증대와 삶의 질 향상, 그리고 체계적인 도시 관리 및 이를 통한 에너지 절약 등의 제반 기능을 혁신시키고 매우 다양한 시장을 창출시킴으로써 차세대 신 성장 동력 산업의 역할을 수행할 수 있게 하는 첨단 도시를 의미한다. u-City가 추구하는 유비쿼터스 서비스를 한마디로 정리하면, 편리하고 안전하며 쾌적하고 건강한 도시를 건립하는 것이다.

편리한 도시는 유무선 초고속 인터넷과 홈네트워크 기술, 그리고 텔레매틱스 기술과 온라인 쇼핑, 온라인 행정, e-비즈니스 등을 활용하여 u-City에 거주하는 사람들에게 편리성을 제공함으로써 구현된다. 안전한 도시는 방범, 안전 모니터링, 치안 보안 관리, 시설 안전 및 재해 방지 기능을 통해 구현된다. 그리고 건강한 도시는 원격 의료 시스템 도입, 응급 구조 방안 확보, 통합 건강 관리 기법 등의 도입을 통해 구현되며, 쾌적한 도시는 수질, 토양, 대기 등의 오염 정도를 관리하고 이에 대한 대응책을 마련함으로써 구현된다. 이 모든 기능은 IT 기술을 활용한 새로운 서비스이며, 이를 통하여 다양한 시장이 창출되고 궁극적으로 전 국민의 삶이 윤택해지는 것이다.

1) u-City 인프라

u-City가 구현되기 위해서는 신도시 개발 관점에서 개발 초기 단계에서부터 도시 기능을 수행하기 위하여 정보의 자발적인 창출과 원활한 흐름, 그리고 유비쿼터스 접근을 가능케 하는 디지털 인프라 구축을 전제로 한다. u-City 구현을 위해서 기존 도시개발 업무에 추가하여 사전에 설계하고 구축해야 하는 인프라의 범위와 그 대상은 다음과 같다.

(1) 네트워크 인프라

u-City의 네트워크는 기존 도시와 같이 Metro Network, Access Network, Premises Network로 구성되며, 차별적 요소로 FTTH(Fiber To The Home) 기반의 광대역 유선 네트워크와 WLAN, Wibro를 활용한 광대역 무선 네트워크, USN(Ubiquitous Sensor Network) 등을 들 수 있다.

도시 내에서 언제 어디에 있더라도 수많은 정보가 항상 주위에 있도록 네트워크 인프라는 도시 구성원에게 유비쿼터스 네트워킹을 지원해야 한다. 이는 기능에 의해 다음과 같은 상용 네트워크와 공공 네트워크로 분류할 수 있다.

- 상용 네트워크: 통신 사업자의 투자에 의한 상용 통신서비스를 목적으로 구축 및 운영되는 네트워크 인프라로 개인 및 기업을 대상으로 인터넷, 전용선 서비스 등을 제공하며, 도시 내 통신 사업자별로 다양한 기술 및 서비스를 수용하여 구축된다.
- 공공 네트워크: 도시 내의 공공 서비스인 방범, 방재, 환경, 기상, 교통 등을 전달하고 처리하는 데 이용되는 네트워크 인프라이며, 공공의 투자에 의한 자가망과 통신 사업자의 네트워크를 임차하는 상용망 임대 방식으로 구축된다.

(2) 데이터센터 인프라

도시 내부 전체와 타 도시 또는 타 네트워크와의 접속성을 보장하는 인프라가 제공됨과 동시에, 그러한 정보들을 저장하고 처리하며 관리하는 요소로서의 데이터센터가 또 하나의 인프라로서 필요하다. 정부나 기업 그리고 개인에 의해 생성되고, 교환되며, 사용되는 다양한 정보들을 위한 데이터베이스와 인터넷 서버들이 데이터센터 내에서 사전에 미리 계획되어 통합적으로 구축 및 관리, 연계된다면 효율성과 안전성 측면에서 사회적 비용을 절감할 수 있다. 이러한 데이터센터는 일종의 인프라로 보아야 하며, 정보의 용도나 사용자에 따라 다음과 같이 크게 두 가지로 구분할 수 있다.

- 공공부문 데이터센터: 도시의 행정, 교육, 주거, 교통에서부터 시민 정보 서비스 및 지역 커뮤니티에 이르기까지 다양한 공공부문 정보들을 위한 데이터센터
- 민간부문 데이터센터: 민간부문의 다양한 사업과 상거래 및 서비스의 교환과 제공 등을 지원하기 위한 데이터센터

(3) 도시 관리 인프라

u-City는 기존 도시와 달리 유비쿼터스 통신환경이 구현되므로 이를 활용하여 도시 내 각종 시설 및 서비스를 실시간으로 관리 및 제어할 수 있는 시스템의 구현이 가능해졌다. 따라서 도시 관리의 효율성과 도시의 안전성, 방범성 등이 획기적으로 향상될 수 있는 여건이 조성되어야 한다. 이러한 도시 관리 인프라는 다음과 같이 도시통합관리센터와 통합관리네트워크로 분류할 수 있다.

> ● 도시통합관리센터: 도시 관리를 위한 종합상황실과 인프라, 도시통합관리 시스템을 수용하기 위한 전산실로 구성
>
> ● 통합관리네트워크: 도시통합관리 시스템과 연계되어 도시 인프라를 관리하기 위한 각종 개별 관리시스템 및 센서와 통신하기 위한 네트워크 인프라로, 도시 내 광대역 통신망과 USN을 활용하여 구현하며, 이러한 통신망과 연계되는 KIOSK, 교통 전광판, CCTV, 각종 센서 장비를 포함한 인프라로 구성

2) u-City의 분류

(1) 생활형 u-City

생활형 u-City는 사용자의 거주 공간을 중심으로 하여 이루어진다. 이는 생활 전반에 걸친 유비쿼터스화를 나타내는 것으로 여섯 가지 유형별 분류 중에 가장 광범위하고 가장 많은 서비스를 필요로 하며 나머지 다섯 가지 유형과의 관계가 가장 밀접한 u-City의 형태를 갖게 될 것으로 보인다. 이러한 생활형이 이루어지기 위해서는 행정 기능을 제공하는 공공 기관이 있는 주거 단지가 대표적인 케이스이다. 그러나 사용자가 공공 기관까지 이동하는 것이 목적이 아닌 주거지를 벗어나지 않는 환경에서도 행정 기능을 수행할 수 있게 해야 한다. 그리고 사용자 입장에서의 다양한 엔터테인먼트 및 문화 콘텐츠의 공유 및 집안에서의 전자 쇼핑, 그리고 주거지에서 생활하고 있는 사람에 대한 안전 및 건강 관리까지 포함해야 하기 때문에 가장 많은 기술이 집약된 형태의 u-City 모델이 될 것이다.

[그림 5-10]

생활형 u-City 예

생활형 u-City가 제공해야 할 서비스로는 다음과 같은 것이 있다.

- 안전한 생활을 위한 서비스: 이는 거주자가 살고 있는 거주 지역의 곳곳에 방범 센서 및 감시카메라, 화재 및 기타 거주자에게 일어날 수 있는 사고에 대비할 수 있는 시스템을 구축해 놓음으로써 사용자에게 안전한 생활을 영위할 수 있게 해 주는 것이다.

- 윤택한 생활을 위한 서비스: 이는 사용자가 집 안에서 여가를 보낼 수 있게 해 주는 것으로서 가장 보편적으로 이루어지는 활동인 TV 시청 및 맞춤형 VOD 서비스, DMB 서비스 등을 통해 사용자로 하여금 윤택한 생활을 누릴 수 있게 해 주어야 한다. 또한 사용자가 사용하는 기기 및 집 안에서 소모되는 전력 등의 에너지 관리 서비스도 이에 포함시킬 수 있다.

- 편리한 생활을 위한 서비스: 거주자가 굳이 집 밖으로 나가지 않아도 집 안에서 표를 예약 및 예매할 수 있고, 전자 쇼핑을 통해 물건을 구입할 수 있게 해 주어야 한다. 또한 계량기의 눈금을 일일이 확인하여 사용요금을 지불했던 예전 방법으로 탈피하여 원격검침 및 원격제어가 가능하게 해야 한다. 이러한 서비스를 위해서 수반되어야 할 것 중의 하나는 화폐의 유통이 발생하는 일이 빈번하기 때문에 그에 따른 보호 시스템이 반드시 갖추어져 있어야 한다.

(2) 산업형 u-City

산업형 u-City는 생활, 교통, 비즈니스, 물류 등과의 연계를 통한 상업적인 부문에 대한 관리 및 서비스를 제공하고 다양한 분야에서의 원격회의 등을 지원할 수 있어야 하며, 전반적인 자금의 흐름을 책임질 수 있는 부분에서의 모습을 가져야 한다. 그리고 다양한 수익성 창출을 추구하는 기업 활동을 보조하거나 창업을 지원할 수 있는 도시로서의 모습을 보일 수 있어야 한다.

또한 하나의 기업에만 국한된 기술뿐만이 아닌, 기업과 기업 간, 더 나아가서 도시와 또 다른 도시나 다른 나라의 도시와의 통신 및 거래가 이루어져야 하므로 방대한 양의 자료에 대한 관리뿐만 아니라 기업이라는 특성상 다른 형태의 u-City보다는 좀 더 단단한 형태의 보안기술이 필요하다.

(3) 교통/물류형 u-City

교통/물류형 u-City는 점점 많아지고 있는 교통량에 대비하여 사용자에게 원활한 교통상황을 제공하고 필요로 하는 교통수단에 대한 정보를 보여줌으로써 전반적인 교통상황 면에서 기존 도시와의 차별화를 나타낼 수 있어야 한다. 또한 화물 운송과 관련하여 물류의 유통상황 및 재고 관리 등에 탁월한 효과를 발휘할 수 있게 구성되어야 하며, 물류의 이동에 있어서는 교통형 u-City의 정보를 이용하여 좀 더 빠르고 편리한 서비스를 제공해야 한다.

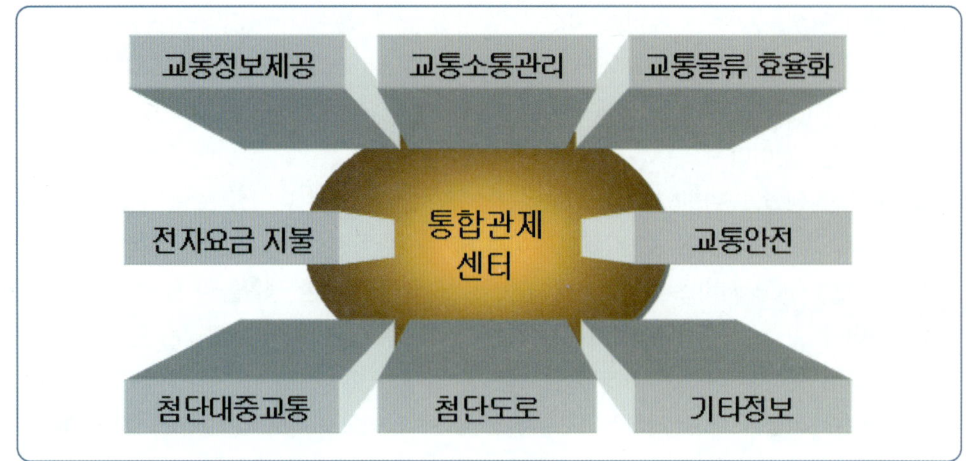

(4) 관광/문화형 u-City

관광/문화형 u-City는 u-City가 구축되어 있는 지역의 수익성을 증대시키고 지역
민들에 대한 여가 활동 정도를 고려하여 이루어져야 한다. 관광 문화 도시는 다양
한 위치 정보 및 안내 정보를 갖추는 것이 가장 기본적인 요구사항이 될 것이다.

하지만 전혀 새롭게 건설되는 문화 도시와는 달리 기존의 관광 또는 문화 도
시에서는 유물이나 유적지 또는 문화적 상품의 훼손을 피하기 위해 땅을 무분
별하게 파헤치거나 주변 환경을 훼손시키는 데이터 전송 방식은 피해야 한다.
이러한 이유로 관광/문화형 u-City에서는 유선보다는 무선 통신/네트워크 기술
을 더 많이 필요로 할 것으로 보인다.

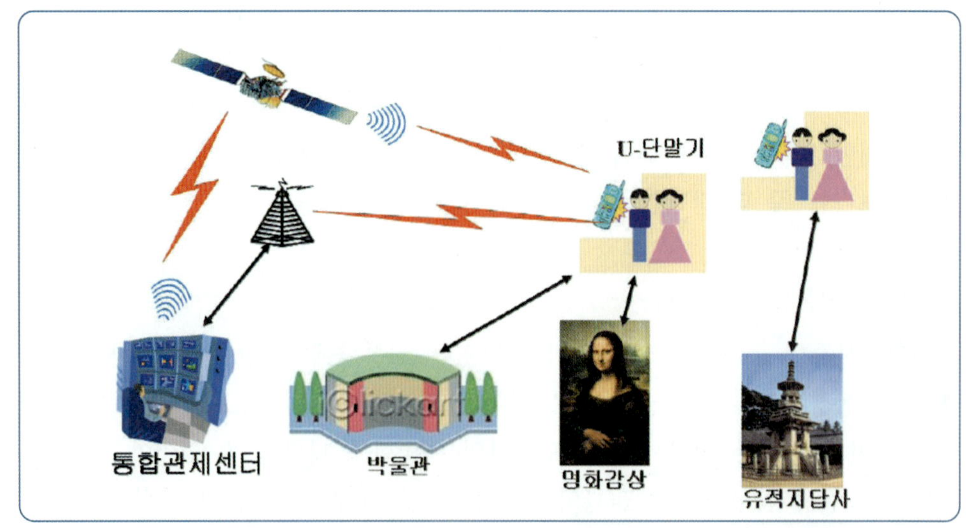

(5) 교육 및 R&D형 u-City

교육 및 R&D형 u-City는 사용자에게 좀 더 나은 형태의 교육 서비스를 제공하고 피교육자와 교육자 간에 있어 편리한 형태의 교육 방법을 제공하기 위한 기술적 방법을 제시해 나가야 한다.

초, 중, 고, 대학교에 대한 전반적인 교육용 IT 인프라가 구축되어야 할 것이며, 상황에 따라서는 생활형 u-City와 연동하여 교육자와 피교육자 간의 원격교육에 이용할 수 있어야 한다. 또한 교육 콘텐츠, 학생 관리, 학사 행정 관리 등 많은 자료들이 안정적으로 저장되고, 검색 및 열람이 용이하도록 데이터베이스 관리가 원활하게 이루어질 수 있도록 해야 할 것이며, 나아가서는 학생들이 가방을 메지 않고도 교육을 받는 데 지장을 받지 않는 방향을 지향해야 한다.

(6) 글로벌 비즈니스형 u-City

글로벌 비즈니스형 u-City는 국제화에 발맞춰 앞선 다섯 가지 유형에 대한 국제적 홍보 및 수익사업 등에 관련된 기술을 연구해 나가야 할 것이다. 이는 통신기술 외에도 사업체 또는 지자체의 모습을 세계를 대상으로 홍보하기 위한 홍보기술이라는 외적인 요소도 고려해야 한다.

글로벌 비즈니스는 가까운 거리보다는 적어도 도시와 도시 간 이상의 원격지 간에 이루어지는 통신이 많을 것이므로 안정적인 데이터를 전송하는 것도 중요하지만 그에 따르는 보안시스템 또한 중요하게 다루어야 한다.

5.2.5 u-Health

u-Health란 의료와 IT, BT 기술을 접목하여 언제, 어디서나 예방, 진단, 치료, 사후관리의 의료 서비스를 제공하는 건강/의료관리 시스템의 총칭으로 정보통신 및 보건의료기술 발전, 노령화 및 만성질환자 증가 등 건강에 대한 관심 증대가 배경으로 등장하였다. 현대 의학이 치료 및 사후관리 중심 개념에서 사전예방을 통해 의료시스템의 효율성을 제고하는 측면을 강조함에 따라 u-Health를 통해서 수요자 중심의 의료 서비스를 제공하는 한편 의료산업 발전을 촉진하고 미래사회를 대비하여 보편적인 의료 서비스의 질의 향상을 기대하고 있다.

u-Health란 유비쿼터스 헬스(ubiquitous health)의 줄임말로서, 보건의료에 유비쿼터스 IT를 도입하여 환자가 병원을 찾지 않더라도 언제 어디서나 진단, 치료, 사후관리를 받을 수 있는 의료 서비스를 말한다. 나아가 환자가 아니더라도 사전진단을 통해 질병예방이 가능한 보건의료 서비스의 제공이 가능하게 한다. 이러한 u-Health는 유무선 네트워크 및 센싱 기술을 기반으로 환자, 병원, 정부

기관 등이 유기적 연계를 통해 실시간으로 국민의 건강 상태를 체크하여 삶의 질을 향상시켜 줄 수 있는 수단이다. 이러한 u-Health의 등장으로 현대의학의 개념이 바뀌고 있다. 질병이 생겼을 때 의료기관을 찾아 질병을 치료하던 기존의 의료 개념에서 벗어나, 개인의 일상생활 환경을 중심으로 질병을 예방하고, 건강을 관리하여 개인의 삶의 질을 향상시키는 것으로 변화하고 있다([그림 5-13] 참조).

[그림 5-13]
센싱기술을 이용한
자가 건강진단 장비

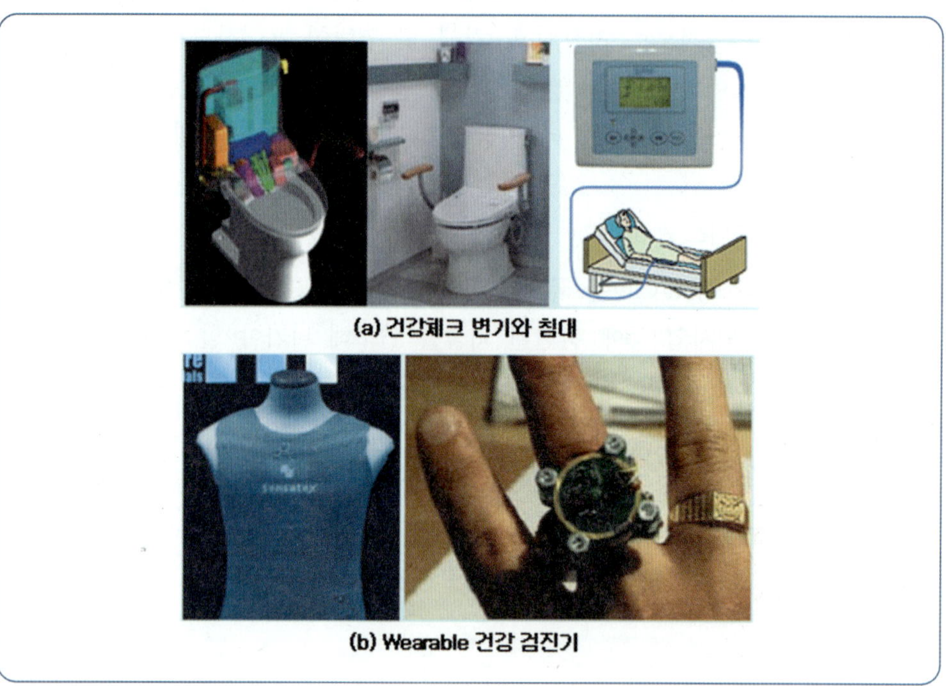

u-Health는 정보통신과 보건의료를 연결하여 언제 어디서나 예방, 진단, 치료, 사후관리의 보건의료 서비스를 제공하는 것을 의미한다. 즉, 유무선 네트워크를 바탕으로 환자, 의료기관, 정부기관, 솔루션개발/기기업체 등의 유기적 연결을 통하여 인간의 건강한 삶을 보장해 주기 위한 이상적인 시스템을 말한다. 따라서 정보통신과 보건의료가 만나는 u-Health는 유비쿼터스 IT가 우리에게 제공하는 가장 큰 혜택이며 편익이 된다. u-Health는 유비쿼터스 IT의 대표 실현 방식이며 삶의 질 향상에 가장 크게 기여할 분야로 이를 통해 보건의료는 병원 중심의 진료라는 공간적 제약을 넘어, 생활과 진료 공간을 자연스럽게 결합시키면서 일상 속에서 보편적으로 자리를 잡을 것이다.

u-Health는 기존의 의료 정보화나 건강관리 포털과 같은 일반적인 B2B나 B2C 개념에서 벗어나 유선과 무선을 아우르고 의료공간을 일상의 모든 영역으로 확장한 개념이 된다. 즉, u-Health는 향후 유비쿼터스 사회에서 병원과 환자,

이용자의 모든 공간영역에서 유선과 무선, 센서 기술을 통해 건강과 진료, 치료, 사후관리를 제공하는 서비스를 의미하게 된다([그림 5-14] 참조).

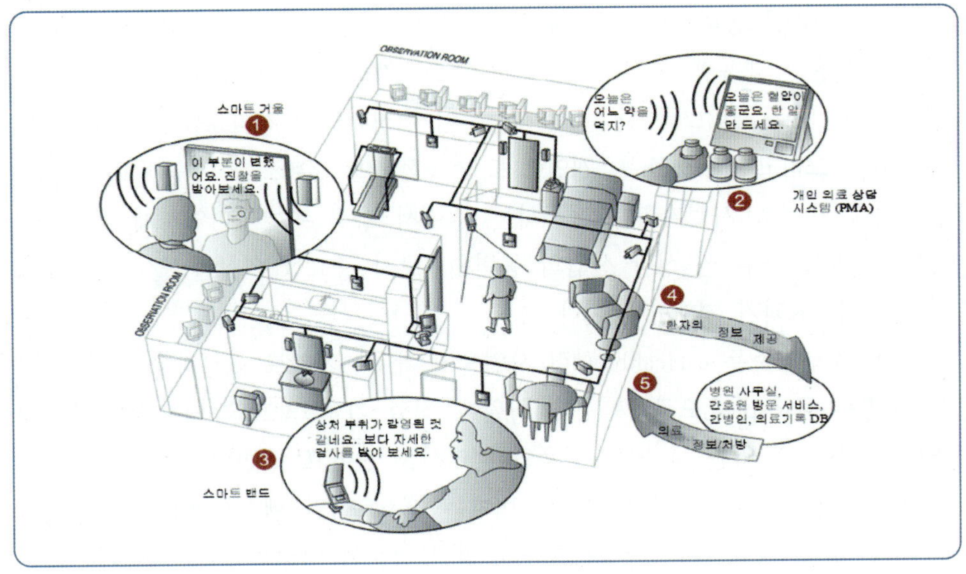

u-Health의 등장배경은 첫째, 정보의 디지털화, 통신의 광대역화, 보건의료 기술의 급격한 발전을 꼽을 수 있다. 광대역 기반의 네트워크 기술이 진화함에 따라 대용량의 정보를 유무선 통신망에서 빠른 속도로 전송할 수 있게 되었다. 또한 멀티미디어 처리 및 저장 기술의 발전, 통신 기능이 장착된 칩의 등장은 새로운 보건의료 영역의 개척을 촉진하는 매체가 되고 있다. 둘째, 질병의 양태가 변화하고 새로운 질병이 속출하면서 환경적 위협이 증가함에 따라 보건의료 제공 기관에서는 다양한 보건의료 정보의 통합과 신속한 진료시스템의 구축이 필요하게 되었다. 이러한 보건의료 제공기관의 발전적 욕구가 u-Health의 등장을 가속화하고 있다. 셋째, 보건의료 이용자의 편리하고 안전하며 높은 수준의 서비스에 대한 수요도 u-Health의 등장을 촉진하고 있다. 국민소득 수준이 증가하고 사회 전반의 고령화가 진전되면서 건강한 삶에 대한 관심이 증가하였다. 이에 따라 건강증진과 질병예방에 대한 지출이 증가하고, 통신 네트워크를 통한 의료기관과의 연결을 통한 검진과 진료의 수요 또한 증대하고 있다. 이러한 수요의 증가와 질적인 변화는 u-Health와 관련 산업의 발전의 등장배경이 되고 있다.

u-Health의 가장 큰 특징은 보건의료가 추구하는 목표를 상당부분 현실적으로 가능하게 만든다는 점이다. 이용자의 보건의료 서비스에 대한 욕구가 커지면서 보건의료는 안전성, 효율성, 이용자 중심성, 적시성, 효과성, 균형성 등을 강조하며 발전하고 있다. 그리고 보건의료 제공자와 이용자 모두 시간과 비용을 절감하며, 병원 중심에서 건강한 시민 중심으로 의료환경 변화를 촉진시키고,

예방에서 진단, 치료, 사후관리의 전 보건의료 과정을 균형적으로 발전시킬 것으로 전망된다. 국내외에서 u-Health는 다음과 같은 의미를 지님에 따라 그 중요성이 커지고 있다. 우선 u-Health는 가장 효율적인 국민복지 증진 방안이 된다. IT 인프라를 통해 보건의료 제공의 효율성 및 편리성 증진은 물론, 첨단 IT 기술을 이용한 대용량, 초고속 정보 서비스를 제공할 수 있으며, IT 기술의 발전과 함께 의료 서비스를 한 단계 격상하여 이상적인 보건의료를 실현할 수 있게 된다. 그리고 u-Health는 개인에게 연속적 진료서비스를 제공하고, 기업과 산업에게 새로운 사업기회를 제공하는 점에서 응용분야가 다양하게 검토되고 있다. 따라서 향후 신 성장 산업의 동력원으로서 중요한 역할을 할 것이며, 그 산업적 파급효과가 지대할 것이다.

삼성경제연구소는 u-Health 관련 사업을 크게 세 가지로 구분하고 있다. 첫째는 u-병원(u-Hospital)으로, 환자가 병원에 직접 가지 않고도 의사에게 진단과 처방을 받을 수 있는 등 병원 이용의 편리성을 높이고, 질병의 예방과 관리 효율성을 높이는 데 목적이 있다. 두 번째는 홈&모바일 헬스케어(Home&mobile Healthcare)로, 당뇨 등의 만성질환자와 병원 방문이 어려운 노인 등에게 좀 더 편리하게 건강관리 서비스를 제공하는 데 중점을 두고 있다. 세 번째는 웰니스(wellness)群으로, 일반인의 건강 유지와 향상에 초점을 두고 있다. 현재 의료 분야에서의 IT의 역할은 초기 의료정보화를 중심으로 의료 서비스의 효율성을 증진시키는 방향, 즉 u-병원을 중심으로 출발하고 있으나 IT 기술과 의료기술과의 융합강도가 높아지면서 IT 기반 의료기기 및 장비 개발 등 의료 분야에의 활용부분이 확대되어 홈&모바일 헬스케어와 웰니스로 진행, 확장될 것으로 예상된다.

[그림 5-15]
u-Health 관련 사업의 유형

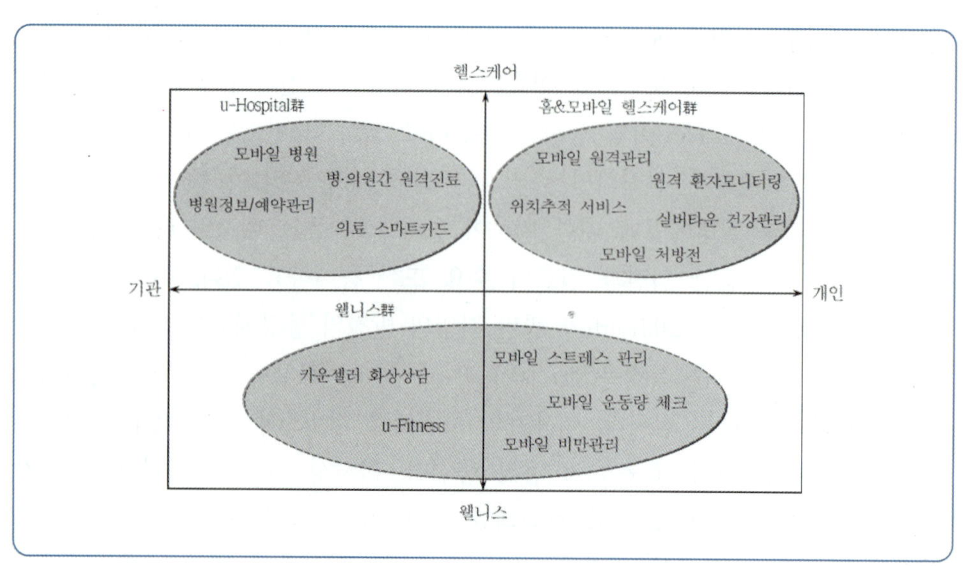

u-Health의 대표적인 서비스 유형은 u-Health의 목적과 활용 영역에 따라 구분될 수 있으며 이 서비스들에 대해 개략적으로 설명하면 다음과 같다.

- RFID 센서를 응용한 자산관리: RFID 센서를 응용하여 병원이나 지원기관의 자산을 효율적으로 관리하는 서비스로 이를 통해 자산의 적정 재고 관리가 가능하며 운영비용을 절감할 수 있음.
- 병원 환자 정보 서비스: 병원 정보(입원환자 상태 및 병상정보)와 건강정보 네트워킹을 의료기관 내부 정보 시스템에서 구현하여 유무선 단말기를 통해 필요한 정보를 통합 제공함.
- 의료 텔레매틱스: 원격조정, 텔레매틱스, 구급 시스템을 통합한 신개념의 의료 서비스로 환자나 대상자의 생체 신호 발생에 따라 모니터링 센터와 응급병원 등이 GPS와 연계하여 긴급 출동 서비스를 제공함.
- 전자처방전 서비스: 문서로 발행되는 전자처방전을 휴대폰 인증이나 암호화를 사용하여 유무선통신으로 제공되는 서비스이며, 특히 약국에서 이용자의 대기 시간을 감소시키는 편리성을 제공함.
- 모바일 건강관리 서비스: 휴대폰을 이용하여 혈압, 당뇨 등 실시간으로 무선망을 통해 건강 상태의 제공과 건강을 위한 정보 서비스를 제공함.
- 온라인 휘트니스 서비스: 이용자의 스케줄 체크, 건강 상태나 트레이닝 메뉴를 전문가가 작성하고 이를 바탕으로 트레이닝의 진척관리나 조언을 온라인상에서 제공함.
- 예약관리 에이전트 시스템: 여러 병원에서 이용자 본인의 가용 시간에 따라 적정한 해당 병원 및 의사를 검색, 예약해 줌.
- 의료 스마트카드 서비스: 스마트카드를 통해 개인별 기본 의료 정보를 저장하고 진료 등을 위한 예약, 수납, 처방기록 등의 저장이 가능하도록 함.
- 모바일 간호관리 서비스: 모바일 환경을 기반으로 간호관리를 효율적으로 지원하는 서비스이며, 이동성과 휴대성이 향상된 업무환경에서 보다 다양한 간호관리 및 응급 환자조치가 가능함.
- 적외선 응급구호 서비스: 가정이나 실내에서 적외선 장치를 이용하여 사람의 움직임이 없을 경우 즉각적인 유무선 응급 신호를 통해 구호함.

[표 5-3]
u-Health 서비스 유형

활용영역 \ 목적	예방과 건강증진	진료와 사후관리
의료기관 내	RFID 센서를 응용한 자산관리, 병원 환자 정보 서비스	
의료기관과 의료기관 사이	의료 텔레매틱스 건강정보 보험사 이용시스템	전자처방전 서비스 원격 EDI 부가 서비스
의료기관과 개인	건강관리 포털 서비스 모바일 건강관리 서비스 온라인 휘트니스 서비스 노약자보호 서비스	예약관리 에이전트 시스템 의료 스마트카드 서비스 모바일 간호관리 서비스 적외선 응급구호 서비스

5.2.6 u-Transportation

교통이라 함은 사람이나 화물을 한 장소에서 다른 장소로 이동시키는 모든 활동과 그 과정, 절차를 의미하는데, 이러한 과정 및 절차는 유비쿼터스 환경에서 기존의 교통시스템을 구성하는 이용자, 교통수단 및 교통시설물 간의 역할, 기능, 행태 등에 큰 변화를 초래할 것으로 전망된다. 따라서 유비쿼터스 환경에서의 교통을 정의(u-Transportation)하고, 이를 기반으로 향후 전개될 여건 변화를 분석하는 것은 각 교통부문별 대응방안을 마련하기 위한 기초 작업이라 할 수 있다. 유비쿼터스의 핵심은 USN(Ubiquitous Sensor Network)의 구현이라고 할 수 있는데, 이는 필요한 모든 사물(장소)에 센서를 부착하고 이를 통하여 다양한 사물의 상태인식(condition identification) 정보 및 주변의 환경 정보까지 감지하여 이를 실시간으로 네트워크에 연결하고 그 정보를 관리하는 것을 의미한다. 이러한 USN이 구현된 환경에서는 가공된 다양한 정보가 교통체계 구성요소에 전달(one-to-many)될 뿐만 아니라, 구성요소들 간의 ad-hoc 네트워크 구성을 통한 실시간 정보교환(many-to-many)이 가능해진다.

[그림 5-16]
u-Transportation

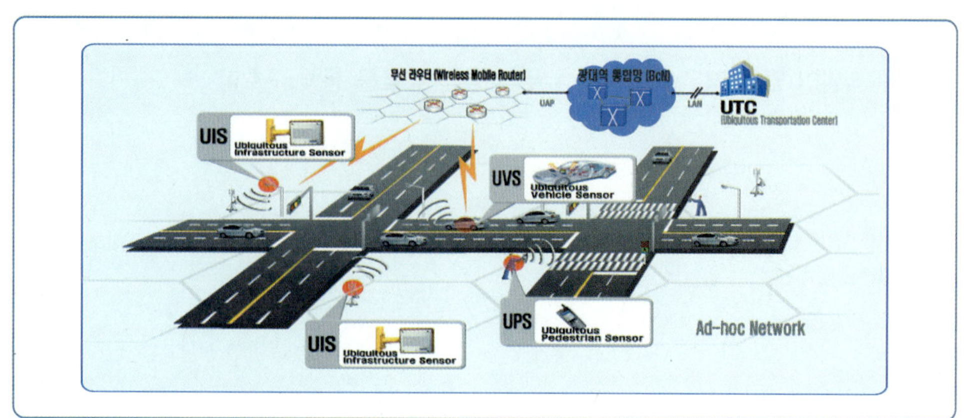

u-Transportation의 정의를 위해서는 우선 유비쿼터스 교통 센서 네트워크(UTSN: Ubiquitous Transportation Sensor Network)를 정의해야 한다. UTSN은 교통체계 구성요소인 여행자, 교통수단 및 각종 시설물이 유/무선으로 연결되는 네트워크 공간을 의미한다. 이러한 UTSN상에서는 교통에 관련된 각 구성요소의 상태인식 및 구성요소 간의 인과관계 정보가 실시간으로 모니터링되어(context-awareness) 신속하고 안전하게 저장, 분석, 예측되는 환경이 된다. 따라서 u-Transportation은 유비쿼터스 환경하에서 여행자, 교통시설, 교통수단이 실시간으로 네트워킹하여(상태인식 및 인과관계 정보가 분석되어) 안전성과 이동성에 기여하는 인간 중심의 미래형 교통 서비스 및 시스템을 제공하는 신 교통공간이라고 정의할 수 있다. u-Transportation의 정의에 따라 유비쿼터스 환경에서 교통의 특징은 아래와 같이 세 가지를 들 수 있다.

- 실시간 교통정보를 시간과 공간의 제약 없이 제공 가능
- 모든 생활영역의 구분 없이 언제 어디서나 원하는 서비스 가능
- 교통상황에 맞는 맞춤형 최적의 교통정보 서비스 가능

따라서 이러한 u-Transportation 환경에서는 무결점(seamless) 교통정보 제공, 교통정체 및 교통사고 사전 예방, 모든 교통시설물의 원격 및 자동 운영관리 등을 구현하기 위한 최적의 최상급 교통 서비스 제공이 가능하다. 유비쿼터스 환경에서의 교통과 기존 교통체계와의 차별성은 다음과 같다.

- 지금까지의 교통은 공급자 중심의 관리 위주형 서비스인 반면, 유비쿼터스 환경에서의 교통은 이용자 중심의 맞춤형 서비스를 지향하게 된다.
- 기존의 교통 서비스는 자신이 원하는 정보는 특정 시간, 특정 장소에서만이 획득이 가능하여 시공간적 제약이 존재하나, 유비쿼터스 환경에서의 교통은 시공간적 제약 해소를 목표로 한다.
- 기존의 교통 서비스는 승용차-버스-지하철 등 이동수단 변경 시 정보의 연속성 미흡으로 이동수단의 변경이나 위치 이동에 따라 끊어지지만, 유비쿼터스 환경에서의 교통은 끊이지 않는 서비스를 지향한다.
- 현 교통체계는 도로교통만을 타깃으로 하기 때문에 도시 전체 시스템과의 유기적인 연계가 미흡하나, 유비쿼터스 환경에서의 교통은 도시 전체의 최적화를 지향한다.
- 현재까지의 교통은 효율 지향적인 교통류 관리가 주를 이루었으나, 유비쿼터스 환경하에서는 교통수요관리 분야에 IT 기술을 접목시키는 것을 적극 고려할 수 있다.

[표 5-4]
기존 교통과 유비쿼터스
환경의 교통 비교

항목	기존의 교통	유비쿼터스 환경의 교통
데이터 수집 체계	• 매체: 검지기, CCTV 등 • 지정된 지점에서 데이터 수집 • 데이터 수집의 공간적, 시간적 제약 • 막대한 구축비용의 국가 부담	• 매체: RFID, GPS 등 • 수집에 대한 공간적, 시간적 제약 해소 – anywhere, anytime 실현 • 저렴한 비용으로 데이터 수집
정보 제공 체계	• 매체: VMS, 라디오, 인터넷 등 • 공간, 시간, 장치적 제약 • 막대한 구축비용의 국가 부담	• 매체: 모든 단말기 • 공간, 시간, 장치적 제약 해소 – anywhere, anytime, anydevice 실현 • 저렴한 비용으로 정보 제공

정보	• 단순구간 소통 정보
	• 최단시간, 최소시간 경로안내
		• 사람 개개인에 맞는 경로안내
		   – 개인의 시간가치, 상황에 따른 경로 안내
		   – 이동 및 업무 시간에 따른 스케줄링 정보

서비스	• 교통관리 중심의 서비스
	• 공급자 중심의 서비스
	• 서비스의 단절
	• 기술적 한계로 제한적 서비스
		• 난이도 높은 고급 교통관리체계
		• 이용자 중심의 수요 대응 맞춤형 서비스
		   – anywhere, anytime, anyservice 실현
		• 서비스 통합을 통해 교통시점과 종점 간의 끊이지 않는 서비스
		   – 무결점 서비스 실현
		• 멀티모달 서비스

View
Point
	• 교통관리를 통한 사회적 비용 절감
	• 이동성이 중요
		• 업무 및 생활과의 유기적 일체성 강조
		   – 사람들은 목적지까지 빨리 가는 것만이 중요한 것이 아니며, 이동 중에 업무 및 생활의 연속성을 유지하고 싶어함
		   – 내비게이션 + 원격 홈네트워킹 + 메일 + 엔터테인먼트 등

연습문제

01. 다음 중 유비쿼터스의 특징이 아닌 것을 모두 선택하라.

① 네트워크 연결 ② Calm Technology

③ 진보된 가상공간 ④ 상황에 따른 서비스

02. 다음 중 유비쿼터스 네트워크의 특징이 아닌 것을 모두 선택하라.

① 대용량 모바일 ② 브로드밴드

③ 배리어프리 인터페이스 ④ IPv4

03. 유비쿼터스의 사전적 의미를 조사하고 유비쿼터스 컴퓨팅을 정의하라.

04. 유비쿼터스 컴퓨팅 개념을 도입한 마크 와이저는 컴퓨터의 진화 과정을 컴퓨터 기술과 인간과의 관계 변화를 중심으로 설명하면서 유비쿼터스 컴퓨팅을 '제3의 물결'이라고 지칭하였다. 컴퓨터 진화의 변천 과정 3단계를 각각 설명하라.

05. 다음 중 유비쿼터스 컴퓨팅의 특징에 대해 잘못 설명하고 있는 것은 무엇인가?

① 네트워크에 연결되지 않은 컴퓨터는 유비쿼터스 컴퓨팅이 아니다.

② 기계화된 인터페이스로서 사용 방법이 정밀해야 한다.

③ 상황에 따라 제공되는 서비스가 변한다.

④ 가상공간이 아닌 현실세계의 어디서나 컴퓨팅이 가능해야 한다.

06. 공간의 지능화의 의미에 대해서 기술하라.

07. 각국의 유비쿼터스 연구현황을 비교하라.

연습문제

08. u-Work가 일반화되었을 때의 기대효과에 대해서 기업적 측면, 근로자 측면, 국가사회적 측면
으로 나누어 설명하라.

09. 다음은 u-Learning의 특징을 설명하고 있다. 틀린 것을 모두 선택하라.

① 학습 대상: 누구나　　　　　　② 학습 장소: 어디서나
③ 학습 방법: 현장실습　　　　　④ 학습 매체: 방송미디어, 컴퓨터
⑤ 학습 시간: 언제든지

10. 대학교육에서 u-Learning이 일반화되었을 때 기대할 수 있는 수업방식에 대해 자신의 생각을 기
술하라.

11. u-City가 구현되기 위한 인프라를 세 가지로 나누어 설명하라.

12. u-City는 크게 (　　　), (　　　), (　　　), (　　　), (　　　), (　　　)의 여섯 가지로 분류할
수 있다.

13. 서울을 관광/문화형 u-City로 구현하기 위한 자신의 생각을 기술하라(서비스 중심으로).

14. 독거노인을 위한 u-Health 서비스에 대한 자신의 생각을 기술하라.

15. u-Transportation의 특징을 세 가지로 기술하라.

16. u-Transportation과 기존 교통체계와의 차별성을 설명하라.

17. 유비쿼터스 컴퓨팅은 사회를 크게 바꿀 것으로 예상되지만, 그와 반대로 사생활 보호 등과 같은
부정적인 면을 포함하고 있다. 예상되는 유비쿼터스 사회의 부정적인 면을 기술하고 올바른 방향
의 유비쿼터스 환경을 위한 자신의 생각을 논하라.

PART 2

인터넷 기술의 활용

6. HTML 기초

6.1 HTML의 개요

HTML(HyperText Markup Language)은 운영체제에 독립적이며 하이퍼링크 기능을 제공하는 웹 문서를 만들기 위해 사용되는 마크업(markup) 언어이다. 마크업 언어란 사용자가 문서를 작성할 때 내용 이외에 폰트 크기, 레이아웃 등과 같은 표현을 위해 추가적인 정보를 지정하는 언어를 말한다. 즉, 일반 텍스트 문서에 < >(각괄호)로 둘러싸인 약속된 태그(tag)를 사용하고, 웹 브라우저로 하여금 태그를 인식하여 표현할 수 있도록 지정(markup)해 주는 기능을 가진 언어이다. 따라서 일반 문서에 태그가 첨가되어 문서의 표현 형식을 지정할 수 있다.

HTML은 하이퍼텍스트[1], 하이퍼미디어[2] 기능을 갖는 문서를 제작하는 것이 용이하고, 이식성이 있으며, 사용이 편리하다는 장점 때문에 전 세계적으로 널리 사용되고 있다. 그러나 HTML은 HTML 2.0, 3.2, 4.0과 같이 버전에 따라 명세로 지정된 고정 태그만을 제공하기 때문에, 사용자가 태그를 임의로 정의할 수 없고, 구조화 능력이 없으며, 문서 자체가 구조화되어 있지 않아 효과적인 검색, 재사용 또는 검증이 불편하다는 단점도 있다.

PLUS+

여기서는 HTML 문서와 웹 문서를 다음과 같은 의미로 사용하도록 한다.

HTML 문서
HTML 태그를 사용하여 제작된 문서를 의미한다. 이는 웹 브라우저에서 소스 보기를 통해 직접 볼 수 있다.

웹 문서
WWW에 존재하는 문서로 웹 브라우저를 통해 접근할 수 있는 문서를 가리킨다. 이는 온라인을 통해 접근되는 웹 서버의 문서 또는 클라이언트의 문서를 의미한다.

---

[1] 사용자의 선택에 따라 관련 있는 쪽으로 옮겨갈 수 있도록 조직화된 정보를 말한다. 이러한 관련정보의 실체를 링크, 또는 하이퍼링크라고 한다.

[2] 하이퍼텍스트 링크를 소리, 동영상, 가상현실 등의 멀티미디어 개체들에 적용한 개념으로, 사용자에게 하이퍼텍스트보다 더 높은 수준의 네트워크 쌍방향 통신을 제공할 수 있다.

6.2 HTML 문서의 기본 구조

우선 HTML 문서의 기본 구조에 대해서 알아보자. HTML 문서는 [그림 6-1]
과 같이 일반적으로 머리말(header)과 본문(body)의 두 부분으로 나뉜다.

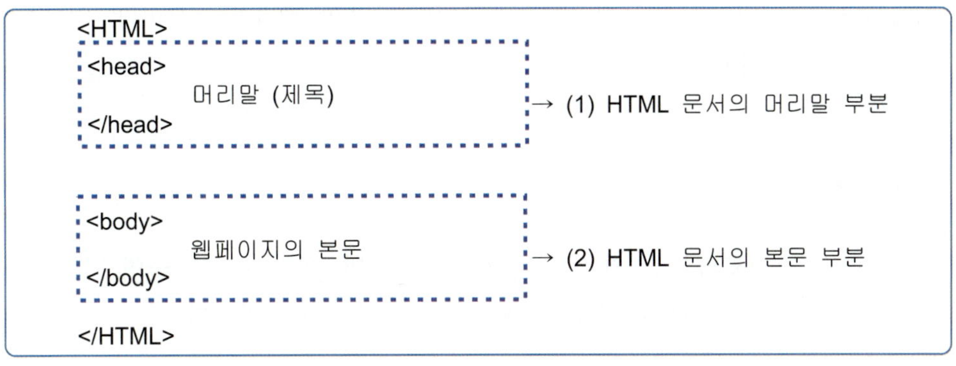

[그림 6-1]

HTML 문서의 구조

- HTML 문서의 머리말: 문서의 헤더, 즉 머리말에 해당하는 영역으로 보통
  문서에 대한 제목과 HTML 문서에 대한 전반적인 정보를 담는 영역이다.
  헤더에 포함되는 자세한 내용은 <head> 태그의 사용 방법에서 소개한다.
- HTML 문서의 본문: 문서의 몸체, 즉 본문에 해당하는 영역으로 HTML 문
  서의 가장 중요한 부분이다. 대부분의 HTML 문서의 내용이 바로 이 영역
  에 해당한다.

6.3 HTML의 구성요소

HTML을 정확히 이해하기 위해서는 우선 HTML 문서가 무엇으로 구성되어
있는지를 알아보는 것이 순서일 것이다. 모든 HTML 문서는 [그림 6-2]와 같이
세 가지 요소, 즉 텍스트, 태그, 스크립트로 구성된다. 여기서는 세 가지 요소에
대하여 자세히 알아본다.

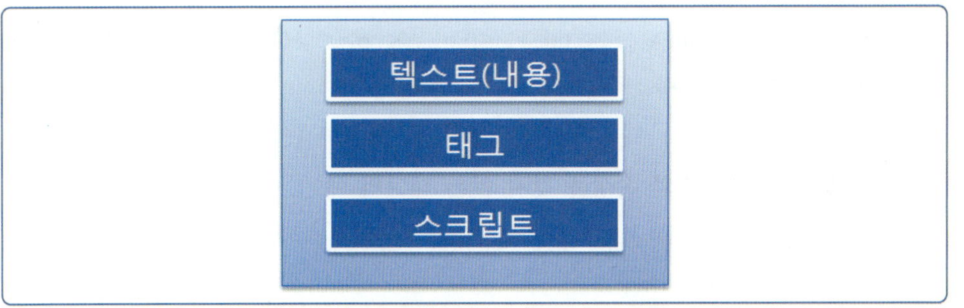

[그림 6-2]

HTML의 구성요소

6.3.1 텍스트

HTML 문서에 포함된 텍스트는 웹 문서의 내용에 해당된다. 즉, 사용자가 웹 문서를 읽을 때 화면에 나타나는 텍스트 자체를 말한다. 그러나 텍스트를 정렬하는 방법, 글꼴, 크기, 컬러 등을 지정하기 위해서는 텍스트 사이에 웹 브라우저에게 특별한 의미를 전달해 줄 수 있는 다른 표현 방법이 필요하다. 이 방법이 바로 태그이다.

6.3.2 태그

태그란 '<' 기호와 '>' 기호로 둘러싸인 문서의 중간 중간에 붙여주는 일종의 꼬리표이다. 일반적으로 태그는 다음과 같이 쌍으로 존재한다.

<tag> 문서의 문자열 (텍스트)… </tag>

위의 형식에서 <tag>를 시작 태그라 하며, </tag>를 종료 태그라 한다. 시작 태그에 의해서 문서에 지정된 기능이 부여되고 종료 태그를 만나면 그 기능이 끝난다.

1) 태그의 속성과 종류

태그는 웹 브라우저로 하여금 보다 추가적인 기능을 수행하도록 지정하는 속성을 가질 수 있다. 예를 들어, <img> 태그에는 포함시킬 이미지의 URL을 지정하는 SRC와 이미지를 정렬하는 방법을 결정하는 align 속성이 올 수 있다. 어떤 태그는 반드시 시작 태그와 종료 태그가 짝을 이루어 사용되는 데 반해, 어떤 태그는 단독으로 사용된다. 이때 두 개가 짝을 이루어 사용되는 태그를 복합 태그라 하며, 단독으로 사용되는 태그를 단독 태그라 한다. 태그를 그 모양에 따라서 나누면 다음과 같이 다양한 태그가 존재한다.

(1) 복합 태그와 단독 태그의 예

- 복합 태그: <title> ... </title>, <p> ... </p>, <HTML> ... </HTML> 등
- 단독 태그: <br>, <hr> 등

(2) 속성을 갖는 태그와 속성을 갖지 않는 태그의 예

- 속성을 꼭 필요로 하는 태그: <a href="…"> ... </a>, <img src="…"> 등

- 속성이 옵션으로 사용되는 태그: <hr noshade> 등
- 속성을 갖지 않는 태그: <em> ... </em> 등

2) 태그의 특성

HTML의 태그들은 다음과 같은 특성이 있다.

대/소문자의 구별이 없다. 즉, <BR>, <Br>,
은 모두 같은 태그로 취급한다. 복합 태그들은 엇갈려서 사용할 수 없다. 즉, <big><blink> ... 엇갈린 예제 ... </big></blink>와 같이 복합 태그를 교차하여 사용할 수 없다. 올바른 사용은 <big><blink>... 올바른 예제 ... </blink></big>이다.

태그 안에 포함할 수 없는 태그는 포함시켜서는 안 된다. 예로 <h1><h2> wrong! </h2></h1>는 잘못된 사용법이고, 올바른 사용은 <h1> good! </h1> 또는 <h2> good! </h2>이다.

공백(space) 문자가 연속된 경우에는 한 글자의 공백 문자로만 인식된다. 엔터 (enter)나 탭(tab)도 한 글자의 공백 문자로 인식된다. 공백 문자, 엔터, 탭이 섞여서 연속된 경우에도 한 글자의 공백 문자로만 인식된다.

6.3.3 스크립트

HTML 문서에는 텍스트와 태그뿐만 아니라 스크립트(script)도 포함될 수 있다. 스크립트란 간단한 명령어들의 집합으로, 일반 프로그래밍 언어에 비해 구조가 간단하고 배우기 쉽고 또한 실행되기 전에 컴파일과 같은 특별한 처리를 거치지 않고, 명령어 상태 그대로 실행된다는 특징이 있다. HTML로는 정적인 문서만을 만들 수 있기 때문에 HTML로 만들어진 홈페이지들은 매우 단조롭다. 스크립트는 이러한 문제점들을 극복할 수 있는 대안으로 등장하였다. HTML 문서에 스크립트를 첨부함으로써 동적인 웹 문서 작성이 가능하다. HTML에서 사용할 수 있는 스크립트는 자바스크립트와 비주얼베이직 스크립트가 있다.

6.4 HTML 편집기

이 절에서는 웹 문서를 작성할 때 사용되는 편집기에 대하여 간단하게 소개하도록 한다. HTML 문서를 제작하는 방식은 크게 (1) 텍스트 편집기를 사용하는 방법, (2) WYSIWYG(What You See Is What You Get) 저작도구를 사용하는 방법으로 나눌 수 있다. HTML 문서는 일반적으로 텍스트 파일이기 때문에

일반적인 텍스트 편집기로도 쉽게 작성할 수 있다. 대표적인 텍스트 편집기로 윈도우에서 제공하는 메모장과 editplus가 있다. 또한 워드 프로세서인 마이크로소프트사의 MS-WORD나 한글과컴퓨터사의 한글 워드 프로세서를 사용하여 Ascii 파일을 만들거나, HTML 문서로 저장할 수 있다. 이 외에도 어도비사의 드림위버와 나모 인터랙티브사의 나모 웹 편집기 등과 같이 WYSIWYG 방식의 전문적인 웹 저작도구를 사용하여 웹 문서를 작성하기도 한다. 이 책에서는 메모장, MS-WORD, 한글, 드림위버, 나모 등의 HTML 편집기들을 소개한다.

WYSIWYG(What You See Is What You Get)

화면에서 보는 것과 출력했을 때의 내용이 같다는 의미의 말이다. WYSIWYG 편집기나 프로그램은 그래픽 사용자 인터페이스 또는 텍스트 페이지를 만들기 위한 인터페이스 또는 콘텐츠 개발도구로서, 창작 중인 문서의 결과물이 결국 어떤 모습으로 나타나게 될 것인지를 작업 중에도 볼 수 있도록 해 준다.

6.4.1 텍스트 기반 편집기의 이용

HTML 언어를 배우는 가장 좋은 방법은 간단한 편집기를 이용하는 것이다. 직접 HTML 태그들과 내용들을 작성함으로써 WYSIWYG 방식의 저작도구를 이용하는 것보다 더 많은 것을 배울 수 있으며 웹 문서의 특성을 잘 이해할 수 있다.

1) 메모장

메모장은 가장 많이 사용되는 편집기 중 하나이다. 가장 많이 사용되는 이유는 메모장의 사용법이 간단하므로 별도로 사용 방법을 배울 필요가 없기 때문이다. WYSIWYG 프로그램 저작도구를 이용하기 위해서는 많은 사용 방법을 배워야 한다. 또한 메모장은 사용하는 메모리가 적기 때문에 많은 애플리케이션을 동시에 열어 놓고 사용해도 무리가 없다. 웹 페이지를 제작할 경우에는 최소한 편집기, 웹 브라우저, 그래픽 프로그램 등을 열어 놓고 작업을 하기 때문에 메모리 사용량이 적은 메모장을 이용하는 것이 바람직하다. 메모장으로 만든 후 주의할 점은 파일을 저장할 때, 파일 이름 다음에 확장자 .HTML 또는 .html을 반드시 적어야 한다는 것이다. [그림 6-3]은 메모장을 사용한 간단한 예제이다.

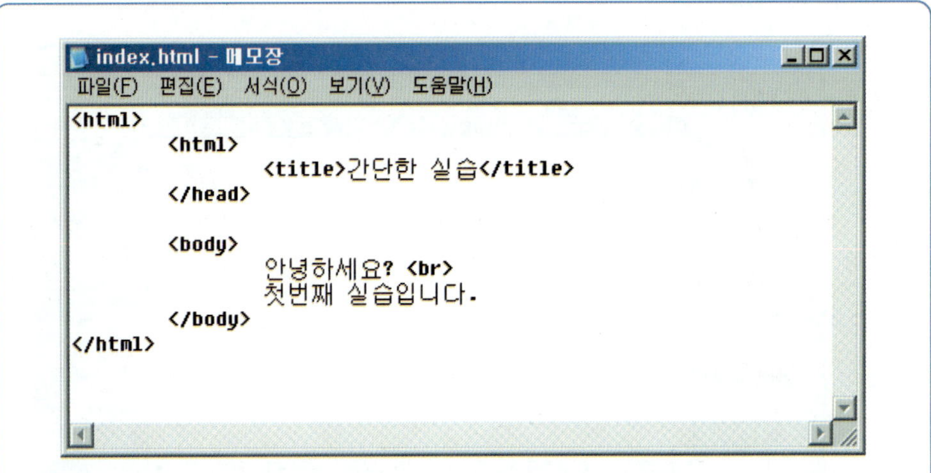

[그림 6-3]

윈도우의 메모장

2) 한글과컴퓨터사의 한글

워드 프로세서를 이용할 때도 메모장을 이용할 때와 마찬가지로 HTML 태그들과 내용을 직접 작성하고 저장할 수 있으며, 문서를 작성하듯 HTML 문서를 작성할 수 있다. 한글 프로그램에서 웹 페이지를 만드는 방법을 간단히 소개하면 다음과 같다.

① 한글에서 새 파일을 선택한 후 아래와 같이 작성한다.

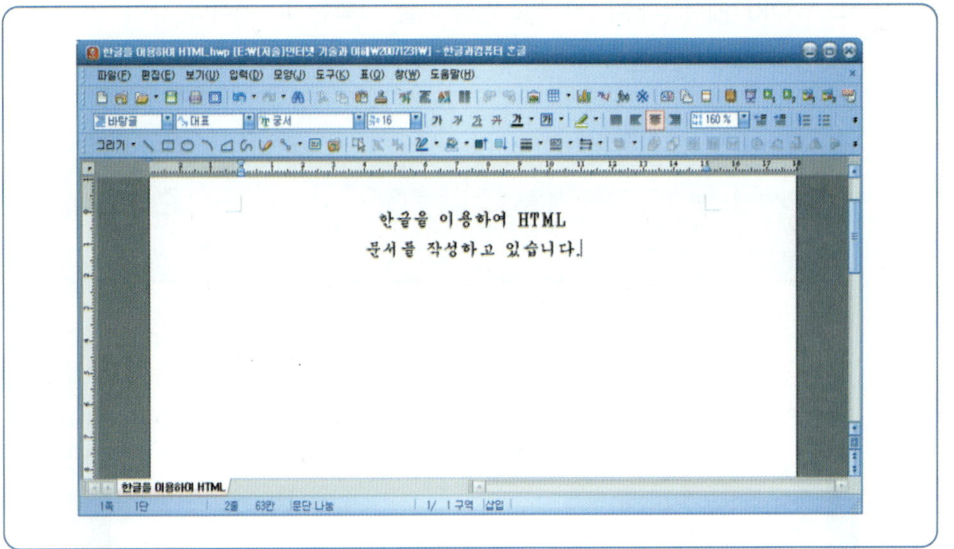

[그림 6-4]

한글 워드 프로세서를 이용한 HTML 문서 작성

② 작업을 마치면 파일 형식에서 HTML 파일(*.html)을 선택하여 저장하면 된다.

[그림 6-5]

한글 워드 프로세서에서
HTML 문서의 저장

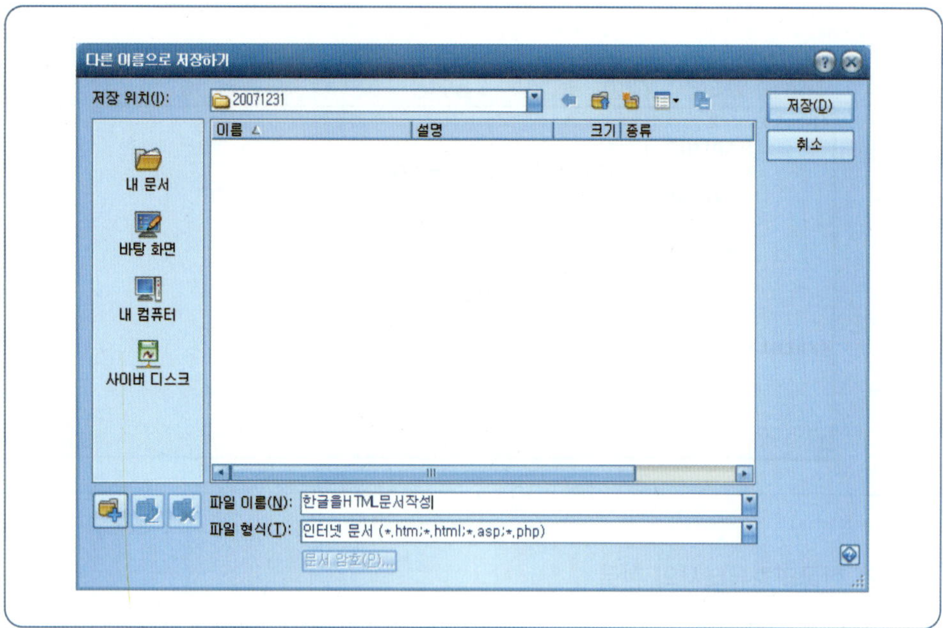

3) 마이크로소프트사의 워드(MS-WORD)

마이크로소프트사의 MS-WORD도 한글 프로그램처럼 문서 작성하듯이 웹 페이지를 만들 수 있다. 한글과 마찬가지로 다음과 같이 HTML 문서로 저장할 수 있다.

① MS-WORD에서 [파일] - [새로 만들기]를 선택한 후 아래와 같이 작성한다.

[그림 6-6]

MS-WORD를 이용한
HTML 문서 작성

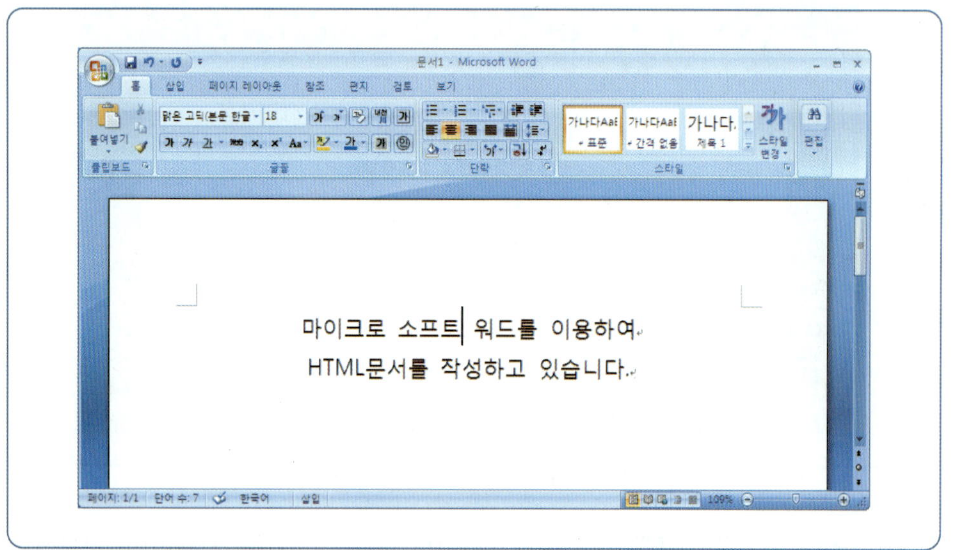

② 작업을 마치고 [파일] - [다른 이름으로 저장]을 누르면 아래와 같은 대화상
   자가 나온다. 여기서 파일 형식을 웹 페이지(*.htm; *.HTML)로 지정하고
   저장하면 된다.

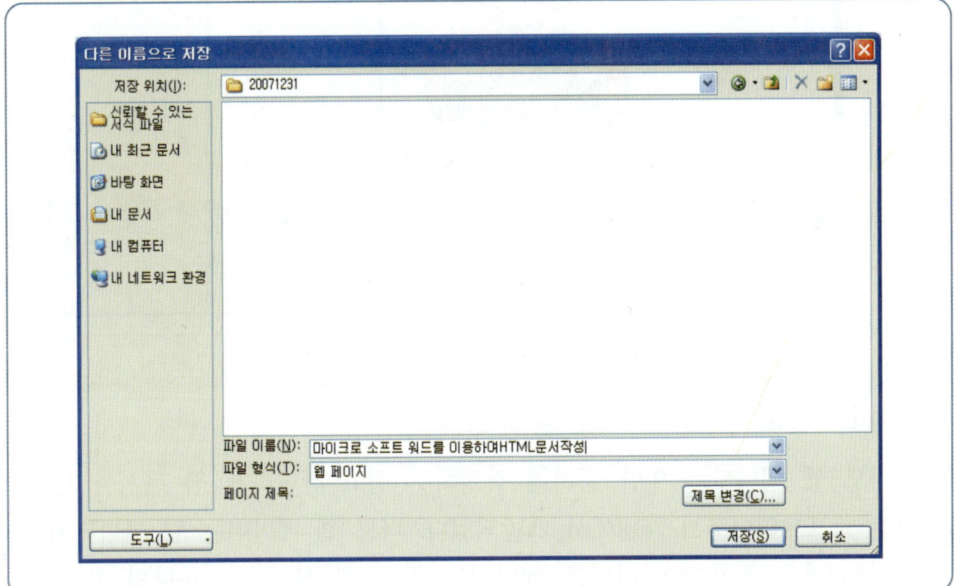

[그림 6-7]
MS-WORD에서
HTML 문서의 저장

6.4.2 WYSIWYG 방식의 편집기

WYSIWYG 방식의 편집기는 사용자가 HTML 문서를 작성하면서 보여주는
화면을 동일하게 브라우저에서도 보여준다. 따라서 사용자가 HTML 문서를 작
성하면서 브라우저에서 어떻게 표현될지 미리 알 수 있기 때문에 문서를 작성
하듯 쉽게 HTML 문서를 작성할 수 있다. 또한 HTML 태그를 몰라도 HTML
문서를 작성할 수 있다.

1) 매크로미디어사의 드림위버

매크로미디어사의 드림위버는 WYSIWYG 방식의 편집기로서 세계적으로 많
은 사용자 계층을 갖고 있다. 간단하면서도 쉬운 사용법은 물론, 전문가를 위한
고급 기능도 지원한다. 드림위버는 플래시와 호환성이 가능하며, 다이내믹
HTML을 지원한다. 또한 웹 디자인 도구로서 높은 생산성, 직관적인 인터페이
스, 향상된 편집기 기능, 구조적인 사이트 관리 기능, 새로운 기술에 대한 확장
성 등 다양한 특징을 갖고 있다.

[그림 6-8]

매크로미디어 드림위버

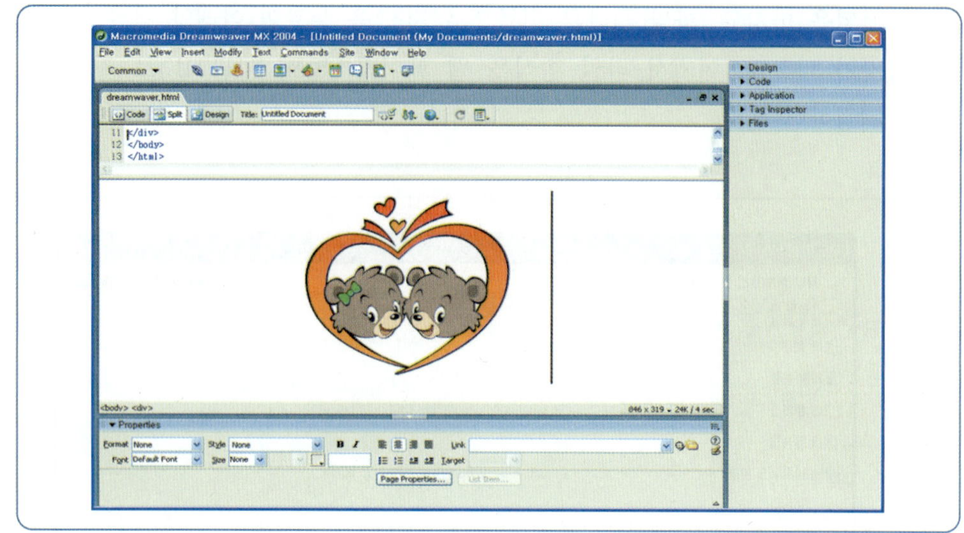

2) 나모 인터랙티브사의 나모 웹 에디터[3]

나모 웹 에디터는 일반 문서를 작성하듯 쉽고 간단하게 웹 문서를 만들 수 있는 소프트웨어로서 국내에서 개발되었다. 나모 웹 에디터는 웹 에디터와 사이트 매니저를 포함한다. 사이트 매니저는 전체 웹 사이트를 하나의 프로젝트로 관리한다. 웹 에디터는 HTML 태그를 몰라도 워드 프로세서 수준의 인터페이스를 통하여 쉽게 웹 문서를 작성할 수 있게 해 준다. 또한 스타일 기능을 이용하여 일관된 형식의 문서를 만들 수 있게 해 준다.

[그림 6-9]

나모 웹 에디터

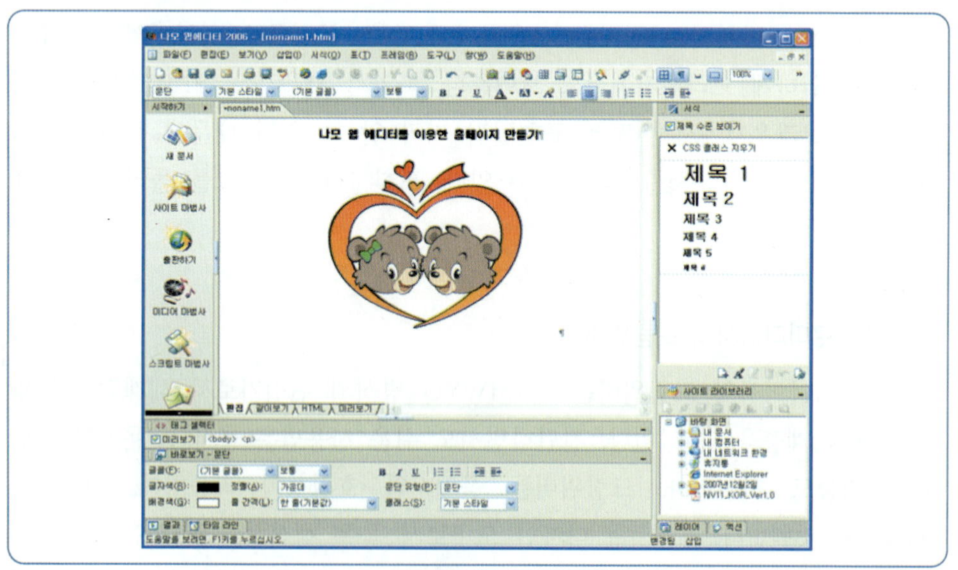

---

3) '나모 웹 에디터'는 상품명으로 사용되기 때문에 편집기라는 용어 대신 에디터를 그대로 사용한다.

6.5 기본적인 HTML 태그

WYSIWYG 방식의 편집기를 사용하면 HTML 태그를 몰라도 HTML 문서를 작성할 수 있다. 하지만 WYSIWYG 편집기는 사용자가 원하는 모든 기능을 제공하지 않기 때문에 사용자가 원하는 홈페이지를 WYSIWYG 편집기만을 이용하여 작성하기 어렵다. 따라서 홈페이지를 만들기 위해서는 기본적인 HTML 태그 사용 방법을 알아야 한다. 여기서는 기본적인 HTML 태그들에 대한 기능 및 사용 방법을 학습한다.

6.5.1 첫 번째 HTML 문서 작성

HTML 태그를 배우기 전에 먼저 간단한 웹 페이지를 만들어 보자. 태그를 모른다 할지라도 따라하자. 처음부터 끝까지 입력하면서 웹 페이지의 원리를 이해할 수 있다.

① 먼저 여러분이 사용할 편집기 또는 메모장을 선택한다. 메모장은 웹 페이지를 만들 때 가장 많이 사용하는 편집기이다. 여기서는 메모장에 태그를 입력하여 HTML 문서를 만들어 보도록 하자. [그림 6-10]은 메모장을 실행한 화면이다.

[그림 6-10]
메모장

② 메모장에 [그림 6-11]과 같이 입력한다. 이 예제는 아마도 가장 단순한 예제일 것이다. 입력이 끝나면 [파일] - [다른 이름으로 저장]을 선택하여

'index.html' 이란 이름으로 원하는 폴더 아래 저장한다. 이때 확장자 .html 을 빠뜨리지 않도록 주의한다.

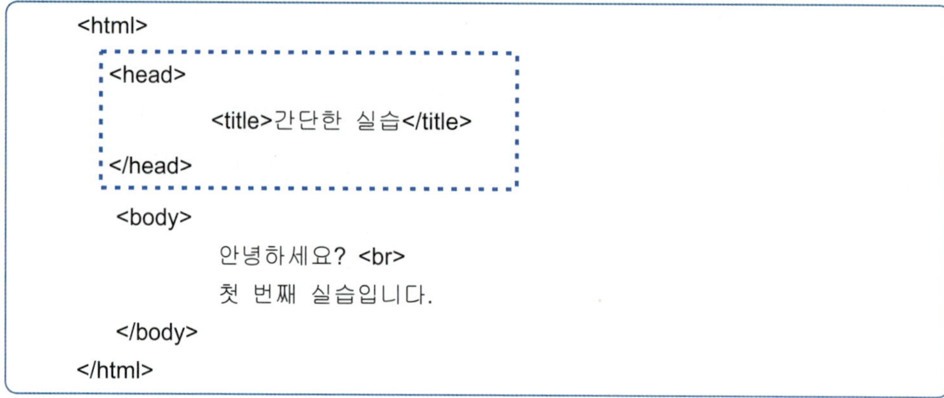

③ 이제 웹 브라우저를 실행시킨다. 그런 후에, 실행 화면에서 [파일] - [열기] - [찾아보기] 버튼을 선택하여 'index.html' 파일을 찾아 연다(Open). 이때 인터넷에 연결되어 있지 않다면 '서버에 연결할 수 없습니다'라는 오류 메시지가 나타날 것이다. 하지만 이 예제는 인터넷이 아니라 여러분의 하드 디스크에서 읽어들일 것이므로 이 오류 메시지는 무시해도 된다.

④ 'index.html' 파일을 열면 [그림 6-12]와 같은 실습 결과를 볼 수 있다.

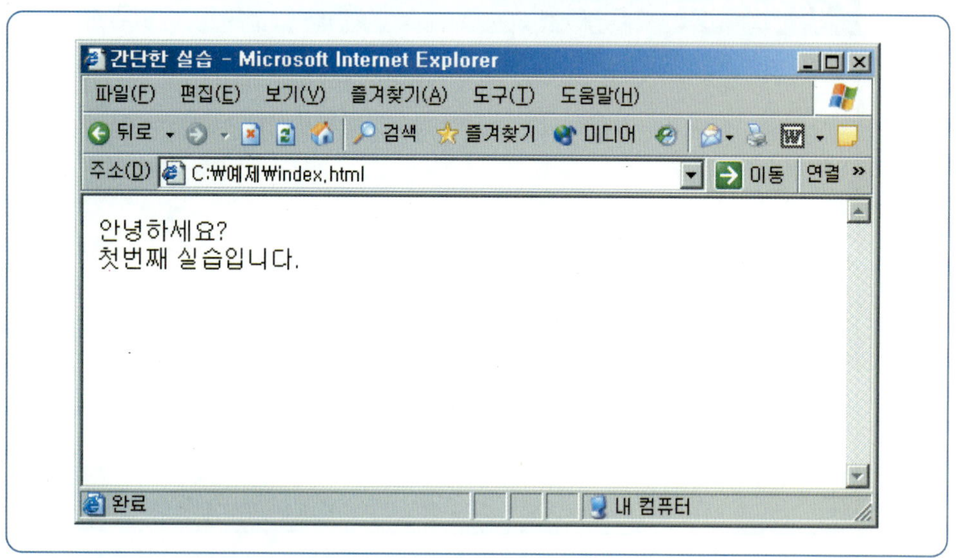

[그림 6-12]에서 눈여겨봐 두어야 할 부분은 웹 브라우저의 상단에 있는 제목 표시줄(타이틀 바)이다. 제목 표시줄에 '간단한 실습'이라는 문자열이 있는 것을

볼 수 있다. 이 문자열은 여러분이 <title> 태그를 이용하여 지정한 웹 페이지의 타이틀이다. 이제 여러분은 메모장을 사용해 HTML 파일을 직접 편집하고 웹 브라우저에서 편집한 HTML 파일을 읽어들일 수 있게 되었다.

6.5.2 문서 구조 태그

시작 태그와 종료 태그 사이에는 문서의 내용과 다른 태그들이 포함될 수 있다. 여기서 사용되는 태그들은 HTML 문서를 이루는 기본 태그로 사용된다.

1) 〈HTML〉

HTML 태그는 HTML 문서 형식으로 작성되었음을 나타낸다. 모든 HTML 문서는 <HTML>로 시작하여 </HTML>로 끝난다. 따라서 파일의 처음과 끝에 나타난다. 그러므로 HTML 문서에서 사용되는 모든 내용은 <HTML>...</HTML> 태그 안에 존재해야 한다. 단순히 보통 문서와 HTML 문서임을 구분하기 위한 태그로서 특별한 기능이 없기 때문에 생략할 수 있다.

2) 〈HEAD〉

HTML 문서의 머리말 영역을 나타낸다. <head>...</head>에 사용되는 전용 태그는 다음과 같다.

> 〈title〉, 〈base href="..."〉, 〈link〉, 〈nextid〉, 〈meta〉,
> 〈range〉, 〈style〉, 〈isindex〉

3) 〈TITLE〉

<title> 태그는 문서의 제목을 웹 브라우저의 제목 표시줄에 표시한다. 웹 브라우저는 HTML 문서를 읽어들여 <title>...</title> 태그를 해석하고, 그 제목을 웹 브라우저에서 해당 윈도우 화면의 타이틀 바에 표시한다. 또한 웹 브라우저에서 해당 페이지를 북마크(Book Mark)했을 때 북마크 제목으로도 사용된다. 그러므로 제목은 해당 페이지를 요약해서 대표할 수 있는 간단한 이름으로 지정해 주는 것이 좋다. [그림 6-13]은 <title> 태그 예제를 보여주고 있으며, [그림 6-14]는 실행 결과를 나타낸다.

[그림 6-13]

title 태그 예제

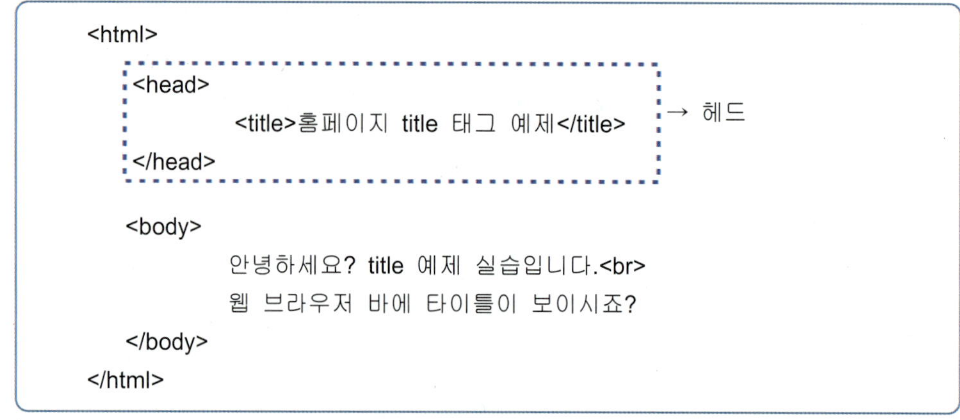

[그림 6-14]

title 태그 예제 실행
결과

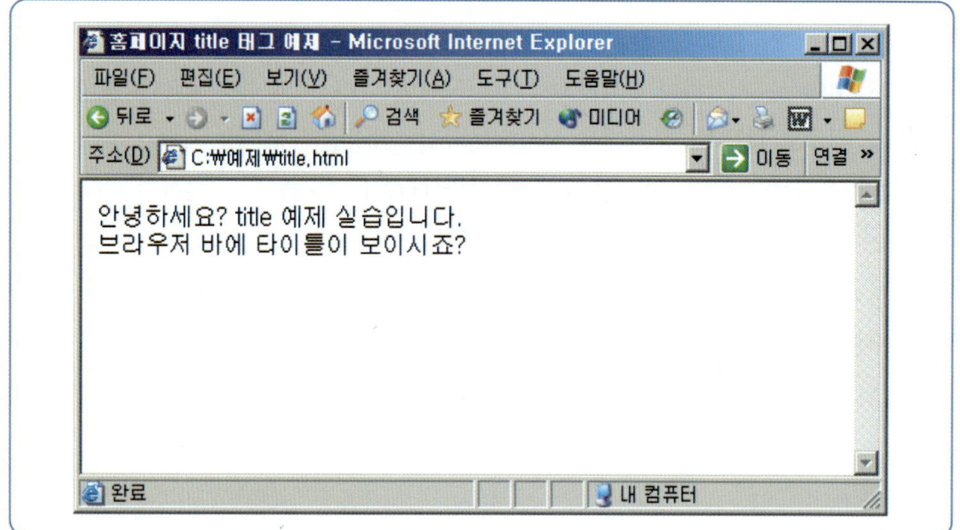

4) 〈BODY〉

<body> 태그는 HTML 문서의 실제 내용을 나타내는 본문에 해당된다. <body>...</body> 태그 안에 있는 내용을 그대로 웹 브라우저 화면으로 표현하고 속성을 사용하여 문서의 배경 그림 또는 바탕색과 글자의 색을 설정할 수 있다.

- 속성(attribute)
  ① background = "그림파일이름"

    그림 파일을 지정해 주면 이 그림이 웹 문서의 배경이 된다. 그림이 작으면 타일 형태로 배경이 만들어진다. 그림 파일 앞에는 그림 파일이 위치한 경로명을 지정할 수 있다

    (예: <body background='http://natural.n4tech.com/love.jpg'>).

② bgcolor = "#색상"

웹 페이지의 배경색을 지정한다(default는 흰색). RGB 색상(#RRGGBB)은 빨강(Red), 녹색(Green), 파랑(Blue)의 조합으로 만들어지는 색상을 말하며, 각각 16진수 2자리(2바이트) 총 16진수 6자리로 표현된다. 예를 들어, 진한 빨간색은 RGB 값이 255, 0, 0인데 이를 16진수로 표시하면 FF, 00, 00이 되므로 색 번호는 #FF0000이 된다.

③ text = "#색상"

웹 페이지에 포함된 일반 글자의 색을 지정한다. 기본색은 검은색이다.

④ link = "#색상"

접속된 적이 없는 하이퍼링크된 글자 부분의 색을 지정한다. 기본색은 파란색이다.

⑤ vlink = "#색상"

과거에 접속한 적이 있는 하이퍼링크된 글자 부분의 색을 지정한다. 기본색은 보라색이다.

⑥ alink = "#색상"

하이퍼링크된 글자를 마우스 버튼으로 누르고 있을 때 색을 지정한다. 기본색은 빨간색이다.

[그림 6-15]는 <body> 태그 예제를 보여주고 있으며, [그림 6-16]은 실행 결과를 나타낸다.

```
<html>
  <head>
          <title>홈페이지 사용 예제</title>
  </head>

  <body background="back.jpg" text="000000">
          이번예제는 HTML 본문에 관한 예제입니다. <br>
          back.jpg란 그림 파일을 본문의 바탕화면으로 <br>
          사용하였으며 일반폰트의 컬러는 검은색입니다.

  </body>
</html>
```

[그림 6-15]

body 태그 예제

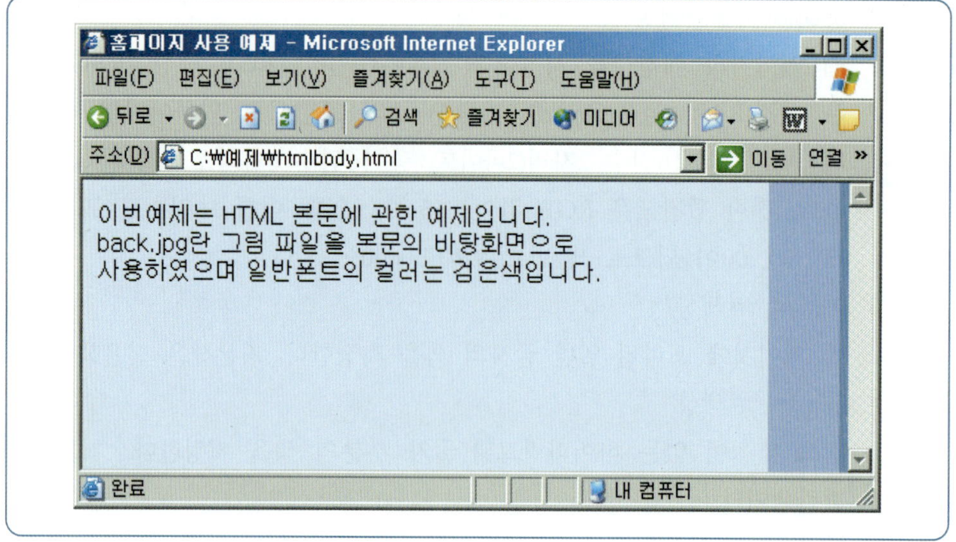

5) 〈!-- 주석 --〉

주석은 다른 말로 설명이라고 하며 태그로 작성된 내용의 특정한 부분을 부가 설명하기 위해 사용한다. HTML 문서 내의 모든 곳에서 주석을 삽입할 수 있다. 즉, 여기에 담긴 내용은 웹 브라우저를 통해서는 볼 수 없다. 따라서 웹 브라우저는 주석 태그 안의 내용을 무시하며 화면에 아무런 내용도 표현하지 않는다.

[그림 6-17]은 주석 태그 예제를 보여주고 있으며, [그림 6-18]은 실행 결과를 나타낸다.


```
<html>
    <head>
            <title>홈페이지 사용 예제</title>
    </head>

    <body background="back.jpg" text="000000">
            이번예제는 HTML 본문에 관한 예제입니다. <br>
            back.jpg란 그림 파일을 본문의 바탕화면으로 <br>
            사용하였으며 일반폰트의 컬러는 검은색입니다. <br>

            <!-- 이것은 주석 부분입니다. -->
            <!-- 웹 브라우저에는 출력되지 않습니다. -->
            주석부분은 웹 브라우저에 출력이 되지 않습니다.
    </body>
</html>
```

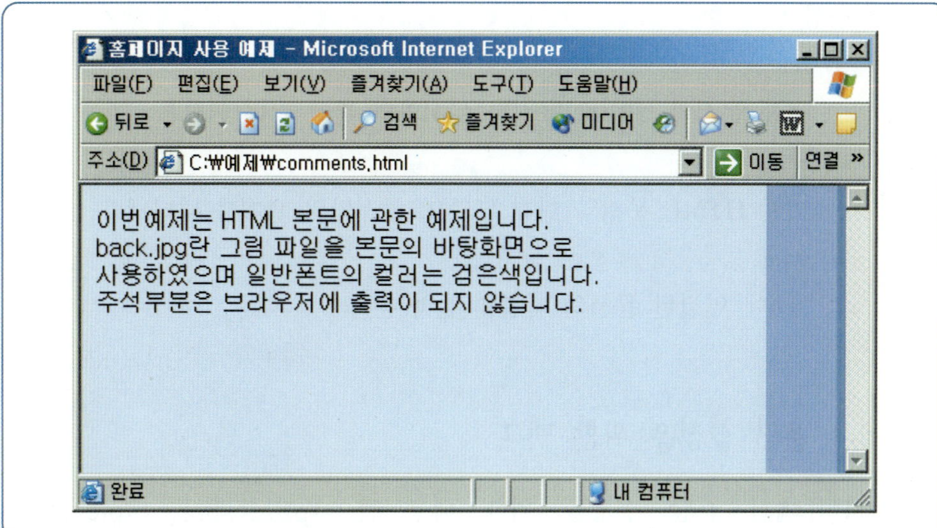

[그림 6-18]
주석 태그 예제 실행
결과

6.5.3 환경 정보 전달을 위한 태그

환경 정보 전달을 위한 태그로는 <base>와 <link> 태그가 있다.

1) 〈BASE〉

<base> 태그는 HTML 문서의 기본 주소를 알려 주는 데 사용되며 단독으로 사용된다.

- 속성
  ① href="…"

    HTML 문서가 읽혀질 url을 지정해 주는 데 사용한다. HTML 문서가 링크되어 읽혀지다 보면 다른 url 주소에 의해 상대적인 주소를 가질 수 있다. 그래서 <base href="…"> 태그는 default로 지정해 놓은 url 주소라고 할 수 있으며, HTML 문서의 앞부분에 지정해 두면 뒤에 해당 HTML 문서에 나오는 url 경로를 일일이 지정해 주지 않고도 간단히 지정할 수 있다. 즉, <base href="…"> 태그를 지정하면 HTML 문서 안에 있는 모든 url은 <base href="…"> 태그에서 지정된 url로부터 상대적인 경로를 갖게 된다.

2) 〈LINK〉

<link> 태그는 문서와 다른 객체와의 관계를 나타내며 종료 태그를 갖지 않고 단독으로 사용된다. <link> 태그는 스타일시트(css)를 포함할 때 사용된다.

- 속성
  ① rel

  현재 문서와 URL로 표시한 문서와의 관계를 나타낸다.
  ② rev

  기존 HTML 문서와 현재 HTML 문서와의 관계를 나타낸다.
  ③ type

  link에 연결된 문서의 타입을 알려 준다.

6.5.4 문단 설정을 위한 태그

HTML에서 문단 설정을 위한 태그로는 <p>, <br>, <pre>, <hr>, <center>, <nobr> 등이 있다. 문단 설정을 위한 태그들에 대해 알아보자.

1) 〈P〉

<p> 태그는 Paragraph의 약어로서 단락이 시작되는 곳이나 단락이 끝나는 곳에 넣어서 단락을 구분하는 역할을 한다. <p> 태그는 종료 태그를 사용하지 않아도 되며 <p>를 중복해서 사용해도 한 번만 적용된다.

- 속성
  ① align = left, right 또는 center

  <p> 태그 내부에 들어간 단락의 내용을 정해진 위치로 정렬해 준다.

2) 〈BR〉

 태그는 BReak의 약어로서 문장에서 줄바꾸기 기능을 한다. 종료 태그 없이 단독으로 사용한다. [그림 6-19]는
 및 <p> 태그 예제를 보여주고 있으며, [그림 6-20]은 실행 결과를 나타낸다.

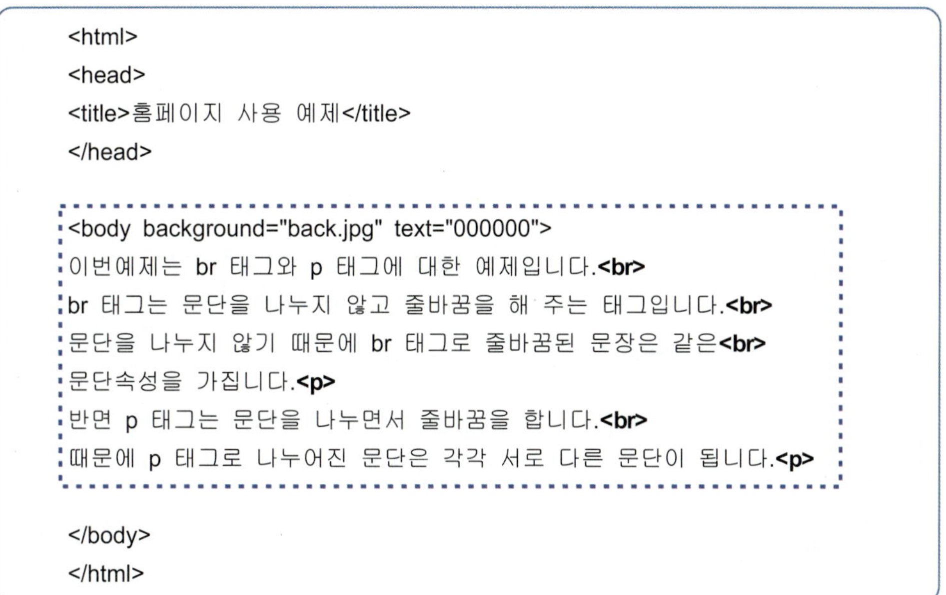

```
<html>
<head>
<title>홈페이지 사용 예제</title>
</head>

<body background="back.jpg" text="000000">
이번예제는 br 태그와 p 태그에 대한 예제입니다.<br>
br 태그는 문단을 나누지 않고 줄바꿈을 해 주는 태그입니다.<br>
문단을 나누지 않기 때문에 br 태그로 줄바꿈된 문장은 같은<br>
문단속성을 가집니다.<p>
반면 p 태그는 문단을 나누면서 줄바꿈을 합니다.<br>
때문에 p 태그로 나누어진 문단은 각각 서로 다른 문단이 됩니다.<p>

</body>
</html>
```


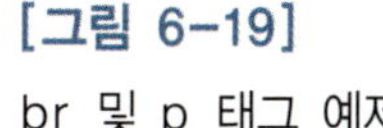

3) 〈PRE〉

<pre> 태그는 <pre> 태그 안에 작성된 내용을 그대로 웹 브라우저에 표현해 준다. 이때 <pre> 안의 태그들은 실행된다. 단지 문자의 띄어쓰기, 줄 띄어쓰기 등의 문자 형태를 그대로 표현한다. [그림 6-21]은 <pre> 태그 예제를 보여주고 있으며, [그림 6-22]는 실행 결과를 나타낸다.

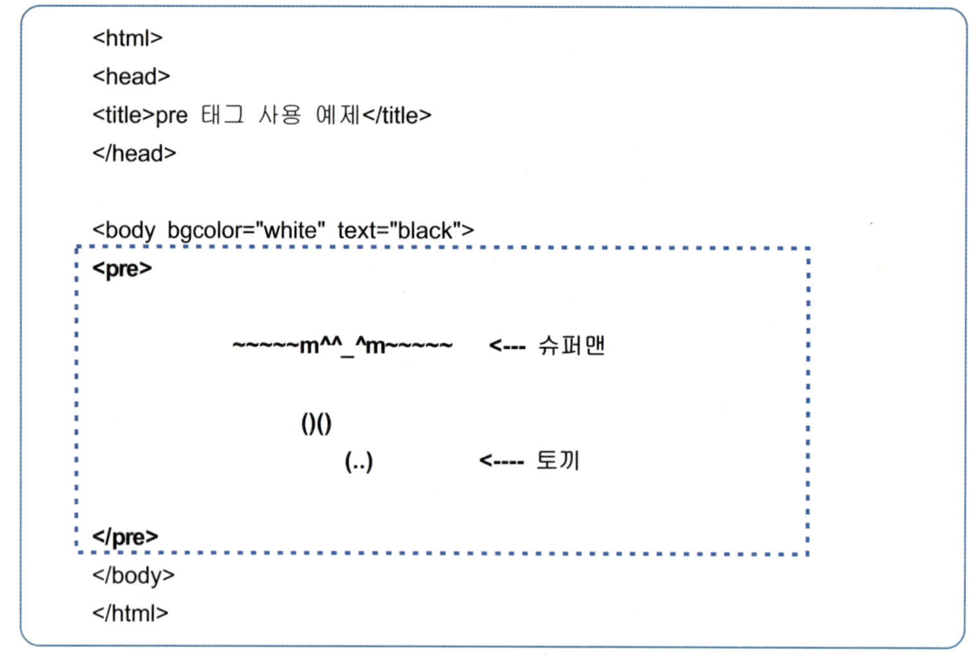

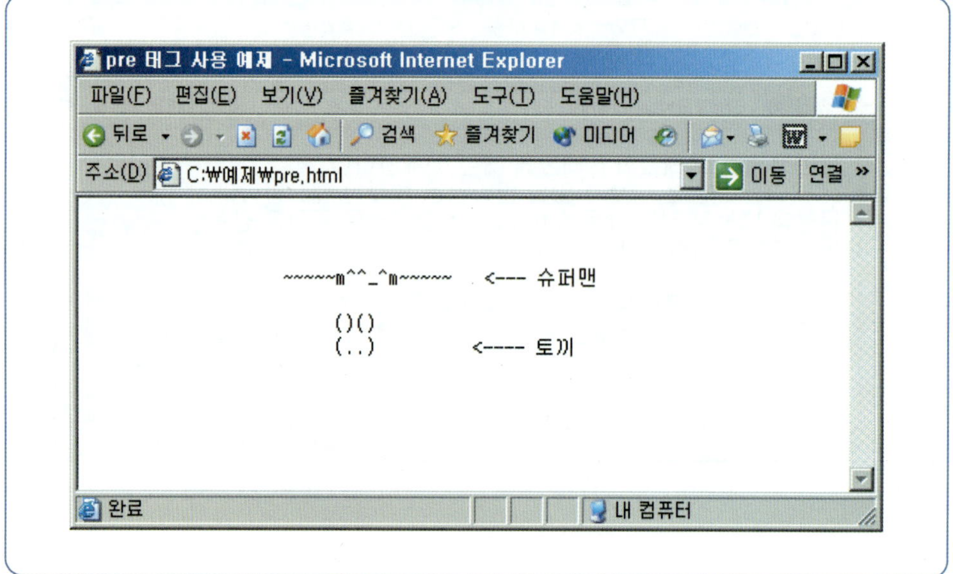

4) 〈HR〉

<hr> 태그는 Horizontal Ruler의 약어로서 웹 페이지 안에 선을 그리거나 경계선을 나타낼 때 사용한다. 문단을 구분하는 가로선(수평선)으로 많이 사용되며 종료 태그가 없는 단독 태그이다. 속성을 이용하여 가로줄의 두께, 길이 등의 변화를 주어 가로 막대와 같은 효과를 줄 수 있다.

• 속성: <hr size = pixel width = pixel 또는 %>

① size = n

가로선의 두께를 n개의 픽셀 단위로 지정한다.

② width = n 또는 %

가로선의 길이를 n개의 픽셀 단위 또는 웹 브라우저 너비에 대한 비율로 지정한다.

예) <hr width=500> 또는 <hr width=80%>

③ align = left, right 또는 center

가로선의 정렬 방식을 지정한다. 정렬 방식은 left는 왼쪽 정렬, right는 오른쪽 정렬, center는 중앙 정렬된다.

④ noshade

가로선의 음영 효과를 없애 준다. 수평 막대는 안쪽으로 오목한 3차원 형태로 그려진다.

[그림 6-23]은 <hr> 태그 예제를 보여주고 있으며, [그림 6-24]는 실행 결과를 나타낸다.

```
<html>
<head>
<title>hr 태그 사용 예제</title>
</head>
<body bgcolor="white" text="black">

<hr size="1" width="100%">
<hr size="5" width="50%">
<hr size="10" width="20%">

</body>
</html>
```

[그림 6-23]

hr 태그 예제

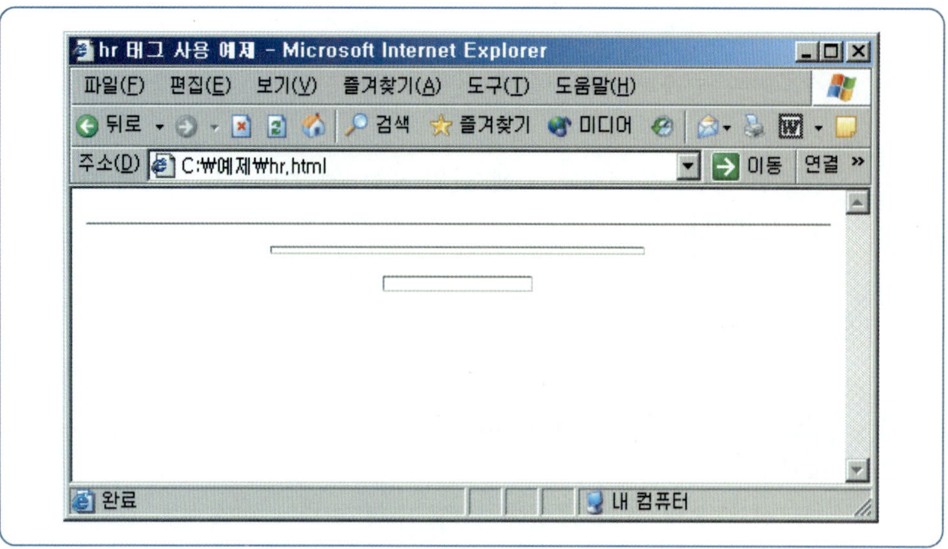

5) ⟨CENTER⟩

<center> 태그는 복합 태그로 사용되며, <center>...</center> 안에 포함되는 모든 것은 웹 브라우저의 중앙으로 정렬한다.

6) ⟨NOBR⟩

<nobr> 태그는 No Line Break의 약어로서 라인 브레이크가 일어나지 않도록 한다. 웹 브라우저에 의해서 임의로 줄바꿈이 일어나지 않도록 해 준다. 즉, 라인 브레이크를 원하지 않을 때 사용한다.

6.5.5 특별한 텍스트를 규정하기 위한 태그

특별한 텍스트를 작성하기 위한 <xmp>, <listing>, <blockquote> 태그에 대해 알아보자.

1) ⟨XMP⟩

<xmp> 태그와 같은 기능을 하면서 <xmp> ... </xmp> 태그 안에 포함된 모든 태그를 일반 텍스트로 취급하여 그대로 웹 브라우저 화면으로 출력해 준다. HTML 문서 소스를 웹 브라우저 화면으로 보여주고자 할 때 자주 사용한다. 즉, <xmp> 태그 안의 태그들은 브라우저에 의해 해석되지 않는다. [그림 6-25]는 <xmp> 태그 예제를 보여주고 있으며, [그림 6-26]은 실행 결과를 나타낸다.

```
<html>
<head>
<title>xmp 태그 사용 예제</title>
</head>

<body bgcolor="yellow" text="black">
다음은 HTML 태그를 이용해 HTML 소스를 출력하는 예제입니다.

    <xmp>
       <HTML>
       <head>
               <title> xmp 태그를 이용한 HTML 소스 출력</title>
       </head>
       <body>
               안녕하세요?
       </body>
       </HTML>
    </xmp>

</body>
</html>
```

[그림 6-25]

xmp 태그 예제

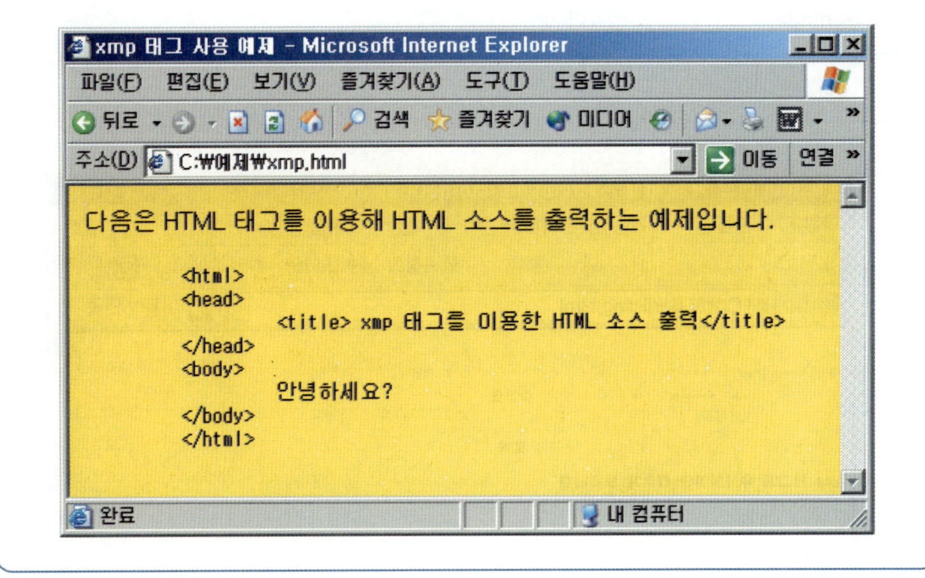

[그림 6-26]

xmp 태그 예제 실행 결과

2) 〈LISTING〉

<listing> 태그는 입력한 내용 그대로를 웹 브라우저 화면에 출력해 준다. 엔터를 이용한 줄바꿈과 글자체를 작게 만들어 준다. [그림 6-27]은 <listing> 태그 예제를 보여주고 있으며, [그림 6-28]은 실행 결과를 나타낸다.

[그림 6-27]
listing 태그 예제

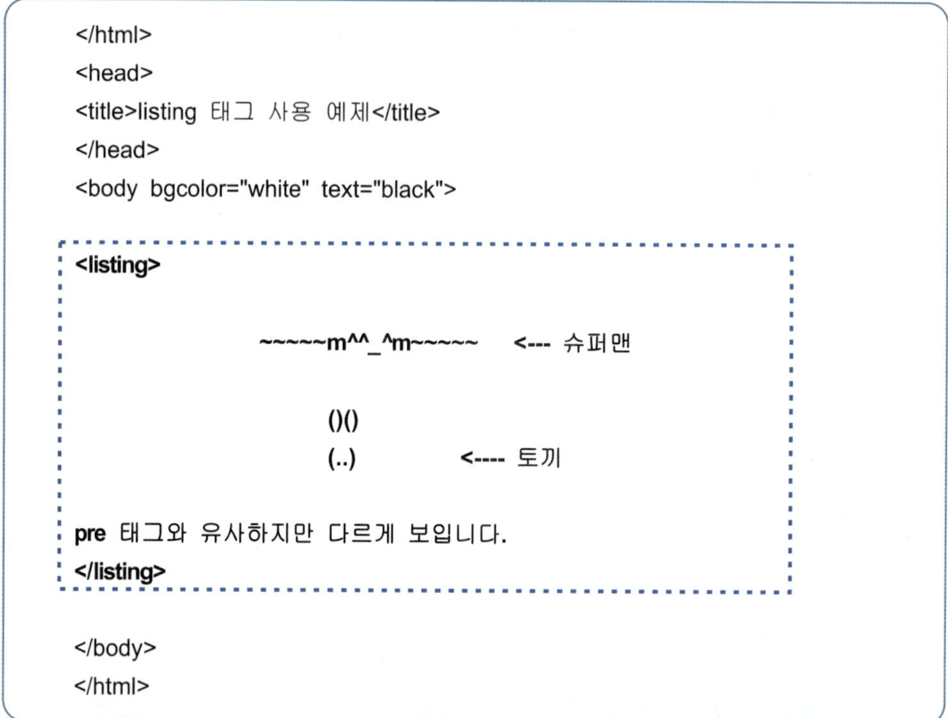

[그림 6-28]
listing 태그 예제
실행 결과

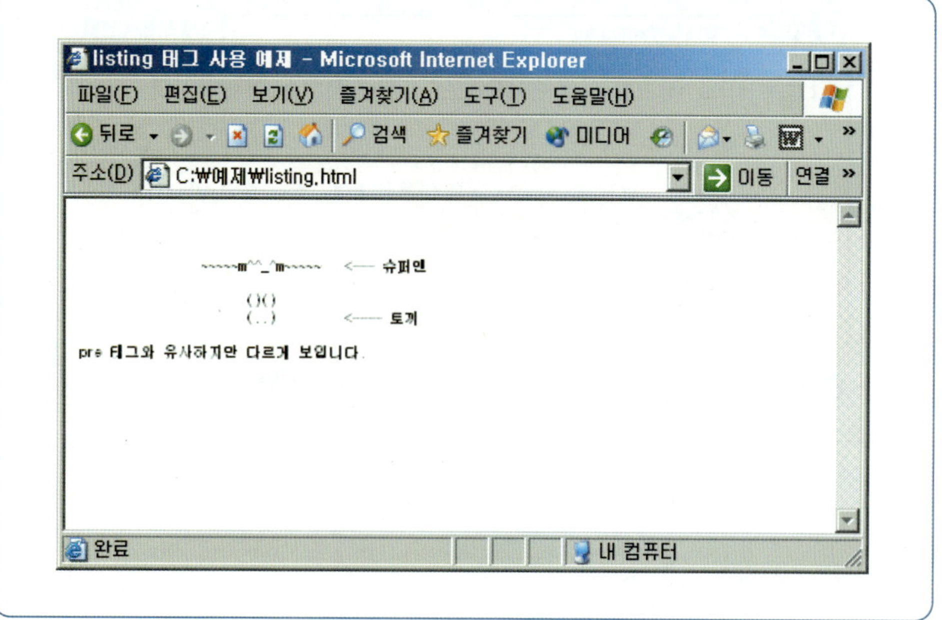

3) 〈BLOCKQUOTE〉

<blockquote> 태그는 웹 페이지에 인용한 단락을 표시할 때 사용한다. 긴 문장을 쓸 때 자동으로 줄을 바꾸며, 좌우에 적당한 여백을 주어 본문과 구분해 준다. [그림 6-29]는 <blockquote> 태그 예제를 보여주고 있으며, [그림 6-30]은 실행 결과를 나타낸다.

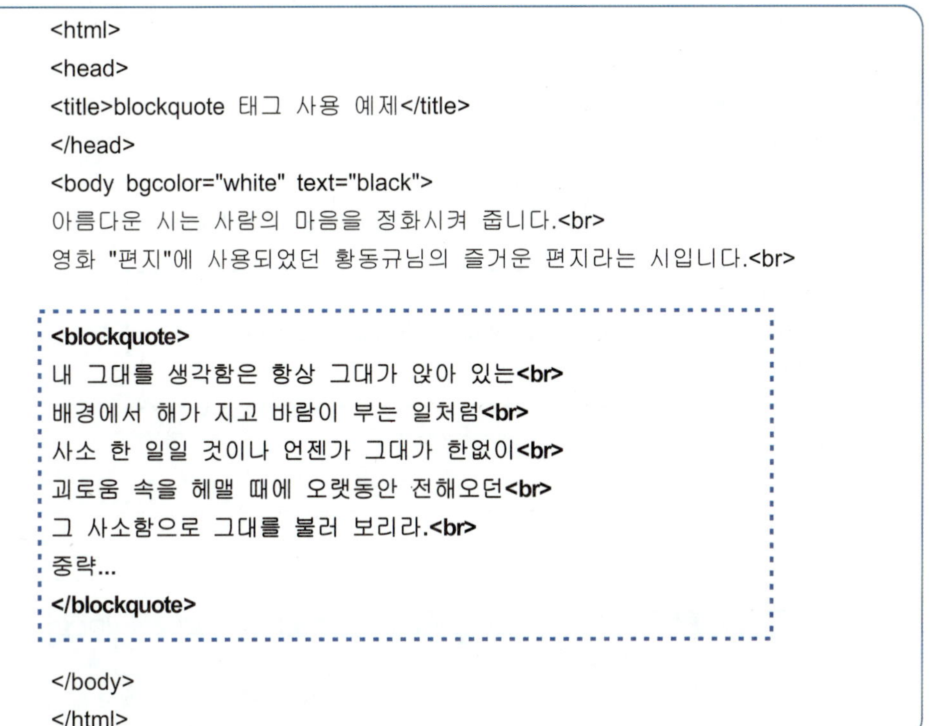

[그림 6-29]
blockquote 태그 예제

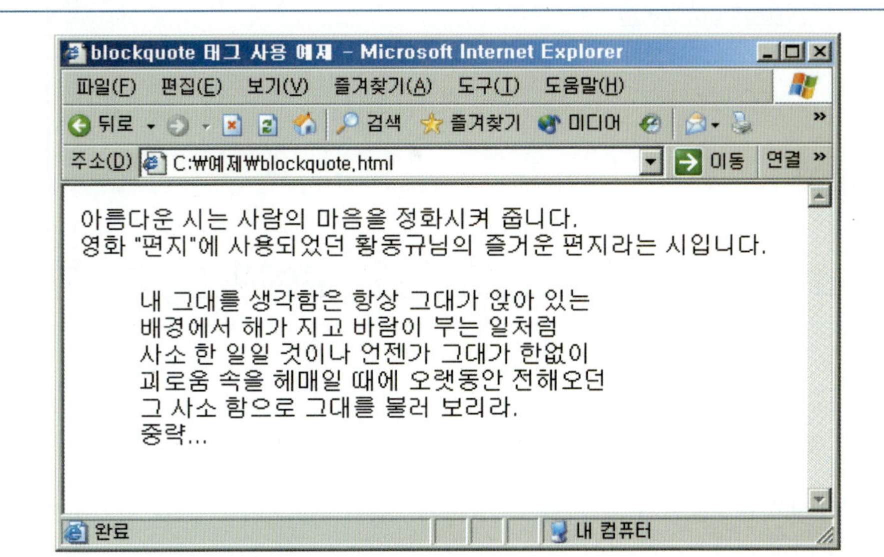

[그림 6-30]
blockquote 태그
예제 실행 결과

4) 〈ADDRESS〉

<address> 태그는 웹 문서 안에 전자우편 주소를 표기할 때 사용한다. 웹 페이지 관리자 등에게 연락 가능한 주소 등을 나타낼 때 주로 사용한다. <address> 태그를 적용한 웹 문서의 전자우편 주소는 이탤릭체로 표시된다. [그림 6-31]은 <address> 태그 예제를 보여주고 있으며, [그림 6-32]는 실행 결과를 나타낸다.

[그림 6-31]
address 태그 예제

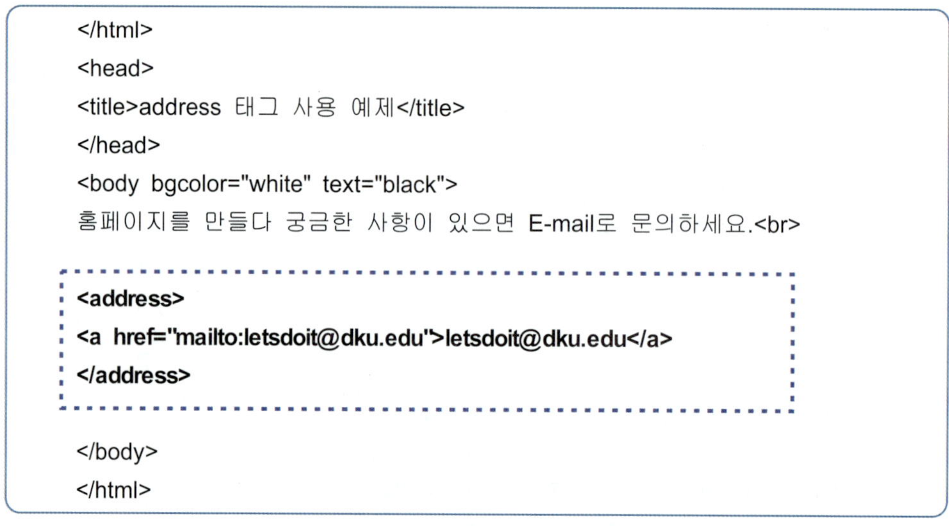

```html
</html>
<head>
<title>address 태그 사용 예제</title>
</head>
<body bgcolor="white" text="black">
홈페이지를 만들다 궁금한 사항이 있으면 E-mail로 문의하세요.<br>

<address>
<a href="mailto:letsdoit@dku.edu">letsdoit@dku.edu</a>
</address>


</body>
</html>
```

[그림 6-32]
address 태그 예제
실행 결과

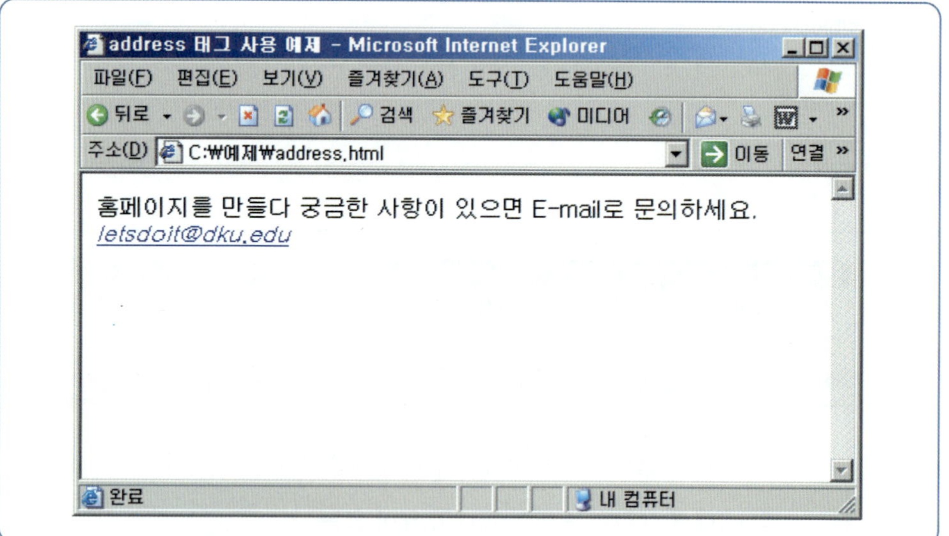

6.5.6 글자의 크기 지정을 위한 태그

HTML에서는 글자의 크기를 조정하기 위한 태그로서 <h>, <basefont>, <font> 태그 등을 사용한다. 여기서는 이 태그들에 대해 살펴본다.

1) 〈Hn〉

<hn> 태그는 headline의 약어로서 글자 크기에 따라 6단계를 지정할 수 있다. 주로 제목이나 머리글 글자의 크기를 지정할 때 사용한다. n은 1~6의 숫자로 지정하며, 1이 가장 큰 글자를 나타내며, 6으로 갈수록 글자가 점점 작아져서 6이 가장 작은 글자 크기를 지정하게 된다. 종료 태그 </hn>은 줄바꿈 기능을 제공하기 때문에 라인 브레이크가 일어난다. [그림 6-33]은 <h> 태그 예제를 보여주고 있으며, [그림 6-34]는 실행 결과를 나타낸다.

```
<html>
<head>
<title>Hn 태그 사용 예제</title>
</head>
<body bgcolor="white" text="black">

<h1>H1 크기의 글자입니다.</h1>
<h2>H2 크기의 글자입니다.</h2>
<h3>H3 크기의 글자입니다.</h3>
<h4>H4 크기의 글자입니다.</h4>
<h5>H5 크기의 글자입니다.</h5>
<h6>H6 크기의 글자입니다.</h6>

</body>
</html>
```

[그림 6-33]
h1~h6 태그 예제

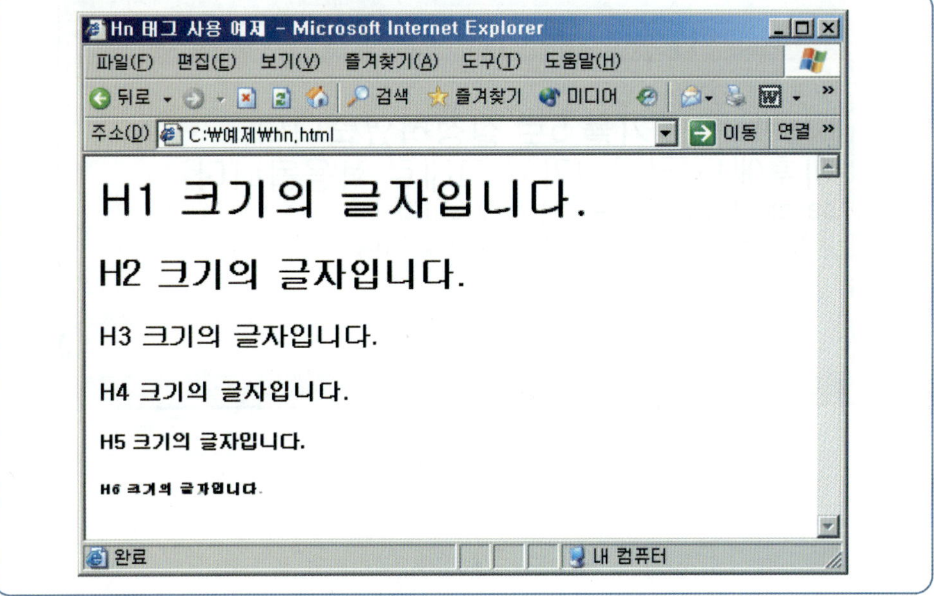

[그림 6-34]
h1~h6 태그 예제
실행 결과

2) 〈BASEFONT SIZE = n〉

<base font>는 태그 글꼴 설정 없이 기본적인 글꼴을 적용시키는 태그이다. 원래 기본 값이 3인 기본 폰트 크기 값을 변경한다. n은 1~7의 숫자로 지정한다. [그림 6-35]는 <basefont> 태그 예제를 보여주고 있으며, [그림 6-36]은 실행 결과를 나타낸다.

[그림 6-35]

basefont 태그 예제

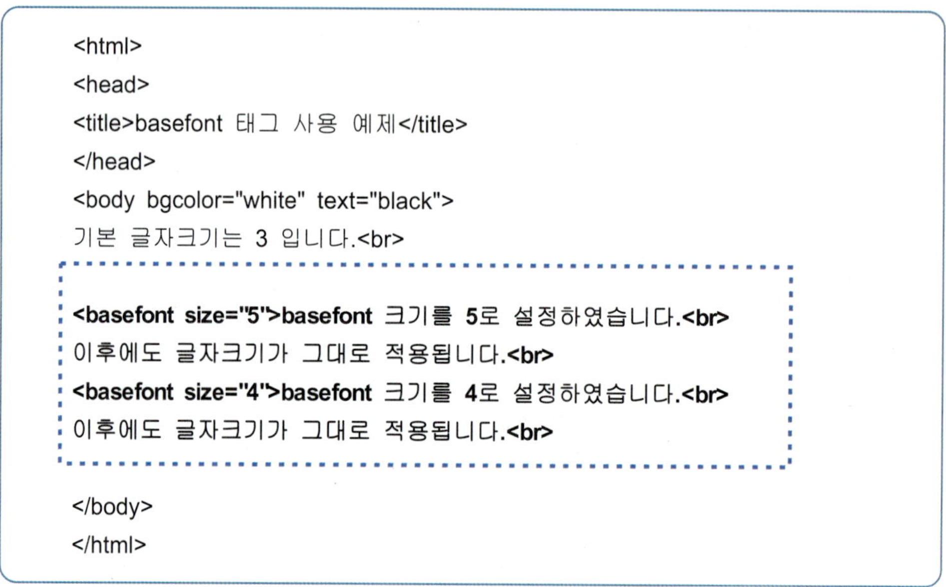

```
<html>
<head>
<title>basefont 태그 사용 예제</title>
</head>
<body bgcolor="white" text="black">
기본 글자크기는 3 입니다.<br>

<basefont size="5">basefont 크기를 5로 설정하였습니다.<br>
이후에도 글자크기가 그대로 적용됩니다.<br>
<basefont size="4">basefont 크기를 4로 설정하였습니다.<br>
이후에도 글자크기가 그대로 적용됩니다.<br>

</body>
</html>
```

[그림 6-36]

basefont 태그 예제
실행 결과

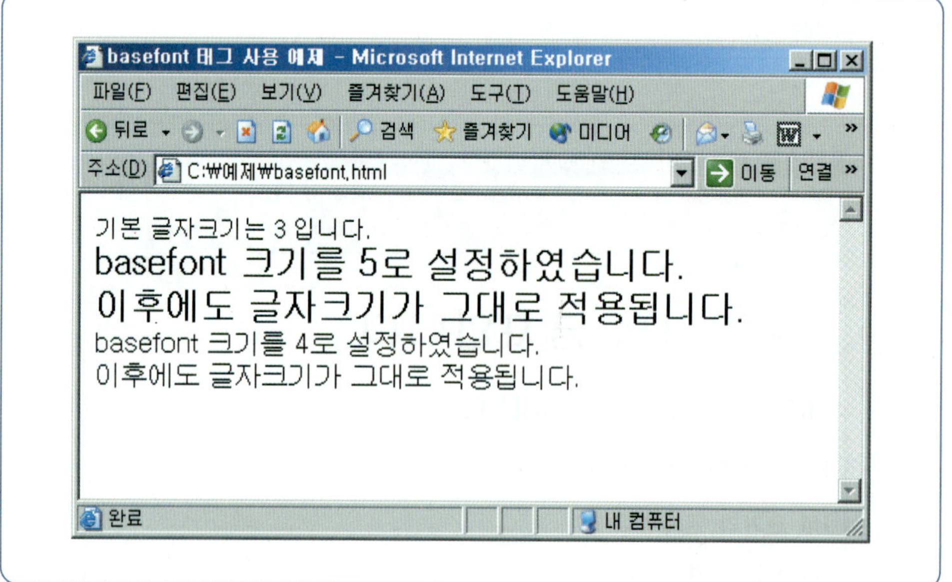

3) 〈FONT〉

<font> 태그를 이용해 텍스트의 크기, 컬러 그리고 사용할 글꼴을 지정할 수 있다. 이 속성들을 이용하여 다양한 형태, 모양, 크기를 갖는 텍스트를 표현할 수 있다.

- 속성

① size = n

글꼴(폰트)의 크기를 지정할 때 사용한다. n은 1~7의 숫자로 지정하며 3이 기본 크기이다. 또한 숫자 앞에 + 또는 - 를 붙여서 폰트의 크기를 상대적으로 지정할 수도 있다. 예를 들어, +1이라고 지정하면 기본 폰트 크기보다 1단계 큰 폰트가 지정되고, 반대로 -1이라고 지정하면 1단계 작은 크기의 폰트가 지정된다. 예로, <font size = 5> 폰트 크기를 5로 지정 </font>와 같이 사용된다.

② color

글꼴의 컬러를 지정하는 데 사용된다. color 속성에 컬러를 지정하는 방식에는 컬러의 이름을 지정하는 방식과 rgb 코드를 지정하는 방식, 두 가지가 있다. 여기서는 우선 컬러의 이름을 지정하는 방식만 설명한다. 컬러의 이름을 지정하는 방식은 원하는 컬러의 이름(영어로)을 color 속성에 지정해 주면 된다. 예로, <font color = red> 빨간색으로 표시 </font>와 같이 사용하면 된다. rgb 지정 방법은 컬러와 그래픽 이미지에서 설명한다.

③ face

이 속성은 텍스트를 표시하는 데 사용할 글꼴을 지정하는 데 사용된다. 윈도우는 기본적으로 네 가지 한글 글꼴을 지정한다. 이 네 가지 글꼴은 굴림(체), 돋움(체), 궁서(체), 바탕(체)이다. 예로, <font face = 굴림체> 이것은 굴림체 글꼴 </font>와 같이 사용된다.

[그림 6-37]은 <font> 태그 예제를 보여주고 있으며, [그림 6-38]은 실행 결과를 나타낸다.

[그림 6-37]

font 태그 예제

```
<html>
<head>
<title>font 태그 사용 예제</title>
</head>
<body bgcolor="white" text="black">

    <font size="5" color="blue" face="궁서">
    크기 5의 궁서입니다. 글자색은 파랑입니다.</font><br>
    <font size="3" color="red" face="굴림">
    크기 3의 굴림입니다. 글자색은 빨강입니다.</font><br>
    <font size="5" color="black">
    글자의 크기가 3에서 5로 증가하고 색은 검은색으로 바뀌었습니다.</font><br>
    <font size="2">
    글자의 크기가 5에서 2로 감소했습니다.</font>

</body>
</html>
```

[그림 6-38]

font 태그 예제 실행
결과

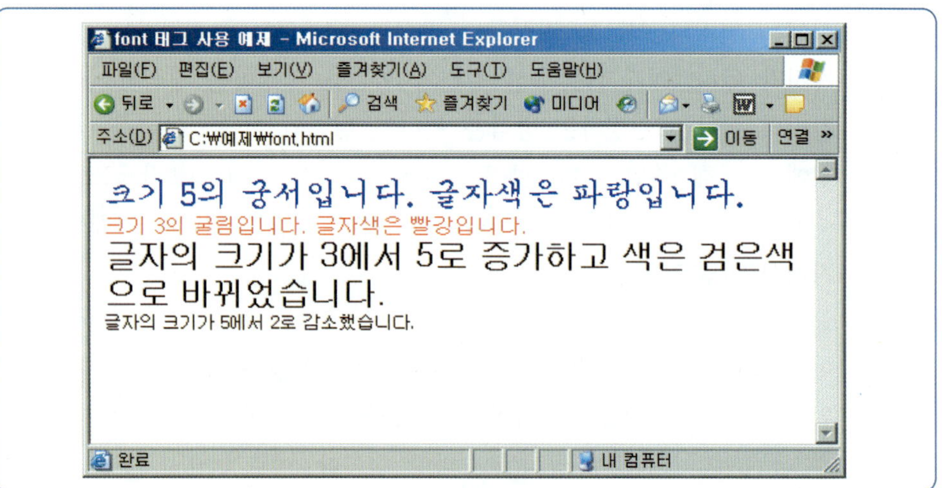

6.5.7 문자의 물리적 스타일 지정을 위한 태그

글자의 물리적 스타일이란 글자를 표현할 때 글자체를 직접적으로 지정하여
출력하는 것을 말한다. 즉, 화면에 출력되는 문자 모양을 직접 지정하는 것이다.
이것은 글자의 내용과 상관없이 지정되는 스타일이다.

1) ⟨I⟩

글자를 이탤릭(italic)체로 지정한다.

2) 〈B〉

글자를 볼드(boldface)체(진하게)로 지정한다.

3) 〈U〉

글자를 밑줄(underline) 문자로 지정한다. 즉, 글자에 밑줄을 그어준다.

4) 〈TT〉

글자를 통신문(teletype)체로 지정한다. 즉, 타자기체로 글자 모양을 만들고 싶을 때 사용한다.

5) 〈SUP〉

글자를 위첨자(superscript)로 지정한다. 화학식이나 수학 공식 등에 많이 사용한다.

6) 〈SUB〉

글자를 아래첨자(subscript)로 지정한다. 화학식이나 수학 공식 등에 많이 사용한다.

7) 〈S〉

글자에 취소선(strike through)을 지정한다. 표시된 글자를 취소 또는 삭제 표시를 할 때 주로 사용한다.

[그림 6-39]는 문자의 물리적 스타일 지정 태그 예제를 보여주고 있으며, [그림 6-40]은 실행 결과를 나타낸다.

[그림 6-39]

문자의 물리적 스타일
지정 태그 예제

```
<html>
<head>
<title>글자의 물리적 스타일 사용 예제</title>
</head>
<body bgcolor="white" text="black">
기본 글자체입니다.<br>
<i>기본 글자체의 이탤릭체입니다.</i><br>
<b>기본 글자체의 볼드체입니다.</b><br>
<u>기본 글자체의 밑줄체입니다.</u><br>
<tt>타자기체입니다.</i><br>
<blink>깜박거리는 글자입니다.</blink><br>
<sup>위 첨자입니다.</sup><br>
(ex) X<sup>2</sup> + Y<sup>2</sup> = 8<br>
<sub>아래 첨자입니다.</sub><br>
(ex) H<sub>2</sub>O<br>
<s>취소선을 넣었습니다.</s>

</body>
</html>
```

[그림 6-40]

문자의 물리적 스타일
지정 태그 예제 실행
결과

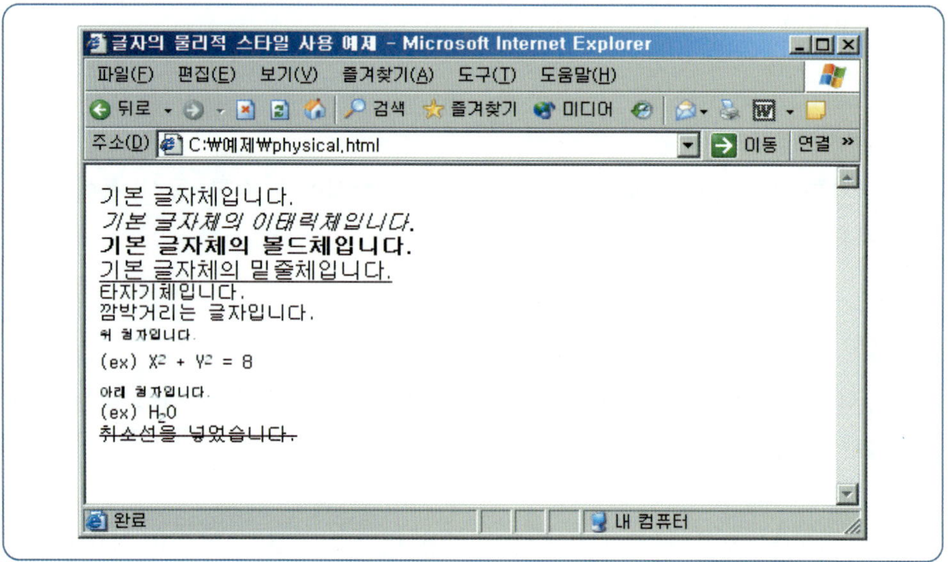

6.5.8 문자의 논리적 스타일 지정을 위한 태그

글자의 논리적 스타일이란 글자로 표현된 문장의 내용에 따라 글자를 특징지어 구분하여 출력하는 것을 말한다. 즉, 화면에 나타날 형식을 직접 지정하지 않고 문자가 어떻게 사용될 것인지만 표시하여 문자가 나타나는 형식을 웹 브라우저가 결정하는 방식을 말한다. 이것은 문장의 내용과 성격에 따라 지정되는 것이므로 알맞게 사용하는 것이 좋다.

1) 〈EM〉

문자를 강조(emphasis)한다. 웹 브라우저로 보면 이탤릭체로 보이며 문자가 강조된다.

2) 〈STRONG〉

문자를 강하게 강조한다. 진하게 표시된다. 웹 브라우저로 보면 볼드체로 보이며 문자가 강조된다.

3) 〈DFN〉

문자를 정의(define)한다. 웹 브라우저로 보면 이탤릭체로 보인다.

4) 〈CITE〉

제목이나 책, 레퍼런스 등 자료를 인용할 때 쓰인다. 웹 브라우저로 보면 이탤릭체로 보인다.

5) 〈SAMP〉

컴퓨터의 상태 메시지 또는 예제(sample)를 나타낸다. 웹 브라우저로 보면 고정폭 일반 글자체로 보인다.

6) 〈CODE〉

컴퓨터 프로그램의 코드를 나타낸다. 웹 브라우저로 보면 고정폭 일반 글자체로 보인다.

7) 〈KBD〉

사용자의 키보드 입력 문구를 나타낸다. 웹 브라우저로 보면 고정폭 일반 글자체로 보인다.

8) 〈VAR〉

변수 이름을 나타낸다. 웹 브라우저로 보면 이탤릭체로 보인다.

9) 〈AU〉

저자(author)의 이름을 나타낸다. 웹 브라우저로 보면 보통 글자체 그대로 보인다.

[그림 6-41]은 문자의 논리적 스타일 지정 태그 예제를 보여주고 있으며, [그림 6-42]는 실행 결과를 나타낸다.

[그림 6-41]
문자의 논리적 스타일 지정 태그 예제

```
<html>
<head>
<title>글자의 논리적 스타일 사용 예제</title>
</head>
<body bgcolor="white" text="black">
보통 글자체입니다.<br>

<em>em 강조. 이탤릭체로 보이며 문자가 강조됩니다.</em><br>
<strong>strong 강조. 진하게 표시가 됩니다. 볼드체로 보이며
문자가 강조됩니다.</strong><br>
<dfn>dfn 정의. 이탤릭체로 보입니다.</dfn><br>
<cite>cite 인용. 이탤릭체로 보입니다.</cite><br>
<samp>samp 예제. 고정폭 일반 글자체로 보입니다.</samp><br>
<kbd>kbd 키보드 입력. 고정폭 일반 글자체로 보입니다.</kbd><br>
<var>var 변수. 이택릭체로 보입니다.</var><br>
<au>au 저자. 보통글자체로 보입니다.</au>

</body>
</html>
```

[그림 6-42]
문자의 논리적 스타일 지정 태그 예제 실행 결과

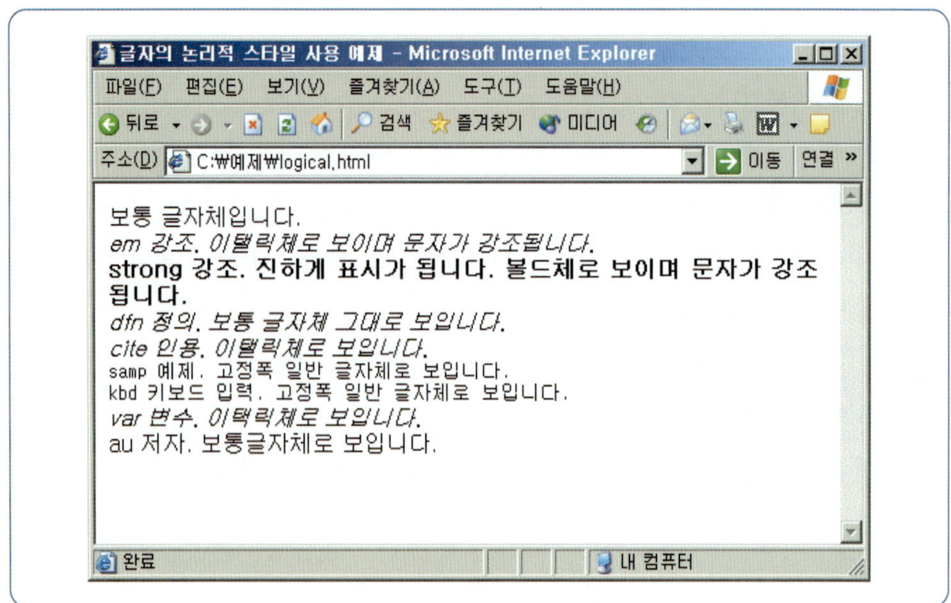

6.5.9 리스트 태그

일반적으로 문서를 작성하다 보면 문단 내용을 단순히 서술식으로 표현하는 것뿐만 아니라, 나열을 필요로 할 때가 있다. 이러한 형식을 HTML 문서 내에 표현하기 위해서는 리스트(list) 태그를 사용한다. 리스트는 텍스트를 일관된 방법으로 정리하는 가장 대표적인 방식이다. HTML은 다음과 같은 세 가지의 리스트 형식을 제공하고 있다.

- 블릿 리스트(bullet list)
- 번호 리스트(numbered list)
- 정의 리스트(definition list)

블릿 리스트는 가장 일반적인 형태의 리스트로, 리스트 항목의 앞에 블릿 문자를 넣어 준다. 번호 리스트는 항목의 앞에 자동으로 번호를 넣어 준다. 정의 리스트는 항목과 그 항목에 대한 정의로 이루어지는 리스트로 정의에 해당하는 텍스트를 들여쓰기 한다.

1) 블릿 리스트

블릿 리스트(순서 없는 목록)는 가장 일반적인 형태의 리스트로, 리스트 항목의 앞에 블릿 문자를 넣어 준다. 블릿 리스트는 리스트 전체를 감싸는 <ul> 태그와 </ul> 태그의 내부에 리스트의 각 항목을 정의하는 <li> 태그들로 이루어진다. <li> 태그로 지정된 리스트의 각 항목들은 오른쪽으로 들여쓰기 되며, 항목의 시작부분에는 블릿 문자가 표시된다. 또 각 항목의 끝부분에서는 자동으로 라인이 나누어지기 때문에
 태그나 <p> 태그를 포함할 필요가 없다.

(1) 〈UL〉

순서 없는 목록(unordered list)을 만든다. 목록 앞에 숫자 대신에 기호를 붙여서 순서 없는 목록을 만들 때 사용한다. 기호는 웹 브라우저마다 다르게 나타나며, 어떤 경우에는 기호가 나타나지 않을 수도 있다. 블릿 리스트의 내부에 또 다른 블릿 리스트를 넣는 것이 가능하다(중첩된 블릿 리스트). 즉, 리스트의 항목을 정의하는 <ul> ... </ul> 태그 안에 또 다른 <ul> ... </ul> 태그를 넣을 수 있다.

- 속성: <ul type = Circle> ... </ul>
  ① type = Circle, Square 또는 Disc
  　type 속성에서 지정할 수 있는 값은 Square(■), Circle(○) 그리고 Disc

(●) 가 있으며, 각각 채워진 사각형, 빈 원, 채워진 원 모양을 의미한다.

(2) 〈LI〉

리스트 항목(list item)을 명시한다. 블릿 리스트와 번호 리스트 모두에 사용되
며 종료 태그 </li>는 생략할 수 있다.

- 속성
  ① (번호 리스트에서) type = A 또는 a 또는 I 또는 i 또는 l
      A: 대문자 알파벳
      a: 소문자 알파벳
      I: 대문자 로마 숫자
      i: 소문자 로마 숫자
      l: 숫자
  ② (번호 리스트에서) value = n
      리스트에 독립적인 번호를 임의로 부여하고자 할 때 사용한다.
  ③ (블릿 리스트에서) type = Disc 또는 Circle 또는 Square
      Disc: 원반 ●, Circle: 원 ○, Square: 사각형 ■

2) 번호 리스트

(1) 〈OL〉

순서 있는 목록(ordered list)을 만든다. 목록 앞에 숫자가 붙어서 그 순서를
갖는 목록을 만들 때 사용한다. 기본적인 기호 모양은 일반 숫자로 되어 있다.

- 속성: <ol type = a> ... </ol>
  ① type = A 또는 a 또는 i 또는 i 또는 l
      리스트의 기본 항목 모양을 바꾸어 준다.
      A: 대문자 알파벳
      a: 소문자 알파벳
      I: 대문자 로마 숫자
      i: 소문자 로마 숫자
      l: 숫자
  ② start = n
      리스트의 시작 번호를 임의로 바꾸어 준다.

[그림 6-43]은 리스트 태그 예제를 보여주고 있으며, [그림 6-44]는 실행 결과를 나타낸다.

```html
<html>
<head>
<title>리스트 태그 사용 예제</title>
</head>
<body bgcolor="white" text="black">

<ul>
<li> 리스트 항목의 종류 첫 번째
    <ul>
    <li type="disk"> 작고 검은 동그라미
    <li type="circle"> 작고 검은 동그라미
    <li type="square"> 사각형
    </ul>
</ul>
<ol>
<li> 리스트 항목의 종류 두 번째
    <ol>
    <li type="A"> 첫 번째 항목
    <li type="a"> 두 번째 항목
    <li type="I"> 세 번째 항목
    <li type="i"> 네 번째 항목
    <li type="1"> 다섯 번째 항목
    </ol>
</ol>

</body>
</html>
```


리스트 태그 예제

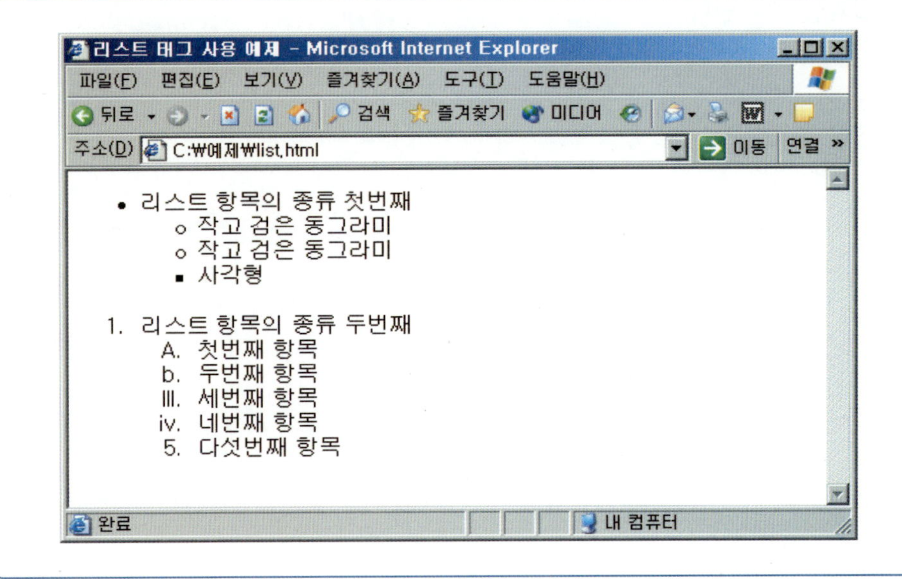

[그림 6-44]

리스트 태그 예제 실행 결과

317

3) 정의 리스트

블릿 리스트와 번호 리스트가 매우 비슷한 형식과 구조를 갖고 있는 것과는 달리, 정의 리스트는 같은 리스트이지만 조금 독특한 구조를 갖는다. 전체 리스트 구조를 감싸는 태그는 <dl> ... </dl> 태그로 구조는 비슷하지만 이 태그 내에서는 리스트의 항목을 정의하는 태그(<dt> 태그)와 이 항목에 대한 설명을 정의하는 태그(<dd> 태그)를 갖고 있다.

(1) ⟨DL⟩

<dl> 태그는 Definition List의 약어로 용어 정의 목록을 만든다. <dl> ... </dl> 태그 안에서만 <dt>와 <dd> 태그를 사용할 수 있으며 <dt>와 <dd> 태그는 반드시 짝을 이루어야 한다.

(2) ⟨DT⟩

<dt> 태그는 Definition Term의 약어로 리스트의 항목을 정의한다. 즉, 용어의 이름을 출력한다. 용어 이름은 길이가 짧은 것이 좋고 종료 태그 </dt>는 생략할 수 있다.

(3) ⟨DD⟩

<dd> 태그는 Definition Description의 약어로 항목에 대한 설명을 정의한다. 용어 설명 부분은 약간 들여써서 나타나며 종료 태그 </dd>는 생략할 수 있다. [그림 6-45]는 정의 리스트 태그 예제를 보여주고 있으며, [그림 6-46]은 실행 결과를 나타낸다.

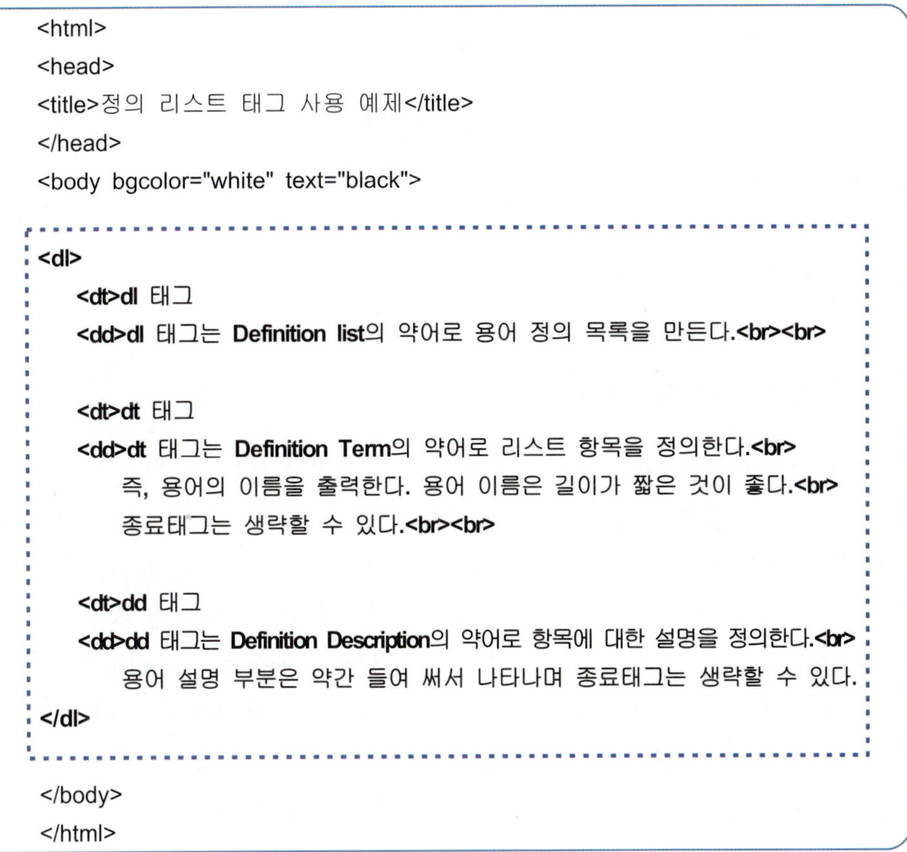

```
<html>
<head>
<title>정의 리스트 태그 사용 예제</title>
</head>
<body bgcolor="white" text="black">

<dl>
    <dt>dl 태그
    <dd>dl 태그는 Definition list의 약어로 용어 정의 목록을 만든다.<br><br>

    <dt>dt 태그
    <dd>dt 태그는 Definition Term의 약어로 리스트 항목을 정의한다.<br>
        즉, 용어의 이름을 출력한다. 용어 이름은 길이가 짧은 것이 좋다.<br>
        종료태그는 생략할 수 있다.<br><br>

    <dt>dd 태그
    <dd>dd 태그는 Definition Description의 약어로 항목에 대한 설명을 정의한다.<br>
        용어 설명 부분은 약간 들여 써서 나타나며 종료태그는 생략할 수 있다.
</dl>

</body>
</html>
```

[그림 6-45]
정의 리스트 태그 예제

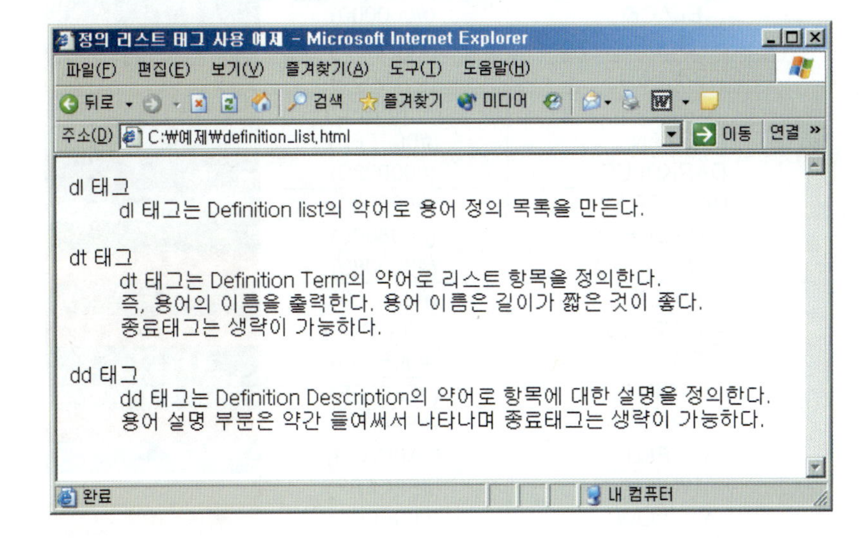

[그림 6-46]
정의 리스트 태그 예제
실행 결과

6.6 컬러와 그래픽 이미지

만약 웹에서 얻을 수 있는 정보가 모두 텍스트로 구성되었다면 웹은 지금처럼 많이 활성화되지 않았을 것이다. 웹 페이지는 텍스트뿐만 아니라 그래픽 이미지와 여러 가지 멀티미디어 자원들을 포함할 수 있다. 특히, 그래픽 이미지는 가장 기본적이면서도 중요하다.

6.6.1 컬러 코드와 RGB

웹 문서를 이루는 여러 가지 요소에 컬러를 지정할 때는 두 가지 방법을 사용한다. 첫 번째 방법은 컬러의 이름을 직접 지정하는 것이고, 두 번째 방법은 컬러 코드를 이용하는 것이다. 컬러 이름을 이용하는 방법은 이해하기 쉽고 사용하기도 비교적 쉽지만 256가지의 컬러 이름을 영어로 정확하게 지정하는 데는 어려움이 있다. 이 방법은 기본적인 컬러를 사용할 경우에 사용하도록 하고, 좀 더 확실한 컬러 지정 방식을 사용하고자 한다면 두 번째 방식인 컬러 코드를 이용하는 것이 좋다. 컬러 코드를 이용하기 위해서는 모니터에서 컬러를 표시하는 데 사용하는 개념인 RGB와 16진수 변환 방법을 알고 있어야 한다.

[그림 6-47]

주요 색상의 이름과 표현 방법

색상 이름	16진수 표현	색
BLACK	(#000000)	
BLUE	(#0000FF)	
BROWN	(#996633)	
CREAM	(#FFFBFO)	
CYAN	(#00FFFF)	
DARKBLUE	(#000080)	
DARKGRAY	(#808080)	
DARKGREEN	(#008000)	
DARKPURPLE	(#800080)	
DARKRED	(#800000)	
DARKYELLOW	(#C0DCC0)	
GREEN	(#00FF00)	
PURPLE	(#FF00FF)	
RED	(#FF0000)	
SKYBLUE	(#A6CAF0)	
WHITE	(#FFFFFF)	
YELLOW	(#00FFFF)	

컬러는 빛의 삼원색인 빨간색, 녹색, 파란색이 혼합되어 효과를 나타낸다. 각각의 원색은 0에서 255까지 256단계 컬러를 지원한다. 0은 컬러 요소가 전혀

없는 것을 의미하고 255는 가장 짙은 요소를 의미한다. 예를 들어, 아주 밝은 빨간색의 컬러 배합은 255, 0, 0이 될 것이며, 세 가지 컬러 요소를 최대한 지정하면 흰색이 되므로 컬러의 배합은 255, 255, 255가 된다. 이렇게 얻어진 컬러 요소의 값을 16진수로 변환하면 컬러 코드가 완성된다. 여기서 0은 00이고, 255는 FF가 된다. 따라서 위의 예제 255, 0, 0을 RGB 컬러 코드로 변환하면 FF0000이 되고, 흰색의 값은 FFFFFF가 된다.

문제는 어떻게 컬러 코드를 알아내느냐 하는 것인데, 컬러 코드를 알아내는 두 가지 방법이 있다. 첫 번째는 컬러 차트를 이용하는 방법이고, 두 번째는 컬러 코드를 변환하는 도구를 이용하는 방법이다.

1) 컬러 차트를 이용하는 방법

컬러 차트에는 다양한 컬러들의 견본과 각 컬러들의 코드가 나와 있다. 이 차트를 보면서 원하는 컬러를 선택하고 해당되는 컬러의 코드를 이용하면 된다. 다음의 그림은 인터넷에서 구할 수 있는 컬러 차트의 한 종류이다. 대부분의 검색엔진을 통해 쉽게 구할 수 있다.

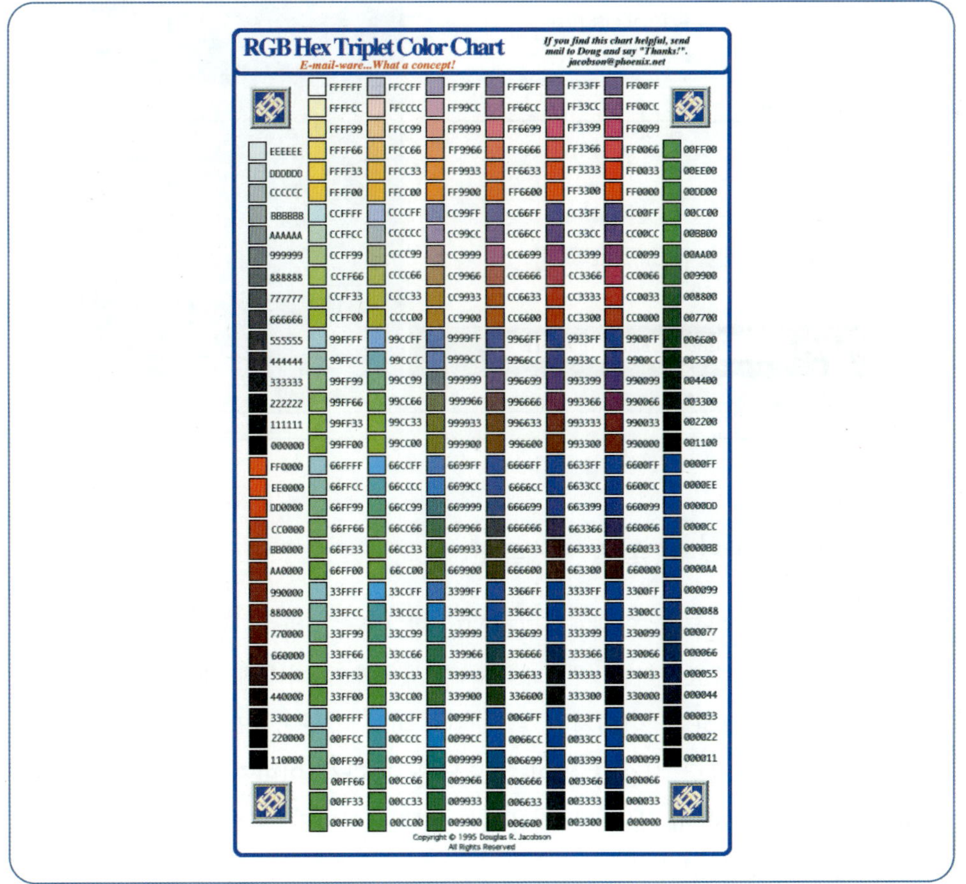

[그림 6-48]
컬러 차트의 한 예

2) 컬러 코드를 변환하는 도구를 이용하는 방법

컬러 차트 기능을 제공하는 웹 사이트를 이용하면 여러분이 선택한 컬러를 직접 웹 페이지의 배경과 텍스트에 적용해 미리 보여줌으로써 선택한 배경 컬러와 텍스트 컬러가 어울리는지를 확인해 볼 수 있다. 가장 대표적인 사이트는 http://www.zspc.com/color이다. 좌측 화면에서 텍스트와 배경의 컬러를 선택하면 우측 화면에서 선택한 컬러를 미리 볼 수 있다.

[그림 6-49]

zspc – 컬러 차트 기능 제공 웹 사이트

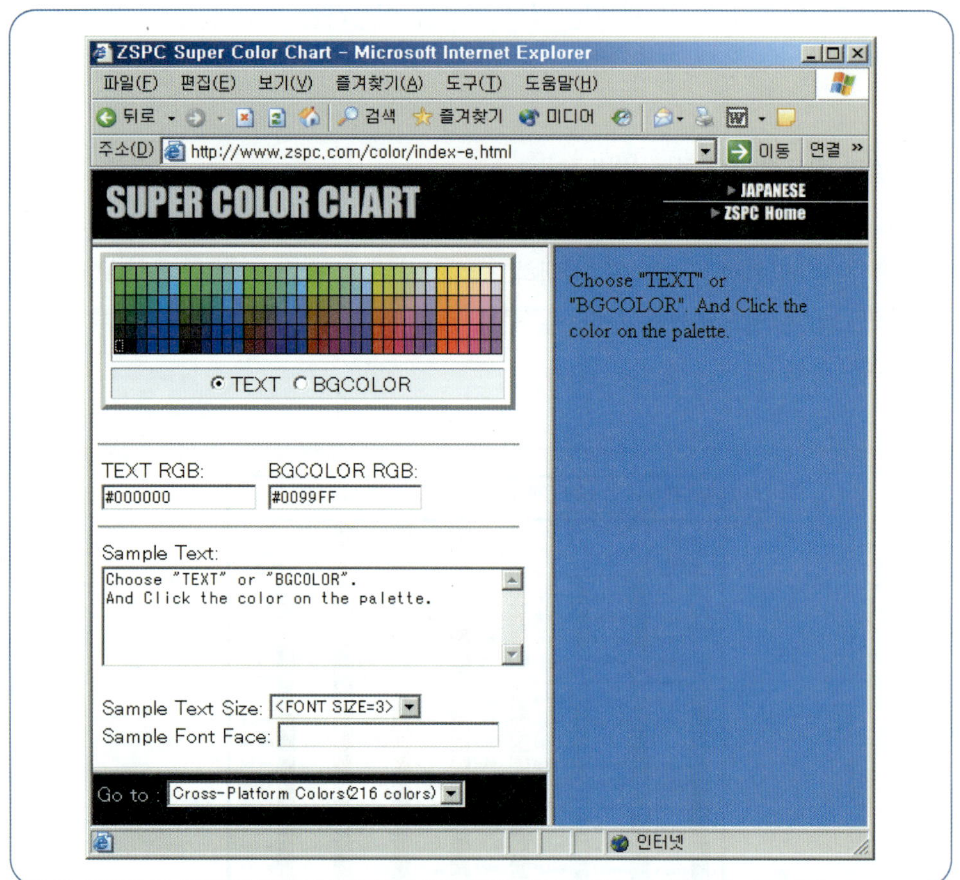

6.6.2 이미지 파일의 종류 및 특성

좋은 웹 문서를 만들기 위해서는 HTML 태그나 그 밖의 새로운 기술들에 대해 잘 아는 것도 중요하지만, 웹 페이지에 사용할 이미지에 대한 이해와 어느 정도의 경험이 필요하다. 이미지는 텍스트에 비해 용량이 크기 때문에 잘못 사용하면 웹 문서의 로딩 시간이 많이 소요된다. 따라서 이미지에 대한 특징을 파악하고, 특징에 맞게 웹 문서에 적용해야 한다. 이미지 저장 방식에는 비트맵 방식과 벡터 방식이 있다.

1) 비트맵 그래픽 파일

비트맵(bitmap) 그래픽 파일이란 모니터에 나타나는 개개의 점(화소, 픽셀)에 대응하는 컬러 값을 저장한 파일을 말한다. 비트맵 그래픽 파일은 모니터상의 픽셀의 배열과 컬러를 그대로 사용하므로, 이미지의 크기와 사용된 컬러가 파일을 저장할 때 고정된다. 따라서 비트맵 이미지는 보여주는 속도는 빠르지만, 기억공간을 많이 차지하고 이미지의 크기나 컬러를 변경하기 힘들다는 단점이 있다. 비트맵 그래픽 파일에는 여러 가지 포맷이 존재하는데 대표적인 포맷으로는 GIF, PCX, JPEG, BMP 등이 있다. 그러나 웹 브라우저에서는 GIF와 JPEG의 두 가지 포맷만을 지원한다. 비트맵 그래픽 파일을 만드는 데 사용되는 프로그램으로는 전문가들이 많이 사용하는 포토샵, 페인트샵 등이 있다. [그림 6-50]과 같이 비트맵 그래픽 파일은 작은 크기의 파일을 크게 확대하면 이미지에 손상이 생긴다.

[그림 6-50]
비트맵 그래픽 파일 예제

2) 벡터 그래픽 파일

벡터(vector) 그래픽 파일은 이미지를 그리는 방법과 순서를 저장한 파일(이미지를 벡터로 표시)이라 할 수 있다. 예를 들어 비트맵 그래픽 파일이 있는 모습 그대로를 담는 사진에 비유한다면, 벡터 그래픽 파일은 그림을 그리기 위한 설계도에 비유할 수 있다. 사진은 쉽게 수정하기 어려운 반면에, 설계도는 해석하는 사람이나 그리는 방법에 따라 다른 형태의 결과물을 얻을 수 있다. 따라서 벡터 그래픽 파일은 수정이 쉽다는 장점이 있다.

벡터 그래픽 파일은 수학적인 계산에 의해 만들어지기 때문에 길이나 단위 등이 정확한 그림을 만들어낼 수 있으므로, 컴퓨터를 이용한 디자인과 CAD와 같은 설계분야에도 폭넓게 사용된다. 이 방식은 많은 장점이 있지만, 웹 페이지에는 비트맵 파일만 사용할 수 있다. 따라서 웹 페이지에 사용할 이미지를 만들 때 벡터 그래픽 방식을 이용해 그린 그림을 비트맵 파일로 변환하여 사용하는 경우가 많다. 벡터 그래픽 파일을 만드는 데 사용되는 대표적인 프로그램으로는 코렐드로우(Coreldraw)나 일러스트레이터(Illustrator)가 있다. [그림 6-51]과 같이 벡터 그래픽 파일은 작은 크기의 파일을 크게 확대해도 이미지의 손상이 없다.

[그림 6-51]

벡터 그래픽 파일 예제

6.6.3 그래픽 파일 포맷

1) GIF

GIF는 Graphics Interchange Format의 약어로 네트워크상에서 그래픽 이미지 교환을 위한 포맷이다. GIF는 컴퓨서브(COMPUSERVE)라는 온라인 정보 서비스 회사에서 컴퓨터 통신망이나 인터넷 사용자들이 좀 더 신속하게 그래픽 이미지를 교환할 수 있도록 개발되었다.

GIF 파일 포맷은 크게 두 가지의 표준(GIF87A와 GIF89A)이 있다. GIF87A 포맷은 LZW라는 압축 방식을 사용하며, 하나의 파일에 여러 개의 이미지를 저장할 수 있고, 원하는 논리적 좌표에 이미지를 위치시킬 수 있으며, 인터레이싱 (interlacing)이 가능하므로 간단한 애니메이션도 가능하다. GIF89A 포맷은 GIF87A의 기능에 다음의 기능들을 추가한 것이다. 즉, 여러 개의 이미지를 하나의 파일에 포함한 경우 그 이미지들을 프레임 단위로 순차적으로 나타날 수 있도록 시간 간격을 표시할 수 있다. 이를 이용하여 움직이는 효과를 얻을 수 있다. 또한 특정 색을 투명하게 할 수 있으며, 주석을 삽입할 수 있고, 파일의 내부에 확장 가능한 응용 프로그램의 코드를 넣을 수도 있다. GIF 파일은 256 컬러밖에 나타낼 수 없어서 사진이나 그림 등 많은 컬러를 필요로 하는 이미지에는 적합하지가 않다. 반면에, 텍스트와 어울려 본문을 꾸미는 이미지에는 GIF 파일이 적당하다. 따라서 다음과 같은 경우에는 GIF를 사용하는 것이 좋다.

- 아이콘이나 로고 같은 색상이 적은 이미지
- 사진과 같은 이미지라도 작은 이미지
- 설계도나 다이어그램, 벡터 그래픽을 변환한 이미지
- GIF 파일은 이미지의 배경을 투명하게 처리하는 능력이 있으므로, 투명한 속성이 필요한 이미지

2) JPEG

웹상에서 자주 볼 수 있는 또 하나의 비트맵 그래픽 포맷으로 JPEG이 있다. JPEG은 Joint Photographic Expert Group의 약어로 연합 사진 영상 전문가 그룹이라는 뜻이다. 이 포맷은 파일의 크기를 최소화하기 위해 만들어진 것으로, GIF와 달리 항상 트루 컬러로 되어 있는 이미지만을 저장할 수 있다. 이 포맷은 24비트 컬러를 모두 표현할 수 있으며 압축기술이 뛰어나다. 따라서 부드러운 컬러 변환을 가진 이미지, 즉 손으로 그린 그림이나 사진과 같은 이미지가 JPEG 포맷에 적합하다. 다음과 같은 경우에는 JPEG를 사용하는 것이 좋다.

- 많은 컬러를 필요로 하는 이미지
- 부드러운 컬러 변환을 가진 이미지
- 웹 브라우저 화면을 가득 채울 정도로 큰 이미지

6.6.4 이미지

HTML 문서에서는 모든 형태의 표현이 태그에 의해서 나타난다. 이미지 역시 예외는 아니어서 이미지를 표현하는 태그가 있다. 여기서 <img> 태그를 사용하여 웹 페이지에 그래픽 이미지를 추가할 수 있는 방법을 살펴보자.

1) 〈IMG〉

  이미지(그림)를 삽입할 때 사용하며 이미지 파일의 포맷은 XBM, JPEG, GIF, PICT를 지원하며 종료 태그 </img>는 생략할 수 있다. XBM은 유닉스 환경에서 주로 사용되는 x 윈도우 시스템의 파일 포맷이며, PICT는 매킨토시에서 사용되는 이미지 파일 포맷이다. 그러나 인터넷에서는 XBM, PICT보다 JPEG나 GIF 포맷의 이미지를 사용한다. JPEG은 표현할 색이 많고 선명도를 요구하는 사진이나 그림 등의 이미지를 표현할 때 주로 사용하고, 색 표현이 적은 로그나 아이콘 등을 표현할 때 GIF를 사용한다. 요즘에는 애니메이션 GIF를 사용하여 움직이는 이미지를 쉽게 삽입할 수 있다.

- 속성
  - ① src = "이미지 파일"

    이미지 태그에 꼭 있어야 할 속성이며 출력할 이미지 파일명을 지원한다. 파일명 앞부분에 이미지 파일이 위치한 경로명을 지정할 수도 있으며, url을 지정할 수도 있다.

  - ② valign = top, bottom 또는 middle

    이미지와 이웃한 텍스트를 정렬하는 방식을 지정한다. top을 지정하면 그림 상단에 글자가 위치하고, bottom은 그림 하단에, middle은 그림 중간에 정렬되어 문자가 출력되도록 해 준다.

  - ③ align = left, right 또는 middle

    left를 지정하면 그림이 왼쪽에 위치하고 그림 오른편에 문자가 위치하여 공간이 메워진다. right를 지정하면 반대로 그림이 오른쪽에 위치하고 그림 왼편에 문자가 위치하여 공간이 메워진다. middle인 경우에 글림이 가운데로 정렬된다.

  - ④ alt = "문자열"

    이미지를 볼 수 없는 텍스트 기반 웹 브라우저를 사용하여 접속한 사람들을 위하여 텍스트 기반 웹 브라우저에서 화면에 이미지 대신에 보여 줄 메시지를 지정해 주는 것이다. 요즘에는 거의 대부분의 사람들이 멀티미디어 기반 웹 브라우저를 사용하지만 이미지를 볼 수 없는 환경에서 접속한 소수의 사람들을 배려하기 위한 이미지 태그의 속성이다. 즉, 이미지 대신에 나타날 문자열을 지정한다.

  - ⑤ width = n 또는 n%

    이미지의 가로 방향의 크기를 임의로 지정한다. 퍼센트(%)로 하면 백분율 크기로 지정되고, 그냥 숫자로 지정하면 픽셀 단위로 지정된다.

⑥ height = n 또는 n %

이미지의 세로 방향의 크기를 임의로 지정한다. 퍼센트(%)로 하면 백분율 크기로 지정되고, 그냥 숫자로 지정하면 픽셀 단위로 지정된다.

⑦ hspace = n과 vspace = n

이미지와 주위의 다른 요소와의 수평간격과 수직간격을 픽셀 단위로 지정한다.

⑧ border = n

이미지 테두리선의 굵기를 픽셀 단위로 지정한다. 0으로 지정하면 이미지가 링크되어 있어도 테두리선이 나타나지 않으며, border의 속성을 지정하지 않고 생략하면 링크가 되어 있지 않은 이미지는 테두리선이 없이 이미지만을 출력한다. 테두리선의 컬러는 글자색의 색상으로 나타난다.

[그림 6-52]는 이미지 태그 예제를 보여주고 있으며, [그림 6-53]은 실행 결과를 나타낸다.

```
<html>
<head>
<title>웹 페이지에 이미지 넣기 - align, border 예제</title>
</head>
<body>

    <img src = '1MAGE1.gif' border="0" align="top">
    <b>align="top", border="0"</b> 형식으로 상단에 정렬<p>
    <img src = '1MAGE2.gif' border="2" align="middle">
    <b>align="middle", border="2"</b> 형식으로 중앙에 정렬<p>
    <img src = '1MAGE3.gif' border="5" align="bottom">
    <b>align="bottom", border="5"</b> 형식으로 하단에 정렬<p>

</body>
</html>
```

[그림 6-52]
이미지 태그 예제

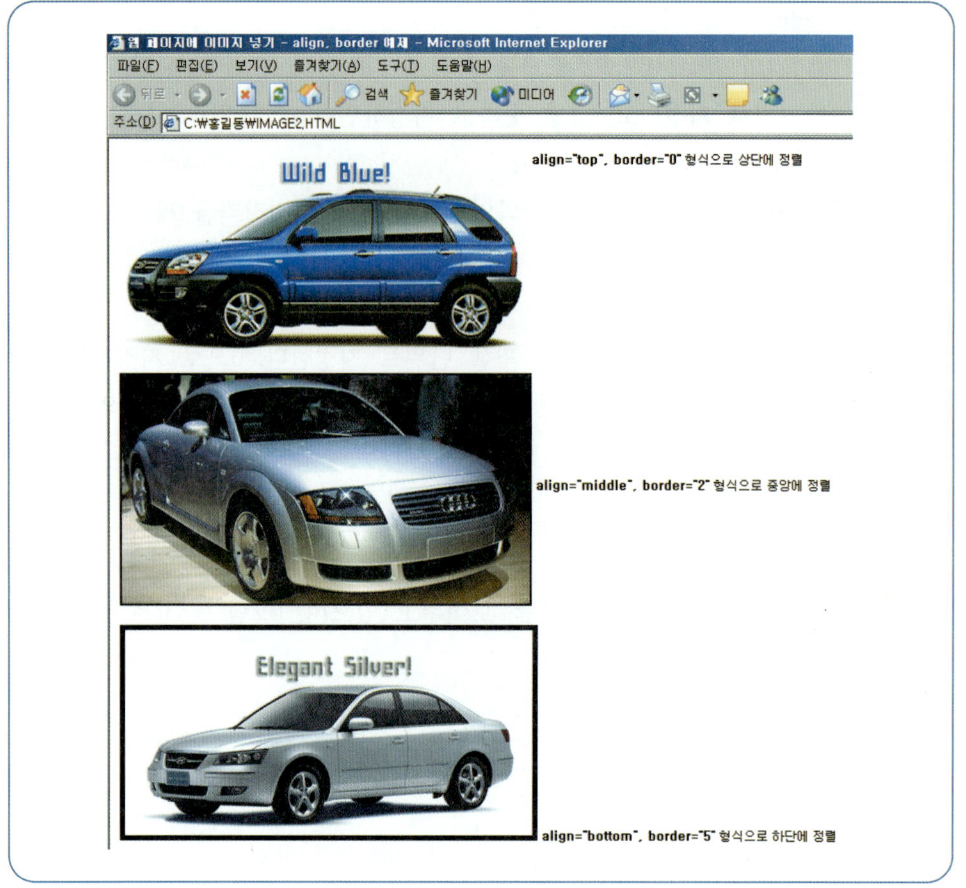

6.6.5 애니메이션 GIF

애니메이션 GIF를 다른 말로 '움직이는 GIF' 또는 '움직이는 이미지'라 한다. 웹을 항해하다 보면 거의 모든 웹 페이지에서 공통적으로 움직이는 이미지를 발견할 수 있다. 이러한 애니메이션 GIF란 만화를 만들 때 여러 종이를 조금씩 넘겨가면서 움직이는 원리라고 생각하면 이해가 쉬울 것이다. 애니메이션 GIF에 사용하는 그래픽 이미지는 256컬러를 사용하는 GIF 파일 포맷으로 만들어야 하는데, 그 이유는 그래픽 이미지가 너무 크면 인터넷에서 다운로드하는 데 많은 시간이 소요되기 때문이다.

애니메이션은 한 개의 GIF 파일로 이루어져 있다. GIF 포맷은 한 개의 파일에 여러 개의 이미지를 담는 기능이 있는데, 이 기능을 이용해 애니메이션을 이루는 모든 이미지와 애니메이션에 필요한 부가적인 정보(예를 들어, 한 이미지를 몇 초 동안 실행할 것인지 등)를 한 개의 GIF 파일에 담는 것이 애니메이션 GIF이다.

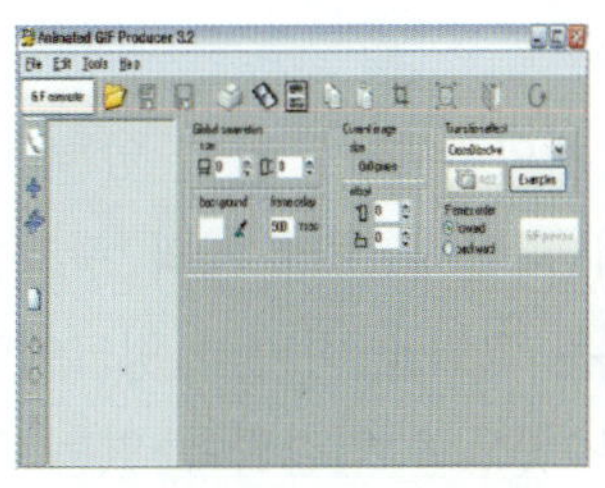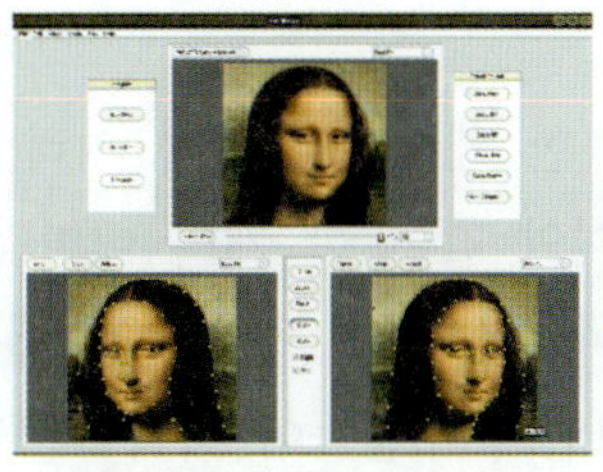

[그림 6-54]
애니메이션 GIF 도구들

애니메이티드 GIF 프로듀서 GIF 애니메이션 편집 제작 프로그램이다. 애니메이션의 지연시간 설정을 할 수 있고, 크기, 순서 등을 조절할 수 있다. 사용자가 직접 애니메이션을 만들 수 있으며 또한 동영상을 불러와 동영상 장면 장면을 이미지로 추출할 수 있다.	**펀몰프(Fun Morph)** 2개의 다른 이미지를 몰핑이나 워핑 효과를 이용해서 AVI, SWF, HTML, GIF, 이미지 등의 다양한 형식으로 만들어 주는 프로그램이다.	**Abrosoft FantaMorph** 영화 속에서나 볼 수 있는 이미지에서 다른 이미지로 서서히 변화되는 몰핑 효과를 쉽게 만들어낼 수 있는 프로그램이다.

애니메이션 GIF 파일은 일반적인 그래픽 프로그램으로는 만들 수가 없다. 애니메이션 GIF 파일을 만들어 주는 GIF 애니메이터(animator)라는 별도의 프로그램이 존재한다. 일반적으로 많이 사용되고 구하기 쉬운 GIF 애니메이터로는 페인트샵 프로 5.0에서 제공하는 애니메이션 샵(Animation Shop) 프로그램이 있다. 이 프로그램은 GIF 애니메이션에 관련된 거의 모든 기능을 갖고 있고 또한 그래픽 프로그램인 페인트샵 프로와 비슷한 인터페이스를 갖고 있어 페인트샵 프로그램을 사용하고 있다면 쉽게 사용할 수 있다는 장점이 있다.

물론, 애니메이션 GIF는 자바스크립트, 애플릿, 쇽웨이브를 사용하여 만드는 방법이 있지만, 처음 사용하는 사용자들에게는 다소 어려움이 있다.

> ● 애니메이션 GIF 파일 넣기 및 관련 사이트
> 사용자가 'rabbit.gif'라는 애니메이션 GIF 파일을 갖고 있다면, 이미지를 HTML 문서에 넣을 때 사용하는 <img> 태그를 사용하여 다음과 같은 형식으로 HTML 문서에 넣어 줄 수 있다. <img src="rabbit.gif">

애니메이션 GIF 파일을 만드는 것은 쉬운 작업이 아니다. 자신이 애니메이션 파일을 직접 만들 필요가 없다면 다른 사람이 만들어 놓은 애니메이션을 이용하는 것도 한 가지 방법이 될 수 있다.

6.6.6 이미지맵

인터넷을 항해하다 보면, 한 개의 이미지에 여러 개의 링크가 걸려 있는 것을 본 적이 있을 것이다. 이와 같이 한 개의 이미지 파일에 여러 개의 링크를 할당하는 기술을 이미지맵이라고 한다. 즉, 이미지맵은 그림을 하나의 링크에만 연결시키는 것이 아니라 그림의 부분들이 각각 다른 곳으로 연결되어 있는 것을 말한다. 이미지맵에서 링크와 연결된 이미지의 영역을 핫스팟(hotspot)이라 하며, 정의하고자 하는 영역의 모양에 따라 사각형, 원 그리고 다각형의 세 가지 종류를 사용할 수 있다. 여기서는 이미지맵의 사용 방법에 대해 살펴본다.

1) 〈MAP〉

이미지맵 정보를 정의한다. 보통 <body> 태그 바로 아래에 사용할 이미지맵에 대한 정보를 미리 정의해 놓는다. 레이블 이름은 이미지맵을 여러 이미지에서 사용할 경우 해당 이미지맵 정보를 찾을 수 있도록 붙여 주는 이름이다. 만약 하나의 HTML 문서에서 3개의 이미지맵을 사용하고자 한다면 <map name = "레이블 이름">...</map> 태그를 세 번 사용하여 각각의 그림에 대한 레이블 이름과 이미지맵 정보를 정의해 주어야 한다. 실제로 이미지에서 이미지맵을 사용하고자 하면 <img src = "..."> 태그 내부에 usemap = "#레이블 이름" 속성을 지정해 주면 map 태그에서 지정한 레이블 이름에 해당하는 이미지맵 정보가 이미지에 적용되어 이미지맵 기능을 수행하게 된다.

2) 〈AREA〉

이미지맵의 링크 영역을 정의한다. 종료 태그가 없는 단독 태그로 사용되며 <map name = "레이블 이름">...</map> 내부에서만 사용된다.

- 속성
  ① shape = "rect" 또는 "circle" 또는 "polygon"
  이미지에서 링크시키고자 하는 영역의 모양을 지정한다. rect는 사각형, circle은 원, polygon은 다각형 모양으로 지정한다.
  ② href = "..."
  정의된 영역을 마우스로 클릭했을 때 연결될 문서의 url을 지정한다.
  ③ coords = "..."
  shape에 따른 영역의 실제 좌표를 정의해 놓는다. 실제 이미지에서 왼쪽 위의 좌표를 0, 0으로 잡았을 때의 상대좌표로 나타낸다. 사각형은

왼쪽 위 꼭짓점의 x1, y1 좌표와 오른쪽 아래 꼭짓점의 x2, y2 좌표를
이용하여 x1, y1, x2, y2로 좌표를 지정한다. 원의 경우 중심점의 좌표
x, y와 반지름 값 r을 이용하여 x, y, r로 지정한다. 다각형의 경우 각
꼭짓점의 좌표를 돌아가면서 x1, y1, x2, y2, x3, y3, x4, y4, ... , x8, y8,
x1, y1 이런 식으로 지정해 주면 된다. 이미지에서 좌표를 찾고자 할
때는 mapedit라는 프로그램을 이용하면 편리하다. [그림 6-55]는 이미지
맵 예제를 보여주고 있으며, [그림 6-56]은 실행 결과를 나타낸다.

```
<html>
<head>
<title>이미지맵 예제</title>
</head>
<body>

<img src="pororo.jpg" width="800" height="453" border="0" usemap="#Map">
<map name="Map">
  <area shape="rect" coords="362,246,466,375" href="first_cirle.HTML">
  <area shape="circle" coords="218,369,31" href="second_cirle.HTML">
  <area shape="circle" coords="128,368,32" href="pororo_rectcle.HTML">
  <area shape="poly"
    coords="620,274,642,269,663,267,682,273,688,286,688,296,676,308,667,
    319,654,324,636,328,616,328,602,325,599,311,601,296,610,283"
    href="ploy.HTML">
</map>

</body>
</html>
```

[그림 6-55]
이미지맵 예제

[그림 6-56]
이미지맵 예제 실행
결과

6.7 하이퍼텍스트 링크

HTML 문서의 핵심 기능은 하이퍼텍스트 링크 기능 제공이다. 단순한 문서가 아닌 하이퍼텍스트 링크가 포함된 문서가 바로 HTML 문서의 고유한 특징인 것이다. 지금까지 배운 HTML의 태그들이 웹 문서의 표현을 정의하기 위한 것이었다면, 하이퍼텍스트 링크는 다른 문서와의 연결 기능을 제공하는 것이다. 웹 문서에 하이퍼텍스트 링크를 이용하여 다른 웹 문서를 서로 연결할 수 있고, 다른 사람의 홈페이지나 다른 사이트를 연결할 수도 있다. 하이퍼텍스트 링크를 이용해 할 수 있는 일들을 정리하면 다음과 같다.

- 사용자를 다른 웹 페이지로 이동시킨다.
- 사용자를 현 웹 페이지의 특정한 위치로 이동시켜 준다.
- 파일을 다운로드 받을 수 있게 하거나 이미지 파일을 보여준다.
- 전자우편을 보낼 수 있도록 한다.
- ftp 서버에 접속하거나 뉴스그룹으로 연결시킨다.

6.7.1 하이퍼텍스트 링크를 위한 태그

하이퍼텍스트 링크를 만들기 위해서는 <a> 태그(anchor)를 사용해야 한다. <a> 태그는 복합 태그이며 <a>와 </a> 태그가 함께 사용되어 하이퍼텍스트 링크로 지정할 텍스트나 이미지를 감싸게 된다.

1) 문서 간의 연결

HTML 문서에 하이퍼텍스트 링크를 만든다. HTML 문서에 특정 단어나 문장 또는 이미지를 다른 곳에 위치한 HTML 문서 또는 서비스와 연결시킨다. 하이퍼텍스트 링크는 문서 내부에서도 만들 수 있고, 다른 URL을 갖는 HTML 문서나 인터넷 서비스와 연결하여 만들 수 있다. a는 연결을 의미하는 닻(anchor)을 말하며, HREF는 HyperText Reference의 약어이다. 하이퍼텍스트 링크된 문자는 밑줄이 생기며 일반 텍스트와 구분하기 위하여 다른 색으로 나타난다. 또한 하이퍼링크된 이미지는 테두리가 생긴다. 링크된 문자나 이미지의 테두리선의 컬러는 <body> 태그에서 지정한 속성의 색상에 따르며 링크된 곳에 방문을 하고 나면 색이 바뀌어 아직 방문하지 않은 링크와 구분이 된다. [그림 6-57]은 하이퍼링크 예제를 보여주고 있으며, [그림 6-58]은 실행 결과를 나타낸다.

```html
<html>
<head>
<title>하이퍼링크 예제</title>
</head>
<body>
<b>대표적인 검색 사이트로 이동합니다.</b><p>

<a href="http://www.yahoo.co.kr">Yahoo Korea!</a>로 이동합니다.<br>
<a href="http://www.google.co.kr">Google</a>로 이동합니다.<br>
<a href="http://www.empas.co.kr">Empas</a>로 이동합니다.<br>

</body>
</html>
```

[그림 6-57]
하이퍼링크 예제

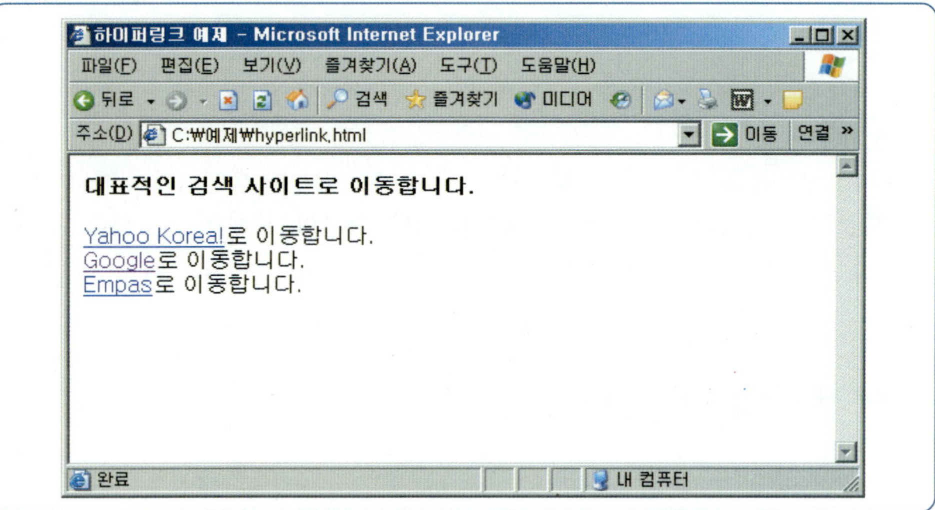

[그림 6-58]
하이퍼링크 예제 실행 결과

2) 문서 내의 연결

HTML 문서는 하나의 문서 안에서의 연결도 가능하다.

- 〈a href="#문서 내에서 찾아가야 할 지점 이름"〉...〈/a〉

  ...

  〈a name="지점 이름"〉...〈/a〉
- 〈a〉 태그에서 name으로 찾아가야 할 지점의 이름을 정하고 href로 그 단어를 지정하면 바로 name으로 지정된 곳으로 이동할 수 있다.

[그림 6-59]는 문서 내의 연결을 보여주고 있다.

[그림 6-59]

문서 내의 연결

```
<html>
<head>
<title>문서 내의 연결</title>
</head>
<body>
<a href="#1">홍길동</a>, <a href="#2">홍길순</a>, <a href="#3">곰순이</a><br>
<a name="#1">홍길동</a>은.................
<br><br>
<a name="#2">홍길순</a>은..........
<br><br>
<a name="#3">곰순이는</a>은...........
<br><br>
</body>
</html>
```

6.8 테이블

웹 문서를 만들다 보면 때로는 테이블이나 목록의 형태로 자료들을 보여줄 필요가 있는데, 이럴 때 사용하는 것이 테이블 태그이다.

6.8.1 테이블을 위한 태그

1) ⟨TABLE⟩

<table> 태그는 테이블 영역을 선언하는 태그이다. 즉, 테이블의 시작과 끝을 알리며 테두리를 지정하지 않고 사용하면 문서를 보기 좋게 정렬하는 용도로도 사용된다. 기본적으로 테이블 내의 셀 크기는 셀 안에 쓰이는 문자열의 길이만큼 자동으로 넓어지며 웹 브라우저가 처리하기 어려울 정도로 문자열의 길이가 길면 다음 줄로 나누어져서 출력된다.

- 속성
  ① border = n
     테이블 바깥쪽 테두리의 굵기를 픽셀 단위로 지정한다. n 값을 지정하지 않으면 초기값인 1로 지정된다. 바깥쪽 테두리를 굵게 지정하면 입체적인 효과를 얻을 수 있다. border = 0으로 지정하면 도표의 전체 경계선이 보이지 않게 되어 실제로 투명한 도표가 된다. border의 속성을 완전히 생략하면 border = 0으로 인식된다. 이러한 투명한 도표는

문장을 정렬할 때 또는 다단으로 편집할 때 응용된다.

② width = n 또는 n%

테이블의 너비를 픽셀 단위 또는 % 단위로 지정한다.

③ height = n 또는 n%

테이블의 높이를 픽셀 단위 또는 % 단위로 지정한다.

④ cellspacing = n(default = 1)

테이블 전체의 선의 굵기를 픽셀 단위로 지정한다.

⑤ cellpadding = n(default = 2)

셀 안에 입력된 데이터 사이의 간격을 픽셀 단위로 지정한다.

⑥ bgcolor

테이블 전체의 배경 컬러를 지정한다.

2) 〈CAPTION〉

테이블에 대한 간단한 설명을 도표의 위 또는 아래에 지정해 줄 수 있다. 캡션 기능은 테이블뿐만 아니라 이미지를 테이블에 넣어서 테두리를 만든 후에 아래의 캡션을 사용하여 이미지에 캡션을 넣는 데 응용하기도 한다.

• 속성

① align = top 또는 bottom

top으로 지정하면 테이블의 위에, bottom으로 지정하면 테이블의 아래에 캡션의 내용이 나타난다.

3) 〈TR〉

<tr> 태그는 Table Row의 약어로서 테이블의 새로운 행이 시작됨을 알려 준다. 행이 끝나면 </tr> 종료 태그를 지정해 주는데 종료 태그 </tr>은 생략할 수 있다. 그러나 테이블의 구성을 알아보기 쉽게 하도록 하기 위해서는 지정해 주는 것도 좋다. 새로운 줄이 시작될 때마다 <tr> 태그를 반드시 지정해 주어야 한다.

• 속성

① align = left, right 또는 center

셀 내에서 데이터를 각각 좌측, 우측, 중앙 정렬을 지정한다.

② valign = top, bottom 또는 middle

셀 내에서 데이터를 수직으로 정렬하는 방법을 결정한다.

4) ⟨TD⟩

<td> 태그는 셀을 정의하는 태그이며, 이 태그는 셀의 모양과 특성을 정의하는 속성을 갖고 있다. 테이블에서 사용되는 데이터의 앞뒤에 사용되는 태그이다. 여기서 데이터는 도표에서 각 셀에 출력할 내용을 말하며 그 데이터는 <td>...</td> 태그로 둘러싸여 있어야 한다. 셀 내의 내용은 기본적으로 보통 문자를 왼쪽 정렬하여 출력한다. 데이터의 내용은 텍스트뿐만 아니라 이미지를 지정할 수도 있다. 종료 태그 </td>는 생략할 수 있다.

- 속성
    - ① align = left(default), right 또는 center
      셀 내에서 데이터를 정렬하는 방법을 결정한다.
    - ② valign = top, bottom 또는 middle(default)
      셀 내에서 데이터를 수직 정렬하는 방법을 결정한다.
    - ③ colspan = n(default = 1)
      현재의 셀이 다른 열의 셀과 병합되도록 한다. 즉, 오른쪽으로 n개만큼의 셀을 합쳐서 한 개의 셀로 만든다.
    - ④ rowspan = n(default = 1)
      현재의 셀이 다른 행의 셀과 병합되도록 한다. 즉, 아래쪽으로 n개만큼의 셀을 합쳐서 한 개의 셀로 만든다.
    - ⑤ nowrap
      셀 내의 내용이 길면 웹 브라우저가 자동으로 줄바꿈을 하여 출력하게 되는데 이러한 줄바꿈 현상이 일어나지 않도록 해 준다.
    - ⑥ bgcolor
      셀의 배경 컬러를 지정한다.
    - ⑦ width 또는 height = n 또는 n %
      셀의 높이나 너비를 지정한다. 픽셀 단위나 % 단위로 지정할 수 있다.

5) ⟨TH⟩

<th>는 Table Heading을 의미하며 문자를 제목으로 지정해 주면 글자체가 볼드체 <bold>로 자동으로 지정되어 기본적으로 중앙 정렬로 화면에 나타난다. 종료 태그 </th>는 생략할 수 있다. 보통 기본이 중앙 정렬이고 볼드체이기 때문에 간편하므로 <td>...</td> 태그 대신에 일반 데이터에도 그냥 사용하는 경우가 많다. [그림 6-60]은 테이블 태그 예제를 보여주고 있으며, [그림 6-61]은 실행 결과를 나타낸다.

```
<html>
<head>
<title>테이블 예제</title>
</head>
<body>
<table border="1" width="600">
<caption align="top">시간표</caption>
    <tr>
            <th width="100" valign="top" align="center">구분</th>
            <th width="100" valign="top" align="center">월</th>
            <th width="100" valign="top" align="center">화</th>
            <th width="100" valign="top" align="center">수</th>
            <th width="100" valign="top" align="center">목</th>
            <th width="100" valign="top" align="center">금</th>
    </tr>
    <tr>
            <td width="100" valign="top" align="center">1교시</th>
            <td width="100" valign="top" align="center">국어</th>
            <td width="100" valign="top" align="center">영어</th>
            <td width="100" valign="top" align="center">사회</th>
            <td width="100" valign="top" align="center">수학</th>
            <td width="100" valign="top" align="center">과학</th>
    </tr>
    <tr>
            <td width="100" valign="top" align="center">2교시</th>
            <td width="100" valign="top" align="center">영어</th>
            <td width="100" valign="top" align="center">수학</th>
            <td width="100" valign="top" align="center">미술</th>
            <td width="100" valign="top" align="center">국어</th>
            <td width="100" valign="top" align="center">음악</th>
    </tr>
    <tr>
            <td width="100" valign="top" align="center">3교시</th>
            <td width="100" valign="top" align="center">국사</th>
            <td width="100" valign="top" align="center">수학</th>
            <td width="100" valign="top" align="center">영어</th>
            <td width="100" valign="top" align="center">국어</th>
            <td width="100" valign="top" align="center">미술</th>
    </tr>
    <tr>
            <td width="100" valign="top" align="center">4교시</th>
            <td width="100" valign="top" align="center">사회</th>
            <td width="100" valign="top" align="center">윤리</th>
            <td width="100" valign="top" align="center">도덕</th>
            <td width="100" valign="top" align="center">수학</th>
            <td width="100" valign="top" align="center">영어</th>
    </tr>
<table>
</body>
</html>
```

[그림 6-60]

테이블 태그 예제

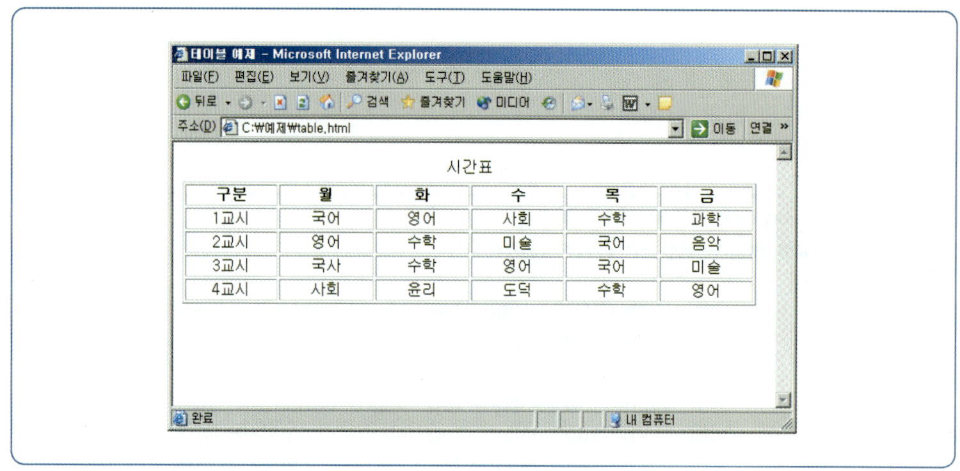

6.8.2 테이블의 다양한 활용

테이블은 단순한 표를 만들 때만 사용하는 것이 아니라 아래와 같이 다양한 용도로 사용된다.

① 테이블을 이용하여 독특한 제목(heading)을 만들 수 있다. 한 개의 열과 행을 가진 테이블을 만든 후 헤딩 텍스트를 셀에 넣은 다음 테이블의 배경색과 컬러를 적당히 지정하면 독특한 제목을 만들 수 있다.

② 테이블을 이용하여 간단히 3차원 음영이 추가된 이미지의 테두리를 만들 수 있다. 한 개의 열과 행을 가진 테이블을 만든 후 테이블 셀에 이미지를 넣는 <img> 태그를 추가하고 <table> 태그의 border 속성을 이용하여 테두리 두께를 효과적으로 지정하면 된다.

③ 테이블을 이용해 본문의 너비를 사용자가 원하는 대로 지정할 수 있다. <table> 태그의 width 속성을 사용하여 본문의 너비를 조정할 수 있다.

④ 본문의 너비가 긴 경우에 테이블을 응용하여 본문의 단을 나누어 다단편집을 할 수 있다.

6.9 프레임

프레임은 [그림 6-61]과 같이 웹 브라우저의 윈도를 여러 개로 나누어 각각의 윈도(창)에 다른 웹 페이지를 보여주는 기능이다. 즉, 프레임은 하나의 웹 브라우저 화면에 여러 개의 창을 정의할 수 있도록 하는 기능을 제공한다. 각각의 창은 하나의 HTML을 보여줄 수 있으므로 여러 개의 문서를 하나의 화면에서 볼 수 있다. 프레임은 웹 페이지 레이아웃의 디자인뿐만 아니라 웹 사이트 전체의 구성에도 영향을 미치므로 구체적인 웹 페이지 디자인 작업 이전에 프레임의 사용 여부를 결정하는 것이 좋다.

[그림 6-62]
프레임 예제

6.9.1 프레임 문서의 구조

프레임 문서의 구조는 일반 HTML 문서와 차이점이 있다. 일반 HTML 문서에서의 <body> 태그 기능을 프레임 문서 구조에서는 <frameset>이 대신한다. 즉, <body> 태그 안에 문서의 내용이 들어가듯이 <frameset>에는 실제로 표현될 문서의 URL 정보가 들어간다. 다음은 프레임 문서의 구조와 일반 HTML 문서의 차이점을 보여준다.

• 일반 웹 문서 구조	• 프레임 문서 구조
〈HTML〉	〈HTML〉
〈head〉〈title〉…〈/title〉〈/head〉	〈head〉〈title〉…〈/title〉〈/head〉
〈body〉	〈frameset〉
웹 페이지 본문	프레임 선언
〈/body〉	〈/frameset〉
〈/HTML〉	〈/HTML〉

6.9.2 프레임을 위한 태그

1) 〈FRAMESET〉

<frameset>...</frameset> 태그가 사용되는 HTML 문서는 <body> 태그 대신 사용하기 때문에 <body>가 없는 특징을 가지며 화면 분할에 대한 정보를 정의할 뿐 실제로 화면에 출력되는 내용을 담고 있지 않다. 실제 출력할 내용들은 <frame> 태그 안에 정의한다.

- 속성
  ① cols 또는 rows

    속성(rows 또는 cols)을 사용하여 화면의 가로(rows) 또는 세로(cols)로 분할하여 프레임을 만든다. "..." 부분은 "a, b, c, d, ..."로 지정하며 웹 브라우저에서 보이는 화면을 2개 이상으로 분할한다. a, b, c, d, ... 등은 %비율, 픽셀 수, 나머지 영역을 나타내는 *를 이용하여 정의할 수 있다. "..." 부분을 생략하면 뒤에 정의되는 <frameset rows = "..." 또는 cols = "..."> 태그의 개수에 대하여 상대적인 비율로 가로 또는 세로로 1개의 프레임으로 할당받는다. 즉, 테이블에서 셀을 합치는 것과 같은 효과를 얻기 위해서는 "..." 부분을 생략하여 여러 개의 프레임을 정의하는 방법을 사용하면 된다.
    - %비율을 이용한 분할 예

      rows = "50%, 50%": 화면을 가로로 50 : 50 비율로 분할한다.

      cols = "20%, 50%, 30%": 화면을 세로로 20 : 50 : 30 비율로 분할한다.
    - 픽셀 수를 이용한 분할 예

      rows = "100, 200, *": 화면을 가로로 100픽셀, 200픽셀, 그리고 나머지 영역으로 분할한다.
    - *를 이용한 분할 예

      rows = "2*, *": 화면을 가로로 2/3 크기와 1/3 크기로 분할한다.

      cols = "*, *, 2*": 화면을 세로로 1 : 1 : 2의 비율로 분할한다.

2) 〈FRAME〉

<frame> 태그는 실제로 지정된 프레임 들어갈 정보를 정의한다. <frameset> 태그에 의해 화면이 분할되어 여러 개의 프레임이 생성되면 각각의 프레임마다 포함한 실제적인 HTML 문서들을 하나하나 정의할 때 사용한다. <frame> 태그는 프레임의 특성을 정의하는 여러 개의 속성을 갖고 있으며, 이 중 프레임에 나타날 웹 문서를 지정하는 src 속성은 반드시 포함되어야 한다. 종료 태그 없

이 단독으로 사용된다.

- 속성
  ① src = "..."
    지정된 프레임에서 보여줄 HTML 문서의 URL 및 파일 이름을 지정한다.
  ② name = "..."
    프레임 이름을 정의한다. HTML 문서에서 다른 프레임에 HTML 문서를 출력하고자 할 때 원하는 프레임을 선택할 수 있도록 이름을 지정해 주는 것이다.
  ③ marginwidth = n
    해당 프레임의 좌우 여백을 픽셀 단위로 지정한다. 생략하면 웹 브라우저가 자동으로 처리해 준다.
  ④ marginheight = n
    해당 프레임의 상하 여백을 픽셀 단위로 지정한다. 생략하면 웹 브라우저가 자동으로 처리해 준다.
  ⑤ scrolling = auto, yes 또는 no
    프레임의 우측과 하단에 스크롤바를 만들 것인지 아닌지를 결정한다. 기본 값은 auto로 지정되어 있어 웹 브라우저가 자동으로 처리해 주고 있으며, 만약 yes로 지정하면 항상 스크롤바를 만들며, no로 지정하면 항상 스크롤바를 만들지 않는다.
  ⑥ noresize
    이 속성을 지정하면 사용자가 프레임의 크기를 임의로 변경할 수 없게 된다.

3) 〈NOFRAMES〉

프레임을 지원하지 않는 사용자를 위하여 사용하는 태그이다. 즉, 프레임이 지원되지 않는 웹 브라우저를 위하여 프레임을 사용하는 모든 HTML 문서 대신에 <noframes> ...</noframes> 태그 안에 있는 내용을 출력해 준다. 현재 프레임을 지원하지 않는 웹 브라우저는 매우 찾아보기 힘들게 되었으므로, 이 태그를 사용할 일이 거의 없다. [그림 6-63], [그림 6-64], [그림 6-65]는 프레임 예제를 보여주고 있으며, [그림 6-66]은 실행 결과를 나타낸다.

[그림 6-63]

프레임 예제 –
frame_index.html

```
<html>
<head>
<title>프레임 나누기</title>
</head>

<frameset cols="30%,70%">
    <frame src="left_menu.HTML"name="left" scrolling="auto">
    <frame src="main.HTML"name="right" scrolling="auto">
</frameset>

<noframe>
현재 귀하의 웹 브라우저는 버전이 낮아 프레임기능을 사용할 수 없습니다.
</noframe>

</html>
```

[그림 6-64]

프레임 예제 –
main.html

```
</html>
<head>
<title>프레임 예제</title>
</head>
<body bgcolor="white" text="black">
오른쪽 프레임에<br>
들어가는 파일입니다.<br>
</body>
</html>
```

[그림 6-65]

프레임 예제 –
left_menu.html

```
<HTML>
<head>
<title>프레임 예제</title>
</head>
<body bgcolor="green" text="black">
왼쪽 프레임에<br>
들어가는 파일입니다.<br>
주로 메뉴파일이 많이 들어갑니다.
</body>
</HTML>
```

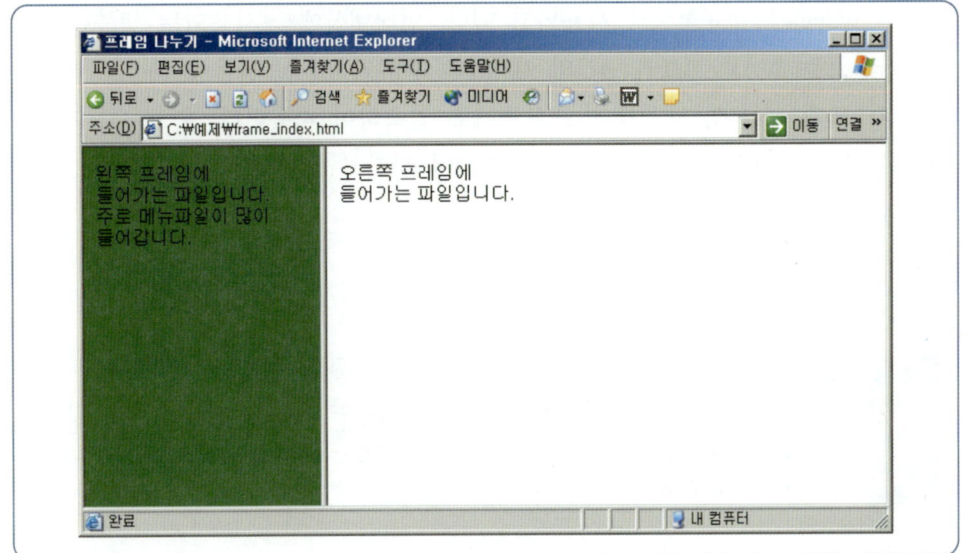

6.1o 사운드(오디오) 및 동영상

사운드와 동영상은 멀티미디어 홈페이지를 구축하는 데 중요한 부분이다. 홈페이지를 구축하는 데 사용되는 사운드 및 동영상의 종류, 특징 등에 대해 학습하고, 이를 홈페이지에 포함하기 위해 필요한 HTML 태그들에 대해 살펴본다.

6.1o.1 사운드(오디오)

사운드는 일상생활에서 흔히 들을 수 있는 단어로, 귀로 들리는 모든 정보를 말한다. 사운드가 발생하는 원인은 여러 가지가 있다. 악기의 경우 현악기에서는 현의 진동에 의해 사운드가 발생하고, 북에서는 가죽의 진동에 의해 사운드가 나오며, 피리나 나팔에서는 관내 공기의 진동에 의해 사운드가 발생한다. 즉, 사운드를 만드는 음원은 공기를 진동시키고 이렇게 발생한 음파는 공기를 매체로 하여 사람의 귀에까지 도달한다. 현실세계의 아날로그 사운드를 컴퓨터가 이해할 수 있는 디지털 데이터로 바꾸는 작업을 샘플링이라고 한다. 샘플링은 매우 빠른 시간 간격으로 사운드 값을 디지털 값으로 변환하는 것인데, 이때 사용하는 주기에 따라 샘플링률(sampling rate)이 결정된다. 사용되는 대표적인 샘플링률로는 11.025kHz, 22.05kHz, 44.1kHz 등이 있다. 샘플링 사운드는 마이크나 사운드 CD에서 만들어지는데, 이렇게 만들어진 사운드 파일을 편집하는 프로그램을 사운드 편집기(Sound Editor)라 하고, 쿨 에디트(Cool Edit)와 골드 웨이브

(Gold Wave)가 대표적으로 사용되고 있다. 인터넷상에서 사용되는 샘플링 사운드 파일로는 WAV, AIFF, AU의 세 가지 종류가 있다. 샘플링 사운드 파일은 크기가 크기 때문에, 코덱을 소프트웨어로 압축하여 사용한다. 윈도우 XP 이상에서는 멀티미디어 데이터를 코덱을 통하여 간단하게 처리할 수 있도록 지원하고 있다.

코덱(CODEC)

코덱이란 COmpresssor와 DECompressor의 합성어로, 데이터를 압축하고 해제하는 데 사용되는 소프트웨어이다. 코덱에 종류에는 MPEG1, MPEG2, MPEG4, WMV, ASF, QCELP, AMR, DIVX, DTS 등이 있다.

1) 사운드 파일의 종류

(1) WAVE

WAVE 파일은 윈도우의 표준 샘플링 파일이다. 즉, 마이크로소프트사에서 개발한 사운드 파일로 윈도우에서 기본으로 제공되는 매체 재생기로 들을 수 있다. 윈도우를 시작할 때 들리는 효과음이나 윈도를 열고 닫을 때 들리는 효과음은 모두 WAVE 파일로 되어 있다. 음의 크기가 기록되기 때문에 파일의 사이즈가 커지는 경우가 많다. 확장자는 '.wav'이다.

(2) MIDI

미디(MIDI: Musical Instrument Digital Interface) 파일은 연주에 필요한 정보(음표와 지속 시간 등)만을 담고 있으므로, 소리에 대한 정보를 담고 있는 샘플링 사운드에 비해 파일의 크기가 훨씬 작다. 대부분의 미디 파일은 50KB 미만이다. WAVE 파일 등에 비해 용량이 작으므로 전송에는 유리하나, 전송이 완료될 때까지 들을 수 없고 만들기 어렵다는 단점이 있다. 확장자는 '.mid'이다. 관련 사이트로는 http://www.geocities.com/이 유명하다.

[그림 6-67]
TV, 영화, 팝 등
장르별로 미디 파일 제공

(3) RealAudio

최근 들어 인터넷에서 각광받고 있는 사운드 파일로서 확장자는 '.ra'이다. 이 파일은 다운로드 받으면서 사운드를 들을 수 있기 때문에 인기를 끌고 있다.

(4) MP3

MP3(MPEG Audio Layer-3)는 오디오 데이터의 압축 기술로서 MPEG1에서 정한 고음질의 오디오 압축 기술의 하나이다. 보통 CD에 있는 음악 파일의 크기는 30~50MB 정도이지만, MP3 기술을 이용하면 음질을 거의 같은 수준으로 유지하면서도 데이터 용량을 원래의 약 12분의 1 이하로 줄일 수 있다. 이렇게 줄인 파일의 크기는 한 곡에 불과 2~5MB에 불과해 인터넷을 통해 고품질 음악을 쉽게 주고받을 수 있다.

2) 사운드를 위한 태그

웹 문서에 사운드 파일을 사용하는 목적은 두 가지가 있다. 첫째는, 사용자가 웹 페이지의 사운드 파일을 다운로드 받을 수 있도록 하는 것이고, 둘째는, 사용자에게 음악을 들려주기 위한 것이다.

(1) 사운드 파일 다운로드 받기

사운드 파일을 다운로드 받을 수 있도록 하는 방법은 아주 간단하다. <a> 태그를 선언하고, 속성 href에 다운로드 받을 음악 파일의 URL을 지정해 주면 된다. 예를 들어, music 디렉토리에 있는 sound01.mid 파일을 다운로드 받을 수 있는 링크는 다음과 같다.

```
<a href="music/sound01.mid"> sound01.mid (20KB) </a>
```

위와 같은 형식으로 태그를 사용하여 사운드 파일을 다운로드 받은 후 해당 플레이어로 들으면 된다.

(2) 음악 들려주기

음악을 들려주는 것이 목표라면, 즉 웹 페이지에 배경음악을 넣어주고자 한다면 <embed>라는 태그를 사용해 사운드 파일을 웹 페이지에 포함시켜야 한다. <embed> 태그를 이용해 웹 페이지에 포함된 사운드 파일은 웹 페이지가 로드될 때 자동으로 로드되며, 몇 가지 속성을 지정해 주면 자동으로 연주된다.

```
<embed src = "music/sound01.mid" autostart = true loop = 2>
<embed src = "사운드 파일의 url" ... >
```

- 속성
  ① src = "파일의 url"
     미디 파일(mid)이나 샘플링 사운드 파일(wav, aif, au)의 url을 지정한다. 이 속성은 반드시 지정되어야 한다.
  ② hidden = true 또는 false(default)
     재생기의 인터페이스를 감출지를 결정한다. 만약 autostart 속성을 true로 지정하지 않았다면 반드시 인터페이스를 보여주어야 한다.
  ③ autostart = true 또는 false(default)
     다운로드한 사운드 파일을 자동으로 재생할지를 결정한다(true: 자동 재생).
  ④ loop = 반복 횟수 또는 infinite
     몇 차례나 사운드 파일을 반복 재생할지를 결정한다.
  ⑤ width = n, height = n
     이 속성들은 각각 재생기 인터페이스의 너비와 높이를 지정한다. 이 값을 지정하지 않으면 재생기의 디폴트 값이 사용된다. 내비게이터 재생기의 크기는 136x60이다.

[그림 6-68]은 embed 태그 예제를 보여주고 있으며, [그림 6-69]는 실행 결과를 나타낸다.

```
<html>
<head>
<title>배경 음악듣기</title>
</head>
<body>
<center>
   <p><img src="sg.jpg" width="424" height="390"></p>
   <p>SG워너비의 첫눈 <br>
      <embed src="01.mp3" autostart="true" ></embed>
      </p>
</center>
</body>
</html>
```

[그림 6-68]

embed 태그 사용 예

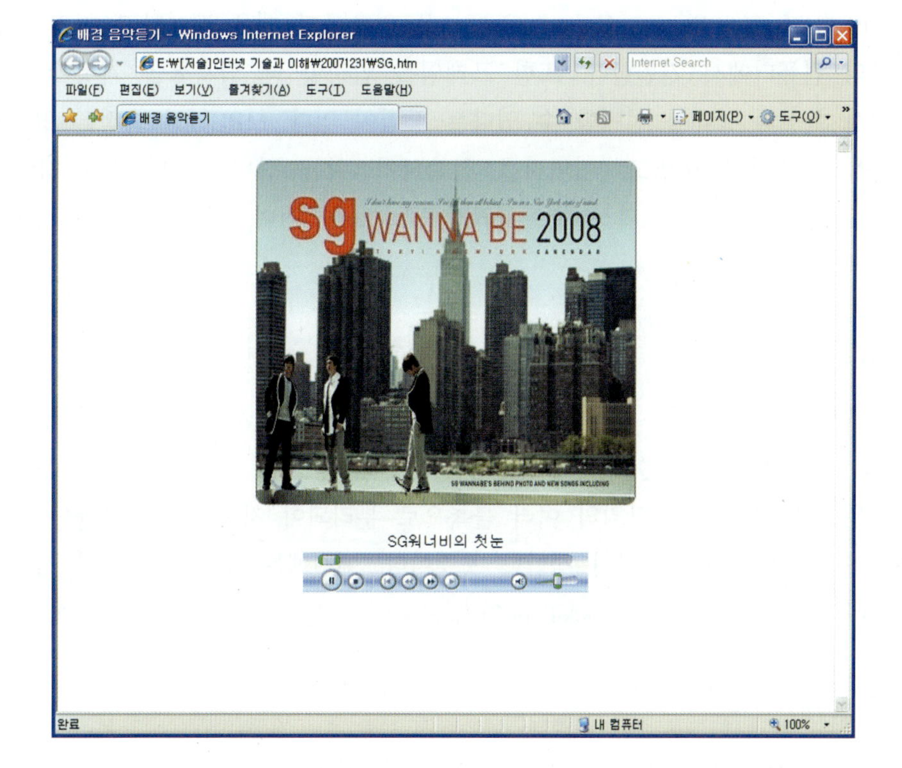

[그림 6-69]

embed 태그를
활용하여 배경음악 듣기

6.1o.2 동영상

동영상 파일이 담고 있는 자료의 양은 엄청나다. 가장 많이 사용되고 있는
비디오 규약인 NTSC에 의하면 1초에 약 30장의 이미지가 있어야 자연스럽게

움직이는 것처럼 보인다. 따라서 1분간 동영상을 보여주기 위해서는 1,800여 장의 이미지가 필요하고, 트루컬러 이미지인 경우 약 1,560MB의 공간이 필요하다. 이 때문에 동영상을 압축하기 위한 기술은 여러 각도에서 연구되어 왔고, 현재까지 만들어진 대표적인 압축 기술로는 MPEG 방식이 있으며, 동영상 파일의 크기를 최대 200 : 1까지 줄여준다.

1) 동영상 파일의 종류

현재 다양한 종류의 동영상 파일들이 인터넷에서 사용되고 있다. 그러나 여기서는 대표적인 동영상 파일들의 특징 및 기능에 대해 학습하고, 이를 HTML 문서에서 포함하기 위한 태그에 대해 살펴본다.

(1) MPEG

MPEG(Mption Picture Expert Group)은 압축률이 매우 뛰어나고 거의 모든 종류의 컴퓨터에서 지원한다. 또한 프레임을 압축할 때 압축률을 지정할 수가 있어서 화질의 상태를 선택할 수 있다는 장점이 있다. MPEG의 단점은 영상에 음성을 첨가하기 어렵고, 이미지를 압축하기 위한 장비가 고가라는 점이다. MPEG 동영상 파일의 확장자는 '.mpg' 또는 '.mpv'이며, 동영상 CD에 사용될 때는 '.dat'이다.

(2) QuickTime

애플사의 동영상 압축 기술로 매킨토시 운영체제에서 제공되며 확장자는 '.mov' 또는 '.qt'이다. QuickTime의 특징은 압축 방식의 다양함에 있다. 영상과 음성은 수초(또는 1초) 단위의 여러 블록으로 분리되어 저장되며, 압축률이 좋기 때문에 인터넷에서 사용하기 적합한 포맷이다. 예전에는 매킨토시에서만 사용되었는데, 최근에 윈도우용 QuickTime이 발표되어 많은 사람들이 사용하고 있다.

(3) AVI

AVI(Audio Video Interleaved)는 마이크로소프트사에서 만든 동영상 파일 포맷으로 윈도우에서 기본으로 제공되는 매체 재생기를 통하여 볼 수 있다. AVI 파일의 재생은 특정한 하드웨어가 없어도 가능하고, 사용하기 편리하다는 장점이 있다. 반면에, 압축률이 낮기 때문에 파일의 크기가 크다. 파일의 확장자는 '.avi'이다.

(4) ASF

ASF는 오디오, 비디오, 슬라이드 쇼, 동기화된 이벤트 등을 지원하는 마이크로소프트의 스트리밍 미디어 형식이다. ASF는 인터넷을 통해 오디오, 비디오 및 생방송을 수신하는 유틸리티인 마이크로소프트의 NetShow에서 사용된다. 여기에는 이 파일 형식과 관련된 두 가지 파일 형태가 있다. 확장자가 .asx인 파일은 웹 브라우저에게 윈도우 미디어 플레이어를 호출하고, 스트리밍 콘텐츠가 담겨 있는 .asf 파일을 로드하도록 신호를 보내는 데 사용된다.

2) 동영상을 위한 태그

동영상을 웹 문서에 사용하는 목적은 두 가지가 있다. 첫째는, 사용자가 웹 페이지의 동영상을 다운 받을 수 있도록 하는 것이고, 둘째는, 사용자에게 동영상을 보여주기 위한 것이다. 기본적으로 동영상 파일의 크기는 매우 크기 때문에 직접 실행시키기보다는 사용자가 직접 다운로드 받아 사용할 수 있도록 하는 것이 좋다.

(1) 동영상 파일 다운 받기

동영상 파일을 다운 받을 수 있도록 하는 방법은 아주 간단하다. <a> 태그를 선언하고, 속성 href에 다운 받을 동영상 파일의 URL을 지정해 주면 된다. 예를 들어, movie 디렉토리에 있는 video01.avi 파일을 다운 받을 수 있는 링크는 다음과 같다.

```
〈a href="movie/video01.avi"〉 video01.avi(30KB) 〈/a〉
```

(2) 동영상 실행하기

웹 페이지에 동영상 파일을 삽입하고 곧바로 사용자에게 보여주고 싶다면 이미 앞에서 설명했듯이 <embed> 태그를 사용하면 된다. 예를 들어, video01.avi 파일을 사용자에게 보여주고 싶다면 다음과 같은 태그 형식을 사용하면 된다.

```
〈embed src = "video01.avi" autostart = true〉
```

참고로, 동영상을 브라우저에서 보기 위해서는 플러그인 프로그램을 설치하거나, 동영상을 볼 수 있는 프로그램이 브라우저에 등록되어 있어야 한다.

연습문제

01. 일반적인 HTML 문서의 구조와 HTML의 한계에 대하여 설명하라.

02. HTML 문서와 웹 브라우저의 관계에 대하여 설명하라.

03. 문단을 나누어 주는 태그로는 〈P〉 태그와 〈BR〉 태그가 있다. 두 태그의 차이점에 대하여 설명하라.

04. 〈BODY〉 태그의 내부에 들어갈 수 있는 모든 속성에 대하여 예를 들어 설명하라.

05. 〈NOFRAMES〉 〈/NOFRAMES〉 태그의 기능에 대해서 설명하라.

06. HTML 문서 작성 시 이미지맵에서 원 영역을 정의하는 형태의 속성은 shape = "(   )"이다. 괄호 안에 들어갈 단어는 무엇인가?

① rect   ② circle   ③ poly   ④ octet   ⑤ xmp

07. 〈PRE〉 태그와 〈XMP〉 태그의 차이점에 대해서 설명하라.

08. 공백(space) 문자가 연속된 경우에는 (   ), 엔터(enter)나 탭(tab)도 (   ), 공백 문자, 엔터, 탭이 섞여서 연속된 경우에도 (   ) 인식한다. 괄호 안에 공통적으로 들어가는 단어는 무엇인가?

09. 웹에서 컬러를 지정하는 두 가지 방법에 대하여 설명하라.

연습문제

10. 비트맵 그래픽 파일과 벡터 그래픽 파일의 특징 및 장단점에 대하여 각각 설명하라.

11. 다음 중 홈페이지를 만들 때 사용하는 HTML 문서에 대해 잘못 설명하고 있는 것은 무엇인가?

    ① 〈TITLE〉〈/TITLE〉: 문서의 소제목에 사용함
    ② 〈HTML〉〈/HTML〉: 문서의 제일 앞에 나오는 것으로 HTML로 작성됨을 알린다.
    ③ 〈HEAD〉〈/HEAD〉: 큰 제목으로 꼭 기입할 필요는 없다.
    ④ 〈BODY〉〈/BODY〉: 홈페이지에 들어갈 본문을 의미한다.
    ⑤ 〈CENTER〉〈/CENTER〉: 복합 태그로 사용되며, 브라우저 화면의 중앙으로 정렬한다.

12. 테이블 태그는 언제 사용하며, HTML 문서에서 테이블의 활용 용도에 대하여 서술하라.

13. 〈FRAME〉 태그를 사용하여 화면을 여러 개의 창으로 분할하여 문서를 작성하는 경우의 장단점에 대하여 설명하라.

14. 다음은 무엇에 대한 설명인가?

    Compresssor와 DECompressor의 합성어로, 데이터를 압축하고 해제하는 데 사용되는 소프트웨어이다.

15. 다음은 홈페이지에 배경음악으로 넣을 때의 태그 예이다.

    ```
    <embed src="sample.mid" autostar=true loop=true hidden=true volume=100>
                                 ①          ②          ③              ④
    ```

    각각의 속성 태그에 대한 설명 중 그 내용이 틀린 것은 무엇인가?

    ① autostar=true: 홈페이지 로딩 시 자동으로 배경음악을 시작
    ② loop=true: 배경음악을 한 번만 나오게 함
    ③ hidden=true: 웹 브라우저에서 사운드 컨트롤러를 감추게 함
    ④ volume=100: 음악소리의 크기를 100으로 함

자바스크립트

7.1 자바스크립트의 기초

HTML로만 작성된 정적 웹 문서에 자바스크립트를 적용함으로써 사용자와 상호작용하는 동적 웹 문서를 작성한다. 자바스크립트에 대한 기본적인 이해를 위하여 자바스크립트의 개요, 실행 방법, 특성, 기본구조에 대해 살펴본다.

7.1.1 자바스크립트의 개요

자바스크립트(JavaScript)는 웹에서 사용할 수 있도록 만들어진 스크립트 언어로서 썬마이크로시스템스와 넷스케이프사가 공동으로 개발한 언어이다. 자바스크립트는 웹 객체들과 연동이 가능하고 현재 가장 많이 사용되고 있는 인터넷 익스플로러에서 지원하고 있다.

자바스크립트는 사용자가 웹 브라우저를 이용하여 웹 서버에 웹 문서들을 요청할 때, 웹 문서에 포함되어 다운로드된다. 이때 웹 서버에서는 웹 문서에 포함된 자바스크립트들을 별도의 처리 없이 그대로 클라이언트에 전송한다. 클라이언트에 전송된 자바스크립트들은 웹 브라우저에서 버튼을 마우스로 클릭하거나 키보드로 입력하는 것과 같은 이벤트 처리들을 서버와 연동 없이 실행한다. 또한 자바스크립트를 통해 윈도의 프레임을 조절하거나, 독립 윈도를 생성시켜 특정 정보를 전달하거나 방문했던 페이지를 기록해 놓은 히스토리를 관리하는 등의 다양한 작업을 할 수 있다.

7.1.2 자바스크립트의 실행

자바스크립트는 인터프리터 언어로서 컴파일러와 같은 특수한 개발 도구가 필요하지 않다. 기본적으로 메모장과 같은 에디터 프로그램과 웹 브라우저만 있으면 쉽게 프로그래밍할 수 있다. 자바스크립트는 HTML 문서에 작성되며 브라우저 안에 내장되어 있는 인터프리터에 의해 실행되는 객체 지향 언어이다. 자바스크립트는 사용자에 의해 발생하는 이벤트들을 처리할 수 있어 동적 홈페이지 제작이 가능하며, 웹 서버에서 모든 처리를 수행하는 CGI(Common Gateway Interface) 프로그래밍과 달리 클라이언트에서 실행됨으로써 서버의 부하를 줄일 수 있다.

PLUS⁺

클라이언트 스크립트
클라이언트 쪽에서 실행되는 스크립트들(JavaScript, VB Script)을 의미한다. 클라이언트 스크립트들은 클라이언트에서 실행되기 때문에 서버 쪽의 부담이 없지만, 소스를 누구나 볼 수 있다는 단점이 있다.

서버 스크립트
서버 쪽에서 실행되는 스크립트들(ASP, PHP, JSP)을 의미한다. 클라이언트 요청이 있을 경우 서버에서는 스크립트 언어를 컴파일하여 HTML로 생성시키고 클라이언트에 전송한다. 따라서 클라이언트에서 소스를 볼 수 없다는 장점이 있다.

7.1.3 자바스크립트의 특징

자바스크립트는 웹 브라우저 안에 내장된 인터프리터에 의하여 프로그램이 수행되기 때문에 HTML 문서에 삽입된 코드가 클라이언트에 그대로 전송이 되고 클라이언트에서 실행이 되므로 서버의 부하를 크게 줄일 수 있다. 또한 사용자에 의해 발생되는 이벤트를 처리할 수 있는 동적인 홈페이지 제작을 가능하게 한다. 자바스크립트의 특징은 다음과 같다.

- 별도의 컴파일 과정 없이 웹 페이지 문서에 바로 코딩하여 삽입할 수 있기 때문에 작성 및 편집이 쉽다.
- 서버에 부담을 주는 컴파일과 같은 과정이 없으므로 클라이언트에서 바로 실행되어 처리 과정이 신속하다.
- 넷스케이프 2.0, 익스플로러 3.0 이상이면 실행과 결과 확인이 가능하다. 버전에 따라 실행화면이 다를 수는 있지만 비교적 플랫폼에 대하여 독립적이라 구동하는 OS에 상관없이 윈도우, 유닉스, 매킨토시에서 모두 실행이 가능하다.
- 객체 기반 언어이지만 클래스의 상속을 지원을 지원받을 수 없으며, 자바 언어에 비해 한정된 객체와 메소드만을 지원한다.

7.1.4 자바스크립트의 구조

자바스크립트는 HTML 문서에서 <head> 부분이나 <body> 부분에 <script> 태그로 자바스크립트를 정의하여 삽입한다. 자바스크립트를 사용하는 방법에는 [그림 7-1]과 같이 문서 내에 자바스크립트를 작성하는 방법, 외부 파일에서 자바스크립트 파일을 불러오는 방법, 자바스크립트를 지원하지 않는 브라우저에서 처리하는 방법 등 세 가지 구조가 있다.

[그림 7-1]
자바스크립트의 구조

```
• 문서 내에 자바스크립트 작성하는 방법
  <script language="javascript" >
  자바스크립트 소스
  </script>
• 외부 문서에서 자바스크립트를 불러오는 방법
  <script language="javascript" src="자바스트립트 외부 소스파일">
  </script>
• 자바스크립트를 지원하는 않는 브라우저에서 처리하는 방법
  <noscript>
  현재 스크립트를 브라우저에서 지원하는 않을 경우 보여줄 내용
  </noscript>
```

- script 태그: 〈script〉와 〈/script〉로 표기되며 스크립트라는 것을 웹 페이지 내에서 정의하기 위해 사용된다. 속성에서는 스크립트의 종류와 버전을 알려 주는 language와 외부 파일로 저장한 스크립트 파일을 HTML 문서 내에서 불러들여 사용할 수 있는 src가 있다.
- noscript 태그: 〈noscript〉와 〈/noscript〉 사이에 웹 브라우저에서 스크립트 실행이 불가능할 경우 보여줄 때 사용한다.

7.1.5 자바스크립트의 주석문 작성

주석문(comment)은 자바스크립트 프로그램을 작성한 후 그 프로그램을 간단히 설명하여 그 프로그램의 역할을 쉽게 알아볼 수 있도록 하기 위해 주로 사용된다. 주석문은 프로그램 실행에는 전혀 영향을 주지 않는다. 자바스크립트에서 주석문은 [그림 7-2]와 같이 표현된다.

- // 주석문
  기호 뒤에 있는 모든 문자들은 주석문으로 간주된다. 설명할 내용이 1줄로 구성될 때 주로 사용한다.
- /* 주석문 */
  기호 /*와 */ 사이의 문자들은 모두 주석문으로 간주된다. 설명할 내용이 많아서 여러 줄로 입력해야 할 때 사용된다.
- !-- 주석문 --->
  자바스크립트를 지원하지 않는 웹 브라우저에서는 기호 <!--와 --> 사이에 있는 자바스크립트 코드들은 모두 주석문으로 간주하게 되어 화면에 자바스크립트 코드들이 전혀 표시되지 않게 된다.

주석문의 사용은 [그림 7-3]과 같다. 문자열 출력 함수(document.write)를 사용하여 라인번호를 출력하는 자바스크립트에 주석 // 및 /* */을 적용하여 스크립트를 작성하였다.

```
<script language="javascript">

<!--
    document.write("라인 1<br>");
//  document.write("라인 2<br>");
    document.write("라인 3<br>");
/*  document.write("라인 4<br>");
    document.write("라인 5<br>"); */
    document.write("라인 6<br>");
    document.write("라인 7<br>");
//-->

</script>
```


[그림 7-3]을 브라우저를 통해 실행하면 [그림 7-4]와 같은 화면이 출력된다. [그림 7-4]의 소스에서 라인 2와 라인 4, 5가 주석으로 처리되어 화면에 나타나지 않게 된다.

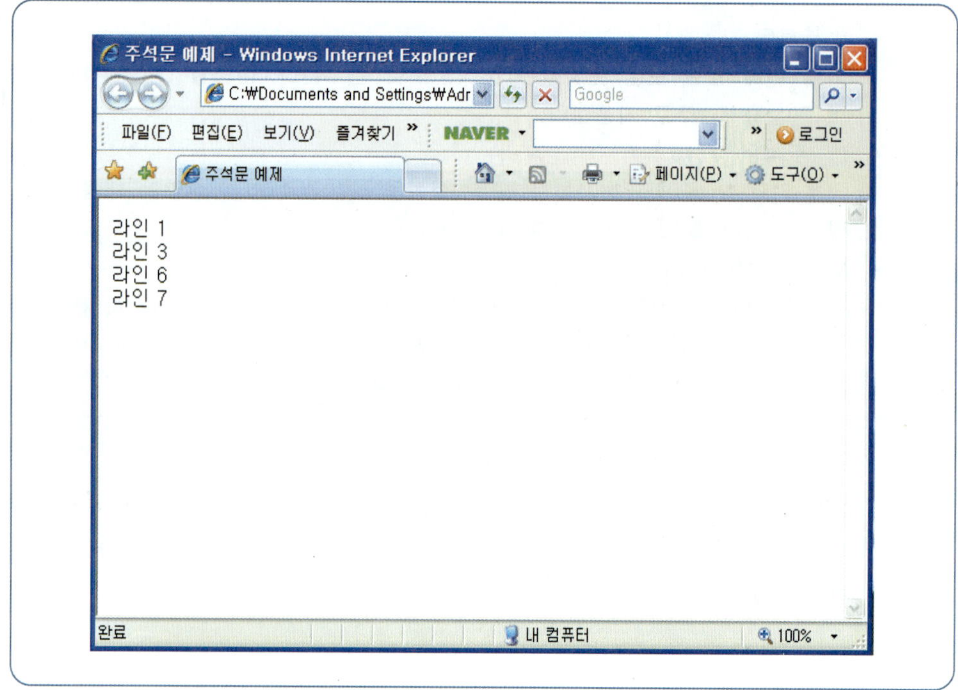

7.1.6 자바스크립트의 삽입 방법

HTML 문서에 자바스크립트를 삽입시키는 방법에는 HTML 문서 안에 자바스크립트를 직접 작성하는 방법과 외부에서 자바스크립트 문서를 별도로 작성하여 불러오는 방법이 있다.

1) 문서 내부에 자바스크립트 코드 포함시키기

자바스크립트는 내용과 기능에 따라 HTML 문서의 <head> 부분과 <body> 부분에 삽입될 수 있다. [그림 7-5]는 헤더 부분에 자바스크립트를 작성한 방법을 나타내고 있다.

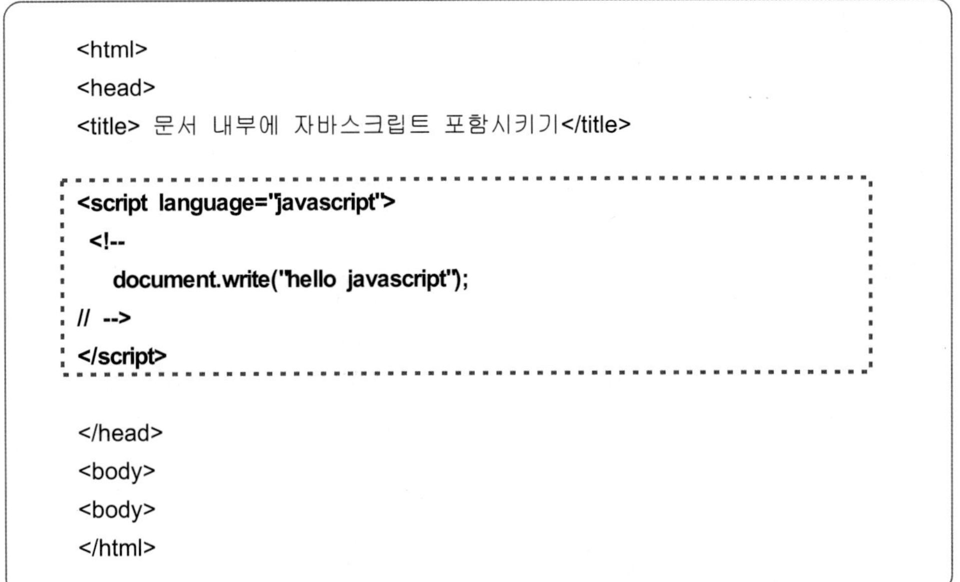

```
<html>
<head>
<title> 문서 내부에 자바스크립트 포함시키기</title>

<script language="javascript">
 <!--
    document.write("hello javascript");
// -->
</script>

</head>
<body>
<body>
</html>
```

[그림 7-5]
문서 내부에
자바스크립트 코드 삽입

2) 외부 파일에 작성된 자바스크립트 코드 불러오기

HTML 문서에서 바로 자바스크립트 소스를 사용하지 않고 별도의 js 파일 형식으로 자바스크립트 소스를 작성하고 저장한 후 HTML 문서의 <head> 부분이나 <body> 부분에 불러와서 사용한다. 이 방법은 자바스크립트 코드의 크기가 큰 경우와 다른 HTML 문서에서 공통적으로 사용할 스크립트를 포함하고 있을 경우에 사용한다. [그림 7-6]은 외부에서 작성한 자바스크립트 코드를 불러오는 방법을 나타낸다.

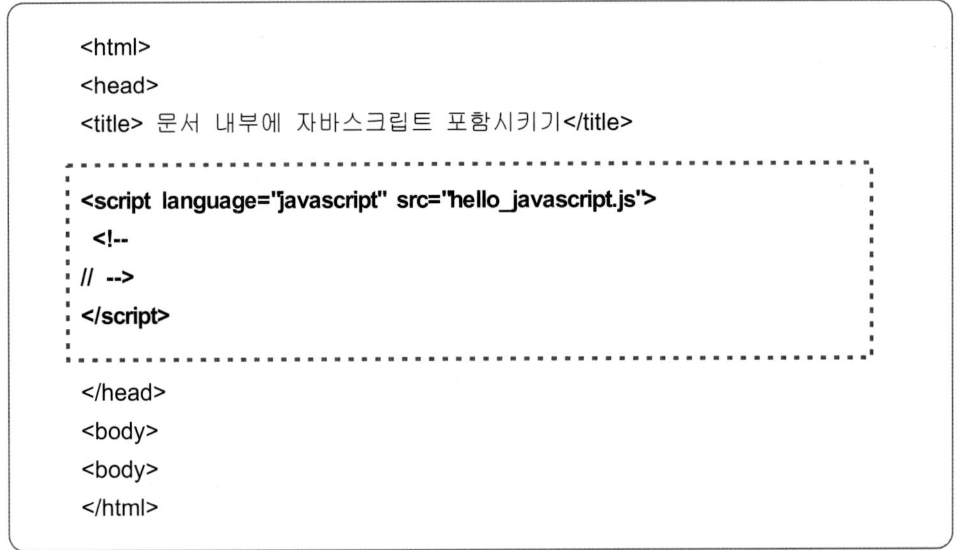

```
<html>
<head>
<title> 문서 내부에 자바스크립트 포함시키기</title>

<script language="javascript" src="hello_javascript.js">
 <!--
// -->
</script>

</head>
<body>
<body>
</html>
```

[그림 7-6]
외부 파일에서 작성된
자바스크립트 코드
불러오기

7.2 자바스크립트의 기본 문법

여기서는 자바스크립트에서 제공하는 기본 자료형, 변수, 연산자들에 대해 알아본다.

7.2.1 기본 자료형

자바스크립트 언어에서 사용되는 자료형에 대해 소개한다. 자바스크립트의 기본 자료형은 [표 7-1]과 같이 대부분의 다른 프로그램 언어에서 기본적으로 제공하는 자료형과 비슷하다.

[표 7-1]
자바의 기본 자료형

분류	기본 자료형	진법	설명	예
숫자 자료형	정수형	10진법	소수점이 포함되지 않는 10진수	1, 9, -20,
		8진법	0으로 시작하는 숫자로 0부터 7까지의 조합으로 구성	017, 0171
		16진법	0x로 시작하는 숫자로 0에서 9까지의 수와 A부터 F까지의 문자 조합으로 구성	0x79A, 0x25
	실수형	일반 실수형	소수점을 포함하는 10진수	0.124, 9.227
문자열	·	·	큰따옴표("")와 작은따옴표(' ') 내에 있는 연속된 문자들	"nakyung", "사랑"
논리형	·	·	참(true)과 거짓(false)의 두 가지 값 중 하나만 가짐	true, false
널(null) 값	·	·	변수의 값이 정의되지 않아서 변수에 아무 값도 현재 들어 있지 않다는 의미	null
NaN 값	·	·	NaN(Not a Number)은 숫자가 아니라는 의미	NaN

7.2.2 변수

변수는 프로그램에서 자료형 값을 저장하기 위한 기억장소의 이름을 말한다. 그러므로 변수는 상수와는 다르게 프로그램이 실행되면서 기억된 내용이 변경될 수 있다. 자바스크립트에서 변수는 크게 지역 변수와 전역 변수로 분류된다.

1) 지역 변수

지역 변수들은 함수 내부에서 선언된 변수이다. 지역 변수는 선언된 함수에서만 사용할 수 있으며 키워드 var를 붙여 준다.

> 예) var sum; sum이라는 변수를 지역 변수로 선언한다.
> var sum=100; 지역 변수 sum을 선언하고 값을 100으로 초기화한다.

2) 전역 변수

전역 변수는 함수 밖에서 선언된 변수이다. 전역 변수는 함수 밖과 안에서 사용이 가능하며 키워드 var는 선택적으로 사용할 수 있다.

> 예) sum=200; 전역 변수 sum을 선언하고 200으로 초기화한다.

3) 변수를 만드는 방법

자바스크립트에서 필요에 따라 변수를 만들어 사용할 수 있다. 자바스크립트에서 변수를 만드는 규칙은 다음과 같다. 변수 작성 시 이 규칙들을 준수해서 작성해야만 프로그램 오류를 피할 수 있다.

- 변수명의 첫 글자는 반드시 영문자나 밑줄로 시작해야 한다.
- 변수명을 만들 때 영문자(A~Z, a~z), 숫자(0~9), 밑줄(_)만을 사용할 수 있다.
- 자바스크립트에서 이미 정의한 예약어는 변수명으로 사용할 수 없다.

자바스크립트에서 이미 정의된 예약어는 [표 7-2]와 같다. 변수 작성 시 이와 같은 예약어들은 사용할 수 없다.

abstract	throw	package	if	do
in	public	true	byte	in
static	void	char	finally	interface
synchronized	new	function	continue	document
instanceof	implements	private	throws	false
super	return	try	case	boolean
long	float	class	while	double
break	transient	protected	import	switch
final	catch	var	short	native
for	const	with		

[표 7-2]
자바스크립트 예약어

7.2.3 연산자

자바스크립트에서는 산술 연산자, 대입 연산자, 관계 연산자, 논리 연산자, 증감 연산자 등을 사용할 수 있다.

1) 산술 연산자

산술 연산자는 사칙연산을 수행하고자 할 때 사용되는 연산자들이다. 산술 연산자들은 [표 7-3]과 같다.

[표 7-3]
산술 연산자

산술 연산자	예제	설명
+	a+b	변수 a와 변수 b를 더함
−	a−b	변수 a에서 변수 b를 뺌
*	a*b	변수 a와 변수 b를 곱함
/	a/b	변수 a를 변수 b로 나눈 몫
−	−a	변수 a의 부호를 변경함
%	a%b	변수 a에 변수 b로 나눈 나머지를 계산

[그림 7-7]과 같은 산술 연산자 예제를 통해서 산술 연산자에 대한 사용 방법을 학습한다. [그림 7-7]을 실행하면 [그림 7-8]과 같은 실행 결과가 나타난다.

[그림 7-7]
산술 연산자 예제

```html
<html>
<head>
<title>산술 연산자 예제</title>
<script language="javascript">
<!--
    var i, j, k;
    i=j=k=10;
    i=i+j;      //i=i+10
    j=i-k;      //j=j*10
    k=i*j;      //k=k/10
    document.write("<center> i 값은"+i+"<br>");
    document.write(" j 값은"+j+"<br>");
    document.write(" k 값은"+k+"<br><br><br>");
    j=i/j;      //j=j-1
    j=-j;       //k=j
    k=i/j;      //k=k%i
    document.write(" i 값은"+i+"<br>");
    document.write(" j 값은"+j+"<br>");
    document.write(" k 값은"+k+"<cetner>");
//-->
</script>

</head>
<body>
</body>
</html>
```

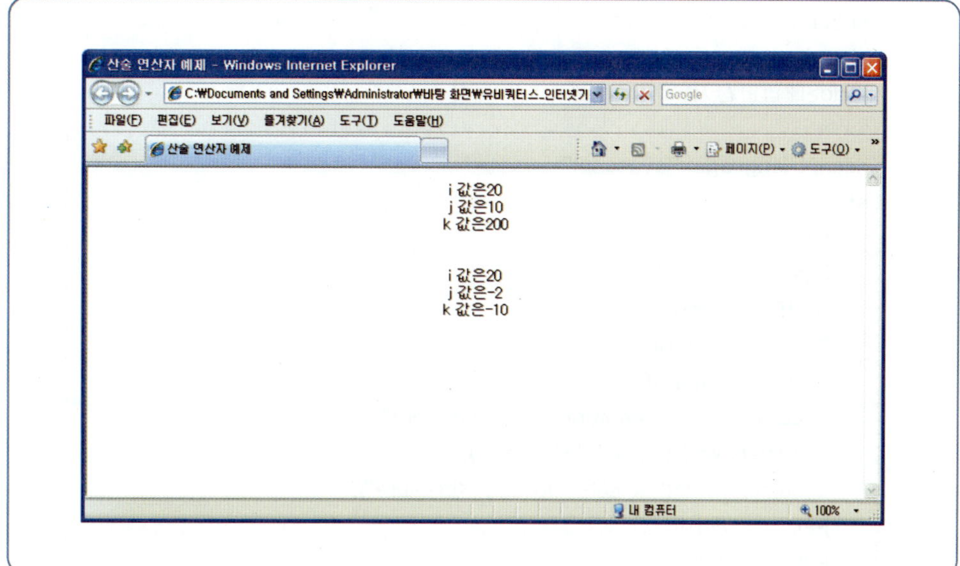

[그림 7-8]
산술 연산자 예제 실행 결과

2) 대입 연산자

대입 연산자는 기호 '='을 사용한다. 대입 연산자를 사용하여 만들어진 식을 대입식이라고 한다. 대입 연산자들은 [표 7-4]와 같다.

대입 연산자	예	설명
=	a=10	변수 a에 10을 대입
+=	a+=b	변수 a에 a+b의 결과를 대입(a=a+b)
−=	a−=b	변수 a에 a−b의 결과를 대입(a=a−b)
*=	a*=b	변수 a에 a*b의 결과를 대입(a=a*b)
/=	a/=b	변수 a에 a/b의 결과를 대입(a=a/b)
%=	a%b	변수 a에 a%b의 결과를 대입(a=a%b)

[표 7-4]
대입 연산자

[그림 7-9]와 같은 대입 연산자 예제를 통해서 대입 연산자에 대한 사용 방법을 학습한다. [그림 7-9]를 실행하면 [그림 7-10]과 같은 실행 결과가 나타난다.

```html
<html>
<head>
<title>대입연산자 예제</title>

<script language="javascript">
<!--
    var i, j, k;
    i=j=k=10;
    i+=10;      //i=i+10
    j*=10;      //j=j*10
    k/=10;      //k=k/10
    document.write("<center> i 값은"+i+"<br>");
    document.write(" j 값은"+j+"<br>");
    document.write(" k 값은"+k+"<br><br><br>");
    j-=i;       //j=j-1
    k=j;        //k=j
    k%=i;       //k=k%i
    document.write(" i 값은"+i+"<br>");
    document.write(" j 값은"+j+"<br>");
    document.write(" k 값은"+k+"<cetner>");
//-->
</script>

</head>
<body>
</body>
</html>
```


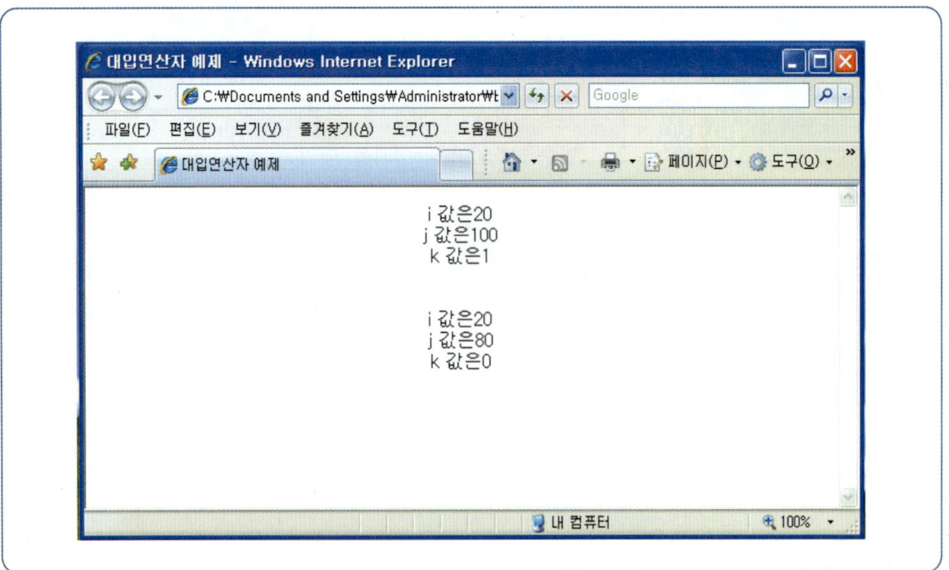

3) 관계 연산자

관계 연산자는 두 값의 크기를 비교하는 연산자로 비교(조건) 연산자라고도 한다. 즉, 피연산자 간의 관계를 비교하여 참 또는 거짓을 결과로 반환한다. 관계 연산자는 [표 7-5]와 같다.

관계 연산자	기능 설명	a=20, b=30일 때	결과 값(r)
>	~보다 크다	r=(a>b)	false
<	~보다 작다	r=(a<b)	true
>=	~보다 크거나 같다	r=(a>=b)	true
<=	~보다 작거나 같다	r=(a<=b)	true
==	~와 같다	r=(a==b)	false
!=	~와 같지 않다	r=(a!=b)	true

[표 7-5] 관계 연산자

[그림 7-11]과 같은 관계 연산자 예제를 통해서 관계 연산자에 대한 사용 방법을 학습한다. [그림 7-11]을 실행하면 [그림 7-12]와 같은 실행 결과가 나타난다.

```
<html>
<head>
<title>관계 연산자 예제</title>

<script language="javascript">
<!--
    var i=10, j=20, k=30, l=30;
    document.write("<center> i값은 ="+i+"<br>");
    document.write("j 값은 ="+j+"<br>");
    document.write("k 값은 ="+k+"<br>");
    document.write("l 값은 ="+l+"<br><br>");
    document.write("관계 연산 결과<br><br>");
    document.write("i>j =>"+(i>j)+"<br>");
    document.write("j==k =>"+(j==k)+"<br>");
    document.write("j>k =>"+(j>k)+"<br>");
    document.write("j!=k =>"+(j!=k)+"<br>");
    document.write("k>=l =>"+(k>=l)+"<br>");
    document.write("k==l =>"+(k==l)+"<br><cetner>");
//-->
</script>

</head>
<body>
</body>
</html>
```

[그림 7-11] 관계 연산자 예제

[그림 7-12]

관계 연산자 예제 실행 결과

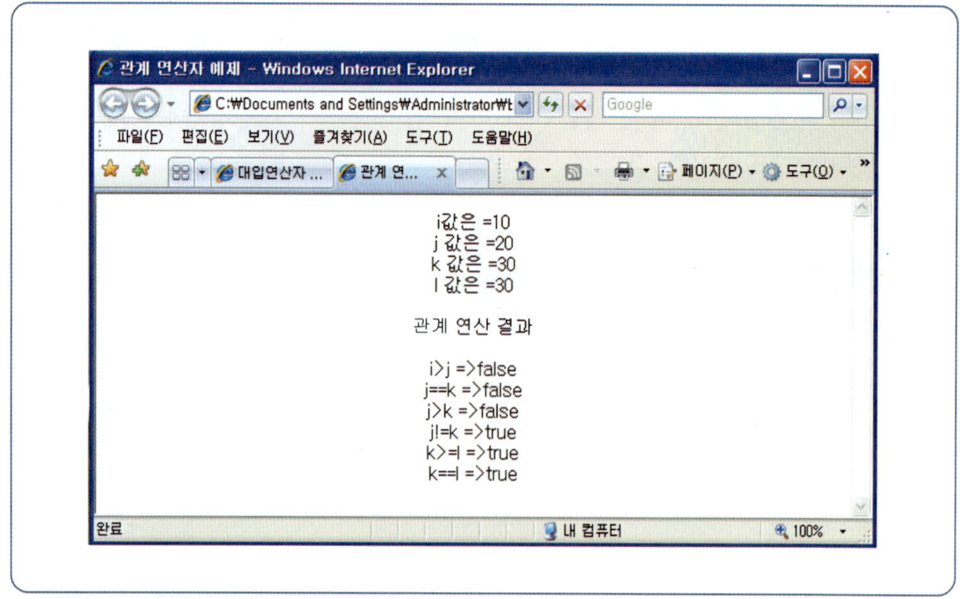

4) 논리 연산자

논리 연산자는 여러 개의 조건을 함께 연결할 때 사용되는 연산자들이다. 논리 연산자는 [표 7-6]과 같다.

[표 7-6]

논리 연산자

논리 연산자	기능 설명	a=20, b=30일 때	결과 값(r)
!	지정한 식의 논리부정(NOT)을 구함	!(a>=b)	true
&&	지정한 두 식 간의 논리곱(AND)을 구함	(a>b)&&(b>=a)	false
||	지정한 두 식 간의 논리합(OR)을 구함	(a>b)||(b>=a)	true

[그림 7-13]과 같은 논리 연산자 예제를 통해서 논리 연산자에 대한 사용 방법을 학습한다. [그림 7-13]을 실행하면 [그림 7-14]와 같은 실행 결과가 나타난다.

```
<html>
<head>
<title>논리 연산자 예제</title>

<script language="javascript">
<!--
    var i=true, j=false
    document.write("<center> i값은 ="+i+"<br>");
    document.write("j 값은 ="+j+"<br><br>");
    document.write("논리 연산 결과<br><br>");
    document.write("i&&j =>"+(i&&j)+"<br>");
    document.write("i||j =>"+(i||j)+"<br>");
    document.write("i^j =>"+(i^j)+"<br>");
    document.write("!j=k =>"+(!j)+"<center><br>");


//-->
</script>

</head>
<body>
</body>
</html>
```


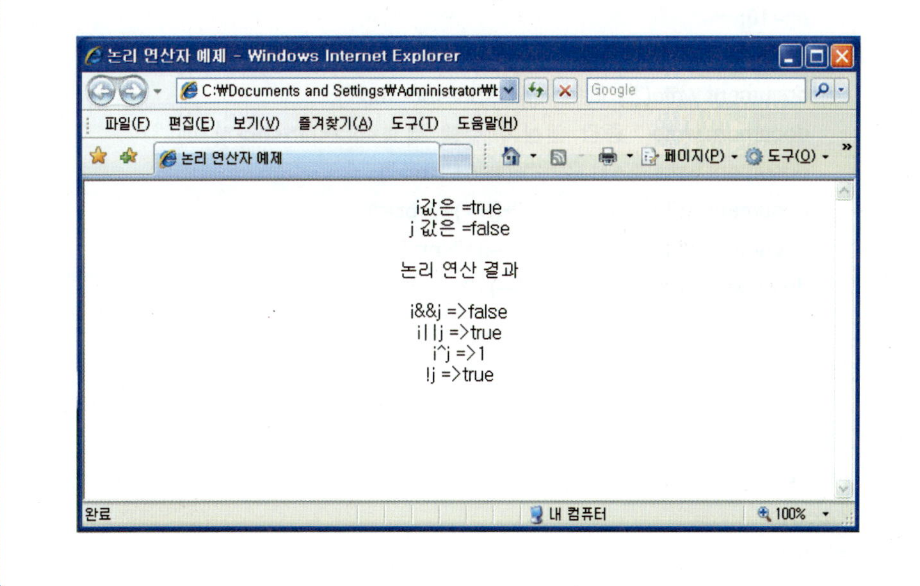

5) 증감 연산자

증감 연산자는 변수의 값을 1 증가 또는 감소시키는 연산자를 말한다. 증감 연산자는 [표 7-7]과 같다.

[표 7-7]
증감 연산자

증감 연산자	기능 설명	예	설명
++	증가 연산자	r=++a;	a=a+1을 수행한 후, a 값을 r에 대입한다.
		r=a++;	a 값을 r에 대입한 후, a=a+1을 수행한다.
--	감소 연산자	r=--a;	a=a-1을 수행한 후, a 값을 r에 대입한다.
		r=a--;	a 값을 r에 대입한 후, a=a-1을 수행한다.

[그림 7-15]와 같은 증감 연산자 예제를 통해서 증감 연산자에 대한 사용 방법을 학습한다. [그림 7-15]를 실행하면 [그림 7-16]과 같은 실행 결과가 나타난다.

[그림 7-15]
증감 연산자 예제

```
<html>
<head>
<title>증감 연산자 예제</title>

<script language="javascript">
<!--
    var i,j;
    i=j=10;
    document.write("<center> i 값은"+(i)+"<br>");
    document.write(" j 값은"+(j)+"<br><br><br>");
    document.write(" 증감 연산자 수행 결과<br><br><br>");
    document.write(" ++i 값은"+(++i)+"<br>");
    document.write(" j++ 값은 "+(j++)+"<br>");
    document.write(" --i 값은 "+(--i)+"<br>");
    document.write(" j-- 값은"+(j--)+"<cetner>");
//-->
</script>

</head>
<body>
</body>
</html>
```

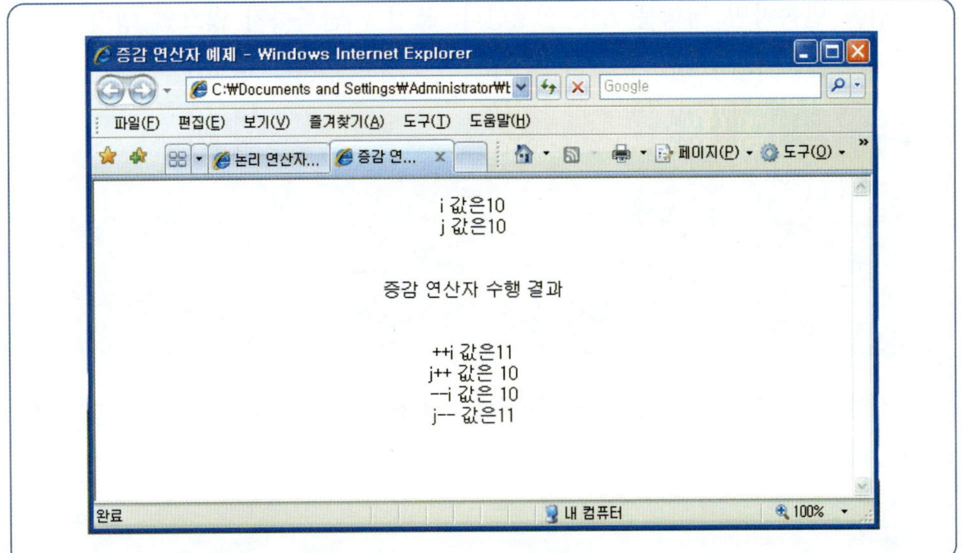

[그림 7-16]
증감 연산자 예제 실행
결과

7.3 자바스크립트 제어 구조

일반적으로 프로그램의 명령문은 순차적으로 실행된다. 그러나 자바스크립트가 실행될 때, "어떤 명령문은 먼저 실행하고 어떤 명령문은 나중에 실행하라" 또는 "어떤 명령문은 특정 조건에 맞을 때만 실행하라"는 등의 명령들도 자바스크립트 소스 안에 포함된다. 이렇게 컴퓨터가 명령문을 실행하는 순서를 프로그램에서 비교문, 반복문 등으로 요약할 수 있는데, 이를 제어 구조라고 한다.

7.3.1 IF문

IF문은 조건식의 판별에 따라 해당되는 문장들을 실행시키고자 할 때 사용되는 제어문이다. IF문은 조건을 판단해 본 후 그 조건을 만족하면 해당하는 실행문을 수행하고 그렇지 않은 경우에는 다른 실행을 수행한다. IF문은 다음과 같이 세 가지 형태가 있다.

- 단순 IF문
  IF(조건)
    명령문 A

조건을 만족하면 명령문 A를 실행한다. 조건을 만족하지 않으면 명령문 A는 실행되지 않는다.

● IF ELSE문
  IF(조건)
    명령문 A
  ELSE
    명령문 B

조건을 만족하면 명령문 A를 실행하고, 조건을 만족하지 않으면 명령문 B를 실행한다.

● 다중 IF ELSE문
  IF(조건 1)
    명령문 A
  ELSE IF(조건 2)
    명령문 B
  ELSE
    명령문 C

조건 1을 만족하면 명령문 A를 실행하고, 조건 2를 만족하면 명령문 B를 실행하고, 그 외의 조건에는 명령문 C를 실행한다. 중간의 ELSE IF를 여러 번 사용하여 다양한 조건에 따라 명령문을 실행할 수 있다. [그림 7-17]과 같은 IF문 예제를 통해서 IF문에 대한 사용 방법을 학습한다. [그림 7-17]을 실행하면 [그림 7-18]과 같은 실행 결과가 나타난다.

```
<html>
<head>
<title>if else 예제</title>

<script language="javascript">
<!--
    var grade=93;
    document.write("<center> ");
    if(grade>=90)
       document.write("당신은 점수는 '수' 입니다.");
    else if(grade>=80)
       document.write("당신은 점수는 '우' 입니다.");
    else if(grade>=70)
       document.write("당신은 점수는 '미' 입니다.");
    else if(grade>=60)
       document.write("당신은 점수는 '양' 입니다.");
    else
       document.write("당신은 점수는 '가' 입니다.");

    document.write("</center>");
//-->
</script>

</head>
<body>
</body>
</html>
```

[그림 7-17]
IF ELSE 예제

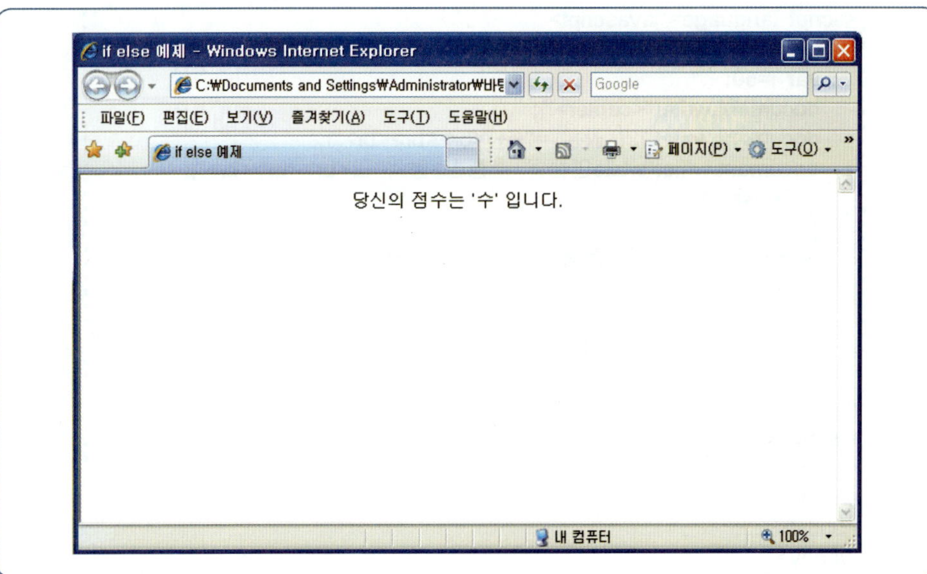

[그림 7-18]
IF ELSE 예제 실행
결과

7.3.2 WHILE문

WHILE문은 주어진 조건이 만족하는 동안 WHILE문 내의 문장들을 반복해서 수행한다. WHILE 내의 문장들을 실행하기 전에 조건에 대한 검사를 수행하고 참인 경우에만 수행된다.

```
WHILE(조건) {
    명령문 1;
    명령문 2;
    명령문 3;
        ...
    명령문 n;
}
```

조건을 판별해서 조건이 참(TRUE)이면 WHILE 블록 안의 명령문들을 수행하고, 다시 조건을 검사한다. 이와 같은 작업들을 반복해서 수행하며, 조건이 거짓(FALSE)인 경우에 WHILE문을 수행하지 않고 다음 문장을 실행한다. [그림 7-19]와 같은 WHILE문 예제를 통해서 WHILE문에 대한 사용 방법을 학습한다. [그림 7-19]를 실행하면 [그림 7-20]과 같은 실행 결과가 나타난다.

[그림 7-19]

WHILE문 예제

```
<html>
<head>
<title>while 예제</title>

<script language="javascript>
<!--
    var i=50;
    document.write("<center>");
    document.write("i의 값은 ="+i+"<br><br><br>");
    document.write("while연산을 수행한 결과 값<br><br><br>");
    while(i<=60)
    {
    document.write("i의 출력값은 ="+i+"<br>");
    i++; //i=i+1;
    }
    document.write("</center>");

//-->
</script>

</head>
<body>
</body>
</html>
```

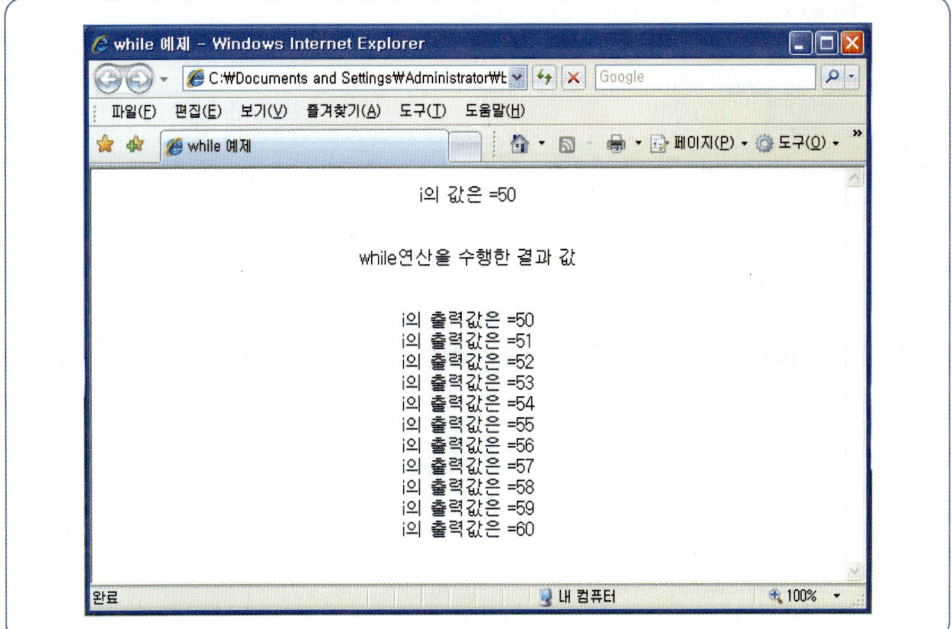

[그림 7-20]

WHILE문 예제 수행 결과

7.3.3 DO-WHILE문

DO-WHILE문은 WHILE문과 같이 조건을 검사해서 그 조건이 만족되는 동안만 DO-WHILE문 내의 문장들을 실행시킨다.

```
DO {
    명령문 1;
    명령문 2;
    명령문 3;
      …
    명령문 n;
} WHILE(조건);
```

DO-WHILE문은 우선 DO-WHILE문 내의 명령문들을 한 번 실행한 후 조건을 검사한다. 조건이 참이면 다시 DO-WHILE문 내의 문장들을 수행한다. 이와 같은 과정을 WHILE의 조건이 거짓인 동안 반복하여 수행하게 된다. [그림 7-21]과 같은 DO-WHILE문 예제를 통해서 DO-WHILE문에 대한 사용 방법을 학습한다. [그림 7-21]을 실행하면 [그림 7-22]와 같은 실행 결과가 나타난다.

[그림 7-21]

DO-WHILE문 예제

```
<html>
<head>
<title>do while 예제</title>

<script language="javascript">
<!--
    var i=50;
    document.write("<center>");
    document.write("i의 값은 ="+i+"<br><br><br>");
    document.write("do while연산을 수행한 결과<br><br><br>");
    do
    {
        document.write("i의 출력값은 ="+i+"<br>");
        i++; //i=i+1;
    }while(i<=60)
    document.write("</center>");

//-->
</script>

</head>
<body>
</body>
</html>
```

[그림 7-22]

DO-WHILE문 예제
실행 결과

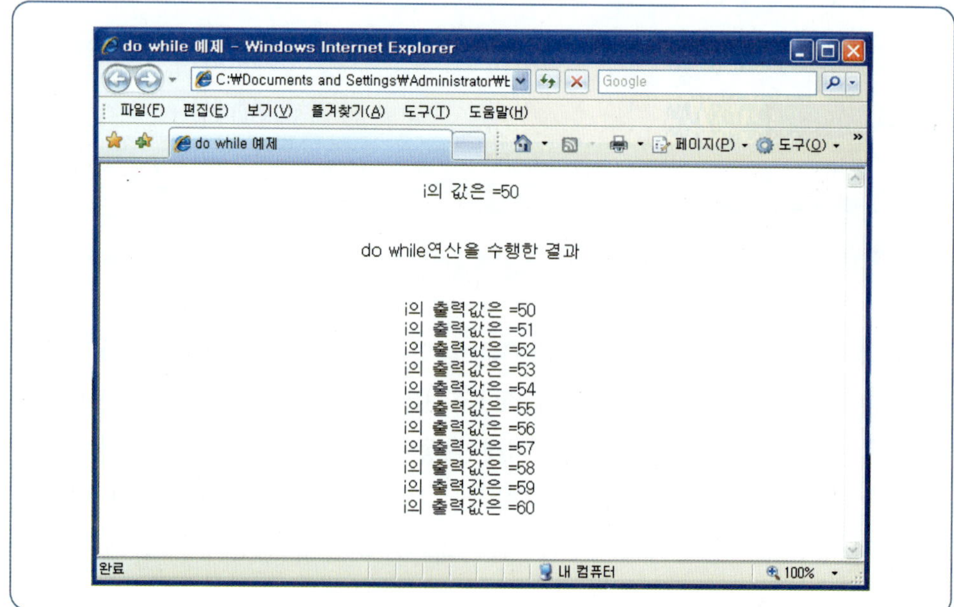

7.3.4 FOR문

FOR문은 조건이 만족하는 동안에 FOR문 내의 문장들을 반복 실행하도록 하는 명령이다. FOR문은 조건과 FOR문 내의 문장들이 실행될 횟수를 알고 있을 때 사용한다.

```
FOR(초기 값; 비교식; 증가 값)
{
    명령문 1;
    명령문 2;
    명령문 3;
       ...
    명령문 n;
}
```

FOR문 안에는 초기 값, 비교식, 증가 값으로 구성된다. 초기 값에 해당하는 값을 가지고 비교식에서 비교를 수행하며, 참인 경우에 명령문을 실행한다. 명령문들을 모두 실행한 후 증가 값을 수행한다. [그림 7-23]과 같은 FOR문 예제를 통해서 FOR문에 대한 사용 방법을 학습한다. [그림 7-23]을 실행하면 [그림 7-24]와 같은 실행 결과가 나타난다.

```html
<html>
<head>
<title>for문 예제</title>

<script language="javascript">
<!--
    var i=50;
    document.write("<center>");
    document.write("i의 값은 ="+i+"<br><br><br>");
    document.write("i의 증가값은 = 1<br><br><br>");
    document.write("i가 60보다 작거나 같을 때 까지<br><br><br>");
    document.write(" for문을 수행한 결과<br><br><br>");

    for(i;i<=60;i++)
        document.write("i의 출력값은 ="+i+"<br>");

    document.write("</center>");
//-->
</script>

</head>
<body>
</body>
</html>
```

[그림 7-23]
FOR문 예제

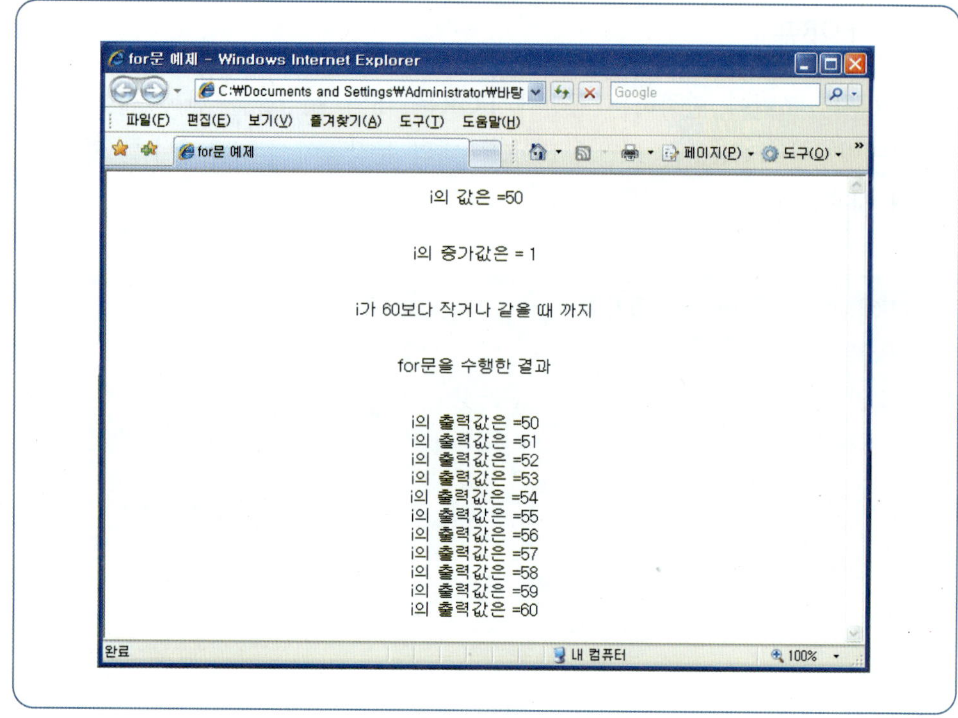

7.3.5 CONTINUE와 BREAK문

CONTINUE문은 순환하는 명령문 속에서 현 단계의 반복을 중단시키고 다음의 새로운 반복 단계를 위한 조건의 검색 부분으로 되돌아가고자 할 때 사용한다. BREAK문은 반복문의 문장 내부에서 명시적으로 벗어나기 위해 사용된다. 즉, CONTINUE문은 실행을 중단하고 조건 부분으로 되돌아가서 조건이 만족하면 다시 반복문을 실행시키는 반면 BREAK문은 즉시 반복문을 벗어나게 한다. [그림 7-25]와 같은 CONTINUE문 예제를 통해서 CONTINUE문에 대한 사용 방법을 학습한다. [그림 7-25]를 실행하면 [그림 7-26]과 같은 실행 결과가 나타난다.

```
<html>
<head>
<title>continue 예제</title>

<script language="javascript">
<!--
    var i=0;
    document.write("<center>");
    document.write("i의 값은 ="+i+"<br><br><br>");
    document.write("i가 10보다 작거나 같을 때 까지<br><br><br>");
    document.write(" for문을 수행하는 도중 continue문을 만났을 때<br><br><br>");
    for(i;i<=10;i++)
    {
       if(i==5)
           continue;
       document.write("i의 출력값은 ="+i+"<br>");
    }
    document.write("</center>");
//-->
</script>

</head>
<body>
</body>
</html>
```


[그림 7-25]에서 i의 값이 5일 때 출력이 일어나지 않는다. i==5일 때는 for문
을 다시 실행한다.

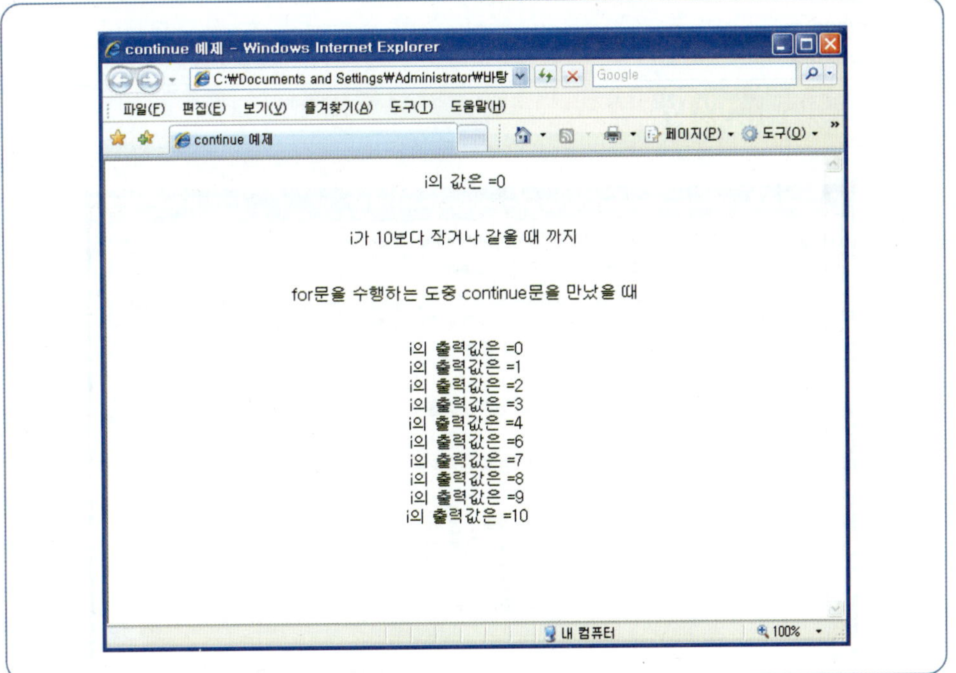

[그림 7-27]과 같은 BREAK문 예제를 통해서 BREAK문에 대한 사용 방법을 학습한다. [그림 7-27]을 실행하면 [그림 7-28]과 같은 실행 결과가 나타난다.

[그림 7-27]

BREAK문 예제

```
<html>
<head>
<title>break 예제</title>

<script language="javascript">
<!--
    var i=0;
    document.write("<center>");
    document.write("i의 값은 ="+i+"<br><br><br>");
    document.write("i가 10보다 작거나 같을 때 까지<br><br><br>");
    document.write(" for문을 수행하는 도중 break문을 만났을 때<br><br><br>");

    for(i;i<=10;i++)
    {
        if(i==5)
            break;
        document.write("i의 출력값은 ="+i+"<br>");
    }
    document.write("</center>");
//-->
</script>

</head>
<body>
</body>
</html>
```

[그림 7-28]

BREAK문 예제 실행 결과

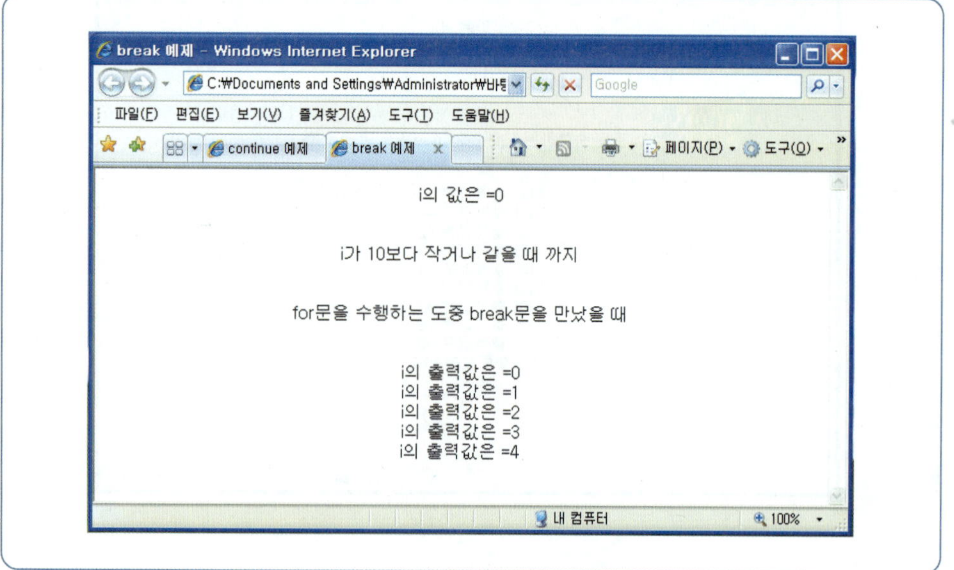

7.3.6 SWITCH문

SWITCH문은 다중 IF ELSE문이 다양한 조건에 따라 서로 다른 명령문을 실행하는 것처럼 여러 가지 조건에 맞추어 수행해야 할 명령문이 있는 경우에 사용된다.

```
SWITCH(값){
    CASE VALUE1:
            문장1;
            BREAK;
    CASE VALUE2:
            문장2;
            BREAK;
    CASE VALUE3:
            문장3;
            BREAK;

    DEFAULT:
            문장 N;
    }
```

SWITCH문의 값을 VALUE1과 비교하여 같으면 문장 1을 수행하고 SWITCH문을 벗어난다. VALUE1과 같지 않으면 VALUE2와 비교하고 그 값이 같으면 문장 2를 수행한다. 이와 같이 CASE문들과 모두 비교하고 그 값이 같지 않으면 마지막으로 DEFAULT 문장을 수행한다. [그림 7-29]와 같은 SWITCH문 예제를 통해서 SWITCH문에 대한 사용 방법을 학습한다. [그림 7-29]를 실행하면 [그림 7-30]과 같은 실행 결과가 나타난다.

[그림 7-29]

SWITCH문 예제

```html
<html>
<head>
<title>switch문 예제</title>

<script language="javascript">
<!--
    var grade=70;
    document.write("center> ");
    document.write("switch에 대한 예제<br><br>");
    switch(grade)
    {
      case 90:
              document.write("당신의 점수는 '수' 입니다.");
              break;
      case 80:
              document.write("당신의 점수는 '우' 입니다.");
              break;
      case 70:
              document.write("당신의 점수는 '미' 입니다.");
              break;
      case 60:
              document.write("당신의 점수는 '양' 입니다.");
              break;
      default:
            document.write("당신의 점수는 '가' 입니다.");
    }
    document.write("</center>");
//-->
</script>

</head>
<body>
</body>
</html>
```

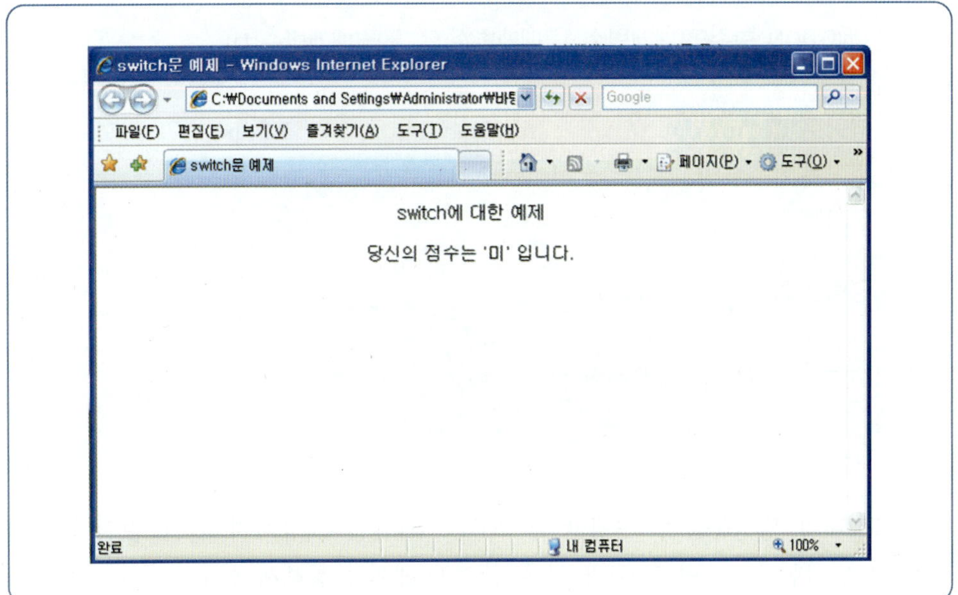

[그림 7-30]
SWITCH문 예제
실행 결과

7.4 함수

　함수는 특정한 작업을 수행하도록 만들어진 독립적인 프로그램 모듈이다. 함수에 어떤 값을 입력하면 그 함수는 입력 값을 받아 명령어를 수행하고 결과를 되돌려준다. 함수를 호출하고자 한다면 함수를 호출하는 방법과 함수가 결과로 되돌려주는 값이 어떤 종류인지만을 알고 있으면 된다. 함수를 만드는 것을 함수의 정의라고 한다. 함수를 정의하여 사용하는 이유는 다음과 같다.

- 프로그램에서 반복되는 부분을 함수로 만들어 놓으면 필요할 때, 호출(call)하여 사용할 수 있기 때문에 프로그램의 작성 시간을 단축시킬 수 있다.
- 하나의 큰 프로그램을 작은 단위의 함수로 만들어 사용할 수 있기 때문에 프로그램의 모듈화가 가능하여 알아보기 쉽고 수정이 용이하다.

　함수는 매개변수와 반환 값을 가질 수 있다. 매개변수란 함수를 호출할 때 함수 외부에서 값을 구한 후 다시 함수 내부로 넘겨주는 변수이다. 또한 반환 값이란 함수가 특정한 명령들을 수행한 후 호출 측에 반환하는 값을 의미한다. 다음은 함수의 기본적인 구조를 나타내고 있다.

```
FUNCTION 함수명(매개변수 1, 매개변수 2, ... , 매개변수 N)
{
  명령문 1;

  명령문 2;

  명령문 3;
       ...
  명령문 n;


  RETURN 반환 값이나 변환 변수

}
```

함수 내의 명령문들을 수행한 후 RETURN문을 사용하여 반환 값이나 변환 변수를 반환한다. [그림 7-31]과 같은 함수의 예제를 통해서 함수에 대한 사용 방법을 학습한다. [그림 7-31]을 실행하면 [그림 7-32]와 같은 실행 결과가 나타난다.

[그림 7-31]

함수 예제

```html
<html>
<head>
<title>function 예제</title>
<script language="javascript">
<!--
   function centerstart()
   {
     document.write("<center>");
   }
   function centerend()
   {
     document.write("</center>");
   }
   function hello()
   {
       document.write("hello<br>");
   }
   function javascriptstudy()
   {
       document.write("we will study the java script language<br>");
   }
   centerstart();
   hello();
   javascriptstudy();
   centerend();
//-->
</script>

</head>
<body>
</body>
</html>
```

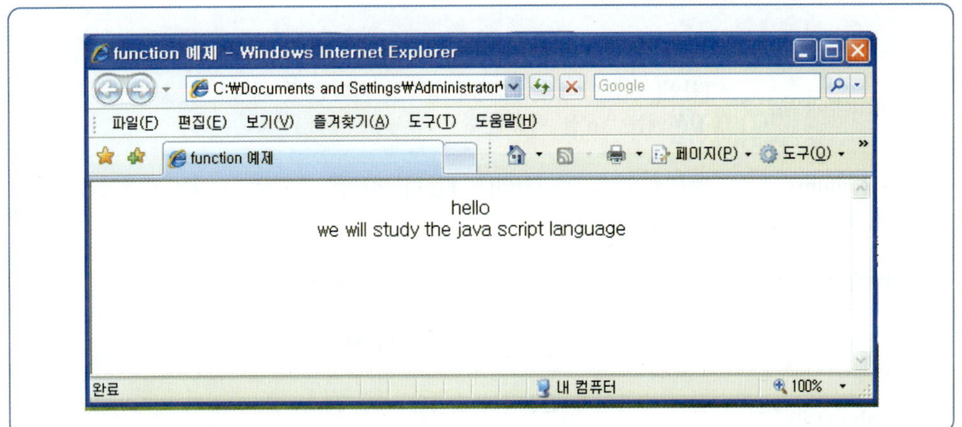

[그림 7-32]
함수 예제 실행 결과

정의된 함수는 언제든지 횟수에 제한 없이 호출하여 사용할 수 있다. 함수의 호출은 아래와 같이 네 가지 방법을 사용하여 호출할 수 있다.

- 인수가 없고, RETURN 값이 없는 경우
  FUNCTION_NAME();
- 인수가 없고, RETURN 값이 있는 경우
  Result=FUNCTION_NAME();
- 인수가 있고, RETURN 값이 없는 경우
  FUNCTION_NAME(ARG1, ARG2, ... , ARGn);
- 인수가 있고, RETURN 값이 있는 경우
  Result=FUNCTION_NAME(ARG1, ARG2, ... , ARGn);

자바스크립트에는 사용자 정의 함수와 내장 함수가 있다.

7.4.1 내장 함수

사용자 정의 함수는 프로그램 작성자가 직접 만든 함수를 말한다. 내장 함수는 자바스크립트에 기본으로 포함된 함수들을 가리킨다. 사용자는 별도의 작업 없이 내장 함수를 호출하여 자바스크립트에서 제공하는 기능을 이용할 수 있다. 자바스크립트에서 사용할 수 있는 내장 함수는 [표 7-8]과 같다.

[표 7-8]

자바스크립트의
내장 함수

함수명	기능
alert(문자열)	[확인] 버튼이 있는 메시지 상자를 나타낸다. 메시지의 줄바꿈을 원할 경우에는 '\n'을 이용한다.
confirm (문자열, 초기 값)	방문자가 스스로 [확인]과 [취소] 버튼을 선택할 수 있는 대화상자를 보여준다.
escape(문자)	문자를 ASCII 형식의 문자로 변환해 준다.
eval(수식)	문자열을 수식으로 받아들여 그 내용을 계산한다.
isNaN(값)	값이 숫자인지 판별하여 숫자인 경우 TRUE를, 그렇지 않으면 FALSE를 반환한다.
parseint(문자열)	문자열을 정수로 변환해 준다.
parseFloat(문자열)	문자열을 부동소수점으로 변환해 준다.
prompt (문자열, 초기 값)	값을 입력할 수 있는 입력 대화상자를 보여준다. 문자열이 메시지 형식으로 설명글 기능을 하여 나타나고, 초기 값이 입력란에 나타난다.
unescape (ASCII 코드 문자)	escape 함수와 반대로 ASCII 코드의 문자를 문자 세트로 변환해 준다.

[표 7-8]과 같은 내장 함수 중에서 대부분은 앞으로 배울 내장 객체들 또는 실습 부분에 포함되기 때문에 여기서는 가장 많이 사용되는 alert 함수에 대해서만 알아본다. [그림 7-33]과 같은 alert 내장 함수에 대한 예제를 통해서 내장 함수에 대한 사용 방법을 학습한다. [그림 7-33]을 실행하면 [그림 7-34]와 같은 실행 결과가 나타난다.

[그림 7-33]

alert 내장 함수 예제

```html
<html>
<head>
<title>function 예제</title>
<script language="javascript">
<!--
    alert("studing the java script is very enjoyable");
//-->
</script>
</head>
<body>
</body>
</html>
```

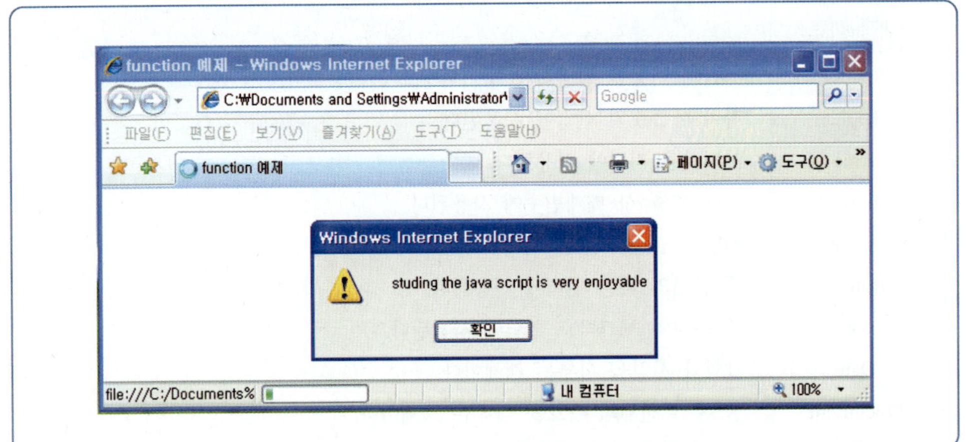

[그림 7-34]
alert 내장 함수 예제 실행 결과

7.5 자바스크립트의 내장 객체4)

자바스크립트 프로그램을 작성할 때마다 매번 필요한 모든 객체를 만들어 사용하는 것은 어렵고 반복적인 작업이다. 이와 같은 반복적인 작업을 덜어주기 위해서 자바스크립트에서 많이 사용되는 객체를 미리 정의하여 제공하는데 이를 내장 객체(built-in object)라고 한다. 즉, 내장 객체는 프로그램을 좀 더 효율적으로 작성할 수 있도록 하기 위해 자주 사용되는 객체를 미리 정의해 놓은 것을 말한다. 자바스크립트에서는 여러 가지의 내장 객체를 지원한다. 내장 객체들은 브라우저의 종류 및 브라우저의 버전에 따라 지원되지 않을 수도 있다. 그러나 대부분의 웹 브라우저의 버전이 높아지고 공개된 프로그램이기 때문에, 거의 모든 내장 객체들을 지원한다. [표 7-9]는 자바스크립트에서 제공하는 내장 객체들과 이에 대한 설명을 나타내고 있다. 여기서는 자주 사용되는 내장 객체들을 중심으로 설명한다.

---

4) 객체(object)란 실세계에 존재하는 어떤 것을 프로그램 영역으로 옮겨놓은 것을 말한다. 실세계에 존재하는 것들은 대부분 그것들이 갖고 있는 특징과 그것들이 행동하는 특성을 나타내는 방법들(method)을 갖고 있다. 예를 들어 자동차는 속성으로 '자동차의 색', '자동차 이름', '최대 시속' 등을 갖고 있으며 행동(메소드)으로 '달리다', '서다', '깜빡이를 켜다' 등이 있다. 즉, 객체는 속성과 메소드로 구성된다. 객체 지향 언어는 객체 지향 프로그래밍 환경에서 사용되는 프로그램 언어들을 가리킨다.

[표 7-9]

내장 객체

내장 객체	설명
Anchor	책갈피 기능을 담당하는 하이퍼링크에 사용된다.
Applet	자바 애플릿의 삽입에 사용된다.
Area	이미지맵 지정에 사용된다.
Argument	함수 호출 시 매개변수에 사용된다.
Array	배열을 만들어 주는 객체이다.
Button	폼 문서의 버튼 입력에 사용된다.
CheckBox	폼 문서의 체크박스 입력에 사용된다.
Date	날짜와 시간을 다루는 객체이다.
Document	웹 문서 전체의 정보를 다루는 객체이다.
Event	이벤트에 관련된 객체이다.
FileUpload	폼 문서의 파일 업로드 시에 사용된다.
Form	폼 문서의 전체 정보를 다루는 객체이다.
Frame	프레임 구조의 정보를 다루는 객체이다.
Function	함수 전체 정보를 다루는 객체이다.
Hidden	폼 문서의 숨김 필드 정보를 다루는 객체이다.
History	웹 브라우저에 기록된 인터넷 주소에 관련된 정보를 다루는 객체이다.
Image	이미지에 관련된 정보를 다루는 객체이다.
Layer	레이어에 관련된 정보를 다루는 객체이다.
Link	하이퍼링크에 관련된 정보를 다루는 객체이다.
Location	웹 브라우저의 인터넷 주소에 관련된 정보를 다루는 객체이다.
Math	수학 계산식에 관련된 객체에 사용된다.
mineType	웹 브라우저의 Mime 타입에 관련된 객체이다.
Navigator	웹 브라우저의 구성요소에 관련된 정보를 다루는 객체이다.
Number	문자열에서 숫자로 변경해 주는 객체이다.
Option	폼 문서의 리스트 상자의 옵션 정보를 다루는 객체이다.
Password	폼 문서의 암호 필드를 다루는 객체이다.
Plugin	플러그인에 관련된 정보를 다루는 객체이다.
Radio	폼 문서의 라디오 버튼에 관련된 정보를 다루는 객체이다.
Reset	폼 문서의 초기화 버튼에 관련된 정보를 다루는 객체이다.
Screen	웹 브라우저의 화면 해상도와 기타 관련 정보를 다루는 객체이다.
Select	폼 문서의 리스트 상자의 정보를 다루는 객체이다.
String	문자열 처리를 담당하는 객체이다.
Submit	폼 문서의 전송 버튼에 관련된 정보를 다루는 객체이다.
Text	폼 문서의 한 줄 입력 글상자에 관련된 정보를 다루는 객체이다.
TextArea	폼 문선의 여러 줄 입력 글상자(TextArea Filed)에 관련된 정보를 다루는 객체이다.
Window	웹 브라우저 전체의 윈도 구성요소에 관련된 정보를 다루는 객체이다.

7.5.1 Number 객체

Number 객체는 문자열을 숫자 형식으로 변환해 주는 객체이다. 변환하려는 문자열이 숫자로 되어 있지 않으면 NaN(Not a Number)라는 메시지를 반환한다. Number 내장 객체에서는 [표 7-10]과 같은 속성들을 제공한다.

속성	기능
MAX_VALUE	자바스크립트에서 표현할 수 있는 가장 큰 수를 저장하고 있는 속성
MIN_VALUE	자바스크립트에서 표현할 수 있는 가장 작은 수를 저장하고 있는 속성
NaN	Not a Number를 의미하며, NaN으로 표시
NEGATIVE_INFINITY	음의 무한대를 의미하며, -infinity라고 표시
POSITIVE_INFINITY	양의 무한대를 의미하며, infinity라고 표시
prototype	Number 객체로 생성된 객체들이 공통으로 사용할 수 있는 속성을 만드는 데 사용되는 속성

[표 7-10]

Number 객체

[그림 7-35]와 같은 Number 객체 예제를 통해서 Number 객체에 대한 사용 방법을 학습한다. [그림 7-35]를 실행하면 [그림 7-36]과 같은 실행 결과가 나타난다.

```html
<html>
<head>
<title>Number 객체 예제</title>

<script language="javascript">
<!--
    var sum1, sum2,sum3;

    sum1="20"+10;
    sum2=Number("20")+10;
    sum3=Number("ab")+10;

    document.write("<center>");
    document.write("Number 객체의 연산<br><br>");
    document.write("sum1: "+sum1+"<br>");
    document.write("sum2: "+sum2+"<br>");
    document.write("sum3: "+sum3+"<br><br><br>");
    document.write("Number 객체를 이용하영 자바스크립에서 표현할
    수 있는 최대값/최소값 구하기");
    document.write("최대값: "+Number.MAX_VALUE+"<br>");
    document.write("최소값: "+Number.MIN_VALUE+"<br>");
    document.write("</center>");
//-->
</script>

</head>
<body>
</body>
</html>
```

[그림 7-35]

Number 객체의 예제

[그림 7-36]
Number 객체 예제의
실행 결과

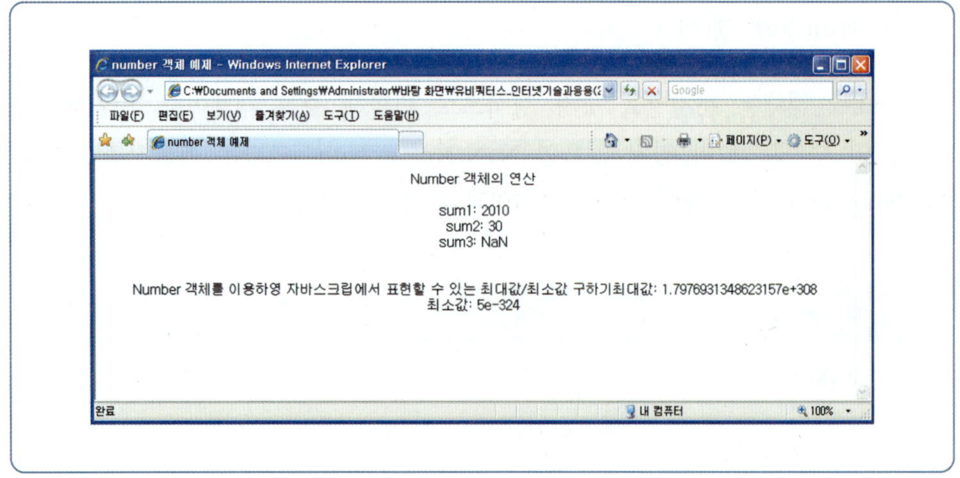

7.5.2 MATH 객체

MATH 객체는 자연로그, 지수 등과 같은 수학적 처리가 필요한 속성과 sin, cos, tan, log와 같은 메소드를 이용하여 복잡한 계산식을 처리해 주는 객체이다. [표 7-11]은 Math 객체에서 제공하는 속성을 나타내며, [표 7-12]는 Math 객체에서 제공하는 메소드를 보여주고 있다.

[표 7-11]
Math 객체의 속성

속성	기능
E	자연로그의 밑으로 사용하는 오일러 상수 값(2.718)을 갖고 있는 속성
LN2	2의 자연로그 값(0.693)을 갖고 있는 속성
LN10	10의 자연로그 값(2.032)을 갖고 있는 속성
LOG2E	밑이 2인 E의 로그 값(1.442)을 갖고 있는 속성
LOG10E	밑이 10인 E의 로그 값(0.434)을 갖고 있는 속성
PI	파이 값(3.14)을 갖고 있는 속성

메소드	기 능
abs(value)	value의 절댓값을 구하는 메소드
acos(value)	value의 arc consine 값을 구하는 메소드
asin(value)	value의 arc sin 값을 구하는 메소드
atan(value)	value의 arc tangent 값을 구하는 메소드
ceil(value)	value의 값보다 같거나 큰 수 중에서 가장 작은 정수 값을 구하는 메소드
cos(value)	value의 cosine 값을 구하는 메소드
exp(value)	value의 지수 값을 구하는 메소드
floor(value)	value보다 같거나 작은 수 중에서 가장 큰 정수 값을 구하는 메소드
log(value)	value의 로그 함수 값을 구하는 메소드
max(value1,value2)	value1과 value2 중에서 큰 수의 값을 구하는 메소드
min(value1,value2)	value1과 value2 중에서 작은 수의 값을 구하는 메소드
pow(value1,value2)	value1의 value2의 승을 가져오는 메소드(value1^{value2})
random( )	난수를 가져오는 메소드
round(value)	value의 반올림 값을 구하는 메소드
sin(value)	value의 sin 값을 구하는 메소드
sqrt(value)	value의 제곱근 값을 구하는 메소드
tan(value)	value의 tangent 값을 구하는 메소드

[표 7-12]
Math 객체의 메소드

[그림 7-37]과 같은 Math 객체 예제를 통해서 Math 객체에 대한 사용 방법을 학습한다. [그림 7-37]을 실행하면 [그림 7-38]과 같은 실행 결과가 나타난다.

```html
<html>
<head>
<title>Math 객체 예제</title>

<script language="javascript">
<!--
    document.write("<center>");
    document.write(" Math 객체를 이용한 수식 계산 <br><br><br>");
    document.write(" -20의 절대값은 :"+Math.abs(-20)+"<br>");
    document.write(" PI 값은 :"+Math.PI+"<br>");
    document.write(" 20의 tan 값은 :"+Math.tan(20)+"<br>");
    document.write(" 20,50 중에 최대값은 :"+Math.max(20,50)+"<br>");
    document.write(" 20,50 중에 최소값은  :"+Math.min(20,50)+"<br>");
    document.write(" 난수가 발생 :"+Math.random()+"<br>");
    document.write(" 2의 12승은 :"+Math.pow(2,12)+"<br>");
    document.write("</center>");
//-->
</script>

</head>
<body>
</body>
</html>
```

[그림 7-37]
Math 객체의 예제

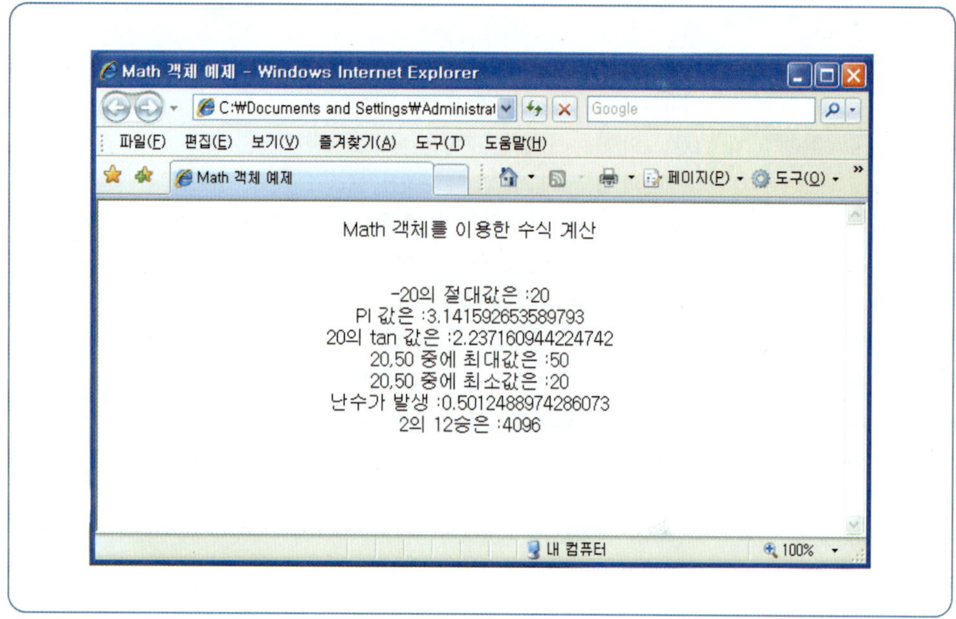

7.5.3 Screen 객체

Screen 객체는 방문자 컴퓨터의 화면 해상도, 색상 수, 화면 크기에 대한 정보를 알려 주는 객체이다. 이 객체는 사용자 컴퓨터의 화면에 대한 정보를 이용하여 웹 브라우저에 대한 조정을 하기 위해서 사용된다. [표 7-13]은 Screen 객체에서 제공하는 속성들과 기능에 대해 설명하고 있다.

[표 7-13]
Screen 객체의 속성

속성	기능
availHeight	윈도의 실제적인 작업 화면의 높이를 픽셀로 갖고 있는 속성
availWidth	윈도의 실제적인 작업 화면의 넓이를 픽셀로 갖고 있는 속성
height	윈도 작업 화면의 높이를 픽셀로 갖고 있는 속성
width	윈도 작업 화면의 넓이를 픽셀로 갖고 있는 속성
colorDepth	해상도의 컬러 수를 갖고 있는 속성

[그림 7-39]와 같은 Screen 객체 예제를 통해서 Screen 객체에 대한 사용 방법을 학습한다. [그림 7-39]를 실행하면 [그림 7-40]과 같은 실행 결과가 나타난다.

```
<html>
<head>
<title>Screen 객체 예제</title>

<script language="javascript">
<!--
    document.write("<center>");
    document.write(" Screen 객체 다루기 <br><br><br>");
   document.write("윈도우의 실제적인 작업화 화면의 높이는:"+screen.availHeight+"<br>");
   document.write("윈도우의 실제적인 작업화 화면의 넓이는:"+screen.availWidth+"<br>");
    document.write("윈도의 높이는 :"+screen.height+"<br>");
    document.write("윈도의 넓이는 :"+screen.width+"<br>");
    document.write("</center>");
//-->
</script>

</head>
<body>
</body>
</html>
```


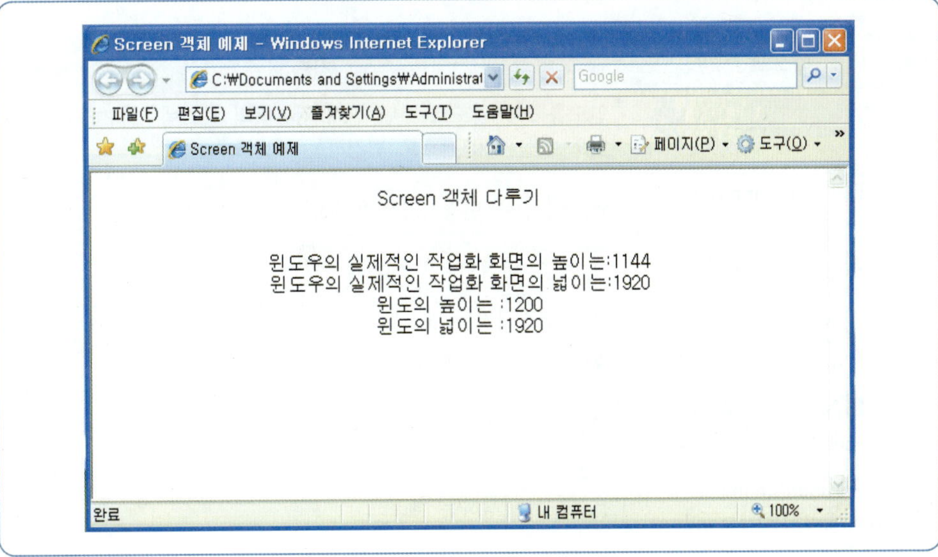

7.5.4 Date 객체

Date 객체는 날짜 및 시간과 관련된 객체로 이 객체를 이용하면 날짜, 년, 월, 요일, 시간, 분, 초 등을 가져오고 설정할 수 있다. 관련 메소드는 크게 날짜를 설정해 주는 set 기능과 날짜에 대한 값을 가져오는 get 기능이 있다. [표 7-14]는 Date의 get 메소드를 나타내고 있으며, [표 7-15]는 set 메소드를 나타내고 있다.

[표 7-14]
Date의 get 메소드

메소드	기능
getyear( )	연도를 반환하는 메소드(인터넷 익스플로러) 1900년 이후 경과된 연수를 반환(넷스케이프)
getFullYear( )	연도를 반환하는 메소드
getMonth( )	달을 반환하는 메소드(0은 1월, 1은 2월 ~ 11은 12월)
getDate( )	날짜(day)를 반환하는 메소드
getDay( )	요일을 반환하는 메소드(0은 일요일, 1은 월요일 ~ 6은 토요일)
getHours( )	0~23 사이의 시간을 반환하는 메소드
getMinutes( )	0~59 사이의 분을 반환하는 메소드
getSeconds( )	0~59 사이의 초를 반환하는 메소드
getTime	1970년 1월 1일 00시 00분 00초를 기준으로 현재 시간을 1/1000초로 나타낸 값을 반환하는 메소드
getMiliseconds	1/100초로 나타낸 값을 반환하는 메소드

[표 7-15]
Date의 set 메소드

메소드	기능
setYear(year)	연도를 2007년도로 주면 현재 컴퓨터의 시스템 날짜에서 연도 값을 2007년으로 변경하는 메소드
setFullYear(year,month, day)	연, 월, 일을 변경시키는 메소드
setMonth(month,day)	달, 일을 변경시키는 메소드
setDate(day)	일을 변경시키는 메소드
setDay(week)	요일을 변경시키는 메소드
setHours(hour, minute, second, 1/100 seconds)	시간, 분, 초를 변경하는 메소드
setMinutes(minute, second, 1/100 second)	분, 초를 변경하는 메소드
setSeconds(second, 1/100 second)	초를 변경하는 메소드
setTime(second)	1970년 1월 1일 이후의 시간을 1/1000단위로 변경시키는 메소드
setMilliSeconds(second)	1/100초 단위로 변경시키는 메소드

[그림 7-41]과 같은 Date 객체 예제를 통해서 Date 객체에 대한 사용 방법을 학습한다. [그림 7-41]을 실행하면 [그림 7-42]와 같은 실행 결과가 나타난다.

```html
<html>
<head>
<title>Date 객체 예제</title>

<script language="javascript">
<!--
   var today,newday;
   today=new Date();
   document.write("<center>");
   document.write(" Date를 이용한 현재 날짜가져오기 <br><br><br>");
   document.write("일반방식으로 출력:"+today.toString()+"<br>");
   document.write("local방식으로 출력:"+today.toLocaleString()+"<br>");
   document.write("GMT방식으로 출력 :"+today.toGMTString()+"<br><br><br>");

   newday=new Date();
   newday.setYear(2007);
   newday.setMonth(12);
   newday.setDate(25);
   newday.setHours(11);
   newday.setMinutes(20);
   newday.setSeconds(25);

   document.write(" Date를 이용한 날짜 설정<br><br><br>");
   document.write("일반방식으로 출력:"+newday.toString()+"<br>");
   document.write("local방식으로 출력:"+newday.toLocaleString()+"<br>");
   document.write("GMT방식으로 출력 :"+newday.toGMTString()+"<br>");

   document.write("</center>");
//-->
</script>

</head>
<body>
</body>
</html>
```

[그림 7-42]

Date 객체 예제의
실행 결과

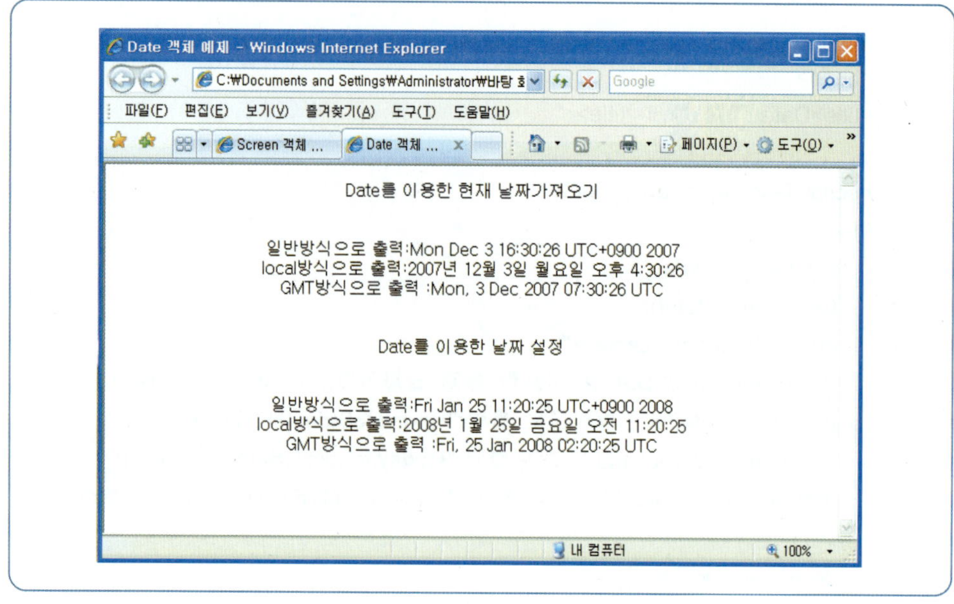

7.5.5 Array 객체

배열은 데이터의 집합 장소를 의미하며 배열을 이용하면 연속된 저장 공간에
많은 양의 데이터를 저장하여 호출할 수 있다. Array 객체는 배열의 길이를 갖
는 length 속성과 [표 7-16]과 같은 메소드들을 지원한다.

[표 7-16]

Array 객체의 메소드

메소드	기능
concat(value1, value2, … , valuen)	기존 배열에 여러 개의 배열들(value1, value2, … , valuen)을 순서대로 결합하여 하나의 배열을 생성하는 메소드
pop( )	배열의 마지막 요소를 가져오는 메소드로서, 메소드를 호출한 후 배열의 크기도 하나 줄임
push(value1, value2, … , valuen)	배열의 끝에 value1, value2, … , valuen의 값들을 삽입하고 배열의 크기를 반환하는 메소드
reverse( )	배열 요소들을 저장된 역순으로 바꾸어 주는 메소드로서, 역순으로 바뀐 배열을 가져옴
sort( )	배열에 저장되어 있는 값들을 정렬하는 메소드
toString( )	배열 요소를 문자열로 만들어 반환하는 메소드

[그림 7-43]과 같은 Array 객체 예제를 통해서 Array 객체에 대한 사용 방법
을 학습한다. [그림 7-43]을 실행하면 [그림 7-44]와 같은 실행 결과가 나타난다.

```
<html>
<head>
<title>Array 객체 예제</title>

<script language="javascript">
<!--
    var array1;
    array1=new Array(1,5,6,8,9,20,12,24,25,78,13,9);
    document.write("<center>");
    document.write("Array에 다루기<br><br><br>");

    document.write("배열의 크기는 : "+array1.length+"<br>");
    document.write("배열에 들어 있는 값 출력  : "+array1.toString()+"<br>");
    document.write("배열의 순서를 역순으로 변경 : "+array1.reverse()+"<br>");
    document.write("배열에 들어값들을 하나로 결합 : "+array1.concat()+"<br>");

    document.write("</center>");
//-->
</script>

</head>
<body>
</body>
</html>
```


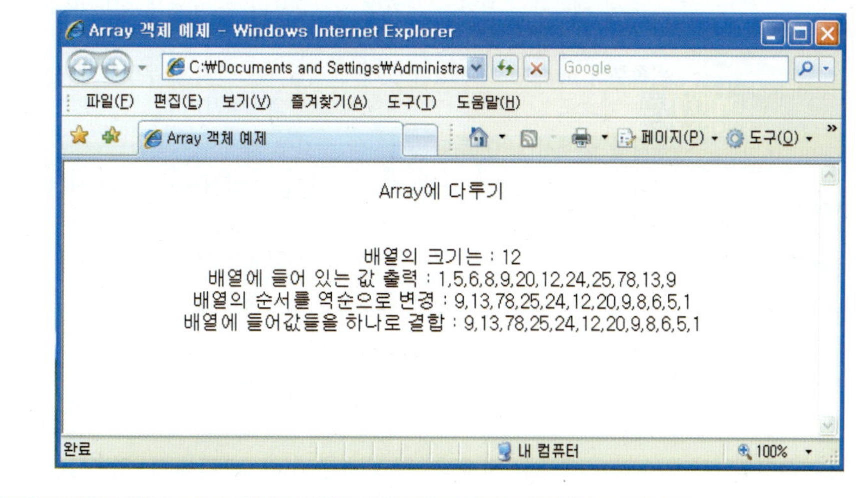

[그림 7-44]
Array 객체 예제의
실행 결과

7.5.6 String 객체

String 객체는 문자열을 다루기 위한 객체이다. String 객체는 글자 개수를 갖고 있는 length와, 문자열을 처리하기 위해 [표 7-17]과 같은 다양한 메소드들을 제공하고 있다.

[표 7-17]
String 객체의 메소드

메소드	기능
big( )	문자열을 크게 하는 메소드
blink( )	문자열을 깜빡이게 하는 메소드(넷스케이프에서 지원)
bold( )	문자열을 굵고 진하게 하는 메소드
fixed( )	문자열을 타자체로 나타나게 하는 메소드
fontcolor( )	문자열의 색상을 지정하는 메소드
fontsize( )	문자열의 크기를 지정하는 메소드
italics( )	문자열을 이탤릭체로 나타나게 하는 메소드
small( )	문자열을 작게 하는 메소드
strike( )	문자열의 중간에 가로줄을 긋는 메소드
sub( )	문자열을 아래첨자로 나타내게 하는 메소드
sup( )	문자열을 위첨자로 나타내게 하는 메소드
link(value)	value에 해당하는 URL에 하이퍼링크 만들어 주는 메소드
anchor(value)	value에 해당하는 책갈피를 지정하는 메소드
indexof(value)	value에 해당하는 문자가 문자열 왼쪽부터 몇 번째에 있는지 위치를 숫자로 나타내는 메소드
lastindexof(value)	value에 해당하는 문자가 문자열 오른쪽부터 몇 번째에 있는지 위치를 숫자로 나타내는 메소드
chartat(number)	왼쪽부터 number로 지정된 숫자에 해당하는 글자가 무엇인지 알려 주는 메소드
substring(a,b)	문자열 중에서 a번째부터 b까지의 글자를 가져오는 메소드
substr(a,b)	문자열 중에서 a번째 글자부터 b숫자만큼 더해서 글자를 나타내는 메소드
toLowerCase( )	문자열이 영문인 경우 모두 소문자로 나타내는 메소드
toUpperCase( )	문자열이 영문인 경우 모두 대문자로 나타내는 메소드
concat( )	문자열에 내용을 추가하는 메소드

[그림 7-45]와 같은 Array 객체 예제를 통해서 Array 객체에 대한 사용 방법을 학습한다. [그림 7-45]를 실행하면 [그림 7-46]과 같은 실행 결과가 나타난다.

```html
<html>
<head>
<title>String 객체 예제</title>

<script language="javascript">
<!--
    var str1,str2;
    str1="The java script language is useful to make dynamic homepages"
    str2="so, we will learn the java script language";

    document.write("<center>");

    document.write("str1"+str1+"<br>");
    document.write("String 다루기<br><br><br>");
    document.write("str1"+str1+"<br>");
    document.write("str2"+str2+"<br>");

    document.write("문자열을 크게 "+str1.big()+"<br>");
    document.write("문자열을 굵고 진하게 "+str1.bold()+"<br>");
    document.write("문자열을 타자체로 "+str1.fixed()+"<br>");
    document.write("문자열을 색상을 지정 "+str1.fontcolor("green")+"<br>");
    document.write("문자열을 가로줄에 줄 긋기 "+str1.strike()+"<br>");
    document.write("문자열을 아래첨자"+str1.sub()+"<br>");
    document.write("문자열을 위 첨자 "+str1.sup()+"<br><br>");

    document.write("str1,str2를 연결"+str1.concat(str2)+"<br>");
    document.write("str1에서 is의 위치는 "+str1.indexOf("is")+"<br>");
    document.write("str1에서 모두 대문자로 "+ str1.toUpperCase()+"<br>");
    document.write("str1에서 모두 소문자로 "+ str1.toLowerCase()+"<br>");

    document.write("</center>");
//-->
</script>

</head>
<body>
</body>
</html>
```

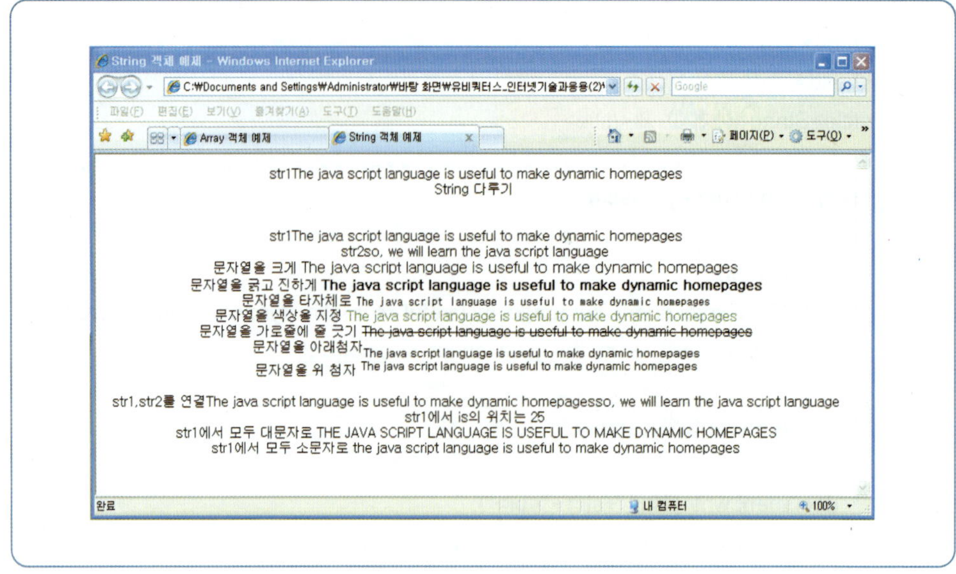

7.6 브라우저 내장 객체

웹 브라우저 내장 객체는 웹 브라우저 자체의 이름이나 버전 정보, 또는 브라우저상에 표시되는 웹 문서의 폼 등과 같은 정보들을 자바스크립트 프로그램에서 제어할 수 있도록 제공되는 자바스크립트 내장 객체 중의 하나이다.

7.6.1 Window 객체

브라우저 객체 중 최상위에 위치한 Window 객체는 가장 핵심적인 기능을 담당하며 사용빈도 또한 가장 높다. Window 객체는 [표 7-18]과 같은 속성들을 갖고 있으며, [표 7-19]와 같은 메소드를 제공한다. 또한 [표 7-20]과 같은 이벤트를 제공한다.

속성	기능
classed	문서에 정의된 css 클래스의 정보를 갖고 있는 속성
closed	윈도의 종료 여부를 알려 주는 속성
defaultStatus	웹 브라우저 상태바의 초기 문자열에 대한 정보를 갖고 있는 속성
document	윈도에 있는 document 객체에 대한 정보를 갖고 있는 속성
frames	윈도에 사용된 프레임 개수의 정보를 갖고 있는 속성
history	윈도에 있는 history 객체에 대한 정보를 갖고 있는 속성
length	부모 윈도에 사용된 프레임 개수의 정보를 갖고 있는 속성
location	윈도에 있는 location 객체의 정보를 갖고 있는 속성
name	윈도의 이름을 갖고 있는 속성
opener	윈도의 부모 윈도를 지정하는 정보를 갖고 있는 속성
parent	계층 구조상 바로 상위의 Window 객체를 지정하는 정보를 갖고 있는 속성
self	현재의 윈도를 지정하는 정보를 갖고 있는 속성
status	브라우저의 상태바를 지정하는 정보를 갖고 있는 속성
top	최상위의 Window 객체를 지정하는 정보를 갖고 있는 속성

[표 7-18]
Window 객체의 속성

메소드	기능
alert( )	메시지 윈도 창을 만드는 메소드
close( )	현재의 윈도를 종료하게 하는 메소드
setTimeout( )	설정한 시간 후에 자동으로 명령을 실행하도록 타이머 기능을 지정하는 메소드
clearTimeout( )	setTimeout( ) 메소드에 의해서 발생한 타이머 기능을 멈추는 메소드
confirm( )	확인과 취소 버튼이 있는 대화상자를 만드는 메소드
moveBy( )	브라우저의 11시를 기준으로 정해진 숫자 값만큼 윈도 자체를 이동시키는 메소드
moveTo( )	화면의 11시를 기준으로 정해진 숫자 값만큼 윈도 자체를 이동시키는 메소드
open( )	새로운 윈도를 여는 메소드
print( )	현재 윈도 문서를 인쇄하도록 하는 메소드
prompt( )	값을 입력할 수 있는 입력 대화상자를 만드는 메소드
resizeBy( )	현재의 브라우저 크기를 기준으로 크기를 조정하는 메소드
resizeTo( )	브라우저의 전체 크기를 조정하는 메소드
scrollBy( )	브라우저의 11시를 기준으로 내용을 스크롤링할 수 있는 기능을 제공하는 메소드
scrollTo( )	화면의 11시를 기준으로 내용을 스크롤링하는 기능을 제공하는 메소드

[표 7-19]
Window 객체의
메소드

[표 7-20]
Window 객체의 이벤트

이벤트	기능
onBlur( )	포커스가 이동되었을 때 발생하는 이벤트
onDragDrop( )	마우스를 드래그했을 경우 발생하는 이벤트
onError( )	웹 페이지나 이미지를 로딩하다 중지했을 경우 발생하는 이벤트
OnFocus( )	포커스가 왔을 경우 발생하는 이벤트
OnLoad( )	웹 페이지를 새로 로딩했을 경우 발생하는 이벤트
OnUnload( )	웹 문서가 닫혔을 경우 발생하는 이벤트

7.6.2 Document 객체

Document 객체는 웹 브라우저에 보이는 문서의 내용을 제어하는 객체이다. Document 객체의 속성은 문서의 배경 색상, 글자 색상, 하이퍼링크 색상과 같이 문서를 이루는 요소에 관련된 속성이 대부분이며, 메소드는 내용을 출력, 삭제하거나 새로운 윈도를 여는 기능을 담당하는 목록으로 이루어져 있다. Document 객체는 [표 7-21]과 같은 속성과 [표 7-22]와 같은 메소드를 지원한다.

[표 7-21]
Document 객체의
속성

속성	기능
anchors	책갈피를 지정하는 속성
applets	애플릿을 지정하는 속성
bgColor	문서의 배경 색상을 지정하는 속성
fgColor	글자 색상을 지정하는 속성
cookie	컴퓨터 정보를 알려 주는 속성
domain	서버 도메인 정보를 알려 주는 속성
embeds	플러그인을 지정하는 속성
forms	폼 양식을 지정하는 속성
images	이미지 관련 정보를 지정하는 속성
layers	레이어 관련 정보를 지정하는 속성
lastModified	마지막에 수정된 날짜의 정보를 알려 주는 속성
links	하이퍼링크를 지정하는 속성
linkColor	하이퍼링크의 글자 색상을 갖고 있는 속성
alinkColor	하이퍼링크의 active 상태의 글자색을 갖고 있는 속성
vlinkColor	하이퍼링크의 visited 상태에 대한 글자색을 갖고 있는 속성
location	현재 문서의 주소에 관련된 정보를 갖고 있는 속성
referrer	현재 문서를 호출한 주소에 대한 정보를 갖고 있는 속성
title	문서의 제목에 대한 정보를 갖고 있는 속성
url	현재 문서의 주소에 대한 정보를 갖고 있는 속성

메소드	기능
clear( )	문서의 내용을 지우는 메소드
open( )	새로운 문서를 여는 메소드
close( )	open( ) 메소드로 연 문서를 닫는 메소드
write(value)	출력문으로 value를 화면에 나타내는 메소드
writeln( )	줄바꿈을 하면서 출력문으로 value를 화면에 나타내는 메소드

[표 7-22]
Document 객체의
메소드

7.6.3 Location 객체

Location 객체는 웹 문서의 주소에 관련된 정보를 관리한다. 웹 문서의 주소에 관련된 정보로는 전체 주소의 경로, 호스트, 프로토콜, 포트번호 등이 있다. Location 객체는 [표 7-23]과 같은 속성과 [표 7-24]와 같은 메소드를 지원한다.

속성	기능
href	전체 주소에 대한 정보를 갖고 있는 속성
host	웹 문서의 호스트와 포트번호에 대한 정보를 갖고 있는 속성
protocol	프로토콜에 대한 정보를 갖고 있는 속성
pathname	호스트에서 문서의 경로에 대한 정보를 갖고 있는 속성
port	포트번호에 대한 정보를 갖고 있는 속성
search	검색엔진이 실행될 경우 사용하는 내용에 대한 정보를 갖고 있는 속성

[표 7-23]
Location 객체의 속성

메소드	기능
reload( )	웹 문서를 다시 불러들여 로딩하는 메소드
replace( )	웹 문서를 다른 웹 문서의 주소로 대치시켜 불러오는 메소드

[표 7-24]
Location 객체의
메소드

[그림 7-47]과 같은 Location 객체 예제를 통해서 Location 객체에 대한 사용 방법을 학습한다. [그림 7-47]을 실행하면 [그림 7-48]과 같은 실행 결과가 나타난다.

[그림 7-47]

Location 예제

```
<html>
<head>
<title> location 객체 예제</title>

<script language="javascript">
<!--
    document.write("<center>");
    document.write("location 객체 다루기 <br><br><br>");
    document.write("현재  url은:"+location.hrf+"<br>");
    document.write("현재  host은:"+location.host+"<br>");
    document.write("현재 경로는:"+location.pathname+"<br>");
    document.write("현재  url:"+location.hrf+"<br>");
    document.write("현재  url:"+location.hrf+"<br>");
    document.write("</center>");
//-->
</script>

</head>
<body><center><br><br><br>
<input type="button" value="새로 고침" onclick="javascript:location.reload();">
</center>
</body>
</html>
```

[그림 7-48]

Location 예제 실행
결과

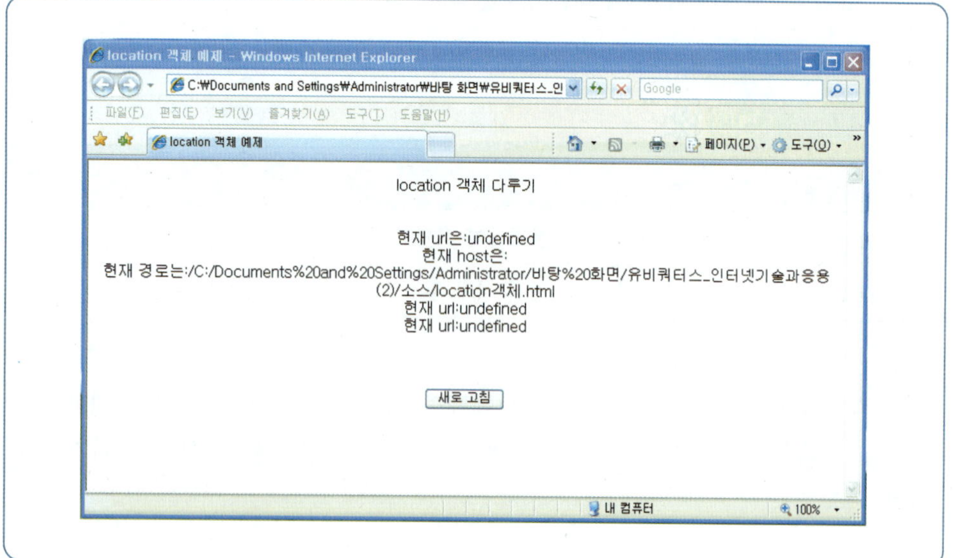

7.6.4 History 객체

History 객체는 웹 브라우저에서 최근 방문한 주소 목록을 이벤트에 따라 앞뒤로 이동할 수 있는 기능을 제공한다. [표 7-25]는 History 객체의 속성을 나타내고 있으며, [표 7-26]은 지원하는 메소드를 보여주고 있다.

속성	기능
length	히스토리 목록에 저장되어 있는 주소 URL의 개수를 갖고 있는 속성
current	현재 윈도의 URL 정보를 갖고 있는 속성
lengthHistory	히스토리 목록에 저장되어 있는 주소 URL의 개수를 갖고 있는 속성
nextHistory	히스토리 목록에서 다음 단계의 목록으로 이동하는 속성
previousHistory	히스토리 목록에서 이전 단계의 목록으로 이동하는 속성

[표 7-25]
History 객체의 속성

메소드	기능
back( )	히스토리 목록에서 이전에 방문한 화면으로 이동시키는 메소드
forward( )	히스토리 목록에서 다음에 방문한 화면으로 이동시키는 메소드
go( )	히스토리 목록에서 단계별로 화면을 이동시키는 메소드

[표 7-26]
History 객체의 메소드

[그림 7-49]와 같은 History 객체 예제를 통해서 History 객체에 대한 사용 방법을 학습한다. [그림 7-49]를 실행하면 [그림 7-50]과 같은 실행 결과가 나타난다.

[그림 7-49]

History 예제

```
<html>
<head>
<title> History 객체 예제</title>

<script language="javascript">
<!--
    document.write("<center>");
    document.write("history 객체 다루기 <br><br><br>");
    document.write("방문한 history의 수:"+history.length+"<br>");
    document.write("</center>");
//-->
</script>

</head>
<body><center><br><br><br>

<input type="button" value="이전 페이지" onclick="javascript:history.back();">
<input type="button" value="다음 페이지" onclick="javascript:history.forward();">

</center>
</body>
```

[그림 7-50]

History 예제 실행
결과

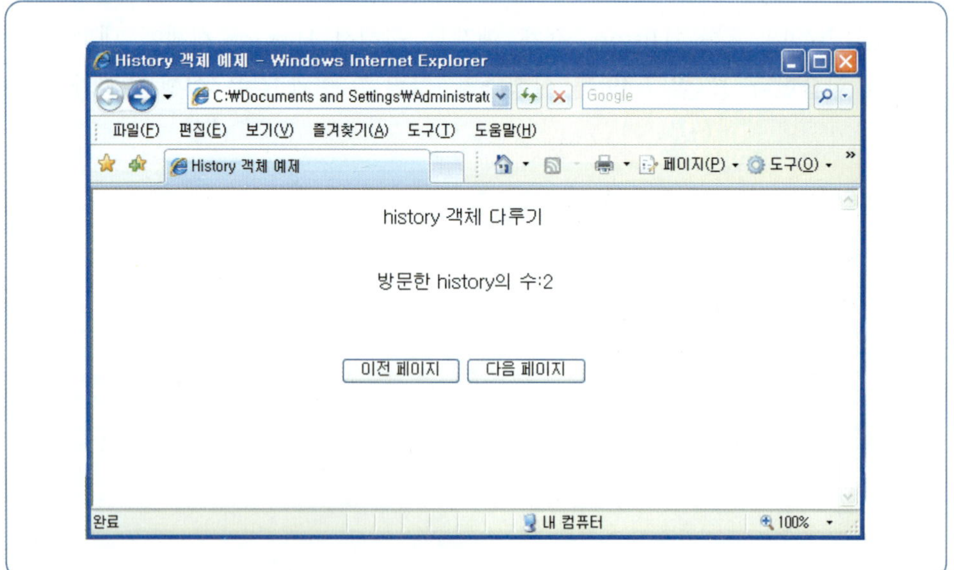

7.7 자바스크립트를 이용한 다양한 효과주기

이 절에서는 지금까지 학습한 자바스크립트의 기본적인 문법들과 내장 객체들을 이용하여 다양한 효과를 만들어 본다.

7.7.1 팝업창 띄우기

팝업창은 사이트를 방문한 사용자에게 중요한 정보를 알려 주기 위한 용도로 사용된다. 팝업창은 Window 객체의 open 메소드를 이용하여 만들 수 있다. 그러나 1개 이상의 팝업창을 띄우게 되면 사용자에게 혼란을 줄 수 있으므로 많은 수의 팝업창을 띄우는 것은 잘 고려해야 한다. 즉, 중요한 정보만을 알려 주기 위해 팝업창을 사용해야 한다. [그림 7-51]은 팝업창 띄우기 예제이며, [그림 7-52]는 실행 결과이다.

[그림 7-51]
팝업창 띄우기 예제

```html
html>
<head>
<title> 팝업창 만들기</title>
<script language="javascript">
<!--
    function popupWindow(winWidth, winHeight)
    {
      var winURL ="popup.HTML";
      var winName ="newWindow";
      var winPosLeft = (screen.width - winWidth) / 2;
      var winPosTop = (screen.height - winHeight) / 2;
      var winOption= "width="+winWidth+",height="+winHeight+",top=
                     "+winPosTop+",left="+winPosLeft;
      window.open(winURL, winName, winOption + "");
    }
  //-->
</script>
```

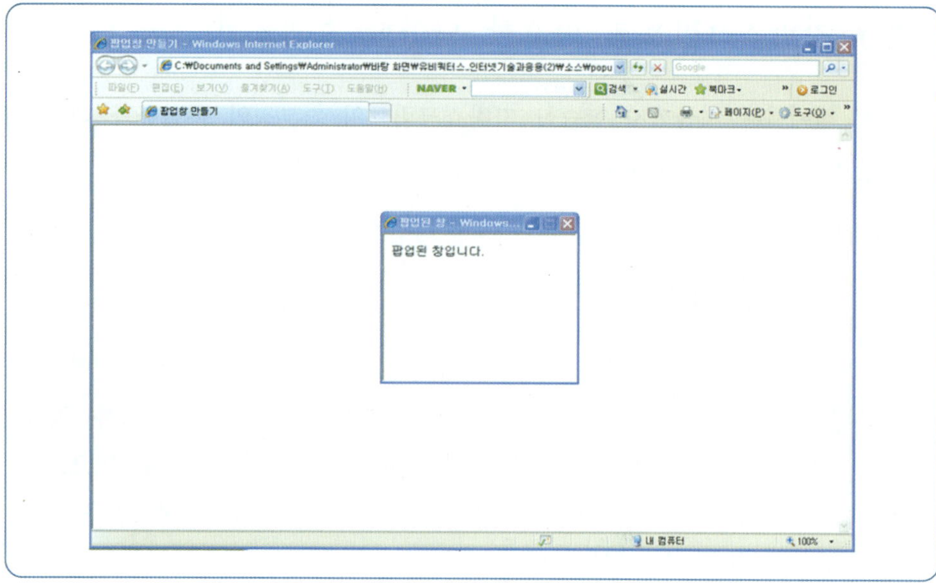

7.7.2 즐겨찾기에 추가하기

즐겨찾기는 사용자가 사이트를 방문할 때마다 직접 URL를 입력 또는 검색을 통해서 찾아오는 불편함을 없애기 위하여 개발됐다. 웹 브라우저의 즐겨찾기 항목을 클릭함으로써 원하는 사이트로 쉽게 이동할 수 있다. 이 기능은 Window 객체 external 속성의 addfavorite 메소드를 이용하여 만들 수 있다. 사이트에 즐겨찾기 기능을 제공함으로써 사용자들이 쉽게 사이트를 다시 방문할 수 있도록 해 줄 수 있다. [그림 7-53]은 즐겨찾기에 추가하기 예제이며, [그림 7-54]는 실행 결과이다.


```html
<HTML>
<head>
<title> 즐겨찾기</title>
<script language="javascript">
<!--
 function bookmark(url,title)
 {
     window.external.addfavorite(url,title);
 }
 //-->
</script>
<body>
<a href="javascript:bookMark('http://www.dkucti.org','문화콘텐츠기술연구소')">즐겨
찾기 만들기</a>
</body>
</HTML>
```

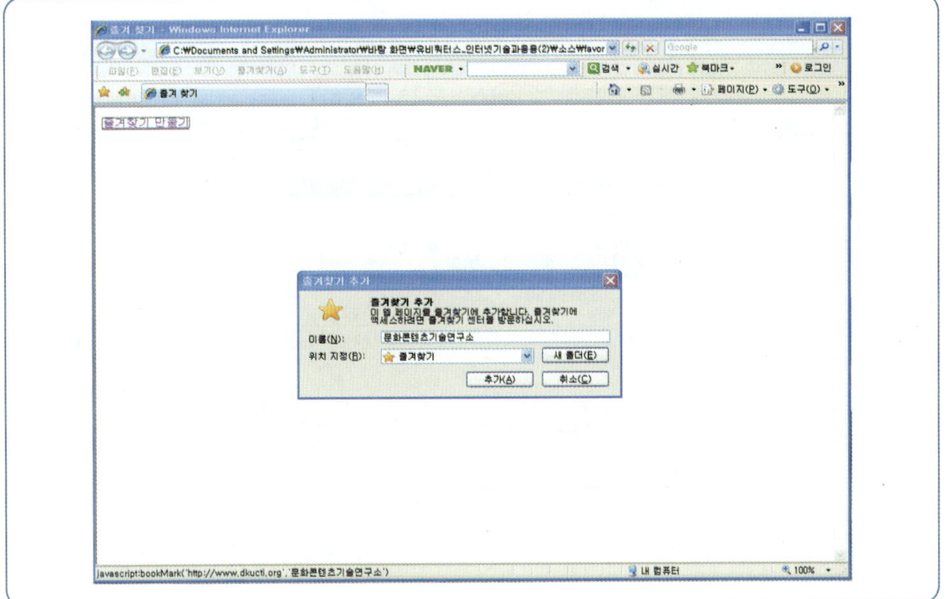

[그림 7-54]
즐겨찾기에 추가하기
예제 실행 결과

7.7.3 페이지 프린트하기

페이지를 프린터하기 위해서는 브라우저의 메뉴 → 인쇄 메뉴를 이용하는 방법이 있다. 자바스크립트를 이용하여 원하는 페이지만 프린트할 수 있는 장점을 제공한다. 또한 이 방법은 사용자가 페이지를 인쇄하기 위해서 필요한 번거로운 작업들을 줄여준다. 자바스크립트에서 프린트는 Window 객체의 print 메소드를 이용하여 만들 수 있다. [그림 7-55]는 페이지 프린트하기 예제이며, [그림 7-56]은 실행 결과이다.

```html
<html>
<head>
<title> 페이지 프린트 하기</title>
<script language="javascript">
<!--
 function printpage()
 {
     var version=parseint(navigator.appversion);
     if (version>= 4)
         window.print();
 }
 //-->
</script>
<body>
<a href="javascript:printpage()">프린터 하기</a>
</body>
</html>
```

[그림 7-55]
페이지 프린트하기 예제

[그림 7-56]

페이지 프린트하기
예제 실행 결과

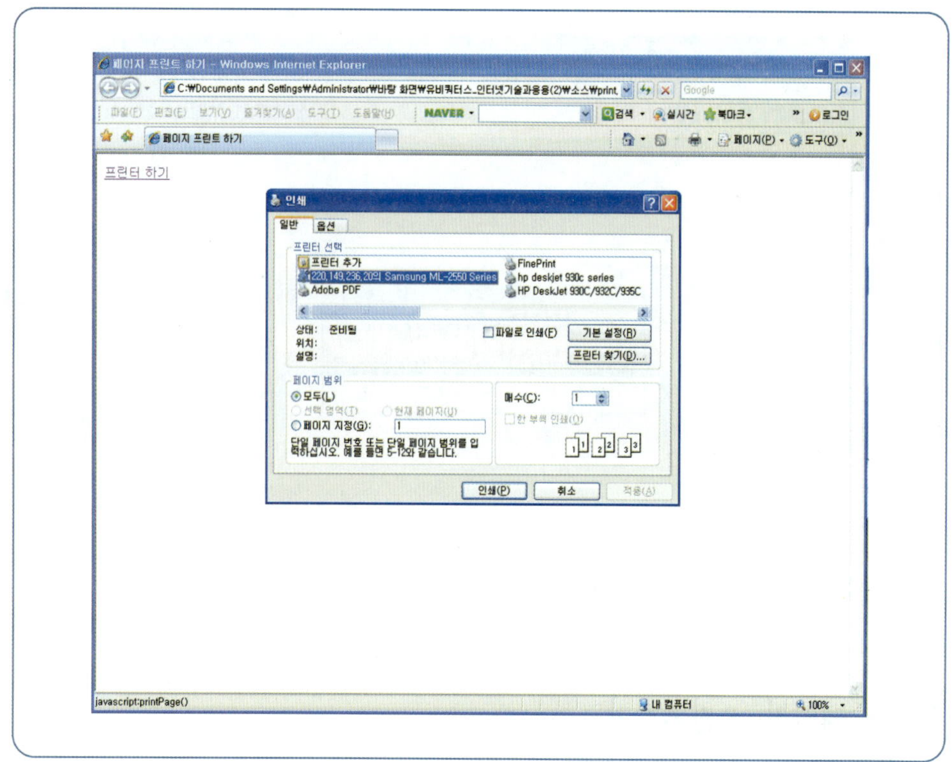

7.7.4 상태바에 흘러가는 메시지

상태바는 메뉴의 하단의 중요한 정보를 표시하기 위해 사용된다. 그러나 너무 많은 효과를 주면 사용자에게 혼란을 줄 수 있으므로 간단한 효과만을 주는 것이 바람직하다. 이 방법은 Window 객체의 status 속성을 이용하여 만들 수 있다. [그림 7-57]은 상태바에 흘러가는 메시지 예제이며, [그림 7-58]은 실행 결과이다.

```
<html>
<head><title>떠다니는 상태바</title>
<script language="javascript">
<!--
 function statusMessage(level, message)
 {
  var maxwidth = 200;
  var speed = 30;

  maxwidth = (message.length > 200) ? message.length : maxwidth;
  var lpadsize = maxwidth - message.length;
  var buffer = "";
  for (i = 0; i < lpadsize; i++)
     buffer += " ";
  buffer += message;
  window.status = buffer.substr(level, maxwidth - level);
  level++;
  if (level > maxwidth) level = 0;
  setTimeout("statusMessage('" + level + "','"+ message + "')", speed);
 }
// -->
</script>
</head>
<body onload="statusMessage('0','만나서 반갑습니다.')">
<p>상태바를 보세요.</p>
</body>
</html>
```

[그림 7-57]

상태바에 흘러가는
메시지 예제

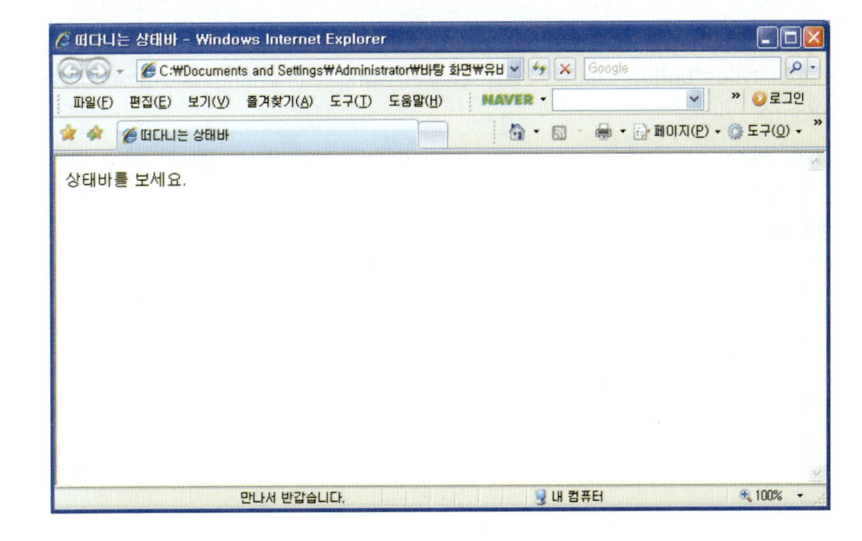

[그림 7-58]

상태바에 흘러가는
메시지 예제 실행 결과

7.7.5 원하는 배경색으로 바꾸기

배경색은 웹 브라우저에서 표시되는 문서에 대한 배경색을 의미한다. 기본적으로 배경색은 흰색으로 되어 있다. 이 스크립트는 사용자의 기호에 따라 배경색을 변경하기 위해 사용한다. 이 방법은 Document 객체의 bgColor 속성을 이용하여 만들 수 있다. [그림 7-59]는 원하는 배경색으로 바꾸기 예제이며, [그림 7-60]은 실행 결과이다.

[그림 7-59]

원하는 배경색으로
바꾸기 예제

```html
<html>
<head>
<title>배경색 바꾸기</title>
<script language="javascript">
<!--

function changebackground() {

var color=(prompt("원하는 색상 이름 또는 색상 코드를 입력하세요:",
"색 정보를 입력 예)yellow"));
document.bgColor=color;

}
//-->
</script>
</head>
<body>
<center>배경색을 변경하기 원하면 색변경하기 버튼을 클릭하세요.<br>
<form>
<input type="button" value="색 변경하기!" onClick="changebackground()">
</form>
</center>
</body>
</html>
```

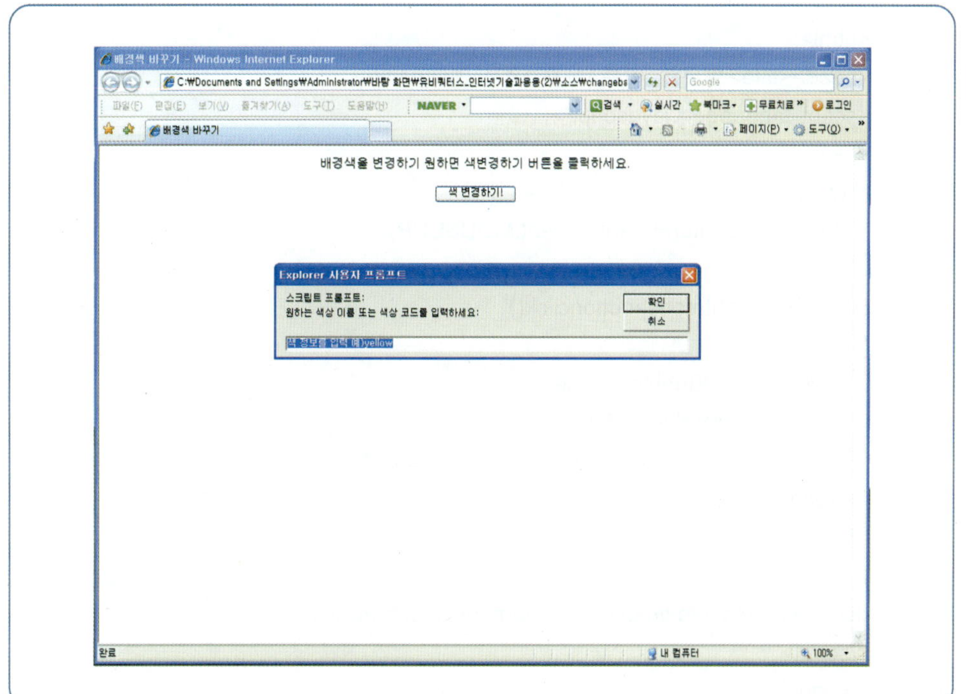

[그림 7-60]
원하는 배경색으로
바꾸기 예제 실행 결과

7.7.6 마우스 오른쪽 버튼 금지

마우스 오른쪽 버튼 금지는 웹 브라우 저를 통해 표시되는 HTML 문서에 포함 된 정보 중에서 보안이 필요하다고 생각 되기 때문에 사용자가 HTML 코드를 봐 서는 안 될 경우에 사용된다. 이 방법은 Document 객체의 oncontextmenu 속성 을 이용하여 만들 수 있다. [그림 7-61] 은 오른쪽 마우스 버튼 클릭 시 나타나 는 팝업 메뉴이고 [그림 7-62]는 오른쪽 마우스 버튼 사용 금지 예제이며, [그림 7-63]은 실행 결과이다.

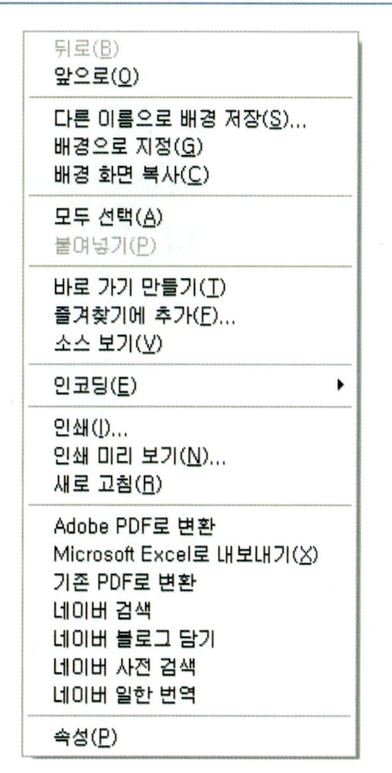

[그림 7-61]
오른쪽 마우스 버튼
클릭 시 나타나는
팝업 메뉴

[그림 7-62]
오른쪽 마우스 버튼
사용 금지 예제

```html
<html>
<head><title>오른쪽 버튼 사용 금지 예제</title>
<script language="javascript">
<!--
if (window.Event)
  document.captureEvents(Event.MOUSEUP);

function norightmousebuttonclick()
{
    event.cancelBubble = true
    event.returnValue = false;
    alert("오른쪽 마우스를 사용할 수 없습니다.");
    return false;

}
document.oncontextmenu = norightmousebuttonclick;
</script>
</head>
<body>
<br><br>
<center> 이 브라우저에서는 오른쪽 마우스 버튼을 사용할 수
없습니다.</center>
</body>
</html>
```

[그림 7-63]
오른쪽 마우스 버튼
사용 금지 예제
실행 결과

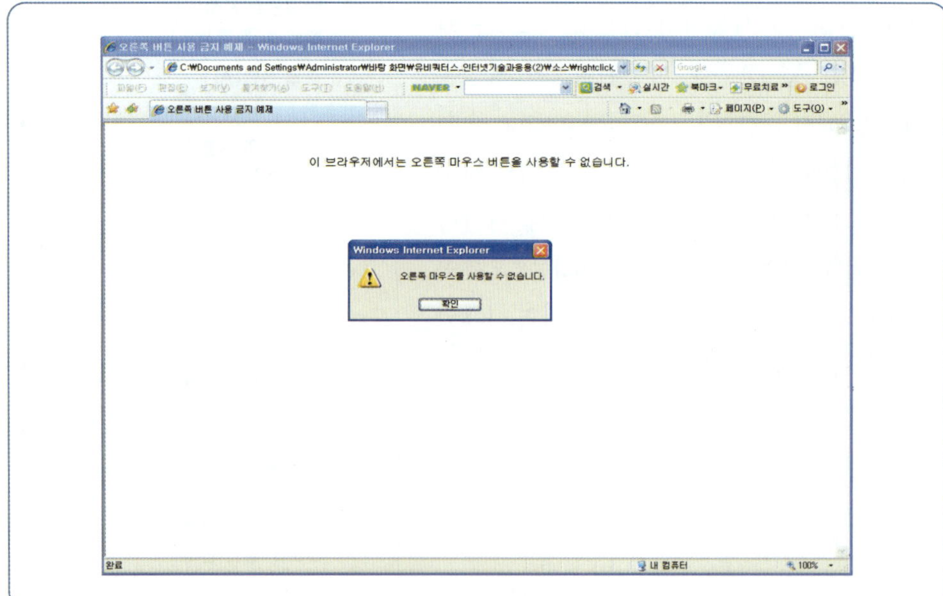

7.7.7 마우스 커서를 따라다니는 이미지

이 스크립트는 마우스 커서의 이동에 따라 특정한 이미지가 따라다니는 스크립트이다. 이와 같은 효과는 재미있는 홈페이지를 구축할 때 사용한다. [그림 7-64]는 마우스 커서를 따라다니는 이미지 예제이며, [그림 7-65]는 실행 결과이다.

```html
<html>
<head>
<script language="javascript">
function move(e) {
    document.layers['moveimage'].left=e.pageX+10
    document.layers['moveimage'].top=e.pageY+10
}
function followimagemove(){
    document.all["moveimage"].style.left=event.clientX+10
    document.all["moveimage"].style.top=event.clientY+10
}
function followmouse() {
    if (document.all)  followimagemove()
}
function loadimage() {
    if (document.layers) {
        window.captureEvents(Event.MOUSEMOVE)
        window.onmousemove=move
    }
}
</script>
</head>

<body onMouseMove="followmouse()" onLoad="loadimage()">
<DIV ID="moveimage" NAME="moveimage" STYLE="position:absolute;
top:0;left:0">
<img src="mouse.gif"></div>
</body>
</html>
```

[그림 7-65]

마우스 커서를
따라다니는 이미지
실행 결과

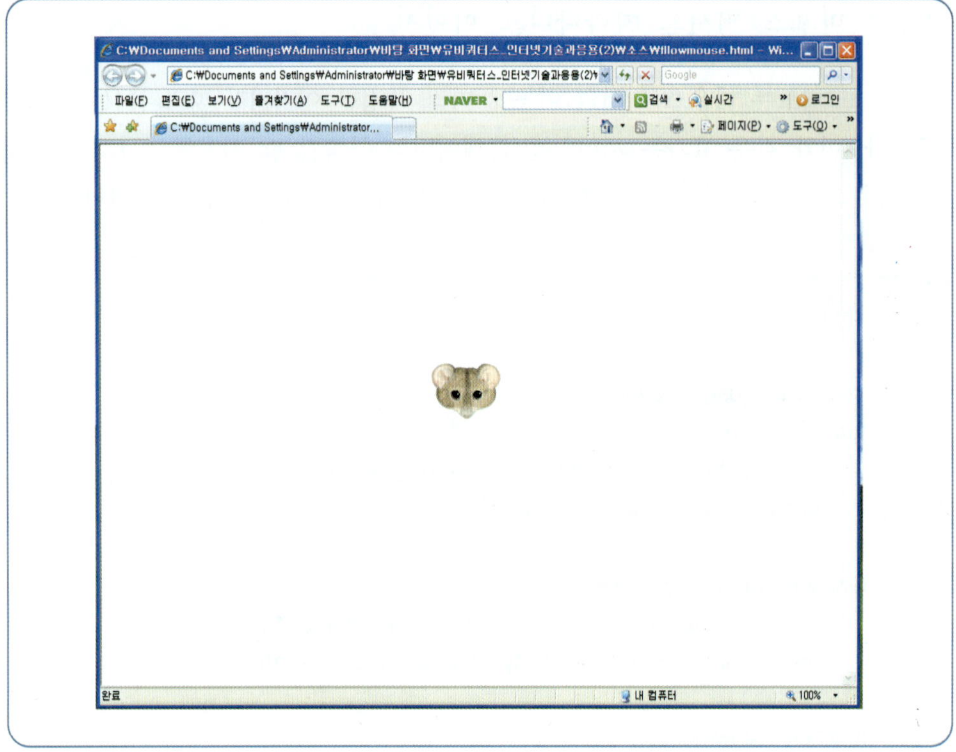

연습문제

01. 자바스크립트에서 상수와 변수가 무엇인지 설명하라.

02. 자바스크립트에서 주석문 처리를 위한 방법 세 가지를 설명하라.

03. 다음 변수 중에서 적절하지 않은 것은 무엇인가?

① $book
② sum
③ 2a
④ _total

04. 두 수가 주어졌을 때 큰 값을 구하는 방법을 자바스크립트로 작성하라.

05. 프로그램 실행 중에 특정 블록을 빠져나가기 위해서는 어떠한 방법을 사용해야 하는가?

06. 다음 명령문의 결과 값은 무엇인가?

```
① r="iloveyou".charAt(2);          (          )
② r="iloveyou".subStr(2,5)          (          )
③ r="iloveyou".indexOf("you")       (          )
④ r="iloveyou".subString(1,3)       (          )
⑤ r="iloveyou".toUpperCase()        (          )
```

07. 다음 명령문들의 결과 값은 무엇인가?

```
① r=Math.max(20,39)          (          )
② r=Math.min(20,39)          (          )
③ r=Math.pow(3,2)            (          )
④ r=Math.floor(9.9)          (          )
⑤ r=Math.ceil(9.9)           (          )
```

연습문제

원리와 활용 중심의 인터넷 기술

08. (   )는 자바스크립트에 기본으로 포함된 함수를 나타낸다. 사용자는 함수 호출을 이용하여 제
공하는 기능을 이용할 수 있다. 빈칸에 들어갈 알맞은 명칭은 무엇인가?

09. 다음에 출력될 값은 무엇인가?

① r= "20 " +30   document.write(r)   (   )
② r=Nnumber("20")+30   document.write(r)   (   )
③ r=Nnumber("love")+30   document.write(r)   (   )

8. HTML을 이용한 홈페이지 만들기

8.1 홈페이지 제작

좋은 홈페이지를 만들기 위해서는 많은 시간과 노력이 필요하다. 여기서는 홈페이지를 만들기 위한 제작과정, 홈페이지를 운영하기 위한 운영환경 설정, 홈페이지를 만들기 위해 고려해야 할 사항들에 대해 살펴보자.

8.1.1 홈페이지 제작과정

홈페이지를 만드는 것은 HTML 문서 작성법만 익힌다고 해서 가능한 것은 아니다. 홈페이지 방문자가 다음에 다시 방문하도록 충실한 내용을 담고 있어야 하며 보기에도 좋아야 한다. 구체적인 제작을 하려면 먼저 만들고자 하는 홈페이지의 내용과 목적을 결정해야 한다. 홈페이지의 제작별 단계를 살펴보면 다음과 같다.

① 주제와 내용 선정하기

홈페이지를 만들기 전에 어떤 내용을 담을 것인지, 어떤 단계로 제작할 것인지 결정해야 한다. 즉, 홈페이지를 만들 때 먼저 생각해야 할 점은 홈페이지의 주제이다. "무엇 때문에 홈페이지를 만들려고 하는가?"라는 목적을 확실히 가져야 한다. 홍보를 위한 홈페이지인지, 자신의 소개를 위한 홈페이지인지, 제품 판매를 위한 것인지를 확실히 정해야 한다. 주제가 정해졌으면 홈페이지에 들어갈 내용을 분류하고 구성한다.

② 홈페이지 디자인하기

이 단계에서는 홈페이지에 나타날 로고, 아이콘 또는 수집된 이미지, 문서, 동영상, 사운드 등의 다양한 소재를 어떻게 꾸밀 것인지를 구성한다. 디자인할 때 주의할 점은 무리할 정도로 파일 크기가 큰 멀티미디어 요소를 넣으면, 로딩 속도가 저하된다는 것이다. 따라서 이러한 것들을 고려해야 한다.

③ 종이에 홈페이지 구조 그려보기

여기서는 홈페이지에 들어갈 내용을 분류하고 정리한 다음, 각 내용에 해당하는 제목을 먼저 나열해 보고, 이를 구조적으로 구성하여 흐름도나 사이트맵을 종이에 그려본다. 적절한 아이디어가 떠오르지 않을 경우에는 다른 웹 사이트를 참고한다. 다양한 웹 사이트를 살펴보다 보면, 자신만의 개성이 담긴 홈페이지 제작에 도움이 될 것이다.

④ 저작권 확인하기

자바스크립트나 그림 등을 사용할 때, 저작권에 대한 내용을 읽어 두는 것이 좋다. 즉, 저작권이 없는 것들을 사용해야 한다.

⑤ 홈페이지 등록하기

홈페이지 제작을 모두 마쳤으면, 인터넷에 공간을 만들어 홈페이지를 등록한다.

⑥ 홈페이지 홍보하기

홈페이지를 올렸으면 '야후', '엠파스' 같은 검색엔진에 등록하여 홈페이지를 네티즌들에게 홍보한다.

8.1.2 홈페이지 제작 환경

홈페이지를 제작하기 위해서는 홈페이지를 제작할 수 있는 환경이 먼저 구축되어야 한다. 여기서 홈페이지 제작을 위하여 필요한 것들에는 어떠한 것이 있는지 살펴보자.

1) 컴퓨터 시스템과 주변기기

제작하려는 홈페이지의 특징에 따라 컴퓨터 시스템이 일단 구비되어 있어야 한다. 홈페이지 제작을 위해 기본적으로는 펜티엄 이상의 PC만 있어도 가능하지만 효율적인 작업을 위해서는 보다 고급 사양으로 시스템을 갖추면 좋을 것이다. 인터넷에서는 다양한 멀티미디어 표현을 할 수 있다. 멀티미디어 구현을 위한 장치로는 사운드 카드, 비디오 카드, 스피커, 마이크, 스캐너, 비디오카메라 등이 있다. 인터넷상에서 사운드를 들을 때 스피커와 사운드 카드가 필요하고, 웹 페이지에 목소리를 넣을 때 마이크가 필요하다. 웹 페이지에 자신의 사진과 같은 이미지 파일을 만들기 위해서는 디지털 카메라나 스캐너가 필요하다.

2) 소프트웨어

웹 페이지 제작 시 담당하는 역할에 따라 맞는 소프트웨어를 구비해야 한다.

웹 페이지를 디자인할 때는 기본적으로 이미지를 스캐닝하고 가공하기 위한 소프트웨어가 필요하다. 또한 이미지 편집을 위해 포토샵과 같은 그래픽 에디터가 필요하며, 그림을 직접 그리기 위한 일러스트레이터 등과 같은 드로잉 프로그램도 필요하며, 3차원 효과를 주기 위해서 3D STUDIO MAX 와 같은 프로그램을 사용하면 더 좋은 디자인을 할 수 있다. HTML 문서를 만드는 경우에는 기본적으로 에디터가 필요하며, 구현된 HTML 문서를 볼 수 있는 웹 브라우저도 필요하다. 에디터는 일반 에디터보다 전용 에디터를 사용하면 더욱 편리하다. 웹 서버 구축 시에는 적당한 운영체제를 선택하고, 그에 맞는 웹 서버 프로그램을 사용해야 한다.

- 운영체제: MS-Windows 2000, MS-Windows XP, UNIX, Linux 등
- 웹 에디터: Dreamweaver MX, Namo FX, FrontPage 2003 등
- 그래픽 에디터: PhotoShop, PaintShop Pro 등
- 드로잉 툴: Corel Draw, Illustrator 등
- 3D 관련 툴: 3D STUDIO MAX, MAYA 등
- 동영상 관련 툴: Premiere, Flash 등
- 웹 브라우저: Netscape Navigator, Internet Explorer 등
- 웹 서버 프로그램: Apache, IIS(Internet Information Server) 등
- 프로그래밍 언어: HTML, Pearl Script, JAVA, CGI, VRML, Active X, C++ 등

8.1.3 홈페이지 제작 시 고려사항

다른 사용자에게 흥미 있고 유익한 웹 사이트를 만드는 데는 절대적인 기준이 있는 것은 아니다. 웹 사이트마다 개성이 있고 운영자의 주관이 있는 것이므로 특색 있게 가꾸면 된다. 하지만 기왕이면 고생해서 만들어 놓은 것이므로 남들에게 유익하고 많이 알려지는 것이 좋은 것 아니겠는가?

다음의 내용을 참고하여 자신의 개성과 잘 조화시킨다면 사용자의 눈에 보다 쉽게 띄어 홍보할 수 있는 기회가 생기리라 믿는다.

1) 좋은 웹 페이지 디자인을 위한 원칙

① 웹 페이지 로드 시간이 10초 이상이 되어서는 안 된다. 또한 다운로드에 시간이 오래 걸리는 웹 페이지로 이동 시에는 미리 경고를 해서 방문자에게 기다림을 감수할 수 있도록 하는 것이 좋다.

② 웹 페이지의 제목을 의미 있게 붙인다. 제목은 검색엔진에 의해 사용되

기도 하고 사용자가 웹 페이지의 내용을 짐작하는 데 사용되기도 한다.

③ 혼동을 일으키기 쉬운 링크를 만들지 마라. 웹 페이지의 조화를 위해 링크의 색을 바꾸는 경우가 종종 있지만 되도록 바꾸지 않는 것이 좋다(방문하지 않은 링크 - 파란색, 방문한 링크 - 보라색 등 기본 원칙에 충실하라).

④ 방문객이 웹 사이트의 구조를 쉽게 파악할 수 있도록 구성한다. 또한 웹 페이지는 방문자를 위해서 만드는 것이므로 내용을 간결하고 쉽게 내용을 파악할 수 있도록 만드는 것이 중요하다.

⑤ 길게 스크롤되는 문서를 만들지 않는다. 화면이 두 번 이상 스크롤될 정도로 긴 문서를 만들지 않는다(two thumbs rule).

⑥ 각 페이지마다 이전/상위 페이지, 홈페이지로의 링크를 만들어 페이지 간의 이동을 쉽게 한다.

⑦ 사이트 내의 링크는 상대 경로를 사용한다. 상대 경로를 사용하면 문서의 위치를 알아보기 쉬울 뿐만 아니라, 경로를 찾는 데 걸리는 시간을 단축할 수가 있다.

⑧ 지나치게 애니메이션을 많이 사용해서 사용자의 눈을 피로하게 만들지 마라. 또한 별로 중요하지 않은 내용을 강조하지 마라.

⑨ 특정한 환경을 가정하고 웹 페이지를 만드는 것은 좋은 자세가 아니다.

⑩ 프레임을 너무 많이 사용하지 마라. 프레임은 좋은 기능이나 절제해서 사용하는 것이 좋다.

⑪ 웹 사이트의 내용이 계속 업데이트되어야 한다. 만일 자주 업데이트할 자신이 없다면 처음부터 업데이트의 필요성이 적은 웹 사이트를 디자인하는 것이 좋다.

2) 웹 페이지 점검 리스트

여기서 제시하는 리스트는 자신의 웹 페이지가 얼마나 잘 운영되고 있는지 알아볼 수 있는 점검 리스트이다.

① 개설 목적이 명확한가?
② 개념이 잘 나타나 있는가?
③ 자료 갱신은 잘 되는가?
④ 다운로드 속도는 적당한가?
⑤ 모든 웹 브라우저에서 잘 보이는가?
⑥ 불필요한 정보를 제공하지는 않는가?

다음의 내용은 웹 마스터가 경험을 바탕으로 제안한 좋은 웹 페이지 디자인 방법을 소개한다.

① 방문자를 가장 실망시키는 경우는 '뛰어난 디자인에 부실한 내용'이다. 기대를 가지고 접근했는데 별 내용이 없다면 대 실망이다. 그렇지 않아도 그래픽 띄우느라 시간을 많이 소비했기 때문에 허탈감이 크다.

② 가장 잘 보이는 곳에 운영자 정보가 있으면 좋다. 아무리 내용이 좋아도 운영자에 대한 정보가 없거나 찾기 힘든 곳에 있다면 소개용으로는 힘들다. 적어도 '어디에서 무엇을 하는 누가 만든 홈'으로 소개말을 주어야 한다.

③ 다음과 같은 메뉴, 즉 남들 다 하는 것으로는 승부를 보기 힘들다. 운영자 소개/추천사이트/검색엔진모음/방명록/게시판/이메일 등

④ 고급 사용자들은 자바나 플래시, 배경음악 등을 무리하게 쓰지 않는다. 특히, 페이지를 열 때마다 들리는 배경음악은 방문자에겐 고역이다. 위 세 가지 경우 모두 속도를 저하시키는 주범이기 때문에 꼭 쓰고 싶다면 '특화'시켜서 사용할 것을 권장한다.

⑤ 개인적으로 텍스트를 가지고 디자인한 웹 페이지를 좋아한다. 일단 빠른 웹 페이지일수록 내용이 풍부하기 때문이다. 단, 무절제하게 텍스트로 뒤덮은 것보다는 테이블이나 레이어를 써서 요소요소에 잘 배열하는 것이 가독성을 높인다.

⑥ 어떤 경우에도 의미 없는 그림은 안 된다. 속도도 문제지만 계정용량도 생각해야 한다. 5만 바이트짜리 의미 없는 그림 하나는 일반 페이지 10장을 만들 수 있는 분량이다.

⑦ 본인의 웹 페이지를 통해서 '무엇을 이야기하고 싶은가'를 명확히 하는 것이 좋다. 소위 '컨텐츠'라고 불리는 알맹이를 개발하되 되도록 자기만의 개성과 특색, 더 나아가 '자기만 할 수 있는' 자료라면 더욱 좋다.

⑧ 자급자족하고 있다는 인상을 주는 것이 좋다. 무슨 말인가 하면 그래픽이나 기법 등에서 다소 모자란다 할지라도 방문자들은 직접 만든 것을 선호한다.

⑨ 실험성이 강한 웹 페이지는 금방 눈에 띈다. 더불어 내용도 알차다면 이미 성공을 예약하는 것이나 마찬가지이다. 다시 한 번 강조하지만 너무 일반적인 포맷으로는 주목받기 힘들다.

⑩ 피드백이 눈에 들어오는 것이 좋다. 방명록이나 게시판이 활성화되어 있어야 한다는 이야기다. 남들의 반응도 무시할 수 없다. 가능하면 다양한 부류의 많은 사람들의 반응 말이다.

8.2 홈페이지 작성 예제

8.2.1 홈페이지 설계

여기서는 HTML 태그와 자바스크립트들을 이용하여 홈페이지를 작성한다. 홈페이지 작성 시 지금까지 학습한 frame, table, image, embed 등의 HTML 태그와 자바스크립트의 Window 내장 객체들을 이용한다. [그림 8-1]과 같이 제목은 '곰순이 홈페이지'이며 곰순이 소개, 추천도서, 갤러리, 즐겨찾기, 게시판 등 5개의 메뉴로 구성된다.

[그림 8-1]
곰순이 홈페이지 구조

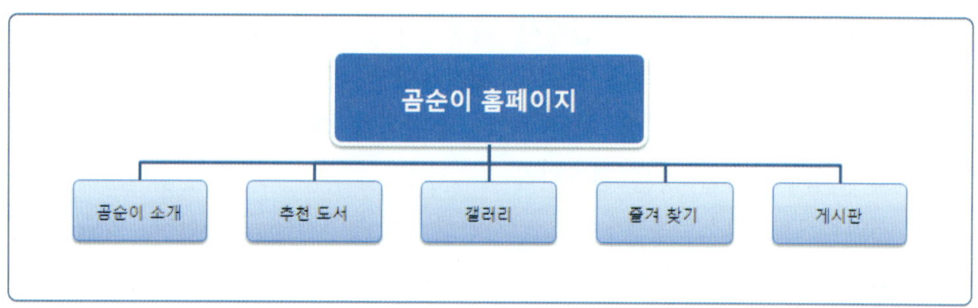

전체적인 구성을 이해했다면, 프레임 구성부터 각 페이지 순으로 실습해 보도록 하자.

8.2.2 프레임 구성

홈페이지는 화면 왼쪽에 메뉴, 오른쪽에 내용이 들어가는 형태로 구성된다. 즉, 앞 장에서 배운 frame 태그를 사용해 홈페이지의 전체적인 틀을 구성하였다.

[그림 8-2]
프레임 구성 –
index.html

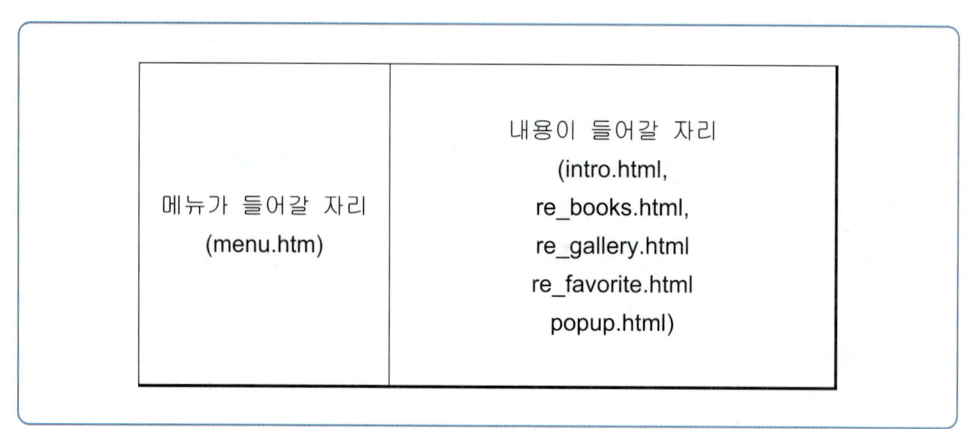

[그림 8-3]은 홈페이지의 전체적인 구조를 가질 index.html 파일의 소스이다. 7번째 줄의 cols="200,*"은 메뉴는 200픽셀로 고정하고 내용은 가변폭으로 설정한다는 의미이다.

```
<html>
<head>
<title>곰순이 홈페이지</title>
</head>
<frameset cols="200,*" frameborder="yes" border="0" framespacing="0">
   <frame src="menu.html" name="left" scrolling="NO" noresize>
   <frame src="intro_nakyung.html" name="right">
</frameset>
<noframes>
<body bgcolor=white text=black>
<p>이 페이지를 보려면, 프레임을 볼 수 있는 웹 브라우저가 필요합니다.</p>
</body>
</noframes>
</html>
```

[그림 8-3]
index.html

[그림 8-4]는 메뉴부분에 들어갈 menu.html 파일이다. 메뉴는 곰순이 소개, 추천도서, 갤러리, 즐겨찾기, 게시판 등으로 구성된다. 소스의 자바스크립트는 상태바에 "곰순이 홈페이지를 방문해 주셔서 감사합니다."라는 메시지를 표시한다.

```
<html>
<head>
<table width="180" border="0">
  <tr >
     <td height="72" align="center"><h2><strong>곰순이 홈페이지 입니다.
</strong></h2></td>
  </tr>
  <tr>
     <td height="33" align="center"><a href="intro_nakyung.html"
target="right">곰순이 소개 </a></td>
  </tr><title>메뉴</title>
<script language="javascript">
<!--
 function statusMessage(level, message)
 {
  var maxwidth = 200;
  var speed = 30;

  maxwidth = (message.length > 200) ? message.length : maxwidth;
  var lpadsize = maxwidth - message.length;
  var buffer = "";
  for (i = 0; i < lpadsize; i++)
     buffer += " ";
  buffer += message;
```

[그림 8-4]
menu.html

```
        window.status = buffer.substr(level, maxwidth - level);
        level++;
        if (level > maxwidth) level = 0;
        setTimeout("statusMessage('" + level + "','"+ message + "')", speed);
    }
    // -->
</script>
</head>
<body onload="statusMessage('0','곰순이 홈페이지를 방문해주셔서
감사합니다.')">
<table width="180" border="0">
  <tr >
    <td height="72" align="center"><h2><strong>콩알이 홈페이지
입니다. </strong></h2></td>
</tr>
  <tr>
    <td height="33" align="center"><a href="intro_nakyung.html"
    target="right">주인장 소개 </a></td>
  </tr>
  <tr>
    <td height="32" align="center"><a href="re_books.html" target="right">
추천도서 </a></td>
  </tr>
  <tr>
    <td height="32" align="center"><a href="gallery.html" target="right">
갤러리 </a></td>
  </tr>
  <tr>
    <td height="41" align="center"><a href="favorite.html" target="right">
즐겨찾기 </a></td>
  </tr>
  <tr>
    <td height="35"align="center" >
    <a href="http://www.ohmyboard.com/kr/bbs/list.php?p_uid=
    kksmho&n=1" target="right">
    게시판</a></td>

  </tr>
</table>
</body>
</html>
```

8.2.3 곰순이 소개

전체적인 구성을 만들었다면 이제부터는 각 페이지별로 콘텐츠를 구성하는
단계이다. 여기서 만들 페이지는 [그림 8-5]와 같이 주인장 소개 페이지로서 간
단히 그림, 음악, 간단한 소개 글 등으로 구성한다.

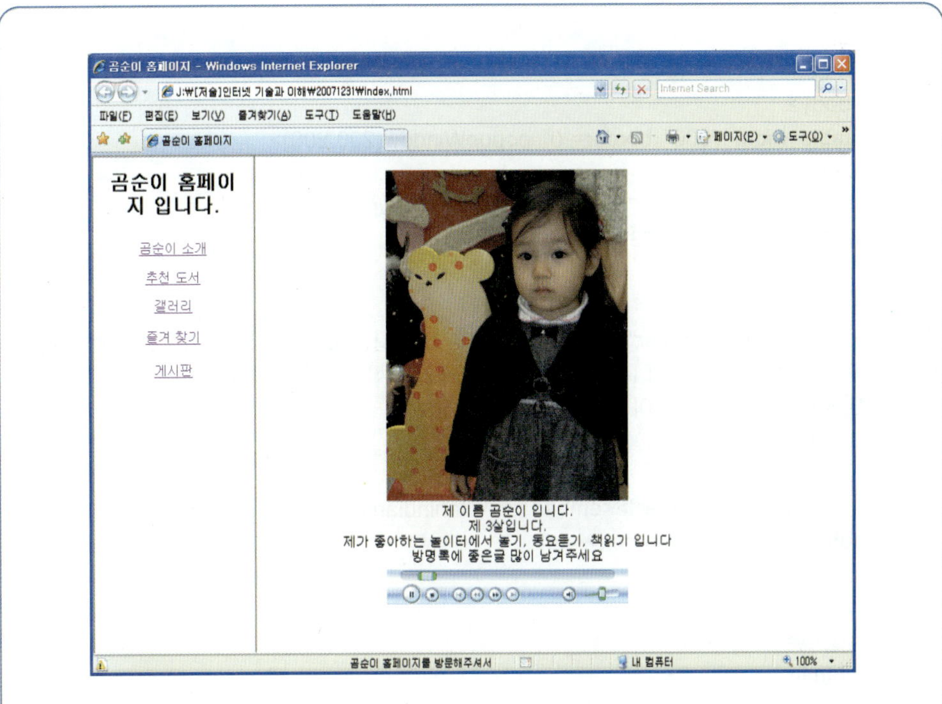

[그림 8-5]

곰순이 소개

곰순이 소개 부분의 HTML 소스는 [그림 8-6]과 같다. 소스의 자바스크립트 부분은 [그림 8-7]과 같은 HTML 소스를 팝업창에 띄운다.

[그림 8-6]

intro.html

```html
<html>
<head>
<title>곰순이 소개</title>
<script language="javascript">
<!--
    function popupWindow(winWidth, winHeight)
    {
      var winURL ="popup.html";
      var winName ="newWindow";
      var winPosLeft = (screen.width - winWidth) / 2;
      var winPosTop = (screen.height - winHeight) / 2;
      var winOption= "width="+winWidth+",height="+winHeight+",
      top="+winPosTop+",left="+winPosLeft;
      window.open(winURL, winName, winOption + "");
    }
 //-->
</script>
```

```
</head>
<body>
<table width="600" border="0" popupWindow(200,200)>
  <tr>
    <td align="center"><img src="intro_nakyung.JPG"
width="300" height="398"></td>
  </tr>
  <tr>
    <td align="center">제 이름 곰순이 입니다. <br> 제 3살입니다. <br>
제가 좋아하는 놀이터에서 놀기, 동요듣기, 책읽기 입니다<br>
방명록에 좋은글 많이 남겨주세요    </td>
  </tr>
  <tr>
    <td align="center"><embed src="tenindians.mp3"
autostart="treu"></embed></td>
  </tr>
</table>
</body>
</html>
```

[그림 8-7]

popup.html

```
<html>
<head>
<title>뮤지컬 뿅뿅이</title>
</head>
<body bgcolor=white text=black>
<a href="http://www.epropose.net/bbung" border="0"><img src="4.jpg"></a>
</body>
</html>
```

8.2.4 추천도서

추천도서는 이미 앞 장에서 학습한 테이블 태그, 이미지 태그를 이용하여 작성한다.

추천도서의 HTML 소스는 [그림 8-9]와 같다.

```
<html>
<head>
<title>추천도서</title>
</head>
<body>
<table width="400" border="0">
  <tr>
    <td width="200"><img src="1.jpg" width="200" height="202"></td>
    <td width="200"> <br>
      어린이들의  잘못된  습관을  예제를  통해서  가르쳐  주는  이야기입니다.
</td>
  </tr>
  <tr>
    <td><img src="2.jpg" width="200" height="227"></td>
    <td> 언어  커뮤니케이션  전문가  이찬규  교수가  내놓은  그림책 『베이비 커뮤
니케이션』 시리즈, 제1권. 주인공인  아기  곰은  그네가  타고  싶을  때, 장난감이
망가졌을  때, 친구와  부딪쳤을  때 등 일상생활에서  부딪히는  모든  일들을  해결
하기에  앞서, '으앙'하고  울음을  터트린다. 하지만  다른  친구들은  아기  곰과  똑같
은  상황일  때  융통성  있게  해결한다. 1권은  아이들의  언어  표현력의  문제점을
지적하는  동시에, 각  상황에  부딪혔을  때  대처하는  방법을  알려  준다. </td>
  </tr>
  <tr>
    <td><img src="3.jpg" width="200" height="168"></td>
    <td>'독일  아동  문학상', '독일에서  가장  아름다운  책' 상  등  유수한  상을  수
상한  독일의  국민  작가  유타  바우어의  책 『고함쟁이 엄마』가 비룡소에서 나왔
다. 간결한  글과  그에  어울리는  깔끔한  그림은, 자기  기분대로  아이에게 '소리
지르려' 했던  모든  어른들을  멈칫하게  할  만한  메시지를  전한다. </td>
  </tr>
</table>
</body>
</html>
```

8.2.5 갤러리

갤러리에서는 테이블 태그와 이미지 태그를 이용하여 사진들을 연속적으로 나타내는 방법에 대해 학습한다.

[그림 8-10]
갤러리

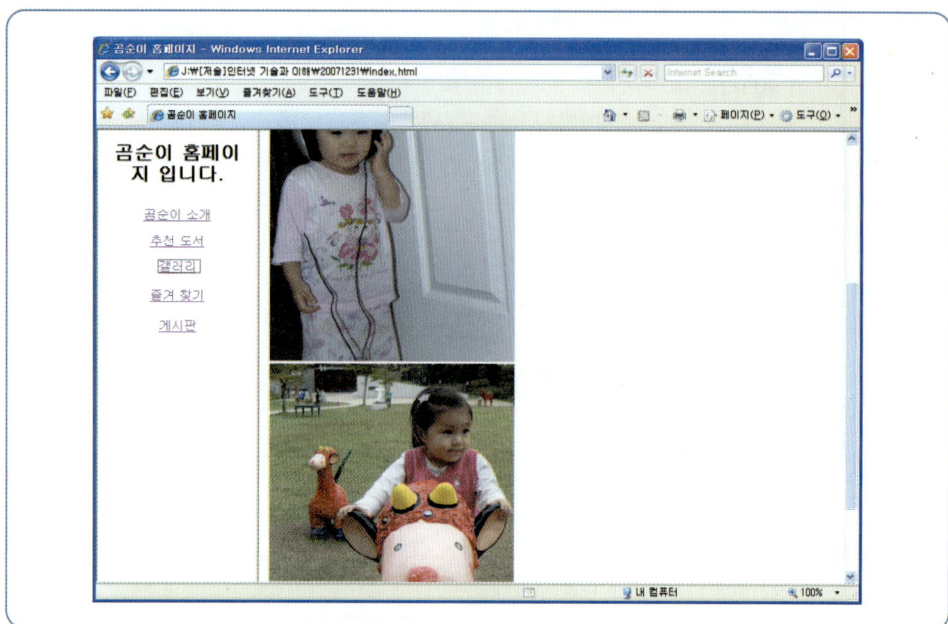

갤러리의 HTML 소스는 [그림 8-11]과 같다

[그림 8-11]
gallery.html

```
<html>
<head>
<title> 갤러리</title>
</head>
<body>
<table width="400" border="0">
  <tr>
    <td width="200"><img src="nakyung1.jpg" ></td>
  </tr>
  <tr>
    <td><img src="nakyung2.jpg" ></td>
  <tr>
    <td><img src="nakyung3.jpg" ></td>
  </tr>
</table>
</body>
</html>
```

8.2.6 즐겨찾기

즐겨찾기는 리스트 태그인 ul, li 등을 사용하였으며, 즐겨찾기 항목을 클릭했을 경우 새 창이 열리면서 선택한 페이지로 이동하게 된다. [그림 8-12]는 즐겨찾기 페이지를 나타낸다.

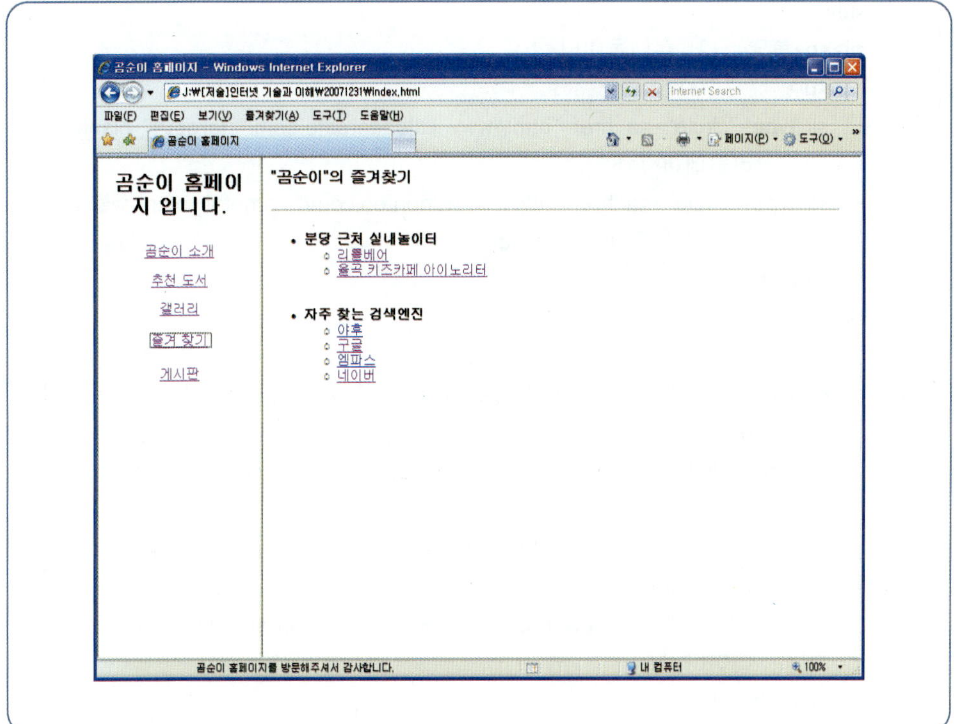

[그림 8-12]
즐겨찾기

[그림 8-13]은 즐겨찾기의 소스이다. 하이퍼링크 속성에서 target="_blank" 부분이 있는데, 이것은 해당 링크를 새 창에 열도록 해 준다.

[그림 8-13]

favorite.html

```
<html>
<head>
<title>즐겨찾기</title>
</head>
<body>
<h3> 즐겨찾기</h3>
<hr>
<ul>
<li><b>분당 근처 실내놀이터</b>
    <ul
    <li type="circle"><a href="http://www.littlebearcafe.com/" target="_blank">
        리틀베어</a>
    <li type="circle"><a href="http://www.inoriteo.com/" target="_blank">율곡
        키즈카페 아이노리터</a>
    </ul><br><br>
<li><b>자주 찾는 검색엔진</b>
    <ul
    <li type="circle"><a href="http://www.yahoo.co.kr" target="_blank">
        야후</a>
    <li type="circle"><a href="http://www.google.co.kr" target="_blank">
        구글</a>
    <li type="circle"><a href="http://www.empas.com" target="_blank">
        엠파스</a>
    <li type="circle"><a href="http://www.naver.com" target="_blank">
        네이버</a>
    </ul><br><br>
</body>
<html>
```

8.2.7 게시판 만들기

게시판이 없는 홈페이지는 거의 없다. 정보의 교류를 목적으로 하는 사이트
나, 친목을 위한 모임 사이트 등 어느 경우에나 게시판은 필요한 존재이다. 그
렇기 때문에 게시판은 널리 쓰이고 있고 또 종류도 다양하다. 개인 홈페이지에
서 쓰이는 게시판은 일반적으로 크게 두 가지로 분류할 수 있다. 첫 번째는 무
료로 게시판을 제공하면서 배너 창을 띄워서 자사를 홍보하거나 수익을 얻는
형태이다. 이런 경우 게시판은 자신들의 서버에 설치되어 있고 사용자는 그 게
시판을 링크해서 쓰는 형태가 된다. 두 번째는 공개된 게시판 프로그램을 이용
하는 것이다. 이 경우는 보통 개인 프로그래머들이 비영리 목적으로 자신이 개
발한 게시판을 공개한 경우이거나 아니면 약간의 기능 제한을 두어서 상용과

차별을 두어서 제품구입을 유도하는 경우이다. 이런 형태의 게시판을 사용할 경우에는 파일을 FTP를 사용해서 올릴 수 있는 계정이 있어야 하고 그 계정에서 CGI를 지원해 주어야 한다. 이 외에도 자신이 직접 웹 서버를 구축하고 게시판을 직접 프로그램하여 자신이 원하는 게시판을 만들 수도 있다. 여기서는 첫 번째 방법을 이용하여 게시판을 홈페이지에 연결하는 방법을 알아보도록 한다.

1) 무료 게시판 선택

현재 게시판을 무료로 제공해 주는 업체는 onMyBoard, 슈퍼보드 등이 있다. 이곳에서는 게시판뿐만 아니라, 카운터, 방명록, 통계 프로그램까지도 제공한다. 여기서는 [그림 8-14]와 같은 http://www.ohmyboard.com에서 제공하는 게시판의 설치 방법에 대해 살펴본다.

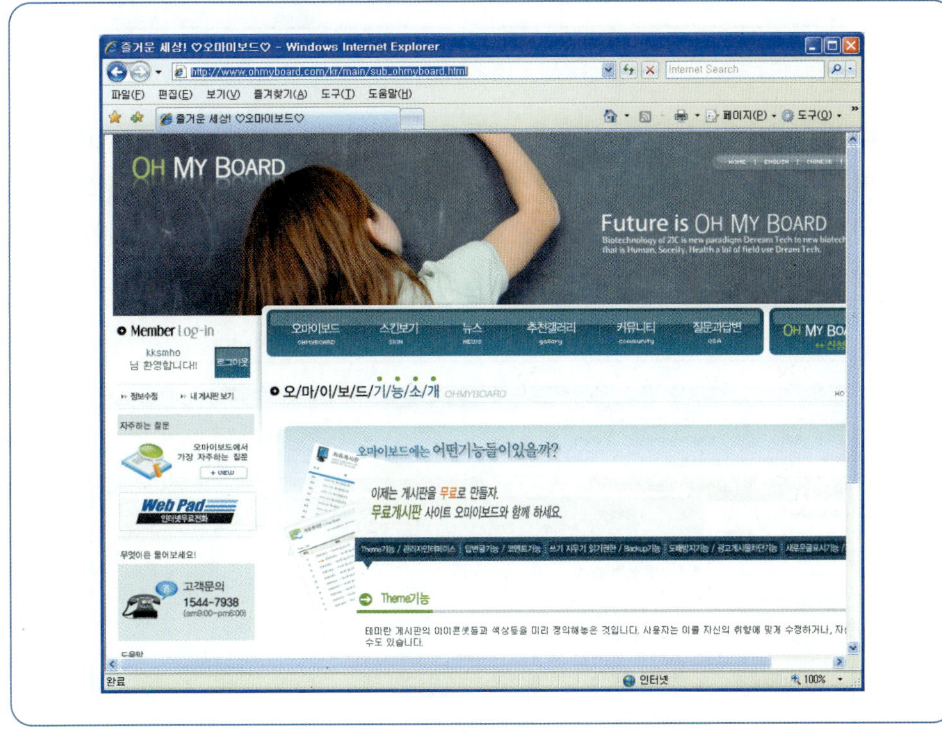

[그림 8-14]
ohMyBoard

2) 게시판 설치하기

http://www.ohmyboard.com 사이트에 접속하여 처음 사용자는 무료 회원가입을 하고, 기존 사용자의 경우 로그인하여 회원 인증을 받는다.

① 로그인한 후 [내게시판보기]를 클릭한다. [그림 8-15]와 같은 화면이 나온다. 여기에서 [게시판 신청하기]를 클릭한다.

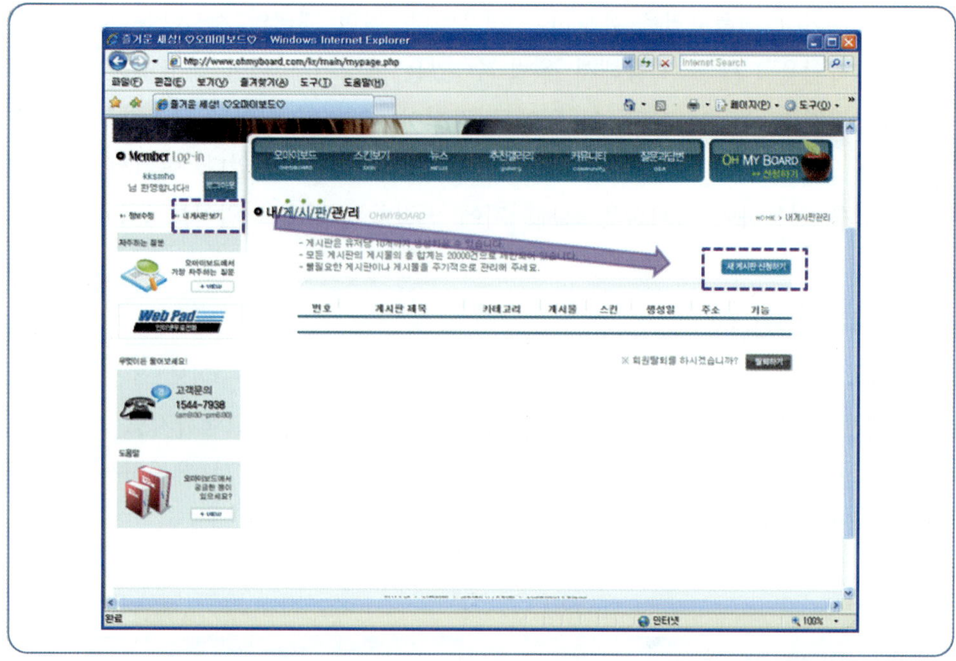

② [그림 8-16]과 같이 게시판의 제목을 입력하고 게시판 분류를 선택한다. 여기서는 게시판에 '게시판', 게시판 분류에 '유아/아동'을 선택하였다. 그리고 약관을 읽어 본 후 약관 동의 체크박스에 체크하고 [게시판 생성] 버튼을 클릭한다.

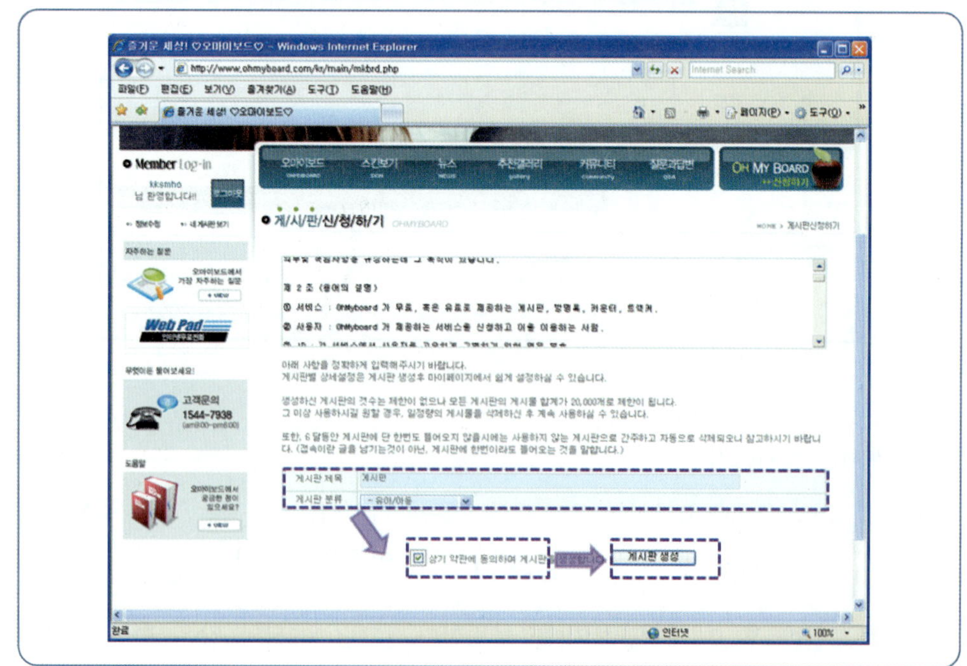

③ [그림 8-17]과 같이 내게시판 관리 화면이 나타난다. 여기서 게시판을 생
  성할 때 게시판 제목으로 지정한 [게시판]을 클릭하며 [그림 8-18]과 같이
  생성된 게시판 화면이 나타난다. [그림 8-17]의 상단 제목 표시줄에 나타
  나는 URL을 확인한다. 메뉴에 링크를 걸기 위해서는 이 URL을 알고 있
  어야 한다.

[그림 8-17]
내게시판 관리

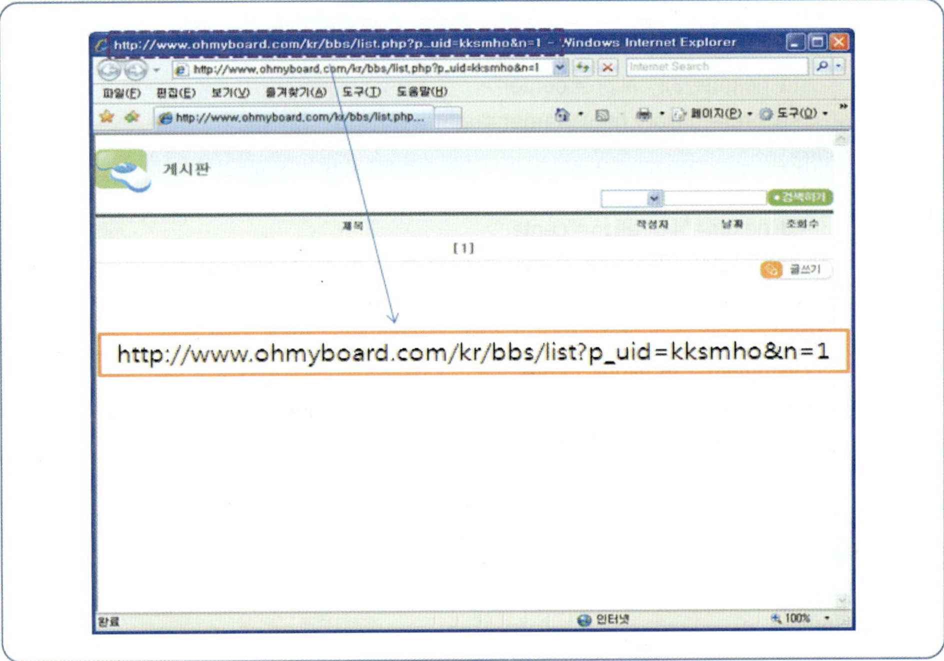

[그림 8-18]
생성된 게시판

(3) 곰순이 홈페이지에 게시판 연결하기

지금까지는 곰순이 홈페이지에 게시판을 연결하기 위해 게시판을 생성하였다. 이제는 생성된 게시판을 곰순이 홈페이지에 연결해 보자. 방법은 매우 간단하다. menu.html의 게시판 부분에 생성된 게시판의 주소로 [그림 8-19]와 같이 "http://www.ohmyboard.com/kr/bbs/list?p_uid=kksmho&n=1"을 입력하기만 하면 된다.

[그림 8-19]

menu.html

```
<html>
<head>
<title>메뉴</title>
</head>
<body>
<table width="180" border="0">
  <tr >
    <td height="72" align="center"><h2><strong>곰순이 홈페이지 입니다.
</strong></h2></td>
  </tr>
  <tr>
    <td height="33" align="center">
      <a href="intro_nakyung.html" target="right">곰순이 소개 </a>
    </td>
  </tr>
  <tr>
    <td height="32" align="center">
     <a href="re_books.html" target="right">추천 도서 </a></td>
  </tr>
  <tr>
    <td height="32" align="center">
     <a href="gallery.html" target="right"> 갤러리 </a></td>
  </tr>
  <tr>
    <td height="41" align="center">
      <a href="favorite.html" target="right">즐겨 찾기 </a></td>
  </tr>
  <tr>
    <td height="35"align="center" >
    <a href="http://www.ohmyboard.com/kr/bbs/list.php?p_uid=kksmho&n=1"
         target="right">
     게시판</a></td>
  </tr>
</table>
</body>
</html>
```

이제 홈페이지에 접속해 보면 [그림 8-20]과 같이 게시판이 연결되어 있는 것을 확인할 수 있다.

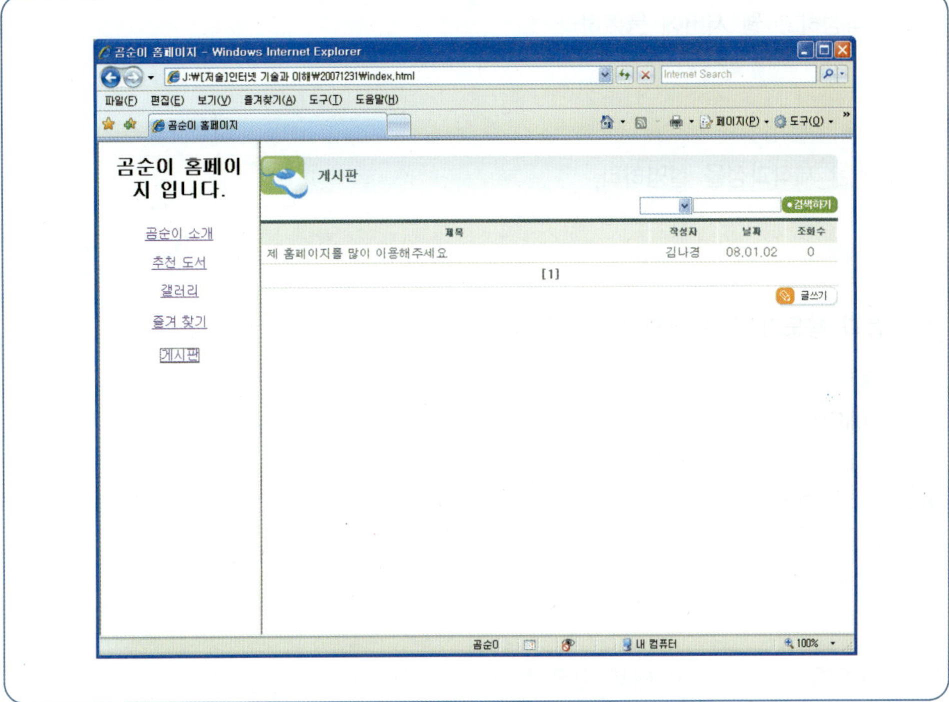

[그림 8-20]
곰순이 홈페이지 게시판

이것으로 곰순이 홈페이지 작성을 마치도록 한다. 처음에는 막연하게 느껴지던 HTML도 이렇게 몇 번 연습을 해 본다면 어렵지 않게 홈페이지를 만들 수 있을 것이다.

연습문제

01. 자신의 개인 웹 페이지를 작성하고 웹 서버에 등록하라.

02. 좋은 홈페이지를 만들기 위한 제작과정을 설명하라.

03. 다음 중 홈페이지 제작 툴과 용도가 잘못 짝지어진 것은 무엇인가?

① Premiere – 동영상 툴
② Potoshop – 그래픽 에디터
③ Hotdog – HTML 에디터
④ Internet Explorer – 웹 브라우저
⑤ IIS –프로그래밍 언어

04. 다음 중 좋은 웹 문서 디자인을 위한 원칙에 대해 잘못 설명하고 있는 것은 무엇인가?

① 웹 문서 로드 시간이 10초 이상이 되어서는 안 된다.
② 방문객이 웹 사이트 구조를 쉽게 파악할 수 있도록 구성해야 한다.
③ 사이트 내의 링크는 상대 경로를 사용해야 한다.
④ 길게 스크롤되지 않도록 문서를 만들어야 한다.
⑤ 지나치게 많은 애니메이션을 사용해서는 안 된다.

05. 자신의 구축한 홈페이지에 웹 문서 점검 리스트들 적용하여, 자신의 홈페이지에 문제점은 없는지 확인해 보자. 문제점이 있다면 무엇인지 서술하라.

06. 자신이 속해 있는 동아리나 단체의 웹 페이지를 만들고 웹 서버에 등록해 보라.

9. 기타 마크업 언어

9.1 기타 마크업 언어

여기서는 HTML, XML 등과 함께 많이 사용되는 마크업 언어에 대해서 살펴본다. [그림 9-1]은 마크업 언어들 간의 연관관계를 나타내고 있다. SGML에서 HTML과 XML이 나왔으며, XML에서 xHTML과 VRML이 파생되었다. 여기서는 SGML, XML, xHTML, VRML에 대해 간단히 살펴본다.

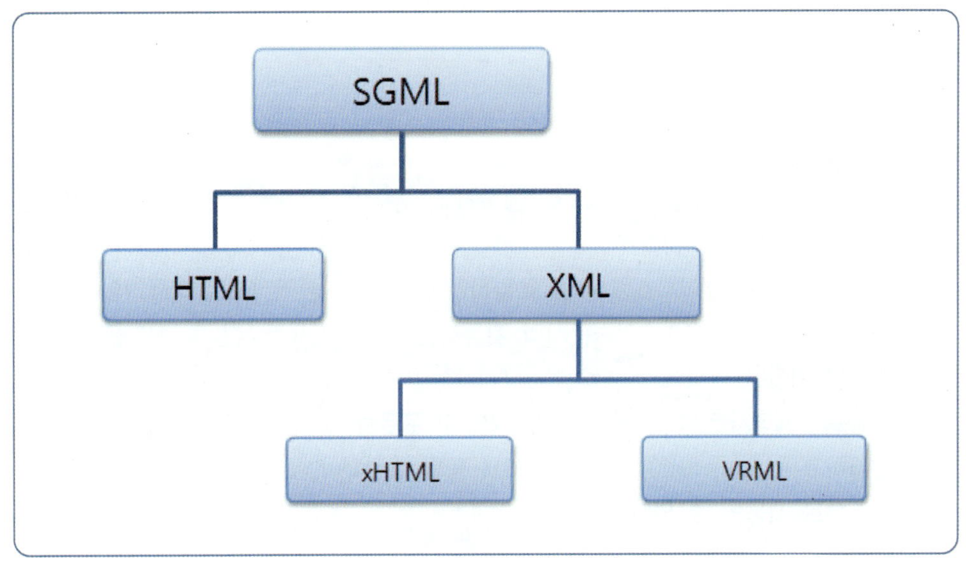

[그림 9-1]

마크업 언어들 간의
연관관계

9.1.1 SGML

1) SGML의 개요

SGML(Standard Generalized Markup Language)은 문서의 내용이나 구조를 정의하기 위해 재정된 것으로, 서로 다른 시스템 간의 전자문서들의 구조와 내용을 묘사하는 방법을 공통적으로 표현하기 위해 만든 국제 표준 규약이다. 즉,

이것은 문서의 논리구조와 내용을 식별할 수 있도록 해 주는 기술언어이기 때문에 그 특성상 객체 지향적 메타언어(objected oriented meta language)라고 한다. 이는 SGML이 사용자 필요에 의해서 문서 기술에 필요한 태그를 생성할 수 있으며, 문서의 계층화된 논리구조와 내용구조를 표현할 수 있기 때문이다.

SGML은 각 소프트웨어와 하드웨어에 독립적으로 어떠한 시스템 간에도 상호 교환과 공유가 가능하고 문서의 구조를 저장할 수 있기 때문에 문서 구조를 기반으로 한 다양한 응용(검색, 저장 등)에 사용할 수 있고, 또한 접근 방식도 다양하기 때문에 SGML은 효과적인 정보 교환을 위한 하나의 프로토콜로서 받아들여지고 있다.

하지만 SGML이 워낙 복잡하기 때문에 SGML 전체를 지원하는 소프트웨어의 개발이 용이하지 않다. 즉, SGML은 소프트웨어 산업 전반에 걸쳐 널리 사용될 수 있도록 범용으로 만들어져 있어 화학식이나 수식 등의 표현이나 다른 특수 용도의 목적으로 사용하려면 그 목적에 맞는 소프트웨어(예를 들면 웹 브라우저)를 일일이 개발해야 한다. 게다가 웹을 위한 목적으로 만들어져 있지 않기 때문에 각각의 웹 브라우저마다 링크를 설정하는 방법이 달라져야 한다는 단점이 있다.

2) SGML의 특징

- SGML은 운영체제에 독립적으로 동작하고, 문서의 구조를 지정할 수 있으며, 다양한 응용이 가능하다.
- SGML은 서로 다른 시스템 간의 효율적인 문서 교환을 목적으로 마크업의 일관성을 강조하고 있으며, 기술문서의 자동화된 저장, 검색, 교환 및 처리를 위한 표준을 지정한다.
- SGML은 제작자로부터 사용자에 이르기까지 구문처리에 관한 모든 사항에 대하여 언급하고 있으며, IGES, Raster, CGM 등의 표준과 CALS의 자동 출판을 위한 표준으로 사용될 수 있다.

3) SGML의 구성

SGML 문서는 SGML 선언부, 문서형 정의부, SGML 문서 본문 등으로 구성된다.

① SGML 선언부(SGML declaration)

　사용한 문자의 집합, 코딩 규칙 등을 정의한다.

② 문서형 정의부(DTD)

　Document Type Definition이라고 하며, 문서 자체의 논리 구조를 표현한다.

③ SGML 문서(SGML document)

　SGML 문서의 본문 내용

[그림 9-2]는 SGML DTD 예제로서 TO, FROM, BODY, CLOSE로 구성되며 문자열로 정의하였다.

```
<!ENTITY % doctype "MEMO" - document type generic identifier -->
<!ELEMENT % doctype; -- (TO & FROM), BODY, CLOSE?) >
<!ELEMENT TO - 0 (#PCDATA) >
<!ELEMENT FROM - 0 (#PCDATA) >
<!ELEMENT BODY - 0 (P)* >
<!ELEMENT P - 0 (#PCDATA | Q) >
<!ELEMENT CLOSE - 0 (#PCDATA) >
```

[그림 9-2]
SGML DTD 예제

[그림 9-3]은 [그림 9-2]의 DTD를 적용하여 작성한 SGML 문서 예제이고 [그림 9-10]은 문서의 재현 예제이다.

```
<!DOCTYPE MEMO SYSTEM "memo.dtd">
<MEMO STATUS = CONFIDEN>
<TO> 학생 여러분
<FROM> 단우
<BODY>
<P> 공부 열심히 하세요.</P>
</BODY>
<CLOSE>인터넷 기술의 이해</CLOSE>
</MEMO>
```

[그림 9-3]
SGML 문서 예제

```
To: 학생 여러분
From: 단우
공부 열심히 하세요
```

[그림 9-4]
SGML 문서의 재현 예제

4) SGML의 응용분야

SGML을 응용하는 분야로 대표적인 것은 문서출판 분야로서 출판업자들은 ISO 12083:1993에 기반을 둔 SGML DTD를 사용하고 있다. 전자 원고를 만들어내기 위한 SGML 표준은 작가가 전자문서를 만드는 속도를 빠르게 하고, 재

입력할 필요 없이 문서를 바로 데이터베이스에 저장할 수 있다. 이와 유사한 응용분야로 기존의 문서나 비 SGML 형식의 전자적으로 저장된 정보를 SGML 정보로 자동 변환하여 전자도서관에서 새로운 정보 서비스를 위해 활용되며, 또한 앞으로 작성될 문서 정보도 SGML로 기술함으로써 효율적으로 전자도서관에서 서비스 제공이 가능하다. 또한 정보를 SGML 문서로 데이터베이스화함에 따라 문서의 구조 정보를 이용하여 빠른 검색을 할 수 있다는 장점이 있으므로 SGML은 데이터베이스 영역에서도 널리 활용되고 있다.

학술적인 연구를 위해 전자문서 교환의 지침을 개발하는 국제적인 프로젝트로 TEI(Text Encoding Initiative)가 있다. TEI에서는 SGML을 기반으로 기계가 읽을 수 있는 텍스트의 교환과 인코딩을 위한 지침을 개발하였으며, 텍스트 유형과 특징에서 거대한 범위의 물리적, 논리적 구조를 묘사하기 위한 인코딩 기법을 제공한다. 그 외에 컴퓨터 시스템에서 건강관리를 위한 임상, 재정상, 행정상의 정보를 전자문서로 교환하기 위한 분야가 있고, 반도체 산업에서 복잡한 데이터를 전자적으로 교환하기 위한 정보 교환 표준 프로젝트로 ECIX 프로젝트(Pinnacles Electronic Component Information Exchange Project)가 있었다. ECIX 프로젝트는 SGML을 사용하여 애플리케이션 표준을 개발하기 위한 것이다.

그 외에 IETM(Interactive Electronic Technical Manual) 방식을 이용하여 자동차 및 항공 산업 분야에서 관련 시스템의 매뉴얼 등을 제작하는 데 사용되며, 기본적으로 CALS 분야에서 문서 교환 형식의 표준으로 채용되어 활용되고 있다.

9.1.2 XML

1) XML의 개요

XML은 eXtensible Markup Language의 약자로 직역하면 '확장 가능한 마크업 언어'이다. 확장 가능이란 간단히 말해서 '기존에 없던 것을 새로 만들 수 있는'으로 해석하면 되고, 마크업 언어란 문서의 내용을 구체적으로 전달하기 위한 추가적인 정보 표시 언어를 말한다. XML은 1996년 W3C에서 제안하였으며, 웹에서 구조화된 문서를 전송할 수 있도록 설계된 표준화된 텍스트 형식이다. 이는 인터넷에서 기존에 사용하던 HTML의 한계를 극복하고 SGML의 복잡함을 해결하는 방안으로서, HTML에 사용자가 새로운 태그를 정의할 수 있는 기능이 추가되었다고 이해하면 쉽다. 또한 XML은 SGML의 실용적인 기능만을 모은 부분집합이라 할 수 있으며, 인터넷상에서뿐만 아니라 전자출판, 의학, 경영, 법률, 판매 자동화, 디지털도서관, 전자상거래 등 매우 광범위하게 이용될 전망이다. XML은 인터넷에서 데이터와 포맷을 공유하려고 할 때 유용한 방법이라 할 수 있는데, W3C의 의장인 존 보삭(Jon Bosak)은 XML을 다음과 같이 설명하고 있다.

"향후 XML은 웹 기술상에 있어서 가장 핵심적인 진보를 가져올 것이며, 웹의 근본을 송두리째 바꿀 것이다. XML은 안전한 전자상거래 구축을 가능하게 하고, 새로운 분산 애플리케이션 시대를 이끌어 나갈 것이다. 또한 XML은 소프트웨어 개발자와 고객의 관계를 새롭게 변화시킬 것이다. 다시 말해서 XML은 어떤 플랫폼에서나 읽을 수 있는 포맷을 제공하기 때문에 특정 회사의 제품과 관련된 특정 환경에 얽매이지 않아도 된다."

XML은 현재 W3C로부터 웹을 좀 더 다양한 목적으로 이용할 수 있도록 하기 위한 도구로서 공식 추천되고 있다.

XML 문서는 [그림 9-5]와 같이 헤드, 바디, 테일 부분으로 구성된다. 헤드에는 XML 선언과 XML 응용 프로그램에서 XML 문서 처리에 대한 정보를 알려주는 프로세싱 지시자, 문서 유형으로 구성된다. 바디는 엘리먼트(element)로 구성된다. 테일 부분은 XML 문서 처리에 대한 정보를 알려 주는 프로세싱 지시자와 공백으로 구성된다.

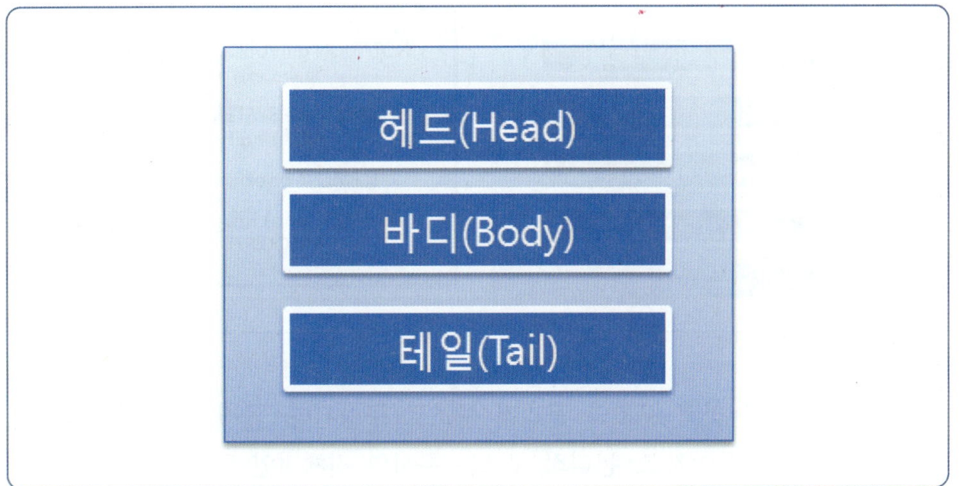

[그림 9-5]
XML 문서 구조

모든 XML 문서는 루트 엘리먼트를 가지고, 루트 엘리먼트는 여러 개의 엘리먼트들을 자식 엘리멘트들을 가질 수 있다. 또한 자식 엘리먼트는 다시 자신의 자식 엘리먼트를 가질 수 있다. 엘리먼트는 부가적인 정보를 나타내는 속성(attribute)을 가질 수 있다. [그림 9-6]은 엘리먼트의 구조 예제를 보여준다.

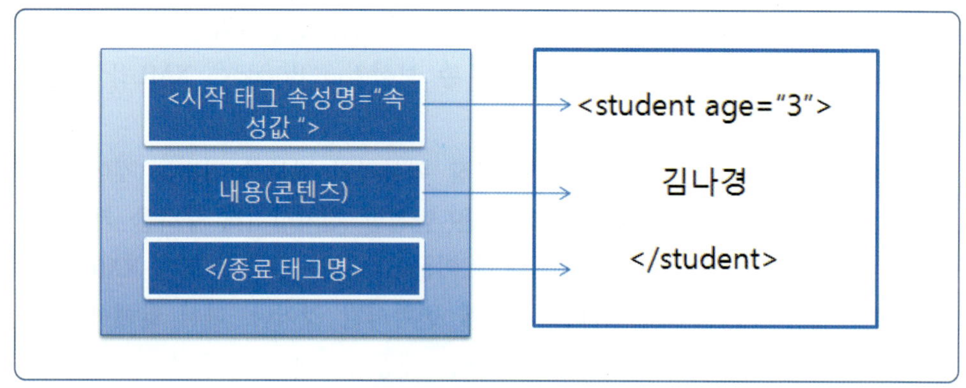

2) DTD(DocumNet Type Definition)

DTD는 XML 문서의 구성요소들을 어떻게 사용하는지를 정의한다. 즉, DTD는 XML 문서의 구조를 명시적으로 선언하는 역할을 하며, XML 문서가 잘 만들어진 유효한 문서인지를 확인하기 위해 사용하는 문서이다. DTD는 [그림 9-7]과 같이 노테이션, 엔티티, 엘리먼트, 속성 등으로 구성되며, 이런 요소들을 적절히 사용하여 XML 문서의 구조를 정의할 수 있다.

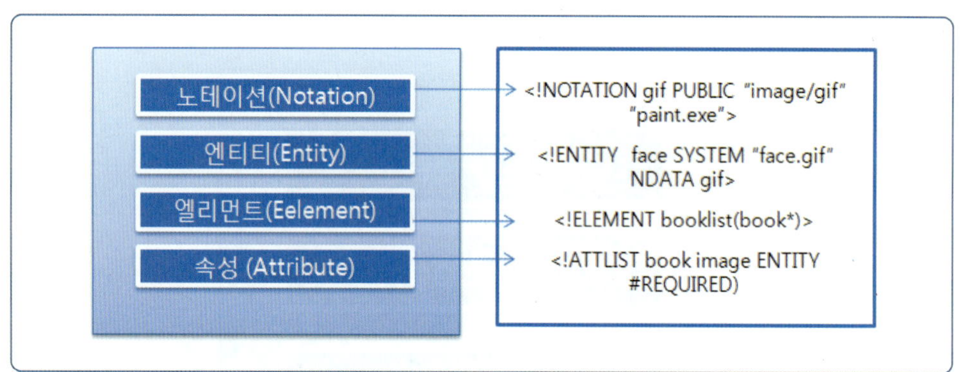

XML 문서는 논리적 구조와 물리적 구조로 구성된다. 물리적 구조는 엔티티라는 요소들로 이루어지고, 논리적 구조는 문서의 전체적인 구조를 표현하는 부분으로 엘리먼트, 선언, 속성 등의 구성요소를 이용하여 표현한다. 이와 같은 요소들이 혼합되어 XML 문서의 구조를 나타내는 DTD를 형성한다. XML 문서는 DTD 적용에 따라 WELL-FORMED 문서와 VALID 문서를 갖는다. WELL-FORMED 문서는 문법상에는 오류가 없지만 DTD를 적용하지 않은 문서이다. VALID 문서는 XML 문서 작성 시 DTD에 따라 작성된 문서이다. [그림 9-8]은 유용성 검사를 위한 DTD 사용 방법을 나타내고 있다. 사용자 B가 XML 문서 작성하고 잘 작성되었는지 유효성 검사를 하기 위해 DTD 문서를 이용하여 검증한다. 사용자 B는 A로부터 받은 문서가 잘 처리될 수 있는지 검사하기 위해서 DTD 문서를 사용한다. 이와 같이 DTD 문서를 통해서 XML 문서의 유효성을 검사할 수 있다.

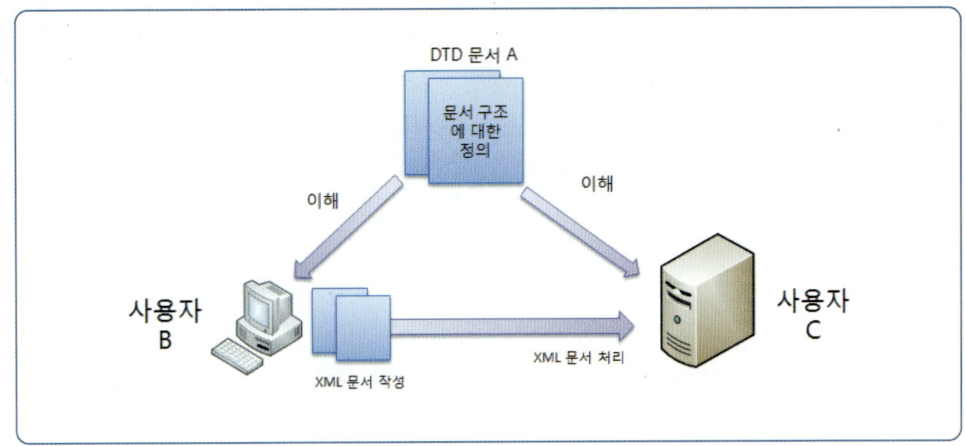

[그림 9-8]
XML의 유효성 검사

3) XML 관련 표준

XML은 다른 마크업 언어를 만들기 위한 메타언어로서 단지 XML 문서에 대한 문법적인 규칙만을 규정하고 있다. XML에 관련된 다른 기술들은 XML을 이용한 다른 마크업 언어 형태로 확장해 나간다. XML은 마크업 언어를 만들기 위한 규칙이고, XML에 관련된 기술들은 XML을 이용하여 만들어진 다른 마크업 언어들이라는 의미이다. 그러므로 XML에 관련된 새로운 기술들은 XML을 이용하여 새롭게 추가적으로 정의될 수 있다. XML의 확장 기술들에 대해서 간단히 학습한다.

(1) XML Namespace

XML Namespace는 동일한 엘리먼트나 속성의 이름을 사용하는 문서들 사이에서 이름 충돌 문제가 발생하는 것을 방지하기 위해 사용한다. 즉, 이름 공간은 동일한 엘리먼트나 속성의 이름을 구분하기 위해 각각의 이름 앞에 고유한 이름을 부여하는 것을 규정한 마크업이다.

(2) XML Schema

XML Schema는 문서 내의 데이터 구조를 정의하기 위해서 사용한다. 즉, 문서 내에서 사용되는 데이터들의 계층적인 구조 및 관계, 그리고 속성들을 규정한다. 또한 데이터의 자료형을 지정하거나 정의할 수 있어 문서 내에서 사용되는 데이터들의 자료형을 제안하거나 확장할 수 있게 한다.

(3) XSL

XML 문서에는 표현 정보가 들어 있지 않다. XML 문서에는 오직 데이터와 구조화만이 들어 있기 때문에 웹 브라우저나 프린터, PDA와 같은 출력 매체에 표현하기 위해서는 XML 문서 내에 들어 있는 각 데이터에 대한 레이아웃 처리를 별도로 지정해야 한다. 이와 같이 XML 문서 내의 데이터 내용을 어떠한 모습으로 표시되도록 할 것인가를 지정한 정보를 스트일시트(stylesheet)라 한다. XML은 XSL(Extensile Stylesheet Language)이라는 표준 스타일시트를 제공한다. XSL을 사용하면 XML의 데이터 정보를 다양한 형식의 출력모습으로 표현할 수 있다.

(4) XPath

XPath는 XML 언어로 쓰인 XML의 직접적인 확장은 아니다. 즉, 비 XML 언어이다. 그러나 XML 문서의 특정 부분을 가리키고 식별하기 위해 사용되는 XML과 관련된 유용한 기술이다. XPath에서는 XML 문서를 트리 구조로 인식하며, 문서 트리 내의 특정 내용이나 구조를 참조하는 표현식을 지정할 수 있다. XPath는 표현식들을 처리하여 트리의 특정 노드 위치들을 찾아내거나 특정 노드에 새로운 노드를 생성해 넣거나 내용을 복사하는 등의 여러 가지 기능을 수행할 수 있다.

(5) XLink와 XPointer

Xlink(XML Linking Language)와 XPointer(XML Pointer Language)는 XML 링크에 관련된 기술들이다. XLink는 XML 문서들 간의 링크를 생성하고 연결하기 위해 필요한 정보를 기술하는 마크업 언어이다. XLink의 간단한 형태는 HTML의 하이퍼링크와 유사하다. XPointer는 XML 문서 내의 구조에 대한 참조나 외부 파싱되는 요소를 참조하기 위해 사용한다.

4) XML의 예제

(1) 간단한 주소록 예제

첫 번째로 다음과 같이 간단한 주소록을 XML 문서로 만들어 보자. 주소록에는 홍길동과 김단우 두 명의 학생이 포함되며, 학생 엘리먼트의 추가로 더 많은 내용을 추가할 수도 있다. [그림 9-9]는 student.xml을 나타내며, [그림 9-10]은 브라우저에서 불러온 화면을 보여준다.

```xml
<?xml version="1.0" encoding="euc-kr"?>
<주소록>
<학생>
    <학번>31041234</학번>
    <이름>홍길동</이름>
    <주소>서울시 용산구 한남동</주소>
    <생일>1999.1.1</생일>
    <전화>02-123-1234</전화>
    <휴대폰>010-123-1234</휴대폰>
</학생>
<학생>
    <학번>31041111</학번>
    <이름>김단우</이름>
    <주소>충남 천안시 안서동</주소>
    <생일>1999.1.2</생일>
    <전화>041-111-1111</전화>
    <휴대폰>010-111-1111</휴대폰>
</학생>
</주소록>
```

[그림 9-9]

student.xml

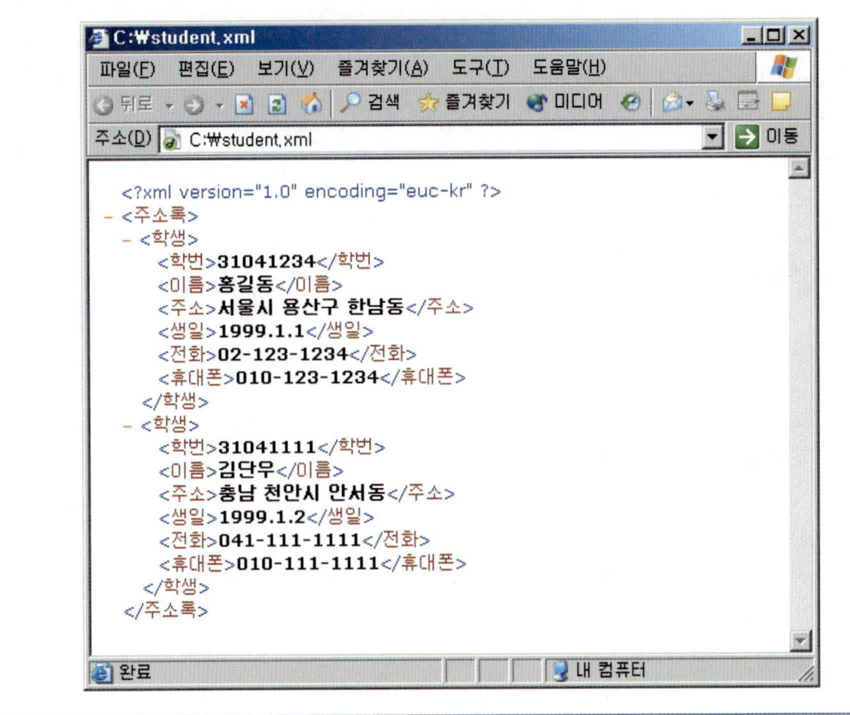

[그림 9-10]

웹 브라우저로 본 student.xml

(2) DTD를 포함한 메모 예제

메모 DTD는 [그림 9-11]과 같이 송신자, 수신자, 날짜, 제목, 내용으로 구성되며 날짜는 연, 월, 일로 구성된다. DTD의 모든 요소들은 문자열 타입으로 선언하였다.

[그림 9-11]

memo.dtd

```
<!ELEMENT 메모 (송신자, 수신자, 날짜, 제목, 내용)>
<!ELEMENT 송신자 (#PCDATA)>
<!ELEMENT 수신자 (#PCDATA)>
<!ELEMENT 날짜 (년, 월, 일)>
<!ELEMENT 년 (#PCDATA)>
<!ELEMENT 월 (#PCDATA)>
<!ELEMENT 일 (#PCDATA)>
<!ELEMENT 제목 (#PCDATA)>
<!ELEMENT 내용 (#PCDATA)>
```

[그림 9-12]의 두 번째 라인에서 <!DOCTYPE 메모 SYSTEM "memo.dtd">를 선언함으로써 memo.xml 문서에 memo.dtd를 적용하고 있다. [그림 9-13]은 웹 브라우저에서 [그림 9-12]의 memo.xml을 불러온 화면이다.

[그림 9-12]

memo.xml

```
<?xml version="1.0" encoding="euc-kr"?>
<!DOCTYPE 메모 SYSTEM "memo.dtd" >
<메모>
    <송신자>홍길동</송신자>
    <수신자>단우</수신자>
    <날짜>
            <년>2004</년>
            <월>1</월>
            <일>1</일>
    </날짜>
    <제목>XML 예제</제목>
    <내용>간단한 XML 예제입니다.</내용>
</메모>
```

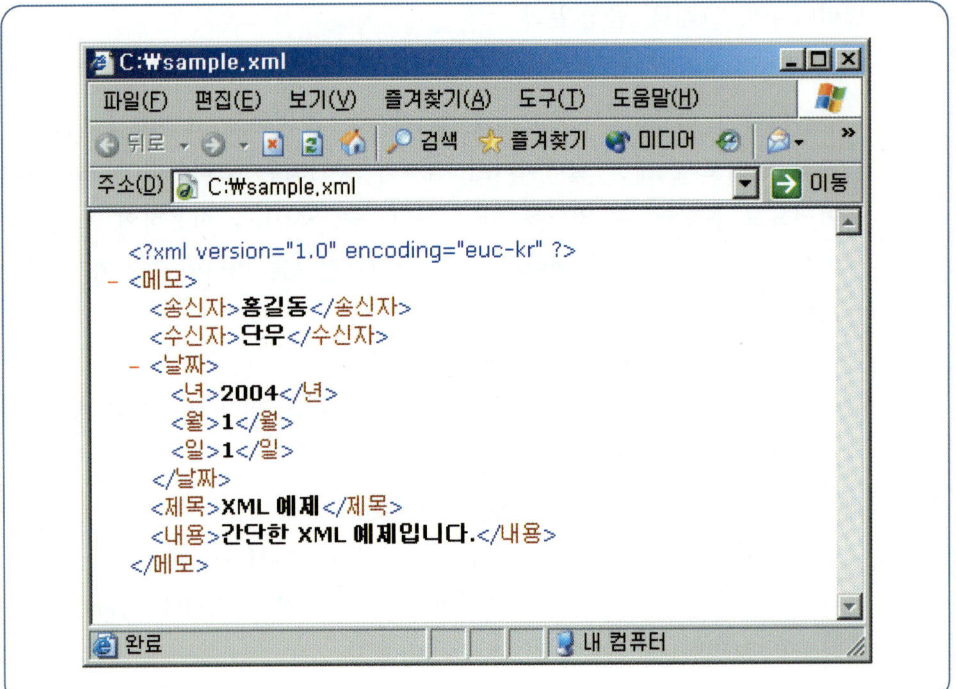

[그림 9-13]
웹 브라우저로 본
memo.xml

5) XML의 활용분야

XML은 전자상거래 문서, 웹 출판, 수학식, 분자 구조, 악보, 천문학 데이터, 멀티미디어 데이터 등 다양한 응용들이 개발되어 폭넓게 사용되고 있다. 또한 이러한 XML 응용들은 지속적으로 개발되고 있기 때문에 향후에는 더 많은 분야에서 사용될 것이다.

(1) 웹, 인터넷, 소프트웨어 분야

① OSD(Open Software Description)

인터넷을 통하여 다양한 플랫폼에 존재하는 패키지 소프트웨어의 갱신을 편리하게 하도록 제안된 XML의 응용이다. OSD는 자동화된 소프트웨어 배포 환경에 유용하며, 특히 PC 소프트웨어와 같은 프로그램들을 쉽게 설치하고 유지 관리하는 데 많은 이점을 제공한다.

② WML(Wireless Markup Language)

휴대폰 또는 호출기와 같이 표시 화면이 작은 무선 통신 장치들에서 정보를 표시하고 관리하기 위한 마크업 언어이다.

(2) 멀티미디어, 그래픽, 음성 분야

① SMIL(Synchronized Multimedia Integration Language)

멀티미디어 자료의 시간적, 공간적 관계를 정의하고 표현하기 위한 마크업 언어로서 개별 멀티미디어 객체를 동기화된 멀티미디어 프레젠테이션으로 통합할 수 있도록 하고 있다. 즉, SMIL을 사용하여 프레젠테이션의 시간적 행동과 레이아웃 및 하이퍼링크를 미디어 객체와 결합한 표현을 기술할 수 있다.

② VML(Vector Markup Language)

벡터 그래픽 정보의 화면 디스플레이 및 편집을 위한 마크업과 벡터 정보의 부호화를 위한 포맷을 정의한다.

③ PGML(Precision Graphics Markup Language)

웹을 위한 경량급의 2차원 그래픽 언어이다. PGML은 웹상에서 그래픽 디자이너가 표현한 2차원 그래픽이 최종 사용자 시스템에 정확히 나타나도록 보장한다.

(3) 금융, 전자상거래, 경영정보 분야

① ebXML(Electronic Business XML)

UN/CEFACT와 OASIS에 의해 제안되었으며, 전 세계의 모든 전자상거래 데이터 교환을 위하여 XML을 이용한 단일화된 개방형 국제적 표준을 목적으로 만들어진 프레임워크이다.

② XML/EDI(Electronic Data Interchange)

전통적인 EDI에서 사용되는 UN/EDIFACT 표준안의 메시지 교환 형태를 XML 형식으로 대체하여 인터넷을 통한 기업 간 전자상거래를 위한 메시지 교환 방법을 정의하고 있는 표준적인 프레임워크이다.

(4) 메타데이터

① RDF(Resource Description Framework)

RDF는 웹에서 메타데이터들을 표현하고 이들의 응용 프로그램 간에 서로 호환성을 갖도록 만들어진 메타데이터를 위한 프레임워크이다. 특히 RDF는 웹 자원의 자동화된 처리에 유용하다.

9.1.3 xHTML

1) xHTML의 개요

xHTML(eXtensible Hypertext Markup Language)은 기존의 HTML을 대체하기 위하여 만들어졌다. xHTML은 사용법 면에 있어서 기존의 HTML 4.01 버전과 거의 비슷하며, HTML 4.01의 문법을 철저히 지키는 깔끔한 HTML 버전이라고 할 수 있다. 즉, xHTML은 XML application(XML 응용분야)을 사용하기 위해 정의된 HTML이다.

xHTML 1.0은 2000년 2월 26일 W3C에서 발표한 공식 권고안이다. W3C의 권고안이란 W3C의 회원들에 의해서 검토된 안정된 HTML 규격으로서 현재 Web 문서를 작성하는 표준안을 말한다. 이 xHTML 언어의 구조를 보면 엘리먼트들은 HTML 4.01 버전을 사용하고, 문법은 XML 문법을 따른다. xHTML의 목적은 컴퓨터 OS, 브라우저 종류 등에 관계없이 모든 환경에서 호환되는 웹 표준을 만드는 데 있다. 지금과 같이 인터넷 익스플로러에서는 보이는데 넷스케이프에서는 안 보인다든지 아니면 그 반대라든지 하는 경우를 없애고 나아가서 PDA 같은 모바일 단말기상의 통신을 하기 위해서이다.

2) xHTML과 HTML의 차이점

xHTML과 HTML의 차이점은 다음과 같다.

- xHTML은 태그 속에 태그를 포함할 때 중첩을 금지한다.
- xHTML은 반드시 xHTML 문법을 지켜야 한다.
- xHTML 엘리먼트 이름은 반드시 소문자여야 한다.
- xHTML 엘리먼트는 반드시 종료 태그로 닫아야 한다.

일반적으로 지금까지 W3C에서 어떤 새로운 규격(specification)을 발표하면서 권고안(recommandation)이라고 이름 붙여서 내놓았다. 이 권고안이라는 말은 "우리(W3C)가 발표하는 안으로 사용하는 것이 가장 좋습니다."라는 뜻으로 약간의 문법적 오류가 있어도 무방하다는 뜻이다. 하지만 이 xHTML은 권고안이 아닌 강제 규정(mandatory)이다. 즉, 쓰지 않는다면 몰라도 xHTML을 사용하려면 반드시 준수해야 될 사항이라는 것이다.

3) xHTML의 특징

여기서는 xHTML의 문법과 구성의 특징에 대해서 살펴본다.

(1) xHTML의 문법

xHTML에서 다음과 같은 문법은 반드시 준수해야 한다. 이 문법을 준수하지 않으면 문서는 문법적으로 오류를 갖는다.

- 모든 속성(attribute) 이름은 반드시 소문자여야 한다.
- 모든 속성 값은 반드시 따옴표 속에 들어가야 된다.
- 속성 값은 생략될 수 없다.
- name 속성 대신 id 속성을 사용한다.
- 〈!DOCTYPE〉, 〈HTML〉, 〈head〉, 〈body〉 〈title〉 등의 다섯 가지 엘리먼트는 반드시 사용되어야 한다.

(2) xHTML 문서의 구성

xHTML은 크게 나누어 아래의 세 부분으로 이루어져 있다.

- DOCTYPE 선언 부분
- Head 부분
- Body 부분

위의 세 부분으로 기본적인 문서의 구조를 만들면 [그림 9-14]와 같다.

[그림 9-14]
xHTML의 기본적인
문서 구조

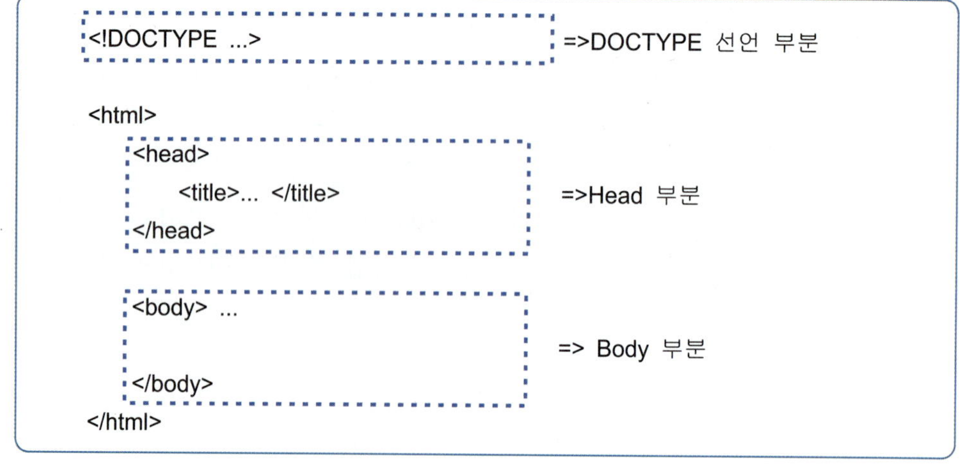

이 중에서 DOCTYPE 선언(DTD 선언)은 [그림 9-15]와 같이 항상 문서의 첫 부분에 나오게 되며 한 번 이상 선언할 수 없다. 또한 선언된 DTD에 따라 xHTML 문서를 작성하지 않으면 문법적으로 오류를 갖는다.

```
<!DOCTYPE HTML PUBLIC "-//W3C//DTD XHTML 1.0 Strict//EN"
"http://www.w3.org/TR/xHTML1/DTD/xHTML1-strict.dtd">


<html>
    <head>
        <title>간단한 문서의 예제</title>
    </head>
    <body>
        <p>브라우저 창에 나타날 내용</p>
    </body>
</html>
```

[그림 9-15]
xHTML의 DTD 선언 예

9.1.4 VRML

1) VRML의 개요

이전까지의 인터넷 공간은 모두 2차원적 평면이었다. 즉, 웹 페이지에는 하이퍼텍스트 형식, 그림, 동영상, 사운드까지 모두 포함되어 있지만 공간의 개념은 없었다. VRML(Virtual Reality Modeling Language)은 이러한 점을 보완하여 사용자에게 인터넷상에서 3차원과 비슷한 환경을 제공해 준다. VRML은 인터넷을 통해 네트워크화된 가상현실(VR: Virtual Reality)을 제공하며, 사용자들 간의 인터랙티브(interactive) 시뮬레이션과 인터넷을 위한 3차원 공간 표현 언어이다. 즉, 웹상에서 3차원 세계를 구현할 수 있는 언어이다. VRML은 기존의 인터넷 공간에서 써 왔던 2차원 공간을 3차원 공간으로 확장하자는 기본 아이디어에서 시작됐다. 곧 정보공간을 실생활에 존재하는 공간으로 대체하고자 하는 욕구에서 시작됐다고 할 수 있다. VRML은 인터넷상에서 현실과 같은 3차원적 세계와 상호작용할 수 있도록 모델링하는 언어이며, 가상현실을 보기 위해서는 VRML 프로그램을 이해하고 가상세계를 그려 주는 웹 브라우저가 필요하다.

VRML로 만들어진 3차원 가상공간 문서의 확장자는 wrl이다. wrl 파일은 웹 브라우저나 VRML 전용 웹 브라우저로 볼 수 있다. VRML은 데이터 전송 시간이 빠르기 때문에 웹에서 이용하기에 적당하다. VRML 파일을 볼 수 있는 뷰어로는 Cosmo Player, ParallelGraphics Cortona VRML Client, blaxxun

Contact, Pivoron Player, NOVA Viewer 등이 있다. [그림 9-16]은 VRML 예제
이며 [그림 9-17]은 실행 결과이다.


```
#VRML V2.0 utf8

Shape {
        appearance Appearance {
                material Material {
                        diffuseColor 1 0 0
                }
        }
        geometry Cone { height 3 }
}
```


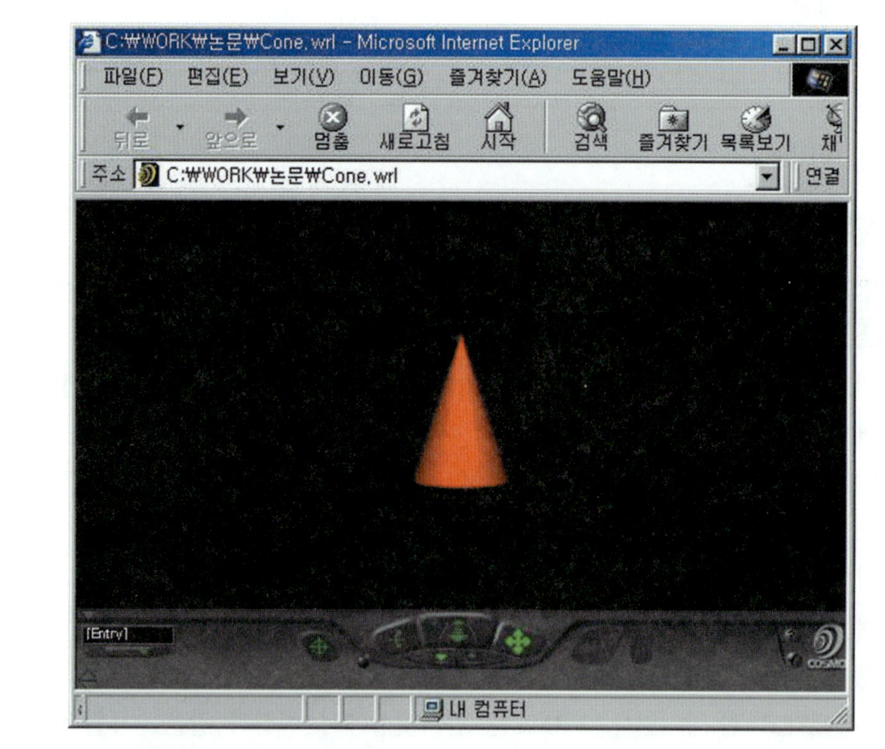

2) VRML의 응용분야(가상현실)

① 가상세계를 만들기 위해서는 VRML을 사용한다. VRML은 그리는 것이
   아니라, 장면의 기하학적 묘사를 위해서 VRML 컴퓨터 언어를 사용하여
   가상세계를 만들 수가 있다. VRML 파일은 그래픽 파일보다 훨씬 더 작

다. VRML 파일은 VRML 세계를 그리기 위한 명령어를 포함하고 있는 간단한 텍스트 파일이다. VRML 파일은 .WRL 확장자를 갖고 있으며 가상세계가 만들어진 후에 웹 서버로 전달된다.

② 지향성의 빛이 비추고 있는 붉은 구체와 파란 육면체의 장면을 묘사하고 있는 VRML 파일을 예로 들고 있다.

③ 여러분의 웹 브라우저에 가상현실 플러그인이 설치되어 있다면 URL을 클릭하여 가상세계에 들어갈 수 있다. 우선 VRML 파일을 웹 서버로부터 여러분의 컴퓨터에 보내게 된다. 가상세계 파일의 크기나 여러분의 접속속도에 따라 파일을 여러분의 컴퓨터로 다운로드 받는 시간은 몇 분에서 30분까지 또는 그 이상이 걸릴 수도 있다.

④ 파일을 다운로드 받음으로써 가상현실 플러그인이 실행된다. 이것은 웹 브라우저에서 단독으로 실행되지 않는다. 대신에 가상현실 플러그인은 여러분이 가상세계에 있는 동안 웹 브라우저를 대신한다. 파일을 다운로드한 후에 가상현실 플러그인은 파일에 있는 VRML 명령어와 컴퓨터로 장면을 기하학적으로 계산하여 가상세계를 만든다. 모든 계산이 끝나면 스크린에 장면이 나타난다. VRML 파일은 브라우저를 사용함으로써 걷고 나는 것을 가능하게 하는 3차원 정보를 포함하고 있다.

⑤ 가상세계에서의 대상은 웹상의 다른 가상세계나 사이트 그리고 애니메이션으로 링크될 수 있다. 예를 들면 문을 통과해서 들어가면 다른 인터넷의 홈페이지나 다른 가상세계로 갈 수도 있을 것이다. 여러분이 또 다른 가상세계로 가기를 원한다면 가상세계를 웹 사이트로부터 자신의 컴퓨터에 다운로드 받아야만 하고 그래서 웹 브라우저는 새로운 가상세계를 계산하고 그 새로운 가상세계와 상호작용할 수도 있을 것이다.

⑥ 예를 들면 화랑에서 그림을 보는 것처럼 좀 더 사실적이고 세밀한 묘사를 위해서 그래픽 파일을 가상현실 대상에 그려지게 할 수도 있다. 이런 그래픽 파일이 대상에 그려지게 되면 .gif 또는 .jpeg와 같은 파일이 .wrl과 함께 다운로드되어야 한다. 브라우저가 가상세계를 보여줄 때 가상현실 대상의 윗부분에 그래픽 파일을 보여준다. 그래서 그래픽 파일은 장면의 한 부분처럼 보이게 된다.

연습문제

01. XML의 장점에 대해 설명하라.

02. SGML은 (   ), (   ), (   ) 등으로 구성된다.

03. SGML의 단점에 대해 설명하라.

04. 다음 중 xHTML과 HTML의 차이점이 아닌 것은 무엇인가?

① xHTML은 태그 속에 다른 태그를 넣을 수 있다.
② xHTML의 엘리먼트는 소문자여야 한다.
③ xHTML은 반드시 xHTML 문법을 지켜야 한다.
④ xHTML의 엘리먼트는 반드시 종료 태그로 닫아야 한다.

05. XML 문서 작성 시 DTD에 따라 작성된 문서를 (   )(이)라고 하며, DTD에 따라 작성하지 않고 자유롭게 작성된 오류 없는 문서를 (   )(이)라 한다.

06. 다음 중 XML의 특징에 대해 잘못 설명하고 있는 것은 무엇인가?

① XML에서 사용자는 새로운 태그와 속성을 정의할 수 없다.
② XML은 전자출판, 의학, 경영, 전자상거래 등 광범위한 분야에서 이용할 수 있다.
③ XML은 복잡한 구성에 따른 문제점을 해결하기 위해 개발되었다.
④ XML은 DTD를 통해 문서를 검증할 수 있으며, HTML보다 쉽게 XML 문서에 포함된 데이터를 검색할 수 있다.

07. 다음 중 wrl을 확장자로 갖는 파일을 구동시킬 수 있는 프로그램은 무엇인가?

① 넷스케이프　　② EUDORA　　③ VRML　　④ JAVA　　⑤ C#

연습문제

08. 다음 중 웹 환경에서 애플리케이션 간에 데이터 교환이 가능하도록 하는 새로운 표준 언어로, HTML과 SGML의 장점을 결합한 특징을 가진 언어는 무엇인가?

① DHTML ② XML ③ ASP ④ DDL ⑤ CGI

09. XML을 이용하여 주소록을 작성하라(주소록 작성 시에 이름, 학과, 학년, 학번, 전화번호, 주소, 우편번호 순으로 작성할 수 있도록 DTD를 작성하고, 이에 따라 2명의 학생 데이터를 이용하여 작성하라).

┃ 찾아보기 ┃

저자소개

이재동   letsdoit@dankook.ac.kr
단국대학교 정보컴퓨터학부

이석균   sklee@dankook.ac.kr
단국대학교 정보컴퓨터학부

김승훈   edina@dankook.ac.kr
단국대학교 멀티미디어공학과

소수환   skandi@dankook.ac.kr
단국대학교 컴퓨터과학전공

김경식   neverstop@dankook.ac.kr
단국대학교 컴퓨터과학전공

원리와 활용 중심의 **인터넷 기술**

초판 1쇄 발행 : 2008년 2월 26일

지은이   이재동 / 이석균 / 김승훈 / 소수환 / 김경식
발행인   최규학

기획 · 진행   장성두
마케팅   최복락
본문디자인   조찬영
표지디자인   Arowa & Arowana

발행처   도서출판 ITC
등록번호   제8-399호
등록일자   2003년 4월 15일

주소   서울시 은평구 역촌동 85-8 보원빌딩 3층
전화   02-352-9511(대표)
팩스   02-352-9520
이메일   itc@itcpub.co.kr

인쇄 해외정판사   용지 태경지업사   제본 반도제책사

ISBN-10 : 89-90758-93-9
ISBN-13 : 978-89-90758-93-4

값 24,000원